中 国 国 家 标 准 汇 编

2006 年修订-23

中国标准出版社　编

中 国 标 准 出 版 社
北　京

图书在版编目（CIP）数据

中国国家标准汇编：2006年修订. 23/中国标准出版社编.—北京：中国标准出版社，2007

ISBN 978-7-5066-4598-0

Ⅰ.中… Ⅱ.中… Ⅲ.国家标准-汇编-中国-2006
Ⅳ.T-652.1

中国版本图书馆CIP数据核字（2007）第104999号

中国标准出版社出版发行
北京复兴门外三里河北街16号
邮政编码:100045
网址 www.spc.net.cn
电话:68523946 68517548
中国标准出版社秦皇岛印刷厂印刷
各地新华书店经销

*

开本 880×1230 1/16 印张 38.5 字数 1 147 千字
2007年8月第一版 2007年8月第一次印刷

*

定价 180.00 元

出 版 说 明

1.《中国国家标准汇编》是一部大型综合性国家标准全集，自1983年起，按国家标准顺序号以精装本、平装本两种装帧形式陆续分册汇编出版。《汇编》在一定程度上反映了我国建国以来标准化事业发展的基本情况和主要成就，是各级标准化管理机构，工矿企事业单位，农林牧副渔系统，科研、设计、教学等部门必不可少的工具书。

2. 由于标准的动态性，每年有相当数量的国家标准被修订，这些国家标准的修订信息无法在已出版的《汇编》中得到反映。为此，自1995年起，新增出版在上一年度被修订的国家标准的汇编本。

3. 修订的国家标准汇编本的正书名、版本形式、装帧形式与《中国国家标准汇编》相同，视篇幅分设若干册，但不占总的分册号，仅在封面和书脊上注明“2006年修订-1，-2，-3……”等字样，作为对《中国国家标准汇编》的补充。读者配套购买则可收齐前一年新制定和修订的全部国家标准。

4. 修订的国家标准汇编本的各分册中的标准，仍按顺序号由小到大排列(不连续)；如有遗漏的，均在当年最后一分册中补齐。

5. 2006年度发布的修订国家标准分27册出版。本分册为“2006年修订-23”，收入新修订的国家标准38项。

中国标准出版社

2007年6月

目　录

ICS 33.100
L 06

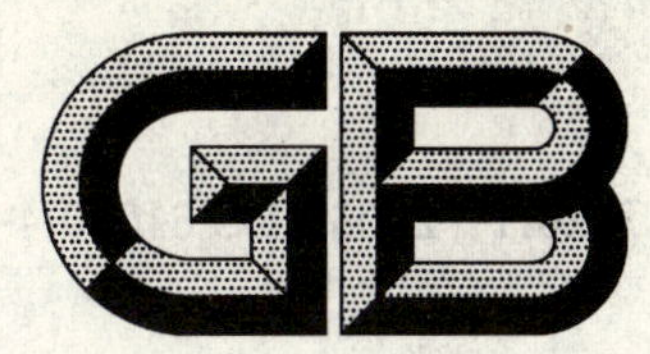

中华人民共和国国家标准

GB/T 17626.1—2006/IEC 61000-4-1:2000
代替 GB/T 17626.1—1998

电磁兼容 试验和测量技术 抗扰度试验总论

Electromagnetic compatibility—Testing and measurement techniques—Overview of immunity tests

(IEC 61000-4-1:2000, Electromagnetic compatibility (EMC)—Part 4-1: Testing and measurement techniques—Overview of IEC 61000-4 series, IDT)

2006-12-01 发布 2007-07-01 实施

中华人民共和国国家质量监督检验检疫总局
中国国家标准化管理委员会 发布

前　言

GB/T 17626《电磁兼容　试验和测量技术》系列标准目前包括以下部分：

GB/T 17626.1—2006　电磁兼容　试验和测量技术　抗扰度试验总论

GB/T 17626.2—2006　电磁兼容　试验和测量技术　静电放电抗扰度试验

GB/T 17626.3—2006　电磁兼容　试验和测量技术　射频电磁场辐射抗扰度试验

GB/T 17626.4—1998　电磁兼容　试验和测量技术　电快速瞬变脉冲群抗扰度试验

GB/T 17626.5—1999　电磁兼容　试验和测量技术　浪涌(冲击)抗扰度试验

GB/T 17626.6—1998　电磁兼容　试验和测量技术　射频场感应的传导骚扰抗扰度

GB/T 17626.7—1998　电磁兼容　试验和测量技术　供电系统及所连设备谐波、谐间波的测量和测量仪器导则

GB/T 17626.8—2006　电磁兼容　试验和测量技术　工频磁场抗扰度试验

GB/T 17626.9—1998　电磁兼容　试验和测量技术　脉冲磁场抗扰度试验

GB/T 17626.10—1998　电磁兼容　试验和测量技术　阻尼振荡磁场抗扰度试验

GB/T 17626.11—1999　电磁兼容　试验和测量技术　电压暂降、短时中断和电压变化的抗扰度试验

GB/T 17626.12—1998　电磁兼容　试验和测量技术　振荡波抗扰度试验

GB/T 17626.13—2006　电磁兼容　试验和测量技术　交流电源端口谐波、谐间波及电网信号的低频抗扰度试验

GB/T 17626.14—2005　电磁兼容　试验和测量技术　电压波动抗扰度试验

GB/T 17626.17—2005　电磁兼容　试验和测量技术　直流电源输入端口纹波抗扰度试验

GB/T 17626.27—2006　电磁兼容　试验和测量技术　三相电压不平衡抗扰度试验

GB/T 17626.28—2006　电磁兼容　试验和测量技术　工频频率变化抗扰度试验

GB/T 17626.29—2006　电磁兼容　试验和测量技术　直流电源输入端口电压暂降、短时中断和电压变化的抗扰度试验

本部分为 GB/T 17626 的第 1 部分。

本部分等同采用 IEC 61000-4-1(2000)《电磁兼容　第 4 部分：试验和测量技术　第 1 分部分：抗扰度试验总论》。本部分给出了有关试验和测量技术的的实用性指导，并就选择相关的试验提供了通用的建议。

本部分自实施之日起代替 GB/T 17626.1—1998《电磁兼容　试验和测量技术　抗扰度试验总论》。

本部分与 GB/T 17626.1—1998 相比，主要变化如下：

——删除了第 6 章环境条件、第 8 章严酷度等级的选择、第 9 章试验结果的评估；

——删除了附录 A 抗扰度试验简述和附录 B 传导瞬态试验的特点；

——增加了表 1 依据安装位置(环境)选择抗扰度试验；

——增加了表 2 基于 EUT 端口的抗扰度试验的适用范围。

本部分由中国电力企业联合会提出。

本部分由全国电磁兼容标准化技术委员会(SAC/TC 246)归口。

本部分起草单位：国网武汉高压研究院。

本部分主要起草人：王勤、邬雄、万保权、张广洲、路遥。

本部分所代替标准的历次版本发布情况为：

——GB/T 17626.1—1998。

电磁兼容 试验和测量技术 抗扰度试验总论

1 范围

本部分涵盖了电气和电子设备(装置和系统)在其电磁环境中的试验和测量技术。

本部分的目的是为专业标准化技术委员会或其他团体、电气电子设备用户以及制造厂商提供电磁兼容(EMC)标准 GB/T 17626 系列中有关试验和测量技术的实用性指导,并对选择相关的试验提供通用的建议。

2 规范性引用文件

下列文件中的条款通过 GB/T 17626 的本部分的引用而成为本部分的条款。凡是注日期的引用文件,其随后所有的修改单或修订版均不适用于本部分,然而,鼓励根据本部分达成协议的各方研究是否可使用这些文件的最新版本。凡是不注日期的引用文件,其最新版本适用于本部分。

GB/T 4365—2003 电工术语 电磁兼容(IEC 60050(161):1990,IDT)

GB/T 17624.1—1998 电磁兼容 综述 电磁兼容基本术语和定义的应用与解释(idt IEC 61000-1-1:1992)

GB 17625.1—2003 电磁兼容 限值 谐波电流发射限值(设备每相输入电流≤16 A)(IEC 61000-3-2:2001,IDT)

GB 17625.2—1999 电磁兼容 限值 对额定电流不大于16 A的设备在低压供电系统中产生的电压波动和闪烁的限制(idt IEC 61000-3-3:1994)

GB/Z 17625.3—2000 电磁兼容 限值 对额定电流大于16 A的设备在低压供电系统中产生的电压波动和闪烁的限制(idt IEC 61000-3-5:1994)

GB/Z 17625.6—2003 电磁兼容 限值 对额定电流大于16 A的设备在低压供电系统中产生的谐波电流的限制(IEC TR 61000-3-4:1998,IDT)

GB/T 17626.2—2006 电磁兼容 试验和测量技术 静电放电抗扰度试验(IEC 61000-4-2:2001,IDT)

GB/T 17626.3—1998 电磁兼容 试验和测量技术 射频电磁场辐射抗扰度试验(idt IEC 61000-4-3:2002,IDT)

GB/T 17626.4—1998 电磁兼容 试验和测量技术 电快速瞬变脉冲群抗扰度试验(idt IEC 61000-4-4:1995)

GB/T 17626.5—1999 电磁兼容 试验和测量技术 浪涌(冲击)抗扰度试验(idt IEC 61000-4-5:1995)

GB/T 17626.6—1998 电磁兼容 试验和测量技术 射频场感应的传导骚扰抗扰度(idt IEC 61000-4-6:1996)

GB/T 17626.7—1998 电磁兼容 试验和测量技术 供电系统及所连设备谐波、谐间波的测量和测量仪器导则(idt IEC 61000-4-7:1991)

GB/T 17626.8—2006 电磁兼容 试验和测量技术 工频磁场抗扰度试验(IEC 61000-4-8:2001,IDT)

GB/T 17626.9—1998 电磁兼容 试验和测量技术 脉冲磁场抗扰度试验(idt IEC 61000-4-9:

1993)

GB/T 17626.10—1998 电磁兼容 试验和测量技术 阻尼振荡磁场抗扰度试验(idt IEC 61000-4-10:1993)

GB/T 17626.11—1999 电磁兼容 试验和测量技术 电压暂降、短时中断和电压变化的抗扰度试验(idt IEC 61000-4-11:1994)

GB/T 17626.12—1998 电磁兼容 试验和测量技术 振荡波抗扰度试验(idt IEC 61000-4-12:1995)

GB/T 17626.13—2006 电磁兼容 试验和测量技术 交流电源端口谐波、谐间波及电网信号的低频抗扰度试验(IEC 61000-4-13:2002,IDT)

GB/T 17626.14—2005 电磁兼容 试验和测量技术 电压波动抗扰度试验(IEC 61000-4-14:2002,IDT)

GB/T 17626.17—2005 电磁兼容 试验和测量技术 直流电源输入端口纹波抗扰度试验(IEC 61000-4-17:2002,IDT)

GB/T 17626.27—2006 电磁兼容 试验和测量技术 三相电压不平衡抗扰度试验(IEC 61000-4-27:2000,IDT)

GB/T 17626.28—2006 电磁兼容 试验和测量技术 工频频率变化抗扰度试验(IEC 61000-4-28:2001,IDT)

GB/T 17626.29—2006 电磁兼容 试验和测量技术 直流电源输入端口电压暂降、短时中断和电压变化的抗扰度试验(IEC 61000-4-29:2000,IDT)

GB/Z 18039.1—2000 电磁兼容 环境 电磁环境的分类(idt IEC 61000-2-5:1996)

IEC 61000-3-11 电磁兼容 限值 对额定电流不大于 75 A 及有条件连接的设备在低压供电系统中产生的电压变化、电压波动和闪烁的限制

IEC 61000-4-15 电磁兼容 试验和测量技术 闪烁仪 功能和设计规范(IEC 60868 修订)

IEC 61000-4-16:1999 电磁兼容 试验和测量技术 0 Hz～150 kHz 传导共模骚扰抗扰度试验

IEC 61000-4-20 电磁兼容 试验和测量技术 在横电磁(TEM)波导内的发射和抗扰度试验

IEC 61000-4-21 电磁兼容 试验和测量技术 混响室

IEC 61000-4-23 电磁兼容 试验和测量技术 保护装置 HEMP 和其他辐射骚扰试验方法

IEC 61000-4-24 电磁兼容 试验和测量技术 保护装置 HEMP 传导骚扰试验方法

IEC 61000-4-25 电磁兼容 试验和测量技术 设备和系统的 HEMP 抗扰度试验

IEC 61000-4-30 电磁兼容 试验和测量技术 电能质量参数的测量 EMC 基础标准

3 总则

过去,机电装置和系统对电磁骚扰(即传导、辐射电磁骚扰和静电放电)并不敏感。目前所使用的电子元件和设备对这些骚扰则要敏感得多,尤其是对“高频”和“瞬态”现象。由于电子元件和设备以惊人的速度投入运行,电的和电磁的骚扰引起的严重误动作、损坏等危险也随之增加。

有关专业标准化技术委员会(或用户和设备制造商)需负责从 GB/T 17626 系列标准中选择适当的抗扰度试验项目及设备适用的试验等级。但是为了提高这项工作的协调和标准化,专业标准化技术委员会或用户、制造商应考虑本部分给出的建议。

4 术语和定义

本部分采用 GB/T 4365 中给出的术语和定义。

5 GB/T 17626 系列标准的结构

GB/T 17626 系列标准的结构遵循 IEC 导则 107。该系列中基础性试验标准的结构如下：

1. 范围
2. 规范性引用文件
3. 总则
4. 术语和定义
5. 试验等级/限值
6. 试验设备
7. 试验配置
8. 试验程序
9. 试验结果和试验报告

GB/T 17626 系列标准中有些标准不是基础性试验标准(如 GB/T 17626.7)，它们是与测量有关的(仪器和程序)的标准，不必遵循上述结构。

6 试验的选择

抗扰度试验可应用于设备的各个阶段，如：

- 研发试验；
- 型式试验；
- 验收试验；
- 生产试验。

设备应接受其可靠性要求所必需的全部试验，但从经济上考虑，试验的项目应合理地限制到最少。与型式试验相比，减少验收或生产试验项目是可接受的。

某一设备选择适用的试验项目取决于如下几个因素：

- 影响设备的骚扰类型；
- 环境条件；
- 要求的可靠性和性能；
- 经济约束；
- 设备的特性。

由于要考虑的设备和环境条件的多样化，很难表述选择试验的准确规则。这种选择主要是有关专业标准化技术委员会的职责(根据他们的经验)。在特殊情况下，可由制造商和用户协商确定。在各种情况下，了解电磁环境(GB/Z 18039 系列标准，特别是 GB/Z 18039.1)和 GB/T 17624.1 给出的统计样本的解释是有益的。

假如有通用标准、产品类标准或专用的产品标准可选择，这些标准按下列顺序优先选用(见 IEC 导则 107)：

- 专用的产品标准；
- 产品类标准；
- 通用标准。

对于一个特殊类型的设备，假如认为以上标准均不适用，下列对 GB/T 17626 系列每个部分的简短解释可帮助理解其适用性。且表 1 和表 2 进行了汇总。

- 按照 GB/T 17626.2 进行的试验(静电放电抗扰度试验)

通常，静电放电抗扰度试验适用于在可能产生静电放电环境中使用的所有设备。直接和间接放电都应考虑。限于在 ESD 控制环境条件使用的设备和非电子类产品可除外。

- 按照 GB/T 17626.3 进行的试验(射频电磁场辐射抗扰度试验)

辐射抗扰度试验适用于在射频电磁场环境中使用的所有设备。非电子类设备可除外。

- 按照 GB/T 17626.4 进行的试验(电快速瞬变脉冲群抗扰度试验)

电快速瞬变脉冲群抗扰度试验适用于与供电网络连接或有电缆(信号或控制)靠近供电线路的设备。

- 按照 GB/T 17626.5 进行的试验(浪涌抗扰度试验)

浪涌抗扰度试验通常适用于与建筑物外的网络或电网连接的设备。

- 按照 GB/T 17626.6 进行的试验(射频场感应的传导骚扰抗扰度试验)

传导骚扰抗扰度试验适用于有射频场存在而且连接到电网或其他网络(通过信号或控制线)的设备。

- GB/T 17626.7(供电系统及所连设备谐波、谐间波的测量和测量仪器导则)

该导则适用于频率范围从直流到 2 500 Hz 的电压或电流测量,特别是按照 GB 17625.1 和 GB/Z 17625.6标准的发射要求。

- 按照 GB/T 17626.8 进行的试验(工频磁场抗扰度试验)

工频磁场抗扰度试验宜限于对磁场敏感的设备(如霍尔效应装置,阴极射线管及安装在强磁场环境中的专用装置)。用于小磁场环境的设备可除外。

- 按照 GB/T 17626.9 进行的试验(脉冲磁场抗扰度试验)

脉冲磁场抗扰度试验主要适用于安装在发电厂(如靠近开关站遥控中心)的设备。

- 按照 GB/T 17626.10 进行的试验(阻尼振荡磁场抗扰度试验)

阻尼振荡磁场抗扰度试验主要适用于安装在高压变电站的设备。

- 按照 GB/T 17626.11 进行的试验(电压暂降、短时中断和电压变化抗扰度试验)

该项试验适用于连接到交流电网,每相额定输入电流不大于 16 A 的设备。

- 按照 GB/T 17626.12 进行的试验(振荡波抗扰度试验)

振铃波抗扰度试验适用于连接到交流电网的设备。阻尼振荡波抗扰度试验适用于在发电厂和高压变电站使用的设备(如静态继电器)。

- 按照 GB/T 17626.13 进行的试验(交流电源端口谐波、谐间波及电网信号的低频抗扰度试验)

该项试验适用于对交流电源过零时间准确性敏感的或对特定的谐波分量敏感的设备。

- 按照 GB/T 17626.14 进行的试验(电压波动抗扰度试验)

通常,电压波动的幅值不超过 10%;因此许多设备不受电压波动的骚扰。该项试验适用于将在电网会产生较大电压波动地区安装的设备。

- 按照 IEC 61000-4-15 进行的试验(闪烁仪的性能和设计规范)

这是针对闪烁仪的技术规范,给出了在各种实际电压波动波形下校准闪烁的感知水平,特别是与标准 GB 17625.2、GB/Z 17625.3 和 IEC 61000-3-11 的发射要求相适应。

- 按照 IEC 61000-4-16:1999 进行的试验(频率范围 0 Hz～150 kHz 的传导共模骚扰抗扰度试验)

该项试验仅适用于大型装置(如工厂)中的专用设备。详细的规定,见第 1 章。

- 按照 GB/T 17626.17 进行的试验(直流电源输入端口纹波抗扰度试验)

该项试验适用于连接到直流配电系统,在运行时由外部充电电池供电的设备。

- 按照 IEC 61000-4-20 进行的试验(横电磁(TEM)波导的发射和抗扰度试验)

该标准规定了在 TEM 小室内进行辐射电磁场替换性试验的设备和试验程序。

- 按照 IEC 61000-4-21 进行的试验(混响室)

该标准规定了在混响室内进行辐射电磁场替换性试验的设备和试验程序。

- 按照 IEC 61000-4-23 进行的试验(抑制 HEMP 和其他辐射骚扰的保护装置试验方法)

该试验方法介绍和讨论了对屏蔽器件试验的一些重要的概念。

- 按照 IEC 61000-4-24 进行的试验(保护装置的 HEMP 传导骚扰试验方法)

该标准涉及 HEMP 保护装置的电压击穿和限压性能的试验。

- 按照 IEC 61000-4-25 进行的试验(设备和系统的 HEMP 抗扰度试验)

该标准规定了 HEMP 辐射和传导抗扰度试验的基本试验方法和等级。适用于经受 HEMP 的设备和系统。

- 按照 GB/T 17626.27 进行的试验(三相电压不平衡抗扰度试验)

三相电压不平衡抗扰度试验适用于连接到三相交流电源,每相额定输入电流不大于 16 A 的三相设备。但是该试验不适用于三相电源供电,单相使用的设备。

- 按照 GB/T 17626.28 进行的试验(电源频率变化抗扰度试验)

通常,电源频率变化抗扰度试验是不适用的。但可用于在电源频率变化大的地区安装的设备(如与应急电源连接的设备)。

- 按照 GB/T 17626.29 进行的试验(直流电源输入端口电压暂降、短时中断和电压变化抗扰度试验)

该项试验适用于直流电源输入端口。

- 按照 IEC 61000-4-30 进行的试验(电能质量参数的测量)

该技术报告给出了电能质量参数测量的解释。

表 1 给出了各个标准的适用导则。

当采用表 1 中的任一标准时,也就进入了表 2 给出的选择 EUT 试验端口的指导。

表 1 依据安装位置(环境)选择抗扰度试验

基础标准	现象描述	适用范围[1]		
		住宅,商业和轻工业	工业区	特殊区(如发电厂)
GB/T 17626.2	静电放电	适用	适用	适用
GB/T 17626.3	辐射电磁场	适用	适用	适用
GB/T 17626.4	电快速瞬变脉冲群	适用	适用	适用
GB/T 17626.5	浪涌	适用	适用	适用
GB/T 17626.6	射频场感应的传导骚扰	适用	适用	适用
GB/T 17626.7	供电系统及所连设备谐波、谐间波的测量和测量仪器导则	无	无	无
GB/T 17626.8	50 Hz 磁场	可能适用	可能适用	适用
GB/T 17626.9	脉冲磁场	不适用	不适用	适用
GB/T 17626.10	振荡磁场	不适用	不适用	适用
GB/T 17626.11	电压暂降和短时中断	适用	适用	适用
GB/T 17626.12	振荡波(振铃波)	可能适用	可能适用	可能适用
	阻尼振荡波 1 MHz	不适用	可能适用	适用
GB/T 17626.13	谐波、谐间波、电网信号	不适用	不适用	不适用
GB/T 17626.14	电压波动	不适用	不适用	不适用
IEC 61000-4-15	闪烁仪	无	无	无
GB/T 17626.16	频率 0 Hz～150 kHz 的传导骚扰	不适用	可能适用	不适用
GB/T 17626.17	直流电源的纹波	不适用	可能适用	不适用

表 1(续)

基础标准	现象描述	适用范围[1]		
		住宅,商业和轻工业	工业区	特殊区(如发电厂)
IEC 61000-4-18	IEC 尚未制定			
IEC 61000-4-19	IEC 尚未制定			
IEC 61000-4-20	TEM 小室	[3]	[3]	[3]
IEC 61000-4-21[2]	混响室	[3]	[3]	[3]
IEC 61000-4-22	IEC 尚未制定			
IEC 61000-4-23[2]	保护装置 HEMP 辐射骚扰试验方法	不适用	不适用	不适用
IEC 61000-4-24	保护装置 HEMP 传导骚扰试验方法	不适用	不适用	不适用
IEC 61000-4-25[2]	设备和系统 HEMP 抗扰度试验方法	不适用	不适用	不适用
GB/T 17626.27	三相电压不平衡	可能适用	可能适用	可能适用
GB/T 17626.28	电源频率变化	不适用	不适用	不适用
GB/T 17626.29	直流电源端口电压暂降、短时中断和电压变化	可能适用	可能适用	可能适用
IEC 61000-4-30[2]	电能质量参数测量	无	无	无

1) 适用范围说明:
无:无抗扰度标准;
适用:除特殊情况外,均适用;
不适用:除特殊情况外,不适用;
可能适用:在某些情况下可能适用。

2) 该标准在制定中,尚未出版。

3) 专用的替换试验方法和装置,其所受到的限制在抗扰度试验的基础标准 GB/T 17626.3 和 IEC 61000-4-20 或 IEC 61000-4-21 中给出。

表 2 基于 EUT 端口的抗扰度试验的适用范围

基础标准	描述	适用范围[1]				
		交流电源	直流电源	外壳	信号数据	接地
GB/T 17626.2	静电放电	—[3]	不适用	适用	不适用	不适用
GB/T 17626.3	辐射电磁场	不适用	不适用	适用	不适用	不适用
GB/T 17626.4	电快速瞬变脉冲群	适用	适用	—	适用	适用
GB/T 17626.5	浪涌	适用	—	—	—	—
GB/T 17626.6	射频场感应的传导骚扰	适用	适用	—	适用	适用
GB/T 17626.7	供电系统及所连设备谐波、谐间波的测量和测量仪器导则	无	无	无	无	无
GB/T 17626.8	50 Hz 磁场	—	—	可能适用	—	—
GB/T 17626.9	脉冲磁场	—	—	可能适用	—	—
GB/T 17626.10	振荡磁场	—	—	可能适用	—	—

表 2(续)

基础标准	描 述	适用范围[1]				
		交流电源	直流电源	外壳	信号数据	接地
GB/T 17626.11	电压暂降和短时中断	适用	—	—	—	—
GB/T 17626.12	振荡波(振铃波)	可能适用	不适用	—	可能适用	不适用
	阻尼振荡波 1 MHz	可能适用	可能适用	—	可能适用	可能适用
GB/T 17626.13	谐波、谐间波、电网信号	不适用	—	—	不适用	—
GB/T 17626.14	电压波动	不适用		—		
IEC 61000-4-15	闪烁仪					
GB/T 17626.16	频率 0 Hz～150 kHz 的传导骚扰	不适用	不适用	—	不适用	—
GB/T 17626.17	直流电源的纹波	—	可能适用	—	—	—
IEC 61000-4-18	IEC 尚未制定					
IEC 61000-4-19	IEC 尚未制定					
IEC 61000-4-20[2]	TEM 小室					
IEC 61000-4-21[2]	混响室					
IEC 61000-4-22	IEC 尚未制定					
IEC 61000-4-23[2]	保护装置 HEMP 辐射骚扰 试验方法	不适用	不适用	不适用	不适用	不适用
IEC 61000-4-24	保护装置 HEMP 传导骚扰 试验方法	不适用	不适用	不适用	不适用	不适用
GB/T 17626.25[2]	设备和系统 HEMP 抗扰度 试验方法	不适用	不适用	不适用	不适用	不适用
GB/T 17626.27[2]	三相电源不平衡	可能适用	—	—	—	—
GB/T 17626.28	电源频率变化	不适用	—	—	—	—
GB/T 17626.29	直流电源端口电压暂降、短时中断和电压变化	—	可能适用	—	—	—
IEC 61000-4-30[2]	电能质量参数测量	无	无	无	无	无

1) 适用范围说明:
无:无抗扰度标准;
适用:除特殊情况外,均适用;
不适用:除特殊情况外,不适用;
可能适用:在某些情况下可能适用。
2) 该标准在制定中,尚未出版。
3) —是不适用。

ICS 33.100.20
L 06

中华人民共和国国家标准

GB/T 17626.2—2006/IEC 61000-4-2:2001
代替 GB/T 17626.2—1998

电磁兼容 试验和测量技术 静电放电抗扰度试验

Electromagnetic compatibility—
Testing and measurement techniques—
Electrostatic discharge immunity test

(IEC 61000-4-2:2001, Electromagnetic compatibility (EMC)—
Part 4-2: Testing and measurement techniques—
Electrostatic discharge immunity test, IDT)

2006-12-19 发布　　2007-09-01 实施

中华人民共和国国家质量监督检验检疫总局
中国国家标准化管理委员会
发布

前　言

GB/T 17626《电磁兼容　试验和测量技术》系列标准目前包括以下部分：

GB/T 17626.1—2006　电磁兼容　试验和测量技术　抗扰度试验总论

GB/T 17626.2—2006　电磁兼容　试验和测量技术　静电放电抗扰度试验

GB/T 17626.3—2006　电磁兼容　试验和测量技术　射频电磁场辐射抗扰度试验

GB/T 17626.4—1998　电磁兼容　试验和测量技术　电快速瞬变脉冲群抗扰度试验

GB/T 17626.5—1999　电磁兼容　试验和测量技术　浪涌(冲击)抗扰度试验

GB/T 17626.6—1998　电磁兼容　试验和测量技术　射频场感应的传导骚扰抗扰度

GB/T 17626.7—1998　电磁兼容　试验和测量技术　供电系统及相连设备谐波、谐间波的测量和测量仪器导则

GB/T 17626.8—2006　电磁兼容　试验和测量技术　工频磁场抗扰度试验

GB/T 17626.9—1998　电磁兼容　试验和测量技术　脉冲磁场抗扰度试验

GB/T 17626.10—1998　电磁兼容　试验和测量技术　阻尼振荡磁场抗扰度试验

GB/T 17626.11—1999　电磁兼容　试验和测量技术　电压暂降、短时中断和电压变化抗扰度试验

GB/T 17626.12—1998　电磁兼容　试验和测量技术　振荡波抗扰度试验

GB/T 17626.13—2006　电磁兼容　试验和测量技术　交流电源端口谐波、谐间波及电网信号的低频抗扰度试验

GB/T 17626.14—2005　电磁兼容　试验和测量技术　电压波动抗扰度试验

GB/T 17626.17—2005　电磁兼容　试验和测量技术　直流电源输入端口纹波抗扰度试验

GB/T 17626.27—2006　电磁兼容　试验和测量技术　三相电压不平衡抗扰度试验

GB/T 17626.28—2006　电磁兼容　试验和测量技术　工频频率变化抗扰度试验

GB/T 17626.29—2006　电磁兼容　试验和测量技术　直流电源输入端口电压暂降、短时中断和电压变化抗扰度试验

本部分为 GB/T 17626 的第 2 部分。

本部分等同采用国际标准 IEC 61000-4-2:2001(第 1.2 版)。

本部分从实施之日起，替代 GB/T 17626.2—1998《电磁兼容　试验和测量技术　静电放电抗扰度试验》。

本部分与 GB/T 17626.2—1998 的主要差异如下：

1)　修改了不接地的设备的试验方法。

2)　修改了对受试设备直接施加放电的方法。

3)　修改了对水平耦合板施加放电的方法。

4)　修改了试验结果的评价方法。

5)　修改了试验报告的要求。

6)　修改了图 5 对水平耦合板(HCP)间接放电的典型位置。

7)　增加了图 8 和图 9。

本部分的附录 A 和附录 B 均为资料性的附录。

本部分由全国电磁兼容标准化技术委员会提出。

本部分由全国电磁兼容标准化技术委员会归口。

本部分负责起草单位：上海工业自动化仪表研究所、上海电器科学研究所(集团)有限公司。

本部分主要起草人：王英、洪济晔、寿建霞、杨彦。

电磁兼容　试验和测量技术
静电放电抗扰度试验

1　范围

GB/T 17626 的本部分规定电气和电子设备遭受直接来自操作者和对邻近物体的静电放电时的抗扰度要求和试验方法，还规定了不同环境和安装条件下试验等级的范围和试验程序。

本部分的目的在于建立通用的和可重现的基准，以评估电气和电子设备遭受静电放电时的性能。此外，它还包括从人体到靠近关键设备的物体之间可能发生的静电放电。

本部分的规定包括：

——放电电流的典型波形；

——试验等级的范围；

——试验设备；

——试验配置；

——试验程序。

本部分对"实验室"试验和"设备安装完成后的试验"提出了技术要求。

本部分不对特殊设备和系统的试验进行规定。其主要目的是为所有有关专业标准化技术委员会提供一个通用的基本准则。有关专业标准化技术委员会（或设备的使用者和制造者）负责选择试验和确定试验条件的严酷等级。

为了不妨碍协调和标准化的任务，极力建议有关专业标准化技术委员会或用户和制造商考虑（在其未来的工作或原标准的修改中）采用本部分中规定的相关抗扰度试验。

2　规范性引用文件

下列文件中的条款通过 GB/T 17626 的本部分的引用而成为本部分的条款。凡是注日期的引用文件，其随后所有的修改单（不包括勘误的内容）或修订版均不适用于本部分，然而，鼓励根据本部分达成协议的各方研究是否可使用这些文件的最新版本。凡是不注日期的引用文件，其最新版本适用于本部分。

GB/T 4365—2003　电工术语　电磁兼容（IEC 60050(161):1990,IDT）

GB/T 2421—1999　电工电子产品环境试验　第 1 部分：总则（idt IEC 60068-1:1988）

3　概述

本部分所涉及的是处于静电放电环境中和安装条件下的装置、系统、子系统和外部设备，例如，低相对湿度，使用低导电率（人造纤维）地毯、乙烯基服装等，这种情况存在于同电气和电子设备有关标准的分类规定中（详细情况见附录 A 的 A.1）。

本部分规定的试验被认为是对第 1 章提到的所有电气与电子设备性能质量评估进行统一试验的方向上迈出的第一步。

注：从技术观点上看，这些现象的精确英语术语应是"static electricity discharge"（静电放电），但是，在技术领域里和技术文献中，广泛使用了英语术语"electrostatic discharge"（静电放电），因此，决定在本部分的英语术语标题中仍然保留"electrostatic discharge"（静电放电）术语。

4　术语和定义

本部分采用下列术语和定义，这些术语和定义适用于静电放电领域，并非所有的这些术语和定义都包括在 GB/T 4365—2003 之中。

4.1

(性能)降低　degradation (of performance)

装置、设备和系统的工作性能与正常性能的非期望偏离。(见 GB/T 4365—2003)

注:"降低"一词可用于暂时失效或永久失效。

4.2

电磁兼容性　electromagnetic compatibility;EMC

设备或系统在其电磁环境中能正常工作且不对该环境中任何事务构成不能承受的电磁骚扰的能力。(见 GB/T 4365—2003)

4.3

抗静电材料　antistatic material

在同种材料或与其他类似材料相互摩擦或分离时,具有产生电荷量最小的材料。

4.4

储能电容器　energy storage capacitor

静电放电发生器中的电容器,用以代表人体充电至试验电压值时的电容量,它可以是分立元件或分布电容。

4.5

ESD　electrostatic discharge

见本部分 4.10 静电放电。

4.6

EUT　equipment under test

受试设备。

4.7

接地参考平面　ground reference plane;GRP

一块导电平面,其电位用作公共参考电位。(见 GB/T 4365—2003)

4.8

耦合板　coupling plane

一块金属片或金属板,对其放电用来模拟对受试设备附近物体的静电放电。HCP:水平耦合板;VCP:垂直耦合板。

4.9

保持时间　holding time

放电之前,由于泄漏而使试验电压下降不大于 10%的时间间隔。

4.10

静电放电　electrostatic discharge;ESD

具有不同静电电位的物体相互靠近或直接接触引起的电荷转移。(见 GB/T 4365—2003)

4.11

(对骚扰的)抗扰度　immunity (to a disturbance)

装置、设备或系统面临电磁骚扰不降低运行性能的能力。(见 GB/T 4365—2003)

4.12

接触放电方法　contact discharge method

试验发生器的电极保持与受试设备的接触并由发生器内的放电开关激励放电的一种试验方法。

4.13

空气放电方法 air discharge method

将试验发生器的充电电极靠近设备并由火花对受试设备激励放电的一种试验方法。

4.14

直接放电 direct application

直接对受试设备实施放电。

4.15

间接放电 indirect application

对受试设备附近的耦合板实施放电,以模拟人员对受试设备附近的物体的放电。

5 试验等级

表 1 给出静电放电试验时,试验等级的优先选择范围。

试验还应满足表 1 中所列的较低等级。

有关可能影响对人体带电电压电平的各种参数的详细情况见附录 A 中的 A.2。A.4 还包括一些与环境安装等级有关的试验等级的实例。

接触放电是优先选择的试验方法,空气放电则用在不能使用接触放电的场合中。每种试验方法的电压列于表 1a 和表 1b 中,由于试验方法的差别,每种方法所示的电压是不同的。两种试验方法的严酷程度并不表示相等的。

附录 A 中 A.3、A.4 和 A.5 中提供了更详细的资料。

表 1 试验等级

1a 接触放电		1b 空气放电	
等级	试验电压/kV	等级	试验电压/kV
1	2	1	2
2	4	2	4
3	6	3	8
4	8	4	15
×[1)]	特殊	×[1)]	特殊

1) “×”是开放等级,该等级必须在专用设备的规范中加以规定,如果规定了高于表格中的电压,则可能需要专用的试验设备。

6 试验发生器

试验发生器的主要部分包括:

——充电电阻 R_c;

——储能电容器 C_s;

——分布电容 C_d;

——放电电阻 R_d;

——电压指示器;

——放电开关;

——可更换的放电电极头(见图 4);

——放电回路电缆;

——电源装置。

图1表示静电放电发生器的简图，未提供详细的结构图。

发生器应满足6.1和6.2条给出的要求。

6.1 静电放电发生器的特性

规范：

——储能电容(C_s+C_d) 150(1±10%)pF

——放电电阻(R_d) 330(1±10%)Ω

——充电电阻(R_c) 50 MΩ与100 MΩ之间

——输出电压(见注1) 接触放电8 kV(标称值)
空气放电15 kV(标称值)

——输出电压示值的容许偏差 ±5%

——输出电压极性 正和负极性(可切换的)

——保持时间 至少5 s

——放电，操作方式(见注2) 单次放电(连续放电之间的时间至少1 s)

——放电电流波形 见6.2

注1：在储能电容器上测得的开路电压。

注2：仅为了探测的目的，发生器应能以至少20次/s的重复频率产生放电。

对发生器应采取措施，以防止非期望的脉冲和连续形式的辐射或传导发射，以便使受试设备或辅助试验设备不受额外的骚扰。

储能电容器、放电电阻以及放电开关应尽可能靠近放电电极。

图4提供了放电头的尺寸。

就空气放电试验方法而言，可使用相同发生器，且放电开关必须闭合。发生器应备有图4所示的圆形头。

试验发生器中放电回路的电缆一般长为2 m，其构成应使发生器满足波形的要求。它应有足够的绝缘以防止在静电放电试验期间放电电流不通过其端口而流向人员或导电表面。

若2 m长的放电回路电缆不够长(例如有一些受试设备较高)，可以采用不超过3 m长的电缆，但必须校验是否符合波形的技术规范。

6.2 静电放电发生器特性的校验

为了比较不同试验发生器所获得的试验结果，必须利用试验时所用的放电回路电缆来验证表2所示的特性。

表2 波形参数

等级	指示电压/kV	放电的第一个峰值电流/A(±10%)	放电开关操作时的上升时间 t_r/ns	在30 ns时的电流/A(±30%)	在60 ns时的电流/A(±30%)
1	2	7.5	0.7～1	4	2
2	4	15	0.7～1	8	4
3	6	22.5	0.7～1	12	6
4	8	30	0.7～1	16	8

静电放电发生器在验证过程中的输出电流波形应与图3相符。

放电电流的特性参数应使用1 000 MHz带宽的测量仪器进行验证。

带宽较窄，则意味着上升时间和第一个电流峰值测量受到限制。

验证时，放电电极头应与电流传感器直接接触，而且发生器以接触放电方式工作。

图2给出了验证静电放电发生器性能时的典型布置，靶的带宽必须大于1 GHz，附录B中给出了电流传感器结构设计的详细资料。

其他的一些布置，包括使用和图 2 尺寸不同的实验室法拉第笼，或将法拉第笼与靶平面分开都是允许的。但两种情况下，均应考虑传感器与静电放电发生器接地端点之间的距离(1 m)以及放电回路电缆的布置。

静电放电发生器应在规定的时间内，按照认可的质量保证体系重新进行校准。

7 试验配置

试验配置由试验发生器、受试设备和以下列方式对受试设备直接和间接放电时所需的辅助仪器组成。

a) 对导电表面和对耦合板的接触放电；

b) 在绝缘表面上的空气放电。

试验可分为两种不同的类型：

——在实验室进行的型式(符合性)试验；

——在最终安装条件下对设备进行的安装后试验。

优先选用的试验方法是在实验室内进行的型式试验。

受试设备应根据制造厂家的安装说明书(如果有的话)进行布置。

7.1 实验室试验的配置

下述要求适用于 8.1 中规定的参考环境条件下的实验室试验。

实验室的地面应设置接地参考平面，它应是一种最小厚度为 0.25 mm 的铜或铝的金属薄板，其他金属材料虽可使用但它们至少有 0.65 mm 的厚度。

接地参考平面的最小尺寸为 1 m^2，实际的尺寸取决于受试设备的尺寸，而且每边至少应伸出受试设备或耦合板之外 0.5 m，并将它与保护接地系统相连。

应始终遵守国家有关安全规程的规定。

受试设备应按其使用要求布置和连线。

受试设备与实验室墙壁和其他金属性结构之间的距离最小 1 m。

按照受试设备的安装技术条件，应该将它与接地系统连接。不允许有其他附加的接地线。

电源与信号电缆的布置应能反映实际安装条件。

静电放电发生器的放电回路电缆应与接地参考平面连接，该电缆的总长度一般为 2 m。

如果这个长度超过所选放电点需要的长度，如可能将多余的长度以无感方式离开接地参考平面放置，且与试验配置的其他导电部分保持不小于 0.2 m 的距离。

与接地参考平面连接的接地线和所有连接点均应是低阻抗的，例如在高频场合下采用夹具等。

规定有耦合板的地方，例如允许采用间接放电的地方，这些耦合板采用和接地参考平面相同的金属和厚度，而且经过每端带有一个 470 kΩ 电阻的电缆与接地参考平面连接，当电缆置于接地参考平面上时，这些电阻器应能耐受住放电电压且具有良好的绝缘，以避免对接地参考平面的短路。

不同类型设备的其他技术要求如下。

7.1.1 台式设备

试验设备包括一个放在接地参考平面上 0.8 m 高的木桌。

放在桌面上的水平耦合板(HCP)面积为 1.6 m×0.8 m，并用一个厚 0.5 mm 的绝缘衬垫将受试设备和电缆与耦合板隔离。

如果受试设备过大而不能保持与水平耦合板各边的最小距离为 0.1 m，则应使用另一块相同的水平耦合板，并与第一块短边侧距离 0.3 m。但此时必须将桌子扩大或使用二个桌子，这些水平耦合板不必焊在一起，而应经过另一根带电阻电缆接到接地参考平面上。

所有受试设备的安装脚架应保持原位。

图 5 提供了台式设备试验配置的实例。

7.1.2 落地式设备

受试设备与电缆用厚度约为 0.1 m 的绝缘支架与接地参考平面隔开。

图 6 提供了落地设备试验配置的实例。

任何与受试设备有关的安装脚架应保持原位。

7.1.3 不接地设备的试验方法

本条款描述的试验方法适用于安装规范或设计不与任何接地系统连接的设备或设备部件。设备或设备部件,包括便携式、电池供电和双重绝缘设备(Ⅱ类设备)。

基本原理:不接地设备或设备的不接地部件不能如Ⅰ类供电设备自行放电。若在下一个静电放电脉冲施加前电荷未消除,受试设备或受试设备的部件上的电荷累积可能使电压为预期试验电压的两倍。因此,双重绝缘设备的绝缘体电容经过几次静电放电累积,可能充电至异常高,然后以高能量在绝缘击穿电压处放电。

试验配置应分别与 7.1.1 和 7.1.2 的描述相同。

为模拟单次静电放电(空气放电或者接触放电),在施加每个静电放电脉冲之前应消除受试设备上的电荷。

在施加每个静电放电脉冲之前,应消除施加静电放电脉冲的金属点或部位上的电荷,如连接器外壳、电池充电插脚、金属天线。

当对一个或几个可接触到的金属部分进行静电放电试验,由于不保证能给出产品上该点和其他点间的电阻,应消除施加静电放电点的电荷。

应使用类似于水平耦合板和垂直耦合板用的带有 470 kΩ 泄放电阻的电缆,见 7.1。

因受试设备和水平耦合板(台式)之间以及受试设备和接地参考平面(落地式)之间的电容取决于受试设备的尺寸,静电放电试验时,如果功能允许,应安装带泄放电阻的电缆。放电电缆的一个电阻应尽可能靠近受试设备的试验点,最好小于 20 mm。第二个电阻应靠近电缆的末端,对于台式设备电缆连接于水平耦合板上(见图 8),对于立式设备电缆连接于接地参考平面上(见图 9)。

带泄放电阻电缆的存在会影响某些设备的试验结果。有争议时,若在连续放电之间电荷能有效地衰减,施加静电放电脉冲时断开电缆的试验优先于连接上电缆的试验。

以下选择可作为替代方法:

——连续放电的时间间隔应长于受试设备的电荷自然衰减所需的时间;

——使用带泄放电阻和炭纤维刷的接地电缆(例如,2×470 kΩ);

——使用加速受试设备的电荷“自然”泄放到环境的空气-离子发生器。

当施加空气放电时,离子发生器应关闭。任何替代方法的使用应在试验报告中注明。

注:在电荷衰减有争议时,可用非接触电场计监视受试设备上的电荷。当放电衰减至低于初始值的 10%后,受试设备被认为已放电。

静电放电发生器的电极头通常应垂直于受试设备的表面。

7.1.3.1 台式设备

对于台式设备,如 7.1.1 和图 5 所述,受试设备放于绝缘衬垫(厚 0.5 mm)上,绝缘衬垫位于水平耦合板上。

对受试设备上可触及的金属部分施加静电放电,其金属部分和水平耦合板之间应使用带泄放电阻的电缆连接(见图 8)。

7.1.3.2 落地式设备

对于与接地参考平面无任何金属连接的落地式设备,安装应类似于 7.1.2 和图 6。

对受试设备上可触及的金属部分施加静电放电,其金属部分和接地参考平面(GRP)之间应使用带泄放电阻的电缆连接(见图 9)。

7.2 安装后试验的配置

对鉴定试验来说,安装后试验只供验证试验时有选择地进行,不强制实施,只有经制造商和用户双方同意时才能进行。必须考虑相邻的设备可能受到不利的影响。

设备和系统应在其最终安装完毕条件下进行试验。

为了便于放电回路电缆的连接,应将接地参考平面铺设在地面上并保持与受试设备约 0.1 m 的距离,该平面应当是厚度不小于 0.25 mm 的铜或铝板,也可使用其他的金属材料,但其最小厚度为 0.65 mm,条件允许时接地参考平面应是宽约 0.3 m 和长约 2 m。

应将这个接地参考平面连接到保护接地系统上,如不能连接,而受试设备有接地端能接的话,应连接在此。

静电放电发生器的放电回路电缆应接到靠近受试设备的接地参考平面某个点上。当受试设备安装在金属桌上时,应将桌子通过每端接有 470 kΩ 的电缆连接到参考平面上,以防止电荷的累积。

图 7 提供了安装后试验配置的实例。

8 试验程序

8.1 实验室的参考条件

为了使环境参数对试验结果的影响减至最小,试验应在 8.1.1 和 8.1.2 规定的气候和电磁参考条件下进行。

8.1.1 气候条件

在空气放电试验的情况下,气候条件应在下述范围内:

——环境温度:15℃～35℃

——相对湿度:30%～60%

——大气压力:86 kPa～106 kPa

注:其他的数值在产品规范中规定。

受试设备应在其规定的气候条件下工作。

8.1.2 电磁环境条件

实验室的电磁环境不应影响试验结果。

8.2 受试设备的考核

应对试验程序和软件进行选择,使受试设备进行所有正常运行方式。虽然鼓励采用专门的考核软件,但只有证明受试设备能得到全面考核时才允许。

对于符合性试验,受试设备应在由初步试验所确定的最敏感方式下连续地运行(程序循环)。

如果要求有监测设备,那么为了减少出现故障误指示的可能性,应对监测设备去耦。

8.3 试验的实施

试验应按照试验计划,采用对受试设备直接和间接的放电方式进行。它包括:

——受试设备典型工作条件;

——受试设备是按台式设备还是落地式设备进行试验;

——确定施加放电点;

——在每个点上,是采用接触放电还是空气放电;

——所使用的试验等级;

——符合性试验中在每个点上施加的放电次数;

——是否还进行安装后的试验。

为了制定试验计划,可能需要进行某种调查性试验。

8.3.1 对受试设备直接施加的放电

除非在通用标准、产品标准或产品类标准中有其他规定,静电放电只施加在正常使用时人员可接触到的受试设备上的点和面。以下是例外的情况(亦即,放电不施加在下述点):

a) 在维修时才接触得到的点和表面。这种情况下,特定的静电放电简化方法应在相关文件中注明。

b) 最终用户保养时接触到的点和表面。这些极少接触到的点,如换电池时接触到的电池、录音电话中的磁带等。

c) 设备安装固定后或按使用说明使用后不再能接触到的点和面,例如,底部和/或设备的靠墙面或安装端子后的地方。

d) 外壳为金属的同轴连接器和多芯连接器可接触到的点。该情况下,仅对连接器的外壳施加接触放电。

非导电(例如,塑料)连接器内可接触到的点,应只进行空气放电试验。试验使用静电放电发生器的圆形电极头。

通常,应考虑以下六种情况:

例	连接器外壳	涂层材料	空气放电	接触放电
1	金属	无	—	外壳
2	金属	绝缘	涂层	可接触的外壳
3	金属	金属	—	外壳和涂层
4	绝缘	无	[a]	—
5	绝缘	绝缘	涂层	—
6	绝缘	金属	—	涂层
注:若连接器插脚有防静电放电涂层,涂层或设备上采用涂层的连接器附近应有静电放电警告标签。				
[a] 若产品(类)标准要求对绝缘连接器的各个插脚进行试验,应采用空气放电。				

e) 由于功能原因对静电放电敏感并有静电放电警告标签的连接器或其他接触部分可接触到的点,如测量、接收或其他通讯功能的射频输入端。

基本原理:许多连接器端子用于处理模拟或数字的高频信息,因而不能使用充分的过压保护装置。过压保护二极管的寄生电容妨碍受试设备工作频段内的工作。对于模拟信号,带通滤波器可能是解决方案。

在上述情况中,推荐的特定静电放电简化步骤应在相关文件中注明。

为了确定故障的临界值,试验电压应从最小值到选定的试验电压值逐渐增加(见第5章)。最后的试验值不应超过产品的规范值,以避免损坏设备。

试验应以单次放电的方式进行。在预选点上,至少施加十次单次放电(最敏感的极性)。

连续单次放电之间的时间间隔建议至少1 s,但为了确定系统是否会发生故障,可能需要较长的时间间隔。

注:放电点通过以20次/s或以上放电重复率来进行试探的方法加以选择。

静电放电发生器应保持与实施放电的表面垂直,以改善试验结果的可重复性。

在实施放电的时候,发生器的放电回路电缆与受试设备的距离至少应保持0.2 m。

在接触放电的情况下,放电电极的顶端应在操作放电开关之前接触受试设备。

对于表面涂漆的情况,应采用以下的操作程序:

如设备制造厂家未说明涂膜为绝缘层,则发生器的电极头应穿入漆膜,以便与导电层接触。如厂家指明涂漆是绝缘层,则应只进行空气放电。这类表面不应进行接触放电试验。

在空气放电的情况下,放电电极的圆形放电头应尽可能快地接近并触及受试设备(不要造成机械损伤)。每次放电之后,应将静电放电发生器的放电电极从受试设备移开,然后重新触发发生器,进行新的单次放电,这个程序应当重复至放电完成为止。在空气放电试验的情况下,用作接触放电的放电开关应当闭合。

8.3.2 间接施加的放电

对放置于或安装在受试设备附近的物体的放电应用静电放电发生器对耦合板接触放电的方式进行模拟。

除了 8.3.1 中论述的程序之外，还需满足 8.3.2.1 和 8.3.2.2 中所提出的要求。

8.3.2.1 在受试设备下面的水平耦合板

对水平耦合板放电应在水平方向对其边缘施加。

在距受试设备每个单元(若适用)中心点前面的 0.1 m 处水平耦合板边缘，至少施加 10 次单次放电(以最敏感的极性)。放电时，放电电极的长轴应处在水平耦合板的平面，并与其前面的边缘垂直。

放电电极应接触水平耦合板的边缘(见图 5)。

另外，应考虑对受试设备的所有面都施加放电试验。

8.3.2.2 垂直耦合板

对耦合板的一个垂直边的中心至少施加十次的单次放电(以最敏感的极性)(图 5 和图 6)，应将尺寸为 0.5 m×0.5 m 的耦合板平行于受试设备放置且与其保持 0.1 m 的距离。

放电应施加在耦合板上，通过调整耦合板位置，使受试设备四面不同的位置都受到放电试验。

9 试验结果的评价

试验结果应依据受试设备在试验中的功能丧失或性能降低现象进行分类，相关的性能水平由设备的制造商或需要方确定，或由产品的制造商和购买方双方协商同意。推荐按如下要求分类：

a) 在制造商、委托方或购买方规定的限值内性能正常；

b) 功能或性能暂时丧失或降低，但在骚扰停止后能自行恢复，不需要操作者干预；

c) 功能或性能暂时丧失或降低，但需操作者干预才能恢复；

d) 因设备硬件或软件损坏，或数据丢失而造成不能恢复的功能丧失或性能降低。

由制造商提出的技术规范可以规定对受试设备产生的某些影响是不重要的，因而是可接受的试验影响。

这种分类可以由负责相关产品的通用标准、产品标准和产品类标准的专业标准化技术委员会作为明确表达功能准则的指南。在没有合适的通用、产品或产品类标准时，可作为制造商和购买方协商的性能规范的框架。

10 试验报告

试验报告应包括能重现试验的全部信息。特别是下列内容：

——本部分中第 8 章要求的在试验计划中规定的项目内容；

——受试设备和辅助设备的标识，例如商标、产品型号、序列号；

——试验设备的标识，例如商标、产品型号、序列号；

——任何进行试验所需的专门环境条件，例如屏蔽室；

——进行试验所需的任何特定条件；

——制造商、委托方或购买方规定的性能水平；

——在通用、产品或产品类标准中规定的性能要求；

——试验时在骚扰施加期间及以后观察到的对受试设备的任何影响，及其持续时间；

——试验通过/失败的判断原因(根据通用标准、产品标准或产品类标准规定的性能判据或制造商和购买方达成的协议)；

——采用的任何特殊条件，例如电缆长度或类型，屏蔽或接地，或受试设备运行条件，均要符合规定。

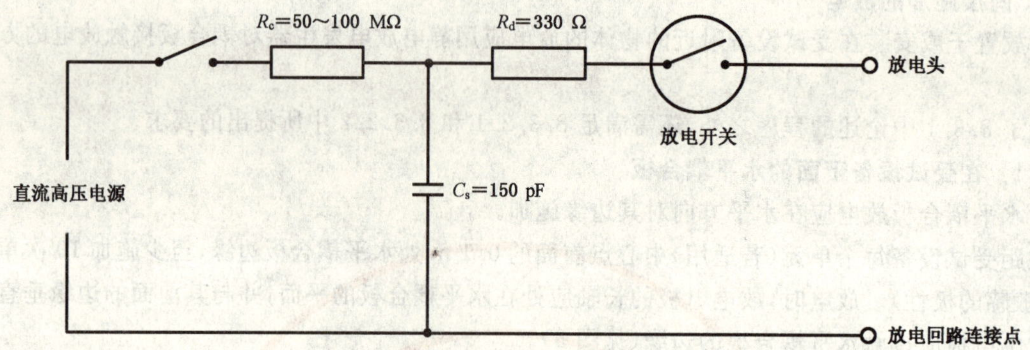

注：图中省略的 C_d 是存在于发生器与受试设备，接地参考平面以及耦合板之间的分布电容。由于此电容分布在整个发生器上，因此，在该回路中不可能标明。

图 1 静电放电发生器简图

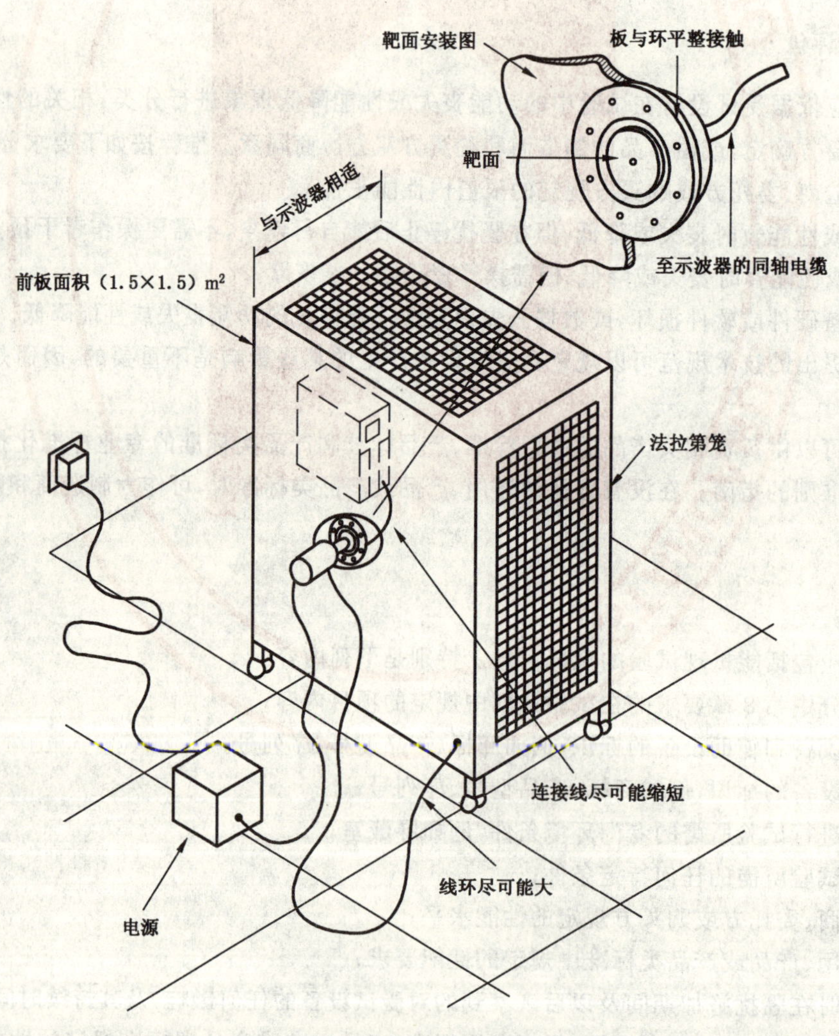

图 2 验证静电放电发生器特性的布置实例

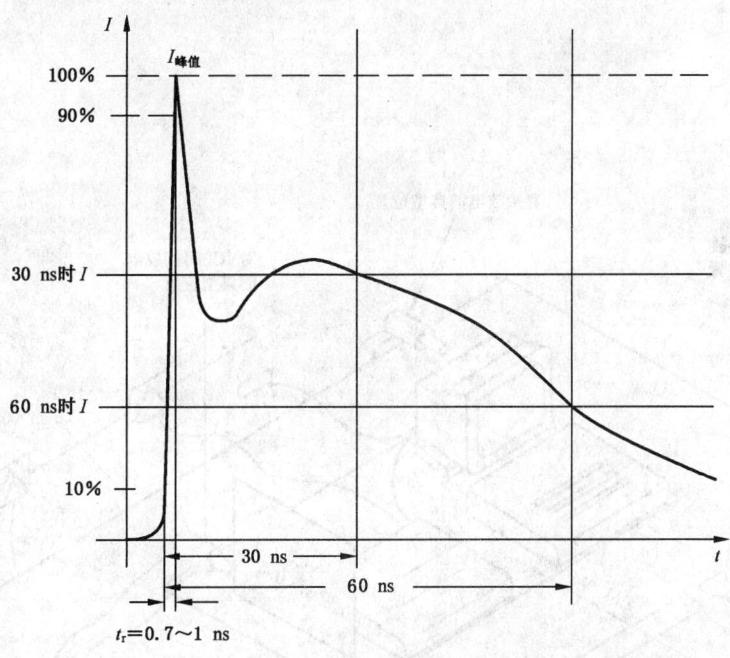

具体值在表 2 中给出。

图 3　静电放电发生器输出电流的典型波形

单位为毫米

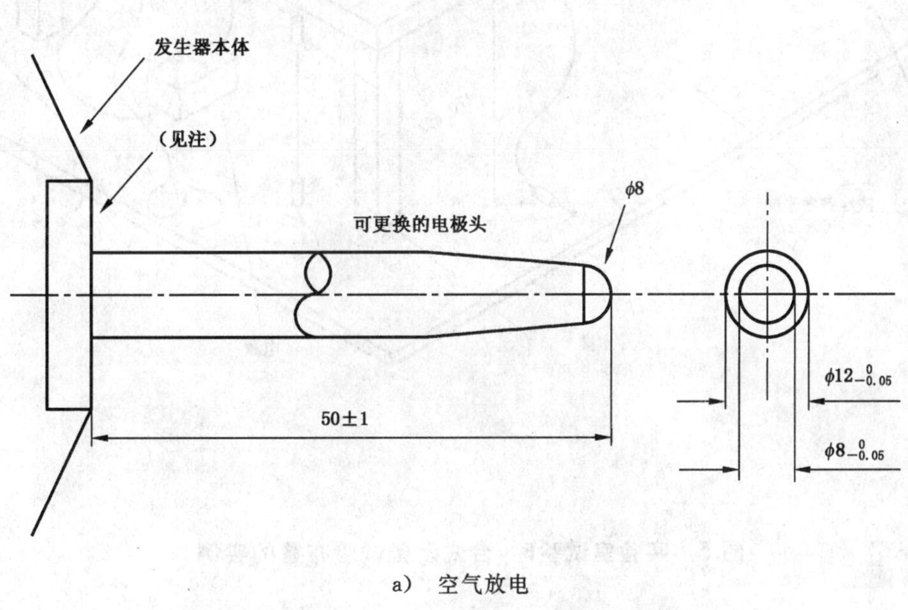

a)　空气放电

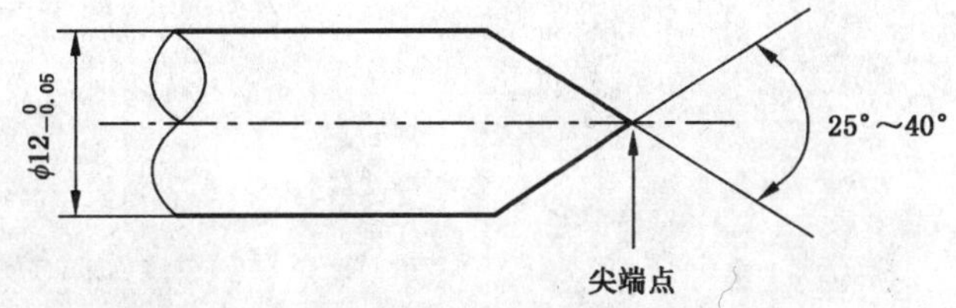

b)　接触放电

注：放电开关(例如真空继电器)应尽可能靠近放电电极头安装。

图 4　静电放电发生器的放电电极

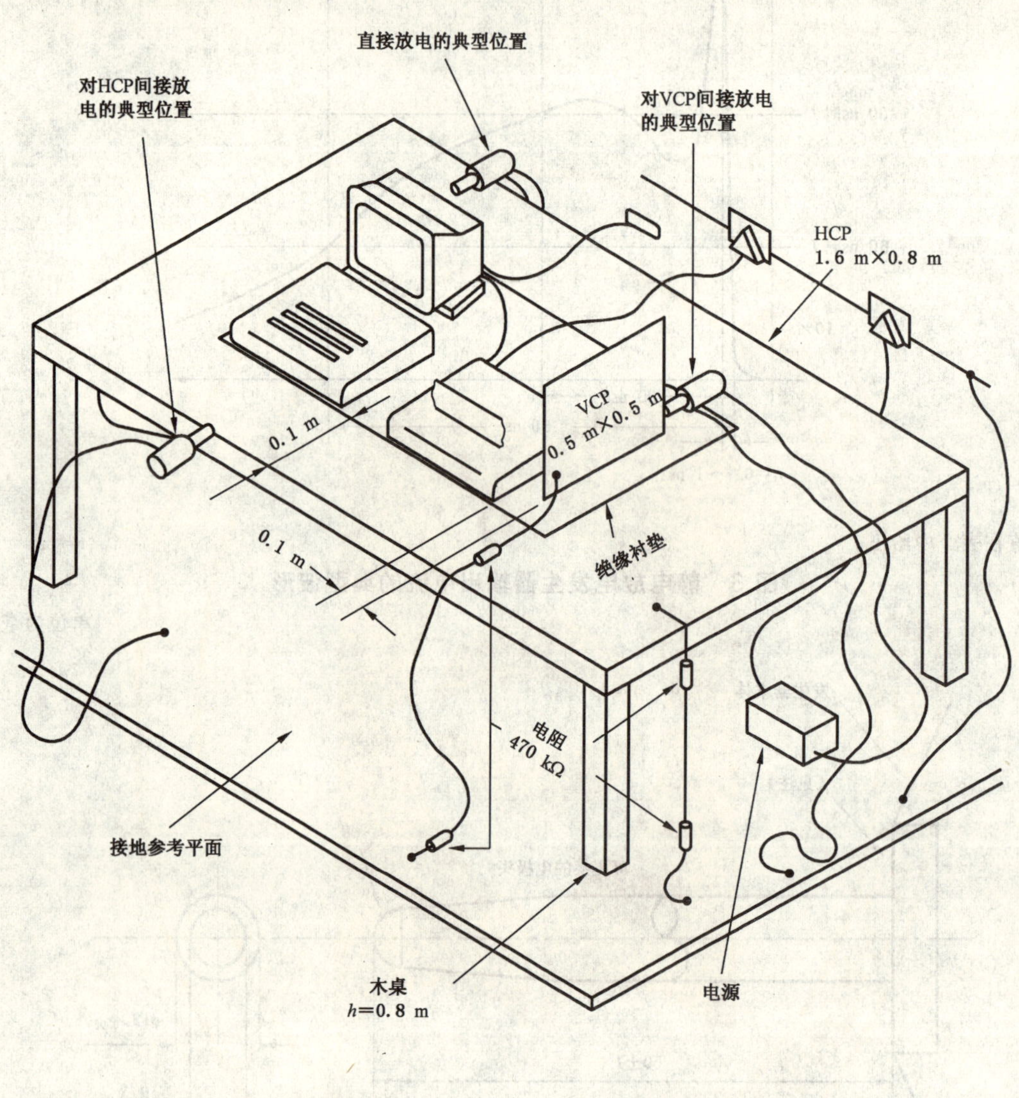

图 5　实验室试验时，台式设备试验布置的实例

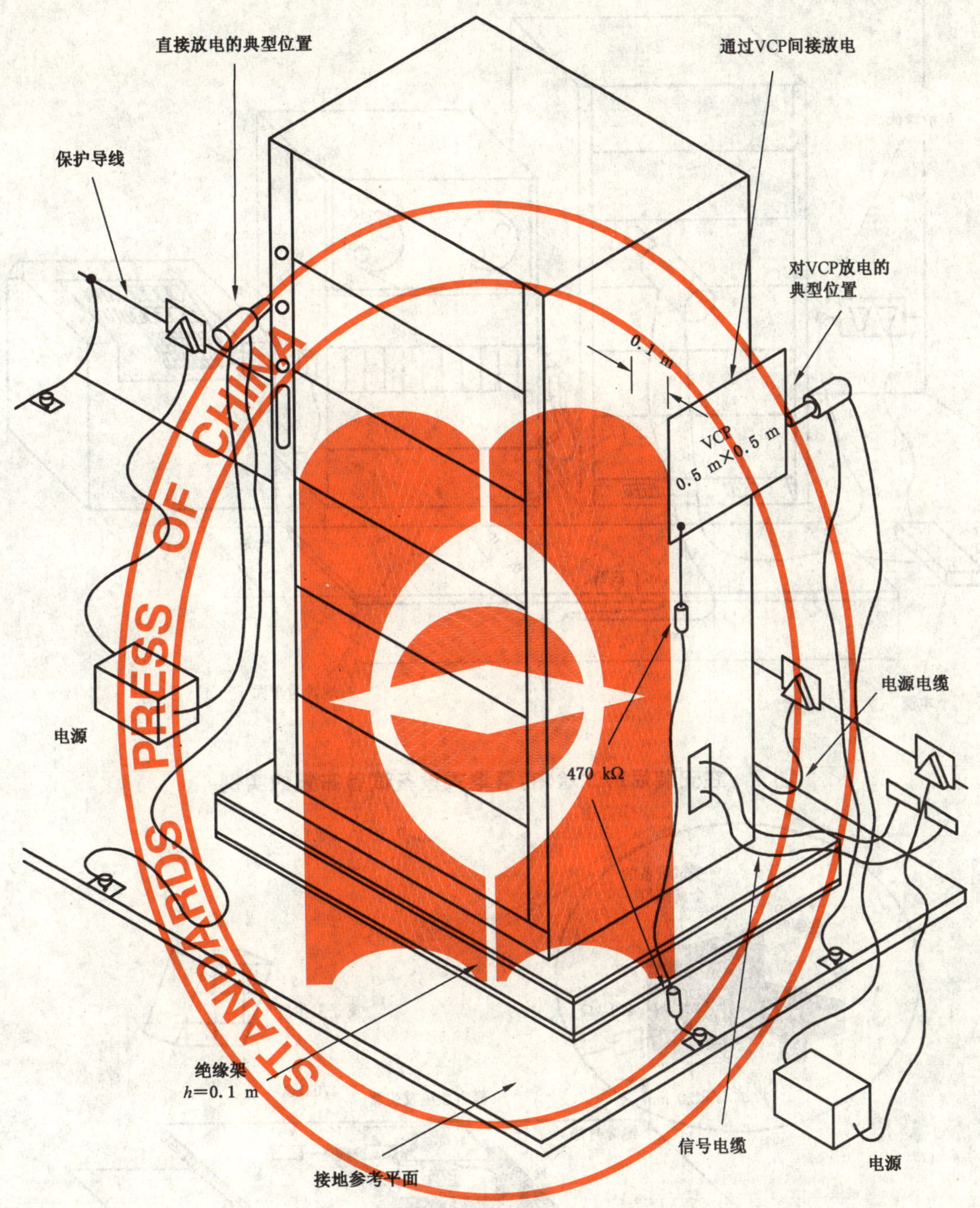

图 6　实验室试验时，落地式设备试验布置的实例

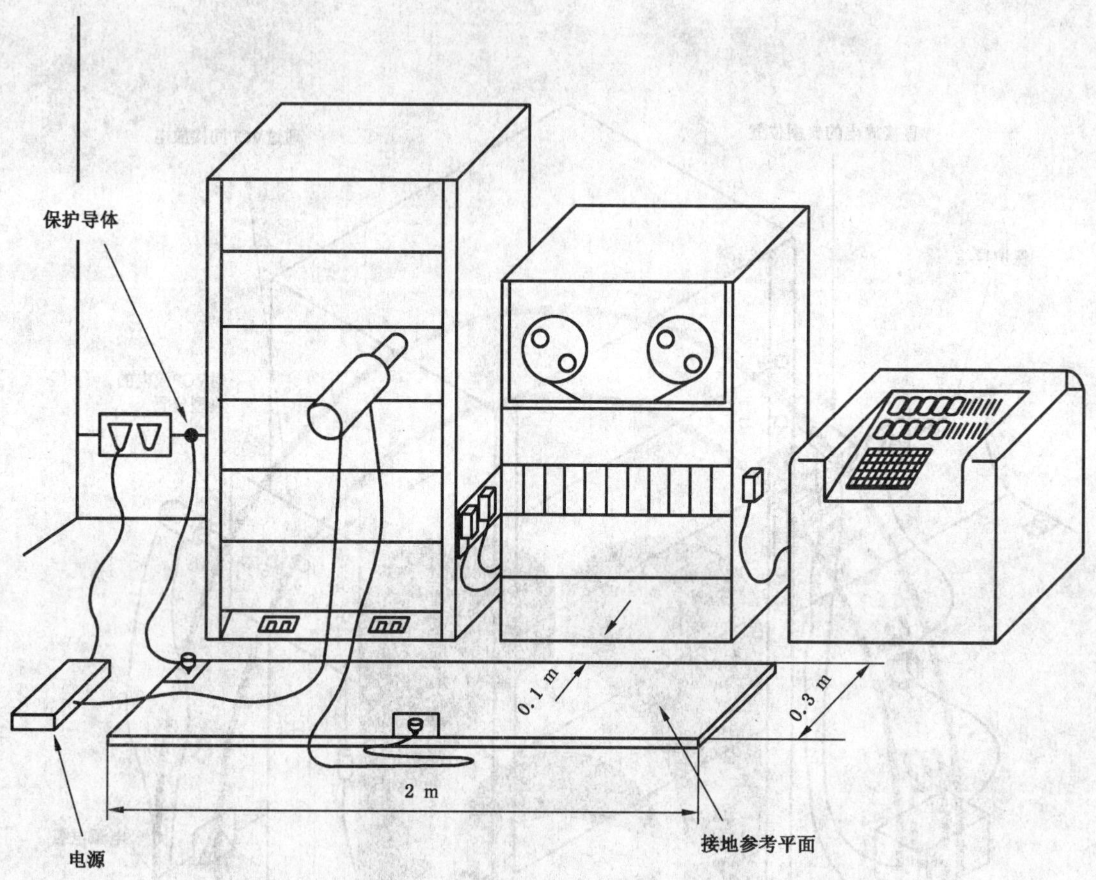

图 7 在安装后的试验中,落地式设备试验布置的实例

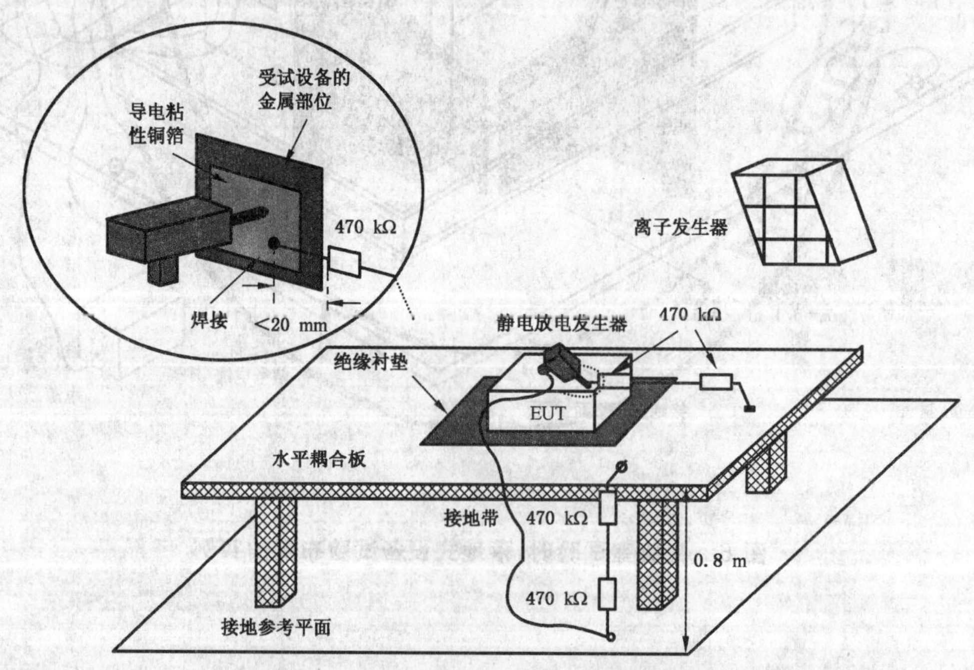

图 8 不接地台式设备的试验布置

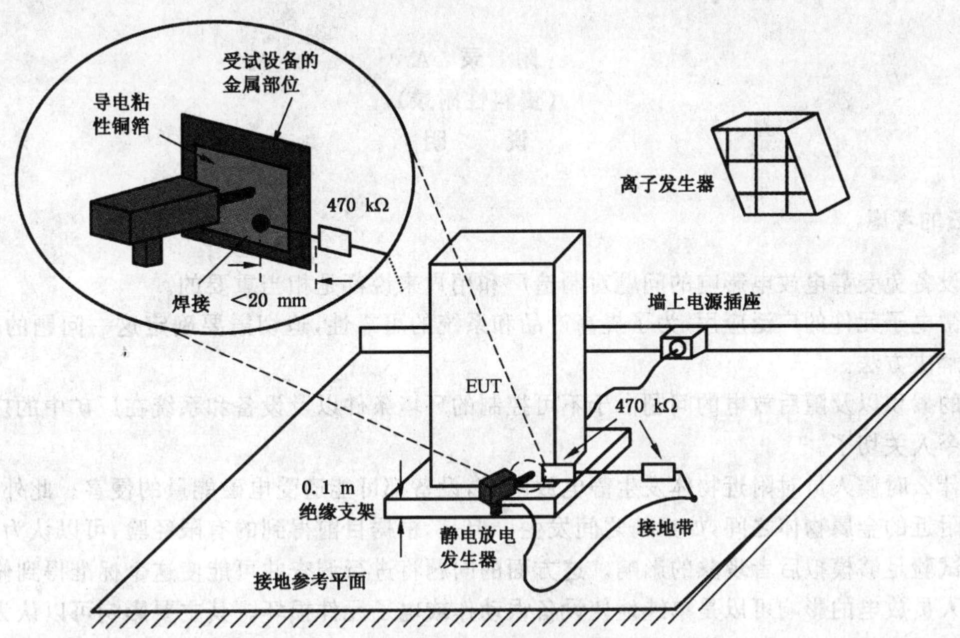

图 9　不接地落地式设备的试验布置

附 录 A
(资料性附录)
说 明

A.1 一般的考虑

保护设备免受静电放电影响的问题对制造厂和用户来说都是相当重要的。

随着微电子元件的广泛应用,为了提高产品和系统的可靠性,迫切需要确定这一问题的各种因素,寻找一种解决方法。

静电的累积以及随后放电的问题由于不可控制的环境条件以及设备和系统在厂矿中的广泛使用而变得更加令人关切了。

无论什么时候人员对附近物体发生静电放电时,设备都可能遭受电磁能量的侵害。此外,放电还可能在设备附近的金属物体之间,如桌椅之间发生。但是,根据目前得到的有限经验,可以认为,本部分阐明的一些试验足够模拟后者现象的影响。这方面的问题将进行调查并可能使这个标准得到修改。

操作人员放电的影响可以是单纯地使设备误动作或电子元件损坏。其主要影响可以认为是由放电电流的参数引起的(上升时间,持续时间等)。

对这个问题的认识以及需要某种手段来防止静电放电对设备非期望的影响,促使我们制定这个标准中的标准试验程序。

A.2 环境条件对充电量的影响

合成纤维与干燥的气候相结合特别有助于静电电荷的产生。充电过程的变化有多种可能性,一种常见的情况是某操作者在地毯上面走动,每走一步将其身体上的电子传给化纤织物或从化纤物上获得电子,操作者的衣服与其座椅之间的摩擦也会产生电荷的交换。操作者的身体可能被直接充电或静电感应,在后者的情况下,除非操作者是充分通地的,否则,即使导电的地毯也不会对其提供任何保护。

图 A.1 的曲线表示,由大气的相对湿度决定不同纤维的充电电压值。

视合成纤维的种类和环境的相对湿度而定,设备直接遭受放电的电压值可能高达几千伏。

A.3 环境级别与空气和接触放电的关系

作为一种可测量的量,一直将实际环境中得到的静电电压电平作为抗扰度要求,但是,现已证明,能量转移与其说是放电之前存在的静电电压的函数,不如说是放电电流的函数。此外,还发现在较高的电压电平范围内,放电电流一般不与预放电电压成正比。

预放电电压与放电电流之间的非正比关系的可能原因是:

——高压电荷的放电一般经过使上升时间增加的长电弧通道来实现,因此使得放电电流中的高频分量低于与预放电电压成正比例的值。

——假定在一个典型的充电过程中充电量为常数,那么高充电电压电平更可能出现在小电容量的情况下,反之,大电容两端的高充电电压则需有一系列连续发生的过程,而它不太可能发生,这意味着用户环境中所获得的高充电电压下电荷能量有变成稳定的趋向。

由以上得到的结论,对于某个给定的用户环境、抗干扰要求根据放电电流的大小来确定。

弄清了这个概念后,测试装置的设计就变得容易了。可通过对充电电压和放电阻抗的合理选择得到所希望的放电电流幅值。

A.4 试验等级的选择

试验等级应按照最切合实际的安装和环境条件来选择,表 A.1 中提供了一个指导原则。

表 A.1 试验等级选择的导则

级别	相对湿度/%	抗静电材料	合成材料	最大电压/kV
1	35	×		2
2	10	×		4
3	50		×	8
4	10		×	15

所推荐的安装与环境的级别与本部分第5章列出的试验等级有关。

对于某些材料如木材、混凝土和陶瓷，其可能的电平不大于2级。

注：当考虑选择一个适用于特殊环境合适的试验等级时，弄清静电放电效应的关键参数是十分重要的。

最关键的参数也许是放电电流的变化速率，它可通过充电电压、峰值放电电流和上升时间的不同组合来获得。

例如，利用本部分规定的静电放电发生器接触放电的8 kV/30 A第4级试验，就足以满足15 kV合成材料的环境对静电放电的要求。

但是，在非常干燥环境下的合成材料，则会出现高于15 kV的电压。

在试验设备具有绝缘表面的情况下，可使用电压高达15 kV的空气放电方法。

A.5 试验点的选择

例如，所考虑的试验点可包括以下位置：

——与地绝缘的金属外壳上的一些点。

——控制或键盘区域任何点和人机通讯的其他任何点如开关、键、旋钮、按钮以及其他操作人员易于接近的区域。

——指示器、发光二极管(LED)、缝隙、栅格、连接器罩等。

A.6 使用接触放电方法的技术原理

一般而言，上述试验方法(空气放电)的再现性受放电头接近速度、湿度和试验设备结构的影响，并导致脉冲上升时间、放电电流幅度的差异。

在静电放电试验装置的原先设计中，静电放电的情况是利用充电的电容器通过放电电极头对受试设备的放电即放电头在受试设备表面上形成一个火花间隙来模拟的。

这种火花放电是一种非常复杂的物理现象。现已查明，在移动火花间隙的情况下，当接近速度变化时，由此产生的放电电流的上升时间(上升速率)能从小于1 ns和大于20 ns发生变化。

即使保持接近速度不变，也不会使上升时间不变。对于电压和速度的某些综合影响，上升时间受到的影响可高达30倍。

使上升时间稳定的一个方法是利用一种机械上固定的火花间隙，尽管这个方法能稳定上升时间，但并不推荐它。因为，它所产生的上升时间要比所模拟的自然过程的上升时间慢得多。

实际静电放电过程的高频含量并不能用这个方法来恰当地模拟。另一种可能的方法是利用不同种类的触发装置(例如气体放电管或闸流管等)来取代间隙的火花，但这类触发装置产生的上升时间仍然比实际静电放电过程的上升时间慢得多。

目前已知的唯一能产生可重现和快速上升的放电电流的触发装置是继电器。继电器应有足够的耐压和单次接触性(以避免上升部分的两次放电)，对于较高的电压，真空继电器证明是有用的。经验表明，利用继电器作为触发装置，不仅测量的放电脉冲在其上升部分的可重复性要好得多，而且用实际受试设备作试验的结果重现性也更好。

继电器启动脉冲试验装置是一个能产生特殊电流脉冲(幅值和上升时间)的装置。

这个电流与实际静电放电电压有关，如A.3所述。

A.7 静电放电发生器元件的选择

人体电容量的储能电容器，该电容量标称值为 150 pF。

为表示人体握有某个如钥匙或工具等金属物时的源电阻可选用一个 330 Ω 的电阻，现已证明，这种金属放电情况足以严格地表示现场的各种人员的放电。

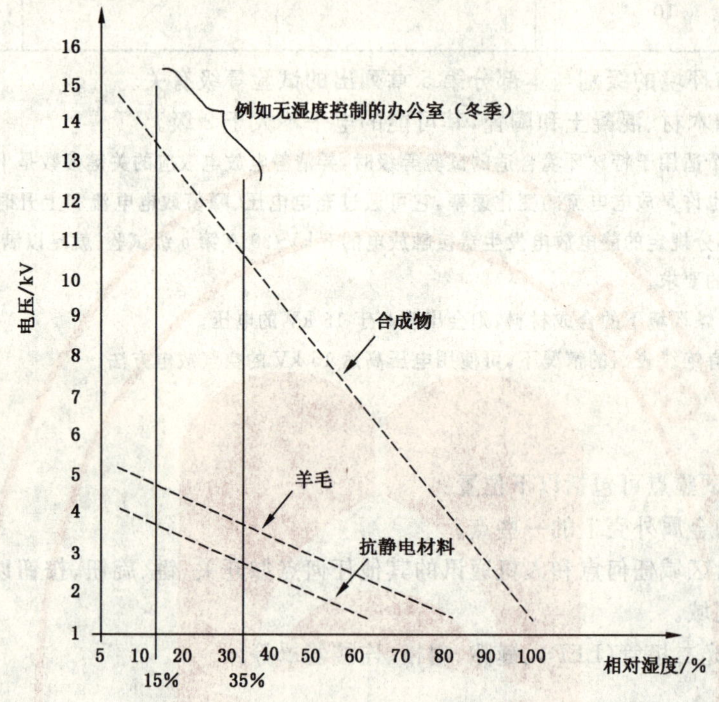

图 A.1 与 A.2 所提到的材料接触时，可能对操作人员充电静电电压的最大值

附　录　B
（资料性附录）
元件的详细结构

B.1　电流传感器

图 B.1～图 B.7 显示电流传感器结构的详细情况。

应遵守以下安装顺序：

1)　将 25 个负载电阻“7”(51 Ω,5%,0.25 W)焊接在输出侧圆盘“3”上,并削平焊接端子。

2)　将 5 个匹配电阻“8”(240 Ω,5%,0.25 W)以五边形排列方式焊接在的 N 型同轴结构的输出连接器上。

3)　利用 4 个 6.5 mm 的 M2.5 圆柱头螺钉,将装好负载电阻的输出侧圆盘“3”安装在输出连接口法兰“1”上。

4)　利用 4 个 M3 螺钉将装好匹配电阻的输出连接器“7”安装在连接器法兰“1”上。

5)　将输入圆盘“4”连同拧紧与焊好的电极“6”的螺钉支座焊接到负载与匹配电阻器阻上,并削平焊接端子。

6)　将电极盘“5”拧紧在电极“6”的螺丝支座上,然后利用 8 个 6.5 mm 长的 M3 圆柱头螺钉用来固定“2”的支座。

B.2　感性电流探头

其说明和结构的详细情况正在考虑之中。

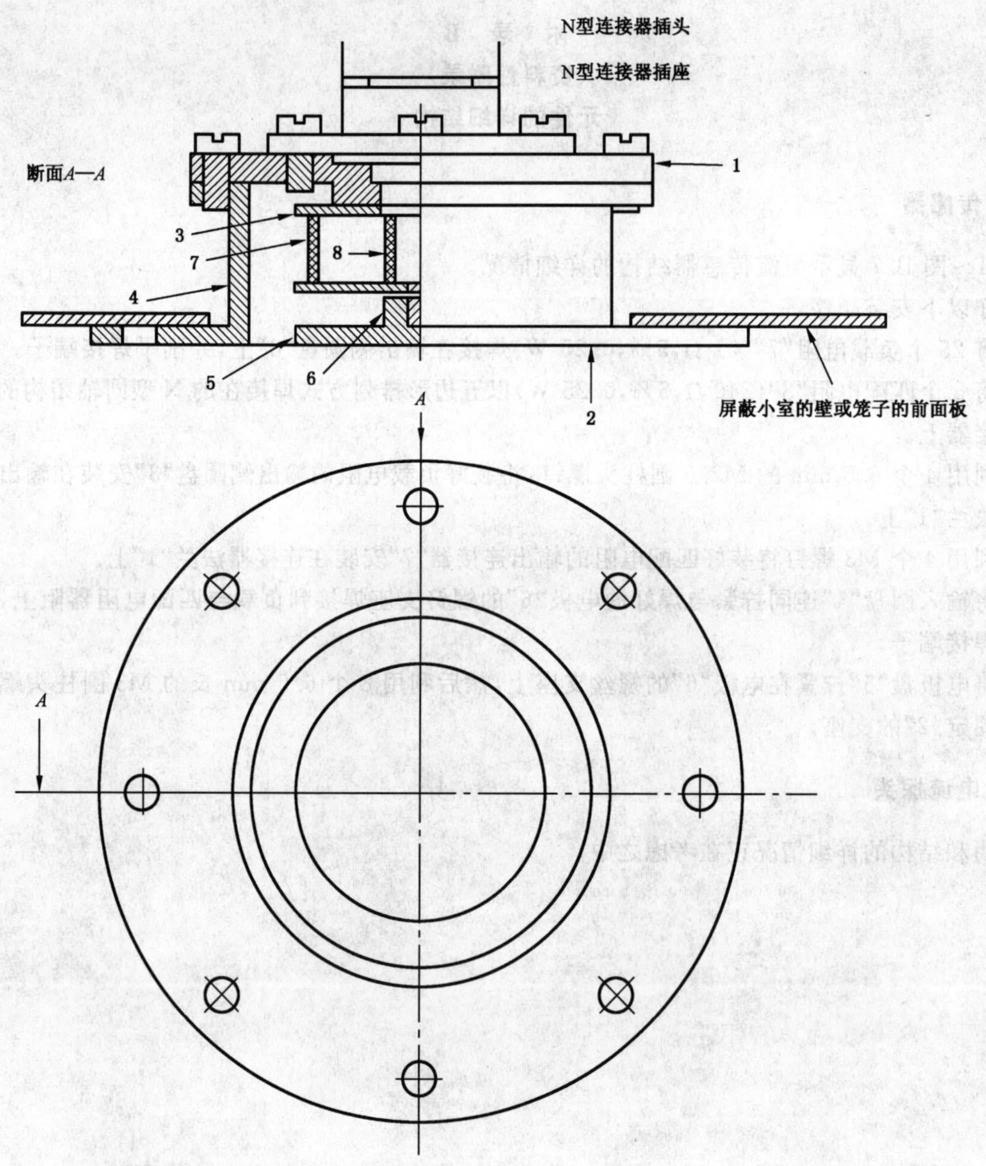

单位为毫米

序号	数量	备　注
1	1	圆柱头螺钉　M3×6.5　12只
2	1	
3	1	圆柱头螺钉　M2.5×5.0　3只
4	1	
5	1	
6	1	
7	25	电阻 51 Ω
8	5	电阻 240 Ω

图 B.1　阻性负载的结构图

单位为毫米

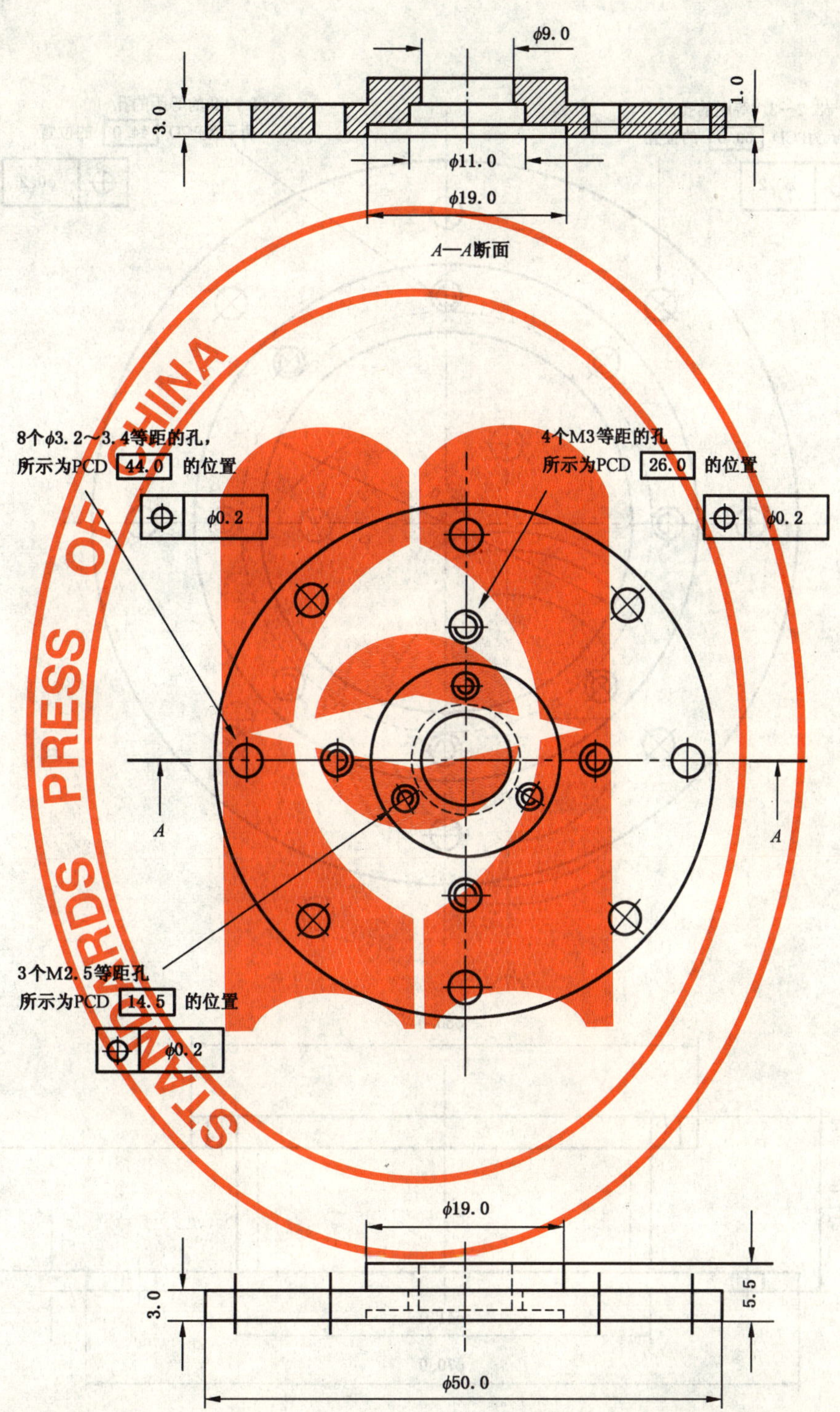

材料及涂层：镀银的铜或镀银的黄铜

图 B.2

单位为毫米

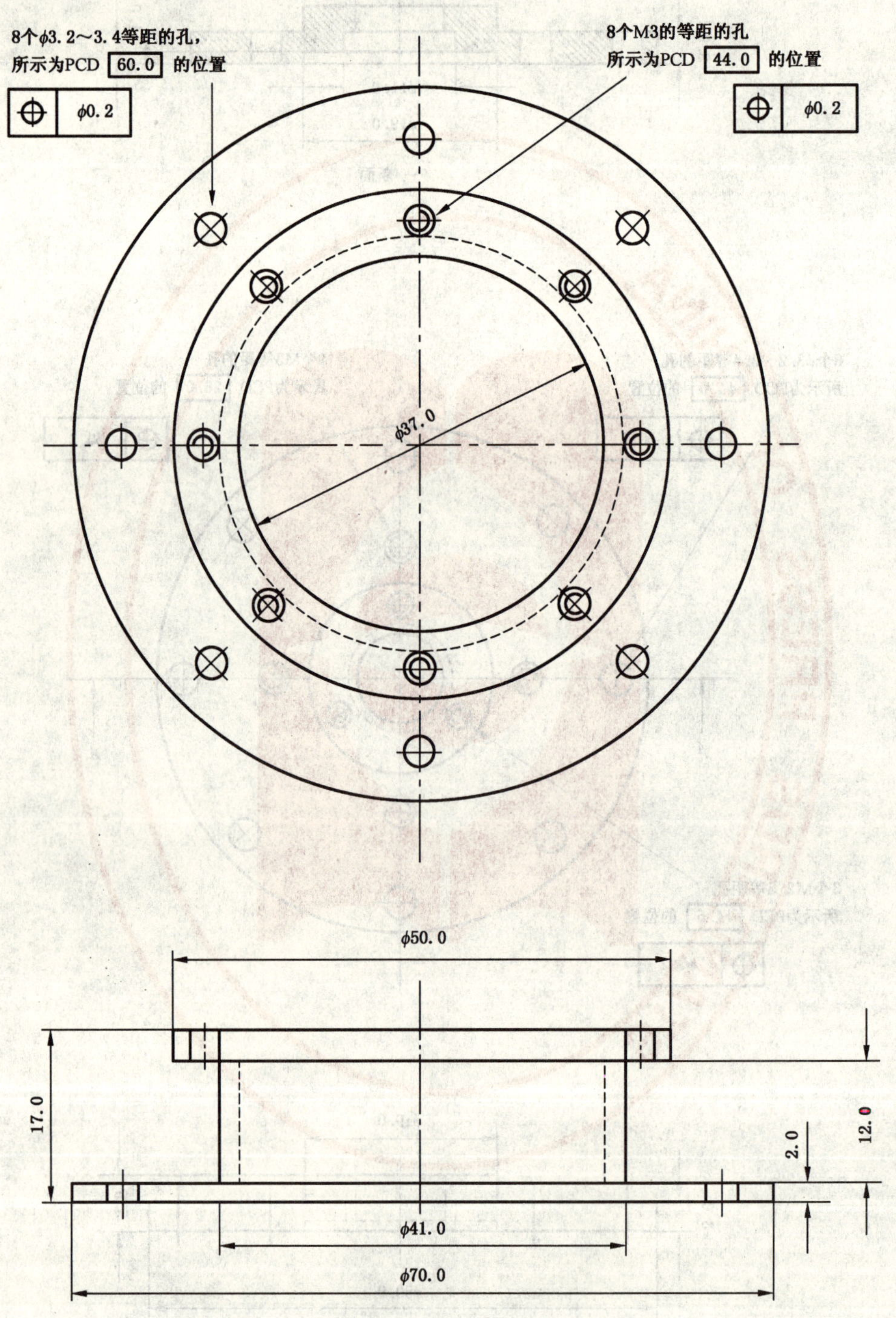

材料及涂层：镀银的铜或镀银的黄铜

图 B.3

单位为毫米

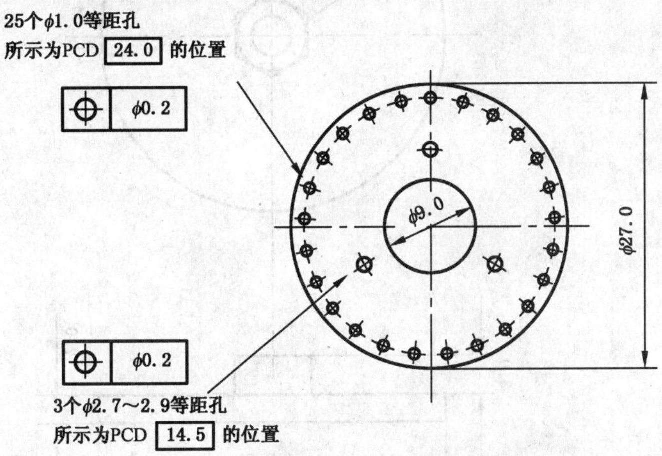

材料及涂层:1 mm厚镀银的铜或镀银的黄铜

图 B.4

单位为毫米

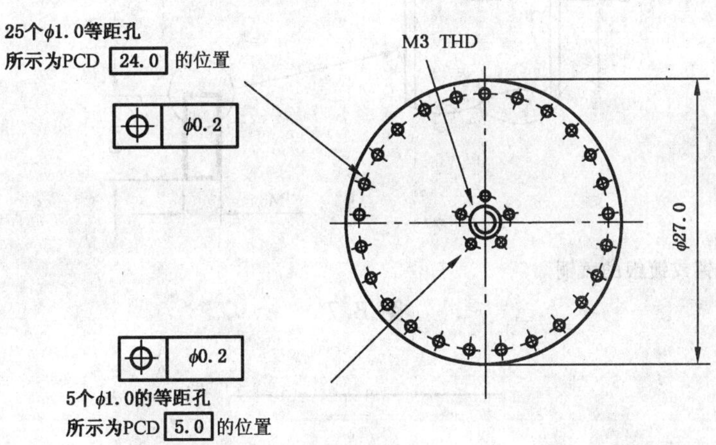

材料及涂层:镀银的铜或镀银的黄铜

图 B.5

单位为毫米

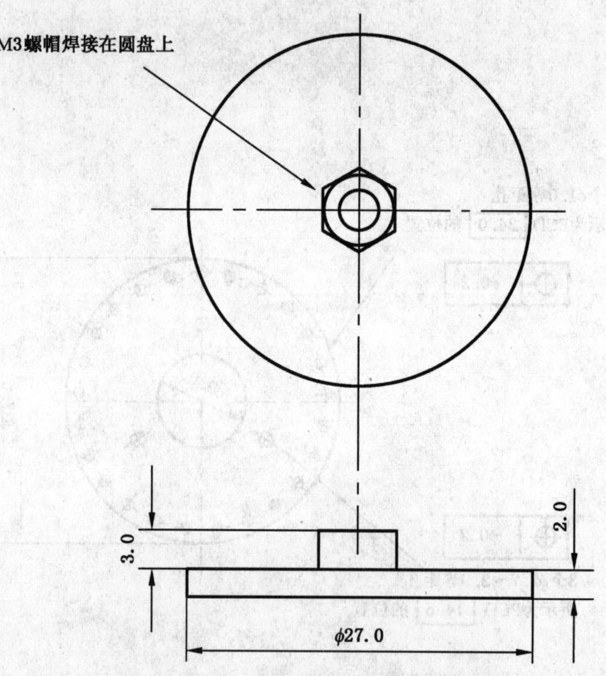

材料及涂层:镀银的铜或镀银的黄铜

图 B.6

单位为毫米

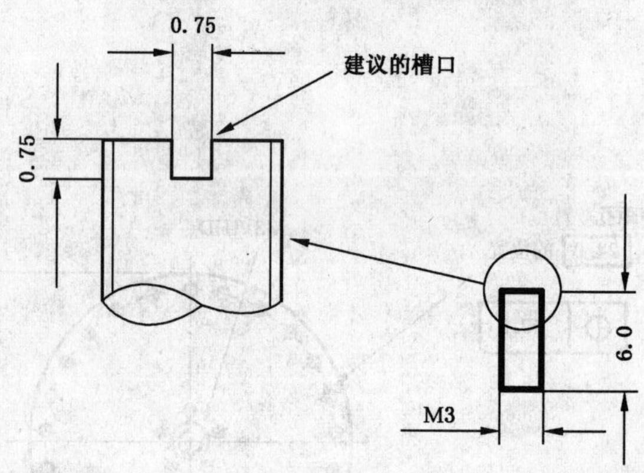

材料及涂层:镀银的铜或镀银的黄铜

图 B.7

ICS 33.100.20
L 06

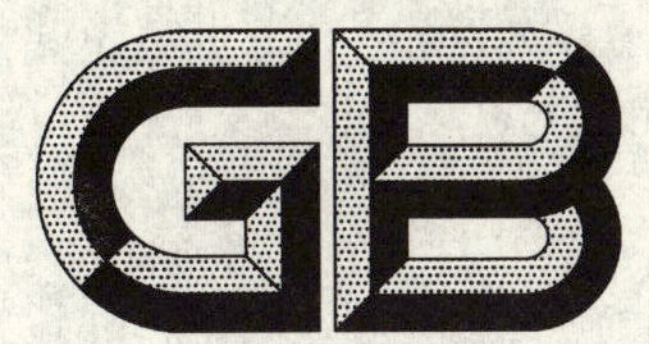

中华人民共和国国家标准

GB/T 17626.3—2006/IEC 61000-4-3:2002
代替 GB/T 17626.3—1998

电磁兼容 试验和测量技术 射频电磁场辐射抗扰度试验

**Electromagnetic compatibility—
Testing and measurement techniques—
Radiated, radio-frequency, electromagnetic field immunity test**

(IEC 61000-4-3:2002
Electromagnetic compatibility(EMC)—
Part 4-3: Testing and measurement techniques—
Radiated, radio-frequency, electromagnetic field immunity test, IDT)

2006-12-19 发布　　2007-09-01 实施

中华人民共和国国家质量监督检验检疫总局
中国国家标准化管理委员会　发布

前　言

GB/T 17626《电磁兼容　试验和测量技术》系列标准包括以下部分：

GB/T 17626.1—2006　电磁兼容　试验和测量技术　抗扰度试验总论

GB/T 17626.2—2006　电磁兼容　试验和测量技术　静电放电抗扰度试验

GB/T 17626.3—2006　电磁兼容　试验和测量技术　射频电磁场辐射抗扰度试验

GB/T 17626.4—1998　电磁兼容　试验和测量技术　电快速瞬变脉冲群抗扰度试验

GB/T 17626.5—1999　电磁兼容　试验和测量技术　浪涌(冲击)抗扰度试验

GB/T 17626.6—1998　电磁兼容　试验和测量技术　射频场感应的传导骚扰抗扰度

GB/T 17626.7—1998　电磁兼容　试验和测量技术　供电系统及相连设备的谐波、谐间波的测量和测量仪器导则

GB/T 17626.8—2006　电磁兼容　试验和测量技术　工频磁场抗扰度试验

GB/T 17626.9—1998　电磁兼容　试验和测量技术　脉冲磁场抗扰度试验

GB/T 17626.10—1998　电磁兼容　试验和测量技术　阻尼振荡磁场抗扰度试验

GB/T 17626.11—1999　电磁兼容　试验和测量技术　电压暂降、短时中断和电压变化抗扰度试验

GB/T 17626.12—1998　电磁兼容　试验和测量技术　振荡波抗扰度试验

GB/T 17626.13—2006　电磁兼容　试验和测量技术　交流电源端口谐波、谐间波及电网信号的低频抗扰度试验

GB/T 17626.14—2005　电磁兼容　试验和测量技术　电压波动抗扰度试验

GB/T 17626.17—2005　电磁兼容　试验和测量技术　直流电源输入端口纹波抗扰度试验

GB/T 17626.27—2006　电磁兼容　试验和测量技术　三相电压不平衡抗扰度试验

GB/T 17626.28—2006　电磁兼容　试验和测量技术　工频频率变化抗扰度试验

GB/T 17626.29—2006　电磁兼容　试验和测量技术　直流电源输入端口电压暂降、短时中断和电压变化抗扰度试验

本部分为 GB/T 17626 的第 3 部分。

本部分等同采用国际标准 IEC 61000-4-3:2002(第 2.1 版)《电磁兼容　试验和测量技术　射频电磁场辐射抗扰度试验》,该标准基于 IEC 61000-4-3:2002(第 2 版)+修正案 A1(2002)制定。

本部分依据 GB/T 20000.2—2001《标准化工作指南　第 2 部分:采用国际标准的规则》进行下列编辑性修改:删除 IEC 61000-4-3:2002(第 2.1 版)的前言和引言,并将有关内容写入本部分前言中。

本部分自实施之日起代替 GB/T 17626.3—1998《电磁兼容　试验和测量技术　射频电磁场辐射抗扰度试验》。

本版技术内容的主要变化简述:

1. 范围:增加两个方面的说明

a. 对于未来新型无线电业务,可能要在其他频段规定试验等级。

b. 本部分涉及一般用途的抗扰度试验,对于防止数字无线电话的辐射有特殊的考虑。

2. 概述:增加下列内容:近年来在 0.8～3 GHz 频段工作的无线电话和无线电发射机大量增加,并大量应用非恒定包络调制技术(如 TDMA)。

3. 定义:新增 4 个定义:4.18 人身携带设备;4.19 RMS 最大值;4.20 非恒定包络调制;4.21 时分多址 TDMA。

4. 试验等级：新增 5.2“保护(设备)抵抗数字无线电话射频辐射的试验等级”。

5. 试验设备：6.2“场的校准”新增对于发射天线位置、EUT 表面(≥1.5 m×1.5 m)大小等情况下的具体校准方法作了明确的规定，此外还新增了 6.2.1“恒定场强校准方法”和 6.2.2“恒定功率校准方法”。

6. 试验配置：新增 7.4“人身携带设备的布置”。

7. 试验程序：增加对已调幅载波驻留时间的规定。

8. 试验结果评定：增加两方面内容：

a. 说明试验结果分类的依据；

b. 说明性能判据在制定通用标准、产品/产品类标准或采购产品的框架协议时的指导作用。

9. 试验报告：第一版标准中对试验报告仅规定在报告中应包括试验条件和试验结果，第二版对试验报告作了较详细的规定。包括：试验计划，EUT、试验设备、进行试验的特殊环境条件或特殊条件等 10 个方面的要求，以保证试验的准确性、重复性。

10. 附录主要变化：

a. 原附录 A“便携式收发机(步话机)”现改为附录 A“保护(设备)抵抗数字无线电话射频辐射的试验调制方式的选择原理”。

b. 新增了三个附录：

附录 I(资料性附录)环境描述

附录 J(规范性附录)频率高于 1 GHz 时的替代照射法(独立窗口法)

附录 K(资料性附录)放大器非线性和 6.2 条校准方法实例

本部分共有 11 个附录(附录 A～附录 K)，除附录 J 为规范性附录外，其余为资料性附录。

本部分由全国电磁兼容标准化技术委员会提出并归口

本部分负责起草单位：上海电器科学研究所(集团)有限公司、上海工业自动化仪表研究所。

本部分主要起草人：寿建霞、李沐、洪济晔、何新民、张君、黄楚彬。

电磁兼容　试验和测量技术
射频电磁场辐射抗扰度试验

1　范围

GB/T 17626 的本部分适用于电气、电子设备的电磁场辐射抗扰度试验,它规定了试验等级和必要的试验程序。

本部分的目的是建立电气、电子设备受到射频电磁场辐射时的性能评定依据。本部分第 5 章规定的频率以外不需进行试验。对某些将来可能出现的无线电方面的新业务可能会降低电气和电子设备的性能,因此有可能其他的频段也规定试验等级。

本部分适用于一般目的用的抗扰度试验,对防止数字无线电话的射频辐射有专门规定。

注:本部分规定了测量 EUT 在电磁辐射状况下影响程度的试验方法。电磁辐射的模拟和测量对定量确定这种影响程度是不够准确的。所定义试验方法的宗旨是为定性分析而建立一个对各种 EUT 均可获得充分重复性测量结果的方法。

本部分并不对具体设备或系统的试验作规定。本部分的主要目的是为有关专业标准化技术委员会提供一个通用的基础标准,制定产品标准时应根据其产品选择合适的试验等级。

2　规范性引用文件

下列文件中的条款通过 GB/T 17626 的本部分的引用而成为本部分的条款。凡是注日期的引用文件,其随后所有的修改单(不包括勘误的内容)或修订版均不适用于本部分,然而,鼓励根据本部分达成协议的各方研究是否可使用这些文件的最新版本。凡是不注日期的引用文件,其最新版本适用于本部分。

GB/T 4365　电工术语　电磁兼容(GB/T 4365—2003, IEC 60050(161),IDT)

GB/T 17626.6　电磁兼容　试验和测量技术　射频场感应的传导骚扰抗扰度(GB/T 17626.6—1998,idt IEC 61000-4-6)

3　概述

电磁辐射以某种方式影响大多数的电子设备。如操作维修及保安人员使用的小型手持无线电收发机、固定的无线电广播、电视台的发射机、车载无线电发射机和各种工业电磁源均会频繁地产生这种辐射。

近年来,无线电话及其他无线电发射装置的使用显著增加,其使用频率在 0.8 GHz 至 3 GHz 之间。其中有许多设备使用的是非恒定包络调制技术(如 TDMA)。

除了有意产生的电磁能以外,还有一些设备产生杂散辐射,如电焊机、晶闸管装置、荧光灯、感性负载的开关操作等等。这种干扰在大多数情况下表现为传导干扰,传导干扰在本系列标准的其他标准中涉及。用以防止电磁场影响的方法通常也会使这类干扰源的影响减少。

电磁环境取决于该环境内的电磁场强度(场强以 V/m 表示),没有先进的仪器,场强很难测量,也很难用经典公式或方程式来计算,因为周围建筑物和邻近其他设备的影响会使电磁波反射和失真。

4　术语和定义

本部分采用下列术语和定义以及 GB/T 4365 中的术语和定义。

4.1

调幅 amplitude modulation

载波幅度按给定规律变化的过程。

4.2

电波暗室 anechoic chamber

安装吸波材料用以降低内表面电波反射的屏蔽室。

4.2.1

全电波暗室 fully anechoic chamber

内表面全部安装吸波材料的屏蔽室。

4.2.2

半电波暗室 semi-anechoic chamber

除地面安装反射接地平板外，其余内表面均安装吸波材料的屏蔽室。

4.2.3

可调式半电波暗室 modified semi-anechoic chamber

在地面反射接地平板上附加吸波材料的半电波暗室。

4.3

天线 antenna

一种将信号源射频功率发射到空间或截获空间电磁场转变为电信号的转换器。

4.4

平衡—不平衡转换器 balun

用来将不平衡电压与平衡电压相互转换的装置(GB/T 4365)。

4.5

连续波(CW) continuous waves (CW)

在稳态条件下，完全相同的连续振荡的电磁波，可以通过中断或调制来传递信息。

4.6

电磁波 electromagnetic (EM) wave

由电荷振荡所产生的辐射能量，其特征是电磁场的振荡。

4.7

远场 far field

由天线发生的功率通量密度近似地随距离的平方呈反比关系的场域。对于偶极子天线来说，该场域相当于大于 $\lambda/2\pi$ 的距离，λ 为辐射波长。

4.8

场强 field strength

“场强”一词仅适用于远场测量。测量可以是电场分量或磁场分量，可用 V/m，A/m 或 W/m^2 表示并可相互换算。

注：近场测量时，术语“电场强度”或“磁场强度”的使用取决于是否分别测量电场或磁场的分量。近场中，电场强度和磁场强度与距离的关系是复杂的，并且很难预测，它涉及到场中特定的布置。因此，一般不可能确定复合场的分量在时间和空间相位上的变化，功率通量密度同样也是不确定的。

4.9

频带 frequency band

两个限定的频率点之间频率延伸的连续区间。

4.10

感应场　induced field

电场或/和磁场的主要能量存在于距离 $d<\lambda/2\pi$ 的区域，λ 为波长，其场源的尺寸应小于 d。

4.11

各向同性　isotropic

在各个方向上具有相同特性值。

4.12

极化　polarization

辐射场电场向量的方向。

4.13

屏蔽室　shielded enclosure

专为隔离内外电磁环境而设计的屏栅或整体金属房。其目的是防止室外电磁场导致室内电磁环境特性下降，并避免室内电磁发射干扰室外活动。

4.14

带状线　stripline

由两块平行板构成的带匹配终端的传输线，电磁波在其间以横电磁波模式传输，从而产生供测试使用的电磁场。

4.15

杂散辐射　spurious radiation

电气装置产生的不希望有的电磁辐射。

4.16

扫描　sweep

连续或步进扫过一段频率范围。

4.17

收发机　transceiver

共用一个外壳的无线电发射和接收的组合装置。

4.18

人身携带设备　human body-mounted equipment

欲用于人身附属的设备。它包含那些人们携带的正在运行中的手持式设备(即袖珍设备)和电子辅助装置以及植入于人体内的装置。

4.19

RMS 最大值　maximum RMS value

在一个调制周期内，射频调制信号短期的 RMS 最大值。短期 RMS 是在一个载波周期内进行计算的。例如，对图 1 b)，最大 RMS 电压为：

$$V_{\text{maximum RMS}}=V_{\text{p-p}}/(2\times\sqrt{2})=1.8\ \text{V}$$

4.20

非恒定包络调制　non-constant envelope modulation

RF 调制方案，相对其载波周期而言，载波幅值在时间上变化缓慢。例如，包括常规幅度调制及时分多址。

4.21

时分多址　TDMA(time division multiple access)

时间增倍调制电路分时复合调制方案，在某一分配频率同一载波内设置几个通信信道。每一信道被赋与某一时间段，在该时间周期内，如果该信道是激活的，则信号作为 RF 脉冲被传输，而如果该信道不是处于激活的，则脉冲未被传输，这样载波包络就不为常数。而脉冲的幅值为定值，RF载波被频率调制或相位调制。

5 试验等级

5.1 一般试验等级

表1列出了优先选择的试验等级。

频率范围:80 MHz～1 000 MHz。

表1 试验等级

等 级	试验场强/(V/m)
1	1
2	3
3	10
×	特定
注：×是一开放的等级，可在产品规范中规定。	

表1给出的是未调制信号的场强。作为试验设备，要用1 kHz的正弦波对未调制信号进行80%的幅度调制来模拟实际情况(见图1)，详细试验步骤见第8章。

注1：有关专业标准化技术委员会可以在GB/T 17626.3和GB/T 17626.6之间选择比80 MHz略高或略低的过渡频率(见附录H)。

注2：有关专业标准化技术委员会可以选择其他调制方法。

注3：GB/T 17626.6也为电气或电子产品抗电磁辐射的抗扰度规定了试验方法，该标准涉及80 MHz以下的频率。

5.2 保护(设备)抵抗数字无线电话射频辐射的试验等级

表2给出了频率范围为800 MHz～960 MHz以及1.4 GHz～2.0 GHz优先选择的试验等级。

表2 频率范围:800 MHz～960 MHz以及1.4 GHz～2.0 GHz

等 级	试验场强/(V/m)
1	1
2	3
3	10
4	30
×	特定
注：×是一开放的等级，可在产品规范中规定。	

测试场强列给出的是未调制的载波信号。作为试验设备，要用1 kHz的正弦波对载波信号进行80%的幅度调制来模拟实际情况(见图1)，优选的详细试验步骤见第8章。

如果产品仅需符合有关方面的使用要求，则1.4 GHz～2.0 GHz频段的试验范围可缩小至仅满足我国规定的具体频段，此时应在试验报告中记录缩小的频率范围。

有关专业标准化技术委员会应对每个频率范围规定合适的试验等级。在表1和表2所述的频率范围内，仅需对其中较高的试验等级进行试验。

注1：附录A中含有关于决定使用正弦波调制的说明以及保护(设备)抵抗数字无线电话射频辐射的试验。

注2：附录F为选择试验等级的指南。

注3：表2的测量范围为分配给数字无线电话机使用的频带(附录I为本部分出版时分配给特殊数字无线电话机使用的频带列表)。

注4：800 MHz以上的干扰主要来自无线电话系统。对工作于该频段的其他系统，如工作在2.4 GHz的无线局域网，其功率一般很小(通常小于100 mW)，因而不大会出现明显问题。

6 试验设备

推荐下列类型的试验设备：

电波暗室：具有合适的尺寸，能维持相对于 EUT 来说具有足够空间的均匀场域。局部安装一些吸收材料可以使室内的反射减弱。

注：产生电磁场的替代方法有：横电磁波室，带状线，不安装吸波材料的屏蔽室、局部安装吸波材料的屏蔽室和开阔试验场。

为了满足试品放在均匀场中，这些设备在尺寸、频率范围方面具有局限性，或可能违反地方法规。

应注意确保试验条件等效于电波暗室中的条件。

电磁干扰(EMI)滤波器：应注意确保滤波器在连接线路上不致引起谐振效应。

射频信号发生器：能够覆盖所有感兴趣的频带，并能被 1 kHz 的正弦波进行调幅，调幅深度 80%。应具有以慢于 1.5×10^{-3} 十倍频程/s 的自动扫描功能，如带有频率合成器，则应具有频率步进和延时的程控功能，也应具有手动设置功能。

为了避免谐波对作为监视用的接收信号设备造成干扰，必要时采用低通或带通滤波器。

功率放大器：放大信号(调制的或未调制的)及提供天线输出所需的场强电平。放大器产生的谐波和失真电平应比载波电平至少低 15 dB。

发射天线(见附录 B)：能够满足频率特性要求的双锥形、对数周期或其他线性极化天线系统。圆极化天线正在考虑中。

水平和垂直极化或各向同性场强监视天线：采用总长度约为 0.1 m 或更短的偶极子，其置于被测场强中的前置增益和光电转换装置具有足够的抗扰度，另配有一根与室外指示器相连的光纤电缆，还需采用充分滤波的信号连接器。

记录功率电平的辅助设备：用于记录试验规定场强所需的功率电平和控制产生试验场强的电平。

应注意确保辅助设备具有充分的抗扰度。

6.1 试验设施的描述

由于试验所产生的场强高，应在屏蔽室中进行试验，以便遵守有关禁止对无线通信干扰的规定。在抗干扰试验过程中大多数采集数据的设备对试验所产生的电磁场很敏感，屏蔽室在 EUT 与测试仪器之间提供了一层“屏障”。应注意确保穿过屏蔽室的连线对传导和辐射有充分的衰减，以保持 EUT 的信号和功率响应的真实性。

优先采用的试验设施为安装有吸波材料的屏蔽室，且屏蔽室应具有足够的空间以适应 EUT 尺寸和对试验场强的充分控制能力。相关屏蔽室应适合于安放发生场强的设备、监视设备和遥控 EUT 的装置。试验设施包括电波暗室或可调式半电波暗室，如图 2 所示。

电波暗室低频时效果不佳，应特别注意确保低频时产生场强的均匀性。详细导则见附录 C。

6.2 场的校准

场校准的目的是为确保试样周围的场充分均匀，以保证试验结果的有效性。校准过程中不进行调制，以保证传感器指示正常。

本部分中使用“均匀域”的概念(见图 3)，这是一个假想场的垂直平面，在该平面中场的变化足够小。该均匀域为 1.5 m×1.5 m，若 EUT 及其连线可以被置于一个较小的面积中且可以受到充分地照射，则均匀域尺寸可小于该尺寸。均匀域不得小于 0.5 m×0.5 m(即：一个 4 点栅格)。

在布置试验时，应使 EUT 受照射的面与均匀域的垂直平面重合(见图 5 和图 6)。

由于靠近参考地平面不可能建立一个均匀场，校准的区域应设在离参考平面上方不低于 0.8 m 处，EUT 也尽可能置于同样的高度上。

某些 EUT 必须接近参考地平面放置或尺寸大于 1.5 m×1.5 m，为了建立该测试的试验严酷等级，此时还要记录离参考地平面上方 0.4 m 高处和沿着 EUT 整个高度和宽度上场的强度，并在试验报告中说明。

均匀域的校准在空的屏蔽室中进行，天线、附加的吸波材料(若使用时)等应记录并保持原样。在试验之前的试验室验证(见第 8 章)中可以使用上述记录。用于试验的整个区域的校准至少每年进行一次，当室内布置发生变化时(更换吸波材料、试验区域位置移动、设备改变等)亦应进行校准。

发射天线的放置距离应能使 1.5 m×1.5 m 的均匀域处于发射场的主波瓣宽度之内，若 EUT 实际表面大于 1.5 m×1.5 m，可按以下方法对 EUT 表面进行一系列的照射试验("部分照射")。

两者选其一：

- 辐射天线应在不同的位置进行校准，使得组合后的校准区域覆盖 EUT 的表面，然后依次在这些位置上对 EUT 进行试验。
- 将 EUT 移到不同位置，在试验中使 EUT 的每个部分至少处于校准区域一次。

EUT 表面大于 1.5 m×1.5 m 时，若(覆盖该面积的)校准区域能满足场的均匀度要求则不必进行部分照射。

若由于天线波束宽度不够而不能同时照射整个 EUT，仅能在某个频率以下(高于 1 GHz)满足本节的要求，则对于高于该频率的试验，应采用附录 J 叙述的方法。

场探头应至少距离场发射天线 1 m 以上，EUT 与天线之间的距离最好为 3 m，该距离是指双锥天线的中心或对数周期天线的顶端到 EUT 表面的距离。报告中应说明场的发射天线到校准均匀域之间的距离。

在有异议的情况下，测量距离优先采用 3 m。

在规定的区域内 75%的表面上场的幅值在标称值的－0 dB～＋6 dB 范围内，即认为该场是均匀的(即若测量 16 个点中至少有 12 个点在容差范围内)。

对 0.5 m×0.5 m 的最小均匀域，栅格 4 个顶点应在该容差范围内。

注：在不同的频率点，可能有不同的符合容差范围的测量点。

－0 dB～＋6 dB 作为容差范围，是为确保场强不会降到标称值以下。6 dB 容差是在实际测量设施中可实现的最小范围。

在整个试验频段的 3%范围内，容差大于＋6 dB～＋10 dB 但不小于－0 dB 是允许的，试验报告中应记录实际容差值。有争议时优先考虑－0 dB～＋6 dB。

通常按图 7 所示的布置对电波暗室和半电波暗室进行场的校准。应按下述的步骤用未调制的载波分别对水平和垂直极化都进行校准。校准用的场强应至少为将要施加给 EUT 场强的 1.8 倍，以确保放大器能处理调制信号且不致饱和。用 E_C 表示该校准场强，E_C 仅为校准时能够施加的场强，试验场强 E_t 不超过 $E_C/1.8$。

注 1：可使用其他确保不饱和的校准方法。

下面叙述了两种不同的校准方法。若使用正确，可认为这两种方法得出的场的均匀性是相同的。

注 2：若在试验频率的最大 3%范围内不满足 6 dB 判据但至少在－0 dB～＋10 dB 容差内即可认为已满足校准要求。

如果所有 EUT 的各个面(包括任何电缆)都能完全处于"均匀域"中，则这一校准是有效的。

在试验中应使用校准场的天线和电缆。由于使用相同的天线和电缆，就与电缆损耗和天线的系数无关了。

产生场的天线和电缆的确切位置应记录下来。因为位置发生很小的变化，都会对场产生很大的影响，所以试验中应采用同一位置。

6.2.1 恒定场强校准方法

均匀场的恒定场强的建立和测试是按第 8 章规定的步骤，通过一个校准过的场探头，在每个特定频率调节正向功率，依次对 16 个栅格点的每个点(见图 4)进行校准。

应按图 7 确定测量场强所选择的正向功率，16 个测量点以 dBm 为单位进行记录。

校准程序如下：

a) 将场探头置于16个栅格点的任意一点上(见图4)，将信号发生器输出的频率调至试验频率范围的下限频率(例如80 MHz)。

b) 调节场发射天线的正向功率，使试验场强等于所需的试验场强 E_C，记录正向功率读数。

c) 以当前频率的1%为最大增量来增加频率。

d) 重复步骤b)和c)，直至下一频率超过试验频率范围的上限频率。最后在此上限频率(例如1 GHz)处重复步骤b)。

e) 对每一栅格点重复步骤a)至d)。

在每一频率点：

f) 将16个点的正向功率读数按升序排列。

g) 从最大读数开始检查，向下至少应有11个点的读数在最大读数的−6 dB～+0 dB容差范围内。

h) 若没有11个点的读数在−6 dB～+0 dB容差范围内，按同样的程序向下再继续检查读取的数据(对每个频率仅有5个可能点)。

i) 如果至少有12个点的读数在6 dB范围内则停止检查程序，记录这些读数的最大正向功率值。

注1：若在某一特殊频率点，E_C 与 E_t 之间的比例为 R(dB)，$R=20\lg(E_C/E_t)$，则试验功率 $P_t=P_C-R$(dB)，下标c和t分别代表校准和试验。按第8章的规定进行场的调制。

附录K中K.4.1给出了此校准的一个示例。

注2：必须确保使用的放大器在每一频率均未饱和。这可以通过检查系统的1 dB压缩来进行。可通过使用点频率来检查放大器是否饱和，推荐的频段步长如下：

——80 MHz～200 MHz，步长为20 MHz；

——250 MHz～1 000 MHz，步长为50 MHz；

——1 400 MHz～2 000 MHz，步长为100 MHz。

6.2.2 恒定功率校准方法

均匀场场强的建立和测试是按第8章规定的步骤，通过一个校准过的场探头，在每个特定频率调节正向功率，依次对16个栅格点的每个点(见图4)进行校准。

应按图7的确定测量初始位置场强所必须的正向功率并记录，对所有16个测量点施加相同的正向功率，并记录其在每一点建立的场强值。

校准程序如下：

a) 将场探头置于栅格中16个点中的任意一点上(见图4)，将信号发生器输出的频率调至试验频率范围的下限频率(例如80 MHz)。

b) 调节发射天线的正向功率，使所得场强等于所需的试验场强 E_C(注意试验场强将被调制)，记录正向功率及场强。

c) 以当前频率的1%为最大增量来增加频率。

d) 重复步骤b)和c)，直至下一频率超过试验频率范围的上限频率。最后在此上限频率(例如1 GHz)处重复步骤b)。

e) 将场探头移至栅格的另一点，在每一频率点采用上述步骤a)至d)，并记录步骤b)的场强和所施加的正向功率值。

f) 对每一栅格点重复步骤e)。

在每一频率点：

g) 将16个场强读数按升序排列。

h) 选择某点的场强值作为参考值，计算所有其他点相对于该点的偏差值(分贝)。

i) 从场强的最小读数开始检查，向上至少应有11个点的读数在最小读数的−0 dB～+6 dB容差范围内。

j) 若没有 11 个点的读数在 −0 dB～+6 dB 容差范围内，按同样的程序，向上再继续检查读数（注意对每个频率，此时仅有 5 个可能点）。

k) 如果至少有 12 个点的读数在 6 dB 范围内则停止检查程序，从这些读数中找出最小场强的点作为参考点。

l) 计算出建立该参考点场强所需的正向功率值。

注 1：若在某一特殊频率点，E_C 与 E_t 之间的比为 R(dB)，$R=20\lg(E_C/E_t)$，则试验功率 $P_t=P_C-R$(dB)，下标 c 和 t 分别代表校准和试验。按第 8 章的规定进行场的调制。

附录 K.4.2 给出了此校准的一个示例。

注 2：必须确保使用的放大器在每一频率未饱和。这可通过检查系统的 1 dB 压缩来进行。可通过使用点频率来检查放大器是否饱和，推荐的频率步长如下：

——从 80 MHz 至 200 MHz 步长为 20 MHz；

——从 250 MHz 至 1 000 MHz 步长为 50 MHz；

——从 1 400 MHz 至 2 000 MHz 步长为 100 MHz。

7 试验布置

所有 EUT 应尽可能在实际工作状态下运行，布线应按生产厂推荐的规程进行，除非另有说明，设备应放置在其壳体内并盖上所有盖板。

若设备被设计安装在支架上或柜中，则应在这种状态下进行试验。

不要求有金属接地板。当需要某种装置支撑 EUT 时，应该选用不导电的非金属材料制作。但设备的机箱或外壳的接地应符合生产厂的安装条件。

当 EUT 由台式和落地式部件组成时，要保持正确的相对位置。

典型 EUT 的布置如图 5 和图 6 所示。

7.1 台式设备的布置

EUT 应放置在一个 0.8 m 高的绝缘试验台上。

注：使用非导体支撑物可防止 EUT 偶然接地和场的畸变。为了保证不出现场的畸变，支撑体应是非导体，而不是由绝缘层包裹的金属构架。

根据设备相关的安装说明连接电源和信号线。

7.2 落地式设备的布置

落地式设备应置于高出地面 0.1 m 的非导体支撑物上，使用非导体支撑是为了防止 EUT 的偶然接地和场的畸变。为了保证不出现场的畸变，支撑物应为非导体，而不是绝缘层包裹的金属构架。如果有关专业标准化技术委员会提出特别要求，且 EUT 又不是太大和太重，提升高度也不会造成安全事故的话，落地式设备可以在 0.8 m 高的平台上进行试验。这种与标准试验方法的偏差应在试验报告中注明。

根据设备相关的安装说明连接电源和信号线。

7.3 布线

如果对 EUT 的进、出线没有规定，则使用非屏蔽平行导线。

从 EUT 引出的连线暴露在电磁场中的距离为 1 m。

EUT 壳体之间的布线按下列规定：

——使用生产厂规定的导线类型和连接器；

——如果生产厂规定导线长度不大于 3 m，则按生产厂规定长度用线，导线捆扎成 1 m 长的感应较小的线束；

—— 如果生产厂规定导线长度大于 3 m，或未规定，则受辐射的线长为 1 m，其余长度为去耦部分比如套上射频损耗铁氧体管。

采用电磁干扰滤波器不应妨碍 EUT 运行，使用的方法应在试验报告中记录。

EUT 的边线应平行于均匀域布置，以使影响最小。

所有试验结果均应附有连线、设备位置及方向的完整描述，使结果能够被重复。

外露捆绑导线的那段长度应按能基本模拟正常导线布置的方式，即绕到 EUT 侧面，然后按安装说明规定向上或向下布线。垂直、水平布线有助于确保处于最严酷的环境。

7.4 人身携带设备的布置

人身携带设备的试验可按与台式设备相同的方法进行。但可能由于未考虑人身的某些特点而使试验不足或过强，因此，建议产品委员会规定使用一个有适当绝缘特性的人体模拟器。

8 试验程序

EUT 应在其预定的运行和气候条件下进行试验。应在试验报告中记录温度、相对湿度。

本章描述的试验程序适用于可调式半电波暗室中采用双锥和对数周期天线的情况下，其他试验程序见附录 D。

试验前，应该用场探头在校准栅格某一节点上检查所建立的场强强度，发射天线和电缆的位置应与校准时一致，测量达到校准场强所需的正向功率，应与校准均匀域时的记录一致。抽检应在预定的频率范围内对校准栅格上的一些节点以水平和垂直两种极化方式进行。

对校准场验证后可以运用校准中获得的数据产生试验场(见 6.2 条)。

将 EUT 置于使其某个面与校准的平面相重合的位置。

用 1 kHz 的正弦波对信号进行 80% 的幅度调制后，在预定的频率范围内进行扫描试验。当需要时，可以暂停扫描以调整射频信号电平或振荡器波段开关和天线。

每一频率点上，幅度调制载波的扫描驻留时间应不短于 EUT 动作及响应所需的时间，且不得短于 0.5 s。对敏感频点(如时钟频率)则应个别考虑。

发射天线应对 EUT 的四个侧面逐一进行试验。当 EUT 能以不同方向(如垂直或水平)放置使用时，各个侧面均应试验。

注：若 EUT 由几个部件组成，当从各侧面进行照射试验时，无需调整其内部任一部件的位置。

对 EUT 的每一侧面需在发射天线的两种极化状态下进行试验，一次天线在垂直极化位置，另一次天线在水平极化位置。

在试验过程中应尽可能使 EUT 充分运行，并在所有选定的敏感运行模式下进行抗扰度试验。

推荐采用下述实施程序

试验应根据试验计划进行，试验计划应包括在试验报告中。

试验计划应包含下列内容：

——EUT 尺寸；

——EUT 典型运行条件；

——确定 EUT 按台式、落地式，或是两者结合的方式进行试验，对落地式 EUT，还要确定其距接地平板的高度是 0.1 m 还是 0.8 m；

——所用试验设备的类型和发射天线的位置；

——所用天线的类型；

——扫频速率，驻留时间和频率步长；

——适用的试验等级；

——所用互连线的类型与数量以及(EUT 的)接口；

——可接受的性能判据；

——EUT 运行方法的描述。

为确定试验计划一些项目，可能需要做一些预测试。

试验报告应包括试验条件，校准说明和试验结果。

9 试验结果的评定

试验结果应按 EUT 的功能丧失或性能降级进行分类。这些分类与制造商、试验申请者规定的，或者制造商与用户之间商定的性能等级有关。推荐的分类如下：

a) 在制造厂或委托方或客户规定的技术规范限值内性能正常；

b) 功能暂时丧失或性能暂时降低，但在骚扰停止后 EUT 能自行恢复，无需操作者干预；

c) 功能暂时丧失或性能暂时降低，但需操作者干预才能恢复正常；

d) 因硬件或软件损坏，或数据丢失而造成不能自行恢复至正常状态的功能降低或丧失。

制造商的技术规范中可以规定对 EUT 的影响哪些可以忽略哪些可以接受。

在没有合适的通用、产品标准或产品类标准时，该分类方法可作为专业标准化技术委员会制定通用标准或产品标准或产品类标准时的性能判定指南，或作为制造商与用户之间协商的性能规范的框架。

10 试验报告

试验报告应包含能重现试验的全部信息。尤其是下列内容：

——本部分第 8 章要求的试验计划中规定的内容；

——EUT 和辅助设备的标识，如商标名称、产品型号和序列号；

——试验设备标识，如商标名称、产品型号和序列号；

——任何进行试验所需的特殊环境条件，如屏蔽室；

——进行试验所必需的任何特定条件；

——制造商、委托方或购买方规定的性能等级；

——在通用、产品或产品类标准中规定的性能指标；

——试验时在骚扰试验过程中或试验后，观察到的对 EUT 的影响及持续时间；

——试验通过/不通过的判定理由（根据通用、产品或产品类标准规定的性能判据或制造商与购买方达成的协议）；

——采用的任何特殊条件，如电缆长度、类型，屏蔽或接地状况，EUT 的运行条件，均要符合规定要求。

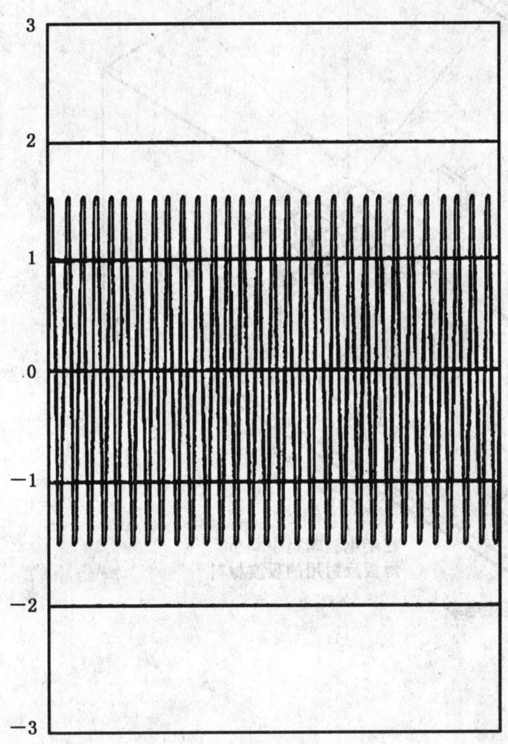

a） 未调制射频信号

$V_{p-p}=2.8\ V$

$V_{rms}=1.0\ V$

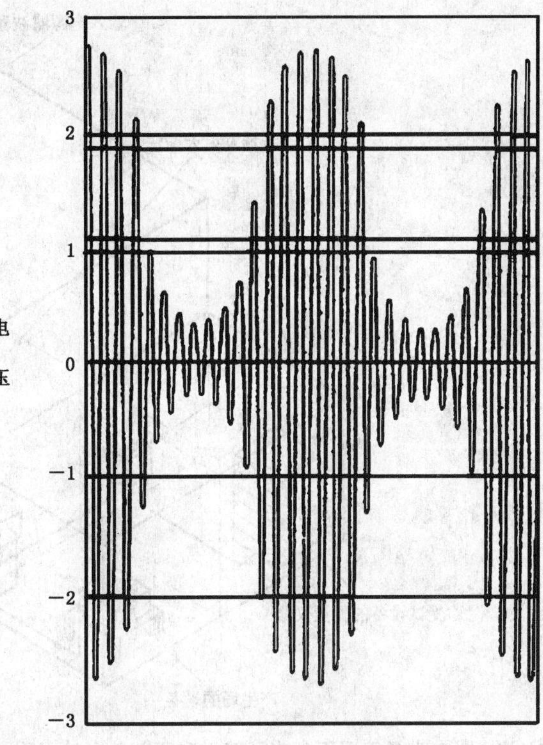

b） 80％幅度调制的射频信号

$V_{p-p}=5.1\ V$

$V_{rms}=1.12\ V$

$V_{maximum\ rms}=1.8\ V$

图 1 规定的试验等级和信号发生器输出端波形

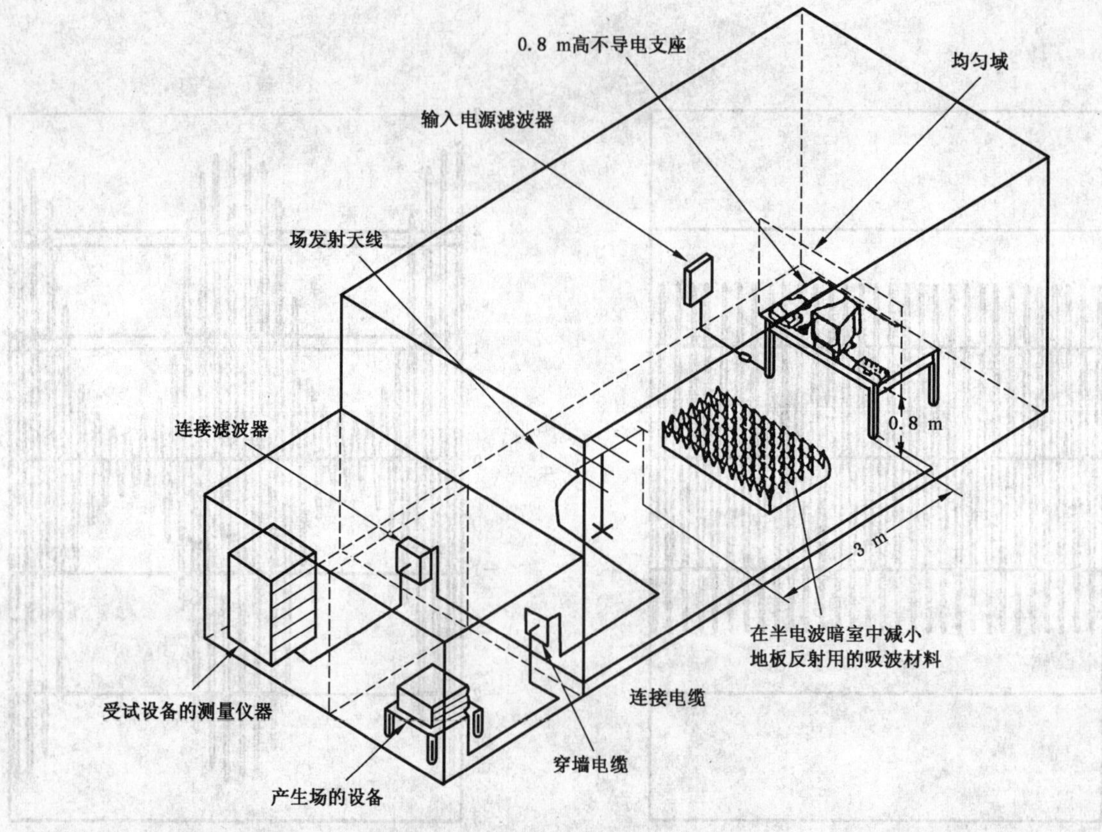

注：图中为了简明而省略了墙上和顶部的吸波材料。

图 2　典型的试验设施举例

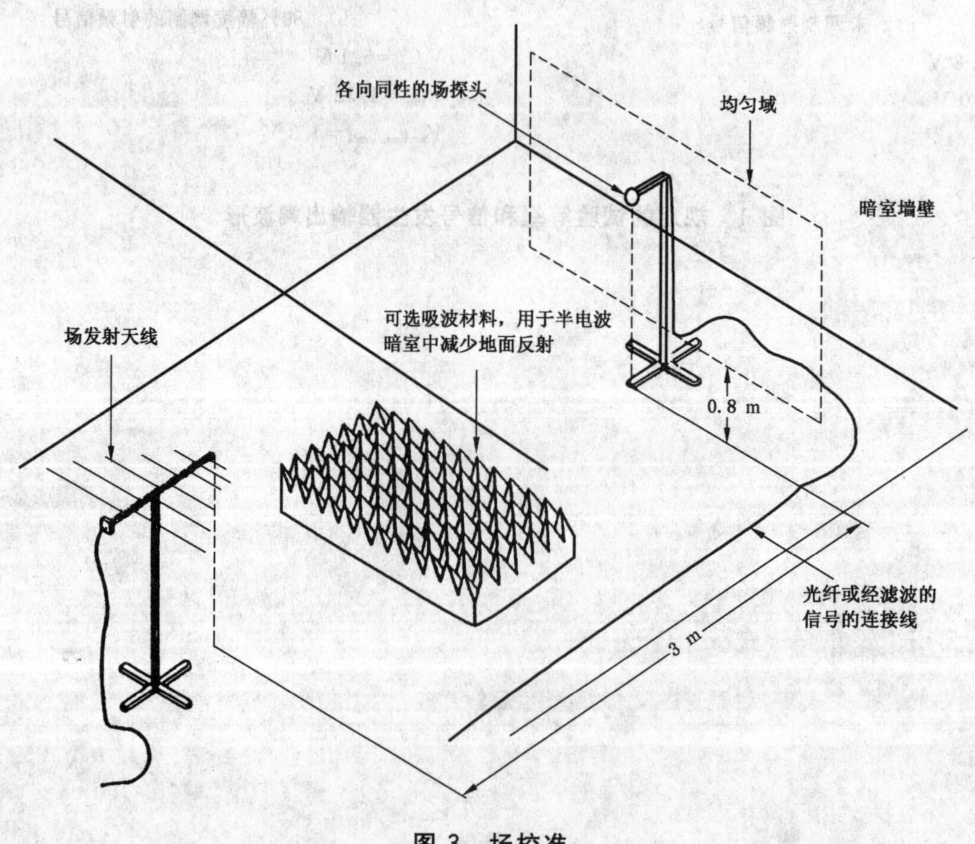

图 3　场校准

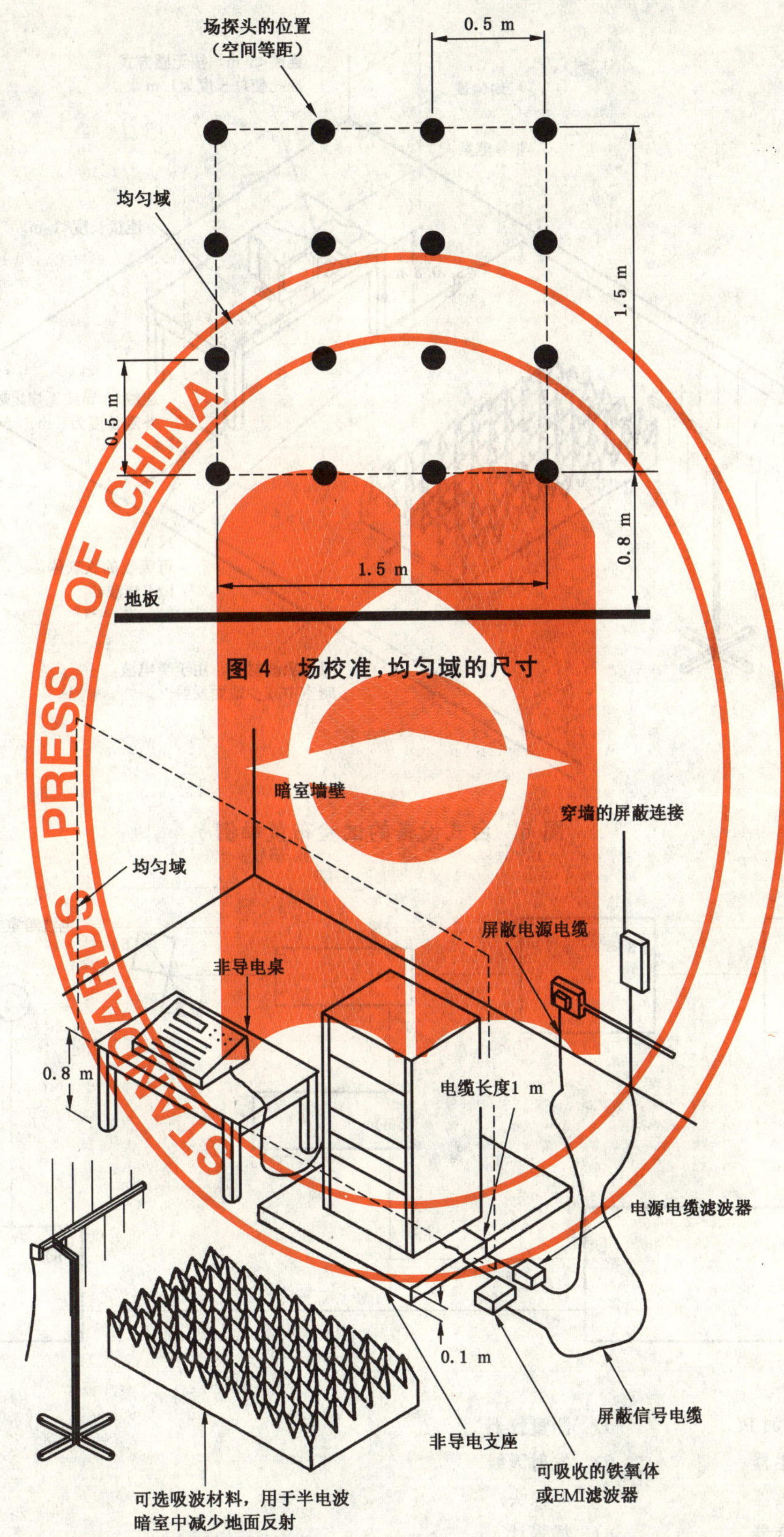

图 4 场校准，均匀域的尺寸

注：图中为了简明而省略了墙上的吸波材料。

图 5 落地式设备的试验布置举例

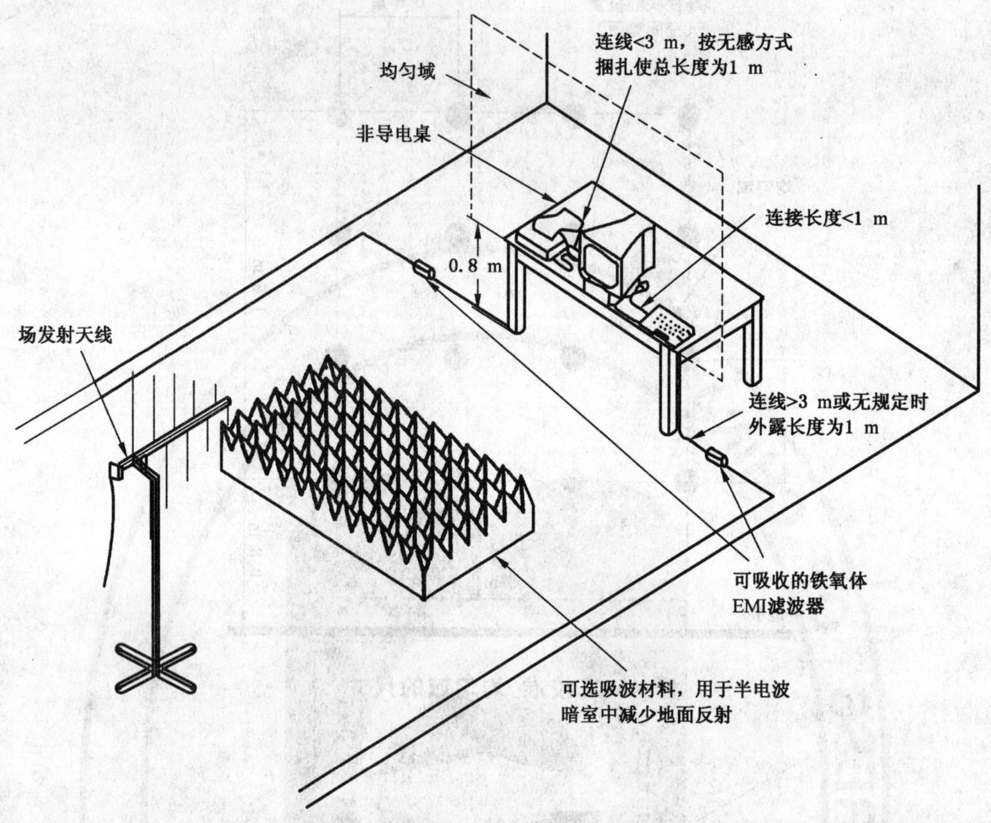

图 6　台式设备的试验布置举例

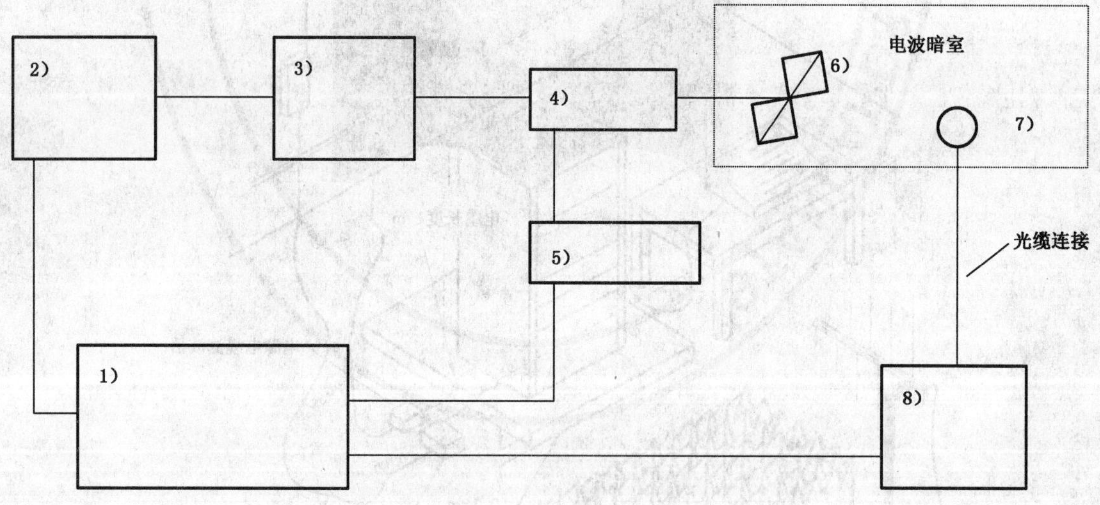

关键部件

1)	控制器，如 PC	5)	测量仪器*
2)	信号发生器	6)	发射天线
3)	功率放大器	7)	场探头
4)	定向耦合器*	8)	场强计

* 在放大器 3 和天线 6 之间可插入正向功率检波器或监视器，以代替定向耦合器和功率计。

图 7　试验配置

附 录 A
（资料性附录）
保护(设备)抵抗数字无线电话射频辐射的试验调制方式的选择原理

A.1 可选调制方式综述

800 MHz以上的主要干扰源来自数字无线电话，它采用非恒定包络调制。本部分制定时主要考虑以下调制方式：

——正弦波幅度调制，1 kHz，80%幅度调制。

——方波幅度调制，200 Hz，占空比1∶2，100% 幅度调制。

——近似模拟各种系统特性的脉冲射频信号，如GSM 200 Hz，占空比1∶8；而DECT等便携设备100 Hz占空比1∶24（GSM和DECT的定义见附录I）。

——精确模拟各种系统的脉冲射频信号，例如GSM 200 Hz占空比1∶8的次要效应如断续发射模式(2 Hz调制频率)和复帧效应(8 Hz频率分量)。

各系统的优缺点见表A.1。

表 A.1 调制方式比较（GSM和DECT的定义见附录I）

调制方式	优点	缺点
正弦波幅度调制	1. 若最大RMS电平相同，实验表明能在不同类型的非恒定包络调制模式的干扰效应方面建立良好的相关性 2. 不必规定(或测量)TDMA脉冲的上升时间 3. 在本部分及GB 17626.6中采用 4. 场产生及监测的仪器容易获得 5. 对模拟式无线电设备，EUT中的解调会产生音频响应，该响应可用窄带电平表测量，因而减少了背景噪声。 6. 在较低频率时，已经表明能有效模拟其他型式的调制模式(如FM，相位调制，脉冲调制)。	1. 不能模拟TDMA 2. 对于伏安特性呈平方律的接收机，则试验略为严酷 3. 可能遗漏某些失效机理
方波幅度调制	1. 类似于TDMA 2. 能普遍使用 3. 可能暴露"未知"的失效机理 (对射频包络的较大速率变化较敏感)	1. 不能精确模拟TDMA 2. 需用非标设备产生信号 3. EUT解调时，会产生宽带音频响应，该响应能被宽带电平表测量，因而增加了背景噪声。 4. 需规定上升时间
射频脉冲	1. 能很好模拟TDMA 2. 可能暴露"未知"的失效机理 (对射频包络的较大速率变化较敏感)	1. 需用非标设备产生信号 2. 为匹配不同系统(如GSM、DECT等)，需改变调制细节 3. EUT解调时，会产生宽带音频响应，该响应能被宽带电平表测量，因而增加了背景噪声。 4. 需规定上升时间

A.2 研究结论

为评定骚扰信号所用调制方法与所产生干扰的相关性，进行了一系列的试验。

调制方式方面的研究结果如下：

a) 1 kHz 80%幅度调制的正弦波；

b) 类似 GSM 的射频脉冲，200 Hz，占空比 1∶8；

c) 类似 DECT 的射频脉冲，100 Hz，占空比 1∶2(基站)；

d) 类似 DECT 的射频脉冲，100 Hz，占空比(1∶24 便携设备)；

对每种场合，仅使用一种类似 DECT 的调制。

试验结果汇总于表 A.2 与表 A.3。

表 A.2 相对干扰电平（注 1）

调制方式 (注 2)		1 kHz 80%幅度 调制的正弦波 dB	类似 GSM 的射频 脉冲，200 Hz，占空 比 1∶8 dB	类似 DECT 的射频 脉冲，100 Hz，占 空比 1∶24 dB
↓设备	↓音频响应			
助听器(注 3)	未加权的 21 Hz～21 kHz	0 (注 4)	0	−3
	A 加权的	0	−4	−7
模拟电话(注 5)	未加权的	0 (注 4)	−3	−7
	A 加权的	−1	−6	−8
无线电装置(注 6)	未加权的	0 (注 4)	+1	−2
	A 加权的	−1	−3	−7

注 1：对骚扰的音频响应为干扰电平。干扰电平低则表示抗扰度水平高。

注 2：重点：对载波幅值进行调节使所有的调制方式的骚扰信号(暴露)的最大 RMS 值(见第 4 章)相同。

注 3：暴露是由于在 900 MHz 突加电磁场。类似 DECT 的调制其占空比为 1∶2 而不是 1∶24，音频响应是测量通过 0.5 m 长的 PVC 管连接的人工耳获得的声音。

注 4：这种情况被选作音频响应的参考点，即 0 dB。

注 5：暴露方式是在电话线施加 900 MHz 的射频电流，音频响应为电话线上测得的音频电压。

注 6：暴露方式是在电源电缆施加 900 MHz 的射频电流，音频响应为用麦克风测得的喇叭音频输出。

表 A.3 相对抗扰度电平（注 1）

调制方式 (注 2)		1 kHz 80%幅度调制 的正弦波 dB	类似 GSM 的射频 脉冲，200 Hz， 1∶8 的占空比 dB	类似 DECT 的射频 脉冲，100 Hz， 1∶24 的占空比 dB
↓设备	↓响应			
电视机(注 3)	明显干扰	0 (注 4)	−2	−2
	强干扰	+4	+1	+2
	显示器关闭	>+19	+18	+19

表 A.3（续）

调制方式 （注 2）		1 kHz 80%幅度调制的正弦波 dB	类似 GSM 的射频脉冲，200 Hz，1∶8 的占空比 dB	类似 DECT 的射频脉冲，100 Hz，1∶24 的占空比 dB
↓设备	↓响应			
RS232 接口的数据终端 （注 5）	对显示屏幕干扰	0 （注 4）	0	—
	数据错误	>+16	>+16	—
RS232 调制解调器（注 6）	数据错误（从电话机注入干扰时）	0 （注 4）	0	0
	数据错误（从 RS232 注入干扰时）	>+9	>+9	>+9
可调式实验室电源（注 7）	DC 输出电流 2%误差	0 （注 4）	+3	+7
SDH 交叉连接 （注 8）	出现误码	0 （注 4）	0	—

注 1：表中数据为使用各种调制方式产生相同干扰等级信号所需要的 RMS 最大值（见第 4 章）的相关数据。分贝值高则表示抗扰度水平高。

注 2：调节骚扰信号以便在各种调制方式下具有相同的响应（干扰）。

注 3：暴露方式是在主电缆端施加 900 MHz 的射频电流。响应为屏幕上产生的干扰等级。由于不同场合状况下干扰的类型不同，使得评价结论更带有主观的成分。

注 4：这种情况被选定为参考抗扰度等级，即 0 dB。

注 5：暴露方式为在 RS232 电缆端施加 900 MHz 的射频电流。

注 6：暴露方式为在电话或 RS232 电缆施加 900 MHz 的射频电流。

注 7：暴露方式为在直流输出电缆施加 900 MHz 的射频电流。

注 8：SDH 为同步数据层，暴露是通过突加 935 MHz 电磁场进行。

使用正弦波 AM 和脉冲调制（占空比 1∶2）以高达 30 V/m 场强对下列数字设备进行测试：

——带有微处理器的手持式烘干器；

——带 75 Ω 同轴电缆的 2 Mb 调制解调器；

——带 120 Ω 双绞线的 2 Mb 调制解调器；

——带微处理器、视频显示和 RS485 接口的工业用控制器；

——带微处理器的火车显示系统；

——带调制解调器输出的信用卡终端设备；

——2/34 Mb 数字多路（复用）器；

——以太网转发器（10 Mb/s）。

所有故障均与设备的模拟功能有关。

A.3 二次调制效应

在试图精确模拟数字无线电话系统的调制时，重要的是不仅要模拟主要的调制，还应考虑可能出现的任何次要调制影响。

例如，对 GSM 和 DCS 1800 系统，为抑制每隔 120 ms 的突发脉冲（因而产生了接近 8 Hz 的频率分量),则会产生复帧效应。由于可选择的非连续发射模式(DTX),也会出现2Hz的附加调制。

A.4 结论

上述研究实例表明,骚扰响应与所用的调制方式无关。当比较不同调制方式的影响时,确保所施加骚扰信号具有相同的最大RMS值是很重要的。

当不同类型的调制方式间存在明显的差别时,正弦波幅度调制总是最严酷的。

当正弦波调制和TDMA模式间存在不同的响应结果时,对产品的特定差别可通过在产品标准中适当调整合格判据来解决。

概括的说,正弦波调制有如下优点:

——对模拟系统的窄带检测响应减少了背景噪声问题;

——普遍适用性,即没有试图模拟干扰源;

——对所有频率,其调制相同;

——至少与脉冲调制的严酷度相当。

基于上述因素,本部分规定的调制方式为80%正弦波调制。建议有关产品标准化委员会仅在特殊原因要求不同调制方式时才改变为其他调制方式。

附 录 B
（资料性附录）
发 射 天 线

B.1 双锥天线(20 MHz～300 MHz)

该天线由一个同轴缆的平衡—不平衡转换器和三维振子单元构成，它提供的频率范围很宽，既可用于发射，也可用于接收，随着频率的增加天线系数曲线大体是一条平滑的直线。

这种紧凑的天线结构，使它们在一些有限的区域如电波暗室内，使用起来较为理想，其邻近效应可降到最小。典型的尺寸为：宽 1 400 mm，深 810 mm，直径 530 mm。

B.2 对数周期天线(80 MHz～1 000 MHz)

对数周期天线是由连接到一根传输线上的不同长度的偶极子组成的天线阵。

这些宽频带天线相对来说有着较高的增益和较低的驻波比。

典型尺寸为：高 60 mm，宽 1 500 mm，深 1 500 mm。

注：当选择发射天线时，应确认平衡—不平衡转换器能够传送所需要的功率。

B.3 圆极化天线

产生圆极化电磁场的天线，如锥形对数螺旋天线，只有在功率放大器的输出功率增加了 3 dB 时，才能使用。

B.4 角锥喇叭天线和双脊波导天线

角锥喇叭天线和双脊波导天线产生线性极化电磁场，通常用在 1 000 MHz 以上的频率。

附 录 C
(资料性附录)
电波暗室的应用

C.1 电波暗室综述

半电波暗室是在墙壁和天花板上装有吸波材料的屏蔽室。全电波暗室在地板上也安装吸收材料。

安装吸波材料的目的,是为了吸收射频能量,阻止电磁波在室内的反射。这种反射,以复杂的方式干扰直接辐射场,会使生成的场形成波峰和波谷。

吸波材料的反射损耗,一般依赖于入射波的频率和入射波与法线的夹角,损耗(吸收作用)一般在垂直入射时为最大,随着入射角度增大,损耗降低。

为了阻止反射和增加吸收能力,吸收材料一般做成楔型或圆锥型。

对于半电波暗室,通过在地板上增加额外的射频吸波材料,有助于在全频段内得到需要的均匀场,实验会揭示这些增加的吸波材料的最佳位置。

增加的吸波材料不应放在天线到EUT之间的直射路径上,但试验时应放在与校准时的同一方向和位置上。

也可以通过发射天线放在偏离电波暗室轴线上的方法来改进场的均匀性,因为这样可以使任何反射都不对称。

C.2 设计用于1 GHz以下频率铁氧体材料贴附的暗室在高于1 GHz时建议的调整办法

现有多数使用铁氧体作吸波材料的小型电波暗室设计用于1 GHz以下,当频率高于1 GHz时,可能很难满足或根本不能满足本部分6.2的要求。

本条介绍使上述暗室用于1 GHz以上频率的程序,具体试验方法见附录J。

C.2.1 用铁氧体材料贴附的暗室,在频率高于1 GHz进行辐射场抗扰度试验时引起的问题

例如,在一个很小的铁氧体材料贴附的电波暗室或在一个很小的贴附有铁氧体与含碳组合吸波材料的暗室(典型的如7 m(长)×3 m(宽)×3 m(高)),可能出现下列问题:

在频率高于1 GHz时,铁氧体瓷片可能呈反射而不是吸收功能。由于暗室内表面的多重反射(见图C.1),很难在这样的频率下建立一个1.5 m×1.5 m区域的均匀场。

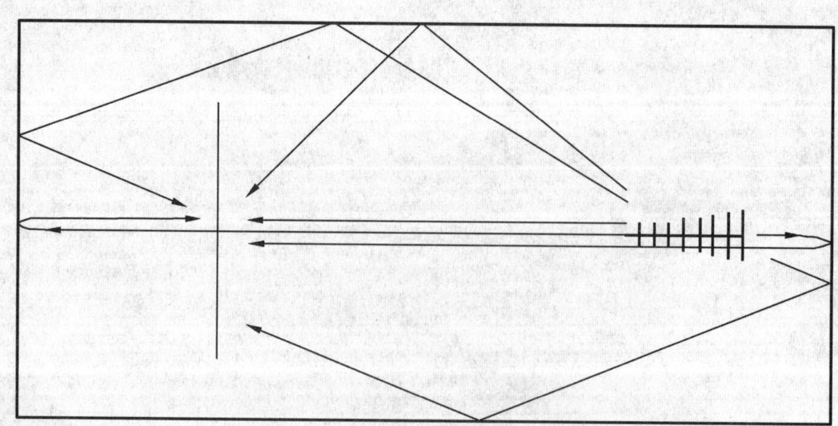

图 C.1 小暗室里的多重反射

在无线电话频带的频率范围内,波长短于0.2 m。这意味着试验结果对发射天线,场探头或试验设备的位置很敏感。

C.2.2 可能的解决方案

为解决存在的问题，建议采用以下的程序：

a) 使用喇叭天线和双脊波导天线来减少场的反向辐射。由于天线的波束较窄，同时也减少了暗室墙壁的反射。

b) 缩短发射天线与 EUT 之间的距离，使墙壁的反射最小(天线与 EUT 之间的距离可减到1 m)。使用 0.5 m×0.5 m 的独立栅格方法(见附录 J)以确保 EUT 暴露于均匀场。

c) 在面对 EUT 的后墙贴附中度碳基吸波材料以消除直接反射，可减少 EUT 与天线之间对相对位置的敏感程度，在频率低于 1 GHz 时也可改善场的均匀性。

注：若使用深度碳基吸波材料，频率低于 1 GHz 时可能很难满足场的均匀域要求。

遵循上述规程可消除大部分反射波(见图 C.2)。

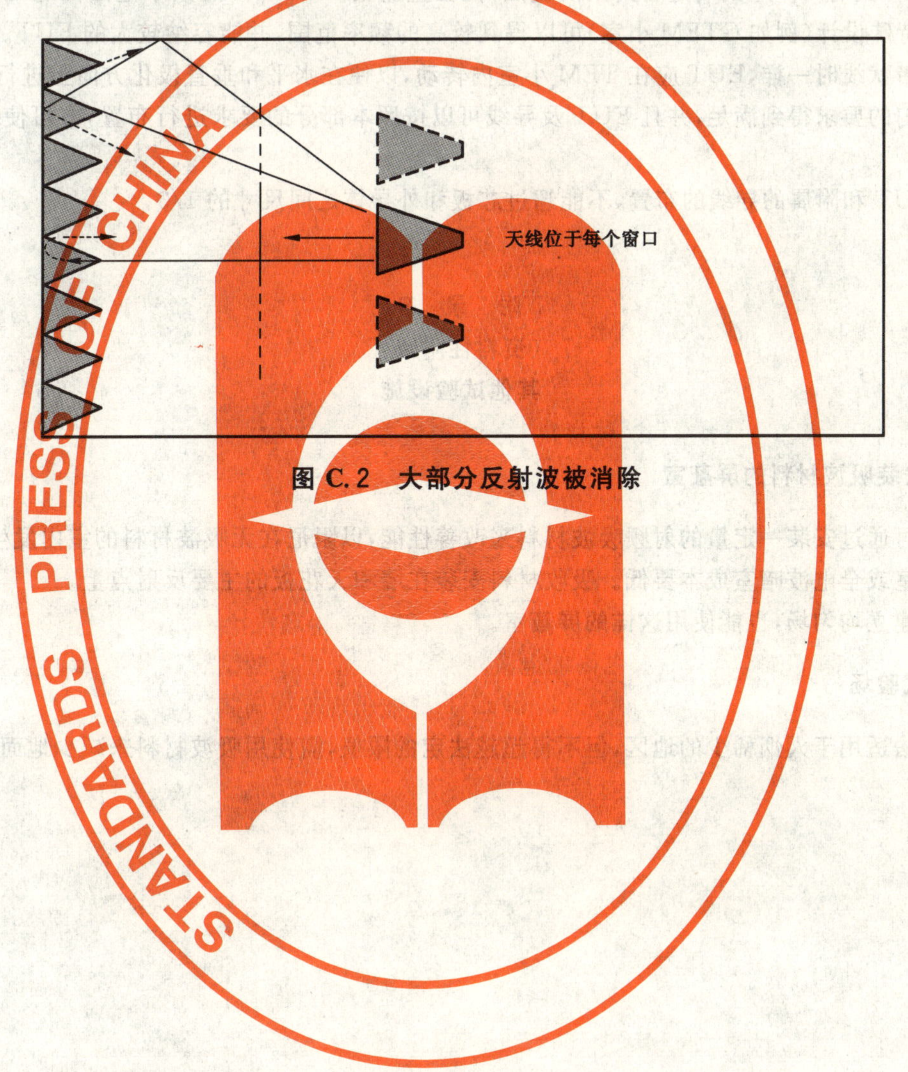

图 C.2 大部分反射波被消除

附 录 D
（资料性附录）
其他试验方法——TEM 小室和带状线

对小型 EUT(尺寸量级为 0.3 m×0.3 m×0.3 m)进行试验时，带状线可以用来有效地产生从直流至 150 MHz 的线极化场，由于产生的是横向辐射，要旋转 EUT 以对其进行水平和垂直极化试验。

可以采用射频吸波材料来提高场的均匀性和减小外部场的影响，而带状线和其他反射物体之间至少保持 2 m 的距离。

TEM 小室具有对产生的场进行封闭的优点，但在直流至 200 MHz 的频率范围内通常只能容纳较小的 EUT，特殊设计(例如 GTEM 小室)可以得到较高的频率范围，并能容纳较大的 EUT。

与使用带状线时一样，EUT 应在 TEM 小室内转动，以便在水平和垂直极化方向上进行试验。

若场均匀的要求得到满足，并且 EUT 及导线可以按照本部分的要求进行布置，方可使用带状线和 TEM 小室。

另外，EUT 和附属的导线的布置，不能超过芯板和外导体之间尺寸的 1/3。

附 录 E
（资料性附录）
其他试验设施

E.1 部分安装吸波材料的屏蔽室

屏蔽室可通过安装一定量的射频吸波材料来改善性能，以阻尼在无吸波材料的室内发生的谐振，但比半电波暗室或全电波暗室成本要低。吸收材料安装在墙和天花板的主要反射点上。

只要能建立均匀场，也能使用这样的屏蔽室。

E.2 开阔试验场

这种方法适用于人烟稀少的地区，但不得超越法定的限值，需使用吸波材料来减少地面反射。

附 录 F
（资料性附录）
产品标准化专业委员会试验等级选择指南

F.1 引言

无线电发射机的发射功率通常用相对于半波偶极子的 ERP(有效辐射功率)来定义。因而对远场来说,可由以下公式得到产生的场强:

$$E = k\sqrt{P}/d \qquad \text{(F.1)}$$

式中:

E——场强值(有效值),单位为伏每米(V/m);

k——常数,在远场自由空间传播时其值等于 7;

P——功率值(ERP),单位为瓦(W);

d——到天线的距离,单位为米(m);

附近的反射和吸收物体会改变场强。

若不知道发射机的 ERP 值,式(F.1)中可用输入天线的功率代替之。此时,对移动无线电发射机,常数 k 可采用 3。

F.2 一般用途的试验等级

试验等级和频段是根据 EUT 最终安装所处的电磁辐射环境来选择的,在选择所采用的试验等级时应考虑到所能承受的失效后果,若失效后果严重,可选用较高的等级。

如果 EUT 只安装在若干个场地,那么察看当地的射频源就可以计算出可能遇到的场强。如果不知道射频源的功率,则可能要在有关的现场测量实际的场强。

设备若打算在不同的场所运行,下面提供选择试验等级的指南。

以下等级与第 5 章中所列的等级有关,可以作为选择相应等级的通用导则。

等级 1:低电平电磁辐射环境。位于 1 km 以外的地方广播台/电视台和低功率的发射机/接收机所发射的电平为典型的低电平。

等级 2:中等的电磁辐射环境。使用低功率的便携收发机(通常功率小于 1 W),但限定在设备附近使用,是一种典型的商业环境。

等级 3:严重电磁辐射环境。便携收发机(额定功率 2 W 或更大),可接近设备使用,但距离不小于 1 m。设备附近有大功率广播发射器和工科医设备,是一种典型的工业环境。

等级×:×为一开放的等级,可以通过协商或在产品标准或设备说明书中规定。

F.3 有关防止无线电话射频辐射的试验等级

应按预期的电磁场选择试验等级,要考虑无线电设备的功率以及发射天线和 EUT 之间的大致距离。通常,对移动设备的要求要比对基站的要求更严酷(由于移动设备常比基站更靠近潜在的敏感设备)。

在选择所采用的试验等级时应考虑到失效所造成的后果以及抗扰度试验所需的费用。失效后果严重,才选择较高的等级。

实际可能的情况是发生暴露的程度比试验等级高但发生几率小,为防止这种情况下不可接受的失效,可能需要进行另一次更高等级的试验,采纳降低了的性能指标(即认可的性能降低)。

表 F.1 给出了试验等级、性能指标及相关保护距离的实例。保护距离为按所述的试验等级进行试验后，到数字无线电话可接受的最小距离。该距离按式(F.1)进行计算，其中 $k=7$，并且假设用80%正弦波调幅试验。

表 F.1　试验等级，相应保护距离及建议的性能判据的实例

试验等级	载波场强/(V/m)	最大 RMS 场强/(V/m)	保护距离/m			性能判据(注 3)	
			2W GSM	8W GSM	1/4W DECT	例 1(注 1)	例 2(注 2)
1	1	1.8	5.5	11	1.9	—	—
2	3	5.4	1.8	3.7	0.6	a	—
3	10	18	0.6	1.1	～0.2[1)]	b	a
4	30	54	～0.2[1)]	0.4	～0.1[1)]	—	b

注 1：设备失效后果不严重。

注 2：设备失效后果严重。

注 3：按第 9 章要求。

1)　在此距离或更近距离时远场公式(F.1)不准确。

上表中考虑了以下事项：

——对GSM，目前市场上大部分终端设备为4级(最大ERP为2 W)，而实际使用中有相当多的移动终端是3级和2级(最大ERP分别为5 W和8 W)。除了在接收差的地区外，GSM设备的ERP值常常低于最大值。

——室内有效区比室外更差，是指室内时，ERP值更有可能调节到最大等级。从EMC的观点考虑，由于大部分受影响的设备也在室内，这是最坏的情况。

——如附录A所述，抗干扰等级与调制场的RMS最大值密切相关，因此，在计算保护距离时，式(F.1)中使用了RMS最大场强，而未使用载波场强。

——安全运行的预计最小距离也称保护距离，是按式(F.1)用 $k=7$ 计算取得的，且未考虑由于墙壁、地面以及顶部反射的场强变化。其数量级为±6 dB。

——按式(F.1)计算的保护距离与数字无线电话的有效辐射功率有关，与工作频率无关。

附 录 G
（资料性附录）
固定式发射设备的特殊措施

附录F中推导出的电平是一些典型值，在所述的场所中很少会被超过。但在某些场所这些值将会被超出，如：雷达设备，在同一建筑物里的大功率发射机或工科医射频设备附近。在这些情况下，宁可把房间或建筑物屏蔽，对设备的信号和电源线进行滤波，而不是规定所有设备具有该等级的抗干扰能力。

附 录 H
（资料性附录）
试验方法的选择

GB/T 17626的本部分和第6部分对电气和电子设备规定了两种抗辐射电磁能量的抗扰度试验方法。

一般情况下，传导信号更适用于低频段，而辐射信号更适用于高频段。

在某些频率范围，两个部分中的试验方法都适合。用GB/T 17626.6定义的试验方法，频率最高可达到230 MHz，也可用本部分中定义的试验方法，其频率可低至26 MHz。本附录的目的是针对EUT的设计和产品类型，为产品标准化委员会和产品规范编写者在选择最合适的试验方法以保证结果重复性时，提供指导。

应考虑的问题有：

——相对于EUT的结构尺寸的辐射场的波长；

——EUT的连线和壳体的相关尺寸；

——构成EUT的连线和附件的数量。

附 录 I
（资料性附录）
环 境 描 述

I.1 数字无线电话

表I.1和表I.2列出了与EMC相关的无线电系统参数。

表中使用了下面列出的缩写和定义：

——CT-2（第2代无绳电话 Cordless Telephone, second generation）：无绳电话系统，广泛用于某些欧洲国家。

——DCS 1800（数字蜂窝系统 Digital Cellar System）：蜂窝移动通信系统，价格低，应用广泛。

——DECT（数字增强无绳通信 Digital Enhanced Cordless Telecommunication）：无绳蜂窝通信系统，价格低，广泛应用于欧洲。

——DTX（断续发送 Discontinuous Transmission）：当无信号发送时，为降低功耗而明显减少脉冲重复频率。

——ERP（有效辐射功率 Effective Radiated Power）：相对于半波偶极子的有效辐射功率。

——FDMA（频分多址 Frequency Division Multiple Access）：每个通道赋予单独频率的多路系统。

——GSM（Global System for Mobile Communications 全球移动通信系统）：蜂窝移动通信系统，

全球应用。

——NADC(North American Digital Cellular 北美数字蜂窝系统)：蜂窝数字移动通信系统，广泛应用于北美。用于描述符合通信工业协会过渡标准—54 流行术语(也称为 D-AMPS)。

——PDC(个人数字蜂窝系统 Personal Digital Cellular System)：蜂窝移动通信系统，广泛应用于日本。

——PHS (个人手持电话系统 Personal Handy Phones System 个)：无绳电话系统，广泛应用于日本。

——TDMA(时分多址 Time Division Multiple Access)：见第 4 章。

——TDD(时分双向 Time Division Duplex)：不同的时间段被分配给发送和接收通道的多重系统。

表 I.1 移动和手持装置

系统名称参数	GSM	DCS 1800	DECT	CT-2	PDC	PHS	NADC
发射机频率	890 MHz～915 MHz	1.71 GHz～1.784 GHz	1.88 GHz～1.96 GHz	864 MHz～868 MHz	940 MHz～956 MHz 和 1.429 GHz～1.453 GHz	1.895 GHz～1.918 GHz	825 MHz～845 MHz
调制类型	TDMA	TDMA	TDMA/TDD	FDMA/TDD	TDMA	TDMA/TDD	TDMA
脉冲重复频率	217 Hz	217 Hz	100 Hz	500 Hz	50 Hz	200 Hz	50 Hz
占空比	1∶8	1∶8	1∶24(也有 1∶48 和 1∶12)	1∶12	1∶3	1∶8	1∶3
最大 ERP	0.8 W；2 W；5 W；8 W；20 W	0.25 W；1 W；4 W	0.25 W	<10 mW	0.8 W；2 W	10 mW	<6 W
二次调制	2 Hz(DTX) 和 0.16 Hz～8.3 Hz (多帧)	2 Hz(DTX) 和 0.16 Hz～8.3 Hz (多帧)	无	无	无	无	无
地理位置	全球	全球	欧洲	欧洲	日本	日本	美国

注：CT-3 被认为已被 DECT 所覆盖。

表 I.2 基站

系统名称参数	GSM	DCS 1800	DECT	CT-2	PDC	PHS	NADC
发射机频率	935 MHz～960 MHz	1.805 GHz～1.88 GHz	1.88 GHz～1.96 GHz	864 MHz～868 MHz	810 MHz～826 MHz 和 1.477 GHz～1.501 GHz	1.895 GHz～1.918 GHz	870 MHz～890 MHz
调制类型	TDMA	TDMA	TDMA/TDD	FDMA/TDD	TDMA	TDMA/TDD	TDMA
脉冲重复频率	217 Hz	217 Hz	100 Hz	500 Hz	50 Hz	200 Hz	50 Hz
占空比	1∶8～8∶8	1∶8～8∶8	1∶2	1∶2	1∶3～3∶3	1∶8	1∶3～3∶3

表 I.2(续)

系统名称参数	GSM	DCS 1800	DECT	CT-2	PDC	PHS	NADC
最大 ERP	2.5 W～320 W	2.5 W～200 W	0.25 W	0.25 W	1 W～96 W	10 mW～500 mW	500 W
二次调制	2 Hz(DTX)和0.16 Hz～8.3 Hz(多帧)	2 Hz(DTX)和0.16 Hz～8.3 Hz(多帧)	无	无	无	无	无
地理位置	全球	全球	欧洲	欧洲	日本	日本	美国
注：CT-3 被认为已被 DECT 所覆盖。							

附 录 J
(规范性附录)
频率高于 1 GHz 时的替代照射方法("独立窗口法")

J.1 引言

电波暗室在低频(30 MHz 以下)时不是很有效，而贴附铁氧体吸波材料的暗室在频率高于 1 GHz 时也不是很有效。为确保试验场的均匀性，在最高频率或最低频率时，有可能要对暗室进行适当再处理，进一步的指南见附录 C。

试验距离应为 1 m，尤其在频率高于 1 GHz 时，此时使用独立窗口方法(无线电话频段)。对选择的试验距离，应检验是否符合场的均匀性要求。

注 1：对于 3 m 的试验距离，使用窄束宽的天线或贴附铁氧体吸波材料的暗室，当频率高于 1 GHz 时，可能难于满足 1.5 m×1.5 m 校准区域场的均匀性要求。

频率高于 1 GHz 时的替代方法为，将校准区域分割为 0.5 m×0.5 m 窗口的适当阵列覆盖 EUT 的整个表面(见图 J.1A 和 J.1B)。使用下面提供的程序对每个窗口单独检验场的均匀性(见图 J.2)。场发射天线应距校准区域 1 m。

注 2：在这些较高的频率上，电缆长度和几何形状不是特别重要；而 EUT 的表面区域则是校准区域尺寸的决定因数。

J.2 场的校准

应按以下步骤对每一窗口进行校准：

a) 将场探头放置于窗口四个角的某一角上；

b) 施加正向功率至发射天线，使得在该区域获得的场强在 3 V/m 至 10 V/m 范围内，要以起始频率的 1% 为步长，在整个频率范围内进行观察，记录场强和功率数值；

c) 对窗口的另三个角施加相同的正向功率，测量和记录场强值，所有四个点的场强应在 0 dB 至 6 dB 范围内；

d) 用最低场强的角作为参考点(这样可确保满足 −0 dB 至 +6 dB 范围的要求)；

e) 得到的校准用的正向功率和场强可计算出试验用的正向功率(例如，在某一给定点 80 W 对应于 9 V/m，则 3 V/m 需 8.9 W)，这种计算应记录下来；

f) 对水平和垂直极化，重复步骤 a)至 e)。

应在试验中使用校准均匀场时使用的天线和电缆，由于使用相同的天线和电缆，则可不必考虑电缆损耗及发射天线的损耗系数。

尽可能详细记录发射天线和电缆的精确位置，由于很小的位置偏差即会对场强产生明显影响，试验中应使用相同的位置。

试验过程中，应在每个频率点对场发射天线施加步骤 e)所确定的正向功率。依次重复放置场发射天线照射每个需要的窗口（见图 J.1 和图 J.2）进行重复试验。

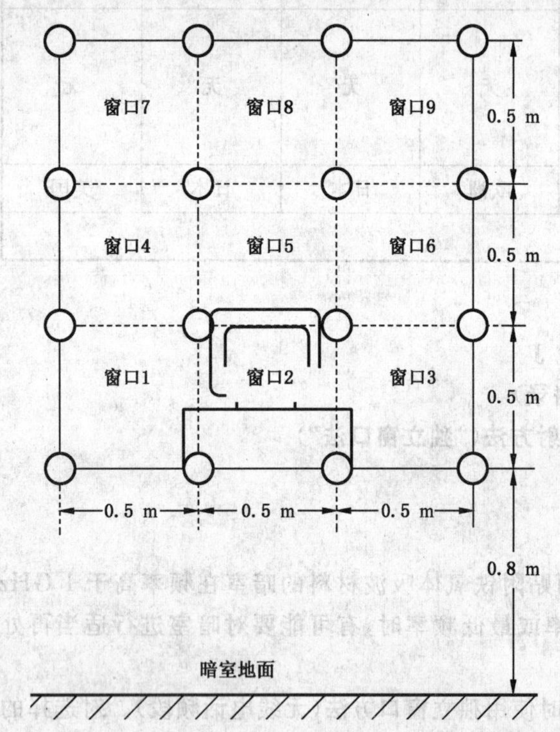

窗口的概念

1. 将校准区域划分为数个 0.5 m×0.5 m 的窗口。

2. 对实际 EUT 表面和电缆将要占有的所有窗口都要进行校准。

（本例中，要用窗口 1 至 3 及 5 进行校准和试验）

图 J.1 A　台式设备将校准区域划分为数个 0.5 m×0.5 m 窗口的实例

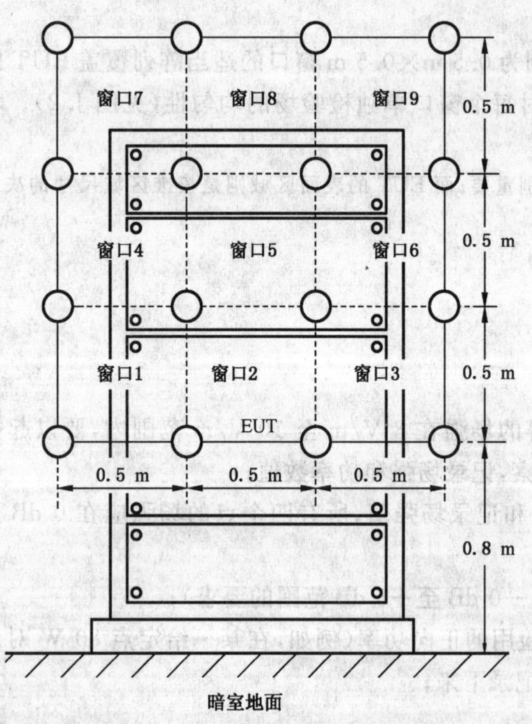

窗口的概念

1. 将校准区域划分为数个 0.5 m×0.5 m 的窗口。

2. 对实际 EUT 表面和电缆将要占有的所有窗口都要进行校准。

（本例中，要用窗口 1 至 9 进行校准和试验）

图 J.1 B　落地式设备将校准区域划分为数个 0.5 m×0.5 m 窗口的实例

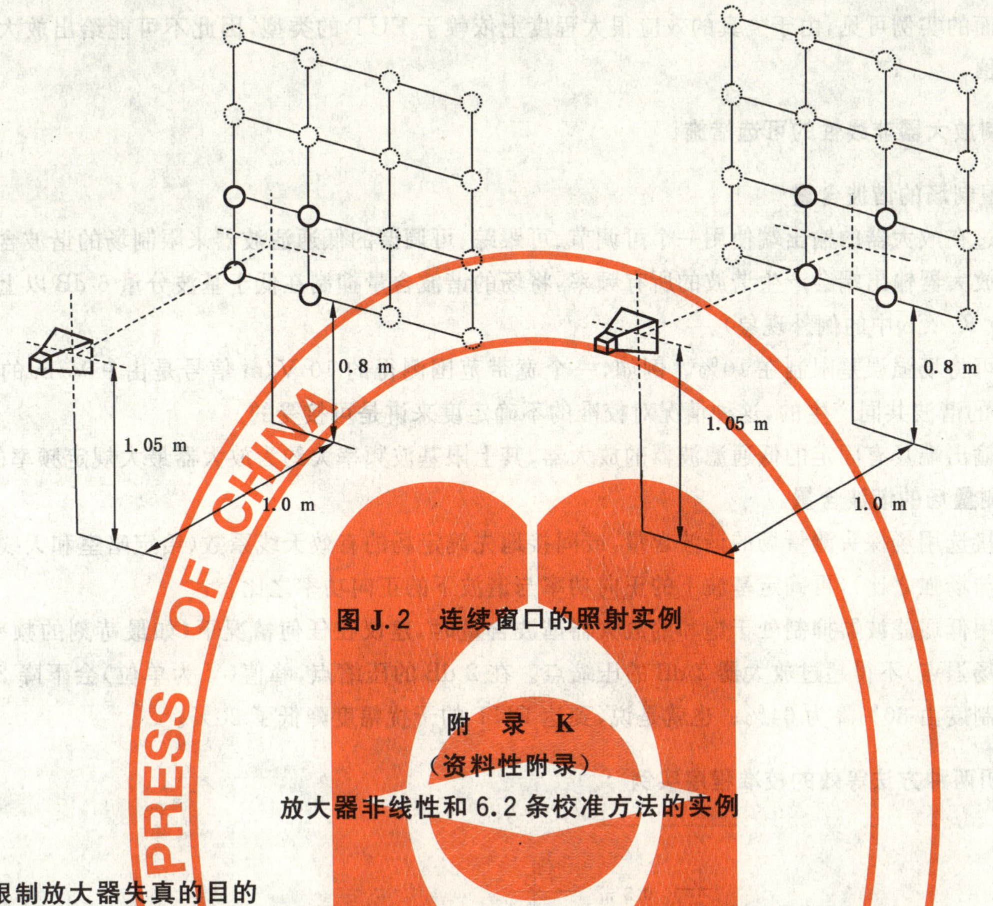

图 J.2 连续窗口的照射实例

附 录 K
（资料性附录）
放大器非线性和 6.2 条校准方法的实例

K.1 限制放大器失真的目的

限制放大器失真的目的是保持放大器的非线性足够低，使其对场强值的不确定度不具有主导性。所以给出本导则来帮助试验室理解及限制放大器的饱和效应。

K.2 谐波和饱和可能引起的问题

放大器过载可能产生下列问题

a) 谐波可能对电磁场产生明显影响。

1) 若在校准时发生这种情况，由于宽带探头将同时测量基波和谐波分量，则不能准确地测量预期频率下的场强。例如，假设在天线端三次谐波分量低于基波分量 15 dB，所有其他谐波可以忽略，进一步假设三次谐波有效天线系数低于基波有效天线系数 5 dB。则基波频率的场强仅高于三次谐波场强 10 dB，若测得的总场强为 10 V/m，则基波占 9.5 V/m。这大体上是可接受的误差，因为它小于场探头幅值的不确定度。

2) 若试验中谐波分量较明显，它可能使 EUT 试验不合格，尽管 EUT 对基波的表现较好而对谐波不行。

b) 谐波也可能影响试验结果，即使在特殊场合下被较好的抑制。例如，在试验一台 900 MHz 的接收机时，即使很弱的 300 MHz 谐波信号也可能使接收机输入端过载。若信号发生器输出与谐波无关的（乱真的）信号，类似的现象也可能出现。

c) 未测到谐波分量放大器亦可能出现饱和。若放大器具有抑制谐波的低通输出滤波器，这种现象也可能出现，因为低通输出滤波器抑制了谐波。这种饱和也会使测试结果不正确。

1) 若在校准时发生这种情况，会产生错误的校准数据，因为 6.2 的推导规则使用了线性假设。

2) 在试验中，这种饱和会导致不正确的调制系数及调制频率的谐波(通常为 1 000 Hz)。

从上面的实例可见，由于失真的效应很大程度上依赖于 EUT 的类型，因此不可能给出放大器失真的数字限值。

K.3 控制放大器非线性的可选措施

K.3.1 限制场的谐波含量

可通过在放大器的输出端使用一个可调节、可跟踪、可调谐的低通滤波器来限制场的谐波含量。

对在放大器输出端会产生谐波的所有频率，将场的谐波含量抑制在低于基波分量 6 dB 以上是可接受的(注意 K.2.b 中的例外现象)。

这样可将场强误差限制在 10%。例如，一个宽带范围测得的 10 V/m 信号是由 9 V/m 的基波和 4.5 V/m 的谐波共同产生的，这种情况对校准的不确定度来讲是可接受的。

对于输出端具有固定的低通滤波器的放大器，其上限基波频率大约为放大器最大规定频率的 1/3。

K.3.2 测量场的谐波含量

可直接选用场探头测量场的谐波含量，或间接地先确定场的有效天线系数(给定暗室和天线位置时输入功率与场强之比)，再确定基波下的正向功率与谐波下的正向功率之比。

若采用低通滤波器抑制处于饱和的放大器谐波含量时，建议在任何情况下(如最苛刻的频率点，调制的最大场强点)不得超过放大器 2 dB 的压缩点。在 2 dB 的压缩点，峰值(V 为单位)会下降 20%，这样会使调制度由 80%降为 64%。也就是说，到达 EUT 的干扰幅度降低了 20%。

K.4 表明两种方法等效的校准程序实例

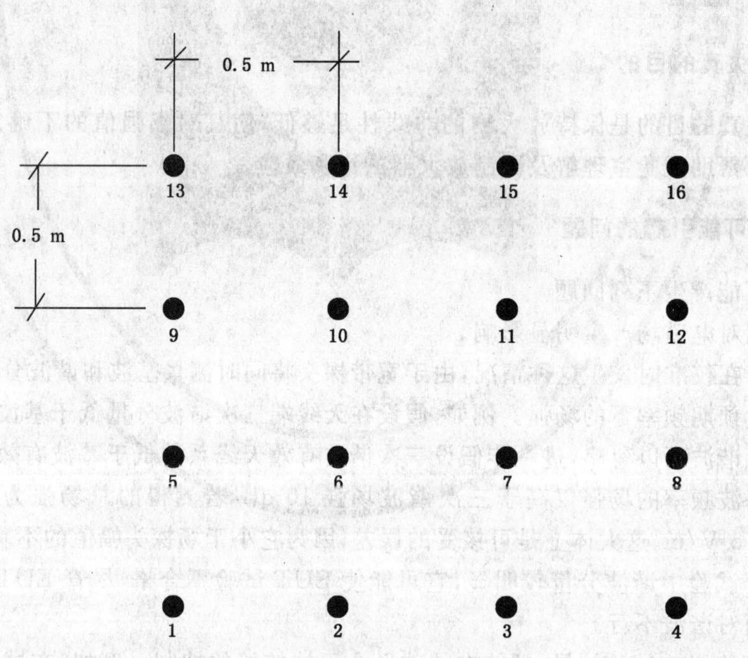

图 K.1 均匀域的测量位置

图 K.1 表明需检测场均匀性的 16 个点，16 个点的间隔距离固定为 0.5 m。

K.4.1 使用 6.2.1 规定的恒定场强校准法之校准程序实例

为产生 E_C=6 V/m(举例)的恒定场强，在某一特定频率下，使用图 7 规定的方法，测得的正向功率如表 K.1 所示。

表 K.1 按恒定场校准法测得的正向功率值

位　置	正向功率/ dBm
1	27
2	22
3	37
4	33
5	31
6	29
7	23
8	27
9	28
10	30
11	30
12	31
13	40
14	30
15	31
16	31

表 K.2 正向功率按升序排列和评估测试结果

位　置	正向功率/ dBm
2	22
7	23
1	27
8	27
9	28
6	29
10	30
11	30
14	30
5	31
12	31
15	31

表 K.2（续）

位 置	正向功率/dBm
16	31
4	33
3	37
13	40

注：

第 13 点：40－6＝34，仅 2 点符合。

第 3 点：37－6＝31，仅 6 点符合。

第 4 点：33－6＝27，有 12 点符合。

本例中，第 2，3，7 和 13 测量点超出－0 dB～＋6 dB 判据要求，但本例中 16 个点至少有 12 个点的数据在判据要求之内。这样，在该特定频率点已满足判据要求。此时应施加的正向功率应为 33 dBm，可确保在 12 个点中场强 E_C 至少为 6 V/m（第 4 点），最高为 12 V/m（第 1 和第 8 点）。

K.4.2 使用 6.2.2 规定的恒定功率校准法之校准程序实例

已选定第 1 点作为校准点，并产生了 E_C 为 6 V/m 的目标场强，在相同的正向功率某一特定频率点，使用图 7 规定的方法，记录得到表 K.3 所示的场强值。

表 K.3 按恒定功率校准法测得的正向功率和场强值

位 置	正向功率/dBm	场强/(V/m)	相对于点 1 的场强值/dB
1	27	6.0	0
2	27	10.7	5
3	27	1.9	－10
4	27	3.0	－6
5	27	3.8	－4
6	27	4.8	－2
7	27	9.5	4
8	27	6.0	0
9	27	5.3	－1
10	27	4.2	－1
11	27	4.2	－3
12	27	3.8	－4
13	27	1.3	－13
14	27	4.2	－3
15	27	3.8	－4
16	27	3.8	－4

表 K.4 场强值按升序排列和评估测试结果

位　置	正向功率/dBm	场强/(V/m)	相对于点 1 的场强值/dB
13	27	1.3	−13
3	27	1.9	−10
4	27	3.0	−6
5	27	3.8	−4
12	27	3.8	−4
15	27	3.8	−4
16	27	3.8	−4
10	27	4.2	−3
11	27	4.2	−3
14	27	4.2	−3
6	27	4.8	−2
9	27	5.3	−1
1	27	6.0	0
8	27	6.0	0
7	27	9.5	4
2	27	10.7	5

注：
第 13 点：−13+6=−7，仅 2 点符合。
第 3 点：−10+6=−4，仅 6 点符合。
第 4 点：−6+6=0，有 12 点符合。

本例中，第 13，3，7 和 2 测量点超出−0 dB～6 dB 判据要求，但本实例中 16 个点至少有 12 个点的数据在判据要求之内。这样，在该特定频率点已满足判据要求。此时产生场强 E_C=6 V/m 时应施加的正向功率应为 27 dBm+20 lg(6 V/m/3 V/m)=33 dBm，可确保在 12 个点中场强 E_C 至少为 6 V/m（第 4 点），而最高为 12 V/m（第 1 和第 8 点）。

ICS 33.100
L 06

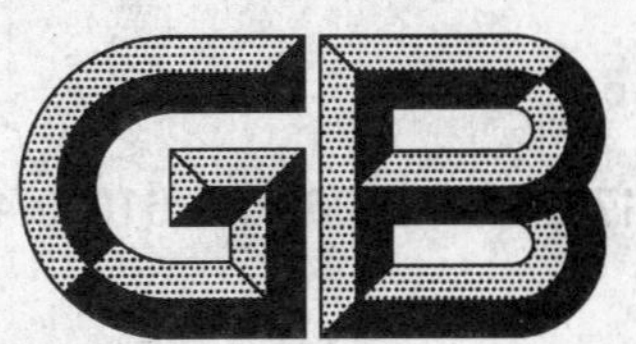

中华人民共和国国家标准

GB/T 17626.8—2006/IEC 61000-4-8:2001
代替 GB/T 17626.8—1998

电磁兼容 试验和测量技术 工频磁场抗扰度试验

Electromagnetic compatibility—Testing and measurement techniques—Power frequency magnetic field immunity test

(IEC 61000-4-8:2001 Electromagnetic compatibility (EMC)—Part 4-8:Testing and measurement techniques—Power frequency magnetic field immunity test,IDT)

2006-12-01 发布　　2007-07-01 实施

中华人民共和国国家质量监督检验检疫总局
中国国家标准化管理委员会 发布

前言

GB/T 17626《电磁兼容 试验和测量技术》系列标准目前包括以下部分：

GB/T 17626.1—2006 电磁兼容 试验和测量技术 抗扰度试验总论

GB/T 17626.2—2006 电磁兼容 试验和测量技术 静电放电抗扰度试验

GB/T 17626.3—2006 电磁兼容 试验和测量技术 射频电磁场辐射抗扰度试验

GB/T 17626.4—1998 电磁兼容 试验和测量技术 电快速瞬变脉冲群抗扰度试验

GB/T 17626.5—1999 电磁兼容 试验和测量技术 浪涌(冲击)抗扰度试验

GB/T 17626.6—1998 电磁兼容 试验和测量技术 射频场感应的传导骚扰抗扰度

GB/T 17626.7—1998 电磁兼容 试验和测量技术 供电系统及所连设备谐波、谐间波的测量和测量仪器导则

GB/T 17626.8—2006 电磁兼容 试验和测量技术 工频磁场抗扰度试验

GB/T 17626.9—1998 电磁兼容 试验和测量技术 脉冲磁场抗扰度试验

GB/T 17626.10—1998 电磁兼容 试验和测量技术 阻尼振荡磁场抗扰度试验

GB/T 17626.11—1999 电磁兼容 试验和测量技术 电压暂降、短时中断和电压变化的抗扰度试验

GB/T 17626.12—1998 电磁兼容 试验和测量技术 振荡波抗扰度试验

GB/T 17626.13—2006 电磁兼容 试验和测量技术 交流电源端口谐波、谐间波及电网信号低频抗扰度试验

GB/T 17626.14—2005 电磁兼容 试验和测量技术 电压波动抗扰度试验

GB/T 17626.17—2005 电磁兼容 试验和测量技术 直流电源输入端口纹波抗扰度试验

GB/T 17626.27—2006 电磁兼容 试验和测量技术 三相电压不平衡抗扰度试验

GB/T 17626.28—2006 电磁兼容 试验和测量技术 工频频率变化抗扰度试验

GB/T 17626.29—2006 电磁兼容 试验和测量技术 直流电源输入端口电压暂降、短时中断和电压变化抗扰度试验

本部分为 GB/T 17626 的第 8 部分。

本部分等同采用 IEC 61000-4-8:2001《电磁兼容 第 4 部分:试验和测量技术 第 8 分部分:工频磁场抗扰度试验》。本部分规定了电气和电子设备工频磁场抗扰度试验的试验等级和方法等。

本部分自实施之日起代替 GB/T 17626.8—1998《电磁兼容 试验和测量技术 工频磁场抗扰度试验》。

本部分与 GB/T 17626.8—1998 相比主要变化是将第 9 章试验结果和试验报告分为两章:第 9 章试验结果的评定、第 10 章试验报告。

本部分的附录 A 和附录 B 为规范性附录,附录 C 和附录 D 为资料性附录。

本部分由中国电力企业联合会提出。

本部分由全国电磁兼容标准化技术委员会(SAC/TC 246)归口。

本部分起草单位:国网武汉高压研究院。

本部分主要起草人:邬雄、万保权、王勤、蒋虹、张泽平。

电磁兼容　试验和测量技术
工频磁场抗扰度试验

1　范围

本部分规定了在运行条件下的设备对下述场所中的工频磁场骚扰的抗扰度要求：

——住宅区和商业区；

——工矿企业和发电厂；

——中压、高压变电所。

对安装在不同地点的设备，本部分的适用性由第3章中所指出的现象而定。

本部分不考虑在电缆中或现场设施的其他部件中的容性和感性耦合而引起的骚扰。

与此有关的传导骚扰在其他标准中考虑。

本部分的目的是建立一个具有共同性和重复性的基准，以评价处于工频（连续和短时）磁场中的家用、商业和工业用电气和电子设备的性能。

本部分规定了以下几项：

——推荐的试验等级；

——试验设备；

——试验布置；

——试验程序。

对其他类别的磁场也将制定标准：

——其他电源频率的磁场（16⅔ Hz～20 Hz或30 Hz～400 Hz）；

——谐波电流磁场（100 Hz～2 000 Hz）；

——高频磁场（频率最高至150 kHz，例如对于电源网络的信号系统）；

——直流磁场。

2　规范性引用文件

下列文件中的条款通过GB/T 17626的本部分的引用而成为本部分的条款。凡是注明日期的引用文件，其随后所有的修改单或修订版均不适用于本部分，然而，鼓励根据本部分达成协议的各方研究是否可使用这些文件的最新版本。凡是不注日期的引用文件，其最新版本适用于本部分。

IEC 60068-1:1988　环境试验　第1部分：总论和导则

3　概述

设备所处于的磁场可能影响设备和系统的可靠运行。

当设备处于与其特定位置和安装条件（例如设备靠近骚扰源）相关的工频磁场时，本部分的试验可检验设备的抗扰度。

工频磁场是由导体中的工频电流产生的，或极少量的由附近的其他装置（如变压器的漏磁通）所产生。

对于邻近导体的影响，应当区分以下两种不同情况：

——正常运行条件下的电流，产生稳定的磁场，幅值较小；

——故障条件下的电流，能产生幅值较高、但持续时间较短的磁场，直到保护装置动作为止（熔断器动作时间按几毫秒考虑，继电器保护动作按几秒考虑）。

稳定磁场试验适用于公用或工业低压配电网络或发电厂的各种型式的电气设备。

故障情况下短时磁场试验要求与稳定磁场的试验等级不同,其最高等级主要适用于安装在电力设施中的设备。

试验磁场波形为工频正弦波形。

许多情况下(居民区内、变电所和正常条件下的发电厂),谐波产生的磁场可忽略不计。但是,在如重工业区的特殊情况下(大功率换流器),谐波产生的磁场是不可忽略的,这将在未来本部分的修订版中考虑。

4 术语和定义

本部分采用 GB/T 4365 中的有关术语和定义及下列术语和定义:

4.1

受试设备(EUT) equipment under test

用来进行的试验设备。

4.2

感应线圈 induction coil

具有确定形状和尺寸的导体环,环中流过电流时,在其平面和所包围的空间内产生确定的磁场。

4.3

感应线圈因数 induction coil factor

尺寸一定的感应线圈所产生的磁场强度与相应电流的比值,磁场强度是在没有受试设备的情况下,在线圈平面中心处所测得的。

4.4

浸入法 immersion method

将磁场施加于 EUT 的方法,即将 EUT 放在感应线圈中部(图 1)。

4.5

邻近法 proximity method

将磁场施加于 EUT 的方法。用一个小感应线圈沿 EUT 的侧面移动,以便探测特别灵敏的部位。

4.6

接地(参考)平面(GRP) ground (reference) plane (GRP)

一块导电平面,其电位用作公共参考电位。

4.7

去耦网络 decoupling network

防逆滤波器 back filter

用于避免与磁场试验以外的设备产生相互影响的电路。

5 试验等级

稳定持续和短时作用的磁场试验等级的优先选用范围在表 1 和表 2 中给出。

表 1 稳定持续磁场试验等级

等 级	磁场强度/(A/m)
1	1
2	3
3	10
4	30

表 1(续)

等　　级	磁场强度/(A/m)
5	100
×	特定
注:"×"是一个开放等级,可在产品规范中给出。	

磁场强度用 A/m 表示,1 A/m 相当于自由空间的磁感应强度为 1.26 μT。

表 2　1 s~3 s 的短时试验等级

等　　级	磁场强度/(A/m)
1	—
2	—
3	—
4	300
5	1 000
×	特定
注:"×"是一个开放等级,可在产品规范中给出。	

有关试验等级选择的资料在附录 C 中给出。

6　试验设备

试验磁场由流入感应线圈中的电流产生,用浸入法将试验磁场施加到受试设备。

应用浸入法试验的例子见图 1。

试验设备包括电流源(试验发生器)、感应线圈和辅助试验仪器。

6.1　试验发生器

试验发生器输出波形应与试验磁场的波形一致,并能为 6.2 中规定的感应线圈提供所需的电流。

发生器容量的大小应由线圈阻抗而定,线圈电感可在 2.5 μH(1 m 的标准线圈)到几微亨(如 6 μH,1 m×2.6 m 的矩形感应线圈,参见 6.2)的范围内。

试验发生器的技术参数如下:

——电流,由所选择的最高试验等级和感应线圈因数(参见 6.2.2 和附录 A)确定。感应线圈因数的范围在 0.87 m^{-1}(对台式设备或小型设备试验用的 1 m 标准线圈)到 0.66 m^{-1}(对立式设备或大型设备试验用的 1 m×2.6 m 矩形感应线圈)之间;

——短路情况下的可操作性;

——试验发生器接地端与实验室的安全地相连;

——采取预防措施,防止可能注入供电网络或影响试验结果的强骚扰发射。

本部分所考虑的电流源(即试验发生器)的特性和性能在 6.1.1 中给出。

6.1.1　试验发生器的特性

典型的电流源由一台调压器(接至配电网)、一台电流互感器和一套短时试验的控制电路组成。发生器应能在连续方式和短时方式下运行。其特性如下:

技术参数

稳定持续方式工作时的输出电流范围:1 A~100 A,除以线圈因数;

短时方式工作时的输出电流范围:300 A~1 000 A,除以线圈因数;

输出电流的总畸变率:小于 8%;

短时方式工作时的整定时间:1 s～3 s。

注:标准线圈的电流输出范围,稳定持续方式为:1.2 A～120 A,短时方式为350 A～1 200 A。

输出电流波形为正弦波。

发生器原理图如图2所示。

6.1.2 试验发生器特性的校验

为了比较不同试验发生器所得的试验结果,应对其输出电流参数的基本特性进行校验。

应校验与6.2.1 a)中规定的标准感应线圈相连的发生器的输出电流;连接线应使用不长于3 m、截面适中的双绞线。

应该校验由发生器产生的骚扰发射(见6.1)。

校验的特性有:

——输出电流值;

——总畸变率。

应使用电流探头和具有±2%准确度的测量仪表来校验。

6.2 感应线圈

6.2.1 感应线圈的特性

与前面规定的(见6.1.1)试验发生器相连接的感应线圈,应产生与所选试验等级和规定的均匀性相对应的磁场强度。

感应线圈应由铜、铝或其他导电的非磁性材料制成,其横截面和机械结构应有利于在试验期间使线圈稳定。

上述线圈可产生本部分所考虑的磁场;线圈可以是"单匝"线圈,并应具有合适的通流容量,即可满足所选试验等级的需要。

为了减小试验电流,可使用多匝线圈。

感应线圈应具有适当的尺寸,以包围EUT(在三个互相垂直的方位上)。

根据EUT的大小,可使用不同尺寸的感应线圈。

下面推荐的感应线圈尺寸可以在整个EUT(台式设备或立式设备)体积内产生磁场,其偏差为±3 dB。

附录B中给出了感应线圈的磁场分布特性。

a) 用于台式设备的感应线圈

对小型设备(如计算机监视器、电度表、程控发射机等等)试验时,标准尺寸的感应线圈是边长为1 m的正方形,或直径为1 m的圆形,由截面较小的导体制成。

标准正方形线圈的试验体积为0.6 m×0.6 m×0.5 m(高度)。

为了使场均匀性比3 dB更好或对更大的设备进行试验,可使用标准尺寸的双重线圈(亥姆霍兹线圈)。

双重线圈(亥姆霍兹线圈)应由有适当间隔的两个或多个线圈组成(见图6、图B.4、图B.5)。

间隔距离为0.8 m的标准尺寸双重线圈,其场均匀性为3 dB的试验体积为0.6 m×0.6 m×1 m(高度)。

例如,对于0.2 dB不均匀性,亥姆霍兹线圈的尺寸及间隔距离如图6所示。

b) 用于立式设备的感应线圈

感应线圈应根据EUT尺寸和场的不同极化方向制造。

线圈应能包围EUT,其大小应使得线圈的一边到EUT外壳的最小距离等于所考虑EUT尺寸的1/3。

线圈应由横截面较小的导体制成。

注:EUT尺寸可能较大,感应线圈可由"C"形截面或"T"形截面的导体制成,以便有足够的机械稳定性。

试验体积由线圈的试验面积(每条边的60%×60%)乘以高度(对应于线圈较短一边的50%)来决定。

6.2.2 感应线圈的校准、线圈因数

为了能够比较不同试验设备所得的试验结果,感应线圈应在其运行条件下(即在试验之前,线圈内无 EUT 的自由空间条件下)进行校准。

一个相对于 EUT 尺寸合适的感应线圈应采用绝缘支撑,放置在距实验室墙壁和其他磁性物体至少 1 m 远的地方,并应与 6.1.2 中规定的试验发生器相连接。

应使用合适的磁场探头来校验由感应线圈产生的磁场强度。

磁场探头应放在感应线圈中心(在没有 EUT 时),并具有适当的方向性以探测磁场强度的最大值。

应调整感应线圈中的电流,以得到由试验等级规定的磁场强度。

校准应在工频下进行。

校准时应带有试验发生器和感应线圈。

线圈因数由上述过程确定(和校验)。

线圈因数给出了获得所需的试验磁场而注入到线圈中的电流值(H/I)。

有关试验磁场测量的资料在附录 A 中给出。

6.3 试验仪器和辅助仪器

6.3.1 试验仪器

试验仪器包括用于设置和测量注入感应线圈电流的电流测量系统(传感器和仪表)。

注:电源、控制和信号线路上的终端网络、防逆滤波器等,是其他试验中试验布置的一部分,这里可保留。

电流测量系统是一套经过校准的电流测量仪、传感器或分流器。

测量仪表的准确度应为±2%。

6.3.2 辅助仪器

辅助仪器包括模拟器以及操作和校验 EUT 技术性能必需的其他仪器。

7 试验布置

试验布置包括以下几个方面:

—— GRP;

—— EUT;

——感应线圈;

——试验发生器。

试验磁场如果干扰试验仪表和其他试验装置附近的敏感设备,则应采取预防措施。

试验布置的例子在下述图中给出:

图 3 为台式设备试验布置示意图;

图 4 为立式设备试验布置示意图。

7.1 接地(参考)平面

GRP 应放置在试验室内,EUT 和辅助设备应放在 GRP 上,并与 GRP 连接。

GRP 应是 0.25 mm 厚的非磁性金属薄板(铜或铝);也可用其他金属薄板,但其厚度最小应为 0.65 mm。

GRP 的最小尺寸为 1 m×1 m。

GRP 的最终尺寸取决于 EUT 大小。

GRP 应与实验室的安全接地系统连接。

7.2 受试设备

受试设备的布置和连接要满足其功能要求。设备应放在 GRP 上,两者之间有 0.1 m 厚的绝缘(如干木块)支撑。

设备外壳应经 EUT 的接地端子直接与 GRP 上的安全接地连接。

供电、输入和输出回路应与电源、控制和信号源连接。

应使用由设备制造商提供或推荐的电缆。若没有推荐，应采用一种适合于受试设备信号的无屏蔽电缆。所有电缆应有 1 m 的长度暴露于磁场中。

如果有防逆滤波器，它应接在离 EUT 有 1 m 电缆长度处，并与接地平面连接。

通信线(数据线)应使用技术规范或标准中规定的电缆连接到 EUT。

7.3 试验发生器

试验发生器应放在距感应线圈不超过 3 m 远处。发生器一端应与 GRP 连接。

7.4 感应线圈

在 6.2.1 中规定的感应线圈应围住放在其中心处的 EUT。根据 6.2.1 a)和 b)中规定的一般准则，在不同垂直方向上试验时，可选择不同尺寸的感应线圈。

在垂直位置(水平极化场)使用的感应线圈可直接与 GRP 连接(在一根垂直导体的根部)，GRP 作为底边成为线圈的一部分。这时，从 EUT 到 GRP 的最短距离为 0.1 m 是足够的。

感应线圈应以与 6.2.2 中规定的校准过程相同的方式与试验发生器相连。

试验中选择的感应线圈应在试验方案中规定。

8 试验程序

试验程序应包括：

——实验室参考条件的校验；

——设备正确操作的预校验；

——进行试验；

——试验结果的评价。

8.1 实验室参考条件

为使环境参数对试验结果的影响减至最小，试验应在 8.1.1 和 8.1.2 中规定的气候和电磁参考条件下进行。

8.1.1 气候条件

试验应按照 IEC 60068-1 的标准气候条件进行：

——温度：15℃～35℃；

——相对湿度：25%～75%；

——大气压力：86 kPa～106 kPa。

注：其他的取值可以在产品规范中给出。

8.1.2 电磁条件

实验室的电磁条件应能保证正确操作 EUT，而不致影响试验结果。否则，试验应在法拉第笼中进行。

特别是，实验室的背景电磁场应至少比所选定的试验等级低 20 dB。

8.2 进行试验

试验应根据试验方案进行，包括对 EUT 技术规范中所规定的性能的校验。

电源、信号和其他功能电量应在其额定的范围内使用。

如果不能得到实际的操作信号，则可采用模拟信号。

应在施加试验磁场之前进行设备性能的预校验。

应采用浸入法对 EUT 施加试验磁场，其布置如 7.2 中所规定。

试验等级不应超过产品的技术规范。

注：为了探测 EUT 的最敏感侧/位置(主要是对固定式的设备而言)，可采用邻近法进行试验，这种方法不用于校验。图 5 给出了由邻近法施加试验场的示例。

根据试验方案中确定的试验磁场的类型(稳定持续的或短时的)，其强度和试验的持续时间应决定于所选的试验等级。

a) 台式设备

设备应处于6.2.1 a)中所规定、图3所示的标准尺寸(1 m×1 m)的感应线圈产生的试验磁场中。

随后感应线圈应旋转90°，以使EUT暴露在不同方向的试验磁场中。

b) 立式设备

设备应处于6.2.1 b)中所规定的适当大小的感应线圈所产生的试验磁场中；试验应通过移动感应线圈来重复进行，在每个正交方向对EUT的整体进行试验。

试验应以线圈最短一边的50%为步长，沿EUT的侧面将线圈移动到不同的位置重复进行。

注：以线圈最短一边边长的50%为步长移动感应线圈，使试验磁场相互重叠。

为了使EUT暴露在不同方向的试验磁场中，感应线圈应旋转90°，接着按相同的程序进行试验。

9 试验结果的评定

试验结果应按EUT的功能丧失或性能降级进行分类。这些分类与制造商、试验申请者规定的，或者制造商与用户之间商定的性能等级有关。推荐的分类如下：

a) 在制造商、申请者或用户规定的限值内性能正常；

b) 功能或性能暂时降低或丧失，但在骚扰停止后受试设备能自行恢复其正常性能，无需操作者干预；

c) 功能或性能暂时降低或丧失，但需操作者干预才能恢复；

d) 因硬件或软件损坏，或数据丢失而造成不能自行恢复至正常状态的功能降低或丧失。

制造商的规范中可以规定EUT的响应哪些可以忽略或可以接受。

在没有合适的通用、产品或产品类标准时，这种分类可以由负责相应产品的专业标准化技术委员制定用于作为明确功能准则的指南，或作为制造商和购买方协商的性能规范的框架。

10 试验报告

试验报告必须包含能重现试验的全部信息。特别记录以下内容：

——本部分第8章中所要求的试验计划中规定的项目内容；

——EUT的标识和任何相关设备，例如，商标名称、产品型号、系列号；

——试验设备标识，例如：商标名称、产品型号、系列号；

——试验进行的特殊环境条件，例如：屏蔽室内；

——使试验进行所必需的任何特殊条件；

——制造商、申请者或购买者规定的性能等级；

——基于通用标准、产品标准和产品类标准中规定的性能判据；

——试验中或试验后，EUT的响应以及所持续的时间；

——试验通过/不通过结论的理由(基于通用、产品或产品类标准中规定的性能判据或制造商与用户的协议)；

——任何特殊的使用条件，例如：电缆长度或类型，屏蔽或接地，EUT运行条件。这些都要求满足条件。

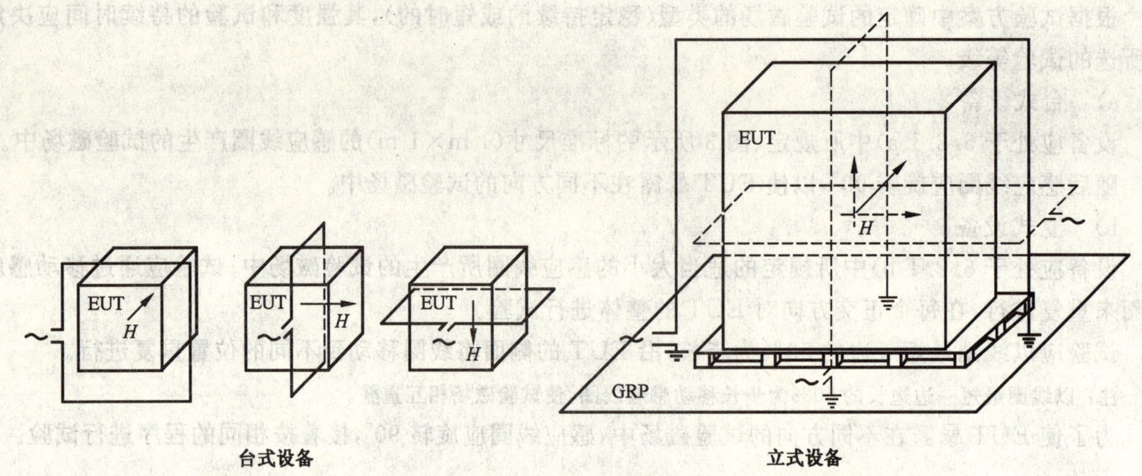

图 1　用浸入法施加试验磁场

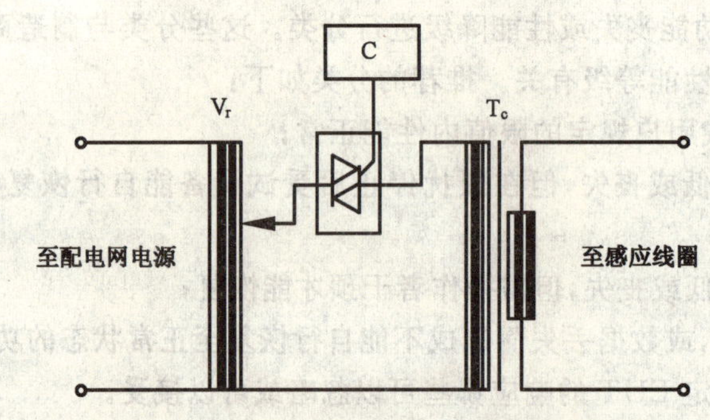

V_r—调压器；C—控制回路；T_c—变流器

图 2　工频磁场试验发生器的原理图

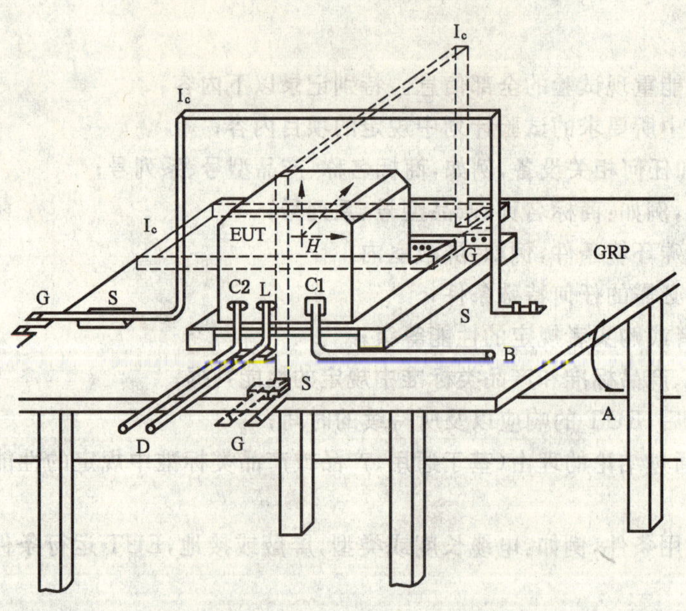

GRP—接地平面；C1—供电回路；A—安全接地；C2—信号回路；S—绝缘支座；L—通信线路；

EUT—受试设备；B—至电源；I_c—感应线圈；D—至信号源，模拟器；G—至试验发生器

图 3　台式设备的试验布置

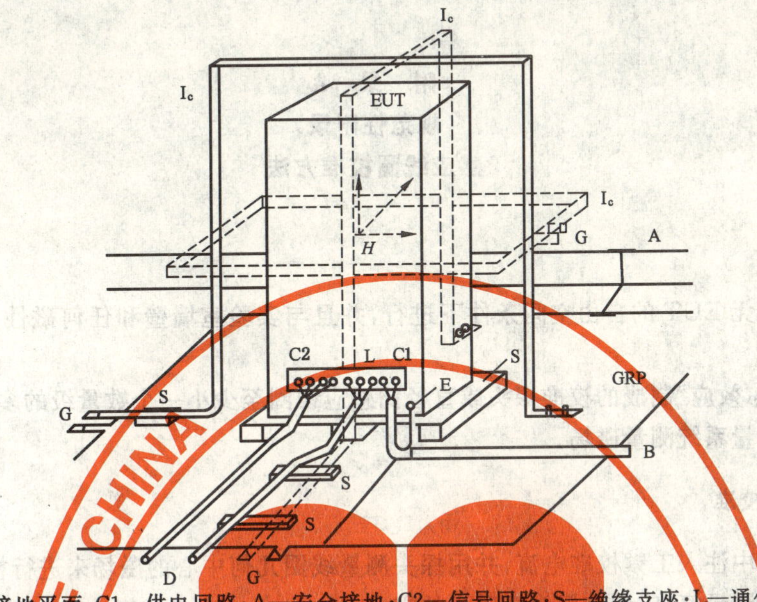

GRP—接地平面；C1—供电回路；A—安全接地；C2—信号回路；S—绝缘支座；L—通信线路；
EUT—受试设备；B—至电源；Ic—感应线圈；D—至信号源，模拟器；E—接地端子；G—至试验发生器

图4 立式设备的试验布置

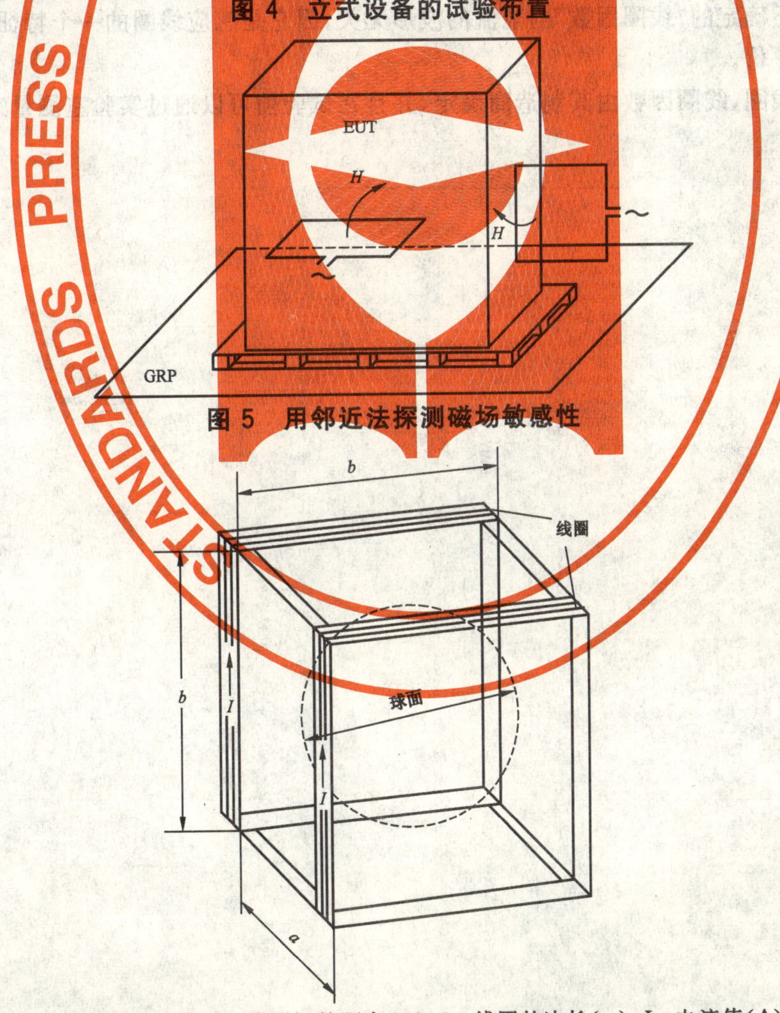

图5 用邻近法探测磁场敏感性

n—每个线圈的匝数；a—线圈间的距离(m)；b—线圈的边长(m)；I—电流值(A)；
H—磁场强度(A/m) $H=1.22\times n/b\times I$($a=b/2.5$时，磁场强度的非均匀性为±0.2 dB)

图6 亥姆霍兹线圈示意图

附 录 A
（规范性附录）
感应线圈校准方法

A.1 磁场测量

磁场测量是在无 EUT 的自由空间条件下进行，并且与实验室墙壁和任何磁性物体的距离至少为 1 m。

可以用按“霍尔效应”制成的校准探头或直径比感应线圈至少小一个数量级的多匝环形探头及工频窄带仪器组成的测量系统测量磁场。

A.2 感应线圈的校准

应向感应线圈中注入工频校准电流，并用探头测量线圈几何中心的磁场来进行校准。

为了得到最大测量值，应调整探头至适当的方向。

应确定每一个感应线圈的“感应线圈因数”，即“场强/注入电流”的比值（H/I）。

在交流电流下确定的“线圈因数”与电流的波形无关，因它是感应线圈的一个特征参数；因此它可用于对工频磁场的评价。

标准尺寸的线圈，线圈因数由其制造商确定，并且在试验前可以通过实验室测量来校验。

附 录 B
(规范性附录)
感应线圈特性

B.1 概述

本附录考虑产生试验磁场的问题。

在初期阶段,浸入法和邻近法都曾考虑过。为了了解这两种方法在应用时的限制,有些问题已经说明过。

有关取值的理由解释如下。

B.2 感应线圈要求

对感应线圈的要求是"在EUT的空间内,试验磁场允许3 dB容差",由于在一个大范围的体积内产生恒定磁场受到实际情况的限制,并考虑到按10 dB为级差划分严酷等级,所以这种容差被认为是一种合理的技术折衷方法。

对于磁场均匀性的要求仅限于在垂直于线圈平面的单一方向上。在试验过程中,通过连续转动感应线圈可以获得不同方向的磁场。

B.3 感应线圈特性

适用于测试台式设备或立式设备的不同尺寸的感应线圈的特性列出如下:

——正方形(边长为1 m)感应线圈在其平面上产生的磁场断面图(见图B.1);

——正方形(边长为1 m)感应线圈在其平面上产生磁场的3 dB区域(见图B.2);

——正方形(边长为1 m)感应线圈在中央垂直平面上产生磁场的3 dB区域(垂直于线圈平面的分量)(见图B.3);

——两个相距0.6 m的正方形(边长为1 m)感应线圈在中央垂直面上产生的磁场的3 dB区域(垂直于线圈平面的分量)(见图B.4);

——两个相距0.8 m的正方形(边长为1 m)感应线圈在中央垂直面上产生的磁场的3 dB区域(垂直于线圈平面的分量)(见图B.5);

——矩形(1 m×2.6 m)感应线圈在其平面上产生的磁场的3 dB区域(见图B.6);

——矩形(1 m×2.6 m)感应线圈在其平面上产生的磁场的3 dB区域(GRP作为感应线圈的一边)(见图B.7);

——矩形(1 m×2.6m)感应线圈(GRP作为感应线圈的一边)在中央垂直面上产生的磁场的3 dB区域(垂直于线圈平面的分量)(见图B.8)。

在选择试验线圈的形状、放置和尺寸时,已经考虑了以下几点:

——感应线圈内外的3 dB区域是与其形状和尺寸相关的;

——对于一个给定的场强,试验发生器的驱动电流、功率和能量正比于感应线圈的尺寸。

B.4 感应线圈特性总结

在不同尺寸线圈的磁场分布数据的基础上,考虑采用本部分中对不同类别的设备所给出的试验方法,可以得出以下结论:

——单个边长为1 m的正方形线圈,试验体积为0.6 m×0.6 m×0.5 m(高)(EUT与线圈的最小距离为0.2 m);

——双正方形线圈，边长为1 m，间隔为0.6 m：试验体积为0.6 m×0.6 m×1 m(高)(EUT与线圈的最小距离为0.2 m)；线圈的间距增加到0.8 m，则可扩大可试验的EUT的最大高度为1.2 m(见中央垂直面3 dB区域)。

——单个矩形线圈，1 m×2.6 m：试验体积0.6 m×0.6 m×2 m(高)(EUT与线圈的最小距离，在EUT的水平方向和垂直方向分别为0.2 m和0.3 m)；如果感应线圈被固定在GRP上，则距GRP有0.1 m的距离是足够的。

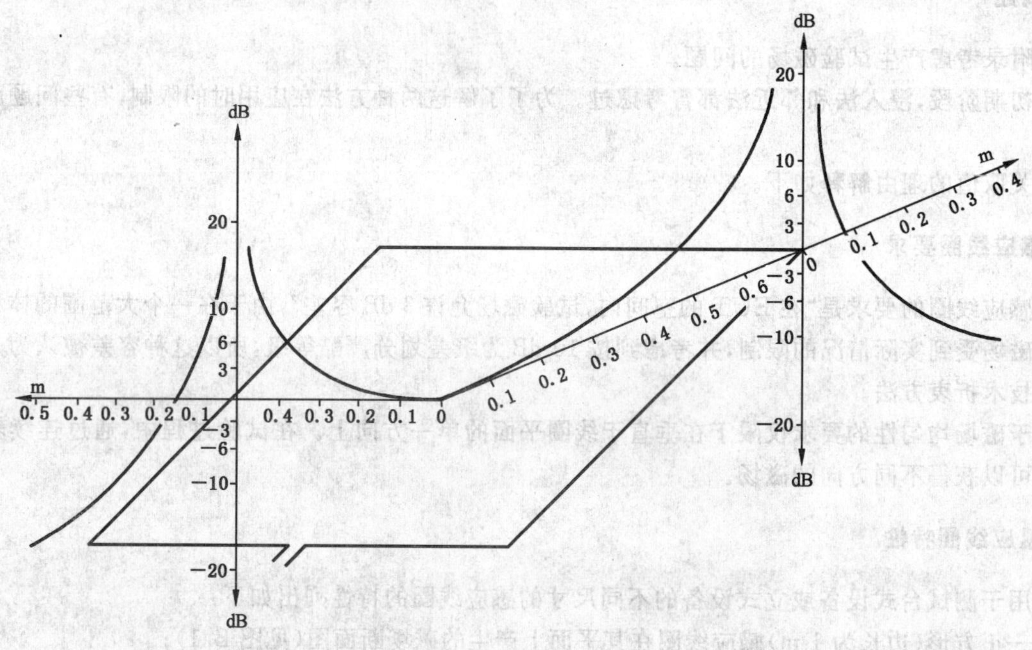

图 B.1 正方形感应线圈(边长为1 m)在其平面上产生的磁场特性

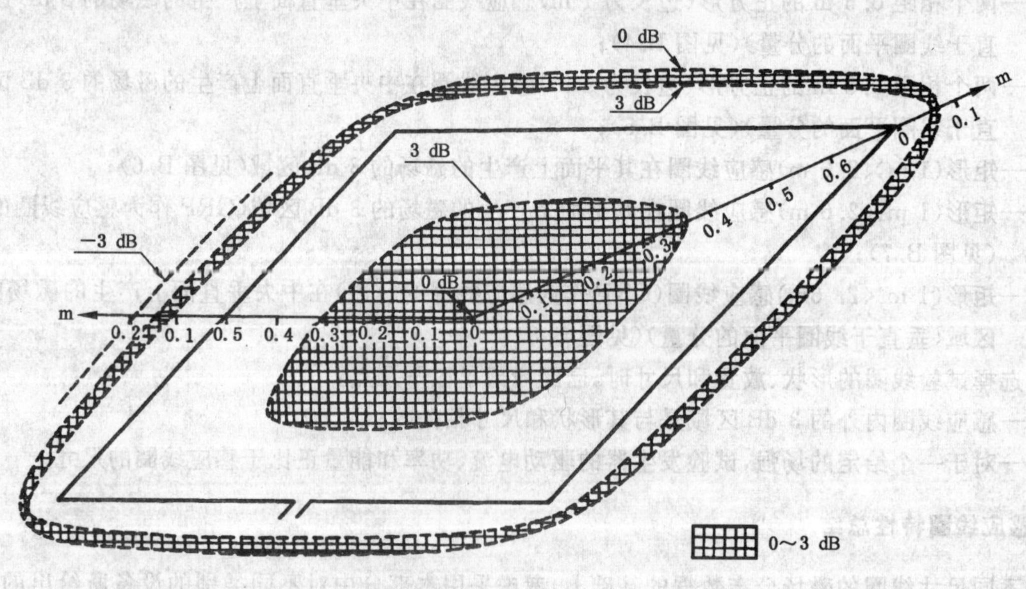

图 B.2 正方形感应线圈(边长为1 m)在其平面上产生磁场的3 dB区域

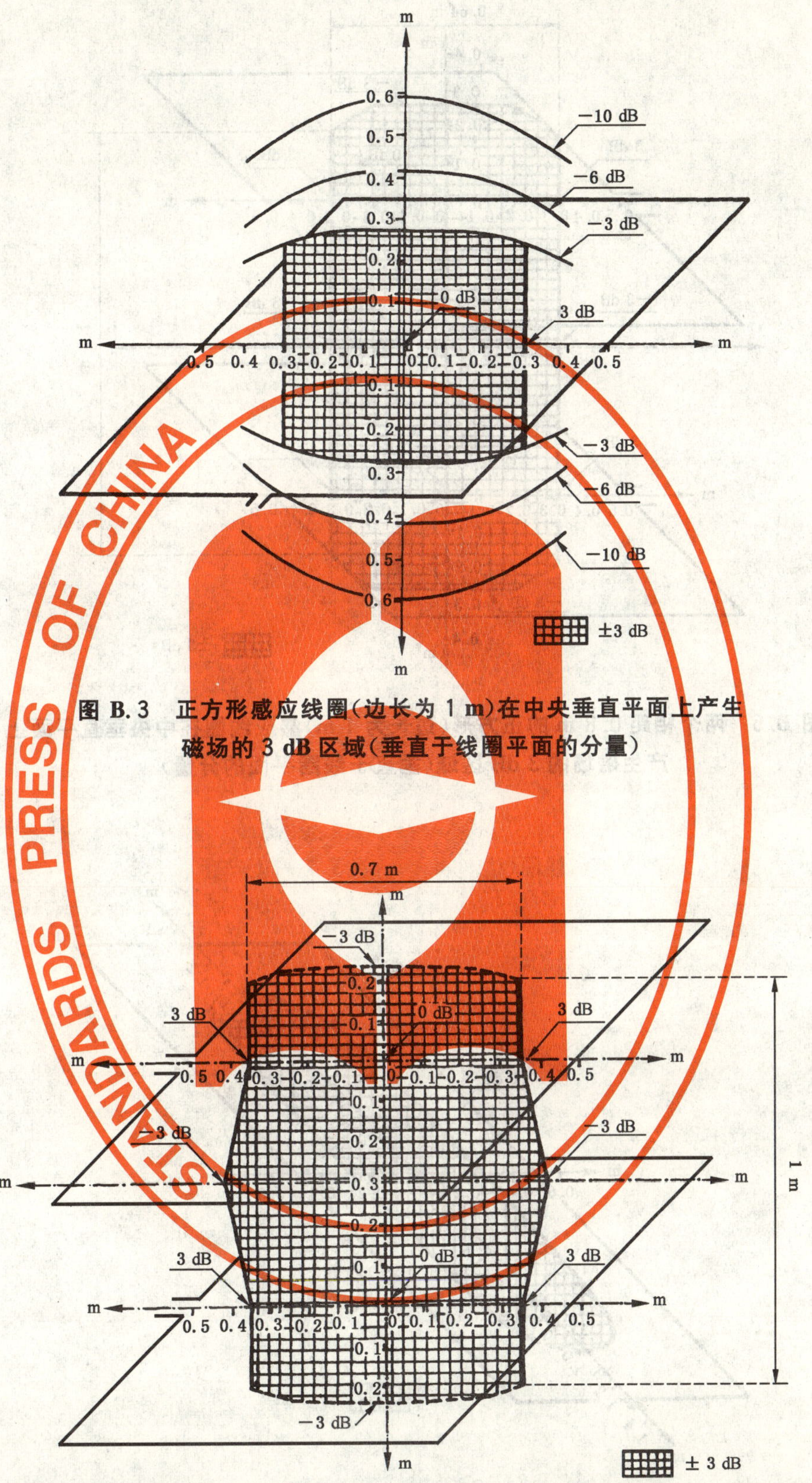

图 B.3 正方形感应线圈(边长为 1 m)在中央垂直平面上产生磁场的 3 dB 区域(垂直于线圈平面的分量)

图 B.4 两个相距 0.6 m 的正方形(边长为 1 m)感应线圈在中央垂直平面上产生磁场的 3 dB 区域(垂直于线圈平面的分量)

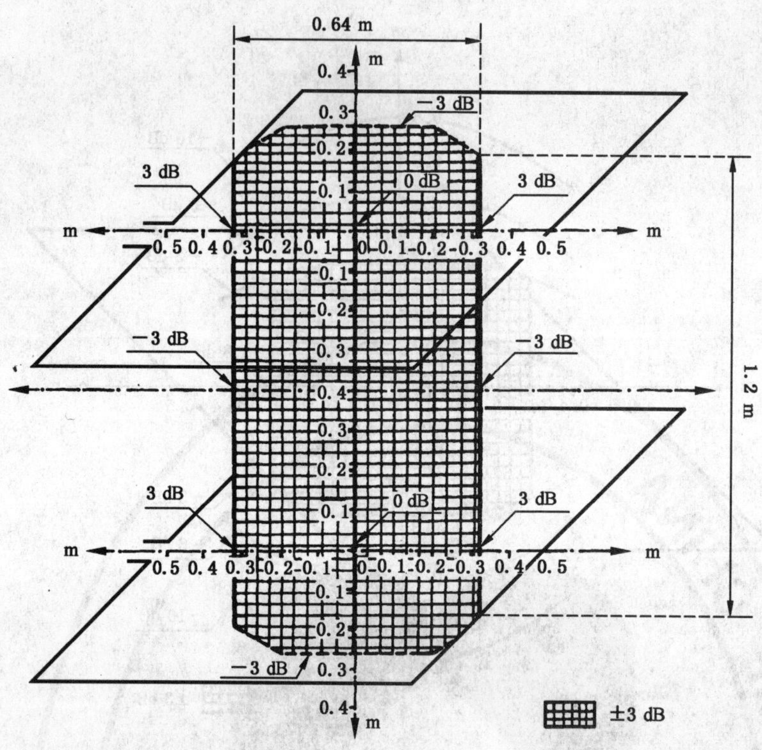

图 B.5 两个相距 0.8 m 的正方形(边长为 1 m)感应线圈在中央垂直平面上产生磁场的 3 dB 区域(垂直于线圈平面的分量)

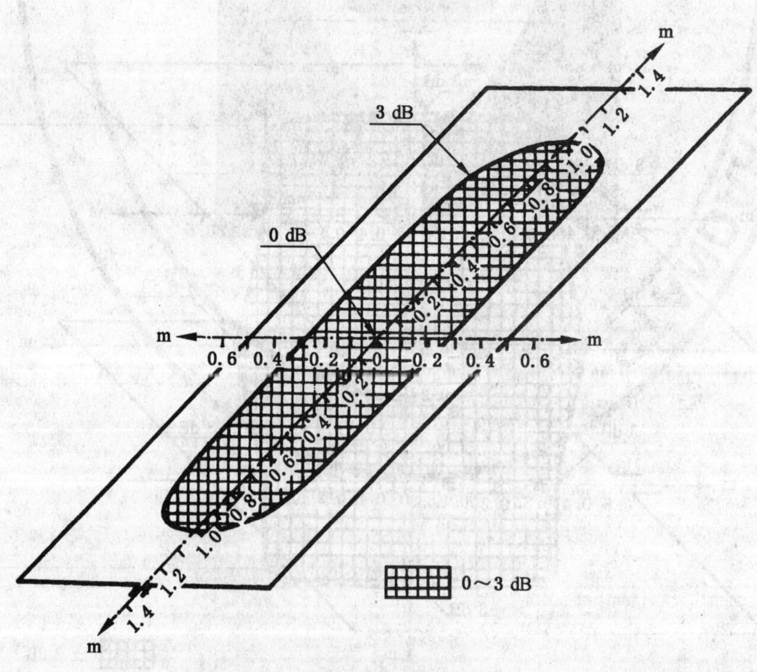

图 B.6 矩形(1 m×2.6 m)感应线圈在其平面上产生磁场的 3 dB 区域

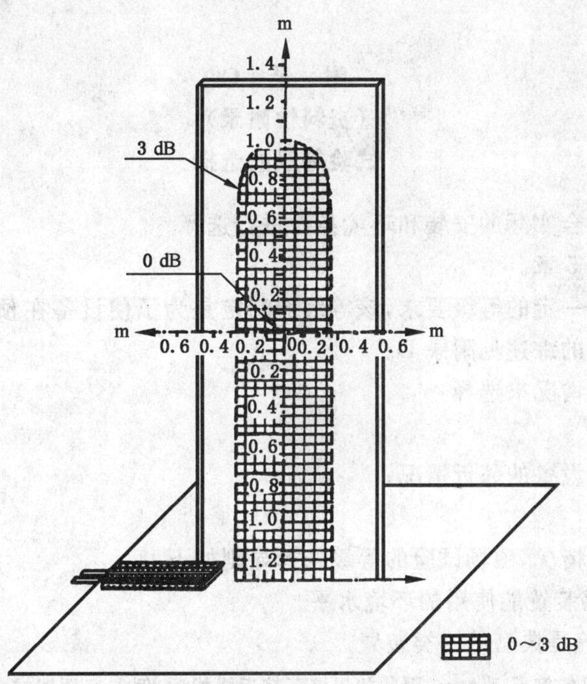

图 B.7 矩形(1 m×2.6 m)感应线圈(GRP 作为感应线圈的一边)在其平面上产生磁场的 3 dB 区域

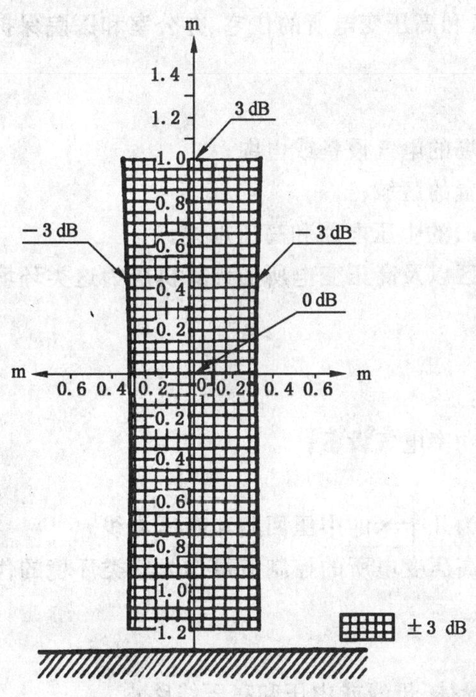

图 B.8 矩形(1 m×2.6 m)感应线圈在中央垂直平面上产生磁场的 3 dB 区域(垂直于线圈平面的分量)

附 录 C
（资料性附录）
试验等级的选择

试验等级应根据最符合实际的安装和环境条件进行选择。

这些试验等级列于第5章。

抗扰度试验应能达到一定的等级要求，该等级的制定是为了使设备在预期的环境中运行时具备良好的性能。工频磁场强度的综述见附录D。

试验等级应根据下列情况来选择：

——电磁环境；

——骚扰源与所关心设备的邻近情况；

——兼容性裕度。

根据一般安装的实际情况，磁场试验的等级选择导则如下：

1级：有电子束的敏感装置能使用的环境水平

监视器、电子显微镜等是典型的这类装置。

注：90％的计算机屏幕只能容忍1 A/m，因此如果屏幕接近骚扰源，例如变压器或电力线路，在此情况下专业标准化技术委员会应制定较高的耐受水平（亦可采用其他方法，例如将屏幕移到远离骚扰源处）。

2级：保护良好的环境

这类环境的特征如下：

——不存在像电力变压器这样可能产生漏磁通的电气设备；

——不受高压母线影响的区域。

远离接地保护装置、工业区和高压变电所的住宅、办公室和医院保护区域为这类环境的代表。

3级：保护的环境

环境的特征如下：

——可能产生漏磁通或磁场的电气设备或电缆；

——邻近保护系统接地装置的区域；

——远离有关设备（几百 m）的中压电路和高压母线。

商业区、控制楼、非重工业区以及高压变电所的计算机房为这类环境的代表。

4级：典型的工业环境

环境的特征如下：

——短支路电力线如母线；

——可能产生漏磁通的大功率电气设备；

——保护系统的接地装置；

——与有关设备相对距离为几十米的中压回路和高压母线。

重工业厂矿和发电厂以及高压变电所的控制室可作为这类环境的代表。

5级：严酷的工业环境

环境的特征如下：

——载流量为数十 kA 的导体、母线或中压和高压线路；

——保护系统的接地装置；

——邻近中压和高压母线的区域；

——邻近大功率电气设备的区域。

重工业厂矿的开关站、中压和高压开关站以及电厂可作为这类环境的代表。

X 级:特殊环境

可根据干扰源与设备的电路、电缆和线路等之间的电磁隔离情况,以及设施的特性采用高于或低于上述等级的环境等级。

应该指出,较高等级的设备线路可以进入严酷等级较低的环境。

附 录 D
（资料性附录）
工频磁场强度的资料

所考虑的磁场强度的数据给出如下。虽然它并不完全，但是可以作为在不同位置和(或)状态下预期的磁场强度数据。产品委员会可以在针对每项具体应用选择试验等级时考虑这些数据。

这些数据是从可获得的参考文献和(或)测量结果中得出的。

a) 家用电器

对25类基本型式的100种不同电器产生的磁场进行调查的结果给在表D.1。磁场强度和电器设备的表面状况有关(这是相当有限的)，而在较大程度上与距离有关。如果在离电器设备距离1 m或1 m以外，对设备从各个方向进行测量时，磁场强度的变化仅为此距离下预期最大值的10%～20%。对电器设备所在的室内测得的背景磁场强度在0.05 A/m～0.1 A/m之间。

民用低压电力线路故障时，产生的磁场强度比规定的要高些，其程度取决于每个设备的短路电流；而其持续时间的数量级约为几百ms，其长短取决于所安装的保护装置。

表 D.1 家用电器(25种基本类型中的100个不同装置)产生的最大磁场强度值

至装置表面的距离	d=0.3 m	d=1.5 m
95%的测量值	0.03 A/m～10 A/m	<0.1 A/m
最高测量值	21 A/m	0.4 A/m

b) 高压线路

由于磁场强度取决于线路结构、负荷和故障情况，因此磁场横向分布对确定电器设备所处的空间电磁场环境有很大的意义。

高压线路所产生的环境影响一般资料在IEC 61000-2-3中给出。

实际磁场测量值见表D.2。

表 D.2 400 kV线路产生的磁场强度值

线路杆塔下	档距中央线下	横向距离30 m
10(A/m)/kA	16(A/m)/kA	约前述值的1/3

c) 高压变电所内

220 kV和400 kV高压变电所实际磁场测量值见表D.3。

表 D.3 高压变电所区域的磁场强度值

变电所	220 kV	400 kV
与载流约为0.5 kA的线路连接的母线下	14 A/m	9 A/m
在继电器房(亭)	在约0.5 m处记录结果：3.3 A/m	
	在电压互感器附近：	
	d=0.1 m；7.0 A/m	
	d=0.3 m：1.1 A/m	
在设备房	最大值为0.7 A/m	

d) 发电厂和工矿企业

表D.4中所列的是对发电厂不同区域的测量结果，其中大部分供电线路和电器设备的类型是和工矿企业相类似的。

磁场强度实测值见表 D.4。

表 D.4 电厂中的磁场强度值

磁场源	在下列距离处的磁场强度/(A/m)			
	0.3 m	0.5 m	1 m	1.5 m
载流 2.2 kA 的中压母线*	14～85	13.5～71	8.5～35	5.7
190 MVA，中压/高压变压器，50%负荷	—	—	6.4	—
6 kV 配电室*	8～13	6.5～9	3.5～4.3	2～2.4
6 kV 绞型电力电缆	—	2.5	—	—
6 MVA 的泵(满负荷 0.65 kA)	26	15	7	—
600 kVA，中压/低压变压器	14	9.6	4.4	—
控制楼，多点式纸带记录仪	10.7	—	—	—
控制室，远离磁场源	0.9			
* 这些范围包括有关设施在某一距离和结构时不同方向上的磁场强度值。				

ICS 33.100
L 06

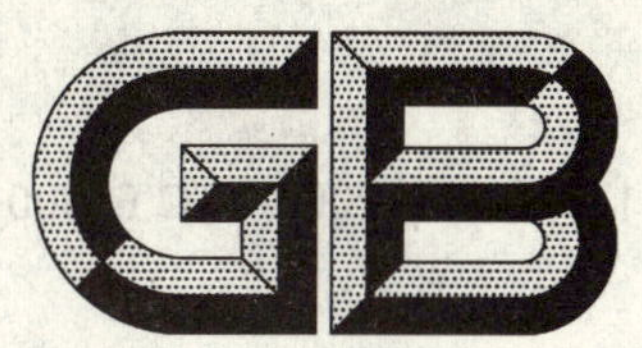

中华人民共和国国家标准

GB/T 17626.13—2006/IEC 61000-4-13:2002

电磁兼容 试验和测量技术 交流电源端口谐波、谐间波及电网信号的低频抗扰度试验

Electromagnetic compatibility—Testing and measurement techniques—Harmonics and interharmonics including mains signalling at a.c. power port, low frequency immunity test

(IEC 61000-4-13:2002 Electromagnetic compatibility (EMC)—Part 4-13: Testing and measurement techniques—Harmonics and interharmonics including mains signalling at a.c. power port, low frequency immunity tests, IDT)

2006-12-01 发布 2007-07-01 实施

中华人民共和国国家质量监督检验检疫总局
中国国家标准化管理委员会 发布

前言

GB/T 17626《电磁兼容 试验和测量技术》系列标准目前包括以下部分：

GB/T 17626.1—2006 电磁兼容 试验和测量技术 抗扰度试验总论

GB/T 17626.2—2006 电磁兼容 试验和测量技术 静电放电抗扰度试验

GB/T 17626.3—2006 电磁兼容 试验和测量技术 射频电磁场辐射抗扰度试验

GB/T 17626.4—1998 电磁兼容 试验和测量技术 电快速瞬变脉冲群抗扰度试验

GB/T 17626.5—1999 电磁兼容 试验和测量技术 浪涌(冲击)抗扰度试验

GB/T 17626.6—1998 电磁兼容 试验和测量技术 射频场感应的传导骚扰抗扰度

GB/T 17626.7—1998 电磁兼容 试验和测量技术 供电系统及所连设备谐波、谐间波的测量和测量仪器导则

GB/T 17626.8—2006 电磁兼容 试验和测量技术 工频磁场抗扰度试验

GB/T 17626.9—1998 电磁兼容 试验和测量技术 脉冲磁场抗扰度试验

GB/T 17626.10—1998 电磁兼容 试验和测量技术 阻尼振荡磁场抗扰度试验

GB/T 17626.11—1999 电磁兼容 试验和测量技术 电压暂降、短时中断和电压变化的抗扰度试验

GB/T 17626.12—1998 电磁兼容 试验和测量技术 振荡波抗扰度试验

GB/T 17626.13—2006 电磁兼容 试验和测量技术 交流电源端口谐波、谐间波及电网信号的低频抗扰度试验

GB/T 17626.14—2005 电磁兼容 试验和测量技术 电压波动抗扰度试验

GB/T 17626.17—2005 电磁兼容 试验和测量技术 直流电源输入端口纹波抗扰度试验

GB/T 17626.27—2006 电磁兼容 试验和测量技术 三相电压不平衡抗扰度试验

GB/T 17626.28—2006 电磁兼容 试验和测量技术 工频频率变化抗扰度试验

GB/T 17626.29—2006 电磁兼容 试验和测量技术 直流电源输入端口电压暂降、短时中断和电压变化抗扰度试验

本部分为 GB/T 17626 的第 13 部分。

本部分等同采用 IEC 61000-4-13(2002)《电磁兼容 第 4 部分:试验和测量技术 第 13 分部分:交流电源端口谐波、谐间波及电网信号的低频抗扰度试验》。本部分规定了电气和电子设备对交流电源端口谐波、谐间波及电网信号的抗扰度试验的试验等级和方法。

本部分的附录 A、附录 B、附录 C 是资料性附录。

本部分由中国电力企业联合会提出。

本部分由全国电磁兼容标准化技术委员会(SAC/TC 246)归口。

本部分起草单位:国网武汉高压研究院。

本部分主要起草人:万保权、邬雄、张广洲、张小武、路遥。

电磁兼容　试验和测量技术　交流电源端口谐波、谐间波及电网信号的低频抗扰度试验

1　范围

GB/T 17626 的本部分规定了低压电网(50 Hz)中每相额定电流小于或等于 16 A 的电气和电子设备对骚扰频率高至 2 kHz 的谐波、谐间波的抗扰度试验方法,并提出了基本试验等级的范围。

本部分不适用于连接到 16⅔ Hz 或 400 Hz 交流网络的电气和电子设备,对这些网络中的设备的试验将在其他标准中考虑。

本部分的目的是建立一个共同的基准,以评价电气和电子设备对谐波、谐间波和电网信号频率的低频抗扰性能。本部分中规定的试验方法是评价电气和电子设备对谐波、谐间波和电网信号频率的抗扰性能的通用方法。GB/Z 18509—2001 中详细说明本部分是供专业标准化技术委员会使用的基础标准,专业标准化技术委员会有权决定是否使用该抗扰度标准,如果确定使用该标准,则负责确定使用的试验等级和性能判据。GB/Z 18509—2001 也表明电磁兼容标准化技术委员会或其分委员会将准备和专业标准化技术委员会合作制订相关产品特殊抗扰度试验的评价标准。

电气部件(例如电容器,滤波器等)的可靠性鉴定不属本部分的范围,本部分也不考虑长期(超过 15 分钟)的热效应。

推荐的试验等级非常适合居住、商业和轻工业环境。对重工业环境,产品委员会根据需要的水平负责确定等级 X,也可能根据需要规定更复杂的波形。不过,建议的简单波形已经在单相网络(单相系统中经常出现平顶波)和工业网络(三相系统中经常出现尖顶波)中观测到。

2　规范性引用文件

下列文件中的条款通过 GB/T 17626 的本部分的引用而成为本部分的条款。凡是注日期的引用文件,其随后所有的修改单或修订版均不适用于本部分,然而,鼓励根据本部分达成协议的各方研究是否可使用这些文件的最新版本。凡是不注日期的引用文件,其最新版本适用于本部分。

GB/T 4365—2003　电工术语　电磁兼容(IEC 60050(161):1990,IDT)

GB/T 17626.7—1998　电磁兼容　试验和测量技术　供电系统及相连设备谐波、谐间波的测量的测量仪器导则(idt IEC 61000-4-7:1991)

GB/T 18039.3—2003　电磁兼容　环境　公用低压供电系统低频传导骚扰及信号传输的兼容水平(IEC 61000-2-2,IDT)

GB 17625.1—2003　电磁兼容　限值　谐波电流发射限值(设备每相输入电流≤16 A)(IEC 61000-3-2:2001,IDT)

3　术语和定义

本部分采用 GB/T 4365 中的有关术语和定义及下列术语和定义:

3.1

抗扰度　immunity

一个装置、设备或系统在出现某种电磁骚扰时性能不降低的能力。

3.2

谐波　harmonic

一个周期量的付里叶级数中次数大于1的分量。

3.3

基波　fundamental

一个周期量的付里叶级数中次数为1的分量。

3.4

平顶波　flat curve waveshape

波形随时间变化，一个半波由三部分组成：

第1部分：从0点开始，以纯正弦波上升至一定的值。

第2部分：是一个恒定值。

第3部分：以纯正弦波波形下降至零点。

3.5

尖顶波　overswing waveshape

波形由数值离散，特定相移的基波、3次谐波和5次谐波构成。

3.6

fundamental frequency

f_1

基波频率。

3.7

电网信号频率　mains signalling frequencies

在谐波与谐波之间用于控制和通信的信号频率。

3.8

EUT　equipment under test

受试设备。

4　概述

4.1　现象的描述

4.1.1　谐波

谐波是具有频率为供电系统运行频率整数倍的正弦电压和电流。

谐波骚扰通常是由具有非线性电压-电流特性的设备或者由于负荷的周期性及线性同步操作引起的。这些设备可以认为是谐波电流源。

来自不同谐波源的谐波电流在网络阻抗上产生谐波电压降。

由于网络中存在电缆电容、线路电感，并连接有改善功率因数的电容器，有可能会产生并联或串联谐振，甚至在远离畸变负荷的地方形成谐波电压的放大，所形成的波形是一个或几个谐波源不同次数谐波相加的结果。

4.1.2　谐间波

在工频的谐波电压和谐波电流之间，可以观察到一些不是基波频率整数倍的频率，它们或以离散的频率、或以一个宽带频谱出现。不同谐间波源的累加是不可能的，在本部分中不予考虑。

4.1.3　电网信号(纹波控制)

在网络或局部网络中，采用频率范围从110 Hz至3 kHz的信号，从一个发送点向一个或多个接收点传送信息。

本部分中频率范围限制在2 kHz/50 Hz。

4.2 来源

4.2.1 谐波

由发电、输电和配电设备产生的谐波电流是少量的，大部分的谐波电流是由工业负荷和居民负荷产生的。有时，网络中只有少量产生显著谐波电流的源，而大量其他装置单独产生的谐波水平是低的，然而，由于它们相加的作用，可能产生较大的谐波电压畸变，至少对于低次的谐波是这样的。

非线性负荷在网络中产生的谐波是显著的，例如：

——可控的和不可控的整流器，特别是带有电容性滤波的整流器(例如在电视接收机、间接或直接的静态变频器以及自镇流灯中所用的整流器)，因为这些来自不同源的谐波近似地处于同一相位，而且在网络中仅有少量的补偿。

——相控设备，某些类型的计算机和 UPS 设备。

谐波源可能会产生稳定的或幅值变化的谐波，这取决于运行的方式。

4.2.2 谐间波

谐间波源会在低压网络中出现，同样也会在中压和高压网络中出现。中压/高压网络中的谐间波流入与之相连的低压网络中。同样，低压网络中的谐间波也会流入中压/高压网络中。

主要的谐间波源有静止变频器、电焊机和电弧炉等。

4.2.3 电网信号(纹波控制)

本部分所涉及的电网信号频率来源于工作在频率范围为 110 Hz 至 2 kHz 的发射机，以便供电公司控制供电网络中的设备(公用照明，计价表等)。发射机的能量耦合到高压、中压或低压系统中。通常，发射机只是以断续信号短时工作，所采用的频率在谐波之间。

5 试验等级

试验等级是按基波电压的百分数规定的谐波电压，本部分给出的电压以供电网络标称电压(基波 U_1)为基准。

在试验期间基本的要求是按照相应表格中标明的百分比调节基波和谐波电压的值，使合成电压波形的均方根值保持为标称值。

5.1 谐波试验等级

表 1 至表 3 给出了优先考虑的各次谐波的试验等级的范围。

采用 3% 和更高试验等级的谐波电压(直到 9 次谐波)时，应施加在相对于基波正向过零时有 0°和 180°的相移，小于 3% 的试验等级的谐波电压则没有相移的要求。

GB/T 18039.3 使用系数 k 的兼容性水平必须高于抗扰度水平(如 1.5 倍或更高)。

多相 EUT 的试验见 8.2.5。

表 1 非 3 的倍数的奇次谐波试验等级

h	等级 1	等级 2	等级 3	等级 X
	试验水平 U_1%	试验水平 U_1%	试验水平 U_1%	试验水平 U_1%
5	4.5	9	12	开放
7	4.5	7.5	10	开放
11	4.5	5	7	开放
13	4	4.5	7	开放
17	3	3	6	开放
19	2	2	6	开放
23	2	2	6	开放

表 1(续)

h	等级 1	等级 2	等级 3	等级 X
	试验水平 U_1%	试验水平 U_1%	试验水平 U_1%	试验水平 U_1%
25	2	2	6	开放
29	1.5	1.5	5	开放
31	1.5	1.5	3	开放
35	1.5	1.5	3	开放
37	1.5	1.5	3	开放

注 1：附录 C 定义了 1 级，2 级和 3 级的电磁环境；

注 2：X 级是开放的等级，该等级由相关专业标准化技术委员会确定，但是对于由低压公用供电系统供电的设备，不能低于等级 2。

表 2　3 的倍数的奇次谐波试验等级

h	等级 1	等级 2	等级 3	等级 X
	试验水平 U_1%	试验水平 U_1%	试验水平 U_1%	试验水平 U_1%
3	4.5	8	9	开放
9	2	2.5	4	开放
15	不试验	不试验	3	开放
21	不试验	不试验	2	开放
27	不试验	不试验	2	开放
33	不试验	不试验	2	开放
39	不试验	不试验	2	开放

注 1：附录 C 定义了 1 级，2 级和 3 级的电磁环境；

注 2：X 级是开放的等级，该等级由相关专业标准化技术委员会确定，但是对于由低压公用供电系统供电的设备，不能低于等级 2。

表 3　偶次谐波的试验等级

h	等级 1	等级 2	等级 3	等级 X
	试验水平 U_1%	试验水平 U_1%	试验水平 U_1%	试验水平 U_1%
2	3	3	5	开放
4	1.5	1.5	2	开放
6	不试验	不试验	1.5	开放
8	不试验	不试验	1.5	开放
10	不试验	不试验	1.5	开放
12～40	不试验	不试验	1.5	开放

注 1：附录 C 中定义了 1 级，2 级和 3 级的电磁环境；

注 2：X 级是开放的等级，该等级由相关专业标准化技术委员会确定，但是对于由低压公用供电系统供电的设备，不能低于等级 2。

5.2 谐间波和电网信号的试验等级

表4给出了优先考虑的试验等级的范围。

表4 谐波频率之间的频率的试验等级

频率范围	等级1	等级2	等级3	等级X
Hz	试验水平 U_1%	试验水平 U_1%	试验水平 U_1%	试验水平 U_1%
16～100	不试验	2.5	4	开放
100～500	不试验	5	9	开放
500～750	不试验	3.5	5	开放
750～1 000	不试验	2	3	开放
1 000～2 000	不试验	1.5	2	开放

注1：附录C中定义了1级,2级和3级的电磁环境；

注2：X级是开放的等级,该等级由相关专业标准化技术委员会确定。

电网信号试验等级包含100 Hz以上谐间波的抗扰度试验等级,并可按8.2.4中定义的Meister曲线来选择电网信号水平在U_1的2%至6%范围,离散的谐间波频率的幅度为基波电压U_1的0.5%左右(无谐振时)。对工业网络可采用等级3,也可采用更高等级。

6 试验设备

6.1 试验发生器

试验发生器应具有产生50 Hz基波频率,以及叠加所需要的频率(谐波以及谐波之间的频率)的能力。

试验发生器应具有良好的滤波作用,使得试验的谐波和谐间波骚扰不会影响辅助设备。

按表1～表4的试验等级施加在EUT端,EUT按正常条件连接(单相或三相)并按有关产品标准的规定运行。

试验发生器应具有表5所示特性。

表5 试验发生器特性

额定电压下每相输出电流	满足操作EUT的要求(见注1)
基波电压	
——幅值U_1	正常电网电压±2%(单相和三相)
——频率	50 Hz±0.5%
——相位差	120°±1.5%(星形连接)
预选择各次谐波	见注2
——次数h	2～40
——幅度U_h	
• 范围	0～14%U_1
• 精度	±5.0%U_h或0.1%U_1中取其高者
——相位角φ_h(见注6)	
• h=2～9	0°;180°
• 过零相位与基波相位偏差	基波的±2°

表 5(续)

额定电压下每相输出电流	满足操作 EUT 的要求(见注 1)
谐波组合 谐波之间的频率 ——幅值 • 范围 • 精度 ——频率 • 范围 • 调整的频率步长 $f=(0.33\sim2)f_1$ $f=(2\sim20)f_1$ $f>20f_1$ • 调整频率的最大误差	见注 3 见注 2 $0\sim10\%U_1$ $\pm5.0\%U_h$ 或 $0.1\%U_1$ 中取其高者 $0.33f_1\sim40f_1$ $=0.1f_1$ $=0.2f_1$ $=0.5f_1$ $\pm0.5\%f_1$
输出阻抗	见注 4
外部阻抗网络	见注 5

注 1:试验发生器的输出电压应满足对每相最大额定输入电流为 16 A 的 EUT 的试验,其他参数由产品标准或产品规范提供。

注 2:发生器应提供可控制选择电压幅度、频率、相位和叠加电压顺序类型等的输入。

注 3:发生器对每相能够提供可选择的多个叠加电压。

注 4:因为内部电压源是可控制的,补偿了内部阻抗上的压降,以满足加在 EUT 端子上的设定值,所以没有规定输出阻抗。同时连接应尽可能短。

注 5:可使用外部串联阻抗网络,但只是为了发现谐波引起的谐振。建立采用 IEC 60725 的阻抗网络。附录 A 提供了选择的指导。

注 6:φ 是基波电压与谐波电压正向过零的相位差,用谐波频率的角度来表示。

6.2 发生器特性的校验

试验前,应对发生器端口输出特性进行校验。为此,应使用符合 GB/T 17626.7 A 级精度的谐波分析仪来监测端电压,而且应存贮或打印叠加电压。可同时使用示波器进行粗略观测。

发生器谐波电压的最大畸变率应符合 GB 17625.1(在发生器未选有谐波和谐间波时),表 6 给出了对 EUT 供电时的最大畸变率限值。

表 6 最大谐波电压畸变

谐波次数	$U_1\%$
3	0.9
5	0.4
7	0.3
9	0.2
2~10(偶次谐波)	0.2
11~40	0.1

试验电压的峰值应在其均方根值的1.40～1.42倍的范围内，相位应在过零后的87°～93°之间，在无负荷和达到EUT额定电流之间的输出电压最大变化应在标称电压的±2%范围内。

按6.1中规定的发生器，具有较低的内阻抗。按6.2对发生器特性的校验，应在无外部阻抗网络的情况下进行，以简化程序。

7 试验配置

除了试验发生器之外，抗扰度试验还可能需要以下设备：

- 符合GB/T 17626.7要求的谐波、谐间波分析仪，以便校验EUT端的试验电压。
- 在试验中，提供选择叠加电压序列的控制单元。
- 记录试验电压序列的打印机或绘图仪。
- 监测EUT施加电压的示波器。

这些项目中的某些功能可能集成在一个单元中。

试验布置示例如下：

——图3为单相EUT布置图；

——图4为三相EUT布置图。

8 试验程序

8.1 试验程序

8.1.1 气候条件

除非负责通用标准或负责产品标准的有关专业标准化技术委员会另有规定，实验室的气候条件应在EUT和试验设备各自的制造商规定的工作条件的限制之内。

假如相对湿度过高，在EUT或试验设备上造成了凝结现象，则不应进行试验。

注：对有充分的证据证明气候条件会影响本部分所涉及试验现象的地方，应引起负责本部分的标准化技术委员会的注意。

8.1.2 试验计划

对一给定设备进行试验前，应准备好试验计划。

建议试验计划包括以下项目：

——EUT的描述；

——可能的连接(插座，端子等)，相应电缆及辅助设备的资料；

——受试设备的输入电源端口；

——EUT的典型运行方式；

——试验类型/试验等级；

——由标准或制造商规定的在试验条件下的性能基准；

——试验布置的描述。

如果不能使用EUT的辅助设备，则可以对它们进行模拟。

必须记录每次试验时任何性能降低的情况。在试验中或试验后，监视设备应能够显示EUT的运行状态。每一组试验之后，应对设备进行一次相关的检查。

8.2 试验的实施

图1a)和图1b)给出的优化试验流程图可以达到试验性能高可信度。谐波组合试验和扫频试验的试验等级超过单次谐波试验的试验水平。

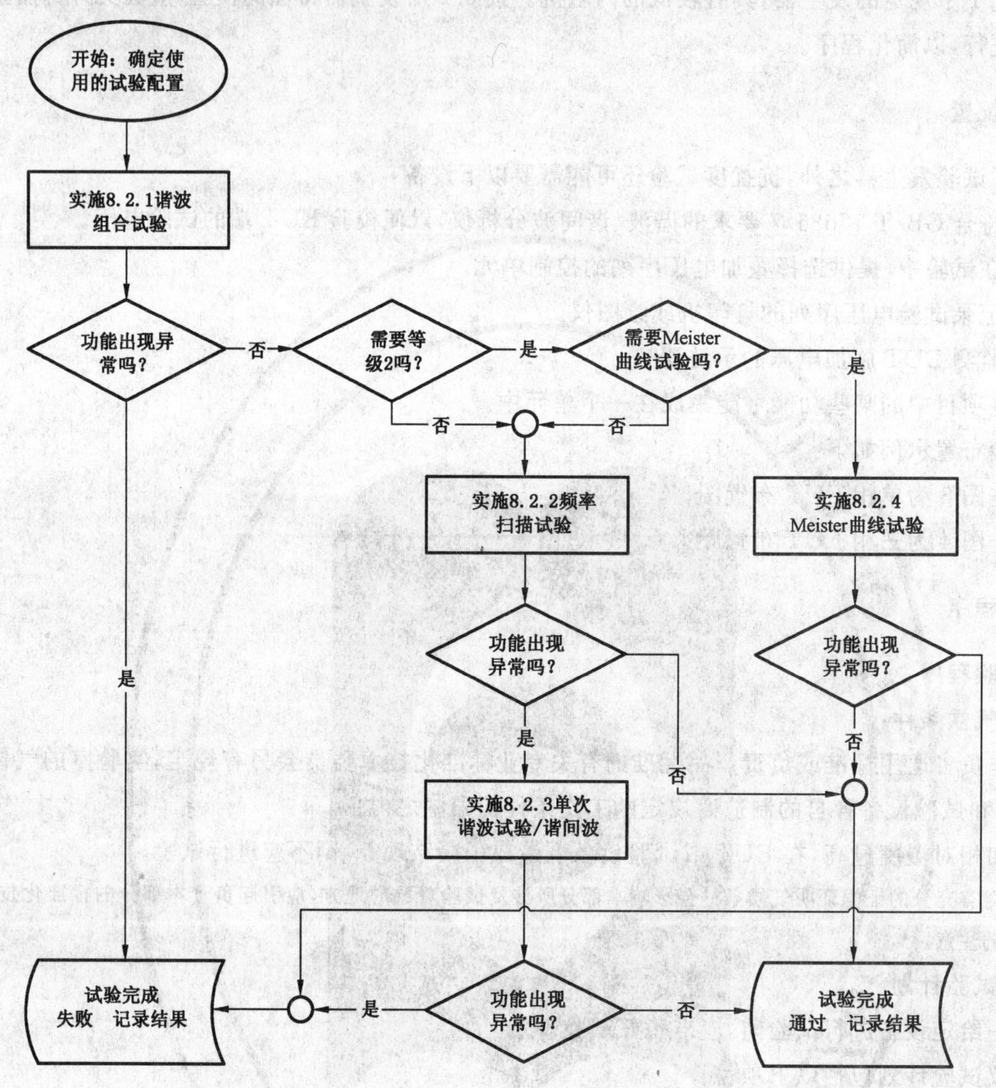

图 1a) 等级 1 和等级 2 的试验流程图

8.2.1 谐波组合试验平顶波和尖顶波

谐波组合试验包括平顶波和尖顶波两个试验。按照表 7 和表 8 对 EUT 进行每一种组合波试验，每次试验时间为 2 min。图 6 和图 7 所示为平顶波和尖顶波单独试验的时域波形。

平顶波：图 6 示出了电压随时间变化的平顶波形，每个半波由三部分组成。

第 1 部分：从零开始，按纯正弦函数变化，对于等级 2 达到峰值的 90%，对于等级 3 到达峰值的 80%。

第 2 部分：是恒定电压。

第 3 部分：与第 1 部分相对应(纯正弦函数)。

尖顶波：尖顶波是由相应相位关系的离散的 3 次谐波和 5 次谐波叠加而产生的。

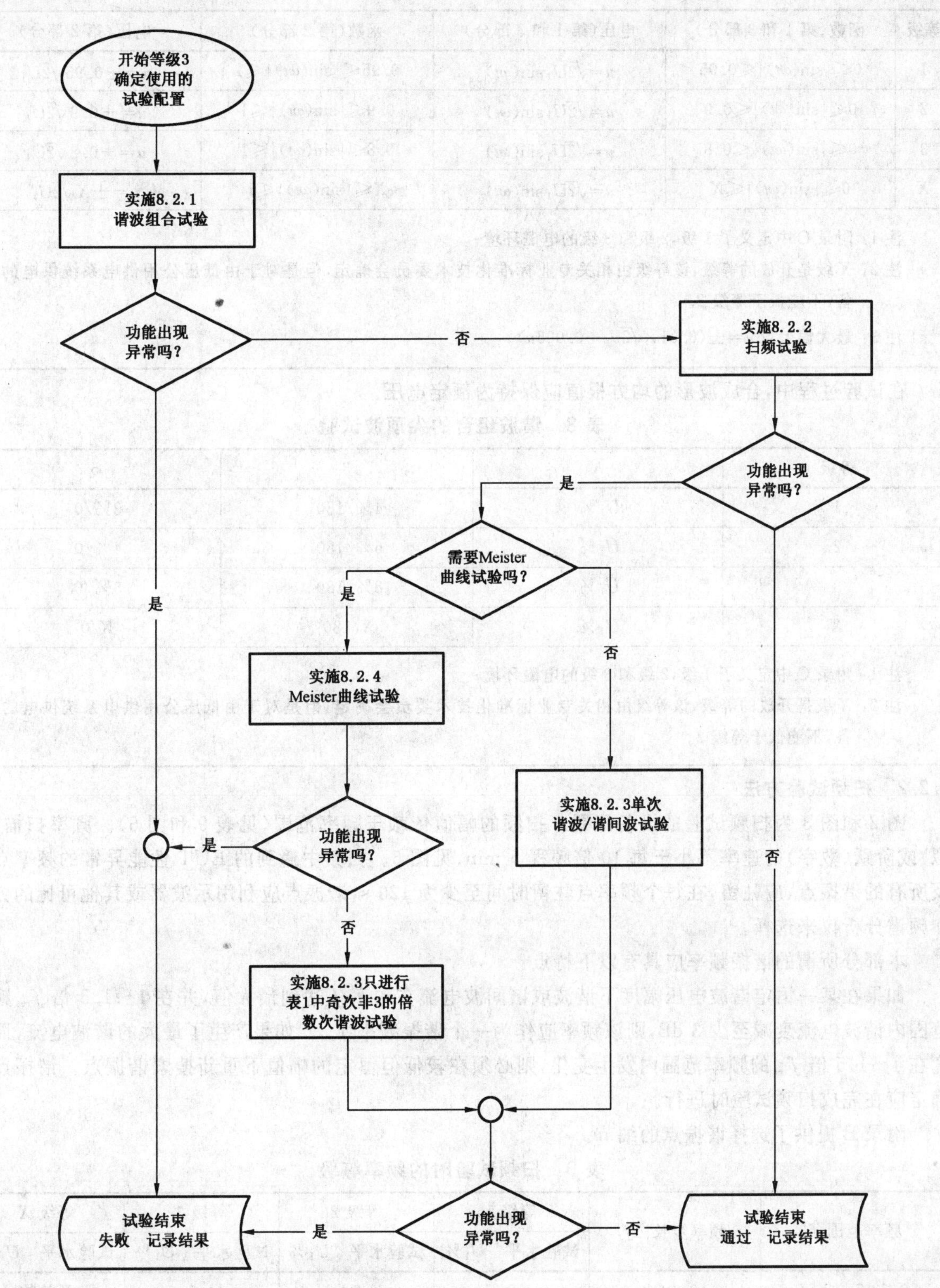

图 1b） 等级 3 的试验流程图

表 7 平顶波的时间函数

等级	函数(第 1 和 3 部分)	电压(第 1 和 3 部分)	函数(第 2 部分)	电压(第 2 部分)
1	$0\leqslant\|\sin(\omega t)\|\leqslant 0.95$	$u=\sqrt{2}U_1\sin(\omega t)$	$0.95\leqslant\|\sin(\omega t)\|\leqslant 1$	$u=\pm 0.95\sqrt{2}U_1$
2	$0\leqslant\|\sin(\omega t)\|\leqslant 0.9$	$u=\sqrt{2}U_1\sin(\omega t)$	$0.9\leqslant\|\sin(\omega t)\|\leqslant 1$	$u=\pm 0.9\sqrt{2}U_1$
3	$0\leqslant\|\sin(\omega t)\|\leqslant 0.8$	$u=\sqrt{2}U_1\sin(\omega t)$	$0.8\leqslant\|\sin(\omega t)\|\leqslant 1$	$u=\pm 0.8\sqrt{2}U_1$
X	$0\leqslant\|\sin(\omega t)\|\leqslant X$	$u=\sqrt{2}U_1\sin(\omega t)$	$X\leqslant\|\sin(\omega t)\|\leqslant 1$	$u=\pm X\sqrt{2}U_1$

注 1：附录 C 中定义了 1 级,2 级和 3 级的电磁环境；

注 2：X 级是开放的等级,该等级由相关专业标准化技术委员会确定,但是对于由低压公用供电系统供电的设备,不能低于等级 2。

注 3：最大偏差：$\Delta u=\pm(0.01\times\sqrt{2}u_1+0.005u)$。

在试验过程中,合成波形的均方根值应保持为额定电压。

表 8 谐波组合的尖顶波试验

等级	h	3	5
1	U_1%	4%/180°	3%/0°
2	U_1%	6%/180°	4%/0°
3	U_1%	8%/180°	5%/0°
X	U_1%	X/180°	X/0°

注 1：附录 C 中定义了 1 级,2 级和 3 级的电磁环境；

注 2：X 级是开放的等级,该等级由相关专业标准化技术委员会确定,但是对于由低压公用供电系统供电的设备,不能低于等级 2。

8.2.2 扫频试验方法

图 2 和图 3 为扫频试验的设备配置。扫频的幅值依赖于频率范围(见表 9 和图 5)。频率扫描(模拟)或阶跃(数字)的速率不小于每 10 倍频程 5 min,见图 5。扫频中遇到的 EUT 性能异常的频率点以及所有的谐振点,应驻留,在每个频率点驻留时间至少为 120 s,谐振点应利用示波器或其他可比的方法如频谱分析仪来选择。

本部分所谓的谐振频率应具有以下特点：

如果在某一恒定谐波电压幅度下谐波或谐间波电流在频率 f 达到最大值,并在 1～1.5 倍 f_{res} 频率范围内谐波电流衰减至少 3 dB,则该频率应作为一个谐振频率 f_{res}。如果产生了最大的谐波电流,而幅度在 1～1.5 倍 f_{res} 的频率范围内发生变化,则必须在较低但恒定的幅值下重新搜索谐振点。谐振点的确定应在完成扫频试验时进行。

附录 B 提供了选择谐振点的细节。

表 9 扫频试验时的频率等级

频率范围 f	频率步长 Δf	等级 1	等级 2	等级 3	等级 X
		试验水平 U_1%	试验水平 U_1%	试验水平 U_1%	试验水平 U_1%
$0.33f_1$～$2f_1$	$0.1f_1$	2	3	4.5	开放的
$2f_1$～$10f_1$	$0.2f_1$	5	9	14	开放的
$10f_1$～$20f_1$	$0.2f_1$	4	4.5	9	开放的
$20f_1$～$30f_1$	$0.5f_1$	2	2	6	开放的

表 9(续)

频率范围 f	频率步长 Δf	等级 1	等级 2	等级 3	等级 X
		试验水平 $U_1\%$	试验水平 $U_1\%$	试验水平 $U_1\%$	试验水平 $U_1\%$
$30f_1\sim40f_1$	$0.5f_1$	2	2	4	开放的

注 1：附录 C 中定义了 1 级，2 级和 3 级的电磁环境；

注 2：X 级是开放的等级，该等级由相关专业标准化技术委员会确定，但是对于由低压公用供电系统供电的设备，不能低于等级 2。

8.2.3 规定试验等级序列的单个谐波和谐间波试验

在 $2f_1\sim40f_1$ 频率范围内，应按表 1～表 3 的幅值单个正弦波电压叠加到基波电压 U_1 上，每个频率的施加时间为 5 s，间隔 1 s 再加下一个频率，见图 4。在整个试验期间合成电压的均方根值应保持恒定。

谐间波试验的频率范围列于表 4，表 10 指定了频率步长的大小，每频率步长施加时间为 5 s，间隔 1 s，再加下一步长的频率。在整个试验期间合成电压的均方根值应保持恒定。

表 10 谐间波和 Meister 曲线的频率步长

频率范围 f	频率步长 Δf
$0.33f_1\sim2f_1$	$0.1f_1$
$2f_1\sim10f_1$	$0.2f_1$
$10f_1\sim20f_1$	$0.2f_1$
$20f_1\sim40f_1$	$0.5f_1$

8.2.4 Meister 曲线试验

在具有电网信号和/或纹波控制的电网中所使用的 EUT，必须实施 Meister 曲线试验。

在试验期间，频率扫描(模拟)或阶跃(数字)的速率不少于每 10 倍频程 5 min(见图 5)。

在两种情况下，应用的谐间波的幅值必须满足表 11 中的数值。

表 11 Meister 曲线试验等级

频率范围 f	频率步长 Δf	等级 1	等级 2	等级 3	等级 X
		试验水平 $U_1\%$	试验水平 $U_1\%$	试验水平 $U_1\%$	试验水平 $U_1\%$
$0.33f_1\sim2f_1$	$0.1f_1$	不试验	3	4	开放的
$2f_1\sim10f_1$	$0.2f_1$	不试验	9	10	开放的
$10f_1\sim20f_1$	$0.2f_1$	不试验	$4\ 500/f$	$4\ 500/f$	开放的
$20f_1\sim40f_1$	$0.5f_1$	不试验	$4\ 500/f$	$4\ 500/f$	开放的

如果使用等级 3 中的 Meister 曲线试验，则该试验可代替谐间波频率试验(谐间波见表 4)。

在等级 2 中，Meister 曲线试验(见图 1a 流程图)可替代扫频试验(见表 4)。

8.2.5 多相 EUT 试验

见图 3。

谐波或谐间波畸变电压应同时施加在三相的线—中性点之间，并且每个线—中性点电压中的谐波应与相应的基波电压波形有相同的相位关系，即相互有 120°相位移。正如通常在低压网络中观察到的那样，三相的波形是相同的。

本方法要求试验发生器的输出应有中性点，并且不应有不传输同极性的三的倍数次谐波的三相输出变压器。

该方法不适用于无中性点连接的三相设备,并且对它们也无需进行三的倍数次谐波试验。

9 试验结果的评定

试验结果依据受试设备在试验中功能丧失或性能降低现象进行分类,相关的性能水平由设备的制造商或试验的需要方确定,或由产品的制造商与购买方双方协商同意。建议按如下要求分类:

a) 在制造商、委托方或购买方规定的限值内性能正常;

b) 功能或性能的暂时丧失或降低,但在骚扰停止后能自行恢复,不需要操作者干预;

c) 功能或性能的暂时丧失或降低,但需操作者干预才能恢复;

d) 因设备元件或软件损坏,或数据丢失而造成不能恢复的功能丧失或性能降低。

由制造商提出的技术规范可以规定对 EUT 产生的某些影响是不重要的,因而是可接受的试验效应。

在没有合适的通用、产品或产品类标准时,这种分类可以由负责相应产品的通用标准、产品标准和产品类标准的专业标准化技术委员会用于作为明确表达功能准则的指南,或作为制造商和购买方协商的性能规范的框架。

10 试验报告

试验报告必须包含能重现试验的全部信息。特别是下列内容:

——本部分第 8 章要求的试验计划中规定的项目内容;

——EUT 和辅助设备的标识,如商标、产品型号、系列号;

——试验设备的标识,如商标、产品型号、系列号;

——任何进行试验的专门环境条件,如屏蔽室;

——进行试验所必须的任何特定条件;

——制造商、需要者或购买人确定的性能等级;

——在通用、产品或产品类标准中规定的性能要求;

——试验时在骚扰施加期间及以后观察到的对 EUT 的任何影响,及其持续时间;

——试验通过/失败的判定理由(根据通用标准、产品标准或产品类标准规定的性能要求或制造商与购买者达成的协议);

——采用的任何特殊条件,如电缆长度或类型,屏蔽或接地,或 EUT 运行条件,均要符合规定。

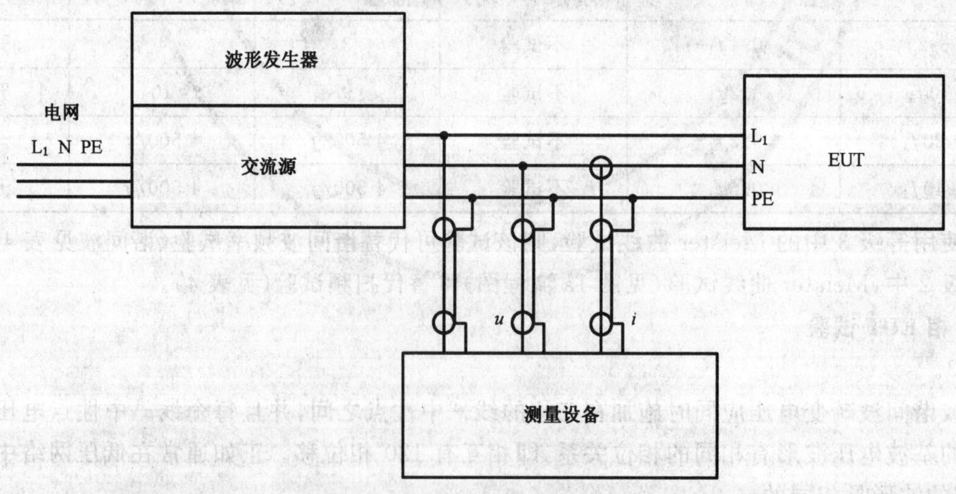

图 2 单相 EUT 试验布置举例

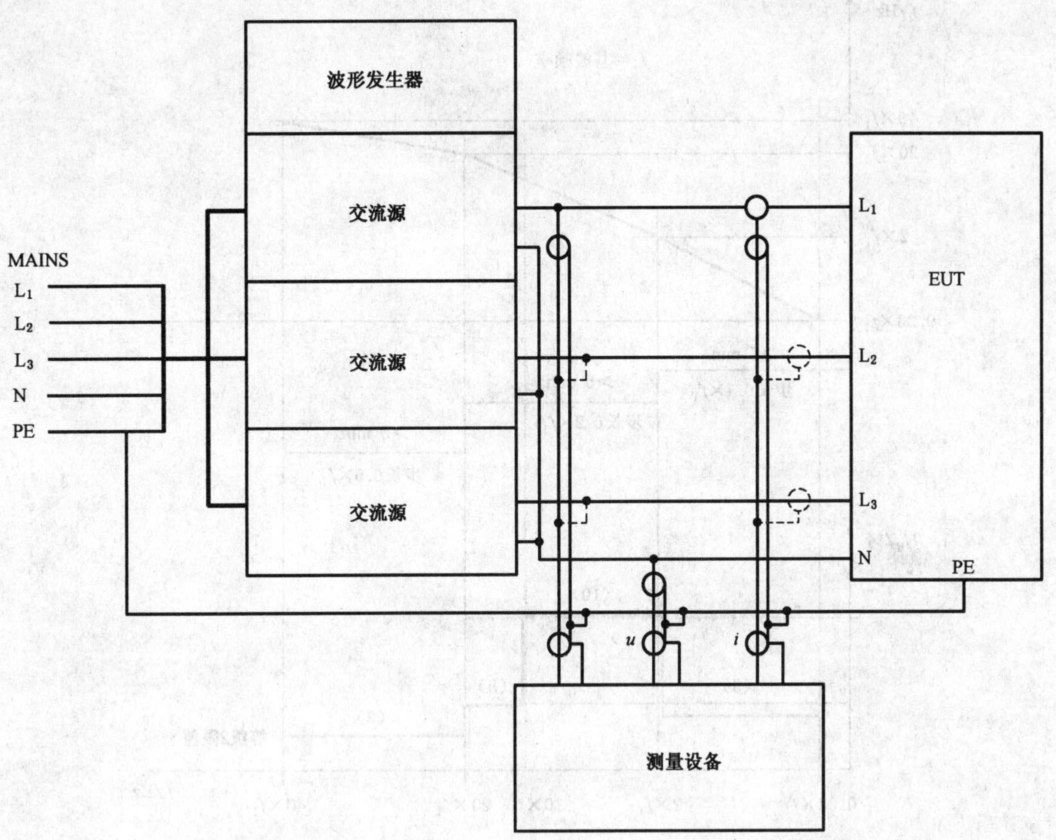

图 3 三相 EUT 试验布置举例

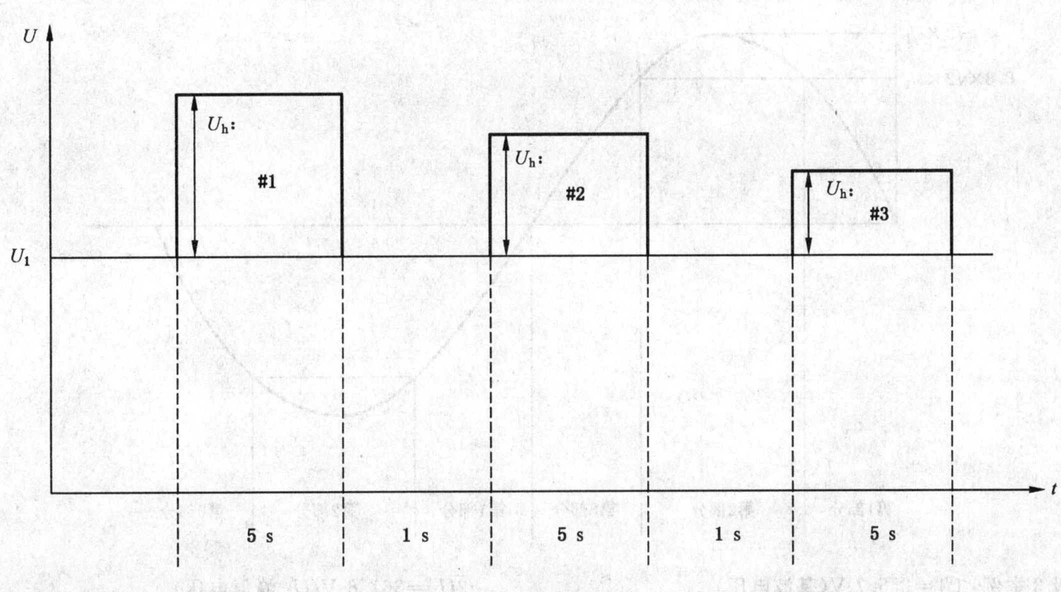

注：在所有谐波试验过程中，基波电压的均方根值应保持恒定。

图 4 多次谐波试验序列

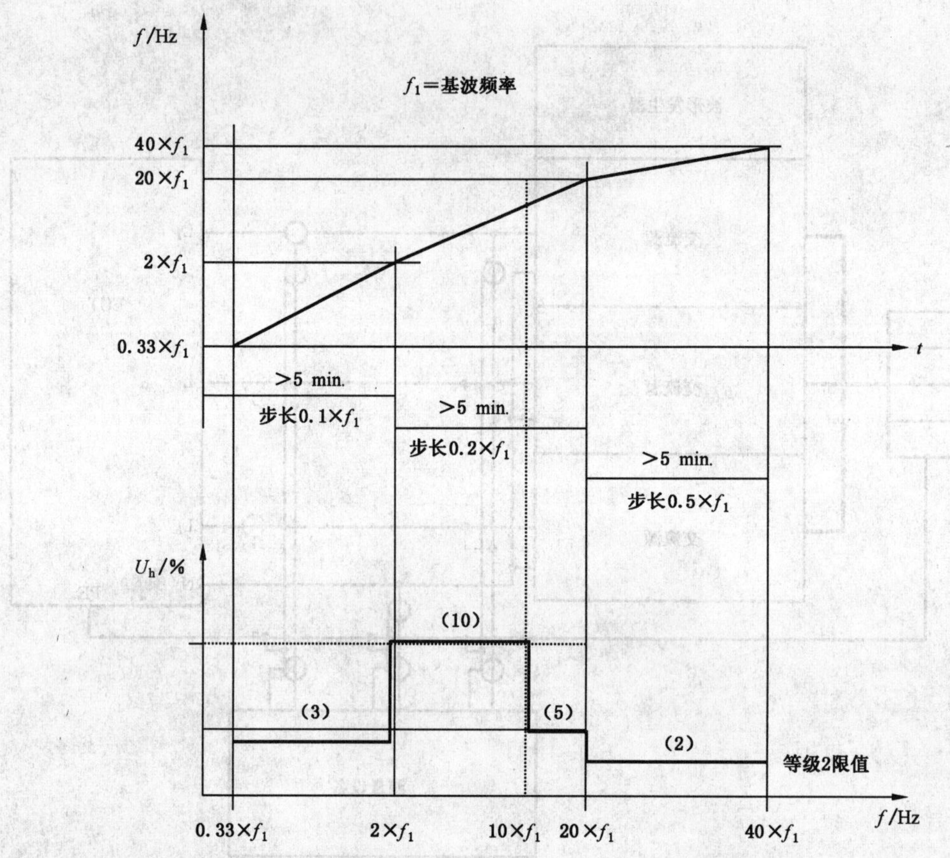

注：U_h=所叠加的谐波值，%。

图5 根据表9对设备进行等级2的扫频试验举例

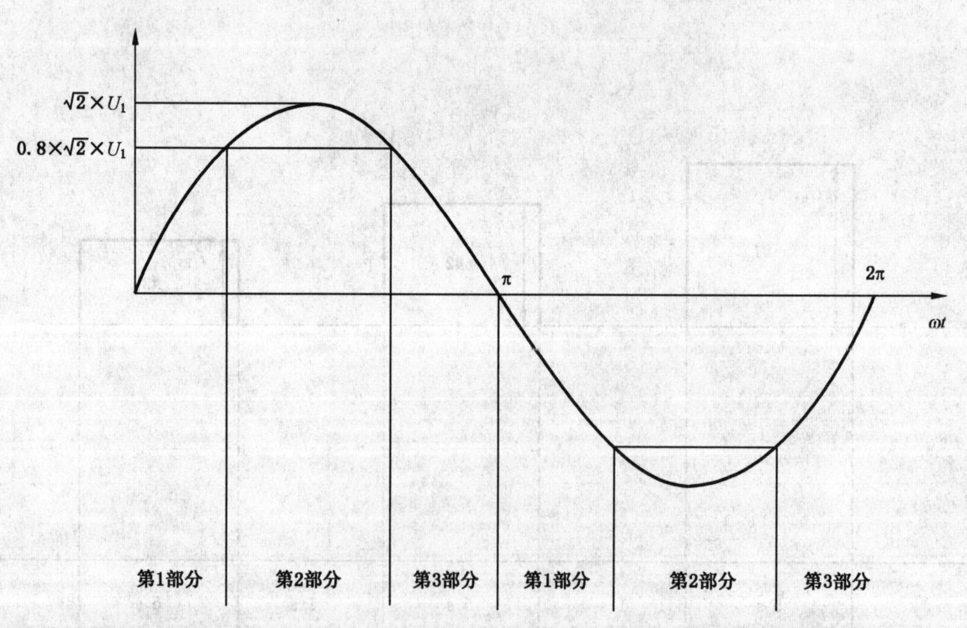

等级3举例：U_1=255.7 V(基波电压)　　$\sqrt{2}U_1$=361.6 V(U_1 峰值电压)

$0.8\sqrt{2}U_1$=289.3 V(平顶波的最大值)　　$U_{r.m.s}$=230 V(合成电压的均方根值)

图6 平顶波波形图

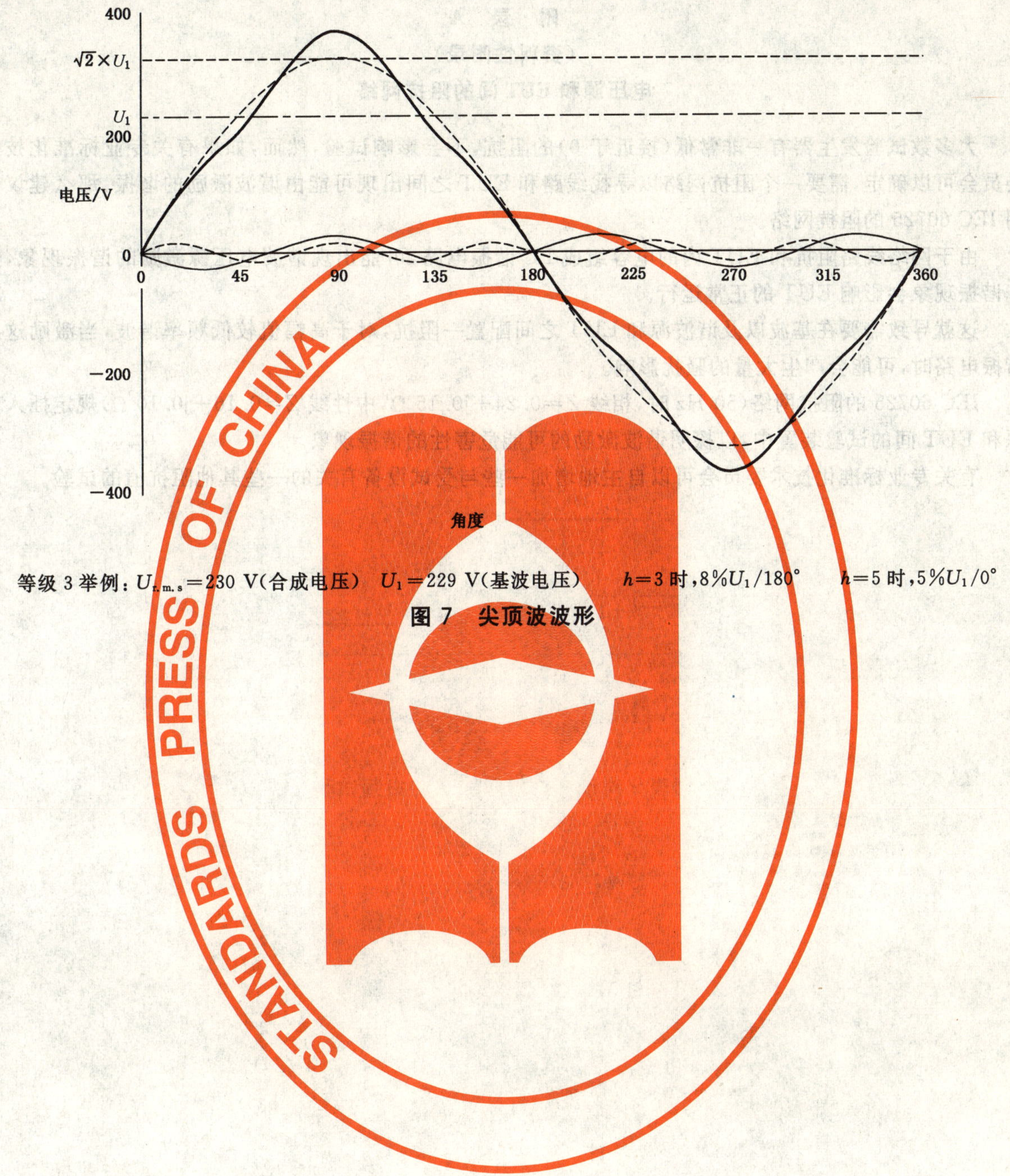

等级 3 举例：$U_{r.m.s}$=230 V(合成电压) U_1=229 V(基波电压) h=3 时，8%U_1/180° h=5 时，5%U_1/0°

图 7 尖顶波波形

附 录 A
(资料性附录)
电压源和 EUT 间的阻抗网络

大多数试验发生器有一非常低(接近于 0)的阻抗,不会影响试验,然而,如果有关专业标准化技术委员会可以确定,需要一个阻抗网络以寻找线路和 EUT 之间出现可能由谐波激励的谐振,那么建议采用 IEC 60725 的阻抗网络。

由于网络线路阻抗和 EUT 内的电容组成 LC 谐振电路,可能出现谐波电压源激励的谐振现象,这些谐振现象会影响 EUT 的正常运行。

这就导致需要在基波以及谐波源和 EUT 之间配置一阻抗,对于高幅值较低频率谐波,当激励这些谐振电路时,可能会产生大量的骚扰影响。

IEC 60725 的阻抗网络(50 Hz 时,相线 $Z=0.24+j0.15\ \Omega$,中性线 $Z=0.16+j0.10\ \Omega$)规定插入电源和 EUT 间的试验装置中,以探明谐波激励的可能危害性的谐振现象。

有关专业标准化技术委员会可以自主地增加一些与受试设备有关的一些其他阻抗值的试验。

附 录 B
（资料性附录）
谐 振 点

在8.2.2中所选择的谐振点的定义是因为电流随频率的增大而增大不能足以确定谐振点的开始，比如，仅仅一个电容器也会引起电流随频率增大而增大，尽管并未谐振。电流减小表明出现了谐振。

实际上，主要在较高频率下出现谐振。

例：一变压器的负荷为电容器，随着频率的增大电容器引起变压器电流增大，如果变压器的漏电感和电容器产生的谐振，电流将会达到峰值。如果频率继续增大，变压器电流将会减小。

谐波和谐间波电流在变压器中将会产生附加损耗，这种影响会使EUT性能降低，本部分不考虑由于损耗增大产生的热效应。

附 录 C
（资料性附录）
电磁环境的分类

下面对电磁环境的分类是从 IEC 61000-2-4 中的电磁环境分类中总结出来的。

第 1 类：该类环境适用于受保护的电源，它的兼容性水平比公用网络兼容性水平低。它关系到对电源骚扰非常敏感的设备的使用，例如技术实验中的仪器，某些自动化及保护设备，某些计算机等。

注 1：第 1 类环境一般包括那些要求不间断电源（UPS），滤波器或涌流抑制器这类装置保护的设备。

注 2：若使用高畸变水平的不间断电源（UPS），可以推荐为第 2 类。

第 2 类：一般该类环境适用于工业环境中的公用连接点（PCC）和内部连接点（IPC）。其兼容性水平与公用网络兼容性水平相同。因此，规定用于公用网络中的设备可以用于这些工业环境中。

第 3 类：该类环境仅适用于工业环境中的内部连接点，对某些干扰现象来说，它的兼容性水平比第 2 类更高。例如：当满足下列任一条件时，应该按这一类考虑：

——大部分负荷通过换流器供电；

——有电焊机存在；

——大电动机频繁启动；

——负荷变化迅速。

注 1：给一般由隔离母线供电的电弧炉和大换流器这样一些高骚扰负荷供电的系统经常超过第 3 类（恶劣环境）中的干扰水平。这些特殊情形下，兼容性水平应该协商解决。

注 2：这类环境应用于新建厂矿和旧厂矿扩建时，应该与设备的类型和尚在考虑之中的过程相关联。

ICS 33.100
L 06

中华人民共和国国家标准

GB/T 17626.27—2006/IEC 61000-4-27:2000

电磁兼容　试验和测量技术
三相电压不平衡抗扰度试验

Electromagnetic compatibility—
Testing and measurement techniques—
Unbalance immunity test

(IEC 61000-4-27:2000 Electromagnetic compatibility (EMC)—
Part 4-27:Testing and measurement techniques—
Unbalance,immunity test,IDT)

2006-12-01 发布　　　　2007-07-01 实施

中华人民共和国国家质量监督检验检疫总局
中国国家标准化管理委员会　发布

前　言

GB/T 17626《电磁兼容　试验和测量技术》系列标准目前包括以下部分：

GB/T 17626.1—2006　电磁兼容　试验和测量技术　抗扰度试验总则

GB/T 17626.2—2006　电磁兼容　试验和测量技术　静电放电抗扰度试验

GB/T 17626.3—2006　电磁兼容　试验和测量技术　射频电磁场辐射抗扰度试验

GB/T 17626.4—1998　电磁兼容　试验和测量技术　电快速瞬变脉冲群抗扰度试验

GB/T 17626.5—1999　电磁兼容　试验和测量技术　浪涌(冲击)抗扰度试验

GB/T 17626.6—1998　电磁兼容　试验和测量技术　射频场感应的传导骚扰抗扰度

GB/T 17626.7—1998　电磁兼容　试验和测量技术　供电系统及所连设备谐波、谐间波的测量和测量仪器导则

GB/T 17626.8—2006　电磁兼容　试验和测量技术　工频磁场抗扰度试验

GB/T 17626.9—1998　电磁兼容　试验和测量技术　脉冲磁场抗扰度试验

GB/T 17626.10—1998　电磁兼容　试验和测量技术　阻尼振荡磁场抗扰度试验

GB/T 17626.11—1999　电磁兼容　试验和测量技术　电压暂降、短时中断和电压变化的抗扰度试验

GB/T 17626.12—1998　电磁兼容　试验和测量技术　振荡波抗扰度试验

GB/T 17626.13—2006　电磁兼容　试验和测量技术　交流电源端口谐波、谐间波及电网信号的低频抗扰度试验

GB/T 17626.14—2005　电磁兼容　试验和测量技术　电压波动抗扰度试验

GB/T 17626.17—2005　电磁兼容　试验和测量技术　直流电源输入端口纹波抗扰度试验

GB/T 17626.27—2006　电磁兼容　试验和测量技术　三相电压不平衡抗扰度试验

GB/T 17626.28—2006　电磁兼容　试验和测量技术　工频频率变化抗扰度试验

GB/T 17626.29—2006　电磁兼容　试验和测量技术　直流电源输入端口电压暂降、短时中断和电压变化的抗扰度试验

本部分为 GB/T 17626 的第 27 部分。

本部分等同采用 IEC 61000-4-27(2000)《电磁兼容　第 4 部分：试验和测量技术　第 27 分部分：三相电压不平衡抗扰度试验》。本部分规定了电气和电子设备三相电压不平衡抗扰度试验的试验等级和方法等。

本部分的附录 A、附录 B、附录 C、附录 D 均为资料性附录。

本部分由中国电力企业联合会提出。

本部分由全国电磁兼容标准化技术委员会(SAC/TC 246)归口。

本部分起草单位：国网武汉高压研究院。

本部分主要起草人：张小武、邬雄、万保权、王勤、蒋虹。

电磁兼容 试验和测量技术 三相电压不平衡抗扰度试验

1 范围

本部分是 EMC(电磁兼容)基础标准。它涉及电气和/或电子装置(设备与系统)在其电磁环境中的抗扰度试验。仅涉及传导现象,包括连接到公用和工业网络中设备的抗扰度。

本部分的目的是为电气和/或电子装置在受到不平衡的供电电压时的抗扰度评价建立一个参考。

本部分适用于 50 Hz 三相供电,每相额定线电流 16 A 以下的电气和/或电子装置。

如果这个三相设备是以一组连接在相线与中线间的单相负载的方式工作的,则本部分不适用于此类以三相加中线的方式连接的设备。

本部分不适用于连接到交流 400 Hz 配电网络中的电气和/或电子装置。涉及这些网络的试验包括在其他的 IEC 标准中。

本部分不包括针对零序不平衡因子的试验。

抗扰度试验等级所需要的特殊的电磁环境及其性能指标由该产品、该产品系列或适用的通用标准给出。如果设备遭受电压不平衡的供电电压时性能可能降低,本抗扰度试验应该包括在该产品、该产品系列或适用的通用标准中。

电器部件(如电容器、电动机等)的可靠性验证和长期效应(长达几分钟)不在本部分考虑之列。

2 规范性引用文件

下列文件中的条款通过 GB/T 17626 的本部分的引用而成为本部分的条款。凡是注日期的引用文件,其随后所有的修改单或修订版均不适用于本部分,然而,鼓励根据本部分达成协议的各方研究是否可使用这些文件的最新版本。凡是不注日期的引用文件,其最新版本适用于本部分。

GB/T 4365 电工术语 电磁兼容(GB/T 4365—2003,IEC 60050(161):1990,IDT)

IEC 61000-2-4 电磁兼容 环境 工厂中低频传导骚扰的电磁兼容限值

3 术语和定义

下述术语和定义适用于本部分。

3.1

抗扰度 immunity (to a disturbance)

装置、设备或系统面临电磁骚扰不降低运行性能的能力。

3.2

电压不平衡 voltage unbalance

在多相系统里,各相电压的有效值或相邻相之间的相位角不完全相等的状况。

3.3

不平衡因子 k_{u2}% unbalance factor k_{u2}%

根据对称分量法所定义的在电源频率(50 Hz)下测量出的负序分量与正序分量的比值。

$$k_{u2} = 100\%(U_2/U_1) \quad (负序电压 / 正序电压)$$

注:电网中的负序电压主要是由于电网中不平衡负载上的负序电流引起的。

3.4

故障 malfunction

装置失去执行预期功能的能力或装置执行非预期的操作。

4 概述

三相电气和电子设备可能受不平衡电压的影响。附录A描述了这种骚扰的来源,影响和测量方法。

不平衡是由电压幅值或相位移的变化引起的。以这些参数为基础,用于计算不平衡因子的公式在附录B中给出。

本试验的目的是研究三相电压系统中的不平衡对于可能对这种骚扰敏感的设备的影响。它可能造成:

——交流旋转电机过电流;

——电力电子转换器产生非特征谐波;

——电气设备控制部分的同步问题或控制错误(见附录A)。

5 试验等级

试验时,受试设备(EUT)首先在稳定的电网电源电压下运行,然后施加图2所示的不平衡序列。

表1规定了本试验的等级并在附录C中给出了其解释。

不平衡试验的持续时间规定为在0.1 s到60 s之间,可以作为研究其短期效应的通用导则。

表1 试验等级

试验序号	试验等级1	试验等级2					试验等级3					试验等级X
		相位	幅值 U_N/%	相角	k_{u2}/%	时间/s	相位	幅值 U_N/%	相角	k_{u2}/%	时间/s	
试验1	无试验要求	U_a	100	0°	6	30	U_a	100	0°	8	60	
		U_b	95.2	125°			U_b	93.5	127°			
		U_c	90	240°			U_c	87	240°			
试验2		U_a	100	0°	13	15	U_a	100	0°	17	15	
		U_b	90	131°			U_b	87	134°			
		U_c	80	239°			U_c	74	238°			
试验3		U_a	110	0°	25	0.1	U_a	110	0°	25	2	
		U_b	66	139°			U_b	66	139°			
		U_c	71	235°			U_c	71	235°			

注1:U_N 是标称电压。

注2:U_b 滞后于 U_a,U_c 超前于 U_a。

关于对设备进行等级2和等级3的试验的详细说明在GB/T 18039.4中给出。

专业标准化技术委员会可以规定任何试验等级,但对于连接在公用供电系统的设备,推荐其试验值不应低于试验等级2的规定。

6 试验设备

6.1 试验发生器

发生器必须有防止发射电磁骚扰的措施,这些骚扰如果注入到电源网络中,将影响到测量结果。

输出电压的调节应该达到±1%U_N，相位±3°。

6.2 试验发生器的特性校验

因为EUT的范围广，因而需根据要求，使用不同输出能力的试验发生器。

使用者必须确保试验发生器满足表2中所列的特性和规格要求，其目的是对特定EUT进行试验。

可以用等于受试设备阻抗实部的电阻性负载来验证试验发生器性能。

表2 试验发生器特性

特　　性	规　　格
输出电压能力	U_N±50%
输出电压精度	±2%U_N
输出电流能力	在所有试验条件下足以驱动EUT
发生器加载100 Ω阻性负荷，实际电压的上过冲/下过冲	小于电压变化的5%
发生器加载100 Ω阻性负荷，电压变化时电压上升(和下降)时间	1 μs到5 μs
输出电压的总谐波畸变	小于3%
相位移 相位精度	0°，120°和240°±30° 任何两相间小于1°
频率精度	0.5%f_1(50 Hz)

7 试验布置

进行试验必须用制造厂家规定的供电电缆连接EUT与试验发生器。如果供电电缆长度没有规定，应该使用适合于EUT的最短电缆。电缆长度应该在试验报告中列出。

图3给出了用试验发生器和功率放大器产生不平衡电压(幅值或相位变化)的示意图。

有变压器和开关的试验发生器，至少在其中两相上有调压器。

EUT的端口应该按制造厂家的指示连接适当的外围设备，如果没有适当的外围设备，可以模拟它们。

8 试验程序

8.1 实验室标准条件

为了将环境因素对试验结果的影响减小到最小，试验应该在8.1.1和8.1.2规定的气候和电磁标准条件下进行。

8.1.1 气候条件

除非对通用标准或产品标准负责的有关专业标准化技术委员会另有规定，实验室的气候条件应满足EUT和试验设备制造商规定的工作条件。

假如相对湿度过高造成在EUT或试验设备上结露，则不应进行试验。

注：对有充分的证据证明气候条件会影响本部分所涉及试验现象的地方，应引起负责本部分的标准化技术委员会的注意。

8.1.2 电磁环境

实验室的电磁环境不应该影响到试验结果。

8.2 试验的实施

EUT应该按照其正常工作条件进行配置。

试验应该按照试验计划进行，试验计划应该包括：

——试验序号(见表1)；

——试验等级;

——试验持续时间;

——试验施加的端口;

——EUT 典型的运行条件;

——辅助设备。

电源、信号和其他功能性电气量应该使用在它们的额定范围内,如果不能采用实际的信号源,可采用模拟的信号源。

对于每一个试验等级,应该连续施加至少三个不平衡相序,任何两个之间间隔至少 3 min。

试验序列应该按以下方式轮流交替:

第一序列:U_a 对 L_1,U_b 对 L_2,U_c 对 L_3

第二序列:U_a 对 L_2,U_b 对 L_3,U_c 对 L_1

第三序列:U_a 对 L_3,U_b 对 L_1,U_c 对 L_2

U_a,U_b 和 U_c(见表 1)是试验发生器的输出电压。

L_1,L_2 和 L_3 为 EUT 的三相输入电源线。

供电电压的变换应该在 U_a 零相角时发生。试验发生器的输出阻抗在稳态和过渡周期时为低阻抗。

对于每一项试验,应记录任何性能降低的情况,监视设备应有能力显示试验中和试验后 EUT 运行的状态,每组试验后,应对 EUT 进行一次全面的性能检查。

9 试验结果的评定

试验结果依据 EUT 在试验中功能丧失或性能降低现象进行分类,相关的性能水平由设备的制造商或试验的委托方确定,或由产品的制造商与购买方双方协商同意。建议按如下要求分级:

a) 在制造商、委托方或购买方规定的限值内性能正常;

b) 功能或性能暂时丧失或降低,但在骚扰停止后能自行恢复,不需操作者干预;

c) 功能或性能暂时丧失或降低,但需操作者干预才能恢复;

d) 因设备元件或软件损坏,或数据丢失而造成不能恢复的功能丧失或性能降低。

由制造商提出的技术规范可以规定对 EUT 产生的某些影响是不重要的,因而是可接受的试验效应。

在没有合适的通用、产品或产品类标准时,这种分类可以由负责相应产品的通用标准、产品标准和产品类标准的专业标准化技术委员会用于作为明确表达功能准则的指南,或作为制造商和购买方协商的性能规范的框架。

10 试验报告

试验报告应该包含重现试验所必需的全部信息。特别是下列内容:

——本部分第 8 章要求的试验计划中规定的项目内容;

——EUT 和辅助设备的标识,如商标名称、产品型号、系列号;

——试验设备的标识,如商标名称、产品型号、系列号;

——任何进行试验的专门环境条件,如屏蔽室;

——进行试验所必须的任何特殊条件;

——制造商、委托人或购买人确定的性能等级;

——在通用、产品或产品类标准中规定的性能要求;

——施加骚扰的试验中或试验后观察到的对 EUT 的任何影响,及其持续时间;

——试验通过/失败的判定理由(根据通用、产品或产品类标准规定的性能要求或制造商与购买者达成的协议)；

——使用中要求遵守任何特殊条件，如电缆长度或类型，屏蔽或接地，或 EUT 的运行条件等。

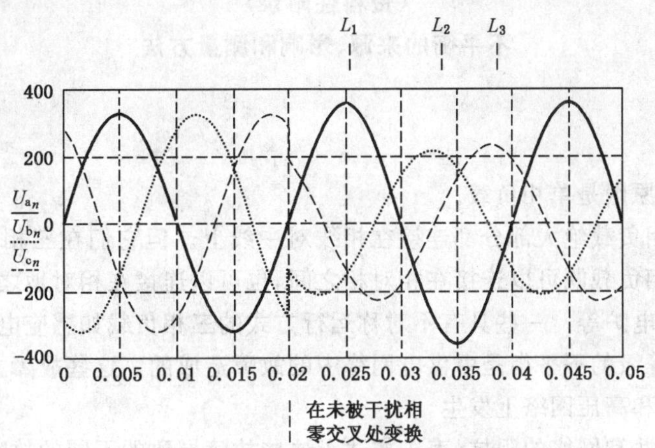

图 1 三相不平衡供电电压的例子(试验 3)

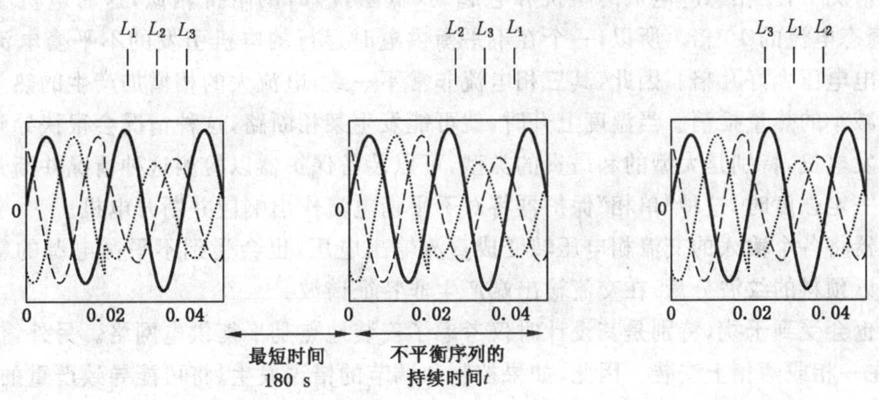

图 2 试验中三相不平衡序列的次序(电压 U_a,U_b,U_c 循环)

注：这些图适用于 50 Hz 系统。

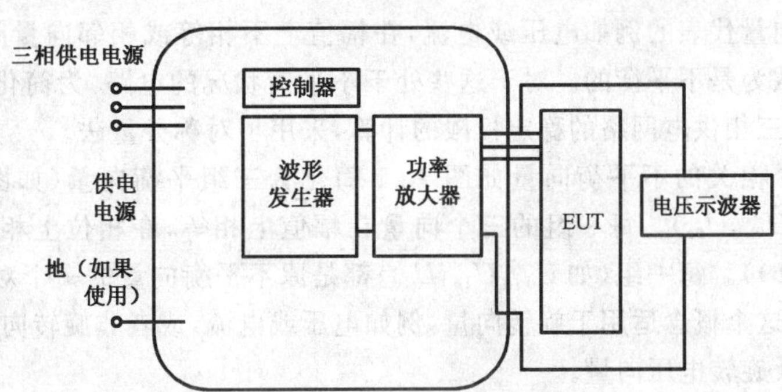

图 3 不平衡试验装置的示意图

附 录 A
（资料性附录）
不平衡的来源、影响和测量方法

A.1 源

造成不平衡的主要原因是单相负载。

在低压网络里，单相负载绝大部分都连接在相线对中线上。但它们在三相上大体上分布平衡。在中压和高压网络里，单相负载既可以连接在相对相之间，也可以连接在相对地之间。重要的单相负载包括铁路电源或单相感应电炉等。一些具有不对称运行方式的三相负载如感应电炉等，也能造成不平衡。

典型的短周期、高等级的不平衡是由供电网络中的故障造成的。这些故障主要发生在低压网络上，但也有可能在中压网络和高压网络上发生。

依据保护设备的特性和网络的阻抗，表1描述了这些故障导致的不同的故障状况。

A.2 影响

在不平衡情况下，三相感应电机的阻抗和它起动（低阻抗）时的阻抗相似，这时电机吸取的电流很大，可以达到稳态电流的10倍。所以，一个在不平衡供电时运行的电机引发的不平衡电流将比加在其上的不平衡供电电压大好几倍。因此，其三相电流非常不一致，电流大的相增加产生的热量只能部分地被电流小的相减小的热量抵消。当温度上升时，就可能发生某相断路，这种情况会很快导致电机毁坏。

电动机和发电机，特别是大型的和昂贵的类型，可以装备保护器以检测这种情况并断开电机。当电源不平衡达到一定强度时，这种“单相”保护器将对不平衡电流作出响应并断开电机。

多相换流器将各个输入的交流相电压转变成直流输出电压，也会受到不平衡电源的影响。它将在直流端产生难以预料的纹波分量，在交流输出端产生非特征谐波。

控制设备也会受到干扰，特别是其设计时仅考虑了安装地点是平衡供电网络。另外，传感器出于经济的理由，只在一相或两相上安装。因此，如果控制和调节的错误发生，将可能导致严重的性能丧失。

A.3 测量方法

A.3.1 对称分量

下述的对称分量法在此是关于三相系统的，但也适用于多相系统。

当由三个相关的向量代表的例如电压或电流，在幅值上不相等或相邻向量间的角度不是120°时，这个三相供电系统被认为是不平衡的。对于这些处于不平衡状况的电路，为简化和阐明供电系统不平衡故障、不平衡负载和三相供电网络的稳定极限的计算，采用了对称分量法。

这种方法将这三个相关的不平衡向量如图A.1简化为三组平衡向量（如图A.2所示：U_{1a}，U_{1b}，U_{1c}；U_{2a}，U_{2b}，U_{2c}；U_{0a}，U_{0b}，U_{0c}）。每一组的三个向量在幅值上相等，在相位上相差0°（见图A.2c））或120°（图A.2a）和A.2b））。每一组（如U_{1a}，U_{1b}，U_{1c}）都是原不平衡向量的一个对称分量，被称为正序、负序、零序分量系统。这个概念适用于旋转向量，例如电压或电流，或者非旋转向量算子，例如阻抗或导纳。我们在这儿仅涉及旋转电压向量。

下面的例子给出的对称向量显示了一个典型的故障状态的幅值和相位。在正常运行情况下，如果把它看作正在经受不平衡情况的系统，它的U_0和U_2通常只占U_N的很少一部分。

三组分向量都和假设的原不平衡向量一样，有着相同的旋转方向（逆时针方向）。负序分量的旋转方向并不是和正序分量相反，但负序分量的相序却正好和正序分量相反。相序是指各相的最大值在时域出现的顺序。

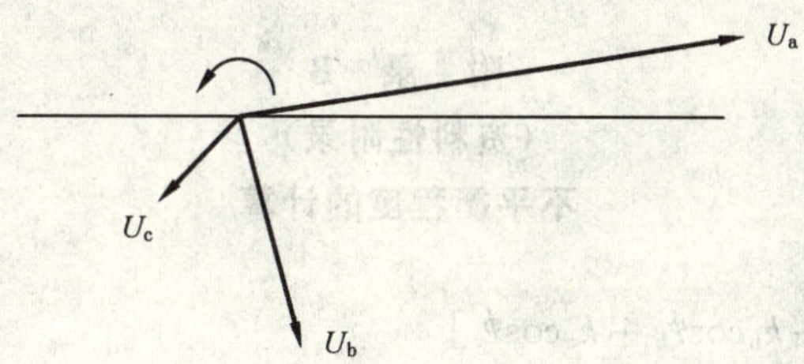

图 A.1 不平衡电压矢量图

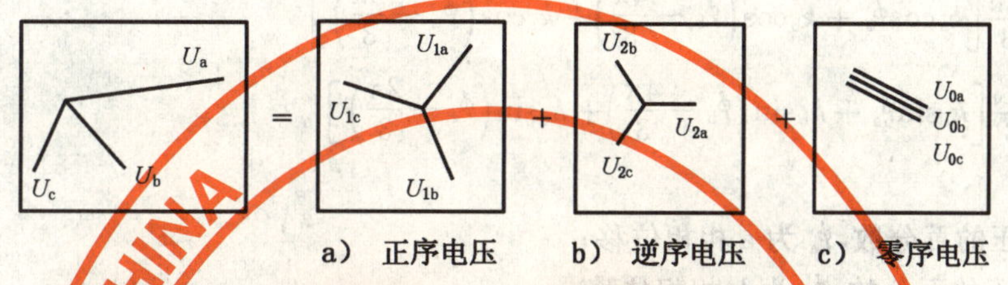

a) 正序电压　b) 逆序电压　c) 零序电压

图 A.2 图 A.1 中不平衡矢量的组成分量

A.3.2 负序不平衡因数和零序不平衡因数

A.3.2.1 负序不平衡因数

当从不平衡电压系统得到对称分量后，就可以用负序分量和正序分量的比值确定负序电压不平衡的程度。这个比率通常称为不平衡因数(k_{u2})。

$$k_{u2} = U_2/U_1$$

其中：U_2 指负序分量电压；U_1 指正序分量电压。

负序分量电压在从低压网络向高压网络传播时会削弱很多。而在相反的方向(也就是从高压网络向低压网络)，削弱的程度取决于其中存在的三相旋转电机，这种电机有平衡效应。

电网中的负序电压是由于电网中不平衡负载上流动的的负序电流引起的。

A.3.2.2 零序不平衡因数

另外，可以用零序分量和正序分量的比值确定零序电压不平衡的程度，即不平衡因数(k_{u0})。

$$k_{u0} = U_0/U_1$$

其中：U_0 指零序分量电压；U_1 指正序分量电压。

三角形连接的变压器可以阻止零序不平衡电压的传播。

电网中的零序电压是由于电网中不平衡负载上流动的的零序电流引起的。它们能够影响以线—零方式连接的三相设备，但对于大多数以线—线方式连接的三相设备无影响。

A.3.3 测量中的注意事项

电压不平衡因数必须以基础频率(50 Hz)测量出。如果不是这样，那么零序分量会受到例如三次谐波电压的影响而增加，负序分量会受到例如五次谐波电压的影响而增加，如此则引入了错误，因为这些额外增加的量对设备的影响和基础频率的不平衡造成的影响不一样。

附 录 B
（资料性附录）
不平衡程度的计算

$$U_1\cos\phi_1 = \frac{U_N}{3}[k_a\cos\phi_a + k_b\cos\phi_b + k_c\cos\phi_c]$$

$$U_1\sin\phi_1 = \frac{U_N}{3}[k_a\sin\phi_a + k_b\sin\phi_b + k_c\sin\phi_c]$$

$$U_2\cos\phi_2 = \frac{U_N}{3}\left[k_a\cos\phi_a + k_b\cos\left(\phi_b - \frac{4\pi}{3}\right) + k_c\cos\left(\phi_c - \frac{2\pi}{3}\right)\right]$$

$$U_2\sin\phi_2 = \frac{U_N}{3}\left[k_a\sin\phi_a + k_b\sin\left(\phi_b - \frac{4\pi}{3}\right) + k_c\sin\left(\phi_c - \frac{2\pi}{3}\right)\right]$$

式中：

k_a 是 a 相电压的百分数，ϕ_a 为 a 相相位移；

k_b 是 b 相电压的百分数，ϕ_b 为 b 相相位移；

k_c 是 c 相电压的百分数，ϕ_c 为 c 相相位移。

$$U_a = k_aU_N\cos(\omega t+\phi_a),\ U_b = k_bU_N\cos\left(\omega t-\frac{2\pi}{3}+\phi_b\right),\ U_c = k_cU_N\cos\left(\omega t-\frac{2\pi}{3}+\phi_c\right)$$

正序：$U_1 = U_1\cos\phi_1 + jU_1\sin\phi_1$

负序：$U_2 = U_2\cos\phi_2 + jU_2\sin\phi_2$

不平衡因数 k_{u2}：$k_{u2} = \frac{|U_2|}{|U_1|} = \frac{\sqrt{(U_2\cos\phi_2)^2 + (U_2\sin\phi_2)^2}}{\sqrt{(U_1\cos\phi_1)^2 + (U_1\sin\phi_1)^2}}$

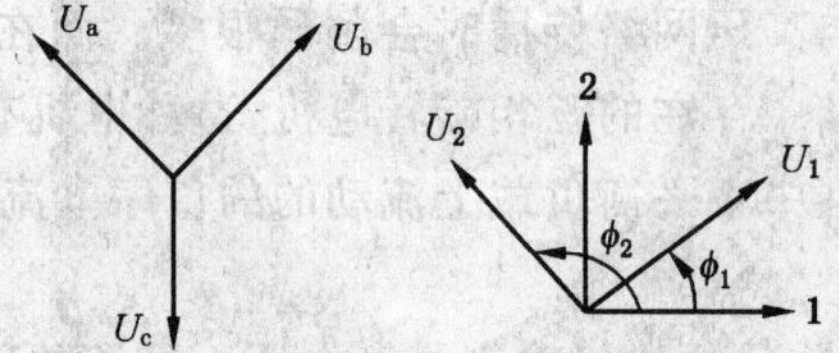

附 录 C
（资料性附录）
试验等级的资料

由不平衡电压引起的不平衡电流会造成电气设备的严重损坏。

如果三相系统中的两相间发生短路，可能引起短期的相对严重的畸变。

如果发生两相短路，非常大的电流会引起这两相显著的电压跌落和相位移。这种状况将一直持续到断路器跳开为止。

故障的严重程度决定电压不平衡的严酷程度，不平衡状况的持续时间等于断路器的反应时间。断路器的反应时间反过来又和故障严重程度相关。

IEC 60725 使用的复数阻抗是 $Z_l=0.24+\mathrm{j}0.15$（相导体）。断路器的特性从 IEC 60898 D 型中选择。通过这些特性，就可以计算出合适的试验等级。

附 录 D
（资料性附录）
电磁场环境分类

以下关于电磁环境的分级是从 IEC 61000-2-4 中归纳出的。

第一级

这一级适用于受保护的供电系统，它的兼容性水平低于公用网络。它用于对电源的骚扰特别敏感的设备，例如，技术试验室中的设备、一些自动和保护设备、计算机等。

注：第一级环境一般包括需要像不间断电源(UPS)、滤波器或浪涌抑制器这些装置来保护的设备。

第二级

一般来说，这一级适用于工业环境中的公共耦合端(用于用户系统的 PCC)和公共耦合端的入厂点(IPC)。此级的兼容性水平等同于公用网络中的兼容性水平；因此为适用公用网络而设计的元器件也可用于这一级的工业环境。

第三级

这一级只适用于工业环境中的 IPS。对于一些骚扰现象，它的兼容性水平要高于第二级。例如，当以下任何一种情况满足时，可以考虑这一级：

大部分负载都通过变压器供电；

提供焊接设备；

大的监视器频繁开启；

负载变化很快。

注 1：向高骚扰负载的供电，例如，一般由分离的母线供电的电弧炉和大的换流器的骚扰水平经常超过第三级(这是严酷的电磁环境)。在这种特殊情况下，必须对兼容性水平保持一致。

注 2：适用于新发电厂和扩展的旧发电厂的等级，必须与考虑到的设备型号和程序相联系。

ICS 33.100
L 06

中华人民共和国国家标准

GB/T 17626.28—2006/IEC 61000-4-28:2001

电磁兼容 试验和测量技术 工频频率变化抗扰度试验

Electromagnetic compatibility—
Testing and measurement techniques—
Variation of power frequency, immunity test

(IEC 61000-4-28:2001 Electromagnetic compatibility (EMC)—
Part 4-28: Testing and measurement techniques—
Variation of power frequency, immunity test, IDT)

2006-12-01 发布 2007-07-01 实施

中华人民共和国国家质量监督检验检疫总局
中国国家标准化管理委员会 发布

前　言

GB/T 17626《电磁兼容　试验和测量技术》系列标准目前包括以下部分：

GB/T 17626.1—2006　电磁兼容　试验和测量技术　抗扰度试验总论

GB/T 17626.2—2006　电磁兼容　试验和测量技术　静电放电抗扰度试验

GB/T 17626.3—2006　电磁兼容　试验和测量技术　射频电磁场辐射抗扰度试验

GB/T 17626.4—1998　电磁兼容　试验和测量技术　电快速瞬变脉冲群抗扰度试验

GB/T 17626.5—1999　电磁兼容　试验和测量技术　浪涌(冲击)抗扰度试验

GB/T 17626.6—1998　电磁兼容　试验和测量技术　射频场感应的传导骚扰抗扰度

GB/T 17626.7—1998　电磁兼容　试验和测量技术　供电系统及所连设备谐波、谐间波的测量和测量仪器导则

GB/T 17626.8—2006　电磁兼容　试验和测量技术　工频磁场抗扰度试验

GB/T 17626.9—1998　电磁兼容　试验和测量技术　脉冲磁场抗扰度试验

GB/T 17626.10—1998　电磁兼容　试验和测量技术　阻尼振荡磁场抗扰度试验

GB/T 17626.11—1999　电磁兼容　试验和测量技术　电压暂降、短时中断和电压变化的抗扰度试验

GB/T 17626.12—1998　电磁兼容　试验和测量技术　振荡波抗扰度试验

GB/T 17626.13—2006　电磁兼容　试验和测量技术　交流电源端口谐波、谐间波及电网信号的低频抗扰度试验

GB/T 17626.14—2005　电磁兼容　试验和测量技术　电压波动抗扰度试验

GB/T 17626.17—2005　电磁兼容　试验和测量技术　直流电源输入端口纹波抗扰度试验

GB/T 17626.27—2006　电磁兼容　试验和测量技术　三相电压不平衡抗扰度试验

GB/T 17626.28—2006　电磁兼容　试验和测量技术　工频频率变化抗扰度试验

GB/T 17626.29—2006　电磁兼容　试验和测量技术　直流电源输入端口电压暂降、短时中断和电压变化的抗扰度试验

本部分为 GB/T 17626 的第 28 部分。

本部分等同采用 IEC 61000-4-28:2001《电磁兼容　第 4 部分:试验和测量技术　第 28 分部分:工频频率变化抗扰度试验》。本部分规定了电气和电子设备工频频率变化抗扰度试验的试验等级和方法等。

本部分的附录 A、附录 B 是资料性附录。

本部分由中国电力企业联合会提出。

本部分由全国电磁兼容标准化技术委员会(SAC/TC 246)归口。

本部分起草单位:国网武汉高压研究院。

本部分主要起草人:张广洲、邬雄、万保权、张小武、路遥。

电磁兼容　试验和测量技术
工频频率变化抗扰度试验

1　范围

本部分是 EMC(电磁兼容)基础标准。它涉及电气和/或电子设备在其所处的电磁环境中的抗扰度试验。本部分仅仅涉及传导现象,包括连接到公用和工业网络中设备的抗扰度试验。

本部分的目的是为评价电气和电子设备在受到工频频率变化时的抗扰度提供依据。

本部分适用于连接到 50 Hz 配电网络中每相额定线电流不超过 16 A 的电气和/或电子设备。

本部分不适用于连接到交流 400 Hz 配电网络中的电气和/或电子设备。该类网络的设备的试验将在其他标准中涉及。

一般来说,电气和电子设备对工频频率的细微变化并不敏感。根据本部分所进行的试验只限于被认为由于设计、环境和缺陷等特性而引起的对工频频率变化敏感的产品。

特定电磁环境中要求的抗扰度试验水平以及性能规范应一并在产品、产品类或适用的通用标准中给出。

2　规范性引用文件

下列文件中的条款通过 GB/T 17626 的引用而成为本部分的条款。凡是注日期的引用文件,其随后所有的修改单或修订版均不适用于本部分,然而,鼓励根据本部分达成协议的各方研究是否可使用这些文件的最新版本。凡是不注日期的引用文件,其最新版本适用于本部分。

GB/T 4365　电工术语　电磁兼容(GB/T 4365—2003,IEC 60050(161):1990,IDT)

IEC 60068-1　环境试验　概论和导则

IEC 61000-2-4　电磁兼容　环境　工厂中低频传导骚扰的电磁兼容限值

3　概述

试验的目的是研究对工频频率变化敏感的设备受这种骚扰的影响。这种影响通常是暂时的。

电气和电子设备可能会受到工频频率变化的影响。

来自公用系统的交流工频频率和发电机的转速直接相关,这和从与公用网络不相连的交流发电机上取得的交流工频频率一样。在任何时刻,频率都依赖于负载和发电厂功率之间的动态平衡。因此,当这一动态平衡发生改变,频率就会发生微小的变化。变化的大小和持续时间依赖于负载变化的特性以及电厂对负载变化的响应。如果电源由一个独立逆变器提供,频率是从控制电路中获得并且是固定不变的。

在正常情况下,公用系统的频率由供电部门用具有微小带宽的标称值(50 Hz)来公布,频率的变化限制在该带宽范围内。然而,在非互联的系统中(孤立系统)频率的变化可能会较大,因而就更重要。

频率变化会影响:

时间参照的控制系统(测量误差、同步损失等);

含有无源滤波器的设备(失调谐)。

4　术语和定义

本部分使用以下的以及 GB/T 4365 中的术语和定义。

4.1

抗扰度　immunity

装置、设备或系统面临电磁骚扰不降低运行性能的能力。

4.2

功能错误　malfunction

设备执行期望功能能力的中断或执行不期望的功能。

5　试验等级

在额定电源电压下进行试验。

受试设备(EUT)起初在工频频率为 f_1 的情况下工作,然后按图 1 受频率变化顺序的影响。

$\Delta f/f_1$ 被定义为频率变化对额定频率 f_1 的百分比。

试验等级值在表 1 中给出。

表 1　频率变化试验等级

试验等级	频率变化($\Delta f/f_1$)	过渡周期 t_p
等级 1	无试验要求	无试验要求
等级 2	±3%	10 s
等级 3	+4% −6%	10 s
等级 4	±15%	1 s
等级 X	开放	开放

在过渡期 t_p(见图 2),每个周期频率的最大变化必须低于 f_1 的 0.5%。

规定等级 1 和 2 分别用于 GB/T 18039.4 中的 1 级和 2 级设备(见附录 B)。

规定等级 3 和 4 用于在特定应用中误动将产生严重后果的设备。这两个试验等级涵盖了一周中的频率变化。

规定等级 3 用于相互连接的网络,而等级 4 用于不相互连接的网络中。

X 是一个开放试验等级。所有的试验等级都可由专业标准化技术委员会建议,然而,对于连接在公用网络中的设备,这个值不能低于等级 2 的值。

注:不能超过由产品生产商所定义的最高和最低的频率运行限值。

6　试验设备

6.1　试验发生器:特性和功能

发生器应防止强电磁骚扰的发射,这些骚扰如果注入到电源网络中,会影响到测量结果。

6.2　特性的检验

EUT 种类繁多,因而为满足特殊试验的需要,应使用不同输出电压能力的试验发生器。

为测试特殊的 EUT,使用者必须确保试验发生器满足表 2 中所列的特性和性能规范的要求。

可以用与 EUT 阻抗相等的阻性负载来验证发生器的性能。

表 2　发生器特性

输出电压准确度	±2%
输出电压和输出电流能力	发生器应能够根据 EUT 的型号提供足够的电压和电流
每相相位准确度	2°(360°的 0.5%)
频率准确度	f_1 的 0.3% (50 Hz)
频率范围	f_1(1±20%)
试验周期准确度	±10%

7 试验配置

图 3 给出了模拟电源的试验配置。

图中使用了波形发生器和功率放大器。

三相 EUT 的试验通过使用每相都同步的发生器来完成。

8 试验程序

在对某一给定设备进行试验之前，必须准备试验方案。

建议试验方案应包括以下内容：

EUT 的型号；

相关接口(插头、接点等)以及相应电缆和外围设备的信息；

将要试验的设备输入电源接口；

试验中 EUT 的典型的运行模式；

EUT 技术规范上所使用和定义的性能标准；

试验配置的描述。

如果没有符合要求的信号源对 EUT 进行试验，可采用模拟信号源。

对于每一个试验，性能的任何降低都应作好记录。监视设备必须能够显示 EUT 在试验过程中和试验后的运行模式的状态。试验后，应进行典型功能的检查。

8.1 实验室参考条件

试验应在 IEC 60068-1 要求的标准气候条件下进行：

湿度：15℃～35℃

相对湿度：25%～75%

大气压力：86 kPa～106 kPa

注：产品规范可规定其他任何值。

EUT 应在预定气候条件下运行。

8.2 试验的实施

应该用适当的试验等级对 EUT 进行试验。应根据图 2 对每个试验都重复进行 3 次。对每一个典型运行模式都应进行试验。

对于三相系统，应同时对三相进行试验。同时在三相上实施频率变化。

9 试验结果和试验报告

本章给出了与有关的试验结果的评定和试验报告的指导性原则。

由于受试设备和系统的多样性和差异性，使得确定本试验对设备和系统的影响的任务比较困难。

除非有关专业标准化技术委员会或产品技术规范给出了不同的技术要求，否则试验结果应按受试设备的工作情况和技术规范进行如下分级：

a) 在技术规范限值内性能正常；

b) 功能或性能暂时降低或丧失，但能自行恢复；

c) 功能或性能暂时降低或丧失，但需操作者干预或系统复位；

d) 因设备(元件)或软件损坏或数据丢失而造成不能自行恢复的功能降低或丧失。

设备不应由于进行规定的试验而出现危险或不安全的后果。

验收试验时，应在专门的产品标准中规定试验程序和对试验结果的说明。

一般地，如果设备在整个试验期间表现出其抗扰度，并且在试验结束以后 EUT 满足技术规范中的功能要求，则表明试验合格。

技术规范可以确定一些对 EUT 产生了影响但被认为是不重要的因而是可以接受的效应。

为此，应确认设备在试验结束后能自动恢复其工作能力；应记录设备性能完全丧失的时段。这些对试验结果的最后评定是有约束力的。

试验报告应包括试验条件和试验结果。

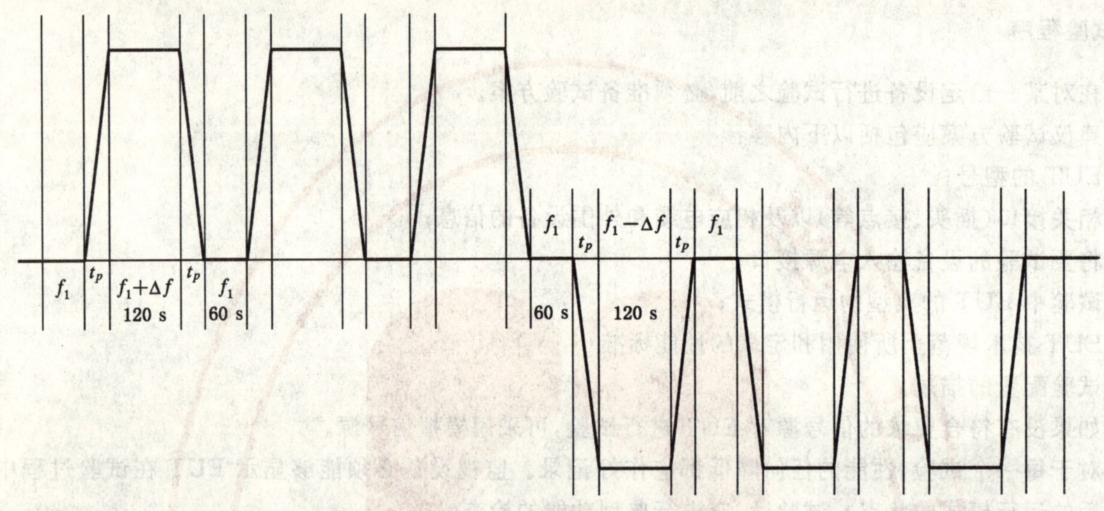

图 1 频率变化顺序

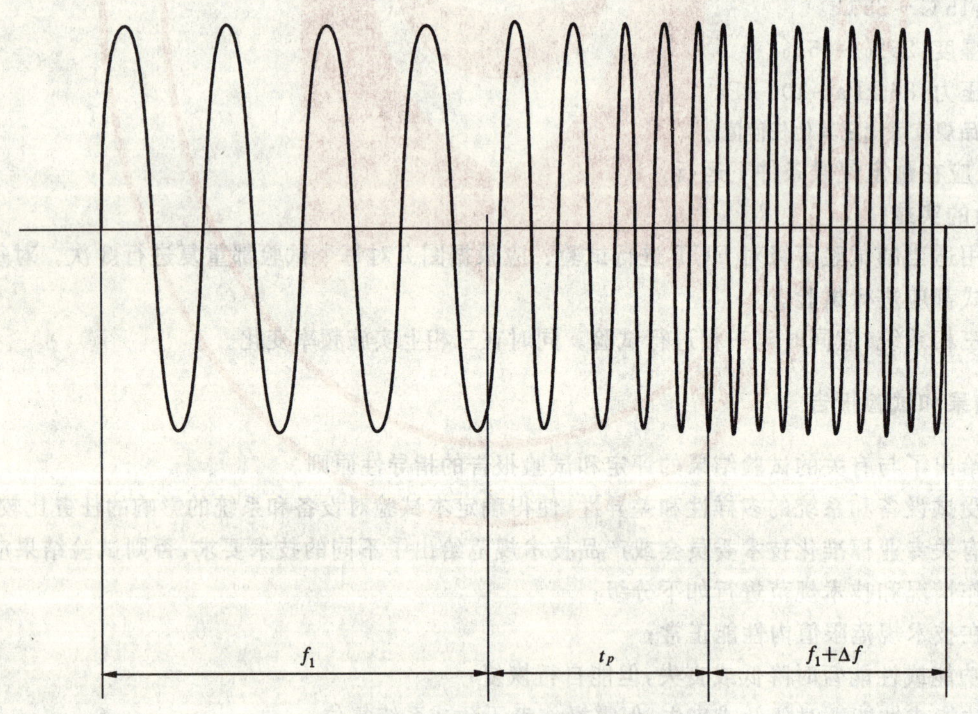

图 2 过渡期 t_p 的例子

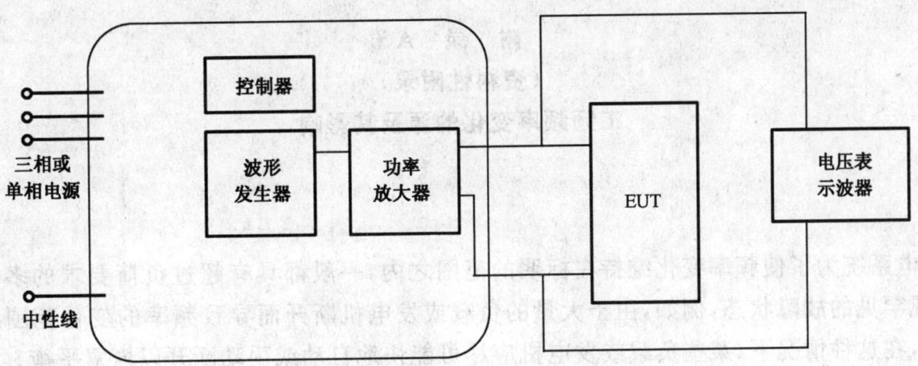

图3 带有功率放大器的试验仪器的原理图

附　录　A
（资料性附录）
工频频率变化的源及其影响

A.1　源

公用供电系统为了使频率变化维持在标明的范围之内，一般都具有超过负荷要求的多余容量。然而，可能出现罕见的故障状态，例如，由于大量的负载或发电机断开而导致频率的变化范围超过了正常的容许范围，在这种情况下，某些负载或发电机应尽可能快地自动或手动断开以恢复平衡。

非速度控制的旋转负载通常是在频率变低时输入功率减少，使得发电容量的减少在一定程度上可以由功率需求减小来弥补。

A.2　影响

在正常容许值内，工频频率变化主要影响旋转机械的转速。因此，电网的电气时钟会变快或变慢，同时电机会输出稍多或稍少的功率，这种变化要取决于负载的速度/转矩关系。工频频率的变化会导致谐波滤波器失调谐。

任何使用工频频率作为时间基准的电子设备，也都受到频率变化的影响。

附 录 B
（资料性附录）
电磁环境的分类

以下关于电磁环境的分级是从 IEC 61000-2-4 中归纳出的。

第一级

这一级适用于已受到保护的电源，它的兼容性水平低于公用网络。它用于对电源的骚扰特别敏感的设备，例如，技术试验室中的设备、一些自动和保护设备、计算机等。

注：第一级环境一般包括需要像不间断电源（UPS）、滤波器或浪涌抑制器这类装置来保护的设备。

第二级

一般来说，这一级适用于工业环境中的公用耦合点（用户系统的 PCC）和公用耦合的接入端（IPC）。此级的兼容性水平等同于公用网络中的兼容性水平；因此为适用公用网络而设计的元器件也可用于这一级的工业环境。

第三级

这一级只适用于工业环境中的 IPS。对于一些骚扰现象，它的兼容性水平要高于第二级。例如，当以下任何一种情况满足时，可以考虑这一级：

大部分负载通过变流器供电；

有焊接设备；

大功率电动机经常启动；

负载变化很快。

注 1：向高骚扰负载的供电，例如，一般由分离的母线供电的电弧炉和大的变流器的骚扰水平经常超过第三级（这是严酷的电磁环境）。在这种特殊情况下，兼容性水平应协商解决。

注 2：适用于新发电厂和扩展的旧发电厂的等级必须与考虑到的设备型号和程序相联系。

ICS 33.100.20
L 06

中华人民共和国国家标准

GB/T 17626.29—2006/IEC 61000-4-29:2000

电磁兼容 试验和测量技术 直流电源输入端口电压暂降、短时中断和电压变化的抗扰度试验

Electromagnetic compatibility—
Testing and measurement techniques—
Voltage dips, short interruptions and voltage variations on d. c. input power port immunity tests

(IEC 61000-4-29:2000 Electromagnetic compatibility(EMC)—
Part 4-29:Testing and measurement techniques—
Voltage dips, short interruptions and voltage
variations on d. c. input power port immunity tests, IDT)

2006-12-19 发布 2007-09-01 实施

中华人民共和国国家质量监督检验检疫总局
中国国家标准化管理委员会 发布

前言

GB/T 17626《电磁兼容 试验和测量技术》系列标准包括以下部分：

GB/T 17626.1—2006 电磁兼容 试验和测量技术 抗扰度试验总论

GB/T 17626.2—2006 电磁兼容 试验和测量技术 静电放电抗扰度试验

GB/T 17626.3—2006 电磁兼容 试验和测量技术 射频电磁场抗扰度试验

GB/T 17626.4—1998 电磁兼容 试验和测量技术 电快速瞬变脉冲群抗扰度试验

GB/T 17626.5—1999 电磁兼容 试验和测量技术 浪涌(冲击)抗扰度试验

GB/T 17626.6—1998 电磁兼容 试验和测量技术 射频场感应的传导骚扰抗扰度试验

GB/T 17626.7—1998 电磁兼容 试验和测量技术 供电系统及相连设备的谐波、谐间波的测量和测量仪器导则

GB/T 17626.8—2006 电磁兼容 试验和测量技术 工频磁场抗扰度试验

GB/T 17626.9—1998 电磁兼容 试验和测量技术 脉冲磁场抗扰度试验

GB/T 17626.10—1998 电磁兼容 试验和测量技术 阻尼振荡磁场抗扰度试验

GB/T 17626.11—1999 电磁兼容 试验和测量技术 电压暂降、短时中断和电压变化的抗扰度试验

GB/T 17626.12—1998 电磁兼容 试验和测量技术 振荡波抗扰度试验

GB/T 17626.13—2006 电磁兼容 试验和测量技术 交流电源端口谐波、谐间波及电网信号的低频抗扰度试验

GB/T 17626.14—2005 电磁兼容 试验和测量技术 电压波动抗扰度试验

GB/T 17626.17—2005 电磁兼容 试验和测量技术 直流电源输入端口纹波抗扰度试验

GB/T 17626.27—2006 电磁兼容 试验和测量技术 三相电压不平衡抗扰度试验

GB/T 17626.28—2006 电磁兼容 试验和测量技术 工频频率变化抗扰度试验

GB/T 17626.29—2006 电磁兼容 试验和测量技术 直流电源输入端口电压暂降、短时中断和电压变化的抗扰度试验

本部分为GB/T 17626的第29部分。

本部分等同采用国际标准IEC 61000-4-29:2000《电磁兼容 第4部分:试验和测量技术 第29分部分:直流电源输入端口电压跌落、短时中断和电压变化的抗扰度试验》。

由于直流供电设备类型繁多,为了保证其正常工作,需要在电压跌落、短时中断和电压变化的情况下,试验其抗扰度特性,并将其作为抗扰度试验中的一个基础试验项目。进一步完善了GB/T 17626抗扰度系列标准,使得直流电源的电压暂降和短时中断试验有相应标准可依。同时为通用标准和产品族标准中增加制订相关测试项目提供依据。

本部分的附录A为资料性附录,附录B为规范性附录。

本部分由信息产业部电信研究院提出。

本部分由全国电磁兼容标准化技术委员会归口。

本部分主要起草单位:信息产业部通信计量中心、武汉高压研究所、上海电器科学研究所(集团)有限公司。

本部分主要起草人:肖雳、宋崇汶、訾晓刚、郎维川、楼鼎夫。

本部分委托信息产业部通信计量中心负责解释。

电磁兼容　试验和测量技术　直流电源输入端口电压暂降、短时中断和电压变化的抗扰度试验

1　范围

GB/T 17626 的本部分规定了在电气、电子设备的直流电源输入端口对电压暂降、短时中断和电压变化的抗扰度试验方法。

本部分适用于由外部直流网络供电的设备的低电压直流电源端口。

本部分的目的是建立一种评价直流电气、电子设备在经受电压暂降、短时中断和电压变化时的抗扰度的通用准则。

本部分规定了：

——试验等级的范围；

——试验发生器；

——试验布置；

——试验程序。

本部分的试验适用于电气和电子设备或系统。如果 EUT(受试设备)的额定功率大于第 6 章要求的试验发生器的容量，也同样适用于模块或子系统。

直流电源输入端口的纹波不包括在本部分中，它们包括在 GB/T 17626.17—2005 中。

本部分不适用于特殊的装置或系统。其主要目的是对有关的专业标准化技术委员会提供通用的和基础的标准。这些标委会(或用户和设备制造商)仍有责任选择适合其设备的试验和严酷度等级。

2　规范性引用文件

下列文件中的条款通过 GB/T 17626 的本部分的引用而成为本部分的条款。凡是注日期的引用文件，其随后所有的修改单(不包括勘误的内容)或修订版均不适用于本部分，然而，鼓励根据本部分达成协议的各方研究是否可使用这些文件的最新版本。凡是不注日期的引用文件，其最新版本适用于本部分。

GB/T 4365　电工术语　电磁兼容(GB/T 4365—2003,IEC 60050(161):1990,IDT)

GB/T 17626.11　电磁兼容　试验和测量技术　电压暂降、短时中断和电压变化的抗扰度试验(GB/T 17626.11—1999,idt IEC 61000-4-11:1994)

3　术语和定义

GB/T 4365 确立的以及下列术语和定义适用于本部分。

3.1

EUT

受试设备。

3.2

(对骚扰的)抗扰度　immunity (to a disturbance)

装置、设备或系统面临电磁骚扰不降低运行性能的能力。(见 GB/T 4365)

3.3

电压暂降　voltage dip

在低压直流配电系统中某一点的电压突然下降，经历几毫秒到数秒的短暂持续期后又恢复正常。

3.4

短时中断 short interruption

在低压直流配电系统某一点的供电电压消失一段时间，一般不超过 1 min。跌幅至少为额定电压80％的电压暂降可以认为是中断。

3.5

电压变化 voltage variation

供电电压逐渐变得高于或低于额定电压，变化的持续时间可长可短。

3.6

故障 malfunction

设备执行预定功能能力的终止，或设备执行非预定功能。

4 概述

电气和电子设备的运行会受到供电电源电压暂降、短时中断或电压变化的影响。

电压暂降、短时中断主要是由直流配电系统的故障或负荷突然出现大的变化引起的，也可能会出现两次或多次连续的暂降或中断。

直流配电系统产生故障也会使瞬态过电压进入配电网络。本部分不包括这种特殊的现象。

供电中断主要因改变供电电源时（例如：从发电机组切换到电池）机械式继电器开关的动作而引起。

在短时中断情况下，直流供电网络会呈现“高阻抗”或“低阻抗”状态。高阻抗状态是因为供电电源切换，而低阻抗状态是因为清除供电母线上产生的过载或故障造成的。后一种状态能引起来自负载的反向电流（负向峰值冲击电流）。

这些现象是随机的，并且能用与额定电压的偏离和持续时间来表征。电压暂降和短时中断不总是突发的。

电压变化主要由电池系统的充放电引起的。当直流网络的负载出现显著变化时也会引起电压变化。

5 试验等级

本部分以设备的额定工作电压(U_T)作为规定电压试验等级的基础。

当设备有一个额定电压范围时，应采用如下规定：

——如果额定电压的范围不超过其低端电压值的 20％，则在该范围内可规定一个电压作为试验等级的基准(U_T)。

——在其他情况下，应在额定电压范围规定的下限电压和上限电压下试验。

应采用以下的电压试验等级(%U_T)：

——0％，对应中断；

——40％和 70％，对应 60％和 30％的暂降；

——80％和 120％，对应±20％的变化。

电压变化是突然的，持续时间是 μs 级。（见第 6 章试验发生器特性）

首选的试验等级和持续时间见表 1a)、1b)和 1c)。

有关产品的标准化委员会应选择试验等级和持续时间。

表 1b)中的“高阻抗”和“低阻抗”状态是在电压中断期间，从 EUT 看过去的试验发生器的输出阻抗。附加信息参见试验发生器的试验程序和规定。

表 1a) 电压暂降优先采用的试验等级和持续时间

试验项目	试验等级/% U_T	持续时间/s
电压暂降	40 和 70 或 x	0.01 0.03 0.1 0.3 1 x

表 1b) 短时中断优先采用的试验等级和持续时间

试验项目	试验条件	试验等级/% U_T	持续时间/s
短时中断	高阻抗 和/或 低阻抗	0	0.001 0.003 0.01 0.03 0.1 0.3 1 x

表 1c) 电压变化优先采用的试验等级和持续时间

试验项目	试验等级/% U_T	持续时间/s
电压变化	85 和 120 或 80 和 120 或 x	0.1 0.3 1 3 10 x

注 1：“x”是一个未定值。x 是一个开放值。

注 2：在每一个表中可以选择一个或多个试验等级和持续时间。

注 3：如果 EUT 进行短时中断试验，则不必在相同的持续时间进行其他等级的试验。除非当电压暂降低于 70% U_T 时会对设备的抗扰度性能造成影响。

注 4：宜对表中的较短的持续时间，尤其是最短的持续时间进行试验，以确信 EUT 仍能正常运行。

6 试验发生器

除非另有规定，关于电压暂降、短时中断和电压变化的试验发生器的共同特征如下：

发生器应有预防措施避免骚扰发射对试验结果产生影响。

发生器的示例如图 A.1(基于带有内部开关的两个电源的试验发生器)和 A.2(基于可编程的电源的试验发生器)所示。

6.1 发生器的性能和特性

试验发生器应当能持续工作，并具有以下主要技术要求：

——输出电压范围(U_0)：≤360 V；

——短时中断、暂降和变化的输出电压：如表 1a)、表 1b)和表 1c)；

——输出电压随负荷的变化(0～额定电流):<5%;

——纹波含量:<输出电压的1%;

——发生器负载阻抗为100 Ω时,电压变化的上升和下降时间:1 μs～50 μs;

——发生器负载阻抗为100 Ω时,输出电压的上过冲/下过冲:小于电压变化的10%;

——输出电流(稳态)(I_0):最高到25 A。

注:发生器输出电压的摆动范围可能从几V/μs到几百V/μs,取决于输出电压范围。

推荐具有U_0=360 V(dc)和I_0=25 A的试验发生器,以满足大部分设备试验的需要。当系统的额定功率超过发生器容量时,应对单个的模块/子系统进行试验。

当发生器运行在较高或较低的电压/电流时,必须保持其他性能(负载下的电压变化,电压变化的上升和下降时间等)。试验发生器稳定状态的功率/电流应至少比EUT的功率/电流值大20%。

当试验发生器产生短时中断时,应满足以下要求:

——运行在"低阻抗"时,能吸收来自负载的冲击电流(如果发生);

——运行在"高阻抗"时,能阻挡负载的反向冲击电流。

在电压暂降和电压变化时,试验发生器应运行在"低阻抗"状态下。

6.1.1 试验发生器运行在"低阻抗"下的特性

——峰值冲击电流驱动能力:U_0=24 V时,50 A;

U_0=48 V时,100 A;

U_0=110 V时,220 A;

——冲击电流极性:正极性(流向EUT)和负极性(从EUT反向)。

实际情况下,当输出电压高于110 V时,试验发生器峰值冲击电流驱动能力会因为输出阻抗的增加而减小。但是应当满足6.2中峰值冲击电流驱动能力裕量的条件。

试验发生器峰值冲击电流驱动能力可以低于上述的要求,但是必须满足6.2中的条件。

试验发生器的输出阻抗应呈阻性,在输出电压跳变时应当更低。

试验发生器峰值冲击电流驱动能力的附加信息见附录B。

6.1.2 试验发生器运行在"高阻抗"状态下的特性(短时中断)

在短时中断时,发生器输出端的阻抗应大于或等于100 kΩ。在电压等级高达3×U_0和两种极性下,都需要测量其阻抗。

发生器应有正确的保护措施,避免由EUT产生的瞬时过电压的影响。为了获得要求的浪涌抗扰度,发生器输出端口可以采用带有适当箝位电压的保护器件(例如:二极管和变阻器)加以保护,以维持所需要的输出阻抗。

6.2 发生器特性的校验

为了比较从不同试验发生器获得的试验结果,发生器的特性应根据下列要求进行校验。

测量设备的不确定度应优于±2%。

6.2.1 输出电压和电压变化

发生器的120%、100%、85%、80%、70%和40%有效值输出电压应符合所选择的运行电压U_T(如24 V、48 V、110 V等)的百分比。

无负载时测量的电压值与有负载测量相比,其变化应小于5%。

6.2.2 开关特性

发生器的开关特性应在100 Ω负载下(适当的功率损耗系数)测量。

当发生器从0到U_T和从U_T到0切换时,应校验输出电压的上升和下降时间、上过冲和下过冲。

6.2.3 峰值冲击电流驱动能力

测量发生器冲击电流的电路和方法见图B.1。

当发生器从0到U_T,驱动有未充电电容器(电容值为1 700 μF)组成的负载,这时测量正向冲击电流，应满足6.1.1的要求。

发生器预设为"低阻抗"状态，从U_T到0，测量负向峰值冲击电流，应满足6.1.1的要求。

发生器预设为"高阻抗"状态，从U_T到0，负向峰值冲击电流应小于正常电流的0.2%，以证明没有显著的漏电流。

可以允许使用低于6.1.1所述冲击电流能力值的发生器，取决于EUT的特性。但是所使用的发生器的性能在EUT和发生器的峰值冲击电流之间必须有30%的裕量。为了评估这个裕量，必须测量和记录EUT的峰值冲击电流，测量应分别在冷启动和关闭5 s后进行。

验证EUT冲击电流的方法如图B.2所示。实际EUT冲击电流应分别从冷启动和关闭5 s后进行测量。

6.2.4 输出阻抗

发生器预设为"高阻抗"状态，并处于电压中断状态下。此时，输出阻抗应当满足6.1.2的要求。

7 试验布置

用EUT制造商规定的，最短的电源电缆进行试验。如果无电缆长度规定，则应是适合于EUT所用的最短电缆。

8 试验程序

试验程序包括：

——试验室参考条件的验证；

——设备正确运行的预先验证；

——执行试验；

——试验结果的评估。

对每一项试验，应记录任何性能降低的情况，监视设备应能显示试验中和试验后EUT运行的状态，每项试验后，应进行相关性能检查。

8.1 试验室参考条件

为了使环境参数对试验结果的影响最小，试验应当在8.1.1和8.1.2所述的气候和电磁条件下进行。

8.1.1 气候条件

除非负责制定通用标准和产品标准的技术委员会另有规定，试验室气候条件应在EUT和试验设备各自制造商所规定的运行范围内。

如果相对湿度过高以至在EUT或试验设备上造成了结露，就不能进行试验。

注：如果有充分证据表明本部分所涉及的现象的结果受到气候条件的影响，就应当提请负责本部分的标委会注意。

8.1.2 电磁条件

试验室的电磁条件应能保证EUT正常运行，并且使试验结果不受影响。

8.2 试验

EUT按正常运行状态进行布置。

试验根据涵盖以下内容的试验计划进行：

——试验等级和持续时间；

——EUT的典型运行状态；

——辅助设备。

所施加的电源、信号和其他功能的电气量应在其额定范围内。如果不能得到实际的信号源，可以采用模拟的信号源。

试验时，应监测试验发生器的输出电压，使其具有优于±2%的准确度。

8.2.1 电压暂降和短时中断

EUT 应按每一种选定的试验等级和持续时间组合，顺序进行三次暂降或中断试验，最小间隔 10 s（两次试验之间的间隔）。

在每种典型的运行方式下，都应当进行试验。

短时中断试验时，试验发生器应设置在以下两种情况下进行：

——阻断来自负载的反向电流（高阻抗）；

——吸收负载的反向冲击电流（低阻抗）。

电压暂降和短时中断试验都有可能引起瞬变过电压作用于 EUT 的输入端。这些情况应在报告中说明。

8.2.2 电压变化

对 EUT 进行每一种规定的电压变化，在最典型的运行方式下进行三次试验，试验之间的间隔为 10 s。

在需要的时候，EUT 应当进行连续电压变化试验以模拟电池充放电过程。电压变化的等级和持续时间在相关产品标准中规定。

9 试验结果和试验报告

试验结果应按 EUT 的功能丧失或性能降级进行分类。这些分类与制造商、试验申请者规定的，或者制造商与用户之间商定的性能等级有关。推荐的分类如下：

a) 在制造商、申请者或用户规定的限值内性能正常；

b) 功能或性能暂时降低或丧失，但在骚扰停止后受试设备能自行恢复其正常性能，无需操作者干预；

c) 功能或性能暂时降低或丧失，但需操作者干预才能恢复；

d) 因硬件或软件损坏，或数据丢失而造成不能自行恢复至正常状态的功能降低或丧失。

制造商的规范中可以规定 EUT 的响应哪些可以忽略或可以接受。

在没有合适的通用、产品或产品类标准时，这种分类可以由负责相应产品的通用标准、产品标准和产品类标准的专业标准化技术委员会用于作为明确功能准则的指南，或作为制造商与用户协商性能判据的框架。

试验报告必须包含能重现试验的全部信息。特别记录以下内容：

——本部分第 8 章中所要求的试验计划中规定的项目内容；

——EUT 的标识和任何相关设备，例如：商标名称、产品型号、序列号；

——试验设备标识，例如：商标名称、产品型号、序列号；

——试验进行的特殊环境条件，例如：屏蔽室内；

——使试验进行所必需的任何特殊条件；

——制造商、申请者或购买者规定的性能等级；

——通用标准、产品标准和产品类标准中规定的性能判据；

——试验中或试验后，EUT 的响应以及所持续的时间；

——试验通过/不通过结论的理由（基于通用、产品和产品类标准中规定的性能判据或制造商与用户的协议）；

——任何特殊的使用条件，例如：电缆长度或类型、屏蔽或接地、EUT 运行条件。这些都要求满足条件。

附 录 A
（资料性附录）
试验发生器和布置示例

图 A.1 和图 A.2 示出可能的试验框图。

在图 A.1 中，电压暂降、短时中断和电压变化由两个可变输出电压的直流电源来模拟。

可以预设置中断的持续时间。

电压的下降和上升可通过交替闭合开关 1 和开关 2 来模拟。这两个开关绝不能同时闭合。在“低阻抗”状态下进行电压暂降和电压变化试验时，必须采取特殊的预防措施，例如：使用电容器以避免“高阻抗”。

同时打开两个开关，可以实现电源中断，即“高阻抗”试验状态。

用短路或低阻抗代替直流源 2，使试验发生器能吸收从负载过来的反向电流，实现电源中断，即“低阻抗”试验状态。

试验发生器可以包括二极管、电阻和保险丝以及开关。

在图 A.2 中可编程电源代替了直流电源和开关。

本试验布置也适用于直流电源的纹波抗扰度试验(GB/T 17626.17)。

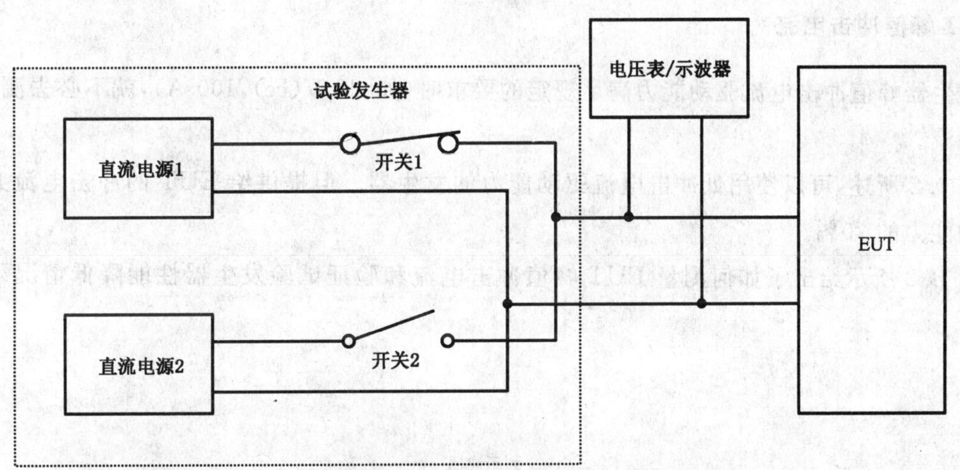

图 A.1 基于带有内部开关的两个电源的试验发生器示例

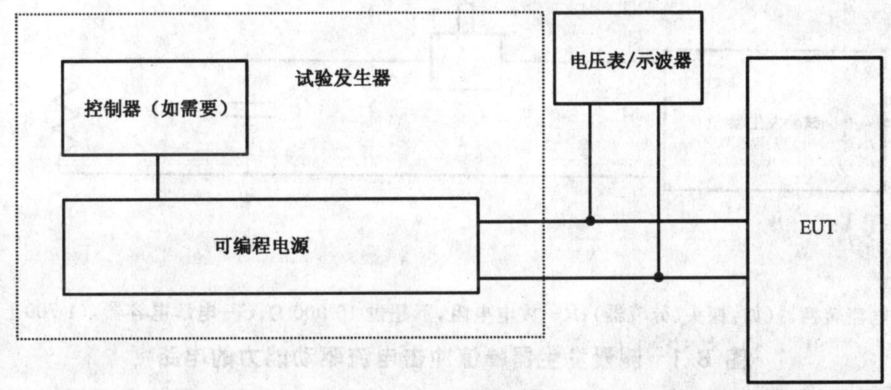

图 A.2 基于可编程的电源的试验发生器示例

附　录　B
（规范性附录）
冲击电流测量

B.1　试验发生器峰值冲击电流驱动能力

测量发生器峰值冲击电流驱动能力的电路如图 B.1 所示。

与其相似的桥式整流电路见 GB/T 17626.11。

1 700 μF 的电解电容器的容差小于 20%。它的电压额定值最好超过发生器最高输出电压的 15%～20%。它至少能吸收发生器冲击电流驱动能力两倍的峰值冲击电流，以提供一个充分的运行安全系数。在 100 Hz 和 20 kHz 时，电容器的等效串联电阻(ESR)应尽可能小，不超过 0.1 Ω。

由于试验时 1 700 μF 的电容要放电，所以应并联一个电阻 R，在两次试验之间必须有几个 *RC* 时间常数。采用 10 000 Ω 电阻时，*RC* 时间常数为 17 s，所以在两次冲击驱动能力试验之间应等待 90 s 到 120 s。要求等待的时间较短时，也可采用如 100 Ω 的低值电阻。

电流转换器（如：探头、分流器）应能吸收发生器全部峰值冲击电流。

B.2　EUT 峰值冲击电流

当发生器峰值冲击电流驱动能力满足规定的要求时（如：48 V(cc)，100 A)，就不必去测量 EUT 峰值冲击电流。

如 6.1.2 所述，可以使用低冲击电流驱动能力的发生器。但提供给 EUT 的冲击电流必须小于发生器驱动能力的 70%。

如图 B.2 所示给出了如何测量 EUT 峰值冲击电流和验证试验发生器性能降低情况下可用性的实例。

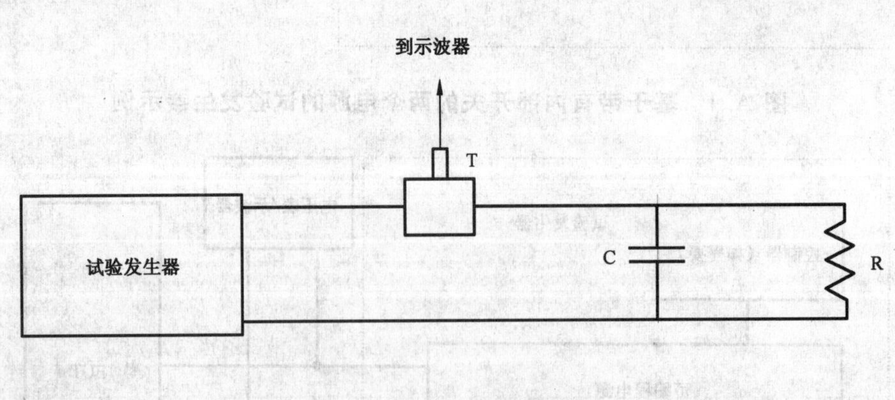

T—合适的电流转换器（如：探头、分流器)；R—放电电阻，不超过 10 000 Ω；C—电解电容器，(1 700±20%)μF

图 B.1　测量发生器峰值冲击电流驱动能力的电路

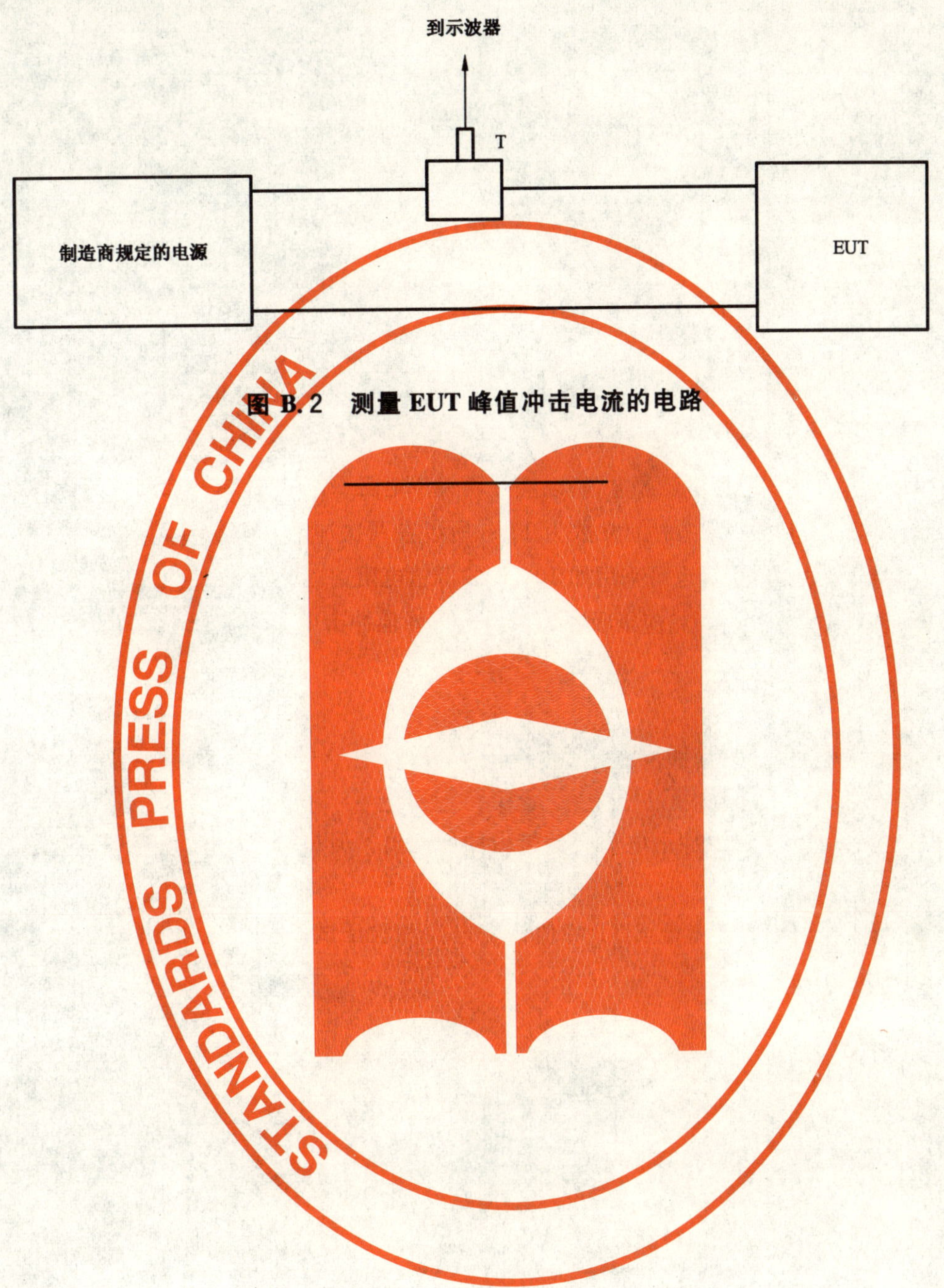

图 B.2　测量 EUT 峰值冲击电流的电路

ICS 01.080.10
A 22

中华人民共和国国家标准

GB/T 17695—2006
代替 GB/T 17695—1999

印刷品用公共信息图形标志

Public information graphical signs for use on printed matter

2006-08-04 发布　　2006-11-01 实施

中华人民共和国国家质量监督检验检疫总局
中国国家标准化管理委员会　发布

前言

本标准代替 GB/T 17695—1999《地图用公共信息图形符号　通用符号》，与上一版本的主要区别为：

——将标准中的图形符号改为图形标志；

——增加了 298 个图形标志；

——修改了 41 个图形符号并形成图形标志：卫生间、无障碍设施、安全保卫、邮政、电话、餐饮、酒吧、书报、理发(美容)、电影院、剧院、图书馆、公园、动物园、旅馆(宾馆)、医院、商场(购物中心)、银行、停车场、旅游服务、舞厅、佛寺、教堂、清真寺、儿童乐园、露天浴场、垂钓、山峰、轮船、火车、轻轨、汽车租赁、车辆清洗、汽车修理、民航售票、轮船售票、火车售票、高尔夫球、滑雪、游泳、药店；

——删除了 4 个图形符号：指北针、隧道、步行街、运动场所。

本标准由中国标准化研究院提出。

本标准由全国图形符号标准化技术委员会归口。

本标准起草单位：中国标准化研究院、中国人民大学徐悲鸿艺术学院、中国旅游出版社、国家旅游局。

本标准主要起草人：张亮、白殿一、安姚舜、高瑞、王嵘山、邹传瑜、陈永权。

印刷品用公共信息图形标志

1 范围

本标准规定了印刷品中使用的 3 mm～10 mm 的公共信息图形标志。

本标准适用于旅游景点、宾馆饭店、体育场馆、商场、医院、公共交通等部门设计和制作的导向图、指南、介绍手册等导向用印刷品。

2 规范性引用文件

下列文件中的条款通过本标准的引用而成为本标准的条款。凡是注日期的引用文件，其随后所有的修改单(不包括勘误的内容)或修订版均不适用于本标准，然而，鼓励根据本标准达成协议的各方研究是否可使用这些文件的最新版本。凡是不注日期的引用文件，其最新版本适用于本部分。

GB/T 20501.5 公共信息导向系统 要素的设计原则与要求 第5部分：便携印刷品

3 图形标志

印刷品用公共信息图形标志通用标志见表1，旅游休闲标志见表2，客运与货运标志见表3，运动健身标志见表4，购物标志见表5，医疗保健标志见表6。

4 应用

4.1 本标准中图形标志的含义仅为该图形标志的广义概念。应用时，可根据所要表达的具体对象给出相应名称，如：含义为“咖啡”的图形标志，可给出“咖啡厅”、“咖啡馆”“咖啡店”等具体名称。

4.2 图形标志的使用应符合 GB/T 20501.5 的要求。

表1 通用标志

序号	图形标志	含 义
1-01		入口 Way In;Entrance
1-02		出口 Way Out;Exit
1-03		楼梯 Stairs
1-04		上楼楼梯 Stairs Up
1-05		下楼楼梯 Stairs Down

表 1(续)

序号	图形标志	含 义
1-06		天桥 Overpass
1-07		地下通道 Underpass
1-08		自动扶梯 Escalator
1-09		上行自动扶梯 Escalator Up
1-10		下行自动扶梯 Escalator Down
1-11		电梯 Elevator;Lift
1-12		无障碍电梯 Accessible Elevator
1-13		货梯 Elevator for Goods
1-14		男 Male
1-15		女 Female
1-16		卫生间 Toilet
1-17		无障碍设施 Accessible Facility

表 1(续)

序号	图形标志	含 义
1-18		衣帽间 Cloakroom
1-19		男更衣 Men's Locker Room
1-20		女更衣 Women's Locker Room
1-21		休息区 Rest Area
1-22		等候室 Waiting Room
1-23		会合点 Meeting Point
1-24		安全保卫 Security;Police
1-25		票务服务 Tickets
1-26		手续办理;接待 Check-in;Reception
1-27		会议室 Conference Room
1-28		报告厅 Lecture Hall
1-29		行李寄存 Left Luggage

表 1(续)

序号	图形标志	含 义
1-30		婴儿车 Baby Carriage
1-31		哺乳室 Feeding Area
1-32		邮政 Post
1-33		邮箱 Mailbox
1-34		电话 Telephone
1-35		国内直拨电话 Domestic Direct Dial
1-36		国际直拨电话 International Direct Dial
1-37		网络服务 Internet Service
1-38		餐饮 Restaurant
1-39		中餐 Chinese Restaurant
1-40		快餐 Snack
1-41		酒吧 Bar

表 1(续)

序号	图形标志	含 义
1-42		咖啡 Coffee
1-43		茶饮 Tea
1-44		花卉 Flower
1-45		书报 Book and Newspaper
1-46		理发;美容 Barber;Beauty Salon
1-47		洗浴 Bath
1-48		电影院 Cinema
1-49		剧院 Theatre
1-50		博物馆 Museum
1-51		美术馆 Art Gallery
1-52		图书馆 Library
1-53		公园 Park

表 1(续)

序号	图形标志	含　义
1-54		动物园 Zoo
1-55		植物园 Botanical Garden
1-56		体育场 Stadium
1-57		体育馆 Gymnasium
1-58		旅馆;宾馆 Accommodation
1-59		医院 Hospital
1-60		商场;购物中心 Shopping Area
1-61		超级市场 Supermarket
1-62		自动售货机 Automatic Vending Machine
1-63		银行 Bank
1-64		货币兑换 Currency Exchange
1-65		自动柜员机 Automatic Teller Machine

表 1(续)

序号	图形标志	含 义
1-66		结账 Cashier;Check-out
1-67		贵宾 Very Important Person
1-68		信息服务 Information Service
1-69		问讯 Enquiry
1-70		走失儿童 Lost Children
1-71		失物招领 Lost and Found;Lost Property
1-72		停车场 Parking
1-73		室内停车场 Indoor Parking
1-74		自行车停放处 Parking for Bicycle
1-75		加油站 Gasolene Station
1-76		安静 Quiet
1-77		饮用水 Drinking Water

表 1(续)

序号	图形标志	含　义
1-78		废物箱 Rubbish Receptacle
1-79		允许吸烟 Smoking Allowed

表 2　旅游休闲标志

序号	图形标志	含　义
2-01		旅游服务 Travel Service
2-02		团体接待 Group Reception
2-03		无障碍客房 Accessible Room
2-04		订餐 Dining Reservation
2-05		客房送餐 Room Service
2-06		叫醒服务 Wake Up Call Service
2-07		清洁服务 Cleaning Service
2-08		洗衣 Laundry
2-09		熨衣 Ironing

表 2(续)

序号	图形标志	含 义
2-10		淋浴 Shower
2-11		桑拿浴 Sauna
2-12		足浴 Foot Massage
2-13		温泉浴 Hot Spring Bath
2-14		按摩 Massage
2-15		商务中心 Business Centre
2-16		摄影冲印 Photograph or Film Developing
2-17		电子游戏 Video Game
2-18		棋牌 Chess and Cards
2-19		歌厅 Music Hall
2-20		舞厅 Dance Hall
2-21		录像厅;电视房 Video-room

表 2(续)

序号	图形标志	含 义
2-22		道观 Taoist Church
2-23		佛寺 Temple
2-24		教堂 Church
2-25		清真寺 Mosque
2-26		名胜古迹 Historic Sites
2-27		古塔 Ancient Pagoda
2-28		古桥 Old Bridge
2-29		纪念碑 Monument
2-30		陵园 Cemetery
2-31		大型游乐场 Pleasure Ground
2-32		儿童乐园 Children's Playground
2-33		水上乐园 Aquatic Park

表 2(续)

序号	图形标志	含 义
2-34		露天浴场 Bathing Beach
2-35		水族馆 Aquarium
2-36		海洋馆;海洋公园 Ocean Park
2-37		度假村 Holiday Village
2-38		自然保护区 Nature Reserve
2-39		瞭望 Panorama
2-40		垂钓 Angling
2-41		热气球 Ballooning
2-42		缓跑小径 Jogging Track
2-43		徒步旅行 Hiking
2-44		登山避难处 Mountain Refuge
2-45		营火 Campfire

表 2(续)

序号	图形标志	含 义
2-46		露营地 Picnic Area
2-47		山洞 Cave
2-48		冰川 Glacier
2-49		雪山 Snow Mountain
2-50		山峰 Mountain
2-51		峡谷 Valley
2-52		瀑布 Waterfall
2-53		河流 River
2-54		湖泊 Lake
2-55		湿地;沼泽 Marsh
2-56		海滩 Beach
2-57		森林;林地 Woodland

表 2(续)

序号	图形标志	含 义
2-58		大型封闭式缆车 Cable Car (Large Capacity)
2-59		小型封闭式缆车 Cable Car (Small Capacity)
2-60		椅式空中缆车; 单椅式空中缆车 Chairlift;Single Chairlift
2-61		双椅式空中缆车 Double Chairlift
2-62		三椅式空中缆车 Triple Chairlift
2-63		四椅式空中缆车 Quadruple Chairlift
2-64		滑雪牵引索 Ski Lift
2-65		陡坡滑雪牵引索 Steep-slope Ski Lift

表 3 客运与货运标志

序号	图形标志	含 义
3-01		飞机 Aircraft
3-02		直升机 Helicopter
3-03		轮船 Boat

表 3(续)

序号	图形标志	含　义
3-04		轮渡 Ferry
3-05		火车 Train
3-06		地铁 Subway
3-07		轻轨 Light Railway
3-08		出租车 Taxi
3-09		公共汽车 Bus
3-10		无轨电车 Trolleybus
3-11		有轨电车 Streetcar
3-12		长途汽车 Long-distance Bus
3-13		旅游车 Sight-seeing Bus
3-14		轨道缆车 Cable Railway; Ratchet Railway
3-15		汽车租赁 Car Rental

表 3(续)

序号	图形标志	含　义
3-16		车辆清洗 Vehicle Cleaning
3-17		汽车修理 Garage
3-18		自行车租赁 Bicycle Rental
3-19		民航售票 Airline Ticket
3-20		轮船售票 Boat Tickets
3-21		火车售票 Railway Ticket
3-22		检票 Check in
3-23		自动检票 Automatic Check in
3-24	 5	登乘口 Boarding Gate (可根据实际情况变换数字)
3-25		出发 Departures
3-26		到达 Arrivals
3-27		自动步道 Moving Walkway

表 3(续)

序号	图形标志	含 义
3-28		行李手推车 Baggage Cart
3-29		行李托运 Baggage Check in
3-30		行李提取 Baggage Claim
3-31		行李查询 Baggage Inquiries
3-32		自助行李寄存 Self-service Luggage Storage
3-33		行李检查 Baggage Check
3-34		安全检查 Safety Check
3-35		海关 Customs
3-36		边防检查 Immigration
3-37		卫生检疫 Quarantine
3-38		动植物检疫 Animal and Plant Quarantine
3-39		红色通道(有申报物品) Red Channel (Goods to Declare)
3-40		绿色通道(无申报物品) Green Channel (Nothing to Declare)

表 3(续)

序号	图形标志	含义
3-41		航班中转联程 Connecting Flight
3-42		母婴等候室 Waiting Room for Mothers with baby
3-43		头等舱、软卧 等候室 First Class Lounge
3-44		老人专座 Seat for Old Person
3-45		带小孩乘客专座 Seat for Passenger with baby
3-46		孕妇专座 Seat for Pregnant Woman
3-47		货运 Freight
3-48		航空货运 Air Freight
3-49		水路货运 Water Freight
3-50		铁路货运 Rail Freight
3-51		公路货运 Road Freight
3-52		货物检查 Freight Check

表 3(续)

序号	图形标志	含 义
3-53		货物交运 Freight Check-in
3-54		货物提取 Freight Claim
3-55		货物查询 Freight Inquiries

表 4 运动健身标志

序号	图形标志	含 义
4-01		田径 Ground Track
4-02		足球 Football
4-03		篮球 Basketball
4-04		排球 Volleyball
4-05		乒乓球 Table Tennis
4-06		羽毛球 Badminton
4-07		网球 Tennis
4-08		壁球 Squash/Racket Ball

表 4(续)

序号	图形标志	含 义
4-09		棒球;垒球 Baseball;Softball
4-10		高尔夫球 Golf
4-11		保龄球 Bowling
4-12		台球 Billiards
4-13		沙壶球 Shuffleboard
4-14		体操 Gymnastics
4-15		击剑 Fencing
4-16		举重 Weightlifting
4-17		拳击 Boxing
4-18		跆拳道 Taekwondo
4-19		武术 Wushu
4-20		冰球 Ice hockey

表 4(续)

序号	图形标志	含 义
4-21		滑冰 Skating
4-22		轮滑 Roller skating
4-23		滑雪 Skiing
4-24		健身 Gymnasium
4-25		飞镖 Dart
4-26		攀岩 Scramble
4-27		自行车 Cycling
4-28		骑马 Horse Riding
4-29		射箭 Archery
4-30		射击 Shooting
4-31		狩猎 Hunting
4-32		游泳 Swimming

表 4(续)

序号	图形标志	含 义
4-33		跳水 Diving
4-34		潜水 Diving
4-35		帆船 Sailing
4-36		快艇 Speed Boat
4-37		牵引伞 Extraction Parachute
4-38		冲浪 Surfing
4-39		划船 Rowing

表 5 购物标志

序号	图形标志	含 义
5-01		水产品 Aquatic Products
5-02		猪肉 Pork
5-03		牛羊肉 Beef and Mutton
5-04		禽肉 Poultry Meat Products

表 5(续)

序号	图形标志	含 义
5-05		蛋类 Eggs and Egg Products
5-06		粮食 Cereals
5-07		饼干 Biscuits
5-08		糕点 Pastries
5-09		面包 Bread
5-10		糖果 Candies
5-11		水果 Fruit
5-12		蔬菜 Vegetables
5-13		酒类 Liquor Products
5-14		茶 Tea
5-15		奶制品 Milk Products
5-16		方便食品 Instant Foods

表 5(续)

序号	图形标志	含 义
5-17		休闲食品 Snacks
5-18		固体饮料 Powdered Drink Products
5-19		液体饮料 Liquid Drink Products
5-20		调味品 Condiments
5-21		宠物用品 Pet Supply
5-22		家居用品 Household Supply
5-23		卫生用品 Sanitation Supply
5-24		驱虫用品 Insect Repellants Products
5-25		洗涤用品 Clothes Washing Products
5-26		洗漱用品 Bath/Shower and Oral Products
5-27		化妆品 Cosmetic Products
5-28		珠宝首饰 Jewelry

表 5(续)

序号	图形标志	含 义
5-29		服装 Clothing
5-30		男装 Men's Wear
5-31		女装 Women's Wear
5-32		休闲装 Sportswear
5-33		针棉织品 Knitted Wear
5-34		女内衣 Women's Underwear
5-35		鞋 Shoes
5-36		男鞋 Men's Shoes
5-37		女鞋 Women's Shoes
5-38		婴儿用品 Baby Products
5-39		童装 Children and Infants Wear
5-40		童车 Baby Carriers

表 5(续)

序号	图形标志	含　义
5-41		儿童玩具 Children's Toys
5-42		床上用品 Bed Clothes
5-43		文具 Stationery
5-44		音像制品 Audio and Video Products
5-45		摄影、摄像器材 Camera and Video Products
5-46		工艺礼品 Craft Products
5-47		照明用品 Lighting Products
5-48		餐具、炊具 Kitchen wares
5-49		手表 Watches
5-50		眼镜 Glasses
5-51		五金工具 Hardware Tools
5-52		健身器材 Bodybuilding Products

表 5(续)

序号	图形标志	含 义
5-53		体育用品 Sporting Goods
5-54		乐器 Musical Instruments
5-55		家具 Furniture
5-56		箱包 Bags and Cases
5-57		小家电 Small Electric Household Appliances
5-58		大家电 Large Electric Household Appliances
5-59		视听设备 Audio Visual Equipment
5-60		计算机 Computers
5-61		移动通讯器材 Mobile Phones
5-62		服装修改 Clothing Alterations
5-63		礼品包装 Gift Wrapping
5-64		送货服务 Goods Delivery
5-65		儿童托管 Children Care Centre

表 6 医疗保健标志

序号	图形标志	含 义
6-01		急诊 Emergency
6-02		门诊 Out-patient
6-03		病房 Ward
6-04		药房 Pharmacy
6-05		中药房 Chinese Pharmacy
6-06		内科 Internal Medicine Department
6-07		通用内科 General Internal Medicine Department
6-08	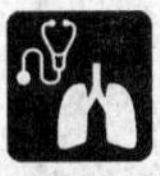	呼吸内科 Pulmonary Medicine Department
6-09	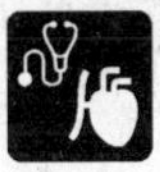	心血管内科 Cardiology and Vascular Department
6-10		消化内科 Digestive Internal Medicine Department
6-11	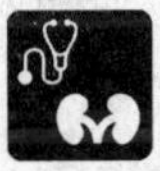	肾内科 Nephrology Department
6-12		神经内科 Neurological Medicine Department

表 6(续)

序号	图形标志	含 义
6-13		外科 Surgery Department
6-14		普通外科(通用外科) General Surgery Department
6-15	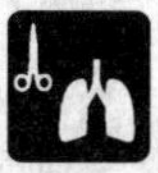	胸外科 Thoracic Surgery Department
6-16		心外科 Cardiovascular Surgery Department
6-17		泌尿外科 Urology Surgery Department
6-18		神经外科 Neurosurgery Department
6-19		骨科 Orthopedics Department
6-20		妇产科 Obstetrics and Gynecology Department
6-21		儿科 Pediatrics Department
6-22		眼科 Ophthalmology Department
6-23		耳鼻喉科 E. N. T. Department
6-24		口腔科 Stomatology Department

表 6(续)

序号	图形标志	含 义
6-25		皮肤科 Dermatology Department
6-26		中医科 Traditional Chinese Medicine Treatment Department
6-27		传染科 Infectious Diseases Department
6-28		预防保健科 Prevention and Health Protection Department
6-29		康复医学科 Medical Rehabilitation Department
6-30		理疗科 Physiotherapy Department
6-31		手术室 Operating Room
6-32		放射科 Radiology Department
6-33		超声诊断科 Ultrasound Department
6-34		心电图室 Electrocardiographic Room
6-35	CT	断层扫描室(CT 室) Cardiogram Room
6-36	MRI	核磁共振室(MRI 室) Magnetic Resonance Imaging Room

表 6(续)

序号	图形标志	含　义
6-37		检验科 Clinical Laboratory Department
6-38		病理科 Pathology Department
6-39		输液室 Drip Transfusion Room
6-40		注射室 Injection Room
6-41		静脉采血室 Blood Test Office
6-42		病案室 Patient File Room
6-43		护士站 Nursing Station

中文索引

英文对应词索引

英文对应词 **序号**

A

B

英文对应词	序号
Baseball	4-09
Basketball	4-03
Bath/Shower and Oral Products	5-26
Bath	1-47
Bathing Beach	2-34
Beach	2-56
Beauty Salon	1-46
Bed Clothes	5-42
Beef and Mutton	5-03
Bicycle Rental	3-18
Billiards	4-12
Biscuits	5-07
Blood Test Office	6-41
Boarding Gate	3-24
Boat Tickets	3-20
Boat	3-03
Bodybuilding Products	5-52
Book and Newspaper	1-45
Botanical Garden	1-55
Bowling	4-11
Boxing	4-17
Bread	5-09
Bus	3-09
Business Centre	2-15

C

英文对应词	序号
Cable Car (Large Capacity)	2-58
Cable Car (Small Capacity)	2-59
Cable Railway	3-14
Camera and Video Products	5-45
Campfire	2-45
Candies	5-10
Car Rental	3-15
Cardiogram Room	6-35
Cardiology and Vascular Department	6-09
Cardiovascular Surgery Department	6-16
Cashier	1-66
Cave	2-47
Cemetery	2-30
Cereals	5-06
Chairlift	2-60
Check in	1-26;3-22

英文对应词 **序号**

英文对应词 序号

英文对应词 **序号**

英文对应词 序号

O

P

Q

R

英文对应词 序号

英文对应词	序号
Vegetables	5-12
Vehicle Cleaning	3-16
Very Important Person	1-67
Video Game	2-17
Video-room	2-21
Volleyball	4-04

W

Waiting Room for Mothers with baby	3-42
Waiting Room	1-22
Wake Up Call Service	2-06
Ward	6-03
Watches	5-49
Water Freight	3-49
Waterfall	2-52
Way In	1-01
Way Out	1-02
Weightlifting	4-16
Women's Locker Room	1-20
Women's Shoes	5-37
Women's Underwear	5-34
Women's Wear	5-31
Woodland	2-57
Wushu	4-19

Z

Zoo	1-54

ICS 37.080
A 14

中华人民共和国国家标准

GB/T 17739.2—2006
代替 GB/T 8988—1988,GB/T 8989—1998,GB/T 8990—1988

技术图样与技术文件的缩微摄影 第2部分:35 mm银-明胶型缩微品的质量准则与检验

Microfilming of technical drawings and technical documents—Part 2:Quality criteria and control of 35 mm silver-gelatin microfilms

(ISO 3272-2:1994,Microfilming of technical drawings and other drawing office documents—Part 2:Quality criteria and control of 35 mm silver-gelatin microfilms,MOD)

2006-08-23 发布　　2007-02-01 实施

中华人民共和国国家质量监督检验检疫总局
中国国家标准化管理委员会　发布

前言

GB/T 17739《技术图样与技术文件的缩微摄影》分为六个部分：

——第1部分：操作程序；

——第2部分：35 mm银-明胶型缩微品的质量准则与检验；

——第3部分：35 mm缩微胶片开窗卡；

——第4部分：特殊和超大尺寸图样的拍摄；

——第5部分：开窗卡中缩微影像重氮复制的检验程序；

——第6部分：35 mm缩微胶片放大系统的质量准则和控制。

本部分修改采用ISO 3272-2：1994《技术图样和其他绘图室文件的缩微摄影　第2部分：35 mm银-明胶型缩微品的质量准则与检验》(英文版)。

本部分与ISO 3272-2：1994的主要差异是：

——本部分规范性引用文件中的引用标准采用了最新版本的标准；

——4.7中对第一代、第二代及发行缩微品负像的最低密度要求分别为0.7、0.7和0.8，而ISO 3272-2的要求分别是0.9、0.9和0.9；

——4.8中规定片基加灰雾的密度不应超过0.10，而ISO 3272-2的规定为0.12。

本部分还做了下列编辑性修改：

——"国际标准本部分"改为"本部分"；

——删除国际标准前言；

——用小数点"."代替作为小数点的逗号","。

本部分是将GB/T 8988—1988《缩微摄影技术　检验技术图纸缩微摄影质量测试标板的制作》、GB/T 8989—1998《缩微摄影技术　技术图样和技术文件缩微摄影的质量标准与检验》、GB/T 8990—1988《缩微摄影技术　用于"检验技术图纸缩微摄影质量测试标板"的反射率灰板》整合修订为本部分。GB/T 8988—1988作为本部分的6.1和6.3；GB/T 8989—1998作为本部分的主体，为第1、2、3、4、5章及附录A、B、C；GB/T 8990—1988作为本部分的6.2.4和附录D。

本部分的附录A、附录B、附录C、附录D均为规范性附录。

本部分由全国文献影像技术标准化技术委员会(SAC/TC 86)提出并归口。

本部分起草单位：全国文献影像技术标准化技术委员会六分会、国家档案局档案科学技术研究所。

本部分主要起草人：聂曼影、魏伶俐、张淑霞。

本部分代替GB/T 8988—1988、GB/T 8989—1998和GB/T 8990—1988。

引　言

各个机构之间宜顺利交换技术图样和技术文件，并且在利用时不产生歧义。

缩微摄影技术旨在使技术图样和技术文件方便测量、传输、处理和存储。缩微品宜满足尺寸和质量方面的精确要求，以便进行可靠的复制。如果严格按照缩微品的尺寸和所选缩率要求准备原件，就能容易地达到缩微品本身的质量要求。

技术图样与技术文件的缩微摄影 第2部分:35 mm 银-明胶型缩微品的质量准则与检验

1 范围

GB/T 17739 的本部分规定了用 35 mm 银-明胶型黑白缩微胶片拍摄技术图样和技术文件制成缩微品的质量要求和检验方法。

本部分适用于各种技术图样及技术文件的第一代、第二代及发行用银-明胶型缩微品。

2 规范性引用文件

下列文件中的条款通过 GB/T 17739 的本部分引用而成为本部分的条款。凡是注日期的引用文件,其随后所有的修改单(不包括勘误的内容)或修订版均不适用于本部分,然而,鼓励根据本部分达成协议的各方研究是否可使用这些文件的最新版本。凡是不注日期的引用文件,其最新版本适用于本部分。

GB/T 6159.1—2003 缩微摄影技术 词汇 第1部分:一般术语(ISO 6196-1:1993,MOD)

GB/T 6159.3—2003 缩微摄影技术 词汇 第3部分:胶片处理(ISO 6196-3:1997,MOD)

GB/T 6159.4—2003 缩微摄影技术 词汇 第4部分:材料和包装物(ISO 6196-4:1998,MOD)

GB/T 6159.5—2000 缩微摄影技术 词汇 第五部分:影像质量、可读性和检查(eqv ISO 6196-5:1987)

GB/T 6159.6—2003 缩微摄影技术 词汇 第6部分:设备(ISO 6196-6:1992,MOD)

GB/T 6159.22—2000 缩微摄影技术 词汇 第二部分:影像的布局和记录方法(eqv ISO 6196-2:1993)

GB/T 6160—2003 缩微摄影技术 源文件第一代银-明胶型缩微品密度规范与测量方法(ISO 6200:1999,MOD)

GB/T 6161—1994 缩微摄影技术 2号测试图的特征及其在缩微摄影技术中的应用(eqv ISO 3334:1989)

GB/T 6847—1995 照相胶片和相纸卷曲度的测定(idt ISO/DIS 4330:1993)

GB/T 17293—1998 缩微摄影技术 检查平台式缩微摄影机系统性能用测试标板(eqv ISO 10550:1994)

GB/T 18405—2001 缩微摄影技术 ISO 字符和1号测试图的特征及其使用(idt ISO 446:1991)

ISO 5-2:1991 摄影术 密度测量 第2部分:透射密度的几何条件

ISO 5-3:1995 摄影术 密度测量 第3部分:光谱条件

ISO 18901:2002 摄影术 已成像银-明胶型黑白胶片 稳定性技术规范

ISO 18911:2000 摄影术 已加工安全照相胶片 存储实践

3 术语和定义

GB/T 6159.1—2003、GB/T 6159.3—2003、GB/T 6159.4—2003、GB/T 6159.5—2000、GB/T 6159.6—2003、GB/T 6159.22—2000 中确立的术语和定义适用于本部分。

4 质量要求

4.1 概述

缩微品中的字符和图线应具有足够的反差和清晰度，以便于复制、交流和使用。

4.2 报废

缩微品中凡不符合本标准规定的画幅，应以适当方式标明作废。

4.3 处理

为得到稳定的影像，缩微胶片应按照 ISO 18901:2002 的规定进行处理。

4.4 缺陷

胶片应无划伤、指纹印痕、干燥斑痕或其他任何有损于复制质量和阅读清晰度的缺陷。

4.5 卷曲

缩微胶片的卷曲不应过大，将经过曝光和冲洗后的胶片，按装入开窗卡的尺寸截取一个胶片段，依照 GB/T 6847—1995 中的方法 A 进行测量，其卷曲度不得超过以下极限值：

——横向卷曲：6

——纵向卷曲：8

4.6 保护层

如果缩微胶片上涂有保护层，其保护层应达到 ISO 18911:2000 的要求，并不降低本部分规定的质量要求。

4.7 背景密度

用本部分附录 A 的方法测定密度时，银－明胶型胶片影像区内的背景漫透射视觉密度数值应符合表 1 中的规定。

表 1 背景密度要求

胶片	第一代	第二代	发行拷贝
负像	0.7～1.2	0.7～1.2	0.8～1.3
正像	0.16max.	0.16max.	0.20max.

4.8 片基密度加灰雾密度

胶片的片基加灰雾的密度不应超过 0.10。此密度为 ISO 5-2:1991 和 ISO 5-3:1995 中规定的漫透射视觉密度。

5 可读性与解像力

按照 GB/T 18405—2001(1 号测试图)或 GB/T 6161—1994(2 号测试图)的要求检查第一代、第二代和发行用缩微品时，其可读性与解像力应符合表 2 的要求。

如果用本部分附录 B 的方法测试缩微品的质量，其可读性与解像力也应符合表 2 的要求。

表 2 可读性(与解像力)要求

缩　率	1 号测试图 ISO 字符			2 号测试图图样		
	第一代	第二代	发行拷贝	第一代	第二代	发行拷贝
1:30	90	100	112	4.5	4.0	3.6
1:24	80	90	100	5.0	4.5	4.0
1:21	71	80	90	5.6	5.0	4.5
1:16	56	63	71	7.1	6.3	5.6
1:15	56	63	71	7.1	6.3	5.6

6 测试标板

6.1 测试标板的构成和布局

6.1.1 测试标板分“使用反射光曝光的测试标板”和“使用透射光曝光的测试标板”两种，它们的构成应符合 GB/T 17293—1998 第 3 章“测试标板的特征”的要求。用灰板进行密度控制的方法见附录 C。

6.1.2 测试标板的幅面、测试图、密度测试区、缩率卡和缩率尺布局应符合图 1 的要求。

五张 1 号或 2 号测试图分别位于标板的中心和四角。位于中心的测试图，其阵列中心应在测试标板的中心，偏离误差应不大于 6 mm，测试图的边与标板的边平行。四角测试图的阵列中心在测试标板的对角线上，距中心 19.4 mm×R 处，偏离误差不大于 6 mm，测试图一边应与对角线平行。(如果使用的缩率数值与表 2 中的不同，例如，当原件为非 A 系列尺寸时，以上原则也同样适用。)从测试标板中心位置观察，测试图样的数字应正常阅读。

注：使用测试标板只能检验用于拍摄、冲洗和拷贝的整个系统是否符合本标准的要求，不能保证每幅缩微影像的质量。

单位：毫米

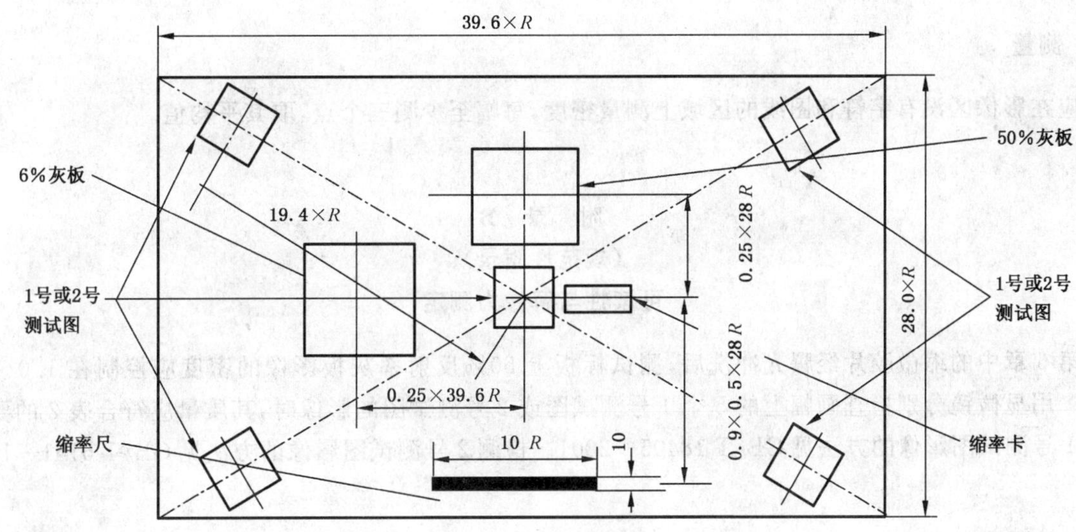

图 1 测试标板

6.2 测试标板的拍摄

6.2.1 在缩微卷片的始端，按所用的最低缩率(例如 1/15 或 1/16)拍摄一次测试标板；在卷片的尾端，按所采用的每种缩率各拍摄一次测试标板，或者在每次缩率变动时拍摄一次测试标板。

6.2.2 每一缩率都应有各自相应的测试标板规格，这些标板可以分别制作，也可将几种规格组合成一个测试标板进行拍摄。

6.2.3 其他应拍摄测试标板的情况见附录 D。

附 录 A
(规范性附录)
背景密度测量

A.1 抽样

应先使缩微胶片从一个照明台面上通过,检查其是否存在明显的密度差异。对于与大多数画幅密度不一致的画幅,应用密度计进行测量。

在胶片正文区中随机取若干画幅进行测量,但带有测试标板的画幅除外,并应在没有文字影像的区域上测量。抽样检查的画幅数量不能少于画幅总数的3%,且不能少于3个画幅。

A.2 密度计

所用密度计应经常用标准密度样片校准,见ISO 5-2和ISO 5-3。

A.3 测量

应在影像区没有字符和图线的区域上测量密度,每幅至少测三个点,取其平均值。

附 录 B
(规范性附录)
可读性与解像力测定

第6章中的缩微胶片经曝光冲洗后,测试标板上50%反射率灰板影像的密度应控制在1.0~1.2之间。用显微镜分别检查画幅上的5个1号测试图或2号测试图的影像时,其质量应符合表2的要求。检测1号测试图影像的方法见GB/T 18405—2001。检测2号测试图影像的方法见GB/T 6161—1994。

附 录 C
(规范性附录)
密 度 控 制

当曝光和冲洗条件能使50%反射率灰板影像密度控制在1.0~1.2范围时,此时6%反射率灰板影像的密度代表胶片上影像区的最小密度,该值不得超过0.20。

当对缩微胶片进行接触拷贝时,拷贝片50%反射率灰板区密度表示影像的背景密度,6%反射率灰板区的密度表示影像的字符或图线密度。

附 录 D
（规范性附录）
其他应拍摄测试标板的情况

除在一般拍摄过程中拍摄测试标板外，在下列情况下也应拍摄测试标板，用以控制缩微影像质量：

a) 对摄影机、胶片冲洗机或摄影冲洗一体机进行保养和维修后；

b) 冲洗胶片的化学药品发生变化时；

c) 冲洗条件变化时；

d) 胶片乳剂改变后；

e) 摄影机照明发生变化或出现故障后；

f) 任何不利于系统操作的情况发生后。

ICS 37.080
A 14

中华人民共和国国家标准

GB/T 17739.5—2006

技术图样与技术文件的缩微摄影 第5部分：开窗卡中缩微影像重氮复制的检验程序

Microfilming of technical drawings and technical documents—Part 5: Test procedures for diazo duplicating of microfilm images in aperture cards

(ISO 3272-5:1999, Microfilming of technical drawings and other drawing office documents—Part 5: Test procedures for diazo duplicating of microfilm images in aperture cards, MOD)

2006-04-19 发布　　2006-10-01 实施

中华人民共和国国家质量监督检验检疫总局
中国国家标准化管理委员会　发布

前　言

GB/T 17739《技术图样与技术文件的缩微摄影》分为六个部分：

——第 1 部分：操作程序；

——第 2 部分：35 mm 银—明胶型缩微品的质量准则及检验；

——第 3 部分：35 mm 缩微胶片开窗卡；

——第 4 部分：特殊和超大尺寸图样的拍摄；

——第 5 部分：开窗卡中缩微影像重氮复制的检验程序；

——第 6 部分：35 mm 缩微胶片放大系统的质量准则和控制。

本部分修改采用 ISO 3272-5：1999《技术图样和其他绘图室文件的缩微摄影　第 5 部分：开窗卡中缩微影像重氮复制的检验程序》(英文版)。

本部分与 ISO 3272-5：1999 的主要差异是：

本部分规范性引用文件中的 GB/T 6159 为修改采用或等效采用 ISO 6196；GB/T 13984—2005 为修改采用 ISO 8126：1986；GB/T 6161—1994 为等效采用 ISO 3334：1989；GB/T 18405—2001 为等同采用 ISO 446：1991。

本部分还做了下列编辑性修改：

——"国际标准本部分"改为"本部分"；

——删除国际标准前言；

——用小数点"."代替作为小数点的逗号","。

本部分由全国文献影像技术标准化技术委员会(SAC/TC 86)提出并归口。

本部分起草单位：全国文献影像技术标准化技术委员会六分会、国家档案局档案科学技术研究所。

本部分主要起草人：聂曼影、魏伶俐、张淑霞。

技术图样与技术文件的缩微摄影 第5部分:开窗卡中缩微影像重氮复制的检验程序

1 范围

GB/T 17739的本部分规定了检验A级类重氮开窗卡拷贝机性能质量的测试标板的制作和使用要求,并规定了两种测试标板开窗卡,其中一种用于测定照明的均匀性,另一种用于测定解像力的损失。

本部分适用于重氮开窗卡复制。

2 规范性引用文件

下列文件中的条款通过GB/T 17739的本部分引用而成为本部分的条款。凡是注日期的引用文件,其随后所有的修改单(不包括勘误的内容)或修订版均不适用于本部分,然而,鼓励根据本部分达成协议的各方研究是否可使用这些文件的最新版本。凡是不注日期的引用文件,其最新版本适用于本部分。

GB/T 6159.1—2003 缩微摄影技术 词汇 第1部分:一般术语(ISO 6196-1:1993,MOD)

GB/T 6159.3—2003 缩微摄影技术 词汇 第3部分:胶片处理(ISO 6196-3:1997,MOD)

GB/T 6159.4—2003 缩微摄影技术 词汇 第4部分:材料和包装物(ISO 6196-4:1998,MOD)

GB/T 6159.5—2000 缩微摄影技术 词汇 第五部分:影像质量、可读性和检查(eqv ISO 6196-5:1987)

GB/T 6159.6—2003 缩微摄影技术 词汇 第6部分:设备(ISO 6196-6:1992,MOD)

GB/T 6159.7—2000 缩微摄影技术 词汇 第七部分:计算机缩微摄影技术(eqv ISO 6196-7:1992)

GB/T 6159.8—2003 缩微摄影技术 词汇 第8部分:应用(ISO 6196-8:1998,MOD)

GB/T 6159.22—2000 缩微摄影技术 词汇 第二部分:影像的布局和记录方法(eqv ISO 6196-2:1993)

GB/T 6161—1994 缩微摄影技术 2号测试图的特征及其在缩微摄影技术中的应用(eqv ISO 3334:1989)

GB/T 13984—2005 缩微摄影技术 银盐、重氮和微泡胶片视觉密度 技术规范和测量(ISO 8126:1986,MOD)

GB/T 18405—2001 缩微摄影技术 ISO字符和1号测试图的特征及其使用(idt ISO 446:1991)

ISO 5-1:1984 摄影术 密度测量 第1部分:术语、符号和标志法

ISO 5-2:1991 摄影术 密度测量 第2部分:透射密度的几何条件

ISO 5-3:1995 摄影术 密度测量 第3部分:光谱条件

ISO 5-4:1995 摄影术 密度测量 第4部分:反射密度的几何条件

3 术语和定义

GB/T 6159和ISO 5-1确立的术语和定义适用于本部分。

4 总则

复制的缩微品应将记录在母片上的所有信息清晰地显示出来。为达此要求,原片的质量应适宜,曝

光过程中原片和拷贝片应密切接触，照明应均匀。

5　测试开窗卡

5.1　照明均匀性测试开窗卡

5.1.1　材料

均匀照明测试开窗卡使用的缩微胶片应是银—明胶型黑白摄影胶片。

5.1.2　测试标板

测试标板应包含九个视觉漫反射率为50%±2%的灰板。灰板尺寸约为200 mm×200 mm，其排列如图1所示。

5.1.3　测试标板的拍摄

测试标板的拍摄缩率应为1∶30，并在所选曝光量范围内逐级进行拍摄，以确保冲洗后能得到一个灰板影像漫透射视觉密度为0.35±0.05的缩微影像。

5.1.4　质量

按照ISO 5标准测量每个缩微影像中所有灰板的漫透射视觉密度。选择一个灰板影像密度为0.35±0.05的缩微影像用于照明均匀性测试开窗卡。记录每一个编号灰板影像的密度。

5.2　解像力测试开窗卡

5.2.1　材料

解像力测试开窗卡使用的缩微胶片应是银—明胶型黑白摄影胶片。

5.2.2　测试标板

底板为白色的测试标板应包含五张1号测试图（见GB/T 18405—2001）或五张2号测试图（见GB/T 6161—1994），其布局如图2所示。

单位为毫米

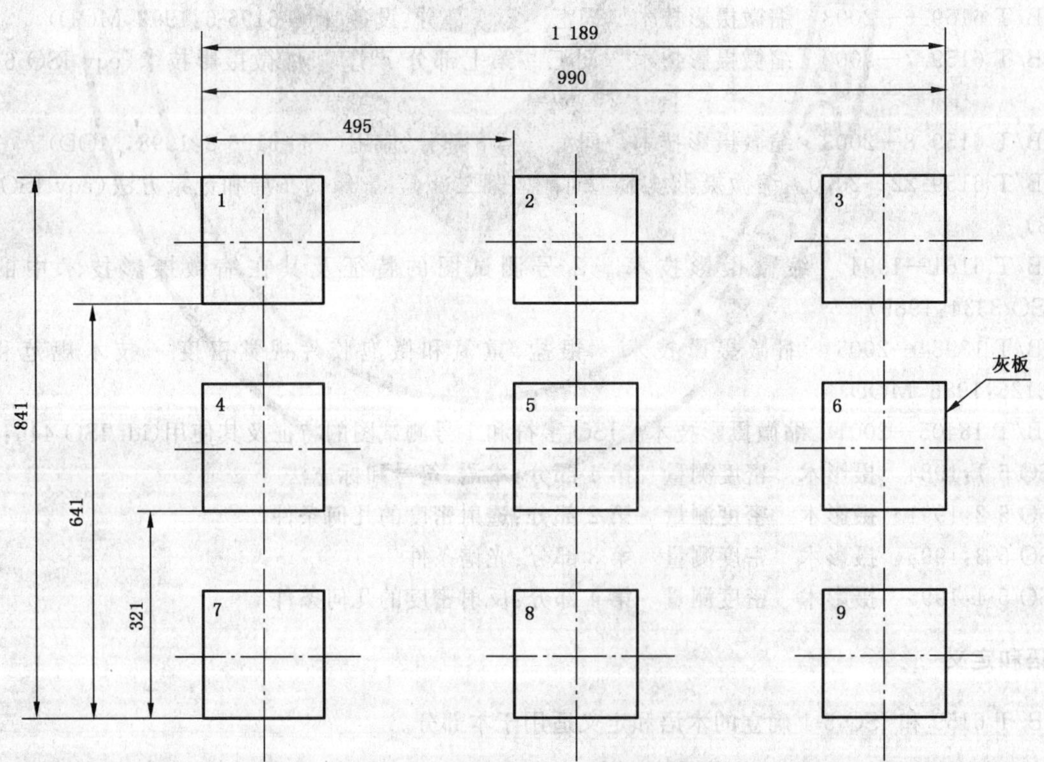

图1　照明均匀性测试标板

单位为毫米

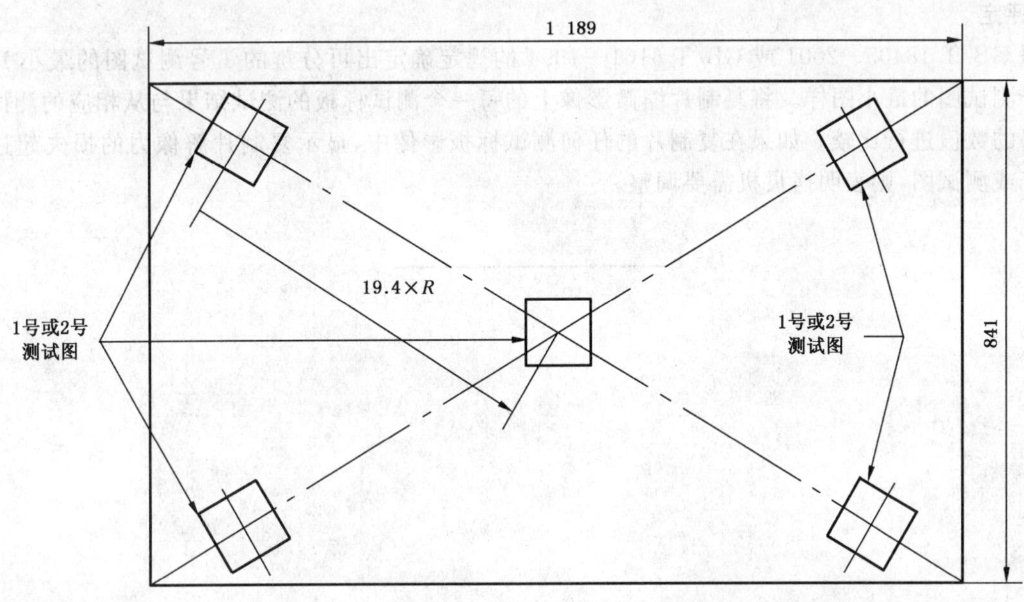

注：缩率为 1∶R。

图 2 解像力测试标板

5.2.3 测试标板的拍摄

应以 1∶30 缩率拍摄测试标板。

5.2.4 质量

按照 GB/T 18405—2001 或 GB/T 6161—1994 对处理后的缩微影像进行测定，缩微影像背景应具有 1.1±0.1 的漫透射视觉密度，其解像力应为 1 号测试图 ISO 字符不低于 90 或 2 号测试图图样不低于 4.5。应记录每一个测试图影像中可分辨的最小 1 号测试图 ISO 字符或 2 号测试图图样。

6 测试程序

6.1 均匀照明

6.1.1 测试开窗卡的定位

将拷贝机中照明均匀性测试开窗卡定位，使胶片的影像层与重氮拷贝卡片的感光层在曝光过程中紧密接触。

6.1.2 最佳曝光量

拷贝机每次设定曝光条件后，对重氮拷贝卡片进行曝光并处理。按照 GB/T 13984—2005 测量每一个重氮复制片上的所有灰板的漫透射视觉密度。复制片缩微影像上灰板的密度与测试开窗卡上相应灰板的密度最为接近的那个曝光量为最佳曝光量。

6.1.3 评定

将曝光量调到最佳，取三张以上的复制片，测量每个复制片上的所有灰板的密度。如果复制片任意一个灰板密度与测试开窗卡上相对应的灰板密度相比，其变化不超过±0.1，则说明拷贝机的调准和运转符合要求。

6.2 解像力

6.2.1 测试开窗卡的定位

将拷贝机中解像力测试开窗卡定位，使胶片的影像层与重氮拷贝卡片的感光层在曝光过程中紧密接触。

6.2.2 曝光

将曝光量调到最佳，对三张拷贝卡片进行曝光并处理。

6.2.3 评定

按照 GB/T 18405—2001 或 GB/T 6161—1994 的规定确定出可分辨的 1 号测试图的最小 ISO 字符或 2 号测试图的最小图样。将复制片缩微影像上的每一个测试标板的测试结果与从相应的测试开窗卡上获得的数值进行比较。如果在复制片的任何测试标板影像中，显示复制片解像力的损失超过一级测试字符或测试图，则表明拷贝机需要调整。

ICS 81.080
Q 47

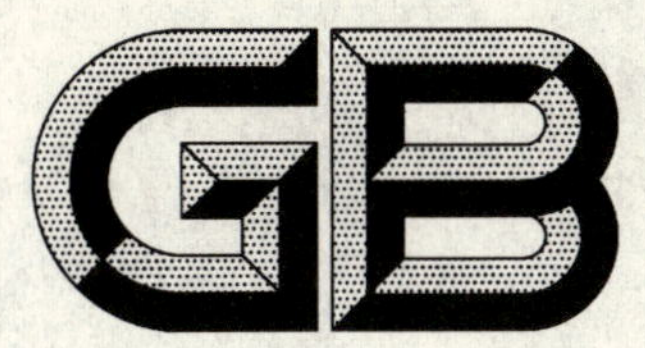

中华人民共和国国家标准

GB/T 17911—2006
代替 GB/T 17911.1~17911.6—1999 等

耐火材料　陶瓷纤维制品试验方法

Refractory products—Methods of test for ceramic fibre products

(ISO 10635:1999,MOD)

2006-09-30 发布　　　　2007-02-01 实施

中华人民共和国国家质量监督检验检疫总局
中国国家标准化管理委员会　发布

前　言

本标准修改采用ISO 10635:1999《耐火材料　陶瓷纤维制品试验方法》(英文版)。

本标准对ISO 10635:1999做了一些修改。在附录B中给出了本标准章条编号与ISO 10635:1999章条编号的对照一览表。在附录C中给出了本标准与ISO 10635:1999技术性差异及其原因一览表,有关技术性差异已在标准所涉及的条款的页边空白处用垂直单线标识。主要修改内容如下:

——将引用标准改为与ISO等效的我国标准并增加了数值修约规则标准;

——删去了ISO前言;

——修改了第3章的编写方式,将各章对试样数量和尺寸的要求集中在该章,同时增加了非成卷样品要求,以后各章直接引用,不再重复试样制备;

——将7.5结果计算的文字表述改用计算公式表述;

——将10.3.3的0.13 mm改为0.15 mm~0.20 mm;

——修改了渣球含量定义;

——增加了0.212 mm渣球含量试验方法;

——更正了标准中的个别差错;

——增加了试验结果修约位数的要求;

——修改了图1的画法;

——将图3a和图3b改为图3和图4;

——增加了附录B和附录C。

本标准代替GB/T 17911.1—1999《耐火陶瓷纤维制品　试样制备方法》、GB/T 17911.2—1999《耐火陶瓷纤维制品　厚度试验方法》、GB/T 17911.3—1999《耐火陶瓷纤维制品　体积密度试验方法》、GB/T 17911.4—1999《耐火陶瓷纤维制品　加热永久线变化试验方法》、GB/T 17911.5—1999《耐火陶瓷纤维制品　抗拉强度试验方法》、GB/T 17911.6—1999《耐火陶瓷纤维制品　渣球含量试验方法》、GB/T 17911.7—2000《耐火陶瓷纤维制品　回弹性试验方法》和GB/T 17911.8—2002《耐火陶瓷纤维制品　导热系数试验方法》。

本标准与原GB/T 17911相比,主要变化如下:

——将原标准的8个部分合并,按章编写,与ISO 10635:1999保持一致;

——对ISO 10635:1999的一部分改动,作了恢复;

——更正了原标准中的个别差错;

——修改了渣球含量定义;

——增加了0.212 mm渣球含量试验方法。

本标准附录A、附录B、附录C均为资料性附录。

本标准由全国耐火材料标准化技术委员会(SAC/TC 193)提出并归口。

本标准主要起草单位:中钢集团洛阳耐火材料研究院、山东鲁阳股份有限公司。

本标准参加起草单位:中冶集团武汉冶建技术研究有限公司、绵竹恒丰节能材料有限公司、摩根凯龙(荆门)热陶瓷有限公司、绵竹市剑桥节能材料有限公司、南京铜井陶纤有限责任公司。

本标准主要起草人:王孝瑞、黄海琴、张成田、鹿成玲、程水明、袁兴田、王国栋、鹿成滨。

本标准所代替标准的历次版本发布情况为:

——GB/T 17911.1—1999;

——GB/T 17911.2—1999;

——GB/T 3004—1982、GB/T 17911.3—1999；

——GB/T 3005—1982、GB/T 17911.4—1999；

——GB/T 17911.5—1999；

——GB/T 3006—1982、GB/T 17911.6—1999；

——GB/T 17911.7—2000；

——GB/T 17911.8—2002。

耐火材料　陶瓷纤维制品试验方法

1　范围

本标准规定了耐火陶瓷纤维制品厚度、体积密度、回弹性、加热永久线变化、导热系数、抗拉强度和渣球含量的试验方法。

本标准适用于耐火陶瓷纤维棉、毯、毡、编织物、板、纸和预成型制品，不适用于以湿态交货的制品。

2　规范性引用文件

下列文件中的条款通过本标准的引用而成为本标准的条款。凡是注日期的引用文件，其随后所有的修改单（不包括勘误的内容）或修订版均不适用于本标准，然而，鼓励根据本标准达成协议的各方研究是否可使用这些文件的最新版本。凡是不注日期的引用文件，其最新版本适用于本标准。

GB/T 6003.1—1997　金属丝编织网试验筛（eqv ISO 3310-1:1990）

GB/T 8170　数值修约规则

JJG 139　拉力、压力、万能材料试验机检定规程

3　试样制备

制品的试验项目应由有关方商定，试样尺寸和数量应符合表1的规定。

成卷的材料应先将周边受压的部分除去，然后，垂直其长度横跨整个宽度切下不同试验项目用的足够尺寸的样品；非成卷材料，应有足够的样品数量。

用样板、刀、锯或不损伤试样的其它方法，从样品上制取所需尺寸和数量的试样。制样时，应避免压力过大，以免损伤纤维。

抗拉强度试样，应垂直于制品的制造方向（一般是长度方向）并排随机制取。其试样的长度（230 mm）方向应与制品的制造方向平行。经有关方商定，试样的长度方向也可与制品的制造方向垂直，并在试验报告中注明。

异形制品和厚度大于50 mm且组织结构不均匀（如表面有硬壳）的制品，各试验项目的取样部位应由有关方商定，并在试验报告中注明。

表1　试验项目适用的制品类型和试样尺寸与数量一览表

章条号	试验项目	制品类型	试样尺寸/mm	试样数量
4	厚度	毯、毡、编织物、板、纸	长≥100，宽≥100，制品厚度	3
5	体积密度	毯、毡、编织物、板、纸	长≥100，宽≥100，制品厚度	3
6	回弹性	毯、毡、编织物	100×100×制品厚度	3
7	加热永久线变化	毯、毡、编织物、板、纸、预成型制品	100×100×制品厚度	3
8	导热系数	毯、毡、编织物、板	长≥230，宽≥230，厚45～100	1
9	抗拉强度	毯、毡、纸	(230±5)×(75±2)×制品厚度	5
10	渣球含量	棉、毯、毡、编织物、纸	至少20 g	3

加热永久线变化试样，应标出制品的卷曲方向，并在同一制品上制取其相同尺寸的样垫3块。

导热系数试样，制品厚度小于40 mm时，至少用3层；制品厚度40 mm～50 mm时，用2层；制品厚度大于50 mm时，用单层。

4 厚度的测定

4.1 原理

制品的厚度在规定的压应力下测定，压应力按照制品的公称体积密度确定。有两种测定方法：比较计法（见4.3.1）和针刺法。比较计法是仲裁方法，并且是用于耐火陶瓷纤维纸的唯一方法。

4.2 试样

按第3章的规定制备试样。

4.3 方法

4.3.1 比较计法

4.3.1.1 设备

测厚比较计，由基准板和带有金属圆盘的比较计组成。圆盘直径为75 mm±1 mm。圆盘对公称体积密度＜96 kg/m³的制品，应能施加350 Pa±7 Pa的压应力，对公称体积密度≥96 kg/m³的制品，应能施加725 Pa±15 Pa的压应力。

4.3.1.2 试验程序

扫净基准板，将圆盘放在上面，当二者完全接触时，比较计的读数为零。

平稳地提起圆盘，将试样放在基准板上，缓慢地放下圆盘，记录读数，精确至0.1 mm。

4.3.2 针刺法

4.3.2.1 设备

针型测厚计，由带有尺框的金属圆盘和带针的尺身组成，如图1所示。尺框上刻有游标，圆盘直径为75 mm±1 mm，针的直径为3 mm±0.2 mm。圆盘对公称体积密度＜96 kg/m³的制品，应能施加350 Pa±7 Pa的压应力，对公称体积密度≥96 kg/m³的制品，应能施加725Pa±15Pa的压应力。

4.3.2.2 试验程序

将试样平放在平板玻璃上，将针型测厚计的圆盘轻轻地放在试样上。将针垂直于玻璃板向下压穿试样。如需要，先刺穿试样，以防止针压缩试样。当针尖触到玻璃板时，记录读数，精确到0.5 mm。

4.4 试验报告

按第11章的要求报告每个试样的尺寸，测定的单值和平均值。

5 体积密度的测定

5.1 原理

制品的体积密度是通过计算所测的质量与其体积之比确定的。首先按第4章的规定测定厚度。

5.2 设备

5.2.1 厚度测量设备，符合4.3.1或4.3.2的规定。

5.2.2 钢尺，刻度0.5 mm，最好是角尺，也可用卡尺。

5.2.3 电热干燥箱，能保持110℃±5℃。

5.2.4 天平，分度值0.1 g。

5.3 试样

5.3.1 按第3章的规定制备试样。

5.3.2 将试样在干燥箱中于110℃±5℃干燥2 h。干燥后，质量损失超过5%的试样，应废弃。

5.4 试验程序

用钢尺或卡尺沿试样的中线测量其长度和宽度，精确至0.5 mm。计算面积。按第4章的规定测定试样的厚度。

称量试样，精确至0.1 g。

5.5 结果计算

按式(1)计算试样的体积 V_b，数值以 m^3 为单位。

$$V_b = St \qquad \cdots\cdots(1)$$

式中：

S——试样的面积，单位为平方米(m^2)；

t——试样的厚度，单位为米(m)。

按式(2)计算试样的体积密度 ρ，数值以 kg/m^3 为单位，结果按 GB/T 8170 修约至整数。

$$\rho = m/V_b \qquad \cdots\cdots(2)$$

式中：

m——试样的干燥质量，单位为千克(kg)；

V_b——试样的体积，单位为立方米(m^3)。

5.6 试验报告

按第 11 章的要求报告每个试样的体积密度单值和平均值。

6 回弹性的测定

6.1 定义

回弹性 resilience

是耐火陶瓷纤维制品被压缩至原始厚度 50%后的复原能力，用卸载复原后的厚度与原始厚度之比表示。

6.2 原理

在规定时间内，压缩试样至原始厚度的 50%。计算试样卸载复原后的厚度与原始厚度之比。

6.3 设备

6.3.1 测厚计。

6.3.2 压力试验机，能按规定的速率施加压应力，并备有测量试样变形的装置。

6.3.3 电热干燥箱，能控温在 110℃±5℃。

6.4 试样

6.4.1 按第 3 章的规定制备试样。

6.4.2 按 5.3.2 的规定干燥试样。

6.5 试验程序

按第 4 章的规定测定试样厚度。

调节压力试验机至 2 mm/min 的恒定变形速率，将试样置于下压板中心连续施压，直至试样被压缩至原始厚度的 50%，并保持 5 min。

减荷至试样承受的压应力为：体积密度 $<96\ kg/m^3$ 的制品，保持 350 Pa±7 Pa；体积密度 $\geqslant 96\ kg/m^3$ 的制品，保持 725 Pa±15 Pa，并保持 5 min。然后按第 4 章的规定测量试样厚度。

注 1：根据需要，可记录压应力与试样厚度按百分数递减的对应值。

注 2：经双方协商，可选择其它厚度压缩值。采用上述同样试验程序。

6.6 结果计算

按式(3)计算回弹性 R，数值以%表示，精确至 0.5%。

$$R = \frac{d_f}{d_0} \times 100 \qquad \cdots\cdots(3)$$

式中：

d_f——试样压缩回弹后的厚度，单位为毫米(mm)；

d_0——试样的原始厚度，单位为毫米(mm)。

按式(4)计算永久性变形 PD[1]，以%表示，精确至 0.5%。

$$PD = 100 - R \qquad \cdots\cdots (4)$$

式中：

R——试样的回弹性。

6.7 试验报告

按第 11 章的要求报告试样的尺寸及厚度试验方法，回弹性和永久性变形的单值和平均值；压缩量不是 50%时应报告压缩值。

7 加热永久线变化的测定

7.1 原理

试样尺寸的永久线变化，是将试样在规定的温度下保持规定的时间测定的，以插在试样表面上铂丝间的原始尺寸与加热后尺寸之差对原始尺寸之比表示。

7.2 设备

7.2.1 加热炉，应为氧化性气氛，并能满足 7.4.3 的有关要求。

7.2.2 测量装置，应为光学仪器，例如工具显微镜，分度值 0.01 mm；或用游标卡尺，精度 0.05 mm。

7.2.3 热电偶，至少两支。

7.3 试样

7.3.1 按第 3 章的规定制备试样。

7.3.2 按 5.3.2 的规定干燥试样。

7.4 试验程序

7.4.1 准备试样

在每块试样上表面 100 mm×100 mm 的对角线上，离边缘 10 mm～15 mm 处插 4 根铂丝作标志，间距约75 mm。

铂丝直径约 0.5 mm，长度应确保能至少插入到试样厚度的 3/4，并有 1 mm～2 mm 伸出表面。

注：对板和预成型制品，铂丝标志可用上色标志(如氧化铬)代替。

7.4.2 测量

平行于试样边缘测量铂丝之间的距离。用光学仪器进行的测量，精确至 0.05 mm，作为仲裁方法；用游标卡尺进行的测量，应精确至 0.1 mm。测量方法应在试验报告中注明。

7.4.3 加热

7.4.3.1 放置试样

将每块试样平放在从同一材料切取的样垫上，样垫只能用一次。为便于操作，把样垫放在10 mm～15 mm厚的定形耐火材料托板上。

将试样连同样垫及托板一起置于炉中，试样间距至少 50 mm，且距加热元件至少 50 mm。

7.4.3.2 炉温测量和均匀性

至少用两支热电偶测量温度，使热电偶端点距试样上表面 10 mm～20 mm。保温期间，热电偶记录的温差不得大于 10℃，其平均温度与试验温度之差也不得大于 10℃。

7.4.3.3 试验温度

试验温度应是生产厂声明的制品使用温度，或由有关方商定的温度。

7.4.3.4 加热方法

应由有关方商定按下列两种方法之一加热试样。慢热法为仲裁方法。

7.4.3.4.1 热炉法

直接将试样放入已预热到试验温度的炉中。当炉温再次达到试验温度时，开始保温。在试验温度

1) ISO 10635 中的计算式为 $PD=1-(d_f/d_0)\times 100$，原文有误。

±10℃下,保温 24 h。

7.4.3.4.2 **慢热法**

将试样放入炉中,按表 2 所列的一种加热速率升高炉温。在试验温度±10℃下,保温 24 h。保温结束后,试样在 30 min 内至少冷却 200℃。

表 2 慢热法的加热速率

试验温度/℃	温度范围/℃	加热速率/(℃/min)
≤1 250	室温~低于试验温度 50	5~10
	最后 50	1~2
>1 250~1 500	室温~1 200	5~10
	1 200~低于试验温度 50	2~5
	最后 50	1~2
>1 500	室温~1 200	<20
	1 200~低于试验温度 50	<10
	最后 50	<2

7.4.3.5 **试验后试样的测量**

试样冷却至室温后,按 7.4.2 测量铂丝之间的距离。

7.5 结果计算

每块试样每个方向每一边的永久线变化 L_c 按式(5)计算,数值以%表示。

$$L_c = \frac{L_1 - L_0}{L_0} \times 100 \qquad (5)$$

式中:

L_0——加热前铂丝之间的距离,单位为毫米(mm);

L_1——加热后铂丝之间的距离,单位为毫米(mm)。

然后,计算每块试样每个方向永久线变化的平均值和两个方向的平均值,结果按 GB/T 8170 修约至一位小数。"—"号表示线收缩,"+"号表示线膨胀。

7.6 试验报告

按第 11 章的要求报告试样的体积密度,试验温度,加热方法,间距测量方法,每个试样每个方向永久线变化的平均值和每个试样的平均值。

8 导热系数的测定

8.1 定义

导热系数 thermal conductivity

单位时间内在单位温度梯度下,沿热流方向通过材料单位面积传递的热量。用 $W \cdot m^{-1} \cdot K^{-1}$ 表示。

8.2 原理

测量平板试样的导热系数,应满足条件:

a) 试样的一个面均匀受热;

b) 尽可能减少侧面热流;

c) 平板试样传导的热量由一个装有外保护装置的中心量热器测量。

本方法必需是热流垂直于平板表面。

8.3 设备

8.3.1 量热器

8.3.1.1 尺寸

内保护装置和中心量热器组合的尺寸应至少为 230 mm×230 mm,其中,中心量热器尺寸为 76 mm ×76 mm。加热室剖面见图 2。

8.3.1.2 水循环系统

中心量热器和内保护装置分别装有一个进水口和一个出水口。进水口和出水口的定位应避免中心量热器和内保护装置之间的热传导。进水温度应在室温+3℃或-1℃之内。进水的温度变化不应超过 0.5℃/h。进水的压力应恒定,水压变化不超过 1%。

8.3.1.3 水温的测量装置

应能测量进、出水之间的温差,精确至 0.05℃。

8.3.2 电加热炉

应保证在试样整个表面上方温度分布均匀。温度控制装置应能使温度恒定至波动不超过±10℃。

加热速率应符合表 2 的规定。

8.4 试样

8.4.1 按第 3 章的规定制备试样。

8.4.2 按 5.3.2 的规定干燥试样。

8.5 试验程序

8.5.1 试样的安装

为每层试样用隔热砖制备四个支柱,其直径为 17 mm±0.5 mm,高度不低于试样厚度的 9/10。在每层试样四个角各打直径与支柱相同的一个孔,将支柱装入孔中。每层试样上孔的位置均应相同。

将第 1 支热电偶装在中心量热器的中心,然后安装第 1 层试样,并用一块长、宽尺寸与试样相同的木板或其它工具将其压至支柱顶,使试样与量热器紧密接触。取出木板,将第 2 支热电偶装在第 1 层试样上面中心,第 1 支热电偶的正上方。依此类推,安装第 2 层试样和第 3 支热电偶,直至所需层数。用一块长、宽尺寸与试样相同的碳化硅板压在最后一层试样和热电偶之上,这块碳化硅板在整个试验期间与该层试样及其上面的热电偶保持接触。

如果试样仅有一层或两层,热电偶应插入试样中,且尽可能安插 5 支热电偶。

8.5.2 温度梯度的测量

最上面和最下面的两支热电偶测出试样组热面和冷面的温度。其余的热电偶每支均测出试样相邻两层的热面和冷面的温度。这些温度测量值和相应的厚度组合给出:

a) 10 个温度梯度和 10 个平均温度(由 4 层试样组成的试样组,5 支热电偶);

b) 6 个温度梯度和 6 个平均温度(由 3 层试样组成的试样组,4 支热电偶)。

8.5.3 测量条件

试样组的热面应加热到制品使用的极限温度,而对高温制品,则应加热到所用设备的操作极限温度,至少保温 24 h。然后在该温度下,要保持加热元件的温度使热面温度在 2 h 内的变化不大于 5℃,同时用量热器测量的热流量变化不大于 2%。保持中心量热器的水流量在 120 mL/min~200 mL/min,水流量应恒定,其变化不大于 1%。

调节内保护装置的水流量,以保证该装置和中心量热器的出水温度基本相同。在 30 min 间隔内进行 3~5 次测量,包括测量每层试样的热面温度 T_2,冷面温度 T_1 及水温升高值(t_2-t_1)和中心量热器的水流量 m。

8.6 结果计算

按式(6)计算导热系数 λ,数值以 $W \cdot m^{-1} \cdot K^{-1}$ 表示,结果按 GB/T 8170 修约至 3 位小数。

$$\lambda = \frac{m(t_2 - t_1)CL}{A(T_2 - T_1)} \qquad (6)$$

式中：

m——通过中心量热器的水的平均流量，单位为千克每秒($kg \cdot s^{-1}$)；

t_1——进水温度，单位为摄氏度(℃)；

t_2——出水温度，单位为摄氏度(℃)；

T_1——试样层的冷面温度，单位为摄氏度(℃)；

T_2——试样层的相应的热面温度，单位为摄氏度(℃)；

L——测量 T_1 和 T_2 所用热电偶之间的距离，单位为米(m)；

A——中心量热器的有效面积，单位为平方米(m^2)；

C——在量热器进出水平均温度下水的比热容，单位为焦耳每千克开尔文($J \cdot kg^{-1} \cdot K^{-1}$)。

对 3 层试样组成的试样组，将式(6)应用于每层试样和它们的厚度组合可得到导热系数和平均温度关系图上的 6 个点：

$$\lambda = f(T_m) \qquad (7)$$

$$T_m = (T_2 + T_1)/2 \qquad (8)$$

式中：

T_m——平均温度，单位为摄氏度(℃)。

表 3 给出不同温度下水的比热容。温度区间内的比热容用内插法计算。

表 3 水的比热容

温度/℃	比热容/($J \cdot kg^{-1} \cdot K^{-1}$)
15	4 185.5
20	4 181.6
25	4 179.3

试样中各点实际温度下的导热系数的计算，参见附录 A。

8.7 试验报告

按第 11 章的要求报告试样的体积密度，热流条件，试样数量，图上每个点的冷、热面温度，平均温度及对应的导热系数值。

9 抗拉强度的测定

9.1 定义

抗拉强度 tensile strength

耐火陶瓷纤维制品在断裂前所能承受的最大拉应力，用 Pa 表示。抗拉强度也称为断裂强度。

9.2 原理

在室温下，拉伸规定尺寸试样使其断裂，测定抗拉强度。

9.3 设备

拉力试验机，配有一对夹具，夹头的夹持面积至少为 75 mm×40 mm。拉伸时应能以规定的恒定速率拉断试样，并符合 JJG 139 的要求。

9.4 试样

9.4.1 按第 3 章的规定制备试样。

9.4.2 按 5.3.2 的规定干燥试样。试样干燥后，立即测量试样的厚度、宽度和抗拉强度。

9.5 试验程序

按第 4 章的规定测量试样的厚度，用钢尺测量试样的宽度。

用夹具夹紧试样两端,试样被夹面积为 75 mm×40 mm,所施拉力方向应平行于试样长度方向。

拉应力速率应是可变的,以使试样在整个拉伸过程中以 100 mm/min 恒定速率发生变形。

拉伸试样至断裂,记录最大拉力。断裂发生在夹口处的结果应废弃,重新制样进行试验,直至有效试样数符合表 1 的要求。

9.6 结果计算

按式(9)计算抗拉强度 R_m,数值以 Pa 表示,结果按 GB/T 8170 修约至整数位。

$$R_m = \frac{F}{wt} \quad \cdots\cdots(9)$$

式中:

F——试样断裂时的最大拉力,单位为牛(N);

w——试样受拉部分的原始宽度,单位为米(m);

t——试样受拉部分的原始厚度,单位为米(m)。

9.7 试验报告

按第 11 章的要求报告拉力试验机的型号,试样的体积密度,试样的长度方向与制品制造方向的关系和 5 个试样试验结果的平均值。

10 渣球含量的测定

10.1 定义

渣球含量 shot content

用符合 GB/T 6003.1—1997 规定的标准筛进行筛分,筛上的非纤维状物(渣球)质量与试样质量之比,数值以%表示。

10.2 试样

按第 3 章的规定制备试样。

10.3 设备

10.3.1 加热炉。

10.3.2 天平,分度值 0.1 g。

10.3.3 压缸,内径 50 mm±5 mm,内装淬火钢活塞,留有 0.15 mm~0.20 mm 间隙。

10.3.4 压力试验机,量程 25 kN。

10.3.5 玻璃淘洗器[2],包括分离室、淘洗柱,并能以恒定流量进水。淘洗柱直径为 29 mm~76 mm。整个装置容积≥0.75 dm^3(示例见图 3 和图 4)。

10.3.6 搅拌器,方法 A1(10.4.2 条)要求包括一容积为 1 L 的玻璃钵,转速≥15 000 r/ min。方法 B(10.5 条)要求搅拌桶容积≥1.5 L,带盖,转速 5 000 r/ min。

10.3.7 标准筛,0.075 mm,0.212 mm,应符合 GB/T 6003.1—1997 的要求。

10.4 方法 A ——0.075 mm 渣球含量试验方法

10.4.1 总则

本方法分为:A1——搅拌法,为仲裁法;A2——压碎法。本方法不适用于渣球含量小于 5%的制品。

10.4.2 方法 A1——搅拌法

将样品在氧化气氛中烧至其最高使用温度,保温 30 min,使其充分脆化。冷却后称取 3 份试样,每份20 g,精确至 0.1 g。

在搅拌器中加入 10℃~30℃的水约 700 mL。低速启动搅拌器,并将 1 份试样全部移入搅拌器中,

2) ISO 原文此处有误,本标准已更正。

并冲洗盛装试样的容器,以保证渣球的完全回收。

增大搅拌器转速为至少 15 000 r/min,搅拌 5 min。

10.4.3 方法 A2——压碎法

将样品装入加热炉中,于 925℃±25℃保温 30 min,冷却后称取 3 份试样,每份 20 g,精确至 0.1 g。

将每份试样分别装入压缸中,在 10 MPa 下压两次。每次施压后,需用小铲将试样翻起搅匀,不能有团块出现。

将一份压碎试样全部移入 250 mL 烧杯中,加入 150 mL 水,充分搅拌使试样均匀分散。

10.4.4 淘洗和渣球回收

将 10.4.2 或 10.4.3 处理后的试样全部转移至淘洗器分离室中,通入 10℃～30℃的水,使其以式(10)计算的流量流过淘洗柱,淘洗 15 min。淘洗结束后,用 0.075 mm 标准筛回收渣球。

将渣球在 110℃±5℃干燥 2 h,冷却后称量,精确至 0.1 g。

$$Q = 0.689D^2 \qquad (10)$$

式中:

Q——流量,单位为毫升每分钟(mL/min);

D——淘洗柱内径(见图 3)或圆锥形淘洗室的平均直径(见图 4),单位为毫米(mm)。

10.5 方法 B——0.212 mm 渣球含量试验方法

10.5.1 原理

预先加热纤维制品,使纤维易于断裂,通过高速搅拌将纤维切断,使纤维与渣球分离,经淘洗回收渣球。

10.5.2 试验程序

将样品装入加热炉中,于 950℃以上保温至少 30 min。冷却后称取 3 份试样,每份 20 g,精确至 0.1 g。

在搅拌桶中加入 10℃～30℃的水 900 mL～1 000 mL,将 1 份试样全部移入搅拌桶,盖上盖。以 5 000 r/min启动搅拌机,运转 40 s,停机。

取下搅拌桶,打开盖,用水冲洗盖内粘附物至搅拌桶内。将冲洗管插入搅拌桶,调节水流量至 100 L/h～110 L/h,在水溢出前用冲洗管轻轻搅动,使试样分散均匀,冲洗管插至搅拌桶底部冲洗 15 min(至桶中水清亮)。用冲洗管将搅拌桶死角处的纤维轻轻搅起,冲洗片刻,关闭水阀。稍停,将水慢慢倾出。

将渣球全部转移至烧杯中,将杯中水倾出,于 110℃±5℃干燥 2 h。冷却后用 0.212 mm 标准筛筛分渣球,称量筛上部分,精确至 0.1 g。

10.6 结果计算

按式(11)计算渣球含量 C_s(质量分数),数值以%表示:

$$C_s = \frac{m_s}{m} \times 100 \qquad (11)$$

式中:

m——试样的质量,单位为克(g);

m_s——渣球的质量,单位为克(g)。

以 3 份试样的平均值,按 GB/T 8170 修约至整数作为试验结果。

10.7 试验报告

按第 11 章的要求报告采用的筛网孔径和 3 个试样试验结果的平均值;方法 A(10.4 条)还应报告试样处理方法(搅拌法或压碎法)。

11 试验报告

试验报告应至少包括下列内容:

a) 委托单位名称；

b) 产品名称；

c) 试验日期；

d) 执行标准，即本标准号；

e) 每种试验方法所需要的特定内容；

f) 试验室名称。

单位为毫米

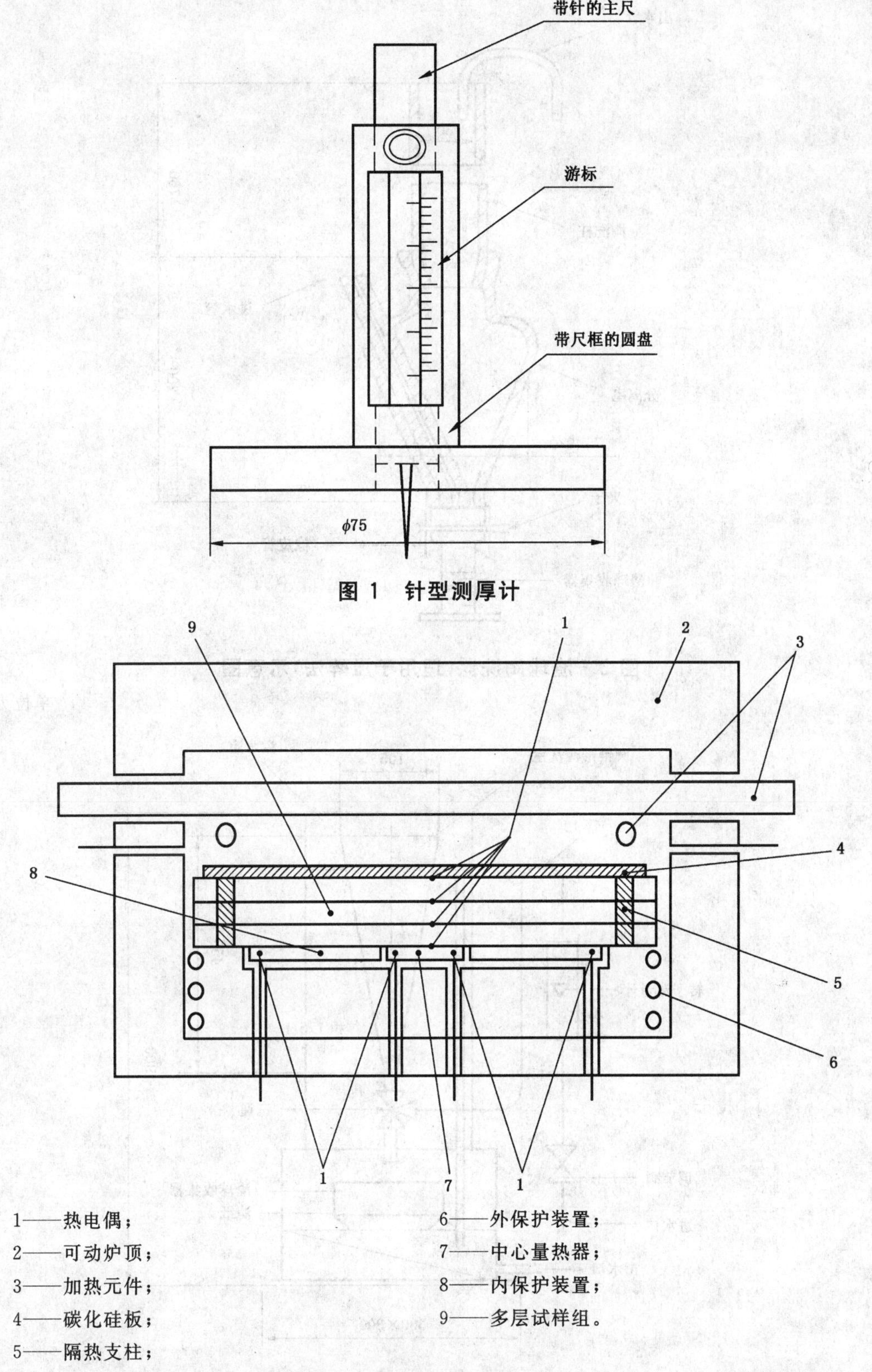

图1 针型测厚计

1——热电偶；
2——可动炉顶；
3——加热元件；
4——碳化硅板；
5——隔热支柱；
6——外保护装置；
7——中心量热器；
8——内保护装置；
9——多层试样组。

图2 导热系数测量设备加热室剖面图

单位为毫米

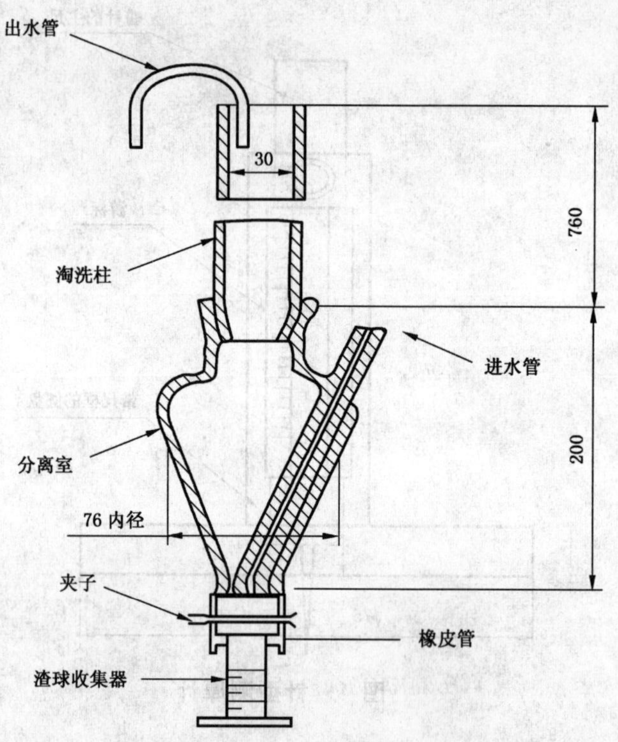

图 3 渣球淘洗器(适用于压碎法)示意图

单位为毫米

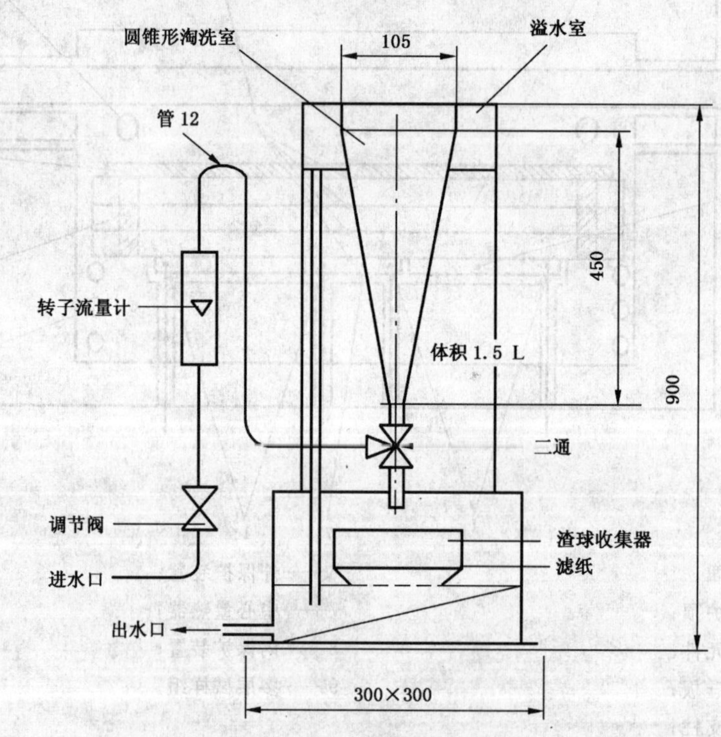

图 4 渣球淘洗器示意图

附 录 A
（资料性附录）
试样中各点实际温度下的导热系数的计算

假设一种纤维制品的导热系数的变化规律以最常见的形式表示：

$$\lambda = AT^{1/2} + BT^{3} \qquad (A.1)$$

系数 A 和 B 取决于材料，并由式(A.2)确定：

$$\lambda_{T_1}^{T_2} = \int_{T_1}^{T_2} \frac{(AT^{1/2} + BT^{3})\mathrm{d}T}{T_2 - T_1} \qquad (A.2)$$

因此 T_1 和 T_2 两个温度间 λ 的平均值：

$$\lambda_{T_1}^{T_2} = \frac{\frac{2}{3}A}{T_2 - T_1}(T_2^{3/2} - T_1^{3/2}) + \frac{\frac{1}{4}B}{T_2 - T_1}(T_2^{4} - T_1^{4}) \qquad (A.3)$$

由于每一层试样可得到一个含有两个未知数的方程，两层试样即可得到一个方程组，由此可求出 A 和 B 的值。

根据式(A.1)可计算随温度而变化的 λ 的实际值并画出导热系数曲线 $\lambda = f(T)$。

附 录 B
（资料性附录）
本标准章条编号与 ISO 10635:1999 章条编号对照

表 B.1 给出了本标准章条编号与 ISO 10635:1999 章条编号对照一览表。

表 B.1 本标准章条编号与 ISO 10635:1999 章条编号对照

本标准章条编号	对应的 ISO 10635:1999 章条编号
1	1
2	2
3 第 1～3 段	3
3 第 4 段	9.4.1
3 第 5 段	—
3 中表 1 的第 4 列	分别为 4.2、5.5、6.4.1、7.3.1、8.3.1.1、9.4.1 和 10.4.1 中的试样规格
4	4
5	5
5.5.1	5.5 第 1 段
5.5.2	5.5 第 2 段
6	6
7	7
8	8
9	9
10	10
10.3	10.3
10.3.6	—
10.3.7	—
10.4	10.4
10.4.4	10.5
10.5	—
10.6	10.6
11	11
图 1,图 2	图 1,图 2
图 3,图 4	图 3a,图 3b
附录 A	附录 A

附 录 C
（资料性附录）
本标准与 ISO 10635:1999 技术性差异及其原因

表 C.1 给出了本标准与 ISO 10635:1999 的技术性差异及其原因的一览表。

表 C.1 本标准与 ISO 10635:1999 技术性差异及其原因

本标准的章条号	技术性差异	原因
2	增加了 GB/T 8170 数值修约规则	方便使用。
3	修改了本章的编写方式，将 ISO 10635:1999 中各章对试样数量和规格的要求集中在该章，同时增加了非成卷样品要求，以后各章直接引用，不再重复试样制备。	一目了然，方便使用。
5.5.2	增加了试验结果修约位数的要求。	方便使用。
7.5	将结果计算的文字表述改用计算公式表述，并增加了试验结果修约位数的要求。	方便使用。
8.6，9.6，10.6	增加了试验结果修约位数的要求。	方便使用。
10.3.3	将压缸与活塞间隙由 0.13 mm 改为 0.15 mm～0.20 mm。	间隙过小，使用中易卡死。
10.5	增加了 0.212 mm 渣球测定方法。	满足市场要求。
图 1	作了修改。	与目前实际使用的测厚仪相一致。
图 3，图 4	与 ISO 10635:1999 中的图 3a 和图 3b 相对应。	GB/T 1.1—2000 的编写模版不支持图号分级。

ICS 75.160.20
E 31

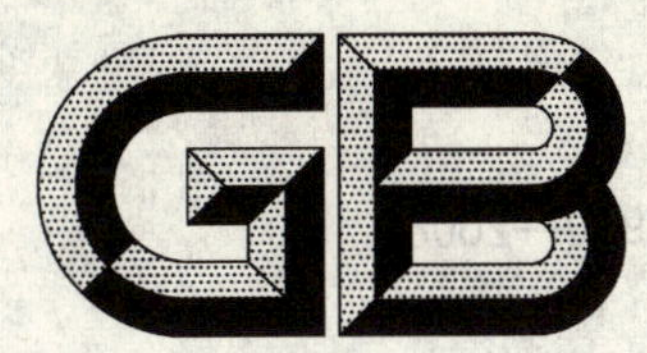

中华人民共和国国家标准

GB 17930—2006
代替 GB 17930—1999

车用汽油

Gasoline for motor vehicles

2006-12-06 发布　　　　2006-12-06 实施

中华人民共和国国家质量监督检验检疫总局
中国国家标准化管理委员会　发布

前　言

本标准的第5章为强制性条款,其余为推荐性条款。

本标准是在GB 17930—1999《车用无铅汽油》的基础上,考虑到已经实施和将要实施的更严格机动车排放法规要求,对GB 17930—1999进行修订。

本标准代替GB 17930—1999《车用无铅汽油》。

本标准与GB 17930—1999及第1、2、3号修改单相比主要变化如下:

——标准名称修改为:"车用汽油";

——第5章要求和试验方法中增加表2;

——车用汽油牌号由"90、93、95"修改为"90、93、97";

——第1章范围中增加"符合本标准表1技术要求的车用汽油能够满足GB 18352.2的要求;符合本标准表2技术要求的车用汽油能够满足GB 18352.3中第Ⅲ阶段的要求";

——规范性引用文件中增加和删除了部分引用标准;

——车用汽油中的甲醇含量修改为"不大于0.3%(质量分数)";

——原标准的注1)修改为本标准的脚注[a]:"车用汽油中,不得人为加入甲醇以及含铅或含铁的添加剂。";

——有关芳烃含量和烯烃含量的注修改为本标准的脚注[e]:"对于97号车用汽油,在烯烃、芳烃总含量控制不变的前提下,可允许芳烃的最大值(体积分数)为42%。在含量测定有异议时,以GB/T 11132方法测定结果为准。";

——将GB 17930—1999第3号修改单第七条"……锰含量是指汽油中以甲基环戊二烯三羰基锰(MMT)形式存在的总锰含量……"修改为本标准的脚注[f]:"锰含量是指汽油中以甲基环戊二烯三羰基锰形式存在的总锰含量,不得加入其他类型的含锰添加剂。";

——取消原标准的附录A、附录B和附录C;

——取消原标准的注1、注2、注3、注2)、3)、5)和7)。

本标准自发布之日起实施,表2规定的技术要求过渡期到2009年12月31日。

本标准由中国石化集团公司提出。

本标准由全国石油产品和润滑剂标准化技术委员会归口。

本标准起草单位:中国石油化工股份有限公司石油化工科学研究院。

本标准主要起草人:倪蓓、陈延、杨国勋、张永光、刘顺涛。

本标准于1999年首次发布,本次为第一次修订。

车 用 汽 油

1 范围

本标准规定了由液体烃类和由液体烃类及改善使用性能的添加剂组成的车用汽油的要求和试验方法、取样及标志、包装、运输和贮存。

本标准所属的产品适用于作点燃式内燃机的燃料。

符合本标准表1技术要求的车用汽油能够满足GB 18352.2的要求；符合本标准表2技术要求的车用汽油能够满足GB 18352.3中第Ⅲ阶段的要求。

2 规范性引用文件

下列文件中的条款通过本标准的引用而成为本标准的条款。凡是注日期的引用文件，其随后所有的修改单(不包括勘误的内容)或修订版均不适用于本标准，然而，鼓励根据本标准达成协议的各方研究是否可使用这些文件的最新版本。凡是不注日期的引用文件，其最新版本适用于本标准。

GB/T 259 石油产品水溶性酸及碱测定法

GB/T 260 石油产品水分测定法

GB/T 380 石油产品硫含量测定法(燃灯法)

GB/T 503 汽油辛烷值测定法(马达法)

GB/T 511 石油产品和添加剂机械杂质测定法(重量法)

GB/T 1792 馏分燃料中硫醇硫测定法(电位滴定法)

GB/T 4756 石油液体手工取样法(GB/T 4756—1998，eqv ISO 3170：1988)

GB/T 5096 石油产品铜片腐蚀试验法

GB/T 5487 汽油辛烷值测定法(研究法)

GB/T 6536 石油产品蒸馏测定法

GB/T 8017 石油产品蒸气压测定法(雷德法)

GB/T 8018 汽油氧化安定性测定法(诱导期法)

GB/T 8019 车用汽油和航空燃料实际胶质测定法(喷射蒸发法)(GB/T 8019—1987，neq ISO 6246：1981)

GB/T 8020 汽油铅含量测定法(原子吸收光谱法)

GB/T 11132 液体石油产品烃类测定法(荧光指示剂吸附法)

GB/T 11140 石油产品硫含量测定法(X射线光谱法)

GB/T 17040 石油产品硫含量测定法(能量色散X射线荧光光谱法)

GB 18352.2 轻型汽车污染物排放限值及测量方法(Ⅱ)

GB 18352.3 轻型汽车污染物排放限值及测量方法(中国Ⅲ、Ⅳ阶段)

SH 0164 石油产品包装、贮运及交货验收规则

SH/T 0174 芳烃和轻质石油产品硫醇定性试验法(博士试验法)(SH/T 0174—1992，eqv ISO 5275：1979)

SH/T 0253 轻质石油产品中总硫含量测定法(电量法)

SH/T 0663 汽油中某些醇类和醚类测定法(气相色谱法)

SH/T 0689　轻质烃及发动机燃料和其他油品的总硫含量测定法(紫外荧光法)
SH/T 0693　汽油中芳烃含量测定法(气相色谱法)
SH/T 0711　汽油中锰含量测定法(原子吸收光谱法)
SH/T 0712　汽油中铁含量测定法(原子吸收光谱法)
SH/T 0713　车用汽油和航空汽油中苯和甲苯含量的测定(气相色谱法)
SH/T 0741　汽油中烃族组成测定法(多维气相色谱法)
SH/T 0742　汽油中硫含量测定法(能量色散X射线荧光光谱法)

3　术语和定义

下列术语和定义适用于本标准。

3.1

抗爆指数　antiknock index

研究法辛烷值(RON)和马达法辛烷值(MON)之和的二分之一。

4　分类和标志

4.1　产品分类

车用汽油按研究法辛烷值分为90号、93号和97号三个牌号。

4.2　产品标志

向用户销售的符合本标准表1或表2技术要求的车用汽油所使用的加油机和容器都应标明下列标志:"90号汽油(Ⅱ)"、"93号汽油(Ⅱ)"、"97号汽油(Ⅱ)"或"90号汽油(Ⅲ)"、"93号汽油(Ⅲ)"、"97号汽油(Ⅲ)",并应标识在汽车驾驶者可以看见的地方。

5　要求和试验方法

车用汽油(Ⅱ)和车用汽油(Ⅲ)的技术要求和试验方法见表1、表2。

表1　车用汽油(Ⅱ)的技术要求和试验方法

项　目		质量指标			试验方法
		90	93	97	
抗爆性:					
研究法辛烷值(RON)	不小于	90	93	97	GB/T 5487
抗爆指数(RON+MON)/2	不小于	85	88	报告	GB/T 503、GB/T 5487
铅含量[a]/(g/L)	不大于	0.005			GB/T 8020
馏程:					GB/T 6536
10%蒸发温度/℃	不高于	70			
50%蒸发温度/℃	不高于	120			
90%蒸发温度/℃	不高于	190			
终馏点/℃	不高于	205			
残留量/%(体积分数)	不大于	2			
蒸气压/kPa					GB/T 8017
11月1日至4月30日	不大于	88			
5月1日至10月31日	不大于	74			

表 1(续)

项　　目		质　量　指　标			试　验　方　法
		90	93	97	
实际胶质/(mg/100 mL)	不大于	5			GB/T 8019
诱导期/min	不小于	480			GB/T 8018
硫含量[b]/%(质量分数)	不大于	0.05			GB/T 380、GB/T 11140、GB/T 17040、SH/T 0253、SH/T 0689、SH/T 0742
硫醇(需要满足下列要求之一):					
博士试验		通过			SH/T 0174
硫醇硫含量/%(质量分数)	不大于	0.001			GB/T 1792
铜片腐蚀(50℃,3 h)/级	不大于	1			GB/T 5096
水溶性酸或碱		无			GB/T 259
机械杂质及水分		无			目测[c]
苯含量[d]/%(体积分数)	不大于	2.5			SH/T 0693、SH/T 0713
芳烃含量[e]/%(体积分数)	不大于	40			GB/T 11132、SH/T 0741
烯烃含量[e]/%(体积分数)	不大于	35			GB/T 11132、SH/T 0741
氧含量/%(质量分数)	不大于	2.7			SH/T 0663
甲醇含量[a]/%(质量分数)	不大于	0.3			SH/T 0663
锰含量[f]/(g/L)	不大于	0.018			SH/T 0711
铁含量[a]/(g/L)	不大于	0.01			SH/T 0712

a 车用汽油中,不得人为加入甲醇以及含铅或含铁的添加剂。

b 在有异议时,以 GB/T 380 方法测定结果为准。

c 将试样注入 100 mL 玻璃量筒中观察,应当透明,没有悬浮和沉降的机械杂质和水分。在有异议时,以 GB/T 511和 GB/T 260 方法测定结果为准。

d 在有异议时,以 SH/T 0713 方法测定结果为准。

e 对于 97 号车用汽油,在烯烃、芳烃总含量控制不变的前提下,可允许芳烃的最大值为 42%(体积分数)。在含量测定有异议时,以 GB/T 11132 方法测定结果为准。

f 锰含量是指汽油中以甲基环戊二烯三羰基锰形式存在的总锰含量,不得加入其他类型的含锰添加剂。

表 2　车用汽油(Ⅲ)的技术要求和试验方法

项　　目		质　量　指　标			试　验　方　法
		90	93	97	
抗爆性:					
研究法辛烷值(RON)	不小于	90	93	97	GB/T 5487
抗爆指数(RON+MON)/2	不小于	85	88	报告	GB/T 503、GB/T 5487
铅含量[a]/(g/L)	不大于	0.005			GB/T 8020
馏程:					GB/T 6536
10%蒸发温度/℃	不高于	70			
50%蒸发温度/℃	不高于	120			

表 2（续）

项　　目		质量指标			试验方法
		90	93	97	
90%蒸发温度/℃	不高于		190		
终馏点/℃	不高于		205		
残留量/%(体积分数)	不大于		2		
蒸气压/kPa					GB/T 8017
11月1日至4月30日	不大于		88		
5月1日至10月31日	不大于		72		
实际胶质/(mg/100 mL)	不大于		5		GB/T 8019
诱导期/min	不小于		480		GB/T 8018
硫含量[b]/%(质量分数)	不大于		0.015		GB/T 380、GB/T 11140、SH/T 0253、SH/T 0689、SH/T 0742
硫醇(需要满足下列要求之一)：					
博士试验			通过		SH/T 0174
硫醇硫含量/%(质量分数)	不大于		0.001		GB/T 1792
铜片腐蚀(50℃,3 h)/级	不大于		1		GB/T 5096
水溶性酸或碱			无		GB/T 259
机械杂质及水分			无		目测[c]
苯含量[d]/%(体积分数)	不大于		1.0		SH/T 0693、SH/T 0713
芳烃含量[e]/%(体积分数)	不大于		40		GB/T 11132、SH/T 0741
烯烃含量[e]/%(体积分数)	不大于		30		GB/T 11132、SH/T 0741
氧含量/%(质量分数)	不大于		2.7		SH/T 0663
甲醇含量[a]/%(质量分数)	不大于		0.3		SH/T 0663
锰含量[f]/(g/L)	不大于		0.016		SH/T 0711
铁含量[a]/(g/L)	不大于		0.01		SH/T 0712

a　车用汽油中,不得人为加入甲醇以及含铅或含铁的添加剂。

b　在有异议时,以 SH/T 0689 方法测定结果为准。

c　将试样注入 100 mL 玻璃量筒中观察,应当透明,没有悬浮和沉降的机械杂质和水分。在有异议时,以 GB/T 511和 GB/T 260 方法测定结果为准。

d　在有异议时,以 SH/T 0713 方法测定结果为准。

e　对于 97 号车用汽油,在烯烃、芳烃总含量控制不变的前提下,可允许芳烃的最大值为 42%(体积分数)。在含量测定有异议时,以 GB/T 11132 方法测定结果为准。

f　锰含量是指汽油中以甲基环戊二烯三羰基锰形式存在的总锰含量,不得加入其他类型的含锰添加剂。

6 取样

取样按 GB/T 4756 进行，取 4 L 作为出厂检验和留样用。如车用汽油中含锰，取样时应避光。

7 标志、包装、运输和贮存

标志、包装、运输和贮存及交货验收按 SH 0164 进行。如车用汽油中含锰，运输和贮存时应避光。

ICS 29.160.01;29.080.01
K 20

中华人民共和国国家标准

GB/T 17948.2—2006/IEC 60034-18-22:2000

旋转电机绝缘结构功能性评定 散绕绕组试验规程 变更和绝缘组分替代的分级

Functional evaluation of insulation systems for rotating electrical machines—Test procedures for wire-wound windings—Classification of changes and insulation component substitutions

(IEC 60034-18-22:2000,IDT)

2006-02-15 发布 2006-06-01 实施

中华人民共和国国家质量监督检验检疫总局
中国国家标准化管理委员会 发布

前　言

《旋转电机绝缘结构功能性评定》系列标准分为以下部分：

——第1部分：总则(GB/T 17948—2003/IEC 60034-18-1:1992)；

——第2部分：散绕绕组试验规程　热评定和分级(GB/T 17948.1—2000/IEC 60034-18-21:1992)；

——第3部分：散绕绕组试验规程　变更和绝缘组分替代的分级(GB/T 17948.2—2006/IEC 60034-18-22:2000)；

——第4部分：成型绕组试验规程　50 MVA、15 kV及以下电机绝缘结构热评定和分级(GB/T 17948.3—2006/IEC 60034-18-31:1992)；

——第5部分：成型绕组试验规程　50 MVA、15 kV及以下电机绝缘结构电评定(IEC/TS 60034-18-32:1995)；

——第6部分：成型绕组试验规程　多因子功能性评定　50 MVA、15 kV及以下电机绝缘结构的热电联合评定(IEC/TS 60034-18-33:1995)；

——第7部分：成型绕组试验规程　绝缘结构热机械耐久性评定(IEC/TS 60034-18-34:2000)。

本部分等同采用IEC 60034-18-22:2000《旋转电机绝缘结构功能性评定——散绕绕组试验规程——变更和绝缘组分替代的分级》。

本部分由中国电器工业协会提出。

本部分由全国旋转电机标准化技术委员会(SAC/TC 26)归口。

本部分负责起草单位：上海电器科学研究所(集团)有限公司。

本部分参加起草单位：广州电器科学研究院，上海电缆研究所，南阳防爆电气研究所，浙江金龙电机股份有限公司，苏州巨峰绝缘材料有限公司。

本部分主要起草人：张生德、朱玉珑、邵爱凤、罗军波、任勇、叶锦武、徐伟宏。

引　言

GB/T 17948 提出了旋转电机绝缘结构评定和分级的总则。除本部分的规程另有说明外，宜遵循 GB/T 17948 的原则。

GB/T 17948.1—2000 叙述了散绕绕组绝缘结构的热评定和分级，其正常规程参见 GB/T 17948—2003 中 5.3.2.1。

本部分论述的规程是用来检验 GB/T 17948—2003 中 5.3.2.2 提及的散绕绕组绝缘结构组分变动的影响。

旋转电机绝缘结构功能性评定 散绕绕组试验规程 变更和绝缘组分替代的分级

1 范围

本部分提出了用于或建议用于已被证明的散绕绕组绝缘结构的变更和绝缘组分替代的热评定和分级试验规程。本试验规程是将待评绝缘结构的性能与已被经验证明或已按 GB/T 17948.1—2000 中规程之一评定过的基准绝缘结构的性能进行对比,预计其变更或替代的可行性。

2 规范性引用文件

下列文件中的条款通过本部分的引用而成为本部分的条款。凡是注日期的引用文件,其随后所有的修改单(不包括勘误的内容)或修订版均不适用于本部分,然而,鼓励根据本部分达成协议的各方研究是否可使用这些文件的最新版本。凡是不注日期的引用文件,其最新版本适用于本部分。

GB/T 11028—1999 测定浸渍剂对漆包线基材粘结强度的试验方法(IEC 61033:1991,EQV)

GB/T 17948.1—2000 旋转电机绝缘结构功能性评定 散绕绕组试验规程 热评定和分级(IEC 60034-18-21:1992,IDT)

IEC 60172:1987 测定漆包绕组线温度指数的试验规程

IEC 60216 确定电气绝缘材料耐热性能的导则

IEC 60317 特种绕组线的规范

3 总则

3.1 第Ⅰ类绝缘组分

3.1.1 相间绝缘和对地绝缘

绕组间的绝缘或绕组与铁心间的绝缘,例如槽绝缘。而槽楔、槽封均为第Ⅱ类组分(见 3.2)。

3.1.2 匝间(导体)绝缘

绕组线上的树脂(漆)涂层、纤维或薄膜绕包的绝缘。

3.1.3 浸渍漆

包括有溶剂漆和无溶剂漆。

3.1.4 囊封剂

完全囊封绝缘结构的模铸绝缘,仅在绕组和电动机外部表面之间起隔离作用。

3.2 第Ⅱ类绝缘组分

第Ⅱ类组分包括 3.1 未提及的绝缘结构任何组分,如下所列。检测机构也可把某些第Ⅱ类组分作为第Ⅰ类绝缘组分来考虑。

a) 用于多级电压绕组的串联/并联绕组绝缘;

b) 用于单相电动机辅助绕组和主绕组之间的绝缘。该绝缘不是 3.1.1 描述的相间绝缘;

注:若正常运行时符合上述 a)或 b)的绕组绝缘所受应力与相间绝缘的相同,则须按第Ⅰ类组分进行试验。

c) 层间绝缘:隔离同一绕组(同一相)中绝缘导线连续层间的绝缘;

d) 套管;

e) 槽楔和槽封;

注：若正常运行时槽封所受应力与槽绝缘的相同，则须按第Ⅰ类组分进行试验。

f) 防护带和绑扎绳；

g) 引接线绝缘。

3.3 属性相同的定义

属性相同包括化学相同和物理相同。化学成分应根据分析数据来确定，例如建议以适合的光谱分析（红外光谱等）为基础，再补充热重分析、DTA和原子吸收分析。

物理相同应根据适用于组分的机械性能和电性能试验来确定。DTA分析能补充这些试验。

对于某些和温度有关的特性，如 $\tan\delta$ 和模量能用化学图和物理图补充说明。

若绝缘组分由多种材料加工而成，例如粘胶剂粘合的层压板、矿物质填充的囊封剂或双涂层的绕组线，则属性相同应根据组分中每种材料各自确定。在填充组分的情况时，待评材料和基准材料含有的填充剂和聚合物相对数量应是相同的。

4 文件

对建议替代的材料，应得到以下信息：

a) 详细的化学分析；

b) 供应商和证明文件；

c) 厚度；

d) 长期耐热性，如温度指数，相关标准或规范，例如：

1) IEC 60317 中绕组线的种类；

2) 引接线的电压等级、型式或种类。

对基准结构也要求得到相同信息。

5 替代总规程

任何特定替代所遵循的试验规程依特定替代而定。见第6章。

绝缘结构的任何替代应按替代规程 A、B、C 或 D 进行分级。每一规程的适用性如下所列。

注：规程 A、B、C 是最低要求，检测机构可决定采用规程 D 来取代规程 A、B 或 C。

——规程 A

若试验者能根据资料按 3.3 确定属性相同，则按第 4 章描述的文件资料就足以接受替代，无需试验。

——规程 B

密封管试验规程（见第 7 章）。

——规程 C

GB/T 17948.1—2000 中单点温度试验规程，如模型线圈规程。

——规程 D

GB/T 17948.1—2000 中完整的三点温度试验规程。

第 6 章中的特定组分替代按上述规程之一进行。

6 组分替代分类

6.1 第Ⅰ类组分替代

6.1.1 相间绝缘和对地绝缘

6.1.1.1 属性相同，厚度相同或增加

采用规程 A。

6.1.1.2 属性相同，但厚度减薄

采用规程 C。

6.1.1.3 **属性不同**

采用规程 D。

6.1.2 **匝间(导体)绝缘(即绕组线)**

6.1.2.1 **非自粘性绕组线**

a) 替代材料的绝缘涂层和原涂层属性相同,并按 IEC 60317 有相同或更高的温度指数,那么:
   采用规程 A。

b) 其他替代:
   采用规程 D。

6.1.2.2 **自粘性绕组线**

a) 若替代材料的绝缘涂层、自粘层和原来的相同,并按 IEC 60317 有相同或更高的温度指数,那么:
   采用规程 A。

b) 若替代的自粘性绕组线不符合 6.1.2.2a):
   采用规程 D。

6.1.2.3 **铝线替代铜线**

铜导体绕组线绝缘结构的热老化试验结果适用于其他组分均相同的铝导体绕组线绝缘结构。因此,替代的铝线和铜线有属性相同的绝缘涂层,并有相同或更高的温度指数:

采用规程 A。

注:含铝线绝缘结构的热老化试验结果不适用于其他组分相同的铜线结构。

6.1.2.4 **线的外涂层**

若绕组线唯一的变更是在相同的已证明基底涂层上增加或改变外涂层:

采用规程 B 或 C。

6.1.3 **浸渍漆**

替代漆和已证明结构用漆的温度指数应通过分析漆制造商提供的热老化数据来确定,试验方法按表 1 规定。

表 1 漆的热老化试验方法

试验方法	标准号
螺旋线圈法	GB/T 11028[a] IEC 60216 采用按 GB/T 11028—1999 进行的螺旋线圈试验作为诊断性试验
浸漆绞线对法	IEC 60172:1987

a 温度指数测定以 22 N 终点为准。

两种试验都须进行。应对比只从相同试验得到的数据。

6.1.3.1 **温度指数相同或更高的替代漆**

漆的温度指数应按 6.1.3 测定。采用规程 B 或 C。

6.1.3.2 **温度指数降低但在同一温度等级内的替代漆**

漆的温度指数应按 6.1.3 测定。采用规程 C,或采用规程 B 加上与绝缘结构用绕组线属性相同的浸漆绕组线的绞线对试验(参照 IEC 60172:1987)。根据老化试验测定的浸漆绞线对的温度指数应不低于未浸漆绕组线涂层的温度指数。两个温度指数都以 20 000 h 的试验为准。

6.1.3.3 **温度指数降低但不在同一温度等级内的替代漆**

漆的温度指数应按 6.1.3 测定。采用规程 D。

6.1.4 **囊封剂**

6.1.4.1 **属性相同**

采用规程 A。

6.1.4.2 **属性不同**

采用规程 D。

6.2 第Ⅱ类组分替代

6.2.1 属性相同的替代

属性相同的定义见 3.3。

若替代材料属性相同;

采用规程 A。

6.2.2 属性不同的替代

采用规程 B 或 C。

7 密封管试验规程

7.1 概述

本规程涉及替代规程 B。

按 IEC 60172:1987 制备的绕组线绞线对试样应经受 7.2 到 7.7 描述的密封管试验规程,随后在绞线对之间 进行电气击穿试验,参见 7.8。

按 7.3 分别制备好基准组分密封管和替代组分密封管。

若本试验中替代材料无效,可采用第 5 章的规程 C 或 D 定义的试验规程,应优先采用规程 D。

7.2 试验设备

试验设备应组成如下:

a) 温度可维持在 105℃±2 K 的烘箱;

b) 容积不超过 900 mL 长度至少 300 mm 的玻璃管。两种常用的类型如下:

1) 优先选用以金属环和垫圈密封的带凸缘耐高温玻璃管;

2) 其次可用加进所有材料后能熔化至密封的玻璃管。

c) 耐高温玻璃管的垫圈材料:六氟丙烯-偏二氟乙烯。对于 155℃或更高的绝缘结构,应使用四氟乙烯(TFE)或氟化乙丙烯(FEP)钢化塑料。

应采用最大扭矩为 11.3 Nm 的扭矩扳手。

7.3 试样制备

每个密封管应包含以下试样:

a) 绕组线试样

按 IEC 60172:1987 制作和进行试验的绞线对。

注:以纤维材料绕包的绕组线应以 230 mm 直线长度进行试验。

每组基准管和替代管应评定五个绕组线试样。

b) 绝缘组分试样

绝缘组分,例如浸渍漆、引接线、槽绝缘、层间绝缘、对地绝缘、绑扎绳、绑扎带和套管,任一片状材料的表面积应不小于 645 mm²,引接线、套管和绑扎绳长度应不小于 25.4 mm,灌封化合物和囊封剂的体积应不小于 800 mm³。若绝缘结构中使用浸渍漆,则绕组线试样应浸该漆并按制造商的规范进行固化。

7.4 管内材料

管内材料应如下:

a) 基准管

基准管应只包含在原绝缘结构中采用的材料。

b) 替代组分管

每个替代组分管应包含替代材料和原结构中所用的材料以及应用替代材料的绝缘结构中当前要用的备用材料。不常用的或彼此不能组合使用的备用材料，例如备用漆，每种材料都要在如上述制备的密封管里分别进行试验。用来评定新组分或替代组分的所有密封管应能代表在绝缘结构中所有可能出现的材料组合。

7.5 管的制备

应按如下制备密封管：

a) 密封管应装满有效溶剂，如丙酮，放置 24 h 或更长时间，用清洁剂和试管刷仔细擦洗，彻底洗净：用自来水清洗两次，然后用蒸馏水清洗，最后干燥；

b) 密封管、垫圈、旋塞、螺母及螺栓应在 105℃±2 K 的烘箱中干燥 1 h，然后应从烘箱中取出并冷却；

c) 绞线对应按 7.3 a)制备，并在装入密封管之前按 IEC 60172:1987 进行耐压试验。组分材料应安置在管内，应尽可能避免触及绞线对，以免老化期间发生粘连。放置试样前敞口玻璃管的一端应密封；

d) 密封管装入试样后，管、垫圈、旋塞、螺母和螺栓应在保持 105℃的烘箱中干燥 1 h。若使用敞口玻璃管，烘箱温度应是 135℃。105℃时不能充分干燥的材料应在装入密封管之前在达到绝缘结构温度的烘箱中干燥 1 h。螺栓、螺纹和盖子内侧在放进烘箱前应涂上薄层硅脂，并应远离垫圈材料和密封管。

e) 使用保护手套立即将垫圈和夹具从烘箱取出，安装到密封管上，或者将密封管的端部熔合。若使用敞口玻璃管，则开口端应熔合。

f) 每个螺栓应以 0.5 Nm 增加到 3.5 Nm 的力矩按顺时针方向紧固。

g) 除使用敞口玻璃管外，安装好的密封管应立即浸入热水以降低冲击和开裂的可能性。安装好的密封管应至少在水中冷却 5 min。冷却使管内产生真空，若有泄漏，管内就会进水。若使用敞口玻璃管，则每个管应放回到烘箱，烘箱电源应切断，冷却至室温。

h) 把密封管取出并冷却至室温进行检查，管内壁上有凝露则证明可能有泄漏。

i) 密封管放入已设置好的用于热处理周期(见 7.6)烘箱之前，该烘箱应切断电源并冷却至室温。该烘箱接通电源后，加热期间不应开门，因为热的烘箱开门所引起的热冲击可造成密封管开裂。

7.6 热处理

试样应在结构等级温度加 25 K 的温度下处理 336 h(14 天)；例如，对 130 级的热处理温度应是 155℃。

7.7 开管程序

按 7.6 热处理之后，烘箱应在密封管取出之前冷却至室温。若试样评定延期，密封管应保持密封，但评定不应延期三天以上。然后打开密封管，将绞线对试样从管中取出并小心分开以减少机械损坏。

7.8 试样评定

绕组线试样评定如下：

绞线对试样应以 500 V/s 的升压速率施加试验电压直至击穿。应对比替代试样和基准试样的试验结果。任一试验值低于 2 500 V(50/60 Hz,a.c.)，则该套试样的试验无效。

纤维材料绕包线应在导体与直线长度中间部分绕包的金属箔之间施加试验电压。

7.9 要求

若替代组分管内绞线对的平均击穿电压不低于基准管内绞线对的 50%，就应认为受试的特定绝缘结构用替代材料是相容的、有效的。

注：若绝缘结构的材料之间发生不相容，击穿电压就会急剧下降，因此 50%标准是充分的。

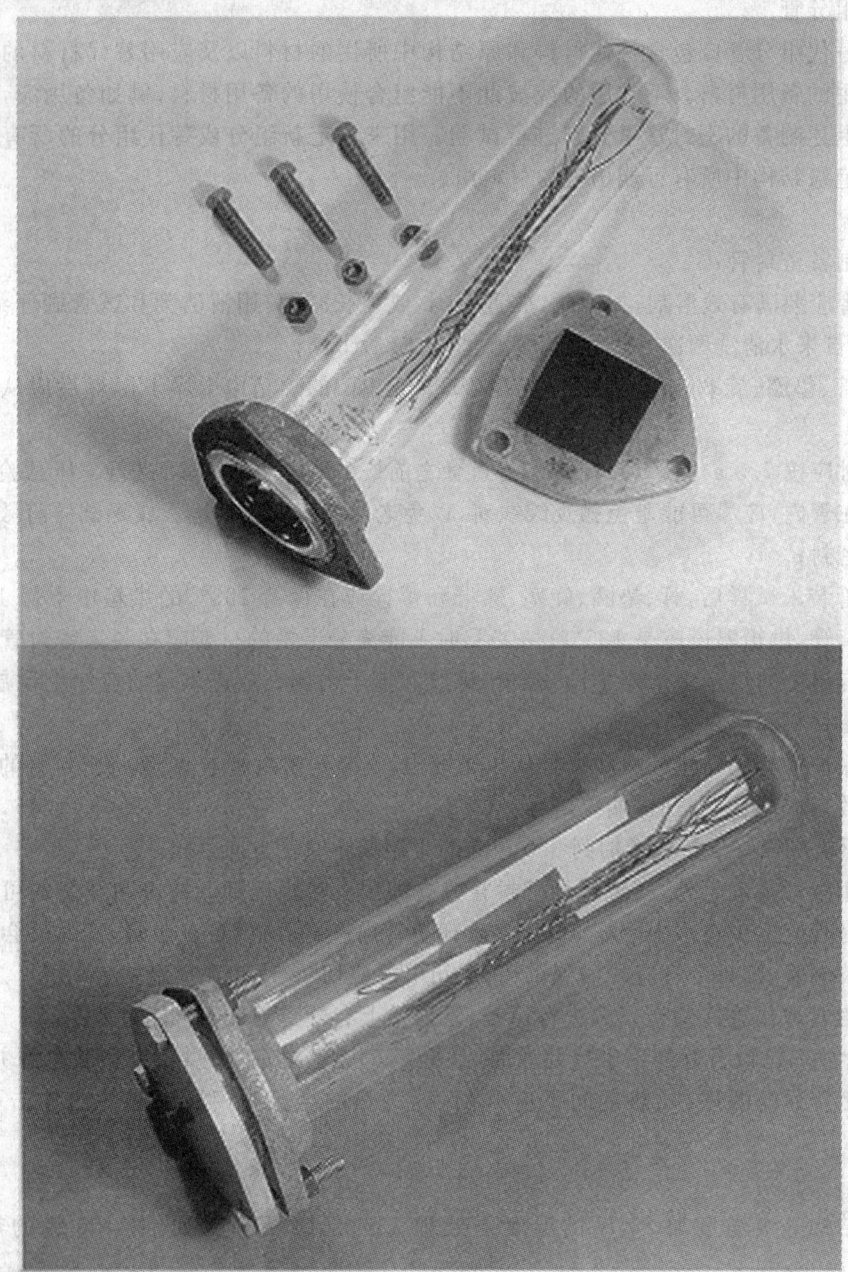

图 1 试验设备

ICS 29.160.01;29.080.01
K 20

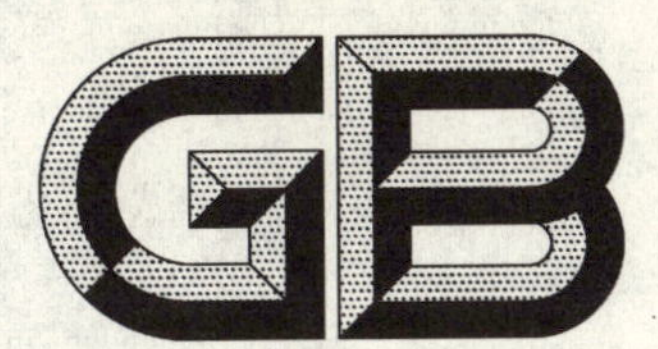

中华人民共和国国家标准

GB/T 17948.3—2006/IEC 60034-18-31:1992

旋转电机绝缘结构功能性评定 成型绕组试验规程 50 MVA、15 kV 及以下电机绝缘结构 热评定和分级

Functional evaluation of insulation systems for rotating electrical machines—Test procedures for form-wound windings—Thermal evaluation and classification of insulation systems used in machines up to and including 50 MVA and 15 kV

(IEC 60034-18-31:1992,IDT)

2006-02-15 发布　　2006-06-01 实施

中华人民共和国国家质量监督检验检疫总局
中国国家标准化管理委员会　发布

前　言

《旋转电机绝缘结构功能性评定》系列标准分为以下部分：

——第1部分：总则(GB/T 17948—2003/IEC 60034-18-1:1992)；

——第2部分：散绕绕组试验规程　热评定和分级(GB/T 17948.1—2000/IEC 60034-18-21:1992)；

——第3部分：散绕绕组试验规程　变更和绝缘组分替代的分级(GB/T 17948.2—2006/IEC 60034-18-22:2000)；

——第4部分：成型绕组试验规程　50 MVA、15 kV及以下电机绝缘结构热评定和分级(GB/T 17948.3—2006/IEC 60034-18-31:1992)；

——第5部分：成型绕组试验规程　50 MVA、15 kV及以下电机绝缘结构电评定(IEC/TS 60034-18-32:1995)；

——第6部分：成型绕组试验规程　多因子功能性评定　50 MVA、15 kV及以下电机绝缘结构的热电联合评定(IEC/TS 60034-18-33:1995)；

——第7部分：成型绕组试验规程　绝缘结构热机械耐久性评定(IEC/TS 60034-18-34:2000)。

本部分等同采用IEC 60034-18-31:1992《旋转电机绝缘结构功能性评定——成型绕组试验规程——50 MVA、15 kV及以下电机绝缘结构热评定和分级》。

本部分的附录A为资料性附录。

本部分由中国电器工业协会提出。

本部分由全国旋转电机标准化技术委员会(SAC/TC 26)归口。

本部分负责起草单位：上海电器科学研究所(集团)有限公司。

本部分参加起草单位：哈尔滨大电机研究所，上海电缆研究所，浙江金龙电机股份有限公司，苏州巨峰绝缘材料有限公司，济南发电设备厂。

本部分主要起草人：张生德、朱玉珑、邵爱凤、隋银德、任勇、叶锦武、徐伟宏、卢启杰。

引　言

GB/T 17948 提出了旋转电机绝缘结构评定和分级的总则。

本部分专门涉及成型绕组绝缘结构。

本部分给出了热评定和分级的试验规程。

旋转电机绝缘结构功能性评定 成型绕组试验规程 50 MVA、15 kV及以下电机绝缘结构 热评定和分级

1 范围

本部分提出了用于或推荐用于50 MVA、15 kV及以下交流、直流旋转电机成型绕组绝缘结构热评定和分级的试验规程。该试验规程是将待评绝缘结构的性能与已被运行经验证明的基准绝缘结构的性能相比较。

本部分应同GB/T 17948—2003结合使用。

注1：目前对6.6 kV以上的绝缘结构应用本部分所给出的试验规程，经验有限。

注2：大电机，特别是使用线棒的大电机，可能需要本部分未包括的特殊热评定试验规程。

2 规范性引用文件

下列文件中的条款通过本部分的引用而成为本部分的条款。凡是注日期的引用文件，其随后所有的修改单(不包括勘误的内容)或修订版均不适用于本部分，然而，鼓励根据本部分达成协议的各方研究是否可使用这些文件的最新版本。凡是不注日期的引用文件，其最新版本适用于本部分。

GB/T 17948—2003 旋转电机绝缘结构功能性评定 总则(IEC 60034-18-1:1992,IDT)

3 总则

3.1 与GB/T 17948—2003的关系

GB/T 17948—2003阐述了旋转电机绝缘结构耐热性试验的基本试验原则。除本部分列出的规程外，都应遵照执行GB/T 17948—2003的原则。

3.2 试验规程的标示

耐热性试验是以周期循环方式完成，每一循环由热老化分周期和诊断分周期组成。诊断试验应包括机械性能试验、潮湿试验、耐压试验和其他诊断试验，并以规定的顺序进行。诊断试验应在第6章所列的内容中选择；在特殊评定规程中不必进行全部试验。

注：绝缘结构的热分级取决于所选的诊断规程。

对机械性能试验在6.1中给出了下列选项：

——A 与运行应力相当的常规机械性能试验；

——B 规定振幅的振动台试验；

——S 特殊机械性能试验；

——N 无机械性能试验。

对潮湿试验在6.2中给出了下列选项：

——A 常规潮湿试验；

——B 浸水潮湿试验；

——S 特殊潮湿试验；

——N 无潮湿试验。

对耐压试验在6.3中给出了下列选项：

——A 常规耐压试验；

——B 浸水试样的耐压试验；

——S 特殊耐压试验；

——N 无耐压试验。

对其他诊断性试验在 6.4 中给出了下列选项：

——A 信息性诊断试验；

——S 用于终点判定的诊断试验；

——N 无诊断试验。

如某一试验规程被称为是：

本标准的规程 MHED

其中

M——根据 6.1 的机械性能试验 A、B、S 或 N；

H——根据 6.2 的潮湿试验 A、B、S 或 N；

E——根据 6.3 的耐压试验 A、B、S 或 N；

D——根据 6.4 的其他诊断性试验 A、S 或 N；

例如：绝缘结构“Nec plus ultra”耐热等级为 F 级，是依据本标准的规程 BAAN 确定的。

3.3 基准绝缘结构

基准绝缘结构应采用与待评结构相同的试验规程进行试验(见 GB/T 17948—2003)。

3.4 诊断试验的检验

为检验诊断分周期的可行性，当适合时，可根据 GB/T 17948—2003 中 5.3.4 进行预老化试验。

4 试品和试样

4.1 试品的结构

如可行，可按 GB/T 17948—2003 中 5.2.1 进行材料筛选试验。

试品可以是实际的电机、电机组件或模型。组件和模型宜体现所有基本要素。

在有要求的场合，绝缘厚度、爬电距离和放电保护应同预期的最大额定电压和设备标准或实际情况相适应。

如果在运行中作用在线圈或绕组部件上的应力能在试验中可靠地再现，模拟线圈或绕组部件的试样可用于评定试验。

特殊类型的模型，如成型模型线圈，已在某些国家成功地应用，示例见附录 A。

4.2 试样数量

为了得到满意的统计数据，对每种绝缘结构在每一老化温度下宜采用足够数量的试样进行老化试验，该数量不宜少于五个。

4.3 质量保证试验

在开始第一个热老化分周期前，应进行下面的质量保证试验：

——试样的外观检查；

——根据 GB 755 进行耐压试验。

4.4 初始诊断试验

在开始第一个热老化分周期前，每个完整的试品应进行试验规程规定的全部诊断试验。

5 热老化分周期

5.1 老化温度和分周期时间

5.1.1 常规规程

根据 GB/T 17948—2003 的 5.3.2.1,常规老化规程要求试样在至少三个温度点下进行老化。

老化温度和老化分周期的时间可以从 GB/T 17948—2003 的表 2 中进行选择。

如果待评绝缘结构预期的耐热等级不同于基准结构的已知耐热等级,则应以适当的方式选择不同的老化温度和分周期时间。

选择的最低老化温度应是要获得约 5 000 h 或以上的试验寿命对数平均值,通常所选的最低老化温度点相应的曝露周期为 28 天到 35 天或更长。另外,建议至少选择两个更高的老化温度点,其温度间隔为 20 K 或以上。当试验在多于三个老化温度点进行时,也可采用 10 K 的温度间隔。

5.1.2 次要变更规程

在特殊情况下,只需评定一已确定等级绝缘结构的次要变更,试样可仅在一个温度点下进行老化(见 GB/T 17948—2003 的 5.3.2.2)。

5.2 加热方式

由于试品的尺寸和结构变化很大,在 GB/T 17948—2003 中列出的所有加热方式都允许采用。

当使用烘箱时,热老化所选择的温度应维持恒定并达到 GB/T 17948—2003 中 5.3.3 所规定的精度。

5.3 老化规程

当使用烘箱时,在老化分周期开始时宜将试品直接放入热老化烘箱中,在分周期结束时,宜从烘箱中移出至室温,或用其他合适的方式冷却。

当试品开始加热或当它们被放入烘箱时,可认为热老化分周期开始。推荐至少以正常运行所确立的常用升温速率进行加热。当不再进行加热或试样被移出烘箱,认为热老化分周期结束。

在热老化分周期后诊断分周期开始前,允许将试样冷却至室温。

6 诊断分周期

在每个热老化分周期之后,每个试样应进行一系列的诊断试验,其可包括下述的部分或全部试验:本章中所述的机械性能试验、潮湿试验、耐压试验和其他诊断试验,诊断试验按顺序进行。采用的诊断试验应在报告中说明。

6.1 机械性能试验

机械性能试验宜在室温下、不施加电压时进行。

6.1.1 (A):常规机械性能试验

施加的机械应力应与实际运行时所承受的相同,且与正常运行时预期的最高应力或张力的严酷性相当。施加应力的方式可能随试品的型式及运行的种类变化。

采用的试验规程和试验幅值应在报告中说明。

6.1.2 (B):振动台试验

试品要在振动台上进行机械应力试验,持续 1 h。由于电机实际运行时绕组端部会承受径向力,使线圈端部产生振动,因此试样的固定应确保试验时产生垂直于线圈平面的运动。

首选振幅为峰-峰 0.2 mm 或 0.3 mm,相应的试验频率分别为 60 Hz 或 50 Hz。该量值对应大约 1.5g 的加速度(15 m/s^2)。如采用其他的量值,则应在报告中注明并说明采用的原因。

6.1.3 (S):特殊机械性能试验

采用特殊机械性能试验的理由和试验的细节应在报告中说明。

6.1.4 (N):无机械性能试验

作为诊断分周期的一部分,可不进行机械性能试验。应在报告中说明原因。

6.2 潮湿试验

6.2.1 (A):常规潮湿试验

试品应在能使线圈上产生可见凝露的环境中曝露至少 48 h,试品的温度宜在 15℃~35℃的室温范围内,应注明试品的实际温度。在潮湿试验期间,试样上不施加电压。

可见连续凝露能通过如气雾室或冷凝室获得。

6.2.2 (B):浸水潮湿试验

本试验适用于评定密封结构。

包括接缝连接的完整试样应浸入含有非离子润湿剂的自来水中持续 30 min,润湿剂浓度在 25℃时应足以使表面张力降至 0.031 N/m(31 dyn/cm)或更低。浸水结束后,试品仍浸在水中的情况下,应依据 6.3.2 所述对试样进行耐压试验(如要求检验是否泄漏,可以绝缘电阻作为附加的试验)。在耐压试验后,应用普通自来水将试品清洗干净。试品应最好过夜风干,以便重复进行热老化分周期和继续试验分周期,直到失效。

6.2.3 (S):特殊潮湿试验

采用特殊试验的原因和试验的细节应在报告中说明。

6.2.4 (N):无潮湿试验

作为诊断分周期的一部分,可不进行潮湿试验。应在报告中说明原因。

6.3 耐压试验

为了检查试样的状况和确定试验寿命的终点,可进行耐压试验。

耐压试验规程和失效的说明详见 GB/T 17948—2003 的 5.5.3。

6.3.1 (A):常规耐压试验

通常应按先匝间后对地的顺序进行耐压试验。另外,当适合时,可进行线圈对线圈的耐压试验。

当潮湿试验完成,样品仍在潮湿状态、在近似室温条件下,应进行工频耐压试验,持续 10 min。

当不进行潮湿试验时,耐压试验持续 1 min。

在试验时,对地或线圈对线圈的工频试验电压值建议是 $2U_N$ 或 1 000 V,取二者的较大值。U_N 是被试绝缘结构的预期最大额定电压。

推荐使用过流装置并将跳闸电流最低设置为 5 倍正常试验电流。

对于匝间试验,宜选择绕组设计和工作状况的适当电压进行。对匝间诊断试验,IEC 60034-18-32 采用的施加冲击和工频耐压试验规程,建议在本试验中采用。

6.3.2 (B):浸水试样的耐压试验

在线圈与对地间施加 $1.15U_N$ 的工频试验电压,持续 1 min。试验期间,水应是地电势。

6.3.3 (S):特殊耐压试验

采用特殊耐压试验的原因和试验中的细节及试验电压值应在报告中说明。

6.3.4 (N):无耐压试验

如果不进行耐压试验,根据 6.4.2 应进行其他诊断试验。不做耐压试验的理由应在报告中说明。

6.4 其他诊断试验

适合时,可进行其他诊断试验,参见 GB/T 17948—2003 的 5.5.4。

6.4.1 (A):信息性诊断试验

该诊断试验是对绝缘的非破坏性试验,在以上试验的过程中在部分或全部试样上进行,通过观察所测性能的变化,能更多了解绝缘老化过程。

6.4.2 (S):用于终点判定的诊断试验

如果性能值或测试值的变化能同耐压试验或运行中的失效所确定的寿命终点相关联,则该变化可作为寿命终点附加的或唯一的判定指标。

采用的判据、对应关系的建立和试验的细节,包括试验的幅值应在报告中说明。

6.4.3 (N):无其他诊断试验

不进行其他诊断试验。

7 分析、报告和分级

应遵照 GB/T 17948 中 5.6 的规程。要列出在前述各章中所提及的附加条文。

附 录 A
（资料性附录）
成型模型线圈结构（示例）

A.1 为了覆盖本试验规程包括的电机范围，可采用不同的模型。

图 A.1～图 A.4 所示成型模型线圈的结构，已成功地应用于绝缘结构评定和分级的热老化试验中。

A.1.1 图 A.1 和图 A.2 表示典型的槽装配图。该尺寸的成型模型线圈已用于额定值在 10 MW、7 kV及以下电机绝缘结构的评定和分级。

A.1.2 图 A.3 和图 A.4 表示有离心力存在（例如，直流电机的旋转电枢）的成型模型线圈。工装制作如下：

在一块钢板上铣槽。

或是在叠片上冲出矩形凹槽，迭装叠片以获得合适的槽长度，然后通过焊接或用螺栓可靠地装配。

第二种工艺，重要的是由于冲片边缘上可能带有毛刺以及槽形上存在不规则槽交错，因此更接近实际电机的装配，例如，模拟整浸（后浸渍）线圈。叠片结构主要影响是可能切割线圈对地绝缘，造成绝缘电阻降低。然而，这类结构可能比第一种造价更高。

A.1.2.1 由于线圈两边是平行的，如果线圈两边都要插入槽中，就需要特殊的线圈。假如线圈只有一边（半线圈）插入槽中，也可用标准生产线圈。

A.1.2.2 离心负荷对线圈绝缘的影响是在试验装置的槽部施加一个刚性侧置钢板（图 A.3 和图 A.4）来模拟。对于使用分段铁心的电枢，钢板上的轴向筋是间断的，以模拟铁心段在线圈上的点负荷。

A.1.2.3 图 A.3 中的板和图 A.4 中端部线圈上的压棒是用可以提供所需弹力的弹簧加螺栓固定在装置底座上，以模拟离心压力。弹力应该预先校准以便所需压力可以通过合适的压缩由螺栓来调节。

注：使用的弹簧要能经受住热老化温度、机械应力试验和潮湿试验的作用而不产生弹性常数的变化或其他不利的影响。

单位为毫米

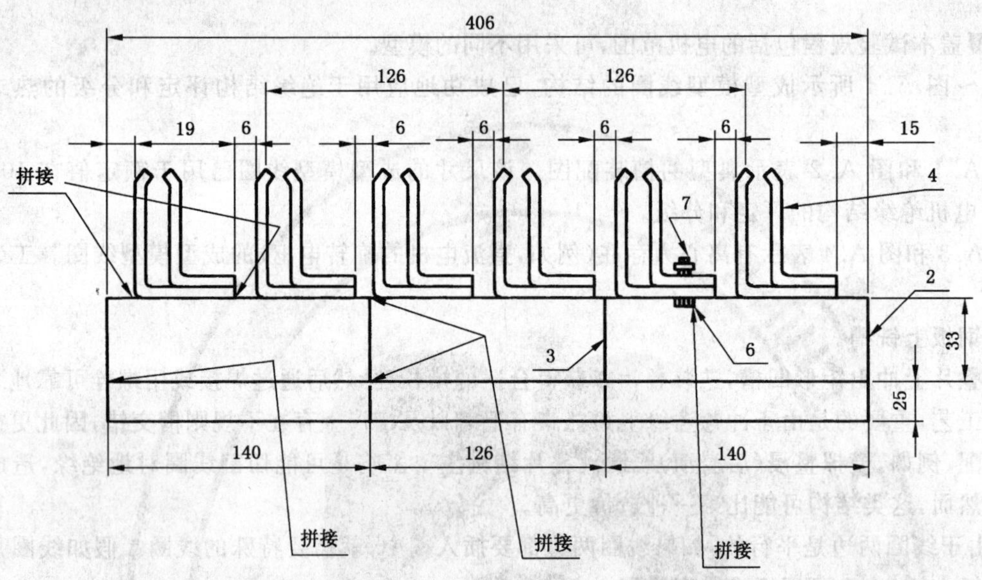

穿过4在2上钻12个11 mm的孔，用6和7装配

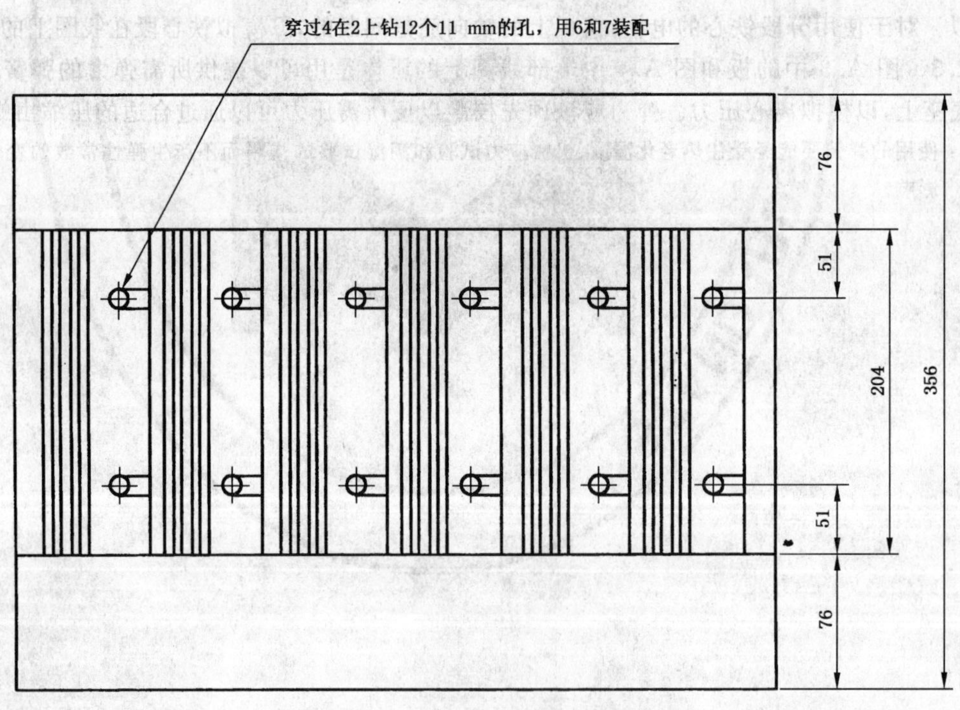

图 A.1　典型槽装配图(一)

单位为毫米

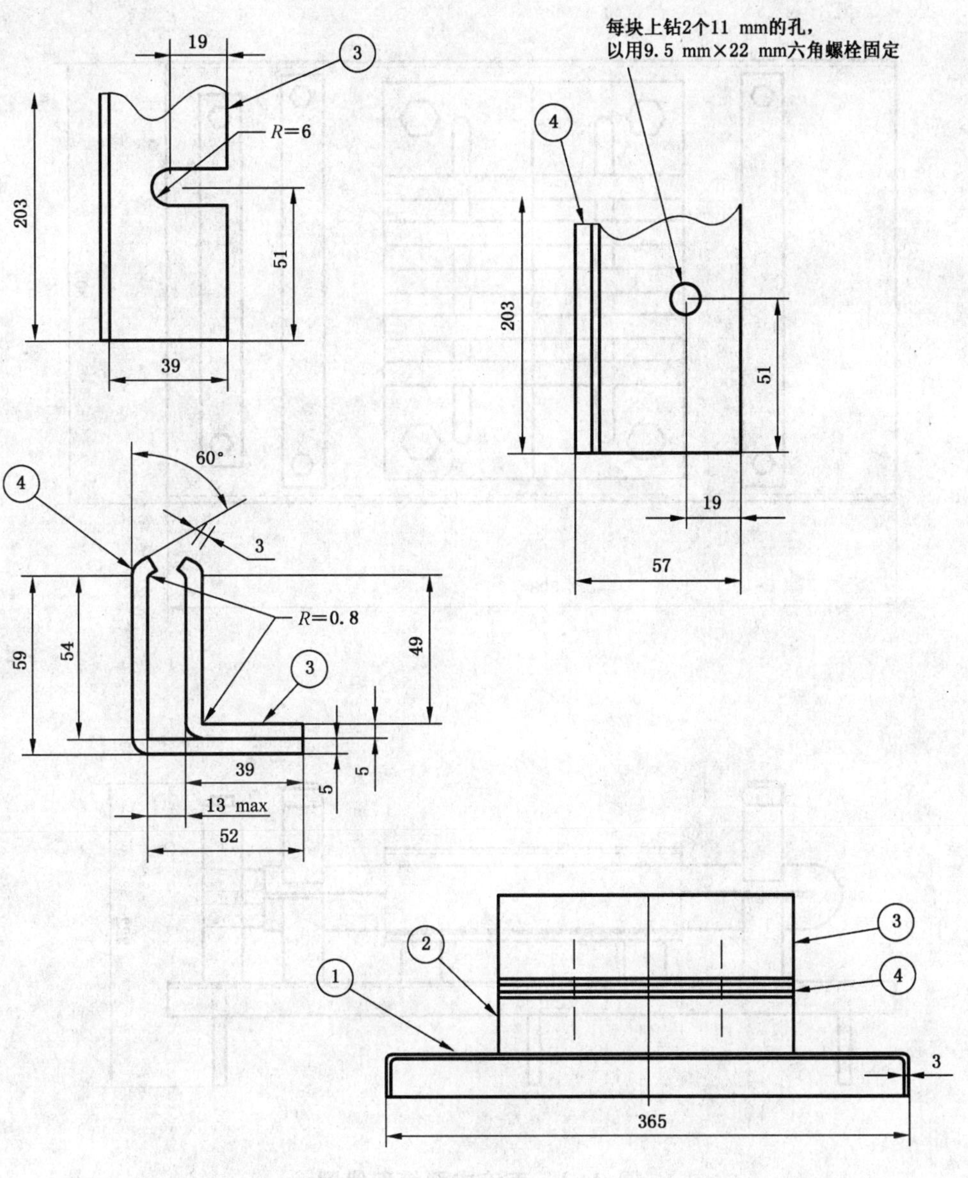

图 A.2 典型槽装配图(二)

单位为毫米

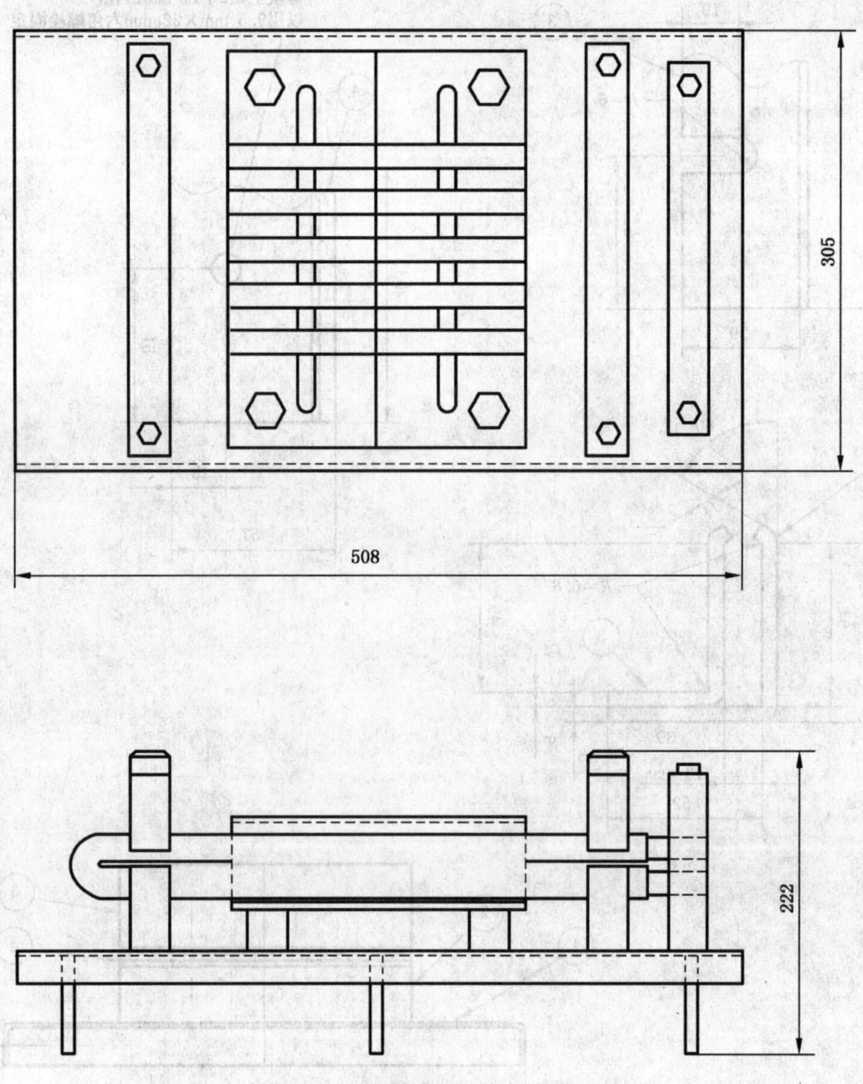

图 A.3 直流成型模型线圈

图 A.4 转子槽部试验装置

ICS 29.160.01;29.080.01
K 20

中华人民共和国国家标准

GB/T 17948.4—2006/IEC TS 60034-18-32:1995

旋转电机绝缘结构功能性评定 成型绕组试验规程 50 MVA、15 kV及以下电机绝缘结构电评定

Functional evaluation of insulation systems for rotating electrical machines—Test procedures for form-wound windings—Electrical evaluation of insulation systems used in machines up to and including 50MVA and 15kV

(IEC TS 60034-18-32:1995,IDT)

2006-03-14 发布　　　　2006-09-01 实施

中华人民共和国国家质量监督检验检疫总局
中国国家标准化管理委员会　发布

前言

《旋转电机绝缘结构功能性评定》系列标准分为以下部分：

——第1部分：总则(GB/T 17948—2003/IEC 60034-18-1:1992)；

——第2部分：散绕绕组试验规程 热评定和分级(GB/T 17948.1—2000/IEC 60034-18-21:1992)；

——第3部分：散绕绕组试验规程 变更和绝缘组分替代的分级(IEC 60034-18-22:2000)；

——第4部分：成型绕组试验规程 50 MVA、15 kV及以下电机绝缘结构热评定和分级(IEC 60034-18-31:1992)；

——第5部分：成型绕组试验规程 50 MVA、15 kV及以下电机绝缘结构电评定(GB/T 17948.4—2006/IEC TS 60034-18-32:1995)；

——第6部分：成型绕组试验规程 多因子功能性评定 50 MVA、15 kV及以下电机绝缘结构的热电联合评定(IEC TS 60034-18-33:1995)；

——第7部分：成型绕组试验规程 绝缘结构热机械耐久性评定(IEC TS 60034-18-34:2000)。

本部分等同采用IEC TS 60034-18-32:1995《旋转电机绝缘结构功能性评定 成型绕组试验规程 50 MVA、15 kV及以下电机绝缘结构电评定》。

本部分由中国电器工业协会提出。

本部分由全国旋转电机标准化技术委员会(SAC/TC 26)归口。

本部分负责起草单位：上海电器科学研究所(集团)有限公司。

本部分参加起草单位：哈尔滨大电机研究所、上海电缆研究所、浙江金龙电机股份有限公司、苏州巨峰绝缘材料有限公司、济南发电设备厂。

本部分主要起草人：张生德、邵爱凤、朱玉珑、隋银德、任勇、叶锦武、徐伟宏、张传林。

引　　言

GB/T 17948 提出了旋转电机绝缘结构评定的总则。

本部分专门涉及成型绕组绝缘结构而且集中针对电气耐久性评定。

旋转电机绝缘结构功能性评定
成型绕组试验规程
50 MVA、15 kV 及以下电机绝缘结构电评定

1 范围

本部分描述了用于或推荐用于 50 MVA 及以下、电压在 1 kV 到 15 kV 之间的采用成型绕组的交流、直流旋转电机绝缘结构电气耐久性评定的试验规程。本试验规程实质上是对比性的，即将待评绝缘结构的性能与经运行经验证实的基准绝缘结构的性能相比较。

2 规范性引用文件

下列文件中的条款通过 GB/T 17948 的本部分的引用而成为本部分的条款。凡是注日期的引用文件，其随后所有的修改单(不包括勘误的内容)或修订版均不适用于本部分，然而，鼓励根据本部分达成协议的各方研究是否可使用这些文件的最新版本。凡是不注日期的引用文件，其最新版本适用于本部分。

GB 755—2000 旋转电机 定额和性能(idt IEC 60034-1:1996)

GB/T 16927.1—1997 高电压试验技术 第 1 部分:一般试验要求(eqv IEC 60-1:1989)

GB/T 17948—2003 旋转电机绝缘结构功能性评定 总则(IEC 60034-18-1:1992,IDT)

JB/T 10098—2000 交流电机定子成型线圈耐冲击电压水平(idt IEC 60034-15:1995)

IEC 60034-18-33:1995 旋转电机——第 18 部分:绝缘结构功能性评定——第 33 分节部分:成型绕组试验规程——多因子功能性评定——50 MVA、15 kV 及以下电机绝缘结构综合热和电应力的耐久性

IEC 60727-1:1982 电气绝缘结构的电气耐久性评定——第 1 部分:总则及以正态分布为基础的评定规程

IEC 60727-2:1993 电气绝缘结构的电气耐久性评定——第 2 部分:以极值分布为基础的评定规程

3 总则

3.1 与 GB/T 17948—2003 的关系

除本部分有规定或推荐外，应遵照 GB/T 17948—2003 的原则执行。

3.2 试验规程的选择和标示

本部分提供的单项或多项试验规程适用于大多数评定要求。试验评定通常由电机或线圈的制造厂来完成，制造厂有责任根据被对比的绝缘结构的过去经验和知识来选择和验证表 1 中最适合的规程。

试验规程应按表 1 选择，并按本部分标示为规程 N，这里 N 是表中给出的标示名称。3.3，3.4 和 3.5 给出了如何选择试验规程的导则。

以上的所有试验均在室温下进行。然而，如果在其他温度下进行(见 5.2.2)，那么试验规程的标示名称应加后缀 T 表示:GB/T ×××× 规程 NT。每一规程可根据 3.5.1 做完整评定，或根据 3.5.2 做简化评定。

3.3 基准绝缘结构

基准绝缘结构与待评结构(见 GB/T 17948—2003)的试验应采用同一试验规程。基准绝缘结构应具有在不低于待评结构预期最大额定电压 75% 的电压下运行的经验。当采用对绝缘厚度的任何外推

时，表明对不同绝缘厚度的电气寿命和电应力之间关系的某些信息是有用的。

3.4 试验规程的一般特性

电气耐久性功能性试验通常是按周期循环进行的，除了老化电压同时作为唯一的诊断试验电压外，每个循环周期是由老化分周期和诊断分周期组成。根据 IEC 60727-1:1982 的推荐，试品的绝缘在固定电压点下老化直到失效。从该试验特性可以获得在每个电压点下的失效时间，其结果可用图表表示，如图 1 所示，而且要同基准结构的结果进行比较。目前，对于运行电压 $U_N/\sqrt{3}$ 的特性外推还没有被证实的理论根据，这里 U_N 是用有效值表示的额定电压。

注：根据 IEC 60727-1:1982 的推荐，对于施加老化电压的步进规程可用作筛选目的，这种规程没有诊断试验。

表 1 试验规程标示

试验规程标示名称	施加的老化电压		诊断试验	
	主绝缘 (5.3.1)	匝间绝缘 (5.3.2)	主绝缘 (6.1.1)	匝间绝缘 (6.1.2)
1AA	恒定值	无	不需要(A)	不用试验(A)
1BA	恒定值	无	耐冲击试验(B)	不用试验
1AB	恒定值	无	不需要	耐冲击试验(B)
1BB	恒定值	无	耐冲击试验	耐冲击试验
1AC	恒定值	无	不需要	工频试验(C)
1BC	恒定值	无	耐冲击试验	工频试验
2AA	恒定值	有	不需要	不用试验
2BA	恒定值	有	耐冲击试验	不用试验
2AB	恒定值	有	不需要	耐冲击试验
2BB	恒定值	有	耐冲击试验	耐冲击试验
2AC	恒定值	有	不需要	工频试验
2BC	恒定值	有	耐冲击试验	工频试验
3AA	无	有	不需要 工频(C) 其他(D)	不用试验

注 1：诊断性试验的字母含义如下：A—不用试验；B—耐冲击试验；C—工频试验；D—其他试验。

注 2：主绝缘不需要作诊断试验时，老化电压同时作为诊断因子。

注 3：试验规程 3AA 可用作筛选试验。

3.4.1 主绝缘的电老化

在运行中，主绝缘的电老化主要是由在工频下的连续电应力所引起的。另外，主绝缘还需要承受由开关脉冲等产生的瞬态过电压。然而，主绝缘承受瞬态过电压的能力可由在工频应力下的结构性能表示(见 JB/T 10098—2000)。本部分中，主绝缘的老化可以在工频或增加频率(可增加到 10 倍的工频)的电应力下进行。

3.4.2 匝间绝缘的电老化

匝间绝缘的电老化由施加在主绝缘上的稳态电应力所引起，在电应力最大的导体边缘尤为明显。

在使用多匝线圈或线棒的场合，匝间的工频电压特别低，由该电应力引起的老化就不是主要的，但是，在绕组上由于开关和其他干扰引起的陡波前脉冲能在匝间产生足够的应力引起老化。由于产生的波形和频率变化较大而且取决于电路参数，因此本部分推荐在对比试验时，匝间绝缘的电老化可在工频或增加频率的情况下进行，增加的频率应符合实际情况(见 JB/T 10098—2000)。

3.5 试验适用范围

电气耐久性试验的适用范围取决于评定的目的。

3.5.1 完整评定

对于基准结构和待评结构在成分上有相当大差异的情况，就需要完整评定。对于三个或以上电压点中的每一个电压点均需要有足够的试样数量(见 4.3)。

3.5.2 简化评定

有些情况，用较少的试样和一个电压点进行简化评定就足够了。

待评绝缘结构和基准结构相比较没有差异或者在成分上仅有微小的差异，就可以仅进行一个电压点试验，但是试样的最小数量应采用推荐值(见 4.3)。只有在两种结构额定电压相同时，才允许采用简化评定。

4 试品

4.1 试品的结构

试品的结构应能充分反映待评定的成品绕组元件的结构特征，并应尽可能符合正常完整或预期的制造过程。当使用单个线圈或线棒作为模型时，如需要，爬电距离和均衡电压措施要适合试验期间所施加的电应力。电极应覆盖模型的整个槽部长度，并环绕线圈截面一周，并建议遵守 IEC 60727-1 中所述规定。

4.2 线圈匝数

一般来说，为了包含线圈成型和导体变硬的可能影响，试验匝间绝缘必需使用完整的线圈。线圈匝数和匝间绝缘的厚度建议满足按 6.1.2 所选择的试验电压要求，匝间介电强度应不低于施加合适的试验电压(通常是不同的)到所用的绝缘结构的任意线圈上所引起的最高值。

在匝间要求施加工频电压的场合，线圈宜优先用双根并绕(双线)，每根需有匝间绝缘，或者将线圈在端部切开。当使用真空压力浸渍线圈时，在浸渍前端部导体要被切开并分离。如果选择的试验规程(见 3.2)在匝间不施加工频电压，那么试品可能要用常规方法用单根(或一束)导体绕成多匝线圈。

4.3 试样数量

在每一个试验电压点下，为了得到可靠的统计数据应有足够的试样进行老化试验。试样数量不宜少于五个。

4.4 质量保证试验

在开始第一个老化分周期时，应进行下面的质量保证试验：

——试样外观检查；

——根据 GB 755—2000 进行耐压试验。

4.5 初始诊断试验

在开始第一个老化分周期前，每个完整试样应进行试验规程所规定的所有诊断试验。

5 电老化分周期

5.1 电压点及预期试验寿命

对于 3.5.1 中所述的完整评定，至少应选择三个电压点，以便使在正常工频电压下最高电压点预期中值失效时间约为 100 h，最低电压点预期中值失效时间约为 10 000 h。对于简化评定，只要求一个电压点(见 3.5.2)，所选的电压建议使预期中值失效时间约为 1 000 h。施加在试样上的交流电压应保持在 IEC 60727-1:1982 所规定的偏差范围内，并且应满足 GB/T 16927.1—1997 的要求。

5.2 电气耐久性试验期间的试验温度

在本部分中为了加速电应力的作用，电老化试验优先在室温空气中而电压和/或频率高于稳态运行条件下进行，也可在升高温度的条件下进行。

5.2.1 室温下电老化

通常电应力作为唯一的老化因子，在室温下对绝缘结构进行的电老化试验。

5.2.2 在升高温度下的电老化

采用合适的加热方式,在升高温度下进行的电老化试验。由于施加了电应力,特别是采用增加频率时,温度上升可能影响结果,所以建议对温度进行测量并记录。只有在温度不会导致任何可见的热老化时,才允许在升高温度下进行试验。假如热老化的确发生,则试验宜遵照 IEC 60034-18-33 中多因子试验的导则规定执行。

5.3 老化规程

每个老化分周期可由主绝缘的老化分周期和匝间绝缘的老化分周期组成。

5.3.1 主绝缘的老化分周期

除了 3AA(见表 1)外,对所有试验规程电老化电压施加在定子铁心或试样表面的外部导电层和导体之间。如果试品是一个多匝线圈,在试验期间,主绝缘和匝间绝缘均要被电应力进行老化。为在试样上获得中值寿命,试验持续时间约要 10 个分周期。为了减少试验的持续时间可采用增加频率的办法。然而要注意介质损耗不应使绝缘温度升高太多,否则要影响结果,这对于升高温度下的试验特别重要。对待评绝缘结构和基准绝缘结构应采用相同的频率。

注:若频率的增加对绝缘结构的寿命有相似的影响,则增加频率的试验结果仅可用于直接比较。

5.3.2 匝间绝缘的老化分周期

对 2AA 到 2BC(见表 1)的试验规程,需要评定某一绝缘结构由于重复瞬态过电压导致匝间绝缘的老化,主绝缘老化分周期从属于匝间绝缘老化分周期,是在匝间施加工频电压持续 10 min,该电压为:

$$1.5\times\frac{U_N}{n}$$

式中:

n——匝数,但不低于 $0.3\times U_N$。

由于施加了电应力,特别是采用增加频率时,温度上升可能影响结果,所以建议对温度进行测量并记录。

注:若频率的增加对绝缘结构的寿命有相似的影响,则增加频率的试验结果仅可用于直接比较。

6 诊断分周期

在老化分周期之后要进行诊断分周期。在诊断试验期间,试样任何部分的失效形成了整个结构的失效,应在报告中如实说明。

6.1 耐压试验

根据在 3.2 中所选的试验规程选择合适的试验电压。

6.1.1 主绝缘

6.1.1.1 耐冲击试验

主绝缘的诊断试验是由连续施加三次 1.2/50 μs、峰值为($4U_N+5$ kV)的冲击电压所组成。此处 U_N 是以千伏表示的额定电压。

6.1.1.2 工频试验

取电压有效值($2U_N+1$ kV)和最高的老化试验电压两者中的较高电压,施加在线圈端和对地之间,持续 1 min,然后应立即以至少 1 kV/s 的速率降至零。

注:该工频试验可能引起样品的电老化。

6.1.2 匝间绝缘

6.1.2.1 耐冲击试验

对于单根或一束导体绕成的多匝线圈组成的试品,匝间绝缘的诊断试验由耐冲击电压试验来完成。冲击电压幅值(峰值)应按公式 $U'_p=0.65(4U_N+5\text{ kV})$ 计算,此处 U_N 是以千伏表示的额定电压(见 JB/T 10098—2000)。电压波形上升时间应设置成能得到一个基本均匀的线圈匝间电压分布。对于单个线圈,该值应在0.5 μs至1.2 μs之间。

6.1.2.2 工频试验

对于由并绕绝缘导体组成的试品,适当幅值的工频电压应施加在匝间,持续1 min。

注:适当幅值的电压宜高于或等于最高老化电压。

6.2 其他诊断试验

为了获得某些信息或确定试验寿命的终点,可进行诊断测量。除了电压试验外还可用其他因子作为诊断试验,例如绝缘电阻、损耗和局部放电。对每一诊断试验可建立终点判定指标,其合适的理由要在报告中说明。

7 数据分析、报告和评价

GB/T 17948—2003 的6.4讲述了待评结构的试验数据处理、报告和评价。所用的评定方法应遵照下面列出的导则,并应与试验的适用范围相符(见3.5)。

假设在威布尔分布下,应采用合适的数理统计分析计算待评样品平均寿命对于基准样品的显著性(见IEC 60727-2:1993)。

7.1 完整评定

待评结构和基准结构的电气耐久性图是用试验电压 U_{exp} 和额定电压 U_N 的比值作 $U_{exp}/U_N=f(t)$ 曲线,用双对数坐标或半对数坐标绘制,这里 U_N 是基准结构和待评结构的额定电压,并且如3.3所述两者间的差异小于25%。如果图示的结果与基准结构的结果相比较相同或更高,且在较低电压下直线不会交叉(见图1),待评结构是有效的。

7.2 简化评定

对于使用单一电压的简化评定(见3.5.2),分析的基础应是中值寿命的比较。当可能时,也建议比较试验寿命分布曲线。如果中值寿命与基准结构的寿命相比较相同或更高时,待评结构是有效的。

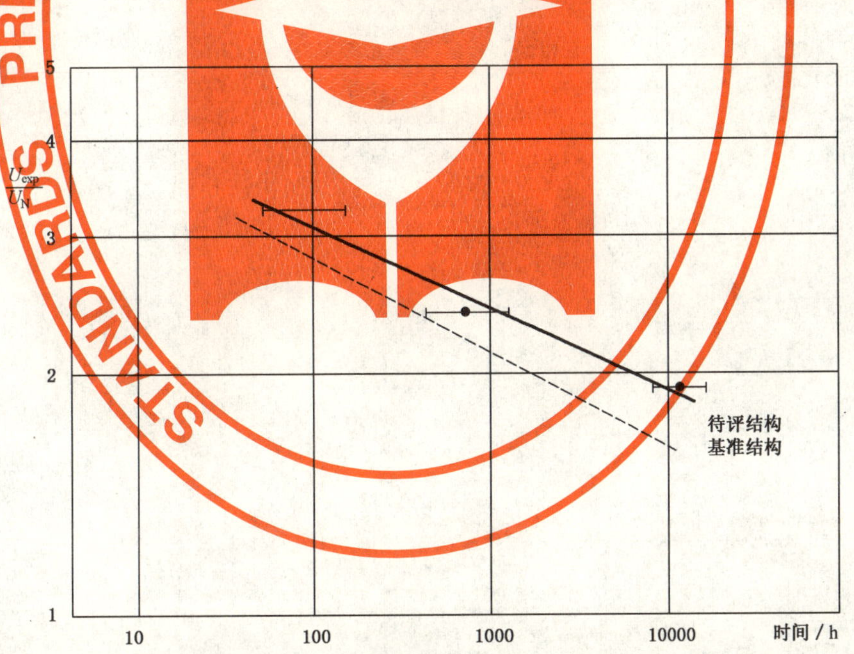

图1 旋转电机绝缘交流电气耐久性曲线示例

(双对数坐标图)

ICS 77.120.99
H 14

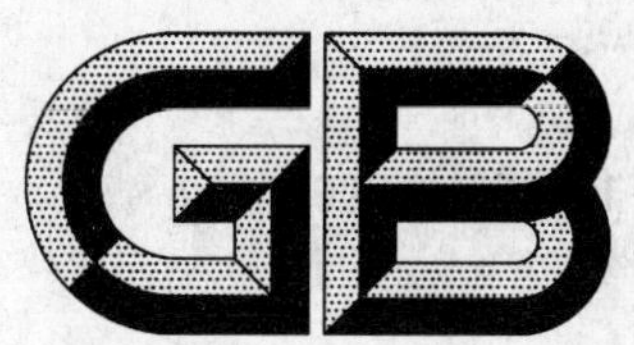

中华人民共和国国家标准

GB/T 18115.1—2006
代替 GB/T 18115.1—2000

稀土金属及其氧化物中稀土杂质化学分析方法
镧中铈、镨、钕、钐、铕、钆、铽、镝、钬、铒、铥、镱、镥和钇量的测定

Chemical analysis methods of rare earth impurities in rare earth metals and their oxides—Lanthanum—Determination of cerium, praseodymium, neodymium, samarium , europium, gadolinium, terbium, dysprosium, holmium, erbium, thulium, ytterbium, lutetium and yttrium contents

2006-04-13 发布　　2006-10-01 实施

中华人民共和国国家质量监督检验检疫总局
中国国家标准化管理委员会　发布

前言

本部分代替 GB/T 18115.1—2000《稀土氧化物化学分析方法　电感耦合等离子体发射光谱法测定氧化镧中氧化铈、氧化镨、氧化钕、氧化钐、氧化铕、氧化钆、氧化铽、氧化镝、氧化钬、氧化铒、氧化铥、氧化镱、氧化镥和氧化钇量》，本部分与前一版本相比主要变化如下：

——电感耦合等离子体光谱法，增加了 6 条参考谱线，分别为：Pr422.533 nm、Nd401.225 nm、Sm446.734 nm、Eu390.711 nm、Tm342.908 nm、Y371.029 nm；

——增加了精密度（重复性）条款；

——增加了电感耦合等离子体质谱法。

两个方法分析范围有重叠部分时，以方法 2 作为仲裁方法。

本部分由国家发展和改革委员会稀土办公室提出。

本部分由全国稀土标准化技术委员会归口并负责解释。

本部分由北京有色金属研究总院、中国有色金属工业标准计量质量研究所负责起草。

本部分方法 1 由江阴加华新材料资源有限公司起草。

本部分方法 1 由上海跃龙新材料股份有限公司、九江有色金属冶炼厂参加起草。

本部分方法 1 主要起草人：李小军、王寿虹。

本部分方法 1 主要验证人：谈世群、吴克平、封望亭、宋金华。

本部分方法 2 由江阴加华新材料资源有限公司起草。

本部分方法 2 由内蒙古包钢稀土高科技股份有限公司、西北有色地质研究院参加起草。

本部分方法 2 主要起草人：张悫、曹勇钢。

本部分方法 2 主要验证人：周晓东、于晶雪、李中玺、杨宏斌、冯玉怀。

本部分所代替标准的历次版本发布情况为：

——GB/T 18115.1—2000。

稀土金属及其氧化物中稀土杂质化学分析方法
镧中铈、镨、钕、钐、铕、钆、铽、镝、钬、铒、铥、镱、镥和钇量的测定

电感耦合等离子体光谱法(方法 1)

1 范围

本方法规定了氧化镧中氧化铈、氧化镨、氧化钕、氧化钐、氧化铕、氧化钆、氧化铽、氧化镝、氧化钬、氧化铒、氧化铥、氧化镱、氧化镥和氧化钇含量的测定方法。

本方法适用于氧化镧中氧化铈、氧化镨、氧化钕、氧化钐、氧化铕、氧化钆、氧化铽、氧化镝、氧化钬、氧化铒、氧化铥、氧化镱、氧化镥和氧化钇含量的测定。测定范围见表 1。

本方法也适用于金属镧中铈、镨、钕、钐、铕、钆、铽、镝、钬、铒、铥、镱、镥和钇含量的测定。

表 1

氧化物	质量分数/%	氧化物	质量分数/%
氧化铈	0.000 5～0.100	氧化镝	0.000 5～0.050
氧化镨	0.000 5～0.100	氧化钬	0.000 5～0.050
氧化钕	0.000 5～0.100	氧化铒	0.000 5～0.050
氧化钐	0.000 5～0.100	氧化铥	0.000 1～0.050
氧化铕	0.000 5～0.100	氧化镱	0.000 1～0.050
氧化钆	0.000 5～0.100	氧化镥	0.000 1～0.050
氧化铽	0.000 5～0.100	氧化钇	0.000 1～0.050

2 方法原理

试样以盐酸溶解，在稀盐酸介质中，直接以氩等离子体光源激发，进行光谱测定，并用系数校正法校正被测稀土杂质元素间的光谱干扰，以基体匹配法校正基体对测定的影响。

3 试剂

3.1 过氧化氢(30%)。

3.2 盐酸(1+1)。

3.3 盐酸(1+19)。

3.4 硝酸(1+1)。

3.5 氩气(>99.99%)。

3.6 氧化镧基体溶液：称取 25.000 0 g 经 900℃灼烧 1 h 的氧化镧(>99.999%)，置于 250 mL 烧杯中，加 75 mL 盐酸(3.2)，低温加热至溶解完全，冷却至室温，移入 500 mL 容量瓶中，用水稀释至刻度，混匀。此溶液 1 mL 含 50 mg 氧化镧。

3.7 氧化铈标准贮存溶液：称取 0.100 0 g 经 900℃灼烧 1h 的氧化铈(>99.99%)，置于 100 mL 烧杯中，加 10 mL 硝酸(3.4)，低温加热，并滴加过氧化氢(3.1)至溶解完全，冷却至室温，移入 100 mL 容量瓶中，用水稀释至刻度，混匀。此溶液 1 mL 含 1 mg 氧化铈。再将此溶液用盐酸(3.3)稀释成 1 mL 含

100 μg 和 1 mL 含 10 μg 氧化铈的标准溶液。

3.8 氧化镨标准贮存溶液：称取 0.100 0 g 经 900℃灼烧 1 h 的氧化镨(>99.99%)，置于 100 mL 烧杯中，加 10 mL 盐酸(3.2)，低温加热至溶解完全，冷却至室温，移入 100 mL 容量瓶中，用水稀释至刻度，混匀。此溶液 1 mL 含 1 mg 氧化镨。再将此溶液用盐酸(3.3)稀释成 1 mL 含 100 μg 和 1 mL 含 10 μg 氧化镨的标准溶液。

3.9 氧化钕标准贮存溶液：称取 0.100 0 g 经 900℃灼烧 1 h 的氧化钕(>99.99%)，置于 100 mL 烧杯中，加 10 mL 盐酸(3.2)，低温加热至溶解完全，冷却至室温，移入 100 mL 容量瓶中，用水稀释至刻度，混匀。此溶液 1 mL 含 1 mg 氧化钕。再将此溶液用盐酸(3.3)稀释成 1 mL 含 100 μg 和 1 mL 含 10 μg 氧化钕的标准溶液。

3.10 氧化钐标准贮存溶液：称取 0.100 0 g 经 900℃灼烧 1 h 的氧化钐(>99.99%)，置于 100 mL 烧杯中，加 10 mL 盐酸(3.2)，低温加热至溶解完全，冷却至室温，移入 100 mL 容量瓶中，用水稀释至刻度，混匀。此溶液 1 mL 含 1 mg 氧化钐。再将此溶液用盐酸(3.3)稀释成 1 mL 含 100 μg 和 1 mL 含 10 μg 氧化钐的标准溶液。

3.11 氧化铕标准贮存溶液：称取 0.100 0 g 经 900℃灼烧 1 h 的氧化铕(>99.99%)，置于 100 mL 烧杯中，加 10 mL 盐酸(3.2)，低温加热至溶解完全，冷却至室温，移入 100 mL 容量瓶中，用水稀释至刻度，混匀。此溶液 1 mL 含 1 mg 氧化铕。再将此溶液用盐酸(3.3)稀释成 1 mL 含 100 μg 和 1 mL 含 10 μg 氧化铕的标准溶液。

3.12 氧化钆标准贮存溶液：称取 0.100 0 g 经 900℃灼烧 1 h 的氧化钆(>99.99%)，置于 100 mL 烧杯中，加 10 mL 盐酸(3.2)，低温加热至溶解完全，冷却至室温，移入 100 mL 容量瓶中，用水稀释至刻度，混匀。此溶液 1 mL 含 1 mg 氧化钆。再将此溶液用盐酸(3.3)稀释成 1 mL 含 100 μg 和 1 mL 含 10 μg 氧化钆的标准溶液。

3.13 氧化铽标准贮存溶液：称取 0.100 0 g 经 900℃灼烧 1 h 的氧化铽(>99.99%)，置于 100 mL 烧杯中，加 10 mL 硝酸(3.4)，低温加热至溶解完全，冷却至室温，移入 100 mL 容量瓶中，用水稀释至刻度，混匀。此溶液 1 mL 含 1 mg 氧化铽。再将此溶液用盐酸(3.3)稀释成 1 mL 含 100 μg 和 1 mL 含 10 μg 氧化铽的标准溶液。

3.14 氧化镝标准贮存溶液：称取 0.100 0 g 经 900℃灼烧 1 h 的氧化镝(>99.99%)，置于 100 mL 烧杯中，加 10 mL 盐酸(3.2)，低温加热至溶解完全，冷却至室温，移入 100 mL 容量瓶中，用水稀释至刻度，混匀。此溶液 1 mL 含 1 mg 氧化镝。再将此溶液用盐酸(3.3)稀释成 1 mL 含 100 μg 和 1 mL 含 10 μg 氧化镝的标准溶液。

3.15 氧化钬标准贮存溶液：称取 0.100 0 g 经 900℃灼烧 1 h 的氧化钬(>99.99%)，置于 100 mL 烧杯中，加 10 mL 盐酸(3.2)，低温加热至溶解完全，冷却至室温，移入 100 mL 容量瓶中，用水稀释至刻度，混匀。此溶液 1 mL 含 1 mg 氧化钬。再将此溶液用盐酸(3.3)稀释成 1 mL 含 100 μg 和 1 mL 含 10 μg 氧化钬的标准溶液。

3.16 氧化铒标准贮存溶液：称取 0.100 0 g 经 900℃灼烧 1 h 的氧化铒(>99.99%)，置于 100 mL 烧杯中，加 10 mL 盐酸(3.2)，低温加热至溶解完全，冷却至室温，移入 100 mL 容量瓶中，用水稀释至刻度，混匀。此溶液 1 mL 含 1 mg 氧化铒。再将此溶液用盐酸(3.3)稀释成 1 mL 含 100 μg 和 1 mL 含 10 μg 氧化铒的标准溶液。

3.17 氧化铥标准贮存溶液：称取 0.100 0 g 经 900℃灼烧 1 h 的氧化铥(>99.99%)，置于 100 mL 烧杯中，加 10 mL 盐酸(3.2)，低温加热至溶解完全，冷却至室温，移入 100 mL 容量瓶中，用水稀释至刻度，混匀。此溶液 1 mL 含 1 mg 氧化铥。再将此溶液用盐酸(3.3)稀释成 1 mL 含 100 μg 和 1 mL 含 10 μg 氧化铥的标准溶液。

3.18 氧化镱标准贮存溶液：称取 0.100 0 g 经 900℃灼烧 1 h 的氧化镱(>99.99%)，置于 100 mL 烧杯中，加 10 mL 盐酸(3.2)，低温加热至溶解完全，冷却至室温，移入 100 mL 容量瓶中，用水稀释至刻度,混匀。此溶液 1 mL 含 1 mg 氧化镱。再将此溶液用盐酸(3.3)稀释成 1 mL 含 100 μg 和 1 mL 含 10 μg 氧化镱的标准溶液。

3.19 氧化镥标准贮存溶液:称取 0.100 0 g 经 900℃灼烧 1 h 的氧化镥(>99.99%),置于 100 mL 烧杯中,加 10 mL 盐酸(3.2),低温加热至溶解完全,冷却至室温,溶液移入 100 mL 容量瓶中,用水稀释至刻度,混匀。此溶液 1 mL 含 1 mg 氧化镥。再将此溶液用盐酸(3.3)稀释成 1 mL 含 100 μg 和 1 mL 含 10 μg 氧化镥的标准溶液。

3.20 氧化钇标准贮存溶液:称取 0.100 0 g 经 900℃灼烧 1 h 的氧化钇(>99.99%),置于 100 mL 烧杯中,加 10 mL 盐酸(3.2),低温加热至溶解完全,冷却至室温,溶液移入 100 mL 容量瓶中,用水稀释至刻度,混匀。此溶液 1 mL 含 1 mg 氧化钇。再将此溶液用盐酸(3.3)稀释成 1 mL 含 100 μg 和 1 mL 含 10 μg 氧化钇的标准溶液。

4 仪器

4.1 电感耦合等离子体光谱仪,分辨率<0.006 nm(200 nm 处)。

4.2 光源:氩等离子体光源。

5 试样

5.1 氧化物试样于 900℃灼烧 1 h,置于干燥器中,冷却至室温,立即称量。

5.2 金属试样应去掉表面氧化层,取样后立即称量。

6 分析步骤

6.1 试料

6.1.1 氧化物试料

称取 0.500 g 试样(5.1),精确至 0.000 1 g。

6.1.2 金属试料

称取 0.426 g 试样(5.2),精确至 0.000 1 g。

6.2 测定次数

称取二份试料,进行平行测定,取其平均值。

6.3 分析试液的制备

将试料(6.1)置于 100 mL 烧杯中,加入 10 mL 水,加 10 mL 盐酸(3.2),低温加热至溶解完全,蒸发至 5 mL 左右,冷却至室温,移入 50 mL 容量瓶中用水稀释至刻度,混匀。待用。

6.4 标准系列溶液的配制

将氧化镧基体溶液(3.6)和各稀土氧化物标准溶液(3.7~3.20)按表 2 分别移入 7 个 100 mL 容量瓶中,加入 6.5 mL 盐酸(3.2),以水稀释至刻度,混匀,制得标准系列溶液待用。

表 2

标液标号	各稀土(以氧化物计)质量浓度/(μg/mL)							
	氧化镧	氧化铈	氧化镨	氧化钕	氧化钐	氧化铕	氧化钆	氧化铽
1	10 000	0	0	0	0	0	0	0
2	10 000	0.01	0.01	0.01	0.01	0.01	0.01	0.01
3	10 000	0.05	0.05	0.05	0.05	0.05	0.05	0.05
4	10 000	0.10	0.10	0.10	0.10	0.10	0.10	0.10
5	10 000	0.20	0.20	0.20	0.20	0.20	0.20	0.20
6	10 000	1.00	1.00	1.00	1.00	1.00	1.00	1.00
7	10 000	10.00	10.00	10.00	10.00	10.00	10.00	10.00

表 2（续）

标液标号	各稀土（以氧化物计）质量浓度/(μg/mL)						
	氧化镝	氧化钬	氧化铒	氧化铥	氧化镱	氧化镥	氧化钇
1	0	0	0	0	0	0	0
2	0.01	0.01	0.01	0.01	0.01	0.01	0.01
3	0.05	0.05	0.05	0.05	0.05	0.05	0.05
4	0.10	0.10	0.10	0.10	0.10	0.10	0.10
5	0.20	0.20	0.20	0.20	0.20	0.20	0.20
6	1.00	1.00	1.00	1.00	1.00	1.00	1.00
7	10.00	10.00	10.00	10.00	10.00	10.00	10.00

6.5 测定

6.5.1 推荐分析线见表 3。

表 3

元　素	分析线/nm	元　素	分析线/nm
Ce	413.380	Tb	350.917
Pr	417.942	Dy	353.171
Pr	422.533	Ho	345.600
Nd	430.357	Er	337.275
Nd	401.225	Tm	313.126
Sm	359.260	Tm	342.908
Sm	446.734	Yb	328.937
Eu	381.966	Lu	261.542
Eu	390.711	Y	324.228
Gd	354.937	Y	371.029

6.5.2 将分析试液(6.3)与标准系列溶液(6.4)同时进行氩等离子体光谱测定。

7 分析结果的表述

将标准系列溶液(6.4)的含量直接输入计算机，根据标准系列溶液(6.4)和分析试液(6.3)的强度值，由计算机计算、校正并输出分析试液(6.3)中待测稀土元素的质量浓度。

按式(1)计算待测元素的质量分数(%)：

$$w(\mathrm{X})=\frac{k\cdot c\cdot V_0\times10^{-6}}{m_0}\times100 \qquad \cdots\cdots(1)$$

式中：

k——各元素单质与其氧化物的换算系数，见表 4。计算氧化物含量时，$k=1$；

c——自工作曲线上查得被测元素的质量浓度，单位为微克每毫升(μg/ mL)；

V_0——试液总体积，单位为毫升(mL)；

m_0——试料的质量，单位为克(g)。

表 4

元　素	k	元　素	k
Ce	0.814 0	Dy	0.871 3
Pr	0.827 7	Ho	0.873 0
Nd	0.857 3	Er	0.874 5
Sm	0.862 4	Tm	0.875 6
Eu	0.863 6	Yb	0.878 2
Gd	0.867 6	Lu	0.879 4
Tb	0.850 2	Y	0.787 4

8 精密度

8.1 重复性

在重复性条件下获得的两次独立测试结果的测定值，在以下给出的平均值范围内，这两个测试结果的绝对差值不超过重复性限(*r*)，超过重复性限(*r*)的情况不超过 5%。重复性限(*r*)按表 5 数据采用线性内插法求得：

表 5

氧化物	质量分数/%	重复性限(*r*)/%	氧化物	质量分数/%	重复性限(*r*)/%
氧化铈	0.001 0	0.000 3	氧化镝	0.000 9	0.000 3
	0.002 9	0.000 5		0.002 8	0.000 5
	0.010	0.001 0		0.009 9	0.001
	0.099	0.005		0.048	0.005
氧化镨	0.001 0	0.000 3	氧化钬	0.000 9	0.000 3
	0.002 9	0.000 5		0.002 8	0.000 5
	0.009 9	0.001 0		0.010	0.001 0
	0.096	0.005		0.049	0.005 0
氧化钕	0.001 1	0.000 3	氧化铒	0.000 9	0.000 3
	0.003 0	0.000 5		0.002 8	0.000 5
	0.010 2	0.001		0.010	0.001
	0.105	0.005		0.049	0.005
氧化钐	0.000 9	0.000 3	氧化铥	0.000 8	0.000 3
	0.002 9	0.000 5		0.002 8	0.000 5
	0.010	0.001		0.009 9	0.001
	0.097	0.005		0.051	0.005
氧化铕	0.000 8	0.000 2	氧化镱	0.000 8	0.000 3
	0.002 7	0.000 5		0.002 8	0.000 5
	0.009 9	0.001		0.010	0.001
	0.097	0.005		0.052	0.005
氧化钆	0.000 9	0.000 3	氧化镥	0.000 9	0.000 3
	0.002 8	0.000 5		0.002 8	0.000 5
	0.010	0.001		0.009 8	0.001
	0.100	0.005		0.053	0.005
氧化铽	0.001 0	0.000 3	氧化钇	0.001 2	0.000 3
	0.002 9	0.000 5		0.003 0	0.000 5
	0.010 1	0.001		0.010 1	0.001
	0.099	0.005		0.098	0.005

注：重复性限(*r*)为 2.8×*Sr*，*Sr* 为重复性标准差。

8.2 允许差

实验室之间分析结果的差值应不大于表 6 所列允许差。

表 6

氧化物	质量分数/%	允许差/%
氧化铈 氧化镨 氧化钕 氧化钐 氧化铕 氧化钆 氧化铽	0.000 5～0.001 0 >0.001 0～0.002 0 >0.002 0～0.004 0 >0.004 0～0.008 0 >0.008 0～0.020 >0.020～0.050 >0.050～0.100	0.000 4 0.000 5 0.000 6 0.001 0 0.002 0.006 0.010
氧化镝 氧化钬 氧化铒	0.000 5～0.001 0 >0.001 0～0.002 0 >0.002 0～0.004 0 >0.004 0～0.008 0 >0.008 0～0.020 >0.020～0.050	0.000 4 0.000 5 0.000 6 0.001 0 0.002 0.006
氧化铥 氧化镱 氧化镥 氧化钇	0.000 1～0.000 3 >0.000 3～0.000 5 >0.000 5～0.001 0 >0.001 0～0.002 0 >0.002 0～0.004 0 >0.004 0～0.008 0 >0.008 0～0.020 >0.020～0.050	0.000 1 0.000 2 0.000 3 0.000 4 0.000 6 0.001 0 0.002 0.006

9 质量保证与控制

每周用自制的控制标样(如有国家级或行业级标样时,应首先使用)校核一次本标准分析方法的有效性。当过程失控时,应找出原因,纠正错误,重新进行校核。

电感耦合等离子体质谱法(方法 2)

10 范围

本方法规定了氧化镧中氧化铈、氧化镨、氧化钕、氧化钐、氧化铕、氧化钆、氧化铽、氧化镝、氧化钬、氧化铒、氧化铥、氧化镱、氧化镥和氧化钇含量的测定方法。

本方法适用于氧化镧中氧化铈、氧化镨、氧化钕、氧化钐、氧化铕、氧化钆、氧化铽、氧化镝、氧化钬、氧化铒、氧化铥、氧化镱、氧化镥和氧化钇含量的测定。测定范围见表 7。

本方法也适用于金属镧中铈、镨、钕、钐、铕、钆、铽、镝、钬、铒、铥、镱、镥和钇含量的测定。

表 7

氧化物	质量分数/%	氧化物	质量分数/%
氧化铈	0.000 1～0.010	氧化镝	0.000 05～0.010
氧化镨	0.000 05～0.010	氧化钬	0.000 05～0.010
氧化钕	0.000 05～0.010	氧化铒	0.000 05～0.010
氧化钐	0.000 05～0.010	氧化铥	0.000 05～0.010
氧化铕	0.000 05～0.010	氧化镱	0.000 05～0.010
氧化钆	0.000 05～0.010	氧化镥	0.000 05～0.010
氧化铽	0.000 05～0.010	氧化钇	0.000 1～0.010

11 方法原理

试样以硝酸溶解，在稀硝酸介质中，以氩等离子体为离子化源，直接进行质谱测定。测定时以内标法进行校正。

12 试剂和材料

12.1 氯化铟，优级纯。

12.2 硝酸(ρ1.42 g/ mL)，优级纯。

12.3 硝酸(1+1)。

12.4 硝酸(1+19)。

12.5 过氧化氢(30%)，优级纯。

12.6 铟内标溶液：称取 0.121 0 g 氯化铟(12.1)，加 10 mL 水，溶解完全，加 10 mL 硝酸(12.3)，移入 100 mL 容量瓶中，用水稀释至刻度，混匀。此溶液 1 mL 含 1 mg 铟。再将此溶液用硝酸(12.4)逐步稀释成 1 mL 含 1 μg 铟的内标溶液。

12.7 氧化铈标准贮存溶液：称取 0.100 0 g 经 900℃灼烧 1 h 的氧化铈(>99.99%)，置于 100 mL 烧杯中，加 10 mL 硝酸(12.3)，2 mL 过氧化氢(12.5)，低温加热至溶解完全，取下冷却，移入 100 mL 容量瓶中，用水稀释至刻度，混匀。此溶液 1 mL 含 1 000 μg 氧化铈。

12.8 氧化镨标准贮存溶液：称取 0.100 0 g 经 900℃灼烧 1 h 的氧化镨(>99.99%)，置于 100 mL 烧杯中，加 10 mL 硝酸(12.3)，低温加热至溶解完全，取下冷却，移入 100 mL 容量瓶中，用水稀释至刻度，混匀。此溶液 1 mL 含 1 000 μg 氧化镨。

12.9 氧化钕标准贮存溶液：称取 0.100 0 g 经 900℃灼烧 1 h 的氧化钕(>99.99%)，置于 100 mL 烧杯中，加 10 mL 硝酸(12.3)，低温加热至溶解完全，取下冷却，移入 100 mL 容量瓶中，用水稀释至刻度，混匀。此溶液 1 mL 含 1 000 μg 氧化钕。

12.10 氧化钐标准贮存溶液：称取 0.100 0 g 经 900℃灼烧 1 h 的氧化钐(>99.99%)，置于 100 mL 烧杯中，加 10 mL 硝酸(12.3)，低温加热至溶解完全，取下冷却，移入 100 mL 容量瓶中，用水稀释至刻度，混匀。此溶液 1 mL 含 1 000 μg 氧化钐。

12.11 氧化铕标准贮存溶液：称取 0.100 0 g 经 900℃灼烧 1 h 的氧化铕(>99.99%)，置于 100 mL 烧杯中，加 10 mL 硝酸(12.3)，低温加热至溶解完全，取下冷却，移入 100 mL 容量瓶中，用水稀释至刻度，混匀。此溶液 1 mL 含 1 000 μg 氧化铕。

12.12 氧化钆标准贮存溶液：称取 0.100 0 g 经 900℃灼烧 1 h 的氧化钆(>99.99%)，置于 100 mL 烧杯中，加 10 mL 硝酸(12.3)，低温加热至溶解完全，取下冷却，移入 100 mL 容量瓶中，用水稀释至刻度，混匀。此溶液 1 mL 含 1 000 μg 氧化钆。

12.13 氧化铽标准贮存溶液：称取 0.100 0 g 经 900℃灼烧 1 h 的氧化铽(>99.99%)，置于 100 mL 烧杯中，加 10 mL 硝酸(12.3)，低温加热至溶解完全，取下冷却，移入 100 mL 容量瓶中，用水稀释至刻度，混匀。此溶液 1 mL 含 1 000 μg 氧化铽。

12.14 氧化镝标准贮存溶液：称取 0.100 0 g 经 900℃灼烧 1 h 的氧化镝(>99.99%)，置于 100 mL 烧杯中，加 10 mL 硝酸(12.3)，低温加热至溶解完全，取下冷却，移入 100 mL 容量瓶中，用水稀释至刻度，混匀。此溶液 1 mL 含 1 000 μg 氧化镝。

12.15 氧化钬标准贮存溶液：称取 0.100 0 g 经 900℃灼烧 1 h 的氧化钬(>99.99%)，置于 100 mL 烧杯中，加 10 mL 硝酸(12.3)，低温加热至溶解完全，取下冷却，移入 100 mL 容量瓶中，用水稀释至刻度，混匀。此溶液 1 mL 含 1 000 μg 氧化钬。

12.16 氧化铒标准贮存溶液：称取 0.100 0 g 经 900℃灼烧 1 h 的氧化铒（>99.99%），置于 100 mL 烧杯中，加 10 mL 硝酸(12.3)，低温加热至溶解完全，取下冷却，移入 100 mL 容量瓶中，用水稀释至刻度，混匀。此溶液 1 mL 含 1 000 μg 氧化铒。

12.17 氧化铥标准贮存溶液：称取 0.100 0 g 经 900℃灼烧 1 h 的氧化铥（>99.99%），置于 100 mL 烧杯中，加 10 mL 硝酸(12.3)，低温加热至溶解完全，取下冷却，移入 100 mL 容量瓶中，用水稀释至刻度，混匀。此溶液 1 mL 含 1 000 μg 氧化铥。

12.18 氧化镱标准贮存溶液：称取 0.100 0 g 经 900℃灼烧 1 h 的氧化镱（>99.99%），置于 100 mL 烧杯中，加 10 mL 硝酸(12.3)，低温加热至溶解完全，取下冷却，移入 100 mL 容量瓶中，用水稀释至刻度，混匀。此溶液 1 mL 含 1 000 μg 氧化镱。

12.19 氧化镥标准贮存溶液：称取 0.100 0 g 经 900℃灼烧 1 h 的氧化镥（>99.99%），置于 100 mL 烧杯中，加 10 mL 硝酸(12.3)，低温加热至溶解完全，取下冷却，移入 100 mL 容量瓶中，用水稀释至刻度，混匀。此溶液 1 mL 含 1 000 μg 氧化镥。

12.20 氧化钇标准贮存溶液：称取 0.100 0 g 经 900℃灼烧 1 h 的氧化钇（>99.99%），置于 100 mL 烧杯中，加 10 mL 硝酸(12.3)，低温加热至溶解完全，取下冷却，移入 100 mL 容量瓶中，用水稀释至刻度，混匀。此溶液 1 mL 含 1 000 μg 氧化钇。

12.21 混合稀土标准溶液：分别移取 2.00 mL 各稀土氧化物标准贮存溶液（12.7～12.20）置于 100 mL容量瓶中，加 10 mL 硝酸(12.3)，用水稀释至刻度，混匀。此溶液 1 mL 含各单一稀土氧化物分别为 20.0 μg。再将此溶液用硝酸(12.4)稀释成 1 mL 含各单一稀土氧化物分别为 1.00 μg 的标准溶液。

12.22 氩气（>99.99%）。

13 仪器

电感耦合等离子体质谱仪：质量分辨率优于(0.8±0.1)amu。

14 试样

14.1 氧化物试样于 900℃灼烧 1 h，置于干燥器中，冷却至室温，立即称量。

14.2 金属试样去掉表面氧化层，取样后，立即称量。

15 分析步骤

15.1 试料

按表 8 称取试样(14)，精确至 0.000 1 g。

表 8

稀土杂质（质量分数）/%	试样量/g
0.000 1～0.005 0	0.25
>0.005 0～0.010	0.1

15.2 测定次数

称取二份试料，进行平行测定，取其平均值。

15.3 空白试验

随同试料做空白试验。

15.4 分析试液的制备

将试料(15.1)置于 50 mL 烧杯中,加入 5 mL 水、5 mL 硝酸(12.3),低温加热至溶解完全,蒸至近干,取下,冷却后,用硝酸(12.4)将其移入 50 mL 容量瓶中并稀释至刻度,混匀,从中分取 3.00 mL 试液于 50 mL 容量瓶中,加入 0.50 mL 铟内标溶液(12.6),用水稀释至刻度,混匀。

15.5 标准系列溶液的配制

准确移取 0 mL、0.20 mL、1.00 mL、3.00 mL 混合稀土标准溶液(12.21)于 4 个 100 mL 容量瓶中,加入 1.00 mL 铟内标溶液(12.6),加入 2 mL 硝酸(12.4),以水稀释至刻度,混匀,待测。此标准系列溶液 1 mL 含各单一稀土氧化物分别为 0 ng、2.0 ng、10.0 ng、30.0 ng。

15.6 测定

15.6.1 测量元素同位素质量数见表 9。

表 9

元　素	测定同位素的质量数	元　素	测定同位素的质量数
Y	89	Dy	163,164
Ce	142,140	Ho	165
Pr	141	Er	166,167
Nd	146,144	Tm	169
Sm	147,152	Yb	174,176
Eu	151,153	Lu	175
Gd	160	In	115
Tb	159	—	—

15.6.2 将空白试验(15.3)溶液、分析试液(15.4)与标准系列溶液(15.5)同时进行氩等离子体质谱测定。

16 分析结果的计算

将标准系列溶液(15.5)的质量浓度直接输入计算机,用内标校正法校正,由计算机计算并输出空白试验(15.3)溶液、分析试液(15.4)中待测元素的质量浓度。

按式(2)计算被测稀土元素的质量分数(%):

$$w(X)=\frac{k\cdot(c-c_0)\cdot V_2\cdot V_0\times10^{-9}}{m\cdot V_1}\times100 \qquad\cdots\cdots(2)$$

式中:

k——各元素单质与其氧化物的换算系数,见表 4。计算氧化物含量时,$k=1$;

c——计算机输出的分析试液(15.4)中待测元素的质量浓度,单位为纳克每毫升(ng/ mL);

c_0——计算机输出的空白试验(15.3)溶液中待测元素的质量浓度,单位为纳克每毫升(ng/ mL);

V_2——分析试液(15.4)的体积,单位为毫升(mL);

V_0——试液总体积,单位为毫升(mL);

m——试料的质量,单位为克(g);

V_1——分取试液的体积,单位为毫升(mL)。

17 精密度

17.1 重复性

在重复性条件下获得的两次独立测试结果的测定值，在以下给出的平均值范围内，这两个测试结果的绝对差值不超过重复性限(r)，超过重复性限(r)的情况不超过5%，重复性限(r)按表10数据采用线性内插法求得。

表 10

氧化物	质量分数/%	重复性限(r)/%	氧化物	质量分数/%	重复性限(r)/%
氧化铈	0.000 2	0.000 1	氧化镝	0.000 2	0.000 1
	0.000 6	0.000 2		0.000 6	0.000 2
	0.002 0	0.000 3		0.002 0	0.000 3
	0.010	0.001 5		0.010	0.001 3
氧化镨	0.000 2	0.000 1	氧化钬	0.000 2	0.000 1
	0.000 6	0.000 2		0.000 6	0.000 2
	0.002 0	0.000 3		0.002 0	0.000 3
	0.010	0.001 2		0.010 0	0.001 1
氧化钕	0.000 3	0.000 1	氧化铒	0.000 2	0.000 1
	0.000 6	0.000 2		0.002 0	0.000 3
	0.002 0	0.000 3		0.010 0	0.001 0
	0.010	0.001 2		—	—
氧化钐	0.000 2	0.000 1	氧化铥	0.000 2	0.000 1
	0.000 6	0.000 2		0.000 6	0.000 2
	0.002 0	0.000 3		0.002 0	0.000 3
	0.010	0.001		0.010 0	0.001 1
氧化铕	0.000 2	0.000 1	氧化镱	0.000 3	0.000 1
	0.000 6	0.000 2		0.000 6	0.000 2
	0.002 0	0.000 3		0.002 0	0.000 3
	0.010	0.001		0.010	0.001
氧化钆	0.000 3	0.000 1	氧化镥	0.000 2	0.000 1
	0.000 6	0.000 2		0.000 6	0.000 2
	0.002 0	0.000 3		0.002 0	0.000 3
	0.010 0	0.001 2		0.010	0.001
氧化铽	0.000 2	0.000 1	氧化钇	0.000 3	0.000 1
	0.000 6	0.000 2		0.000 6	0.000 2
	0.002 0	0.000 3		0.002 0	0.000 3
	0.010	0.001		0.010	0.001

注：重复性限(r)为$2.8\times Sr$，Sr为重复性标准差。

17.2 允许差

实验室之间分析结果的差值应不大于表11所列允许差。

表 11

氧化物	质量分数/%	允许差/%
氧化铈 氧化钇	0.000 1～0.000 3	0.000 1
	>0.000 3～0.001 0	0.000 2
	>0.001 0～0.003 0	0.000 4
	>0.003 0～0.008 0	0.001 0
	>0.008 0～0.010	0.002
氧化镨 氧化钕 氧化钐 氧化铕 氧化钆	0.000 05～0.000 1	0.000 05
	>0.000 1～0.000 3	0.000 1
	>0.000 3～0.001 0	0.000 2
	>0.001 0～0.003 0	0.000 4
	>0.003 0～0.008 0	0.001 0
	>0.008 0～0.010	0.002
氧化铽 氧化镝 氧化钬 氧化铒 氧化铥 氧化镱 氧化镥	0.000 05～0.000 1	0.000 05
	>0.000 1～0.000 3	0.000 1
	>0.000 3～0.001 0	0.000 2
	>0.001 0～0.003 0	0.000 4
	>0.003 0～0.008 0	0.001 0
	>0.008 0～0.010	0.002

18 质量保证和控制

每周用自制的控制标样(如有国家级或行业级标样时,应首先使用)校核一次本标准分析方法的有效性。当过程失控时,应找出原因,纠正错误,重新进行校核。

ICS 77.120.99
H 14

中华人民共和国国家标准

GB/T 18115.2—2006
代替 GB/T 18115.2—2000

稀土金属及其氧化物中稀土杂质化学分析方法 铈中镧、镨、钕、钐、铕、钆、铽、镝、钬、铒、铥、镱、镥和钇量的测定

Chemical analysis methods of rare earth impurities in rare earth metals and their oxides—Cerium—Determination of lanthanum, praseodymium, neodymium, samarium, europium, gadolinium, terbium, dysprosium, holmium, erbium, thulium, ytterbium, lutetium and yttrium contents

2006-04-13 发布　　　　2006-10-01 实施

中华人民共和国国家质量监督检验检疫总局
中国国家标准化管理委员会　发布

前言

本部分代替 GB/T 18115.2—2000《稀土氧化物化学分析方法　电感耦合等离子体发射光谱法测定氧化铈中氧化镧、氧化镨、氧化钕、氧化钐、氧化铕、氧化钆、氧化铽、氧化镝、氧化钬、氧化铒、氧化铥、氧化镱、氧化镥和氧化钇量》，本部分与前一版本相比主要变化如下：

——电感耦合等离子体光谱法，增加了 9 条参考谱线，分别为：La399.575 nm、Pr410.072 nm、Nd430.357 nm、Eu281.395 nm、Eu412.974 nm、Er326.478 nm、Tm313.126 nm、Y377.433 nm、Y437.494nm；

——增加了精密度(重复性)条款；

——增加了电感耦合等离子体质谱法。

两个方法的分析范围有重叠部分时，以方法 2 作为仲裁方法。

本部分的附录 A 为资料性附录。

本部分由国家发展和改革委员会稀土办公室提出。

本部分由全国稀土标准化技术委员会归口并负责解释。

本部分由北京有色金属研究总院、中国有色金属工业标准计量质量研究所负责起草。

本部分方法 1 由山东淄博加华新材料资源有限公司起草。

本部分方法 1 由江阴加华新材料资源有限公司、上海跃龙新材料股份有限公司参加起草。

本部分方法 1 主要起草人：贾福玉、刘长水。

本部分方法 1 主要验证人：王寿虹、李小军、吴克平、谈世群。

本部分方法 2 由内蒙古包钢稀土高科技股份有限公司起草。

本部分方法 2 由江阴加华新材料资源有限公司、中核集团公司二〇二厂参加起草。

本部分方法 2 主要起草人：周晓东、于晶雪、张桂梅。

本部分方法 2 主要验证人：何凤娟、张懿、刘新燕、宋君武。

本部分所代替标准的历次版本发布情况为：

——GB/T 18115.2—2000。

稀土金属及其氧化物中稀土杂质化学分析方法 铈中镧、镨、钕、钐、铕、钆、铽、镝、钬、铒、铥、镱、镥和钇量的测定

电感耦合等离子体光谱法(方法 1)

1 范围

本方法规定了氧化铈中氧化镧、氧化镨、氧化钕、氧化钐、氧化铕、氧化钆、氧化铽、氧化镝、氧化钬、氧化铒、氧化铥、氧化镱、氧化镥和氧化钇含量的测定方法。

本方法适用于氧化铈中氧化镧、氧化镨、氧化钕、氧化钐、氧化铕、氧化钆、氧化铽、氧化镝、氧化钬、氧化铒、氧化铥、氧化镱、氧化镥和氧化钇含量的测定。测定范围见表1。

本方法也适用于金属铈中镧、镨、钕、钐、铕、钆、铽、镝、钬、铒、铥、镱、镥和钇含量的测定。

表 1

氧化物	质量分数/%	氧化物	质量分数/%
氧化镧	0.005 0～0.100	氧化镝	0.005 0～0.100
氧化镨	0.005 0～0.100	氧化钬	0.002 5～0.050
氧化钕	0.005 0～0.100	氧化铒	0.002 5～0.050
氧化钐	0.002 5～0.050	氧化铥	0.002 5～0.050
氧化铕	0.002 5～0.050	氧化镱	0.001 0～0.020
氧化钆	0.005 0～0.100	氧化镥	0.001 0～0.020
氧化铽	0.005 0～0.100	氧化钇	0.002 5～0.050

2 方法原理

试样以硝酸溶解，在稀硝酸介质中，直接以氩等离子体光源激发，进行光谱测定，以基体匹配法校正基体对测定的影响。

3 试剂

3.1 过氧化氢(30%)。

3.2 盐酸(1+1)。

3.3 盐酸(1+19)。

3.4 硝酸(1+1)。

3.5 硝酸(1+19)。

3.6 氩气（>99.99%）。

3.7 氧化铈基体溶液：称取 5.000 0 g 经 900℃灼烧 1 h 的氧化铈(>99.999%)，置于 250 mL 烧杯中，加 50 mL 硝酸(3.4)，加 10 mL 过氧化氢(3.1)，低温加热至溶解完全，冷却至室温，移入 200 mL 容量瓶中，用水稀释至刻度，混匀。此溶液 1 mL 含 25 mg 氧化铈。

3.8 氧化镧标准贮存溶液:称取0.1000g经900℃灼烧1h的氧化镧(>99.99%),置于100 mL烧杯中,加10 mL盐酸(3.2),低温加热至溶解完全,冷却至室温,移入100 mL容量瓶中,用水稀释至刻度,混匀。此溶液1 mL含1 mg氧化镧。再将此溶液用盐酸(3.3)稀释成1 mL含100 μg和1 mL含10 μg氧化镧的标准溶液。

3.9 氧化镨标准贮存溶液:称取0.1000g经900℃灼烧1h的氧化镨(>99.99%),置于100 mL烧杯中,加10 mL盐酸(3.2),低温加热至溶解完全,冷却至室温,移入100 mL容量瓶中,用水稀释至刻度,混匀。此溶液1 mL含1 mg氧化镨。再将此溶液用盐酸(3.3)稀释成1 mL含100 μg和1 mL含10 μg氧化镨的标准溶液。

3.10 氧化钕标准贮存溶液:称取0.1000g经900℃灼烧1h的氧化钕(>99.99%),置于100 mL烧杯中,加10 mL盐酸(3.2),低温加热至溶解完全,冷却至室温,移入100 mL容量瓶中,用水稀释至刻度,混匀。此溶液1 mL含1 mg氧化钕。再将此溶液用盐酸(3.3)稀释成1 mL含100 μg和1 mL含10 μg氧化钕的标准溶液。

3.11 氧化钐标准贮存溶液:称取0.1000g经900℃灼烧1h的氧化钐(>99.99%),置于100 mL烧杯中,加10 mL盐酸(3.2),低温加热至溶解完全,冷却至室温,移入100 mL容量瓶中,用水稀释至刻度,混匀。此溶液1 mL含1 mg氧化钐。再将此溶液用盐酸(3.3)稀释成1 mL含100 μg和1 mL含10 μg氧化钐的标准溶液。

3.12 氧化铕标准贮存溶液:称取0.1000g经900℃灼烧1h的氧化铕(>99.99%),置于100 mL烧杯中,加10 mL盐酸(3.2),低温加热至溶解完全,冷却至室温,移入100 mL容量瓶中,用水稀释至刻度,混匀。此溶液1 mL含1 mg氧化铕。再将此溶液用盐酸(3.3)稀释成1 mL含100 μg和1 mL含10 μg氧化铕的标准溶液。

3.13 氧化钆标准贮存溶液:称取0.1000g经900℃灼烧1h的氧化钆(>99.99%),置于100 mL烧杯中,加10 mL盐酸(3.2),低温加热至溶解完全,冷却至室温,移入100 mL容量瓶中,用水稀释至刻度,混匀。此溶液1 mL含1 mg氧化钆。再将此溶液用盐酸(3.3)稀释成1 mL含100 μg和1 mL含10 μg氧化钆的标准溶液。

3.14 氧化铽标准贮存溶液:称取0.1000g经900℃灼烧1h的氧化铽(>99.99%),置于100 mL烧杯中,加10 mL硝酸(3.4),低温加热至溶解完全,冷却至室温,移入100 mL容量瓶中,用水稀释至刻度,混匀。此溶液1 mL含1 mg氧化铽。再将此溶液用盐酸(3.3)稀释成1 mL含100 μg和1 mL含10 μg氧化铽的标准溶液。

3.15 氧化镝标准贮存溶液:称取0.1000g经900℃灼烧1h的氧化镝(>99.99%),置于100 mL烧杯中,加10 mL盐酸(3.2),低温加热至溶解完全,冷却至室温,移入100 mL容量瓶中,用水稀释至刻度,混匀。此溶液1 mL含1 mg氧化镝。再将此溶液用盐酸(3.3)稀释成1 mL含100 μg和1 mL含10 μg氧化镝的标准溶液。

3.16 氧化钬标准贮存溶液:称取0.1000g经900℃灼烧1h的氧化钬(>99.99%),置于100 mL烧杯中,加10 mL盐酸(3.2),低温加热至溶解完全,冷却至室温,移入100 mL容量瓶中,用水稀释至刻度,混匀。此溶液1 mL含1 mg氧化钬。再将此溶液用盐酸(3.3)稀释成1 mL含100 μg和1 mL含10 μg氧化钬的标准溶液。

3.17 氧化铒标准贮存溶液:称取0.1000g经900℃灼烧1h的氧化铒(>99.99%),置于100 mL烧杯中,加10 mL盐酸(3.2),低温加热至溶解完全,冷却至室温,移入100 mL容量瓶中,用水稀释至刻度,混匀。此溶液1 mL含1 mg氧化铒。再将此溶液用盐酸(3.3)稀释成1 mL含100 μg和1 mL含10 μg氧化铒的标准溶液。

3.18 氧化铥标准贮存溶液：称取 0.100 0 g 经 900℃灼烧 1 h 的氧化铥(>99.99%)，置于 100 mL 烧杯中，加 10 mL 盐酸(3.2)，低温加热至溶解完全，冷却至室温，移入 100 mL 容量瓶中，用水稀释至刻度，混匀。此溶液 1 mL 含 1 mg 氧化铥。再将此溶液用盐酸(3.3)稀释成 1 mL 含 100 μg 和 1 mL 含 10 μg 氧化铥的标准溶液。

3.19 氧化镱标准贮存溶液：称取 0.100 0 g 经 900℃灼烧 1 h 的氧化镱(>99.99%)，置于 100 mL 烧杯中，加 10 mL 盐酸(3.2)，低温加热至溶解完全，冷却至室温，移入 100 mL 容量瓶中，用水稀释至刻度，混匀。此溶液 1 mL 含 1 mg 氧化镱。再将此溶液用盐酸(3.3)稀释成 1 mL 含 100 μg 和 1 mL 含 10 μg 氧化镱的标准溶液。

3.20 氧化镥标准贮存溶液：称取 0.100 0 g 经 900℃灼烧 1 h 的氧化镥(>99.99%)，置于 100 mL 烧杯中，加 10 mL 盐酸(3.2)，低温加热至溶解完全，冷却至室温，溶液移入 100 mL 容量瓶中，用水稀释至刻度，混匀。此溶液 1 mL 含 1 mg 氧化镥。再将此溶液用盐酸(3.3)稀释成 1 mL 含 100 μg 和 1 mL 含 10 μg 氧化镥的标准溶液。

3.21 氧化钇标准贮存溶液：称取 0.100 0 g 经 900℃灼烧 1 h 的氧化钇(>99.99%)，置于 100 mL 烧杯中，加 10 mL 盐酸(3.2)，低温加热至溶解完全，冷却至室温，溶液移入 100 mL 容量瓶中，用水稀释至刻度，混匀。此溶液 1 mL 含 1 mg 氧化钇。再将此溶液用盐酸(3.3)稀释成 1 mL 含 100 μg 和 1 mL 含 10 μg 氧化钇的标准溶液。

4 仪器

4.1 电感耦合等离子体光谱仪，分辨率小于 0.006 nm(200 nm 处)。

4.2 光源：氩等离子体光源。

5 试样

5.1 氧化物试样于 900℃灼烧 1 h，置于干燥器中，冷却至室温，立即称量。

5.2 金属试样应去掉表面氧化层，取样后立即称量。

6 分析步骤

6.1 试料

6.1.1 氧化物试料

称取 0.500 g 试样(5.1)，精确至 0.000 1 g。

6.1.2 金属试料

称取 0.407 g 试样(5.2)，精确至 0.000 1 g。

6.2 测定次数

称取两份试料，进行平行测定，取其平均值。

6.3 分析试液的制备

将试料(6.1)置于 100 mL 烧杯中，加入 10 mL 水，10 mL 硝酸(3.4)，低温加热至溶解完全，冷却至室温，移入 100 mL 容量瓶中用水稀释至刻度，混匀，待用。

6.4 标准系列溶液的配制

将氧化铈基体溶液(3.7)和各稀土氧化物标准溶液(3.8～3.21)按表 2 分别移入 5 个 100 mL 容量瓶中，加入 8 mL 硝酸(3.4)，以水稀释至刻度，混匀，制得标准系列溶液，待用。

表 2

标液标号	各稀土(以氧化物计)质量浓度/(μg/mL)							
	氧化铈	氧化镧	氧化镨	氧化钕	氧化钐	氧化铕	氧化钆	氧化铽
1	5 000	0	0	0	0	0	0	0
2	5 000	0.25	0.25	0.25	0.125	0.125	0.25	0.25
3	5 000	0.50	0.50	0.50	0.250	0.250	0.50	0.50
4	5 000	2.00	2.00	2.00	1.000	1.000	2.00	2.00
5	5 000	5.00	5.00	5.00	2.500	2.500	5.00	5.00

标液标号	各稀土(以氧化物计)质量浓度/(μg/mL)						
	氧化镝	氧化钬	氧化铒	氧化铥	氧化镱	氧化镥	氧化钇
1	0	0	0	0	0	0	0
2	0.25	0.125	0.125	0.125	0.05	0.05	0.125
3	0.50	0.250	0.250	0.250	0.10	0.10	0.250
4	2.00	1.000	1.000	1.000	0.40	0.40	1.000
5	5.00	2.500	2.500	2.500	1.00	1.00	2.500

6.5 测定

6.5.1 推荐分析线见表 3。

表 3

元　素	分析线/nm	元　素	分析线/nm
La	333.749,399.575	Dy	340.780
Pr	410.072,422.533	Ho	345.600
Nd	430.357,406.109	Er	337.275,326.478
Sm	359.620	Tm	313.126,346.220
Eu	281.395,381.966,412.974	Yb	328.937,369.420
Gd	310.051	Lu	261.542,219.554
Tb	367.635,332.440	Y	377.433,371.028,437.494

6.5.2 将分析试液(6.3)与标准系列溶液(6.4)同时进行氩等离子体光谱测定。

7 分析结果的表述

将标准系列溶液(6.4)的含量直接输入计算机,根据标准系列溶液(6.4)和分析试液(6.3)的强度值,由计算机计算、校正并输出分析试液(6.3)中待测稀土元素的质量浓度。

按公式(1)计算待测稀土元素的质量分数(%):

$$w(\mathrm{X})=\frac{k\cdot c\cdot V_0\times 10^{-6}}{m_0}\times 100 \qquad \cdots\cdots(1)$$

式中:

k——各元素单质与其氧化物的换算系数,见表 4。计算氧化物含量时,$k=1$;

c——自工作曲线上查得被测稀土氧化物的质量浓度,单位为微克每毫升(μg/mL);

V_0——试液总体积,单位为毫升(mL);

m_0——试料的质量,单位为克(g)。

表 4

元　素	k	元　素	k
La	0.852 6	Dy	0.871 3
Pr	0.827 7	Ho	0.873 0
Nd	0.857 3	Er	0.874 5
Sm	0.862 3	Tm	0.875 6
Eu	0.863 6	Yb	0.878 2
Gd	0.867 6	Lu	0.879 4
Tb	0.850 2	Y	0.787 4

8 精密度

8.1 重复性

在重复性条件下获得的两次独立测试结果的测定值，在以下给出的平均值范围内，这两个测试结果的绝对差值不超过重复性限(r)，超过重复性限(r)的情况不超过5%。重复性限(r)按表5数据采用线性内插法求得：

表 5

氧化物	质量分数/%	重复性限(r)	氧化物	质量分数/%	重复性限(r)
氧化镧	0.007 8	0.001 0	氧化镝	0.006 1	0.001 5
	0.014	0.002		0.010	0.002
	0.072	0.010		0.075	0.010
氧化镨	0.008 7	0.001 5	氧化钬	0.003 2	0.000 8
	0.026	0.005		0.009 5	0.001 5
	0.077	0.010		0.035	0.008
氧化钕	0.006 8	0.001 5	氧化铒	0.002 7	0.000 8
	0.027	0.005		0.007 4	0.001 5
	0.073	0.010		0.032	0.008
氧化钐	0.002 8	0.000 8	氧化铥	0.002 7	0.000 8
	0.012	0.002		0.009 9	0.001 5
	0.035	0.008		0.035	0.008
氧化铕	0.002 6	0.000 8	氧化镱	0.001 3	0.000 6
	0.005 5	0.001 0		0.003 2	0.000 8
	0.036	0.008		0.017	0.004
氧化钆	0.005 7	0.001 0	氧化镥	0.001 1	0.000 5
	0.022	0.005		0.001 5	0.000 6
	0.074	0.010		0.017	0.004
氧化铽	0.007 2	0.001 5	氧化钇	0.002 6	0.000 8
	0.020	0.005		0.003 7	0.000 9
	0.072	0.010		0.037	0.008

注：重复性限(r)为$2.8 \times Sr$，Sr为重复性标准差。

8.2 允许差

实验室之间分析结果的差值应不大于表 6 所列允许差。

表 6

氧化物	质量分数/%	允许差/%	氧化物	质量分数/%	允许差/%
氧化镧、氧化镨 氧化钕、氧化钆 氧化铽、氧化镝	0.005 0～0.006 0	0.001 0	氧化镱、 氧化镥	0.001 0～0.002 0	0.000 6
	>0.006 0～0.008 0	0.001 5		>0.002 0～0.003 0	0.001 0
	>0.008 0～0.010	0.002 5		>0.003 0～0.004 0	0.001 2
	>0.010～0.050	0.005		>0.004 0～0.006 0	0.001 5
	>0.050～0.070	0.008		>0.006 0～0.010	0.001 8
	>0.070～0.100	0.015		>0.010～0.020	0.003
氧化钐、氧化铕 氧化钬、氧化铒 氧化铥、氧化钇	0.002 5～0.003 5	0.001 0			
	>0.003 5～0.005 5	0.001 2			
	>0.005 5～0.007 5	0.002 0			
	>0.007 5～0.010	0.002 5			
	>0.010～0.025	0.005			
	>0.025～0.050	0.008			

9 质量保证与控制

每周用自制的控制标样(如有国家级或行业级标样时,应首先使用)校核一次本标准分析方法的有效性。当过程失控时,应找出原因,纠正错误,重新进行校核。

电感耦合等离子体质谱法(方法 2)

10 范围

本方法规定了氧化铈中氧化镧、氧化镨、氧化钕、氧化钐、氧化铕、氧化钆、氧化铽、氧化镝、氧化钬、氧化铒、氧化铥、氧化镱、氧化镥和氧化钇含量的测定方法。

本方法适用于氧化铈中氧化镧、氧化镨、氧化钕、氧化钐、氧化铕、氧化钆、氧化铽、氧化镝、氧化钬、氧化铒、氧化铥、氧化镱、氧化镥和氧化钇含量的测定。测定范围见表 7。

本方法也适用于金属铈中镧、镨、钕、钐、铕、钆、铽、镝、钬、铒、铥、镱、镥和钇含量的测定。

表 7

氧化物	质量分数/%	氧化物	质量分数/%
氧化镧	0.000 1～0.030	氧化镝	0.000 1～0.010
氧化镨	0.000 1～0.030	氧化钬	0.000 1～0.010
氧化钕	0.000 1～0.030	氧化铒	0.000 1～0.010
氧化钐	0.000 1～0.010	氧化铥	0.000 1～0.010
氧化铕	0.000 1～0.010	氧化镱	0.000 1～0.010
氧化钆	0.000 1～0.010	氧化镥	0.000 1～0.010
氧化铽	0.000 1～0.010	氧化钇	0.000 1～0.010

11 方法原理

试样以硝酸或盐酸溶解，在稀酸介质中，以氩等离子体为离子化源，用质谱法直接测定除钆和铽以外的稀土杂质元素；钆和铽经 C272 微型柱分离铈基体后，进行质谱测定。测定时均以内标法进行校正。

12 试剂和材料

12.1 无水碳酸钠，基准物质。

12.2 氯化铯，优级纯。

12.3 过氧化氢(30%)，优级纯。

12.4 盐酸(ρ1.19 g/ mL)，优级纯。

12.5 硝酸(ρ1.42 g/ mL)，优级纯。

12.6 硝酸(1+1)。

12.7 硝酸(1+19)。

12.8 盐酸标准溶液[c(HCl)≈2 mol/L]。

12.8.1 配制：移取 350 mL 盐酸(12.4)置于 2 000 mL 容量瓶中，用水稀释至刻度，混匀。

12.8.2 标定：称取 3 份 2.300 0 g 预先在 300℃灼烧 2 h 并于干燥器中冷却至室温的无水碳酸钠(12.1)，分别置于 3 个 250 mL 锥形瓶中，各加入 50 mL～60 mL 水、0.1 mL～0.2 mL 甲基红-溴甲酚绿指示剂(12.9)，用盐酸标准溶液(12.8)滴定至溶液由绿色变为酒红色，加热煮沸驱除二氧化碳，冷却，继续滴定至酒红色即为终点，取其平均值。平行标定所消耗盐酸标准溶液(12.8)体积的极差不应超过 0.10 mL。

随同标定做空白试验。

按式(2)计算盐酸标准溶液(12.8)的浓度(mol/L)：

$$c=\frac{m}{0.052\,99\times(V-V_0)} \qquad \cdots\cdots(2)$$

式中：

m——碳酸钠的质量，单位为克(g)；

0.052 99——与 1.00 mmol 盐酸相当的碳酸钠的质量，单位为克每毫摩尔(g/mmol)；

V——滴定碳酸钠消耗盐酸标准溶液(12.8)的体积，单位为毫升(mL)；

V_0——滴定空白溶液消耗盐酸标准溶液(12.8)的体积，单位为毫升(mL)。

12.9 甲基红-溴甲酚绿指示液：一份甲基红乙醇溶液(2 g/L)与三份溴甲酚绿乙醇溶液(1 g/L)混合。

12.10 盐酸淋洗液(0.015 mol/L)：用盐酸标准溶液(12.8)稀释。

12.11 盐酸洗脱液(0.50 mol/L)：用盐酸标准溶液(12.8)稀释。

12.12 铯内标溶液：称取 0.127 0 g 氯化铯(12.2)，加 10 mL 水，溶解完全，加 10 mL 硝酸(12.6)，移入 100 mL 容量瓶中，用水稀释至刻度，混匀。此溶液 1 mL 含 1 mg 铯。再将此溶液用硝酸(12.7)逐步稀释成 1 mL 含 1 μg 铯的内标溶液。

12.13 氧化镧标准贮存溶液：称取 0.100 0 g 经 900℃灼烧 1 h 的氧化镧(>99.99%)，置于 100 mL 烧杯中，加 10 mL 硝酸(12.6)，低温加热至溶解完全，取下冷却，移入 100 mL 容量瓶中，用水稀释至刻度，混匀。此溶液 1 mL 含 1 000 μg 氧化镧。

12.14 氧化铈标准贮存溶液：称取 0.100 0 g 经 900℃灼烧 1 h 的氧化铈(>99.99%)，置于 100 mL 烧杯中，加 10 mL 硝酸(12.6)，2 mL 过氧化氢(12.3)，低温加热至溶解完全，取下冷却，移入 100 mL 容量瓶中，用水稀释至刻度，混匀。此溶液 1 mL 含 1 000 μg 氧化铈。

12.15 氧化镨标准贮存溶液：称取 0.100 0 g 经 900℃灼烧 1 h 的氧化镨(>99.99%)，置于 100 mL 烧杯中，加 10 mL 硝酸(12.6)，低温加热至溶解完全，取下冷却，移入 100 mL 容量瓶中，用水稀释至刻度，混匀。此溶液 1 mL 含 1 000 μg 氧化镨。

12.16 氧化钕标准贮存溶液:称取 0.100 0 g 经 900℃灼烧 1 h 的氧化钕(>99.99%),置于 100 mL 烧杯中,加 10 mL 硝酸(12.6),低温加热至溶解完全,取下冷却,移入 100 mL 容量瓶中,用水稀释至刻度,混匀。此溶液 1 mL 含 1 000 μg 氧化钕。

12.17 氧化钐标准贮存溶液:称取 0.100 0 g 经 900℃灼烧 1 h 的氧化钐(>99.99%),置于 100 mL 烧杯中,加 10 mL 硝酸(12.6),低温加热至溶解完全,取下冷却,移入 100 mL 容量瓶中,用水稀释至刻度,混匀。此溶液 1 mL 含 1 000 μg 氧化钐。

12.18 氧化铕标准贮存溶液:称取 0.100 0 g 经 900℃灼烧 1 h 的氧化铕(>99.99%),置于 100 mL 烧杯中,加 10 mL 硝酸(12.6),低温加热至溶解完全,取下冷却,移入 100 mL 容量瓶中,用水稀释至刻度,混匀。此溶液 1 mL 含 1 000 μg 氧化铕。

12.19 氧化钆标准贮存溶液:称取 0.100 0 g 经 900℃灼烧 1 h 的氧化钆(>99.99%),置于 100 mL 烧杯中,加 10 mL 硝酸(12.6),低温加热至溶解完全,取下冷却,移入 100 mL 容量瓶中,用水稀释至刻度,混匀。此溶液 1 mL 含 1 000 μg 氧化钆。

12.20 氧化铽标准贮存溶液:称取 0.100 0 g 经 900℃灼烧 1 h 的氧化铽(>99.99%),置于 100 mL 烧杯中,加 10 mL 硝酸(12.6),低温加热至溶解完全,取下冷却,移入 100 mL 容量瓶中,用水稀释至刻度,混匀。此溶液 1 mL 含 1 000 μg 氧化铽。

12.21 氧化镝标准贮存溶液:称取 0.100 0 g 经 900℃灼烧 1 h 的氧化镝(>99.99%),置于 100 mL 烧杯中,加 10 mL 硝酸(12.6),低温加热至溶解完全,取下冷却,移入 100 mL 容量瓶中,用水稀释至刻度,混匀。此溶液 1 mL 含 1 000 μg 氧化镝。

12.22 氧化钬标准贮存溶液:称取 0.100 0 g 经 900℃灼烧 1 h 的氧化钬(>99.99%),置于 100 mL 烧杯中,加 10 mL 硝酸(12.6),低温加热至溶解完全,取下冷却,移入 100 mL 容量瓶中,用水稀释至刻度,混匀。此溶液 1 mL 含 1 000 μg 氧化钬。

12.23 氧化铒标准贮存溶液:称取 0.100 0 g 经 900℃灼烧 1 h 的氧化铒(>99.99%),置于 100 mL 烧杯中,加 10 mL 硝酸(12.6),低温加热至溶解完全,取下冷却,移入 100 mL 容量瓶中,用水稀释至刻度,混匀。此溶液 1 mL 含 1 000 μg 氧化铒。

12.24 氧化铥标准贮存溶液:称取 0.100 0 g 经 900℃灼烧 1 h 的氧化铥(>99.99%),置于 100 mL 烧杯中,加 10 mL 硝酸(12.6),低温加热至溶解完全,取下冷却,移入 100 mL 容量瓶中,用水稀释至刻度,混匀。此溶液 1 mL 含 1 000 μg 氧化铥。

12.25 氧化镱标准贮存溶液:称取 0.100 0 g 经 900℃灼烧 1 h 的氧化镱(>99.99%),置于 100 mL 烧杯中,加 10 mL 硝酸(12.6),低温加热至溶解完全,取下冷却,移入 100 mL 容量瓶中,用水稀释至刻度,混匀。此溶液 1 mL 含 1 000 μg 氧化镱。

12.26 氧化镥标准贮存溶液:称取 0.100 0 g 经 900℃灼烧 1 h 的氧化镥(>99.99%),置于 100 mL 烧杯中,加 10 mL 硝酸(12.6),低温加热至溶解完全,取下冷却,移入 100 mL 容量瓶中,用水稀释至刻度,混匀。此溶液 1 mL 含 1 000 μg 氧化镥。

12.27 氧化钇标准贮存溶液:称取 0.100 0 g 经 900℃灼烧 1 h 的氧化钇(>99.99%),置于 100 mL 烧杯中,加 10 mL 硝酸(12.6),低温加热至溶解完全,取下冷却,移入 100 mL 容量瓶中,用水稀释至刻度,混匀。此溶液 1 mL 含 1 000 μg 氧化钇。

12.28 混合稀土标准溶液:分别移取 2.00 mL 各稀土氧化物标准贮存溶液(12.13~12.27)置于100 mL容量瓶中,加 10 mL 硝酸(12.6),用水稀释至刻度,混匀。此溶液 1 mL 含各单一稀土氧化物分别为 20.0 μg。再将此溶液用硝酸(12.7)稀释成 1 mL 含各单一稀土氧化物分别为 1.00 μg 的标准溶液。

12.29 C272 微型分离柱:柱床(23 mm×9 mm,ID);填料为含 20% Cyanex272 的负载硅球(50 μm~70 μm)。

12.30 氩气(>99.99%)。

13 仪器

13.1 电感耦合等离子体质谱仪:质量分辨率优于(0.8±0.1)amu。

13.2 微柱分离装置：流路见图1。将C272微型分离柱(12.29)用内径0.8 mm聚四氟乙烯管连接在流路中，用3只旋转阀切换阀位，顺序完成平衡——进样——淋洗(分离基体)——洗脱——收集待测杂质元素——再生过程。

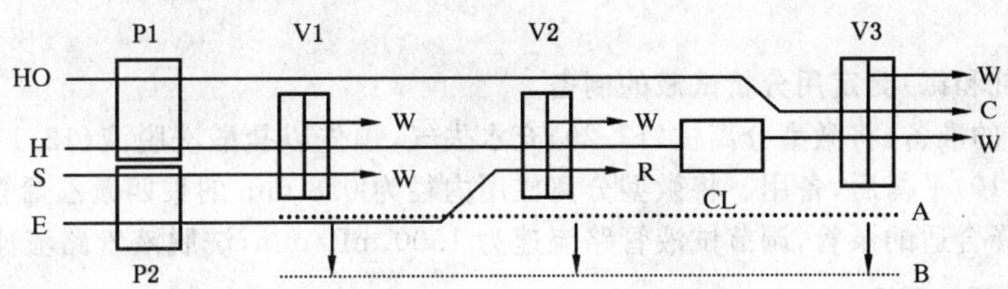

P1,P2——蠕动泵(两通道，可调速)；
V1,V2,V3——旋转阀；
CL——C272微型分离柱；
R——返回；
H——淋洗液管路；
S——取样管；
E——洗脱液管路；
C——收集液；
W——废液；
A,B——阀位；
平衡——V1A-V2A-V3A；
进样——V1B-V2A-V3A；
淋洗(分离基体)——V1A-V2A-V3A；
洗脱——V1A-V2B-V3A；
收集待测组分——V1A-V2B-V3B；
平衡(再生)——V1A-V2B-V3A。

图1 微型柱分离富集装置流路图

14 试样

14.1 氧化物试样于900℃灼烧1 h，置于干燥器中，冷却至室温，立即称量。

14.2 金属试样去掉表面氧化层，取样后，立即称量。

15 分析步骤

15.1 试料

按表8称取试样(14)，精确至0.000 1 g。

表8

稀土杂质(质量分数)/%	试样量/g
0.000 1～0.005 0	0.25
＞0.005 0～0.05	0.1

15.2 测定次数

称取二份试料，进行平行测定，取其平均值。

15.3 空白试验

随同试料做空白试验。

15.4 分析试液的制备

15.4.1 试料溶液的制备

将试料(15.1)置于50 mL烧杯中，加5 mL水、5 mL硝酸(12.6)、1 mL过氧化氢(12.3)，低温加

热至溶解完全，蒸干后，立即取下，稍冷，用少量盐酸淋洗液(12.10)溶解盐类，移入 50 mL 容量瓶中，以盐酸淋洗液(12.10)稀释至刻度，混匀。

15.4.2 直接测定用分析试液的制备

分取 1.00 mL 试液(15.4.1)于 10 mL 比色管中，加入 0.50 mL 铯内标溶液(12.12)，用水稀释至刻度，混匀。

15.4.3 分离后(钆和铽)测定用分析试液的制备

15.4.3.1 分离柱的准备：将微型分离柱(12.29)充水去气，预先以盐酸洗脱液(12.11)洗涤 30 min，再以盐酸淋洗液(12.10)平衡后，备用。将微型分离柱用内径为 0.8 mm 的聚四氟乙烯管按图 1 连接在分离装置流路上，选择合适的泵管，调节试液管路流速为 1.00 mL/min，洗脱液管路流速及淋洗液管路流速均为(1.0±0.1) mL/min。

注：分离柱使用若干次后，柱内有明显的气泡，应去气后再使用。

15.4.3.2 基体的分离：将淋洗液管路和洗脱液管路分别插入淋洗液(12.10)和洗脱液(12.11)中，用淋洗液(12.10)平衡分离柱 6 min，将试液管路插入试液(15.4.1)中，待试液(15.4.1)充满管路后，切换旋转阀 1，准确采集 1.00 mL 试液(15.4.1)。将阀 1 切换至原位，用淋洗液(12.10)淋洗分离柱 20 min，将基体铈洗出，排至废液中。切换旋转阀 2，用洗脱液(12.11)洗脱 1 min 后，切换旋转阀 3，继续用洗脱液(12.11)洗脱 7 min，将富集在分离柱上的钆和铽洗脱出来，分离液收集于 10 mL 比色管中，阀 3 切换至原位。3 min 后，将阀 2 切换至原位。

15.4.3.3 测定钆和铽用试液的制备：于收集分离液的 10 mL 比色管中，加入 0.50 mL 铯内标溶液(12.12)，以水稀释至刻度，混匀。

15.5 标准系列溶液的配制

准确移取 0 mL、0.20 mL、1.00 mL、5.00 mL、10.00 mL 混合稀土标准溶液(12.27)于 5 个 100 mL 容量瓶中，加入 5.0 mL 铯内标溶液(12.12)，以水稀释至刻度，混匀，待测。此标准系列溶液 1 mL 含各单一稀土氧化物分别为 0 ng、2.0 ng、10.0 ng、50.0 ng、100 ng。

15.6 测定

15.6.1 测量元素同位素质量数见表 9。

表 9

元素	测定同位素质量数	校正方程	元素	测定同位素质量数
La	139		Dy	163
Ce*	140		Ho	165
Pr	141		Er	166
Nd	146,143		Tm	169
Sm	147	$I_{141Pr}=I_{141测}-7.97\cdot I_{143测}+5.66\cdot I_{146测}$	Yb	171
Eu	151		Lu	175
Gd*	160		Y	89
Tb*	159		Cs	133

* 元素用于分离试液的测定。

15.6.2 将空白试验(15.3)溶液、分析试液(15.4.2 和 15.4.3.3)与标准系列溶液(15.5)同时进行氩等离子体质谱测定。

16 分析结果的计算

将标准系列溶液(15.5)的质量浓度直接输入计算机，用内标法进行校正，由计算机计算并输出空白试验(15.3)溶液、分析试液(15.4.2 和 15.4.3.3)中待测元素的质量浓度。

按式(3)计算被测稀土元素的质量分数(%)：

$$w(X)=\frac{k\cdot(c-c_0)\cdot V_2\cdot V_0\times10^{-9}}{m\cdot V_1}\times100 \quad\cdots\cdots(3)$$

式中：

k——各元素单质与其氧化物的换算系数，见表4。计算氧化物含量时，$k=1$；

c——计算机输出的分析试液（15.4.2和15.4.3.3）中待测元素的质量浓度，单位为纳克每毫升（ng/ mL）；

c_0——计算机输出的空白试验（15.3）溶液中待测元素的质量浓度，单位为纳克每毫升（ng/ mL）；

V_2——分析试液（15.4.2，15.4.3.3）的体积，单位为毫升（mL）；

V_0——试液总体积，单位为毫升（mL）；

m——试料的质量，单位为克（g）；

V_1——分取试液的体积，单位为毫升（mL）。

17 精密度

17.1 重复性

在重复性条件下获得的两次独立测试结果的测定值，在以下给出的平均值范围内，这两个测试结果的绝对差值不超过重复性限（r），超过重复性限（r）的情况不超过5%，重复性限（r）按表10数据采用线性内插法求得。

表 10

氧化物	质量分数/%	重复性限（r）/%	氧化物	质量分数/%	重复性限（r）/%
氧化镧	0.000 4	0.000 1	氧化镝	0.000 2	0.000 1
	0.001 2	0.000 2		0.001 2	0.000 2
	0.019	0.002		0.009 0	0.002 0
氧化镨	0.000 2	0.000 1	氧化钬	0.000 2	0.000 1
	0.001 2	0.000 2		0.001 4	0.000 2
	0.018	0.002		0.008 9	0.002 0
氧化钕	0.000 3	0.000 1	氧化铒	0.000 2	0.000 1
	0.001 2	0.000 2		0.001 4	0.000 2
	0.026	0.002		0.009 1	0.002 0
氧化钐	0.000 2	0.000 1	氧化铥	0.000 2	0.000 1
	0.001 2	0.000 2		0.001 4	0.000 2
	0.009 0	0.002 0		0.009 1	0.002 0
氧化铕	0.000 4	0.000 1	氧化镱	0.000 3	0.000 1
	0.001 2	0.000 2		0.001 4	0.000 2
	0.008 8	0.002 0		0.009 1	0.002 0
氧化钆	0.000 3	0.000 1	氧化镥	0.000 2	0.000 1
	0.001 2	0.000 5		0.001 4	0.000 2
	0.010	0.002 0		0.009 1	0.002 0
氧化铽	0.000 2	0.000 1	氧化钇	0.000 2	0.000 1
	0.001 4	0.000 5		0.001 0	0.000 2
	0.009 6	0.002 0		0.003 1	0.001 0

注：重复性限（r）为$2.8\times Sr$，Sr为重复性标准差。

17.2 允许差

实验室之间分析结果的差值应不大于表11所列允许差。

表 11

氧化物	质量分数/%	允许差/%	氧化物	质量分数/%	允许差/%
氧化镧 氧化镨 氧化钕	0.000 1~0.000 3	0.000 1	氧化钐 氧化铕 氧化镝 氧化钬 氧化铒 氧化铥 氧化镱 氧化镥 氧化钇	0.000 1~0.000 3	0.000 1
	>0.000 3~0.001 0	0.000 2		>0.000 3~0.001 0	0.000 2
	>0.001 0~0.003 0	0.000 5		>0.001 0~0.003 0	0.000 5
	>0.003 0~0.008 0	0.001 0		>0.003 0~0.008 0	0.001 0
	>0.008 0~0.010	0.002 0		>0.008 0~0.010	0.002 0
	>0.010~0.030	0.005			
氧化钆 氧化铽	0.000 1~0.000 2	0.000 1			
	>0.000 2~0.000 5	0.000 2			
	>0.000 5~0.002 0	0.000 4			
	>0.002 0~0.005 0	0.001 0			
	>0.005 0~0.010	0.002 0			

18 质量保证和控制

每周用自制的控制标样(如有国家级或行业级标样时,应首先使用)校核一次本标准分析方法的有效性。当过程失控时,应找出原因,纠正错误,重新进行校核。

附　录　A
（资料性附录）
仪器工作条件参见

美国 THERMO-ElementⅡ型高分辨等离子发射光谱/质谱联用仪[1)]工作条件参见表 A.1：

表 A.1

等离子体功率/W	冷却气流速/(L/min)	辅助气流速/(L/min)	载气/(L/min)	质谱分辨率
1 250	16	0.9	1.0	10 000
注：可利用仪器的高分辨能力直接进行测定，无需进行基体预分离。				

1）给出这一信息是为了方便标准的使用者，并不表示对该产品的认可。如果其他等效产品具有相同的效果，则可使用这些等效产品。

ICS 77.120.99
H 14

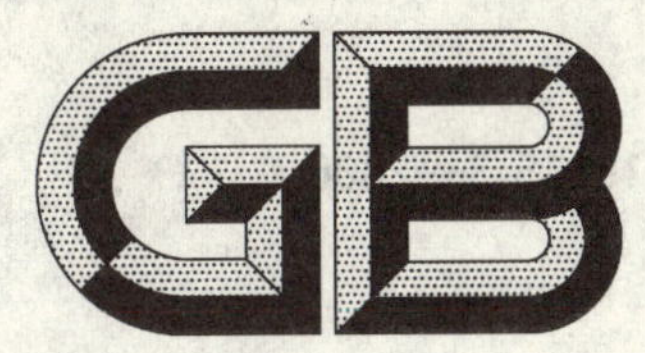

中华人民共和国国家标准

GB/T 18115.3—2006
代替 GB/T 18115.3—2000

稀土金属及其氧化物中稀土杂质化学分析方法 镨中镧、铈、钕、钐、铕、钆、铽、镝、钬、铒、铥、镱、镥和钇量的测定

Chemical analysis methods of rare earth impurities in rare earth metals and their oxides— Praseodymium—Determination of lanthanum, cerium, neodymium, samarium, europium, gadolinium, terbium, dysprosium, holmium, erbium, thulium, ytterbium, lutetium and yttrium contents

2006-04-13 发布 2006-10-01 实施

中华人民共和国国家质量监督检验检疫总局
中国国家标准化管理委员会 发布

前言

本部分代替 GB/T 18115.3—2000《稀土氧化物化学分析方法　电感耦合等离子体发射光谱法测定氧化镨中氧化镧、氧化铈、氧化钕、氧化钐、氧化铕、氧化钆、氧化铽、氧化镝、氧化钬、氧化铒、氧化铥、氧化镱、氧化镥和氧化钇量》，本部分与前一版本相比主要变化如下：

——电感耦合等离子体光谱法，增加了 9 条参考谱线，分别为：Ce418.660 nm、Nd417.732 nm、Nd444.639 nm、Eu281.395 nm、Eu272.778 nm、Ho341.646 nm、Er326.478 nm、Tm344.151 nm、Yb289.138 nm；

——电感耦合等离子体光谱法，删除了 Tb384.873 nm 参考谱线；

——增加了精密度(重复性)条款；

——增加了电感耦合等离子体质谱法。

两个方法的分析范围出现重叠时，以方法 2 作为仲裁方法。

本部分由国家发展和改革委员会稀土办公室提出。

本部分由全国稀土标准化技术委员会归口并负责解释。

本部分由北京有色金属研究总院、中国有色金属工业标准计量质量研究所负责起草。

本部分方法 1 由江阴加华新材料资源有限公司、北京有色金属研究总院起草。

本部分方法 1 由上海跃龙新材料股份有限公司、湖南升华稀土金属材料有限责任公司参加起草。

本部分方法 1 主要起草人：刘文华、倪菊华、刘鹏宇。

本部分方法 1 主要验证人：封望亭、谈世群、郭海军、王玉英。

本部分方法 2 由江阴加华新材料资源有限公司起草。

本部分方法 2 由内蒙古包钢稀土高科技股份有限公司、西北有色地质研究院参加起草。

本部分方法 2 主要起草人：何凤娟、张悫。

本部分方法 2 主要验证人：于晶雪、周晓东、冯玉怀、李中玺。

本部分所代替标准的历次版本发布情况为：

——GB/T 18115.3—2000。

稀土金属及其氧化物中稀土杂质化学分析方法 镨中镧、铈、钕、钐、铕、钆、铽、镝、钬、铒、铥、镱、镥和钇量的测定

电感耦合等离子体光谱法(方法1)

1 范围

本方法规定了氧化镨中氧化镧、氧化铈、氧化钕、氧化钐、氧化铕、氧化钆、氧化铽、氧化镝、氧化钬、氧化铒、氧化铥、氧化镱、氧化镥和氧化钇含量的测定方法。

本方法适用于氧化镨中氧化镧、氧化铈、氧化钕、氧化钐、氧化铕、氧化钆、氧化铽、氧化镝、氧化钬、氧化铒、氧化铥、氧化镱、氧化镥和氧化钇含量的测定。测定范围见表1。

本方法也适用于金属镨中镧、铈、钕、钐、铕、钆、铽、镝、钬、铒、铥、镱、镥和钇含量的测定。

表 1

氧化物	质量分数/%	氧化物	质量分数/%
氧化镧	0.005 0～1.00	氧化镝	0.002 0～0.100
氧化铈	0.010 0～1.00	氧化钬	0.005 0～0.100
氧化钕	0.010 0～1.00	氧化铒	0.002 0～0.100
氧化钐	0.005 0～1.00	氧化铥	0.002 0～0.100
氧化铕	0.005 0～0.200	氧化镱	0.002 0～0.100
氧化钆	0.005 0～0.200	氧化镥	0.002 0～0.100
氧化铽	0.005 0～0.200	氧化钇	0.002 0～1.00

2 方法原理

试样以盐酸溶解,在稀盐酸介质中,直接以氩等离子体光源激发,进行光谱测定,并用系数校正法校正被测稀土杂质元素间的光谱干扰,以基体匹配法校正基体对测定的影响。

3 试剂

3.1 过氧化氢(30%)。

3.2 盐酸(1+1)。

3.3 盐酸(1+19)。

3.4 硝酸(1+1)。

3.5 氩气(>99.99%)。

3.6 氧化镨基体溶液:称取25.000 0 g经900℃灼烧1 h的氧化镨(>99.999%),置于250 mL烧杯中,加75 mL盐酸(3.2),低温加热至溶解完全,冷却至室温,移入500 mL容量瓶中,用水稀释至刻度,

混匀。此溶液 1 mL 含 50 mg 氧化镨。

3.7　氧化镧标准贮存溶液：称取 0.100 0 g 经 900℃灼烧 1 h 的氧化镧(>99.99%)，置于 100 mL 烧杯中，加 10 mL 盐酸(3.2)，低温加热至溶解完全，冷却至室温，移入 100 mL 容量瓶中，用水稀释至刻度，混匀。此溶液 1 mL 含 1 mg 氧化镧。再将此溶液用盐酸(3.3)稀释成 1 mL 含 100 μg 和 1 mL 含 10 μg 氧化镧的标准溶液。

3.8　氧化铈标准贮存溶液：称取 0.100 0 g 经 900℃灼烧 1 h 的氧化铈(>99.99%)，置于 100 mL 烧杯中，加 10 mL 硝酸(3.4)，低温加热，并滴加过氧化氢(3.1)至溶解完全，冷却至室温，移入 100 mL 容量瓶中，用水稀释至刻度，混匀。此溶液 1 mL 含 1 mg 氧化铈。再将此溶液用盐酸(3.3)稀释成 1 mL 含 100 μg 和 1 mL 含 10 μg 氧化铈的标准溶液。

3.9　氧化钕标准贮存溶液：称取 0.100 0 g 经 900℃灼烧 1 h 的氧化钕(>99.99%)，置于 100 mL 烧杯中，加 10 mL 盐酸(3.2)，低温加热至溶解完全，冷却至室温，移入 100 mL 容量瓶中，用水稀释至刻度，混匀。此溶液 1 mL 含 1 mg 氧化钕。再将此溶液用盐酸(3.3)稀释成 1 mL 含 100 μg 和 1 mL 含 10 μg 氧化钕的标准溶液。

3.10　氧化钐标准贮存溶液：称取 0.100 0 g 经 900℃灼烧 1 h 的氧化钐(>99.99%)，置于 100 mL 烧杯中，加 10 mL 盐酸(3.2)，低温加热至溶解完全，冷却至室温，移入 100 mL 容量瓶中，用水稀释至刻度，混匀。此溶液 1 mL 含 1 mg 氧化钐。再将此溶液用盐酸(3.3)稀释成 1 mL 含 100 μg 和 1 mL 含 10 μg 氧化钐的标准溶液。

3.11　氧化铕标准贮存溶液：称取 0.100 0 g 经 900℃灼烧 1 h 的氧化铕(>99.99%)，置于 100 mL 烧杯中，加 10 mL 盐酸(3.2)，低温加热至溶解完全，冷却至室温，移入 100 mL 容量瓶中，用水稀释至刻度，混匀。此溶液 1 mL 含 1 mg 氧化铕。再将此溶液用盐酸(3.3)稀释成 1 mL 含 100 μg 和 1 mL 含 10 μg 氧化铕的标准溶液。

3.12　氧化钆标准贮存溶液：称取 0.100 0 g 经 900℃灼烧 1 h 的氧化钆(>99.99%)，置于 100 mL 烧杯中，加 10 mL 盐酸(3.2)，低温加热至溶解完全，冷却至室温，移入 100 mL 容量瓶中，用水稀释至刻度，混匀。此溶液 1 mL 含 1 mg 氧化钆。再将此溶液用盐酸(3.3)稀释成 1 mL 含 100 μg 和 1 mL 含 10 μg 氧化钆的标准溶液。

3.13　氧化铽标准贮存溶液：称取 0.100 0 g 经 900℃灼烧 1 h 的氧化铽(>99.99%)，置于 100 mL 烧杯中，加 10 mL 硝酸(3.4)，低温加热至溶解完全，冷却至室温，移入 100 mL 容量瓶中，用水稀释至刻度，混匀。此溶液 1 mL 含 1 mg 氧化铽。再将此溶液用盐酸(3.3)稀释成 1 mL 含 100 μg 和 1 mL 含 10 μg 氧化铽的标准溶液。

3.14　氧化镝标准贮存溶液：称取 0.100 0 g 经 900℃灼烧 1 h 的氧化镝(>99.99%)，置于 100 mL 烧杯中，加 10 mL 盐酸(3.2)，低温加热至溶解完全，冷却至室温，移入 100 mL 容量瓶中，用水稀释至刻度，混匀。此溶液 1 mL 含 1 mg 氧化镝。再将此溶液用盐酸(3.3)稀释成 1 mL 含 100 μg 和 1 mL 含 10 μg 氧化镝的标准溶液。

3.15　氧化钬标准贮存溶液：称取 0.100 0 g 经 900℃灼烧 1 h 的氧化钬(>99.99%)，置于 100 mL 烧杯中，加 10 mL 盐酸(3.2)，低温加热至溶解完全，冷却至室温，移入 100 mL 容量瓶中，用水稀释至刻度，混匀。此溶液 1 mL 含 1 mg 氧化钬。再将此溶液用盐酸(3.3)稀释成 1 mL 含 100 μg 和 1 mL 含 10 μg 氧化钬的标准溶液。

3.16　氧化铒标准贮存溶液：称取 0.100 0 g 经 900℃灼烧 1 h 的氧化铒(>99.99%)，置于 100 mL 烧杯中，加 10 mL 盐酸(3.2)，低温加热至溶解完全，冷却至室温，移入 100 mL 容量瓶中，用水稀释至刻度，混匀。此溶液 1 mL 含 1 mg 氧化铒。再将此溶液用盐酸(3.3)稀释成 1 mL 含 100 μg 和 1 mL 含

10 μg 氧化铒的标准溶液。

3.17 氧化铥标准贮存溶液：称取 0.100 0 g 经 900℃灼烧 1 h 的氧化铥(>99.99%)，置于 100 mL 烧杯中，加 10 mL 盐酸(3.2)，低温加热至溶解完全，冷却至室温，移入 100 mL 容量瓶中，用水稀释至刻度，混匀。此溶液 1 mL 含 1 mg 氧化铥。再将此溶液用盐酸(3.3)稀释成 1 mL 含 100 μg 和 1 mL 含 10 μg 氧化铥的标准溶液。

3.18 氧化镱标准贮存溶液：称取 0.100 0 g 经 900℃灼烧 1 h 的氧化镱(>99.99%)，置于 100 mL 烧杯中，加 10 mL 盐酸(3.2)，低温加热至溶解完全，冷却至室温，移入 100 mL 容量瓶中，用水稀释至刻度，混匀。此溶液 1 mL 含 1 mg 氧化镱。再将此溶液用盐酸(3.3)稀释成 1 mL 含 100 μg 和 1 mL 含 10 μg 氧化镱的标准溶液。

3.19 氧化镥标准贮存溶液：称取 0.100 0 g 经 900℃灼烧 1 h 的氧化镥(>99.99%)，置于 100 mL 烧杯中，加 10 mL 盐酸(3.2)，低温加热至溶解完全，冷却至室温，移入 100 mL 容量瓶中，用水稀释至刻度，混匀。此溶液 1 mL 含 1 mg 氧化镥。再将此溶液用盐酸(3.3)稀释成 1 mL 含 100 μg 和 1 mL 含 10 μg 氧化镥的标准溶液。

3.20 氧化钇标准贮存溶液：称取 0.100 0 g 经 900℃灼烧 1 h 的氧化钇(>99.99%)，置于 100 mL 烧杯中，加 10 mL 盐酸(3.2)，低温加热至溶解完全，冷却至室温，移入 100 mL 容量瓶中，用水稀释至刻度，混匀。此溶液 1 mL 含 1 mg 氧化钇。再将此溶液用盐酸(3.3)稀释成 1 mL 含 100 μg 和 1 mL 含 10 μg 氧化钇的标准溶液。

4 仪器

4.1 电感耦合等离子体光谱仪，分辨率<0.006 nm(200 nm 处)。

4.2 氩等离子体光源。

5 试样

5.1 氧化物试样于 900℃灼烧 1 h，置于干燥器中，冷却至室温，立即称量。

5.2 金属试样应去掉表面氧化层，取样后立即称量。

6 分析步骤

6.1 试料

6.1.1 氧化物试料

被测元素质量分数≤0.10%时，称取 0.500 g 试样(5.1)，精确至 0.000 1 g；被测元素质量分数>0.10%时，称取 0.050 g 试样(5.1)，精确至 0.000 1 g。

6.1.2 金属试料

被测元素质量分数≤0.10%时，称取 0.426 g 试样(5.1)，精确至 0.000 1 g；被测元素质量分数>0.10%时，称取 0.043 g 试样(5.1)，精确至 0.000 1 g。

6.2 测定次数

独立地进行两次测定，取其平均值。

6.3 分析试液的制备

将试料(6.1)置于 100 mL 烧杯中，加 10 mL 盐酸(3.2)，低温加热至溶解完全，蒸发至 5 mL 左右，冷却至室温，移入 50 mL 容量瓶中用水稀释至刻度，混匀，待用。

6.4 标准系列溶液的配制

6.4.1 被测元素质量分数≤0.10%的试样标准系列溶液的配制

将氧化镨基体溶液(3.6)和各稀土氧化物标准溶液(3.7～3.20)按表2分别移入6个100 mL容量瓶中,并加入8 mL盐酸(3.2),以水稀释至刻度,混匀,制得标准系列溶液,待用。

表2

标液标号	各稀土(以氧化物计)质量浓度/(μg/mL)							
	氧化镨	氧化镧	氧化铈	氧化钕	氧化钐	氧化铕	氧化钆	氧化铽
1	10 000	—	—	—	—	0.10	—	—
2	10 000	0.20	—	—	0.20	0.20	0.20	0.20
3	10 000	0.50	0.50	0.50	0.50	0.50	0.50	0.50
4	10 000	2.00	2.00	2.00	2.00	2.00	2.00	2.00
5	10 000	5.00	5.00	5.00	5.00	5.00	5.00	5.00
6	10 000	10.00	10.00	10.00	10.00	10.00	10.00	10.00

标液标号	各稀土(以氧化物计)质量浓度/(μg/mL)						
	氧化镝	氧化钬	氧化铒	氧化铥	氧化镱	氧化镥	氧化钇
1	—	—	0.10	0.10	0.10	0.10	0.10
2	0.20	0.20	0.20	0.20	0.20	0.20	0.20
3	0.50	0.50	0.50	0.50	0.50	0.50	0.50
4	2.00	2.00	2.00	2.00	2.00	2.00	2.00
5	5.00	5.00	5.00	5.00	5.00	5.00	5.00
6	10.00	10.00	10.00	10.00	10.00	10.00	10.00

6.4.2 被测元素质量分数＞0.10％的试样标准系列溶液的配制

将氧化镨基体溶液(3.6)和各稀土氧化物标准溶液(3.7～3.20)按表3分别移入5个100 mL容量瓶中,并加入8 mL盐酸(3.2),以水稀释至刻度,混匀,制得标准系列溶液,待用。

表3

标液标号	各稀土(以氧化物计)质量浓度/(μg/mL)					
	氧化镨	氧化镧	氧化铈	氧化钕	氧化钐	氧化钇
1	1 000	0	0	0	0	0
2	999.5	0.1	0.1	0.1	0.1	0.1
3	997.5	0.5	0.5	0.5	0.5	0.5
4	990.0	2.0	2.0	2.0	2.0	2.0
5	950.0	10.0	10.0	10.0	10.0	10.0

6.5 测定

6.5.1 推荐分析线见表4。

表 4

元　素	分析线/nm	元　素	分析线/nm
La	333.749	Dy	353.173,340.780
Ce	446.021,418.660	Ho	339.898,341.646
Nd	445.157,417.732,444.639	Er	337.275,326.478
Sm	446.734,360.948	Tm	342.508,313.146,344.151
Eu	381.966,281.395,227.778	Yb	328.937,369.420,289.138
Gd	310.051,301.014	Lu	261.542
Tb	356.851,350.917	Y	324.028

6.5.2　将分析试液(6.3)与标准系列溶液(6.4)同时进行氩等离子体光谱测定。

7　分析结果的表述

将标准系列溶液(6.4)的含量直接输入计算机,根据标准系列溶液(6.4)和分析试液(6.3)的强度值,由计算机计算、校正并输出分析试液(6.3)中待测稀土元素的质量浓度。

按式(1)计算待测稀土元素的质量分数(%):

$$w(X)=\frac{k\cdot c\cdot V_0\times 10^{-6}}{m_0}\times 100 \qquad (1)$$

式中:

k——各元素单质与其氧化物的换算系数,见表5。计算氧化物含量时,$k=1$;

c——自工作曲线上查得被测稀土氧化物的质量浓度,单位为微克每毫升(μg/ mL);

V_0——试液总体积,单位为毫升(mL);

m_0——试料的质量,单位为克(g)。

表 5

元　素	k	元　素	k
La	0.852 6	Dy	0.871 3
Ce	0.814 0	Ho	0.873 0
Nd	0.857 3	Er	0.874 5
Sm	0.862 4	Tm	0.875 6
Eu	0.863 6	Yb	0.878 2
Gd	0.867 6	Lu	0.879 4
Tb	0.850 2	Y	0.787 4

8　精密度

8.1　重复性

在重复性条件下获得的两次独立测试结果的测定值,在以下给出的平均值范围内,这两个测试结果的绝对差值不超过重复性限(r),超过重复性限(r)的情况不超过5%。重复性限(r)按表6数据采用线性内插法求得:

表 6

氧化物	质量分数/%	重复性限(*r*)/%	氧化物	质量分数/%	重复性限(*r*)/%
氧化镧	0.005 0 0.018 0.11 1.00	0.001 5 0.003 0.01 0.20	氧化镝	0.002 0 0.004 5 0.017 0.060	0.001 0 0.001 5 0.003 0.010
氧化铈	0.010 0.12 1.00	0.004 0.01 0.20	氧化钬	0.005 0 0.018 0.060	0.001 5 0.003 0.010
氧化钕	0.010 0.020 0.12 1.00	0.004 0.005 0.01 0.20	氧化铒	0.002 0 0.005 0 0.018 0.060	0.000 6 0.001 5 0.003 0.010
氧化钐	0.005 0 0.018 0.12 1.00	0.001 8 0.003 0.01 0.20	氧化铥	0.002 0 0.005 0 0.018 0.060	0.001 0 0.001 5 0.003 0.010
氧化铕	0.005 0 0.018 0.12	0.001 5 0.003 0.01	氧化镱	0.002 0 0.005 0 0.020 0.060	0.000 8 0.001 0 0.002 0.005
氧化钆	0.005 0 0.020 0.12	0.002 0 0.003 0.01	氧化镥	0.002 0 0.005 0 0.020 0.060	0.000 8 0.001 0 0.003 0.004
氧化铽	0.005 0 0.020 0.10	0.001 5 0.004 0.01	氧化钇	0.002 0 0.006 0 0.018 0.12 1.00	0.000 8 0.001 0 0.003 0.01 0.20

注：重复性限(*r*)为 2.8×*Sr*，*Sr* 为重复性标准差。

8.2 允许差

实验室之间分析结果的差值应不大于表 7 所列允许差。

表 7

氧化物	质量分数/%	允许差/%	氧化物	质量分数/%	允许差/%
氧化镧 氧化钐	0.005 0~0.010 0	0.002 5	氧化铈 氧化钕	0.010~0.030	0.005
	>0.010~0.030	0.005		>0.030~0.060	0.008
	>0.030~0.060	0.008		>0.060~0.100	0.012
	>0.060~0.100	0.012		>0.100~0.150	0.015
	>0.100~0.150	0.015		>0.015~0.200	0.020
	>0.150~0.200	0.020		>0.200~0.300	0.030
	>0.200~0.300	0.030		>0.300~0.500	0.040
	>0.300~0.500	0.040		>0.500~1.00	0.050
	> 0.500~1.00	0.050			
氧化铕 氧化钆 氧化铽 氧化钬	0.005 0~0.010	0.002 5	氧化钇	0.002 0~0.003 0	0.001 0
	>0.010~0.030	0.005		>0.003 0~0.005 0	0.001 5
	>0.030~0.060	0.008		>0.005 0~0.010	0.002 5
	>0.060~0.100	0.012		>0.010~0.030	0.005
氧化镝 氧化铒 氧化铥 氧化镱 氧化镥	0.002 0~0.003 0	0.001 0		>0.030~0.060	0.008
	>0.003 0~0.005 0	0.001 5		>0.060~0.100	0.012
	>0.005 0~0.010	0.002 5		>0.100~0.150	0.015
	>0.010~0.030	0.005		>0.150~0.200	0.020
	>0.030~0.060	0.008		>0.200~0.300	0.030
	>0.060~0.100	0.015		>0.300~0.500	0.040
				>0.500~1.00	0.050

9 质量保证与控制

每周用自制的控制标样(如有国家级或行业级标样时,应首先使用)校核一次本标准分析方法的有效性。当过程失控时,应找出原因,纠正错误,重新进行校核。

电感耦合等离子体质谱法(方法 2)

10 范围

本方法规定了氧化镨中氧化镧、氧化铈、氧化钕、氧化钐、氧化铕、氧化钆、氧化铽、氧化镝、氧化钬、氧化铒、氧化铥、氧化镱、氧化镥和氧化钇含量的测定方法。

本方法适用于氧化镨中氧化镧、氧化铈、氧化钕、氧化钐、氧化铕、氧化钆、氧化铽、氧化镝、氧化钬、氧化铒、氧化铥、氧化镱、氧化镥和氧化钇含量的测定。测定范围见表 8。

本方法也适用于金属镨中镧、铈、钕、钐、铕、钆、铽、镝、钬、铒、铥、镱、镥和钇含量的测定。

表 8

氧化物	质量分数/%	氧化物	质量分数/%
氧化镧	0.000 1~0.020	氧化镝	0.000 1~0.020
氧化铈	0.000 1~0.020	氧化钬	0.000 1~0.020
氧化钕	0.000 1~0.020	氧化铒	0.000 1~0.020
氧化钐	0.000 1~0.020	氧化铥	0.000 1~0.020
氧化铕	0.000 1~0.020	氧化镱	0.000 1~0.020
氧化钆	0.000 1~0.020	氧化镥	0.000 1~0.020
氧化铽	0.000 1~0.020	氧化钇	0.000 1~0.020

11 方法原理

试样以硝酸或盐酸溶解，在稀酸介质中，以氩等离子体为离子化源，用质谱法直接测定除铽以外的稀土杂质元素；铽经C272微型柱分离镨基体后，进行质谱测定。测定时均以内标法进行校正。

12 试剂和材料

12.1 无水碳酸钠，基准物质。

12.2 氯化铯，优级纯。

12.3 过氧化氢(30%)，优级纯。

12.4 盐酸(ρ1.19 g/mL)，优级纯。

12.5 硝酸(ρ1.42 g/mL)，优级纯。

12.6 硝酸(1+1)。

12.7 硝酸(1+19)。

12.8 盐酸标准溶液[c(HCl)≈2 mol/L]。

12.8.1 配制：移取350 mL盐酸(12.4)置于2 000 mL容量瓶中，用水稀释至刻度，混匀。

12.8.2 标定：称取3份2.300 g预先在300℃灼烧2 h并于干燥器中冷却至室温的无水碳酸钠(12.1)，分别置于3个250 mL锥形瓶中，各加入50 mL～60 mL水、0.1 mL～0.2 mL甲基红-溴甲酚绿指示剂(12.9)，用盐酸标准溶液(12.8)滴定至溶液由绿色变为酒红色，加热煮沸驱除二氧化碳，冷却，继续滴定至酒红色即为终点。取其平均值。平行标定所消耗盐酸标准溶液(12.8)体积的极差不应超过0.10 mL。

随同标定做空白试验。

按式(2)计算盐酸标准溶液(12.8)的浓度(mol/L)：

$$c=\frac{m}{0.05299\times(V-V_0)} \qquad \cdots\cdots(2)$$

式中：

m——碳酸钠的质量，单位为克(g)；

0.052 99——与1.00 mmol盐酸相当的碳酸钠的质量，单位为克每毫摩尔(g/mmol)；

V——滴定碳酸钠消耗盐酸标准溶液(12.8)的体积，单位为毫升(mL)；

V_0——滴定空白溶液消耗盐酸标准溶液(12.8)的体积，单位为毫升(mL)。

12.9 甲基红-溴甲酚绿指示液：一份甲基红乙醇溶液(2 g/L)与三份溴甲酚绿乙醇溶液(1 g/L)混合。

12.10 盐酸淋洗液(0.020 mol/L)：用盐酸标准溶液(12.8)稀释。

12.11 盐酸洗脱液(0.50 mol/L)：用盐酸标准液(12.8)稀释。

12.12 铯内标溶液：称取0.127 0 g氯化铯(12.2)，加10 mL水，溶解完全，加10 mL硝酸(12.6)，移入100 mL容量瓶中，用水稀释至刻度，混匀。此溶液1 mL含1 mg铯。再将此溶液用硝酸(12.7)逐步稀释成1 mL含0.4 μg铯的内标溶液。

12.13 氧化镧标准贮存溶液：称取0.100 0 g经900℃灼烧1 h的氧化镧(>99.99%)，置于100 mL烧杯中，加10 mL硝酸(12.6)，低温加热至溶解完全，取下冷却，移入100 mL容量瓶中，用水稀释至刻度，混匀。此溶液1 mL含1 000 μg氧化镧。

12.14 氧化铈标准贮存溶液：称取0.100 0 g经900℃灼烧1 h的氧化铈(>99.99%)，置于100 mL烧杯中，加10 mL硝酸(12.6)，2 mL过氧化氢(12.3)，低温加热至溶解完全，取下冷却，移入100 mL容量瓶中，用水稀释至刻度，混匀。此溶液1 mL含1 000 μg氧化铈。

12.15 氧化镨标准贮存溶液：称取0.100 0 g经900℃灼烧1 h的氧化镨(>99.99%)，置于100 mL烧杯中，加10 mL硝酸(12.6)，低温加热至溶解完全，取下冷却，移入100 mL容量瓶中，用水稀释至刻度，混匀。此溶液1 mL含1 000 μg氧化镨。

12.16 氧化钕标准贮存溶液：称取0.100 0 g经900℃灼烧1 h的氧化钕(>99.99%)，置于100 mL烧杯中,加 10 mL 硝酸(12.6),低温加热至溶解完全,取下冷却,移入 100 mL 容量瓶中,用水稀释至刻度,混匀。此溶液 1 mL 含 1 000 μg 氧化钕。

12.17 氧化钐标准贮存溶液:称取 0.100 0 g 经 900℃灼烧 1 h 的氧化钐(>99.99%),置于 100 mL 烧杯中,加 10 mL 硝酸(12.6),低温加热至溶解完全,取下冷却,移入 100 mL 容量瓶中,用水稀释至刻度,混匀。此溶液 1 mL 含 1 000 μg 氧化钐。

12.18 氧化铕标准贮存溶液:称取 0.100 0 g 经 900℃灼烧 1 h 的氧化铕(>99.99%),置于 100 mL 烧杯中,加 10 mL 硝酸(12.6),低温加热至溶解完全,取下冷却,移入 100 mL 容量瓶中,用水稀释至刻度,混匀。此溶液 1 mL 含 1 000 μg 氧化铕。

12.19 氧化钆标准贮存溶液:称取 0.100 0 g 经 900℃灼烧 1 h 的氧化钆(>99.99%),置于 100 mL 烧杯中,加 10 mL 硝酸(12.6),低温加热至溶解完全,取下冷却,移入 100 mL 容量瓶中,用水稀释至刻度,混匀。此溶液 1 mL 含 1 000 μg 氧化钆。

12.20 氧化铽标准贮存溶液:称取 0.100 0 g 经 900℃灼烧 1 h 的氧化铽(>99.99%),置于 100 mL 烧杯中,加 10 mL 硝酸(12.6),低温加热至溶解完全,取下冷却,移入 100 mL 容量瓶中,用水稀释至刻度,混匀。此溶液 1 mL 含 1 000 μg 氧化铽。

12.21 氧化镝标准贮存溶液:称取 0.100 0 g 经 900℃灼烧 1 h 的氧化镝(>99.99%),置于 100 mL 烧杯中,加 10 mL 硝酸(12.6),低温加热至溶解完全,取下冷却,移入 100 mL 容量瓶中,用水稀释至刻度,混匀。此溶液 1 mL 含 1 000 μg 氧化镝。

12.22 氧化钬标准贮存溶液:称取 0.100 0 g 经 900℃灼烧 1 h 的氧化钬(>99.99%),置于 100 mL 烧杯中,加 10 mL 硝酸(12.6),低温加热至溶解完全,取下冷却,移入 100 mL 容量瓶中,用水稀释至刻度,混匀。此溶液 1 mL 含 1 000 μg 氧化钬。

12.23 氧化铒标准贮存溶液:称取 0.100 0 g 经 900℃灼烧 1 h 的氧化铒(>99.99%),置于 100 mL 烧杯中,加 10 mL 硝酸(12.6),低温加热至溶解完全,取下冷却,移入 100 mL 容量瓶中,用水稀释至刻度,混匀。此溶液 1 mL 含 1 000 μg 氧化铒。

12.24 氧化铥标准贮存溶液:称取 0.100 0 g 经 900℃灼烧 1 h 的氧化铥(>99.99%),置于 100 mL 烧杯中,加 10 mL 硝酸(12.6),低温加热至溶解完全,取下冷却,移入 100 mL 容量瓶中,用水稀释至刻度,混匀。此溶液 1 mL 含 1 000 μg 氧化铥。

12.25 氧化镱标准贮存溶液:称取 0.100 0 g 经 900℃灼烧 1 h 的氧化镱(>99.99%),置于 100 mL 烧杯中,加 10 mL 硝酸(12.6),低温加热至溶解完全,取下冷却,移入 100 mL 容量瓶中,用水稀释至刻度,混匀。此溶液 1 mL 含 1 000 μg 氧化镱。

12.26 氧化镥标准贮存溶液:称取 0.100 0 g 经 900℃灼烧 1 h 的氧化镥(>99.99%),置于 100 mL 烧杯中,加 10 mL 硝酸(12.6),低温加热至溶解完全,取下冷却,移入 100 mL 容量瓶中,用水稀释至刻度,混匀。此溶液 1 mL 含 1 000 μg 氧化镥。

12.27 氧化钇标准贮存溶液:称取 0.100 0 g 经 900℃灼烧 1 h 的氧化钇(>99.99%),置于 100 mL 烧杯中,加 10 mL 硝酸(12.6),低温加热至溶解完全,取下冷却,移入 100 mL 容量瓶中,用水稀释至刻度,混匀。此溶液 1 mL 含 1 000 μg 氧化钇。

12.28 混合稀土标准溶液:分别移取 2.00 mL 各稀土氧化物标准贮存溶液(12.13~12.27)置于 100 mL容量瓶中,加 7 mL 硝酸(12.6),用水稀释至刻度,混匀。此溶液 1 mL 含各单一稀土氧化物分别为 20.0 μg。再将此溶液用硝酸(12.7)稀释成 1 mL 含各单一稀土氧化物分别为 1.00 μg 的标准溶液。

12.29 C272 微型分离柱:柱床(23 mm×9 mm,ID);填料为含 20% Cyanex272 的负载硅球(50 μm~70 μm)。

12.30 氩气(>99.99%)。

13 仪器

13.1 电感耦合等离子体质谱仪:质量分辨率优于(0.8±0.1)amu。

13.2 微柱分离装置：流路见图1。将C272微型分离柱(12.29)用内径0.8mm聚四氟乙烯管连接在流路中，用3只旋转阀切换阀位，顺序完成平衡——进样——淋洗(分离基体)——洗脱——收集待测杂质元素——再生过程。

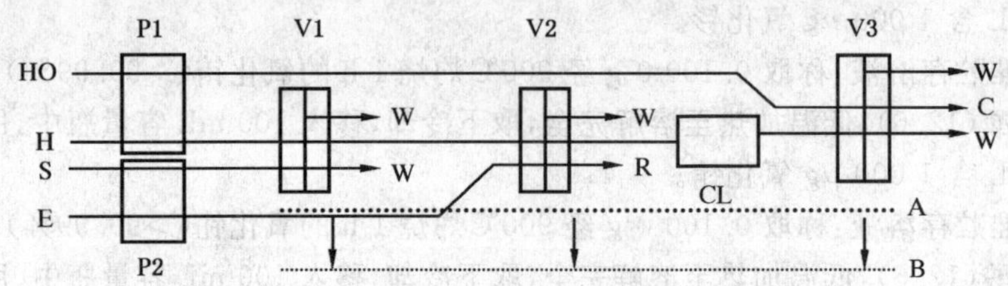

P1,P2——蠕动泵(两通道,可调速)；
V1,V2,V3——旋转阀；
CL——C272微型分离柱；
R——返回；
H——淋洗液管路；
S——取样管；
E——洗脱液管路；
C——收集液；
W——废液；
A,B——阀位；
平衡——V1A-V2A-V3A；
进样——V1B-V2A-V3A；
淋洗(分离基体)——V1A-V2A-V3A；
洗脱——V1A-V2B-V3A；
收集待测组分——V1A-V2B-V3B；
再生——V1A-V2B-V3A。

图1 微型柱分离富集装置流路图

14 试样

14.1 氧化物试样于900℃灼烧1h，置于干燥器中，冷却至室温，立即称量。

14.2 金属试样去掉表面氧化层，取样后，立即称量。

15 分析步骤

15.1 试料

按表9称取试样(14)，精确至0.0001g。

表9

稀土杂质(质量分数)/%	试样量/g
0.0001～0.0050	0.25
>0.0050～0.020	0.10

15.2 测定次数

称取二份试料，进行平行测定，取其平均值。

15.3 空白试验

随同试料做空白试验。

15.4 分析试液的制备

15.4.1 试料溶液的制备

将试料(15.1)置于50mL烧杯中，加5mL水、5mL硝酸(12.6)，低温加热至溶解完全，蒸干后，立即取下，稍冷，用少量盐酸淋洗液(12.10)溶解盐类，移入 50 mL 容量瓶中，以盐酸淋洗液(12.10)稀释至刻度，混匀。

15.4.2 直接测定用分析试液的制备

分取 3.00 mL 试液(15.4.1)于 50 mL 容量瓶中，加入 0.50 mL 铯内标溶液(12.12)，用水稀释至刻度，混匀。

15.4.3 分离后(铽)测定用分析试液的制备

15.4.3.1 分离柱的准备：将微型分离柱(12.29)充水去气，预先以盐酸洗脱液(12.11)洗涤 30 min，再以盐酸淋洗液(12.10)平衡后，备用。将微型分离柱用内径为 0.8 mm 的聚四氟乙烯管按图 1 连接在分离装置流路上，选择合适的泵管，调节试液管路流速为 1.00 mL/min，洗脱液管路流速为(1.0±0.1)mL/min，淋洗液管路流速为(1.5±0.1)mL/min。

注：分离柱使用若干次后，柱内有明显的气泡，应去气后再使用。

15.4.3.2 基体的分离：将淋洗液管路和洗脱液管路分别插入淋洗液(12.10)和洗脱液(12.11)中，用淋洗液(12.10)平衡分离柱 6 min，将试液管路插入试液(15.4.1)中，待试液(15.4.1)充满管路后，切换旋转阀 1，准确采集 1.00 mL 试液(15.4.1)。将阀 1 切换至原位，用淋洗液(12.10)淋洗分离柱 20 min，将基体镨洗出，排至废液中。切换旋转阀 2，用洗脱液(12.11)洗脱 1 min 后，切换旋转阀 3，继续用洗脱液(12.11)洗脱 5min，将富集在分离柱上的铽洗脱出来，分离液收集于 10 mL 比色管中，阀 3 切换至原位。5 min 后，将阀2 切换至原位。

15.4.3.3 测定铽用试液的制备：于收集分离液的 10 mL 比色管中，加入 0.10 mL 铯内标溶液(12.12)，以水稀释至刻度，混匀。

15.5 标准系列溶液的配制

准确移取 0 mL、0.20 mL、1.00 mL、5.00 mL、10.00 mL 混合稀土标准溶液(12.28)于 5 个 100 mL 容量瓶中，加入 1.0 mL 铯内标溶液(12.12)，加 2 mL 硝酸(12.6)，以水稀释至刻度，混匀，待测。此标准系列溶液 1.0 mL 含各单一稀土氧化物分别为 0 ng、2.0 ng、10.0 ng、50.0 ng、100 ng。

15.6 测定

15.6.1 测量元素同位素质量数见表 10。

表 10

元　素	测定同位素质量数	元　素	测定同位素质量数
La	139	Dy	163
Ce	140	Ho	165
Pr*	141	Er	166
Nd	146	Tm	169
Sm	147	Yb	172
Eu	153	Lu	175
Gd	156	Y	89
Tb*	159	Cs	133

* 元素用于分离试液的测定。

15.6.2 将空白试验(15.3)溶液、分析试液(15.4.2 和 15.4.3.3)与标准系列溶液(15.5)同时进行氩等离子体质谱测定。

16 分析结果的计算

将标准系列溶液(15.5)的浓度直接输入计算机，用内标法进行校正，由计算机计算并输出空白试验(15.3)溶液、分析试液(15.4.2 和 15.4.3.3)中待测元素的质量浓度。

按式(3)计算被测稀土元素的质量分数(%)：

$$w(X)=\frac{k\cdot(c-c_0)\cdot V_2\cdot V_0\times10^{-9}}{m\cdot V_l}\times100 \qquad (3)$$

式中：

k——各元素单质与其氧化物的换算系数，见表 5。计算氧化物含量时，$k=1$；

c——计算机输出的分析试液(15.4.2 和 15.4.3.3)中待测元素的质量浓度，单位为纳克每毫升(ng/mL)；

c_0——计算机输出的空白试验(15.3)溶液中待测元素的质量浓度，单位为纳克每毫升(ng/mL)；

V_2——分析试液(15.4.2，15.4.3.3)的体积，单位为毫升(mL)；

V_0——试液总体积，单位为毫升(mL)；

m——试料的质量，单位为克(g)；

V_l——分取试液的体积，单位为毫升(mL)。

17 精密度

17.1 重复性

在重复性条件下获得的两次独立测试结果的测定值，在以下给出的平均值范围内，这两个测试结果的绝对差值不超过重复性限(r)，超过重复性限(r)的情况不超过 5%，重复性限(r)按表 11 数据采用线性内插法求得。

表 11

氧化物	质量分数/%	重复性限(r)/%	氧化物	质量分数/%	重复性限(r)/%
氧化镧	0.000 25	0.000 1	氧化镝	0.000 2	0.000 1
	0.002 0	0.000 3		0.002 0	0.000 3
	0.020	0.002		0.020	0.002
氧化铈	0.000 25	0.000 1	氧化钬	0.000 25	0.000 1
	0.002 0	0.000 3		0.002 0	0.000 3
	0.020	0.002		0.020	0.002
氧化钕	0.000 25	0.000 1	氧化铒	0.000 25	0.000 1
	0.002 0	0.000 3		0.002 0	0.000 3
	0.020	0.002		0.020	0.002
氧化钐	0.000 25	0.000 1	氧化铥	0.000 25	0.000 1
	0.004 0	0.000 5		0.002 0	0.000 3
	0.020	0.002		0.020	0.002
氧化铕	0.000 25	0.000 1	氧化镱	0.000 25	0.000 1
	0.002 0	0.000 3		0.002 0	0.000 3
	0.020	0.002		0.020	0.002
氧化钆	0.000 25	0.000 1	氧化镥	0.000 25	0.000 1
	0.002 0	0.000 5		0.002 0	0.000 3
	0.020	0.002		0.020	0.002
氧化铽	0.000 25	0.000 1	氧化钇	0.000 2	0.000 1
	0.002 0	0.000 3		0.002 0	0.000 5
	0.020	0.002		0.020	0.002

注：重复性限(r)为 $2.8\times Sr$，Sr 为重复性标准差。

17.2 允许差

实验室之间分析结果的差值应不大于表12所列允许差。

表 12

氧化物	质量分数/%	允许差/%
氧化钬 氧化铕 氧化镝 氧化铒 氧化铥 氧化镱 氧化镥	0.000 1～0.000 3 >0.000 3～0.001 0 >0.001 0～0.003 0 >0.003 0～0.008 0 >0.008 0～0.012 >0.012 ～0.020	0.000 1 0.000 2 0.000 4 0.001 0 0.001 5 0.002

氧化物	质量分数/%	允许差/%
氧化镧 氧化铈 氧化钐 氧化钕	0.000 1～0.000 2 >0.000 2～0.000 8 >0.000 8～0.002 0 >0.002 0～0.005 0 >0.005 0～0.010 >0.010～0.020	0.000 1 0.000 2 0.000 4 0.001 0 0.002 0 0.003
氧化钆 氧化铽 氧化钇	0.000 1～0.000 2 >0.000 2～0.000 8 >0.000 8～0.002 0 >0.002 0～0.005 0 >0.005 0～0.010 0 >0.010 0～0.020 0	0.000 1 0.000 2 0.000 5 0.001 2 0.002 4 0.003 5

18 质量保证和控制

每周用自制的控制标样(如有国家级或行业级标样时,应首先使用)校核一次本标准分析方法的有效性。当过程失控时,应找出原因,纠正错误,重新进行校核。

ICS 77.120.99
H 14

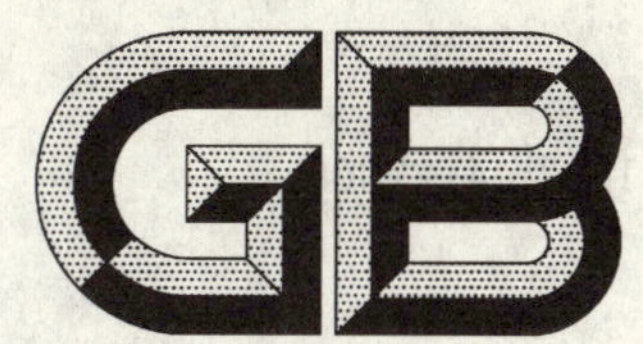

中华人民共和国国家标准

GB/T 18115.4—2006
代替 GB/T 18115.4—2000

稀土金属及其氧化物中稀土杂质化学分析方法 钕中镧、铈、镨、钐、铕、钆、铽、镝、钬、铒、铥、镱、镥和钇量的测定

Chemical analysis methods of rare earth impurities in rare earth metals and their oxides— Neodymium—Determination of lanthanum, cerium, praseodymium, samarium, europium, gadolinium, terbium, dysprosium, holmium, erbium, thulium, ytterbium, lutetium and yttrium contents

2006-04-13 发布　　　　2006-10-01 实施

中华人民共和国国家质量监督检验检疫总局
中国国家标准化管理委员会　发布

前言

本部分代替 GB/T 18115.4—2000《稀土氧化物化学分析方法　电感耦合等离子体发射光谱法测定氧化钕中氧化镧、氧化铈、氧化镨、氧化钐、氧化铕、氧化钆、氧化铽、氧化镝、氧化钬、氧化铒、氧化铥、氧化镱、氧化镥和氧化钇量》，本部分与前一版本相比主要变化如下：

——电感耦合等离子体光谱法，增加了 13 条参考谱线，分别为：La492.178 nm、261.033 nm、Ce413.768 nm、413.380 nm、Pr440.884 nm、Gd310.050、Dy238.197 nm、Ho341.646 nm、Tm313.126 nm、282.922 nm、Yb289.138 nm、Y324.228 nm、224.306 nm；

——电感耦合等离子体光谱法，修改了 5 条参考谱线，分别为：La 的谱线由398.852 nm 改为412.323 nm、Pr 的谱线由 422.533 nm 改为 417.939 nm、Sm 的谱线由 446.734 nm 改为442.434 nm、Dy 的谱线由 364.542 nm 改为 340.780 nm、Yb 的谱线由 369.420 nm 改为328.937 nm；

——增加了精密度(重复性)条款；

——增加了电感耦合等离子体质谱法。

两个方法的分析范围出现重叠时，以方法 2 作为仲裁方法。

本部分由国家发展和改革委员会稀土办公室提出。

本部分由全国稀土标准化技术委员会归口并负责解释。

本部分由北京有色金属研究总院、中国有色金属工业标准计量质量研究所负责起草。

本部分方法 1 由广东珠江稀土有限公司起草。

本部分方法 1 由江阴加华新材料有限公司、宜兴新威利成有限公司、广东福达集团阳江稀土厂参加起草。

本部分方法 1 主要起草人：邓汉芹、钟新文、宋耀。

本部分方法 1 主要验证人：赵萍红、倪菊华、王寿虹、许彩云、吴敏。

本部分方法 2 由包头稀土研究院起草。

本部分方法 2 由内蒙古包钢稀土高科技股份有限公司、北京有色金属研究总院参加起草。

本部分方法 2 主要起草人：郝冬梅、张翼明。

本部分方法 2 主要验证人：张桂梅、于晶雪、周晓冬、伍星、李继东。

本部分所代替部分的历次版本发布情况为：

——GB/T 18115.4—2000。

稀土金属及其氧化物中稀土杂质化学分析方法 钬中镧、铈、镨、钐、铕、钆、铽、镝、钬、铒、铥、镱、镥和钇量的测定

电感耦合等离子体光谱法(方法1)

1 范围

本方法规定了氧化钬中氧化镧、氧化铈、氧化镨、氧化钐、氧化铕、氧化钆、氧化铽、氧化镝、氧化钬、氧化铒、氧化铥、氧化镱、氧化镥和氧化钇含量的测定方法。

本方法适用于氧化钬中氧化镧、氧化铈、氧化镨、氧化钐、氧化铕、氧化钆、氧化铽、氧化镝、氧化钬、氧化铒、氧化铥、氧化镱、氧化镥和氧化钇含量的测定。测定范围见表1。

本方法也适用于金属钬中镧、铈、镨、钐、铕、钆、铽、镝、钬、铒、铥、镱、镥和钇含量的测定。

表1

氧 化 物	质量分数/%	氧 化 物	质量分数/%
氧化镧	0.002 0～0.100	氧化镝	0.001 0～0.100
氧化铈	0.003 0～0.100	氧化钬	0.003 0～0.100
氧化镨	0.008 0～0.200	氧化铒	0.000 5～0.100
氧化钐	0.003 0～0.100	氧化铥	0.001 0～0.100
氧化铕	0.005 0～0.100	氧化镱	0.000 5～0.100
氧化钆	0.001 0～0.100	氧化镥	0.000 5～0.100
氧化铽	0.001 0～0.100	氧化钇	0.001 0～0.100

2 方法原理

试样以盐酸溶解，在稀盐酸介质中，直接以氩等离子体光源激发，进行光谱测定，以基体匹配法校正基体对测定的影响。

3 试剂

3.1 过氧化氢(30%)。

3.2 盐酸(1+1)。

3.3 盐酸(1+19)。

3.4 硝酸(1+1)。

3.5 氩气（>99.99%）。

3.6 氧化钬基体溶液：称取25.000 0 g经900℃灼烧1 h的氧化钬（>99.999%)，置于500 mL烧杯中，加75 mL盐酸(3.2)，低温加热至溶解完全，冷却至室温，移入500 mL容量瓶中，用水稀释至刻度，混匀。此溶液1 mL含50 mg氧化钬。

3.7 氧化镧标准贮存溶液：称取0.100 0 g经900℃灼烧1 h的氧化镧(>99.99%)，置于100 mL烧杯中，加10 mL盐酸(3.2)，低温加热至溶解完全，冷却至室温，移入100 mL容量瓶中，用水稀释至刻度，

混匀。此溶液 1 mL 含 1 mg 氧化镧。再将此溶液用盐酸(3.3)稀释成 1 mL 含 100 μg 和 1 mL 含 10 μg 氧化镧的标准溶液。

3.8 氧化铈标准贮存溶液:称取 0.100 0 g 经 900℃灼烧 1 h 的氧化铈(>99.99%),置于 100 mL 烧杯中,加 10 mL 硝酸(3.4),低温加热,并滴加过氧化氢(3.1)至溶解完全,冷却至室温,移入 100 mL 容量瓶中,用水稀释至刻度,混匀。此溶液 1 mL 含 1 mg 氧化铈。再将此溶液用盐酸(3.3)稀释成 1 mL 含 100 μg 和 1 mL 含 10 μg 氧化铈的标准溶液。

3.9 氧化镨标准贮存溶液:称取 0.100 0 g 经 900℃灼烧 1 h 的氧化镨(>99.99%),置于 100 mL 烧杯中,加 10 mL 盐酸(3.2),低温加热至溶解完全,冷却至室温,移入 100 mL 容量瓶中,用水稀释至刻度,混匀。此溶液 1 mL 含 1 mg 氧化镨。再将此溶液用盐酸(3.3)稀释成 1 mL 含 100 μg 和 1 mL 含 10 μg 氧化镨的标准溶液。

3.10 氧化钐标准贮存溶液:称取 0.100 0 g 经 900℃灼烧 1 h 的氧化钕(>99.99%),置于 100 mL 烧杯中,加 10 mL 盐酸(3.2),低温加热至溶解完全,冷却至室温,移入 100 mL 容量瓶中,用水稀释至刻度,混匀。此溶液 1 mL 含 1 mg 氧化钕。再将此溶液用盐酸(3.3)稀释成 1 mL 含 100 μg 和 1 mL 含 10 μg 氧化钕的标准溶液。

3.11 氧化铕标准贮存溶液:称取 0.100 0 g 经 900℃灼烧 1 h 的氧化铕(>99.99%),置于 100 mL 烧杯中,加 10 mL 盐酸(3.2),低温加热至溶解完全,冷却至室温,移入 100 mL 容量瓶中,用水稀释至刻度,混匀。此溶液 1 mL 含 1 mg 氧化铕。再将此溶液用盐酸(3.3)稀释成 1 mL 含 100 μg 和 1 mL 含 10 μg 氧化铕的标准溶液。

3.12 氧化钆标准贮存溶液:称取 0.100 0 g 经 900℃灼烧 1 h 的氧化钆(>99.99%),置于 100 mL 烧杯中,加 10 mL 盐酸(3.2),低温加热至溶解完全,冷却至室温,移入 100 mL 容量瓶中,用水稀释至刻度,混匀。此溶液 1 mL 含 1 mg 氧化钆。再将此溶液用盐酸(3.3)稀释成 1 mL 含 100 μg 和 1 mL 含 10 μg 氧化钆的标准溶液。

3.13 氧化铽标准贮存溶液:称取 0.100 0 g 经 900℃灼烧 1 h 的氧化铽(>99.99%),置于 100 mL 烧杯中,加 10 mL 硝酸(3.4),低温加热至溶解完全,冷却至室温,移入 100 mL 容量瓶中,用水稀释至刻度,混匀。此溶液 1 mL 含 1 mg 氧化铽。再将此溶液用盐酸(3.3)稀释成 1 mL 含 100 μg 和 1 mL 含 10 μg 氧化铽的标准溶液。

3.14 氧化镝标准贮存溶液:称取 0.100 0 g 经 900℃灼烧 1 h 的氧化镝(>99.99%),置于 100 mL 烧杯中,加 10 mL 盐酸(3.2),低温加热至溶解完全,冷却至室温,移入 100 mL 容量瓶中,用水稀释至刻度,混匀。此溶液 1 mL 含 1 mg 氧化镝。再将此溶液用盐酸(3.3)稀释成 1 mL 含 100 μg 和 1 mL 含 10 μg 氧化镝的标准溶液。

3.15 氧化钬标准贮存溶液:称取 0.100 0 g 经 900℃灼烧 1 h 的氧化钬(>99.99%),置于 100 mL 烧杯中,加 10 mL 盐酸(3.2),低温加热至溶解完全,冷却至室温,移入 100 mL 容量瓶中,用水稀释至刻度,混匀。此溶液 1 mL 含 1 mg 氧化钬。再将此溶液用盐酸(3.3)稀释成 1 mL 含 100 μg 和 1 mL 含 10 μg 氧化钬的标准溶液。

3.16 氧化铒标准贮存溶液:称取 0.100 0 g 经 900℃灼烧 1 h 的氧化铒(>99.99%),置于 100 mL 烧杯中,加 10 mL 盐酸(3.2),低温加热至溶解完全,冷却至室温,移入 100 mL 容量瓶中,用水稀释至刻度,混匀。此溶液 1 mL 含 1 mg 氧化铒。再将此溶液用盐酸(3.3)稀释成 1 mL 含 100 μg 和 1 mL 含 10 μg 氧化铒的标准溶液。

3.17 氧化铥标准贮存溶液:称取 0.100 0 g 经 900℃灼烧 1 h 的氧化铥(>99.99%),置于 100 mL 烧杯中,加 10 mL 盐酸(3.2),低温加热至溶解完全,冷却至室温,移入 100 mL 容量瓶中,用水稀释至刻度,混匀。此溶液 1 mL 含 1 mg 氧化铥。再将此溶液用盐酸(3.3)稀释成 1 mL 含 100 μg 和 1 mL 含 10 μg 氧化铥的标准溶液。

3.18 氧化镱标准贮存溶液:称取 0.100 0 g 经 900℃灼烧 1 h 的氧化镱(>99.99%),置于 100 mL 烧

杯中,加 10 mL 盐酸(3.2),低温加热至溶解完全,冷却至室温,移入 100 mL 容量瓶中,用水稀释至刻度,混匀。此溶液 1 mL 含 1 mg 氧化镱。再将此溶液用盐酸(3.3)稀释成 1 mL 含 100 μg 和 1 mL 含 10 μg 氧化镱的标准溶液。

3.19 氧化镥标准贮存溶液:称取 0.100 0 g 经 900℃灼烧 1 h 的氧化镥(>99.99%),置于 100 mL 烧杯中,加 10 mL 盐酸(3.2),低温加热至溶解完全,冷却至室温,移入 100 mL 容量瓶中,用水稀释至刻度,混匀。此溶液 1 mL 含 1 mg 氧化镥。再将此溶液用盐酸(3.3)稀释成 1 mL 含 100 μg 和 1 mL 含 10 μg 氧化镥的标准溶液。

3.20 氧化钇标准贮存溶液:称取 0.100 0 g 经 900℃灼烧 1 h 的氧化钇(>99.99%),置于 100 mL 烧杯中,加 10 mL 盐酸(3.2),低温加热至溶解完全,冷却至室温,移入 100 mL 容量瓶中,用水稀释至刻度,混匀。此溶液 1 mL 含 1 mg 氧化钇。再将此溶液用盐酸(3.3)稀释成 1 mL 含 100 μg 和 1 mL 含 10 μg 氧化钇的标准溶液。

4 仪器

4.1 电感耦合等离子体光谱仪,分辨率<0.006 nm(200 nm 处)。

4.2 氩等离子体光源。

5 试样

5.1 氧化物试样于 900℃灼烧 1 h,置于干燥器中,冷却至室温,立即称量。

5.2 金属试样应去掉表面层,取样后立即称量。

6 分析步骤

6.1 试料

6.1.1 氧化物试料

称取 0.200 g 试样(5.1),精确至 0.000 1 g。

6.1.2 金属试料

称取 0.174 g 试样(5.2),精确至 0.000 1 g。

6.2 测定次数

称取两份试料,进行平行测定,取其平均值。

6.3 分析试液的制备

将试料(6.1)置于 100 mL 烧杯中,加入 10 mL 水,加 10 mL 盐酸(3.2),低温加热至溶解完全,冷却至室温,移入 100 mL 容量瓶中用水稀释至刻度,混匀,待用。

6.4 标准系列溶液的配制

将氧化钕基体溶液(3.6)和各稀土氧化物标准溶液(3.7～3.20)按表 2 分别移入 5 个 100 mL 容量瓶中,加入 8 mL 盐酸(3.2),以水稀释至刻度,混匀,制得标准系列溶液,待用。

表 2

标液标号	各稀土(以氧化物计)质量浓度/(μg/mL)							
	氧化钕	氧化镧	氧化铈	氧化镨	氧化钐	氧化铕	氧化钆	氧化铽
1	5 000	0	0	0	0	0	0	0
2	5 000	0.10	0.15	0.4	0.15	0.025	0.05	0.05
3	5 000	—	—	—	—	0.25	0.25	0.25
4	5 000	0.50	0.50	1.00	0.50	0.50	1.00	0.50
5	5 000	5.00	5.00	10.00	5.00	10.00	5.00	5.00

表 2（续）

标液标号	各稀土（以氧化物计）质量浓度/(μg/mL)						
	氧化镝	氧化钬	氧化铒	氧化铥	氧化镱	氧化镥	氧化钇
1	0	0	0	0	0	0	0
2	0.05	0.15	0.025	0.05	0.025	0.025	0.05
3	0.25	—	0.25	0.25	0.25	0.25	0.25
4	0.50	0.50	0.50	0.50	0.50	0.50	0.50
5	5.00	5.00	5.00	5.00	5.00	5.00	5.00

6.5 测定

6.5.1 推荐分析线见表 3。

表 3

元 素	分析线/nm	元 素	分析线/nm
La	492.178,412.323,261.033	Dy	347.426,340.780,238.197
Ce	429.668,413.768,413.380	Ho	341.646,337.271
Pr	440.884,417.939	Er	346.220
Sm	442.434	Tm	313.126,286.922,328.937
Eu	272.778	Yb	289.138
Gd	342.247,310.050	Lu	261.542
Tb	350.917	Y	371.029,324.228,224.306

6.5.2 将分析试液(6.3)与标准系列溶液(6.4)同时进行氩等离子体光谱测定。

7 分析结果的表述

将标准系列溶液(6.4)的含量直接输入计算机，根据标准系列溶液(6.4)和分析试液(6.3)的强度值，由计算机计算、校正并输出分析试液(6.3)中待测稀土元素的质量浓度。

按式(1)计算待测稀土元素的质量分数(%)：

$$w(\mathrm{X})=\frac{k\cdot c\cdot V_0\times 10^{-6}}{m_0}\times 100 \qquad (1)$$

式中：

k——各元素单质与其氧化物的换算系数，见表 4。计算氧化物含量时，$k=1$；

c——自工作曲线上查得被测稀土氧化物的质量浓度，单位为微克每毫升(μg/mL)；

V_0——试液总体积，单位为毫升(mL)；

m_0——试料的质量，单位为克(g)。

表 4

元 素	k	元 素	k
La	0.852 6	Dy	0.871 3
Ce	0.814 0	Ho	0.873 0
Pr	0.827 7	Er	0.874 5
Sm	0.862 1	Tm	0.875 6
Eu	0.863 6	Yb	0.878 2
Gd	0.867 6	Lu	0.879 4
Tb	0.850 2	Y	0.787 4

8 精密度

8.1 重复性

在重复性条件下获得的两次独立测试结果的测定值，在以下给出的平均值范围内，这两个测试结果的绝对差值不超过重复性限(*r*)，超过重复性限(*r*)的情况不超过5%。重复性限(*r*)按表5数据采用线性内插法求得：

表 5

氧化物	质量分数/%	重复性限(*r*)/%	氧化物	质量分数/%	重复性限(*r*)/%
氧化镧	0.002 5	0.001 0	氧化镝	0.001 6	0.000 5
	0.006 3	0.001 5		0.007 8	0.001 5
	0.073	0.007		0.082	0.008
氧化铈	0.003 2	0.001 0	氧化钬	0.003 2	0.001 0
	0.006 9	0.001 5		0.008 1	0.002 0
	0.076	0.007		0.083	0.008
氧化镨	0.006 9	0.001 5	氧化铒	0.000 9	0.000 4
	0.018	0.004 0		0.007 6	0.001 0
	0.086	0.010		0.083	0.006
氧化钐	0.003 7	0.001 0	氧化铥	0.000 9	0.000 4
	0.009 0	0.002 0		0.007 1	0.002 0
	0.086	0.008		0.078	0.006
氧化铕	0.000 5	0.000 4	氧化镱	0.001 0	0.000 4
	0.008 7	0.001 5		0.008 2	0.002 0
	0.086	0.006		0.079	0.006
氧化钆	0.001 0	0.000 4	氧化镥	0.000 5	0.000 3
	0.008 9	0.001 5		0.008 3	0.001 5
	0.083	0.008		0.082	0.006
氧化铽	0.001 3	0.000 4	氧化钇	0.001 0	0.000 4
	0.008 4	0.001 5		0.008 0	0.002 0
	0.085	0.008		0.077	0.007

注：重复性限(*r*)为2.8×*Sr*，*Sr*为重复性标准差。

8.2 允许差

实验室之间分析结果的差值应不大于表6所列允许差。

表 6

氧化物	质量分数/%	允许差/%
氧化镧	0.002 0～0.005 0	0.001 5
	0.005 0～0.001 0	0.002 5
	0.010～0.030	0.004 0
	0.030～0.050	0.008 0
	0.050～0.080	0.010
	0.080～0.100	0.020
氧化铈 氧化钐 氧化钬	0.003 0～0.005 0	0.001 5
	0.005 0～0.010	0.002 5
	0.010～0.030	0.004
	0.030～0.050	0.008
	0.050～0.080	0.010
	0.080～0.100	0.020
氧化镨	0.008 0～0.010	0.002 5
	0.010～0.030	0.004
	0.030～0.050	0.008
	0.050～0.080	0.010
	0.080～0.100	0.020
	0.100～0.20	0.030
氧化铕 氧化铒 氧化镱 氧化镥	0.000 5～0.001 0	0.000 5
	0.001 0～0.002 0	0.000 8
	0.002 0～0.005 0	0.001 5
	0.005 0～0.010	0.002 5
	0.010～0.030	0.004 0
	0.030～0.050	0.008 0
	0.050～0.080	0.010
	0.080～0.100	0.020
氧化钆 氧化铽 氧化镝 氧化铥 氧化钇	0.001 0～0.002 0	0.000 5
	0.002 0～0.005 0	0.001 5
	0.005 0～0.010	0.002 5
	0.010～0.030	0.004
	0.030～0.050	0.008
	0.050～0.080	0.010
	0.080～0.100	0.020

9 质量保证与控制

每周用自制的控制标样(如有国家级或行业级标样时,应首先使用)校核一次本标准分析方法的有效性。当过程失控时,应找出原因,纠正错误,重新进行校核。

电感耦合等离子体质谱法(方法 2)

10 范围

本方法规定了氧化钕中氧化镧、氧化铈、氧化镨、氧化钐、氧化铕、氧化钆、氧化铽、氧化镝、氧化钬、氧化铒、氧化铥、氧化镱、氧化镥和氧化钇含量的测定方法。

本方法适用于氧化钕中氧化镧、氧化铈、氧化镨、氧化钐、氧化铕、氧化钆、氧化铽、氧化镝、氧化钬、氧化铒、氧化铥、氧化镱、氧化镥和氧化钇含量的测定。测定范围见表 7。

本方法也适用于金属钕中镧、铈、镨、钐、铕、钆、铽、镝、钬、铒、铥、镱、镥和钇含量的测定。

表 7

氧化物	质量分数/%
氧化镧	0.000 1～0.050
氧化铈	0.000 1～0.050
氧化镨	0.000 1～0.050
氧化钐	0.000 1～0.050
氧化铕	0.000 1～0.050
氧化钆	0.000 1～0.050
氧化铽	0.000 1～0.050
氧化镝	0.000 1～0.050
氧化钬	0.000 1～0.050
氧化铒	0.000 1～0.050
氧化铥	0.000 1～0.050
氧化镱	0.000 1～0.050
氧化镥	0.000 1～0.050
氧化钇	0.000 1～0.050

11 方法原理

试样以硝酸或盐酸溶解，在稀酸介质中，以氩等离子体为离子化源，用质谱法直接测定除铽、镝和钬以外的稀土杂质元素；铽、镝和钬经 C272 微型柱分离钕基体后，进行质谱测定。测定时均以内标法进行校正。

12 试剂和材料

12.1 无水碳酸钠，基准物质。

12.2 氯化铯，优级纯。

12.3 过氧化氢(30%)，优级纯。

12.4 盐酸(ρ1.19 g/mL)，优级纯。

12.5 硝酸(ρ1.42 g/mL)，优级纯。

12.6 硝酸(1+3)。

12.7 硝酸(1+19)。

12.8 盐酸标准溶液 [c(HCl)≈2 mol/L]。

12.8.1 配制：移取 350 mL 盐酸(12.4)置于 2 000 mL 容量瓶中，用水稀释至刻度，混匀。

12.8.2 标定：称取 3 份 2.300 0 g 预先在 300℃灼烧 2 h 并于干燥器中冷却至室温的无水碳酸钠(12.1)，分别置于 3 个 250 mL 锥形瓶中，各加入 50 mL～60 mL 水、0.1 mL ～0.2 mL 甲基红-溴甲酚绿指示剂(12.9)，用盐酸标准溶液(12.8)滴定至溶液由绿色变为酒红色，加热煮沸驱除二氧化碳，冷却，继续滴定至酒红色即为终点，取其平均值。平行标定所消耗盐酸标准溶液(12.8)体积的极差不应超过 0.10 mL。

随同标定做空白试验。

按式(2)计算盐酸标准溶液(12.8)的浓度(mol/L)：

$$c=\frac{m}{0.052\ 99\times(V-V_0)} \qquad \cdots\cdots(2)$$

式中：

m——碳酸钠的质量，单位为克(g)；

0.052 99——与 1.00 mmol 盐酸相当的碳酸钠的质量，单位为克每毫摩尔(g/mmol)；

V——滴定碳酸钠消耗盐酸标准溶液(12.8)的体积，单位为毫升(mL)；

V_0——滴定空白溶液消耗盐酸标准溶液(12.8)的体积，单位为毫升(mL)。

12.9 甲基红-溴甲酚绿指示剂：一份甲基红乙醇溶液(2g/L)与三份溴甲酚绿乙醇溶液(1g/L)混合。

12.10 盐酸淋洗液(0.020 mol/L)：用盐酸标准溶液(12.8)稀释。

12.11 盐酸洗脱液(0.50 mol/L)：用盐酸标准液(12.8)稀释。

12.12 铯内标溶液：称取 0.127 0 g 氯化铯(12.2)，加 10 mL 水，溶解完全，加 10 mL 硝酸(12.6)，移入 100 mL 容量瓶中，用水稀释至刻度，混匀。此溶液 1 mL 含 1 mg 铯。再将此溶液用硝酸(12.7)逐步稀释成 1 mL 含 0.50 μg 铯的内标溶液。

12.13 氧化镧标准贮存溶液：称取 0.100 0 g 经 900℃灼烧 1 h 的氧化镧(>99.99%)，置于 100 mL 烧杯中，加 10 mL 硝酸(12.6)，低温加热至溶解完全，取下冷却，移入 100 mL 容量瓶中，用水稀释至刻度，混匀。此溶液 1 mL 含 1 000 μg 氧化镧。

12.14 氧化铈标准贮存溶液：称取 0.100 0 g 经 900℃灼烧 1 h 的氧化铈(>99.99%)，置于 100 mL 烧杯中，加 10 mL 硝酸(12.6)，2 mL 过氧化氢(12.3)，低温加热至溶解完全，取下冷却，移入 100 mL 容量瓶中，用水稀释至刻度，混匀。此溶液 1 mL 含 1 000 μg 氧化铈。

12.15 氧化镨标准贮存溶液：称取 0.100 0 g 经 900℃灼烧 1 h 的氧化镨(>99.99%)，置于 100 mL 烧杯中，加 10 mL 硝酸(12.6)，低温加热至溶解完全，取下冷却，移入 100 mL 容量瓶中，用水稀释至刻度，混匀。此溶液 1 mL 含 1 000 μg 氧化镨。

12.16 氧化铽标准贮存溶液:称取 0.100 0 g 经 900℃灼烧 1 h 的氧化铽(>99.99%),置于 100 mL 烧杯中,加 10 mL 硝酸(12.6),低温加热至溶解完全,取下冷却,移入 100 mL 容量瓶中,用水稀释至刻度,混匀。此溶液 1 mL 含 1 000 μg 氧化铽。

12.17 氧化钐标准贮存溶液:称取 0.100 0 g 经 900℃灼烧 1 h 的氧化钐(>99.99%),置于 100 mL 烧杯中,加 10 mL 硝酸(12.6),低温加热至溶解完全,取下冷却,移入 100 mL 容量瓶中,用水稀释至刻度,混匀。此溶液 1 mL 含 1 000 μg 氧化钐。

12.18 氧化铕标准贮存溶液:称取 0.100 0 g 经 900℃灼烧 1 h 的氧化铕(>99.99%),置于 100 mL 烧杯中,加 10 mL 硝酸(12.6),低温加热至溶解完全,取下冷却,移入 100 mL 容量瓶中,用水稀释至刻度,混匀。此溶液 1 mL 含 1 000 μg 氧化铕。

12.19 氧化钆标准贮存溶液:称取 0.100 0 g 经 900℃灼烧 1 h 的氧化钆(>99.99%),置于 100 mL 烧杯中,加 10 mL 硝酸(12.6),低温加热至溶解完全,取下冷却,移入 100 mL 容量瓶中,用水稀释至刻度,混匀。此溶液 1 mL 含 1 000 μg 氧化钆。

12.20 氧化铽标准贮存溶液:称取 0.100 0 g 经 900℃灼烧 1 h 的氧化铽(>99.99%),置于 100 mL 烧杯中,加 10 mL 硝酸(12.6),低温加热至溶解完全,取下冷却,移入 100 mL 容量瓶中,用水稀释至刻度,混匀。此溶液 1 mL 含 1 000 μg 氧化铽。

12.21 氧化镝标准贮存溶液:称取 0.100 0 g 经 900℃灼烧 1 h 的氧化镝(>99.99%),置于 100 mL 烧杯中,加 10 mL 硝酸(12.6),低温加热至溶解完全,取下冷却,移入 100 mL 容量瓶中,用水稀释至刻度,混匀。此溶液 1 mL 含 1 000 μg 氧化镝。

12.22 氧化钬标准贮存溶液:称取 0.100 0 g 经 900℃灼烧 1 h 的氧化钬(>99.99%),置于 100 mL 烧杯中,加 10 mL 硝酸(12.6),低温加热至溶解完全,取下冷却,移入 100 mL 容量瓶中,用水稀释至刻度,混匀。此溶液 1 mL 含 1 000 μg 氧化钬。

12.23 氧化铒标准贮存溶液:称取 0.100 0 g 经 900℃灼烧 1 h 的氧化铒(>99.99%),置于 100 mL 烧杯中,加 10 mL 硝酸(12.6),低温加热至溶解完全,取下冷却,移入 100 mL 容量瓶中,用水稀释至刻度,混匀。此溶液 1 mL 含 1 000 μg 氧化铒。

12.24 氧化铥标准贮存溶液:称取 0.100 0 g 经 900℃灼烧 1 h 的氧化铥(>99.99%),置于 100 mL 烧杯中,加 10 mL 硝酸(12.6),低温加热至溶解完全,取下冷却,移入 100 mL 容量瓶中,用水稀释至刻度,混匀。此溶液 1 mL 含 1 000 μg 氧化铥。

12.25 氧化镱标准贮存溶液:称取 0.100 0 g 经 900℃灼烧 1 h 的氧化镱(>99.99%),置于 100 mL 烧杯中,加 10 mL 硝酸(12.6),低温加热至溶解完全,取下冷却,移入 100 mL 容量瓶中,用水稀释至刻度,混匀。此溶液 1 mL 含 1 000 μg 氧化镱。

12.26 氧化镥标准贮存溶液:称取 0.100 0 g 经 900℃灼烧 1 h 的氧化镥(>99.99%),置于 100 mL 烧杯中,加 10 mL 硝酸(12.6),低温加热至溶解完全,取下冷却,移入 100 mL 容量瓶中,用水稀释至刻度,混匀。此溶液 1 mL 含 1 000 μg 氧化镥。

12.27 氧化钇标准贮存溶液:称取 0.100 0 g 经 900℃灼烧 1 h 的氧化钇(>99.99%),置于 100 mL 烧杯中,加 10 mL 硝酸(12.6),低温加热至溶解完全,取下冷却,移入 100 mL 容量瓶中,用水稀释至刻度,混匀。此溶液 1 mL 含 1 000 氧化钇。

12.28 混合稀土标准溶液:分别移取 2.00 mL 各稀土氧化物标准贮存溶液(12.13～12.27)置于100 mL容量瓶中,加 10 mL 硝酸(12.6),用水稀释至刻度,混匀。此溶液 1 mL 含各单一稀土氧化物分别为 20.0 μg。再将此溶液用硝酸(12.7)稀释成 1 mL 含各单一稀土氧化物分别为 1.00 μg 的标准溶液。

12.29 C272 微型分离柱:柱床(23 mm×9 mm,ID);填料为含 20% Cyanex272 的负载硅球(50 μm～70 μm)。

12.30 氩气(>99.99%)。

13 仪器

13.1 电感耦合等离子体质谱仪:质量分辨率优于(0.8±0.1)amu。

13.2 微柱分离装置:流路见图1。将C272微型分离柱(12.29)用内径0.8 mm聚四氟乙烯管连接在流路中,用3只旋转阀切换阀位,完成平衡—进样—淋洗(分离基体)—洗脱—收集待测杂质元素—再生过程。

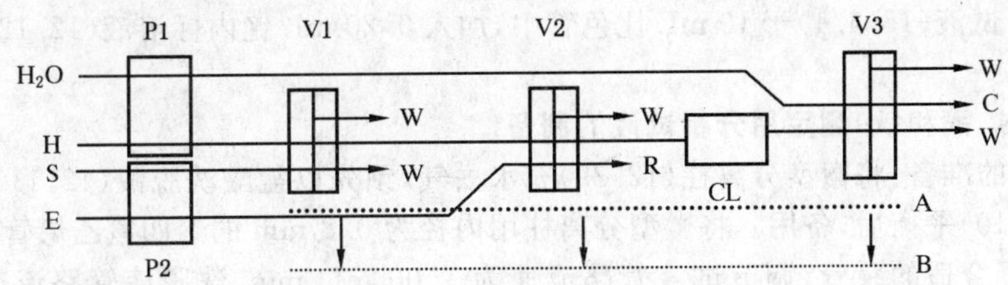

P1,P2——蠕动泵(两通道,可调速);

V1,V2,V3——旋转阀;

CL——C272微型分离柱;

R——返回;

H——淋洗液管路;

S——取样管;

E——洗脱液管路;

C——收集液;

W——废液;

A,B——阀位。

平衡——V1A-V2A-V3A;

进样——V1B-V2A-V3A;

淋洗(分离基体)——V1A-V2A-V3A;

洗脱——V1A-V2B-V3A;

收集待测组分——V1A-V2B-V3B;

再生——V1A-V2B-V3A。

图1 微型柱分离富集装置流路图

14 试样

14.1 氧化物试样于900℃灼烧1 h,置于干燥器中,冷却至室温,立即称量。

14.2 金属试样去掉表面氧化层,取样后,立即称量。

15 分析步骤

15.1 试料

按表8称取试样(14),精确至0.000 1 g。

表8

稀土杂质(质量分数)/%	试样量/g
0.000 1～0.005 0	0.25
＞0.005 0～0.050	0.1

15.2 测定次数

称取二份试料,进行平行测定,取其平均值。

15.3 空白试验

随同试料做空白试验。

15.4 分析试液的制备

15.4.1 试料溶液的制备

将试料(15.1)置于50 mL烧杯中,加5 mL水、5 mL硝酸(12.6)、1 mL过氧化氢(12.3),低温加

热至溶解完全，蒸干后，立即取下，稍冷，用少量盐酸淋洗液(12.10)溶解盐类，移入50 mL容量瓶中，以盐酸淋洗液(12.10)稀释至刻度，混匀。

15.4.2 直接测定用分析试液的制备

分取1.00 mL试液(15.4.1)于10 mL比色管中，加入0.20 mL铯内标溶液(12.12)，用水稀释至刻度，混匀。

15.4.3 分离后(铽、镝和钕)测定用分析试液的制备

15.4.3.1 分离柱的准备：将微型分离柱(12.29)充水去气，预先以盐酸洗脱液(12.11)洗涤30 min，再以盐酸淋洗液(12.10)平衡后，备用。将微型分离柱用内径为0.8 mm的聚四氟乙烯管按图1连接在分离装置流路上，选择合适的泵管，调节试液管路流速为1.00 mL/min，洗脱液管路流速为(1.0±0.1) mL/min，淋洗液管路流速为(1.5±0.1) mL/min。

注：分离柱使用若干次后，柱内有明显的气泡，应去气后再使用。

15.4.3.2 基体的分离：将淋洗液管路和洗脱液管路分别插入淋洗液(12.10)和洗脱液(12.11)中，用淋洗液(12.10)平衡分离柱6 min，将试液管路插入试液(15.4.1)中，待试液(15.4.1)充满管路后，切换旋转阀1，准确采集1.00 mL试液(15.4.1)。将阀1切换至原位，用淋洗液(12.10)淋洗分离柱20 min，将基体钕洗出，排至废液中。切换旋转阀2，用洗脱液(12.11)洗脱1 min后，切换旋转阀3，继续用洗脱液(12.11)洗脱5 min，将富集在分离柱上的铽、镝和钬洗脱出来，分离液收集于10 mL比色管中，阀3切换至原位。4 min后，将阀2切换至原位。

15.4.3.3 测定铽、镝和钬用试液的制备：于收集分离液的10 mL比色管中，加入0.20 mL铯内标溶液(12.12)，以水稀释至刻度，混匀。

15.5 标准系列溶液的配制

准确移取0 mL、0.20 mL、1.00 mL、5.00 mL、10.00 mL混合稀土标准溶液(12.28)于5个100 mL容量瓶中，加入2.0 mL铯内标溶液(12.12)，以水稀释至刻度，混匀，待测。此标准系列溶液1 mL含各单一稀土氧化物分别为0 ng、2.0 ng、10.0 ng、50.0 ng、100 ng。

15.6 测定

15.6.1 测量元素同位素质量数见表9。

表 9

元　素	测定同位素质量数	元　素	测定同位素质量数
La	139	Ho*	165
Ce	140	Er	170
Pr	141	Tm	169
Sm	152	Yb	174
Eu	153	Lu	175
Gd	155	Y	89
Tb*	159	Nd*	146
Dy*	163	Cs	133
注：带*的元素为分离基体后测定的元素。			

15.6.2 将空白试验(15.3)溶液、分析试液(15.4.2和15.4.3.3)与标准系列溶液(15.5)同时进行氩等离子体质谱测定。

16 分析结果的计算

将标准系列溶液(15.5)的质量浓度直接输入计算机，用内标法进行校正，由计算机计算并输出空白试验(15.3)溶液、分析试液(15.4.2和15.4.3.3)中待测元素的质量浓度。

按式(3)计算被测稀土元素的质量分数(%)：

$$w(X)=\frac{k\cdot(c-c_0)\cdot V_2\cdot V_0\times10^{-9}}{m\cdot V_1}\times100 \qquad (3)$$

式中：

k——各元素单质与其氧化物的换算系数，见表4。计算氧化物含量时，$k=1$；

c——计算机输出的分析试液(15.4.2和15.4.3.3)中待测元素的质量浓度，单位为纳克每毫升(ng/mL)；

c_0——计算机输出的空白试验(15.3)溶液中待测元素的质量浓度，单位为纳克每毫升(ng/mL)；

V_2——分析试液(15.4.2，15.4.3.3)的体积，单位为毫升(mL)；

V_0——试液总体积，单位为毫升(mL)；

m——试料的质量，单位为克(g)；

V_1——分取试液的体积，单位为毫升(mL)。

17 精密度

17.1 重复性

在重复性条件下获得的两次独立测试结果的测定值，在以下给出的平均值范围内，这两个测试结果的绝对差值不超过重复性限(r)，超过重复性限(r)的情况不超过5%，重复性限(r)按表10数据采用线性内插法求得。

表 10

氧化物	质量分数/%	重复性限(r)/%	氧化物	质量分数/%	重复性限(r)/%
氧化镧	0.000 2	0.000 1	氧化镝	0.000 3	0.000 1
	0.005 3	0.000 4		0.005 0	0.000 5
	0.057	0.004		0.049	0.004
氧化铈	0.000 3	0.000 1	氧化钬	0.000 2	0.000 1
	0.011	0.001		0.004 9	0.000 5
	0.062	0.004		0.048	0.004
氧化镨	0.000 3	0.000 1	氧化铒	0.000 2	0.000 1
	0.005 6	0.000 4		0.005 1	0.000 4
	0.056	0.005		0.055	0.006
氧化钐	0.000 3	0.000 1	氧化铥	0.000 2	0.000 1
	0.005 3	0.000 5		0.004 8	0.000 4
	0.057	0.005		0.052	0.003
氧化铕	0.000 2	0.000 1	氧化镱	0.000 2	0.000 1
	0.005 1	0.000 4		0.005 1	0.000 4
	0.056	0.003		0.056	0.005
氧化钆	0.000 3	0.000 1	氧化镥	0.000 2	0.000 1
	0.005 3	0.000 4		0.004 7	0.000 4
	0.055	0.004		0.052	0.004
氧化铽	0.000 3	0.000 1	氧化钇	0.000 2	0.000 1
	0.005 0	0.000 5		0.005 6	0.000 4
	0.049	0.005		0.057	0.005

注：重复性限(r)为$2.8\times Sr$，Sr为重复性标准差。

17.2 允许差

实验室之间分析结果的差值应不大于表 11 所列允许差。

表 11

氧化物	质量分数/%	允许差/%	氧化物	质量分数/%	允许差/%
氧化镧					
氧化铈	0.000 1～0.000 3	0.000 1		0.000 1～0.000 2	0.000 1
氧化镨	>0.000 3～0.000 8	0.000 2	氧化钐	>0.000 2～0.000 5	0.000 2
氧化铕	>0.000 8～0.002 0	0.000 3	氧化铽	>0.000 5～0.002 0	0.000 4
氧化钆	>0.002 0～0.005 0	0.000 5	氧化镝	>0.002 0～0.005 0	0.001 0
氧化铥	>0.005 0～0.010 0	0.001 5	氧化钬	>0.005 0～0.010 0	0.001 5
氧化镱	>0.010 0～0.030	0.003	氧化铒	>0.010 0～0.030	0.003
氧化镥	>0.030～0.050	0.005		>0.030～0.050	0.005
氧化钇					

18 质量保证和控制

每周用自制的控制标样(如有国家级或行业级标样时,应首先使用)校核一次本标准分析方法的有效性。当过程失控时,应找出原因,纠正错误,重新进行校核。

ICS 77.120.99
H 14

中华人民共和国国家标准

GB/T 18115.5—2006
代替 GB/T 18115.5—2000

稀土金属及其氧化物中稀土杂质化学分析方法 钐中镧、铈、镨、钕、铕、钆、铽、镝、钬、铒、铥、镱、镥和钇量的测定

Chemical analysis methods of rare earth impurities in rare earth metals and their oxides—Samarium—Determination of lanthanum, cerium, praseodymium, neodymium, europium, gadolinium, terbium, dysprosium, holmium, erbium, thulium, ytterbium, lutetium and yttrium contents

2006-04-13 发布　　2006-10-01 实施

中华人民共和国国家质量监督检验检疫总局
中国国家标准化管理委员会
发布

前　言

本部分代替 GB/T 18115.5—2000《稀土氧化物化学分析方法　电感耦合等离子体发射光谱法测定氧化钐中氧化镧、氧化铈、氧化镨、氧化钕、氧化铕、氧化钆、氧化铽、氧化镝、氧化钬、氧化铒、氧化铥、氧化镱、氧化镥和氧化钇量》，本部分与前一版本相比主要变化如下：

——电感耦合等离子体光谱法，增加了 7 条参考谱线，分别为：Ce446.021 nm、Pr440.884 nm、Nd430.357 nm、Gd376.841 nm、Tb332.440 nm、Er337.275 nm、Tm346.220 nm；

——增加了精密度(重复性)条款；

——废除了原发射光谱法(摄谱法)；

——增加了电感耦合等离子体质谱法。

两个方法的分析范围出现重叠时，以方法 2 作为仲裁方法。

本部分由国家发展和改革委员会稀土办公室提出。

本部分由全国稀土标准化技术委员会归口并负责解释。

本部分由北京有色金属研究总院、中国有色金属工业标准计量质量研究所负责起草。

本部分方法 1 由北京有色金属研究总院起草。

本部分方法 1 由赣州虔东实业(集团)有限公司、江阴加华新材料资源有限公司参加起草。

本部分方法 1 主要起草人：江红、杨萍、刘鹏宇、童坚。

本部分方法 1 主要验证人：姚南红、李建民、赖志远、王寿虹、李小军。

本部分方法 2 由北京有色金属研究总院起草。

本部分方法 2 由包头稀土研究院、中核集团公司二〇二厂参加起草。

本部分方法 2 主要起草人：李继东、伍星、郑永章。

本部分方法 2 主要验证人：张翼明、杨宁、郝冬梅、刘新燕。

本部分所代替标准的历次版本发布情况为：

——GB/T 11074.1—1989、GB/T 11074.2—1989；

——GB/T 18115.5—2000。

稀土金属及其氧化物中稀土杂质化学分析方法 钐中镧、铈、镨、钕、铕、钆、铽、镝、钬、铒、铥、镱、镥和钇量的测定

电感耦合等离子体光谱法(方法1)

1 范围

本方法规定了氧化钐中氧化镧、氧化铈、氧化镨、氧化钕、氧化铕、氧化钆、氧化铽、氧化镝、氧化钬、氧化铒、氧化铥、氧化镱、氧化镥和氧化钇含量的测定方法。

本方法适用于氧化钐中氧化镧、氧化铈、氧化镨、氧化钕、氧化铕、氧化钆、氧化铽、氧化镝、氧化钬、氧化铒、氧化铥、氧化镱、氧化镥和氧化钇含量的测定。测定范围见表1。

本方法也适用于金属钐中镧、铈、镨、钕、铕、钆、铽、镝、钬、铒、铥、镱、镥和钇含量的测定。

表1

氧化物	质量分数/%	氧化物	质量分数/%
氧化镧	0.002 0～0.100	氧化镝	0.002 0～0.100
氧化铈	0.010～0.100	氧化钬	0.005 0～0.100
氧化镨	0.010～0.200	氧化铒	0.002 0～0.100
氧化钕	0.010～0.200	氧化铥	0.002 0～0.100
氧化铕	0.005 0～0.200	氧化镱	0.002 0～0.100
氧化钆	0.010～0.200	氧化镥	0.002 0～0.100
氧化铽	0.010～0.100	氧化钇	0.005 0～0.200

2 方法原理

试样以盐酸溶解，在稀盐酸介质中，直接以氩等离子体光源激发，进行光谱测定，以基体匹配法校正基体对测定的影响。

3 试剂

3.1 过氧化氢(30%)。

3.2 盐酸(1+1)。

3.3 盐酸(1+19)。

3.4 硝酸(1+1)。

3.5 氩气(>99.99%)。

3.6 氧化钐基体溶液：称取25.000 0 g经900℃灼烧1 h的氧化钐(>99.999%)，置于250 mL烧杯中，加75 mL盐酸(3.2)，低温加热至溶解完全，冷却至室温，移入500 mL容量瓶中，用水稀释至刻度，混匀。此溶液1 mL含50 mg氧化钐。

3.7 氧化镧标准贮存溶液：称取0.100 0 g经900℃灼烧1 h的氧化镧(>99.99%)，置于100 mL烧杯中，加10 mL盐酸(3.2)，低温加热至溶解完全，冷却至室温，移入100 mL容量瓶中，用水稀释至刻度，

混匀。此溶液 1 mL 含 1 mg 氧化镧。再将此溶液用盐酸(3.3)稀释成 1 mL 含 100μg 和 1 mL 含 10μg 氧化镧的标准溶液。

3.8 氧化铈标准贮存溶液:称取 0.100 0 g 经 900℃灼烧 1 h 的氧化铈(>99.99%),置于 100 mL 烧杯中,加 10 mL 硝酸(3.4),低温加热,并滴加过氧化氢(3.1)至溶解完全,冷却至室温,移入 100 mL 容量瓶中,用水稀释至刻度,混匀。此溶液 1 mL 含 1 mg 氧化铈。再将此溶液用盐酸(3.3)稀释成 1 mL 含 100 μg 和 1 mL 含 10 μg 氧化铈的标准溶液。

3.9 氧化镨标准贮存溶液:称取 0.100 0 g 经 900℃灼烧 1 h 的氧化镨(>99.99%),置于 100 mL 烧杯中,加 10 mL 盐酸(3.2),低温加热至溶解完全,冷却至室温,移入 100 mL 容量瓶中,用水稀释至刻度,混匀。此溶液 1 mL 含 1 mg 氧化镨。再将此溶液用盐酸(3.3)稀释成 1 mL 含 100 μg 和 1 mL 含 10 μg 氧化镨的标准溶液。

3.10 氧化钕标准贮存溶液:称取 0.100 0 g 经 900℃灼烧 1 h 的氧化钕(>99.99%),置于 100 mL 烧杯中,加 10 mL 盐酸(3.2),低温加热至溶解完全,冷却至室温,移入 100 mL 容量瓶中,用水稀释至刻度,混匀。此溶液 1 mL 含 1 mg 氧化钕。再将此溶液用盐酸(3.3)稀释成 1 mL 含 100 μg 和 1 mL 含 10 μg 氧化钕的标准溶液。

3.11 氧化铕标准贮存溶液:称取 0.100 0 g 经 900℃灼烧 1 h 的氧化铕(>99.99%),置于 100 mL 烧杯中,加 10 mL 盐酸(3.2),低温加热至溶解完全,冷却至室温,移入 100 mL 容量瓶中,用水稀释至刻度,混匀。此溶液 1 mL 含 1 mg 氧化铕。再将此溶液用盐酸(3.3)稀释成 1 mL 含 100 μg 和 1 mL 含 10 μg 氧化铕的标准溶液。

3.12 氧化钆标准贮存溶液:称取 0.100 0 g 经 900℃灼烧 1 h 的氧化钆(>99.99%),置于 100 mL 烧杯中,加 10 mL 盐酸(3.2),低温加热至溶解完全,冷却至室温,移入 100 mL 容量瓶中,用水稀释至刻度,混匀。此溶液 1 mL 含 1 mg 氧化钆。再将此溶液用盐酸(3.3)稀释成 1 mL 含 100 μg 和 1 mL 含 10 μg 氧化钆的标准溶液。

3.13 氧化铽标准贮存溶液:称取 0.100 0 g 经 900℃灼烧 1 h 的氧化铽(>99.99%),置于 100 mL 烧杯中,加 10 mL 硝酸(3.4),低温加热至溶解完全,冷却至室温,移入 100 mL 容量瓶中,用水稀释至刻度,混匀。此溶液 1 mL 含 1 mg 氧化铽。再将此溶液用盐酸(3.3)稀释成 1 mL 含 100 μg 和 1 mL 含 10 μg 氧化铽的标准溶液。

3.14 氧化镝标准贮存溶液:称取 0.100 0 g 经 900℃灼烧 1 h 的氧化镝(>99.99%),置于 100 mL 烧杯中,加 10 mL 盐酸(3.2),低温加热至溶解完全,冷却至室温,移入 100 mL 容量瓶中,用水稀释至刻度,混匀。此溶液 1 mL 含 1 mg 氧化镝。再将此溶液用盐酸(3.3)稀释成 1 mL 含 100 μg 和 1 mL 含 10 μg 氧化镝的标准溶液。

3.15 氧化钬标准贮存溶液:称取 0.100 0 g 经 900℃灼烧 1 h 的氧化钬(>99.99%),置于 100 mL 烧杯中,加 10 mL 盐酸(3.2),低温加热至溶解完全,冷却至室温,移入 100 mL 容量瓶中,用水稀释至刻度,混匀。此溶液 1 mL 含 1 mg 氧化钬。再将此溶液用盐酸(3.3)稀释成 1 mL 含 100μg 和 1 mL 含 10μg 氧化钬的标准溶液。

3.16 氧化铒标准贮存溶液:称取 0.100 0 g 经 900℃灼烧 1 h 的氧化铒(>99.99%),置于 100 mL 烧杯中,加 10 mL 盐酸(3.2),低温加热至溶解完全,冷却至室温,移入 100 mL 容量瓶中,用水稀释至刻度,混匀。此溶液 1 mL 含 1 mg 氧化铒。再将此溶液用盐酸(3.3)稀释成 1 mL 含 100 μg 和 1 mL 含 10 μg 氧化铒的标准溶液。

3.17 氧化铥标准贮存溶液:称取 0.100 0 g 经 900℃灼烧 1 h 的氧化铥(>99.99%),置于 100 mL 烧杯中,加 10 mL 盐酸(3.2),低温加热至溶解完全,冷却至室温,移入 100 mL 容量瓶中,用水稀释至刻度,混匀。此溶液 1 mL 含 1 mg 氧化铥。再将此溶液用盐酸(3.3)稀释成 1 mL 含 100 μg 和 1 mL 含 10 μg 氧化铥的标准溶液。

3.18 氧化镱标准贮存溶液:称取 0.100 0 g 经 900℃灼烧 1 h 的氧化镱(>99.99%),置于 100 mL 烧

杯中，加 10 mL 盐酸(3.2)，低温加热至溶解完全，冷却至室温，移入 100 mL 容量瓶中，用水稀释至刻度，混匀。此溶液 1 mL 含 1 mg 氧化镱。再将此溶液用盐酸(3.3)稀释成 1 mL 含 100 μg 和 1 mL 含 10 μg 氧化镱的标准溶液。

3.19 氧化镥标准贮存溶液：称取 0.100 0 g 经 900℃灼烧 1 h 的氧化镥(＞99.99%)，置于 100 mL 烧杯中，加 10 mL 盐酸(3.2)，低温加热至溶解完全，冷却至室温，移入 100 mL 容量瓶中，用水稀释至刻度，混匀。此溶液 1 mL 含 1 mg 氧化镥。再将此溶液用盐酸(3.3)稀释成 1 mL 含 100 μg 和 1 mL 含 10 μg 氧化镥的标准溶液。

3.20 氧化钇标准贮存溶液：称取 0.100 0 g 经 900℃灼烧 1 h 的氧化钇(＞99.99%)，置于 100 mL 烧杯中，加 10 mL 盐酸(3.2)，低温加热至溶解完全，冷却至室温，移入 100 mL 容量瓶中，用水稀释至刻度，混匀。此溶液 1 mL 含 1 mg 氧化钇。再将此溶液用盐酸(3.3)稀释成 1 mL 含 100 μg 和 1 mL 含 10 μg 氧化钇的标准溶液。

4 仪器

4.1 电感耦合等离子体光谱仪，分辨率＜0.006 nm(200 nm 处)。

4.2 氩等离子体光源。

5 试样

5.1 氧化物试样于 900℃灼烧 1 h，置于干燥器中，冷却至室温，立即称量。

5.2 金属试样应去掉表面氧化层，取样后立即称量。

6 分析步骤

6.1 试料

6.1.1 氧化物试料

称取 0.500 g 试样(5.1)，精确至 0.000 1 g。

6.1.2 金属试料

称取 0.431 g 试样(5.2)，精确至 0.000 1 g。

6.2 测定次数

称取二份试料，进行平行测定，取其平均值。

6.3 分析试液的制备

将试料(6.1)置于 100 mL 烧杯中，加入 10 mL 水，加 10 mL 盐酸(3.2)，低温加热至溶解完全，冷却至室温，移入 100 mL 容量瓶中用水稀释至刻度，混匀，待用。

6.4 标准系列溶液的配制

将氧化钐基体溶液(3.6)和各稀土氧化物标准溶液(3.7～3.20)按表 2 分别移入 5 个 100 mL 容量瓶中，加入 8 mL 盐酸(3.2)，以水稀释至刻度，混匀，制得标准系列溶液，待用。

表 2

标液标号	各稀土(以氧化物计)质量浓度/(μg/mL)							
	氧化钐	氧化镧	氧化铈	氧化镨	氧化钕	氧化铕	氧化钆	氧化铽
1	5 000	0	0	0	0	0	0	0
2	5 000	0.20	—	—	—	—	—	—
3	5 000	0.50	0.50	0.50	0.50	0.50	0.50	0.50
4	5 000	1.00	1.00	1.00	1.00	1.00	1.00	1.00
5	5 000	10.00	10.00	10.00	10.00	10.00	10.00	10.00

表 2（续）

标液标号	各稀土（以氧化物计）质量浓度/（μg/mL）						
	氧化镝	氧化钬	氧化铒	氧化铥	氧化镱	氧化镥	氧化钇
1	0	0	0	0	0	0	0
2	0.20	—	0.20	0.20	0.20	0.20	—
3	0.50	0.50	0.50	0.50	0.50	0.50	0.50
4	1.00	1.00	1.00	1.00	1.00	1.00	1.00
5	10.00	10.00	10.00	10.00	10.00	10.00	10.00

6.5 测定

6.5.1 推荐分析线见表 3。

表 3

元　素	分析线/nm	元　素	分析线/nm
La	408.672	Dy	353.170
Ce	413.765,446.021	Ho	339.898
Pr	390.843,440.884	Er	349.910,337.275
Nd	401.225,430.357	Tm	313.126,346.220
Eu	381.967	Yb	328.937
Gd	342.247,376.841	Lu	261.542
Tb	367.635,332.440	Y	371.030

6.5.2 将分析试液(6.3)与标准系列溶液(6.4)同时进行氩等离子体光谱测定。

7 分析结果的表述

将标准系列溶液(6.4)的含量直接输入计算机，根据标准系列溶液(6.4)和分析试液(6.3)的强度值，由计算机计算、校正并输出分析试液(6.3)中待测稀土元素的质量浓度。

按式(1)计算待测稀土元素的质量分数(%)：

$$w(\mathrm{X}) = \frac{k \cdot c \cdot V_0 \times 10^{-6}}{m_0} \times 100 \qquad \cdots\cdots\cdots\cdots(1)$$

式中：

k——各元素单质与其氧化物的换算系数，见表 4。计算氧化物含量时，$k=1$；

c——自工作曲线上查得被测稀土氧化物的质量浓度，单位为微克每毫升(μg/ mL)；

V_0——试液总体积，单位为毫升(mL)；

m_0——试料的质量，单位为克(g)。

表 4

元　素	k	元　素	k
La	0.852 6	Dy	0.871 3
Ce	0.814 0	Ho	0.873 0
Pr	0.827 7	Er	0.874 5
Nd	0.857 3	Tm	0.875 6
Eu	0.863 6	Yb	0.878 2
Gd	0.867 6	Lu	0.879 4
Tb	0.850 2	Y	0.787 4

8 精密度

8.1 重复性

在重复性条件下获得的两次独立测试结果的测定值，在以下给出的平均值范围内，这两个测试结果的绝对差值不超过重复性限(r)，超过重复性限(r)的情况不超过5%。重复性限(r)按表5数据采用线性内插法求得：

表 5

氧化物	质量分数/%	重复性限(r)/%	氧化物	质量分数/%	重复性限(r)/%
氧化镧	0.002 7	0.000 5	氧化镝	0.002 0	0.000 4
	0.005 3	0.001 0		0.005 1	0.001 0
	0.011	0.002		0.010	0.002
	0.090	0.005		0.094	0.005
氧化铈	0.012	0.002	氧化钬	0.006 2	0.001 0
	0.053	0.004		0.011	0.003
	0.094	0.005		0.095	0.005
氧化镨	0.011	0.002	氧化铒	0.001 7	0.000 4
	0.046	0.005		0.005 0	0.001 0
	0.170	0.020		0.010	0.002
		—		0.093	0.005
氧化钕	0.009 7	0.001 5	氧化铥	0.002 5	0.000 5
	0.050	0.003		0.005 2	0.001 0
	0.190	0.020		0.011	0.002
	—	—		0.094	0.005
氧化铕	0.005 4	0.001 0	氧化镱	0.001 7	0.000 4
	0.010	0.002		0.005 1	0.001 0
	0.047	0.003		0.010	0.002
	0.190	0.020		0.094	0.005
氧化钆	0.011	0.002	氧化镥	0.001 7	0.000 4
	0.049	0.005		0.004 7	0.001 0
	0.190	0.020		0.009 6	0.001 5
	—	—		0.095	0.005
氧化铽	0.013	0.002	氧化钇	0.004 9	0.001 0
	0.054	0.004		0.009 7	0.001 5
	0.097	0.005		0.049	0.004
	—	—		0.190	0.020

注：重复性限(r)为$2.8 \times Sr$，Sr为重复性标准差。

8.2 允许差

实验室之间分析结果的差值应不大于表6所列允许差。

表 6

氧化物	质量分数/%	允许差/%
氧化镧 氧化镝 氧化铒 氧化铥 氧化镱 氧化镥	0.002 0～0.003 0	0.000 8
	>0.003 0～0.005 0	0.001 2
	>0.005 0～0.010	0.002 0
	>0.010～0.030	0.003
	>0.030～0.050	0.005
	>0.050～0.080	0.008
	>0.080～0.100	0.012
氧化钇	0.005 0～0.010	0.002 0
	>0.010～0.030	0.003
	>0.030～0.050	0.005
	>0.050～0.080	0.008
	>0.080～0.100	0.012
	>0.100～0.20	0.020
氧化铈	0.010～0.030	0.003
	>0.030～0.050	0.005
	>0.050～0.080	0.008
	>0.080～0.100	0.012
氧化镨 氧化钕 氧化钆 氧化铽	0.010～0.030	0.003
	>0.030～0.050	0.005
	>0.050～0.080	0.008
	>0.080～0.100	0.012
	>0.100～0.20	0.020
氧化铕 氧化钬	0.005 0～0.010	0.002 0
	>0.010～0.030	0.003 0
	>0.030～0.050	0.005
	>0.050～0.080	0.008
	>0.080～0.100	0.012

9 质量保证与控制

每周用自制的控制标样(如有国家级或行业级标样时,应首先使用)校核一次本标准分析方法的有效性。当过程失控时,应找出原因,纠正错误,重新进行校核。

电感耦合等离子体质谱法(方法 2)

10 范围

本方法规定了氧化钐中氧化镧、氧化铈、氧化镨、氧化钕、氧化铕、氧化钆、氧化铽、氧化镝、氧化钬、氧化铒、氧化铥、氧化镱、氧化镥和氧化钇含量的测定方法。

本方法适用于氧化钐中氧化镧、氧化铈、氧化镨、氧化钕、氧化铕、氧化钆、氧化铽、氧化镝、氧化钬、氧化铒、氧化铥、氧化镱、氧化镥和氧化钇含量的测定。测定范围见表 7。

本方法也适用于金属钐中镧、铈、镨、钕、铕、钆、铽、镝、钬、铒、铥、镱、镥和钇含量的测定。

表 7

氧化物	质量分数/%	氧化物	质量分数/%
氧化镧	0.000 1～0.010	氧化镝	0.000 1～0.010
氧化铈	0.000 1～0.010	氧化钬	0.000 1～0.010
氧化镨	0.000 1～0.050	氧化铒	0.000 1～0.010
氧化钕	0.000 1～0.050	氧化铥	0.000 1～0.010
氧化铕	0.000 3～0.050	氧化镱	0.000 1～0.010
氧化钆	0.000 1～0.050	氧化镥	0.000 1～0.010
氧化铽	0.000 1～0.010	氧化钇	0.000 1～0.050

11 方法原理

试样以硝酸或盐酸溶解,在稀酸介质中,以氩等离子体为离子化源,用质谱法直接测定除镝、钬、铒和铥以外的稀土杂质元素;镝、钬、铒和铥经 C272 微型柱分离钐基体后,进行质谱测定。测定时均以内标法进行校正。

12 试剂和材料

12.1 无水碳酸钠,基准物质。

12.2 氯化铯,优级纯。

12.3 过氧化氢(30%),优级纯。

12.4 盐酸(ρ1.19 g/ mL),优级纯。

12.5 硝酸(ρ1.42 g/ mL),优级纯。

12.6 硝酸(1+1)。

12.7 硝酸(1+19)。

12.8 盐酸标准溶液[c(HCl)≈2 mol/L]。

12.8.1 配制:移取 350 mL 盐酸(12.4)置于 2 000 mL 容量瓶中,用水稀释至刻度,混匀。

12.8.2 标定:称取 3 份 2.300 0 g 预先在 300℃灼烧 2 h 并于干燥器中冷却至室温的无水碳酸钠(12.1),分别置于 3 个 250 mL 锥形瓶中,各加入 50 mL～60 mL 水、0.1 mL～0.2 mL 甲基红-溴甲酚绿指示剂(12.9),用盐酸标准溶液(12.8)滴定至溶液由绿色变为酒红色,加热煮沸驱除二氧化碳,冷却,继续滴定至酒红色即为终点,取其平均值。平行标定所消耗盐酸标准溶液(12.8)体积的极差不应超过 0.10 mL。

随同标定做空白试验。

按式(2)计算盐酸标准溶液(12.8)的浓度(mol/L):

$$c=\frac{m}{0.052\ 99\times(V-V_0)} \qquad \cdots\cdots(2)$$

式中:

m——碳酸钠的质量,单位为克(g);

0.052 99——与 1.00 mmol 盐酸相当的碳酸钠的质量,单位为克每毫摩尔(g/mmol);

V——滴定碳酸钠消耗盐酸标准溶液(12.8)的体积,单位为毫升(mL);

V_0——滴定空白溶液消耗盐酸标准溶液(12.8)的体积,单位为毫升(mL)。

12.9 甲基红-溴甲酚绿指示液:一份甲基红乙醇溶液(2 g/L)与三份溴甲酚绿乙醇溶液(1g/L)混合。

12.10 盐酸淋洗液(0.030 mol/L):用盐酸标准溶液(12.8)稀释。

12.11 盐酸洗脱液(0.50 mol/L):用盐酸标准液(12.8)稀释。

12.12 铯内标溶液:称取 0.127 0 g 氯化铯(12.2),加 10 mL 水,溶解完全,加 10 mL 硝酸(12.6),移入 100 mL 容量瓶中,用水稀释至刻度,混匀。此溶液 1 mL 含 1 mg 铯。再将此溶液用硝酸(12.7)逐步稀释成 1 mL 含 1 μg 铯的内标溶液。

12.13 氧化镧标准贮存溶液:称取 0.100 0 g 经 900℃灼烧 1 h 的氧化镧(>99.99%),置于 100 mL 烧杯中,加 10 mL 硝酸(12.6),低温加热至溶解完全,取下冷却,移入 100 mL 容量瓶中,用水稀释至刻度,混匀。此溶液 1 mL 含 1 000 μg 氧化镧。

12.14 氧化铈标准贮存溶液:称取 0.100 0 g 经 900℃灼烧 1 h 的氧化铈(>99.99%),置于 100 mL 烧杯中,加 10 mL 硝酸(12.6)、2 mL 过氧化氢(12.3),低温加热至溶解完全,取下冷却,移入 100 mL 容量瓶中,用水稀释至刻度,混匀。此溶液 1 mL 含 1 000 μg 氧化铈。

12.15 氧化镨标准贮存溶液:称取 0.100 0 g 经 900℃灼烧 1 h 的氧化镨(>99.99%),置于 100 mL 烧杯中,加 10 mL 硝酸(12.6),低温加热至溶解完全,取下冷却,移入 100 mL 容量瓶中,用水稀释至刻度,混匀。此溶液 1 mL 含 1 000 μg 氧化镨。

12.16 氧化钕标准贮存溶液:称取 0.100 0 g 经 900℃灼烧 1 h 的氧化钕(>99.99%),置于 100 mL 烧杯中,加 10 mL 硝酸(12.6),低温加热至溶解完全,取下冷却,移入 100 mL 容量瓶中,用水稀释至刻度,混匀。此溶液 1 mL 含 1 000 μg 氧化铵。

12.17 氧化钐标准贮存溶液:称取 0.100 0 g 经 900℃灼烧 1 h 的氧化钐(>99.99%),置于 100 mL 烧杯中,加 10 mL 硝酸(12.6),低温加热至溶解完全,取下冷却,移入 100 mL 容量瓶中,用水稀释至刻度,混匀。此溶液 1 mL 含 1 000 μg 氧化钐。

12.18 氧化铕标准贮存溶液:称取 0.100 0 g 经 900℃灼烧 1 h 的氧化铕(>99.99%),置于 100 mL 烧杯中,加 10 mL 硝酸(12.6),低温加热至溶解完全,取下冷却,移入 100 mL 容量瓶中,用水稀释至刻度,混匀。此溶液 1 mL 含 1 000 μg 氧化铕。

12.19 氧化钆标准贮存溶液:称取 0.100 0 g 经 900℃灼烧 1 h 的氧化钆(>99.99%),置于 100 mL 烧杯中,加 10 mL 硝酸(12.6),低温加热至溶解完全,取下冷却,移入 100 mL 容量瓶中,用水稀释至刻度,混匀。此溶液 1 mL 含 1 000 μg 氧化钆。

12.20 氧化铽标准贮存溶液:称取 0.100 0 g 经 900℃灼烧 1 h 的氧化铽(>99.99%),置于 100 mL 烧杯中,加 10 mL 硝酸(12.6),低温加热至溶解完全,取下冷却,移入 100 mL 容量瓶中,用水稀释至刻度,混匀。此溶液 1 mL 含 1 000 μg 氧化铽。

12.21 氧化镝标准贮存溶液:称取 0.100 0 g 经 900℃灼烧 1 h 的氧化镝(>99.99%),置于 100 mL 烧杯中,加 10 mL 硝酸(12.6),低温加热至溶解完全,取下冷却,移入 100 mL 容量瓶中,用水稀释至刻度,混匀。此溶液 1 mL 含 1 000 μg 氧化镝。

12.22 氧化钬标准贮存溶液:称取 0.100 0 g 经 900℃灼烧 1 h 的氧化钬(>99.99%),置于 100 mL 烧杯中,加 10 mL 硝酸(12.6),低温加热至溶解完全,取下冷却,移入 100 mL 容量瓶中,用水稀释至刻度,混匀。此溶液 1 mL 含 1 000 μg 氧化钬。

12.23 氧化铒标准贮存溶液:称取 0.100 0 g 经 900℃灼烧 1 h 的氧化铒(>99.99%),置于 100 mL 烧杯中,加 10 mL 硝酸(12.6),低温加热至溶解完全,取下冷却,移入 100 mL 容量瓶中,用水稀释至刻度,混匀。此溶液 1 mL 含 1 000 μg 氧化铒。

12.24 氧化铥标准贮存溶液:称取 0.100 0 g 经 900℃灼烧 1 h 的氧化铥(>99.99%),置于 100 mL 烧杯中,加 10 mL 硝酸(12.6),低温加热至溶解完全,取下冷却,移入 100 mL 容量瓶中,用水稀释至刻度,混匀。此溶液 1 mL 含 1 000 μg 氧化铥。

12.25 氧化镱标准贮存溶液:称取 0.100 0 g 经 900℃灼烧 1 h 的氧化镱(>99.99%),置于 100 mL 烧杯中,加 10 mL 硝酸(12.6),低温加热至溶解完全,取下冷却,移入 100 mL 容量瓶中,用水稀释至刻度,混匀。此溶液 1 mL 含 1 000 μg 氧化镱。

12.26 氧化镥标准贮存溶液:称取 0.100 0 g 经 900℃灼烧 1 h 的氧化镥(>99.99%),置于 100 mL 烧杯中,加 10 mL 硝酸(12.6),低温加热至溶解完全,取下冷却,移入 100 mL 容量瓶中,用水稀释至刻度,混匀。此溶液 1 mL 含 1 000 μg 氧化镥。

12.27 氧化钇标准贮存溶液:称取 0.100 0 g 经 900℃灼烧 1 h 的氧化钇(>99.99%),置于 100 mL 烧杯中,加 10 mL 硝酸(12.6),低温加热至溶解完全,取下冷却,移入 100 mL 容量瓶中,用水稀释至刻度,混匀。此溶液 1 mL 含 1 000 μg 氧化钇。

12.28 混合稀土标准溶液:分别移取 2.00 mL 各稀土氧化物标准贮存溶液(12.13~12.27)置于 100 mL容量瓶中,加 7 mL 硝酸(12.6),用水稀释至刻度,混匀。此溶液 1 mL 含各单一稀土氧化物分别为 20.0 μg。再将此溶液用硝酸(12.7)稀释成 1 mL 含各单一稀土氧化物分别为 1.00 μg 的标准溶液。

12.29 C272 微型分离柱:柱床(23 mm×9 mm,ID);填料为含 20% Cyanex272 的负载硅球(50 μm~70 μm)。

12.30 氩气(>99.99%)。

13 仪器

13.1 电感耦合等离子体质谱仪:质量分辨率优于(0.8±0.1)amu。

13.2 微柱分离装置:流路见图1。将C272微型分离柱(12.29)用内径0.8 mm聚四氟乙烯管连接在流路中,用3只旋转阀切换阀位,顺序完成平衡——进样——淋洗(分离基体)——洗脱——收集待测杂质元素——再生过程。

P1,P2——蠕动泵(两通道,可调速);
V1,V2,V3——旋转阀;
CL——C272微型分离柱;
R——返回;
H——淋洗液管路;
S——取样管;
E——洗脱液管路;
C——收集液;
W——废液;
A,B——阀位;
平衡——V1A-V2A-V3A;
进样——V1B-V2A-V3A;
淋洗(分离基体)——V1A-V2A-V3A;
洗脱——V1A-V2B-V3A;
收集待测组分——V1A-V2B-V3B;
再生——V1A-V2B-V3A。

图1 微型柱分离富集装置流路图

14 试样

14.1 氧化物试样于900℃灼烧1 h,置于干燥器中,冷却至室温,立即称量。

14.2 金属试样去掉表面氧化层,取样后,立即称量。

15 分析步骤

15.1 试料

按表8称取试样(14),精确至0.000 1 g。

表8

稀土杂质(质量分数)/%	试样量/g
0.000 1~0.005 0	0.25
>0.005 0~0.050	0.1

15.2 测定次数

称取二份试料,进行平行测定,取其平均值。

15.3 空白试验

随同试料做空白试验。

15.4 分析试液的制备

15.4.1 试料溶液的制备

将试料(15.1)置于50 mL烧杯中,加5 mL水、5 mL硝酸(12.6),低温加热至溶解完全,蒸干后,立即取下,稍冷,用少量盐酸淋洗液(12.10)溶解盐类,移入50 mL容量瓶中,以盐酸淋洗液(12.10)稀释至刻度,混匀。

15.4.2 直接测定用分析试液的制备

分取1.00 mL试液(15.4.1)于10 mL比色管中,加入0.50 mL铯内标溶液(12.12),用水稀释至刻度，混匀。

15.4.3 分离后（镝、钬、铒和铥）测定用分析试液的制备

15.4.3.1 分离柱的准备：将微型分离柱（12.29）充水去气，预先以盐酸洗脱液（12.11）洗涤 30 min，再以盐酸淋洗液（12.10）平衡后，备用。将微型分离柱用内径为 0.8 mm 的聚四氟乙烯管按图 1 连接在分离装置流路上，选择合适的泵管，调节试液管路流速为 1.00 mL/min，洗脱液管路流速为（1.0±0.1）mL/min，淋洗液管路流速为（1.5±0.10）mL/min。

注：分离柱使用若干次后，柱内有明显的气泡，应去气后再使用。

15.4.3.2 基体的分离：将淋洗液管路和洗脱液管路分别插入淋洗液（12.10）和洗脱液（12.11）中，用淋洗液（12.10）平衡分离柱 6 min，将试液管路插入试液（15.4.1）中，待试液（15.4.1）充满管路后，切换旋转阀 1，准确采集 1.00 mL 试液（15.4.1）。将阀 1 切换至原位，用淋洗液（12.10）淋洗分离柱 18 min，将基体钐洗出，排至废液中。切换旋转阀 2，用洗脱液（12.11）洗脱 1 min 后，切换旋转阀 3，继续用洗脱液（12.11）洗脱 6 min，将富集在分离柱上的镝、钬、铒和铥洗脱出来，分离液收集于 10 mL 比色管中，阀 3 切换至原位。3 min 后，将阀 2 切换至原位。

15.4.3.3 测定镝、钬、铒和铥用试液的制备：于收集分离液的 10 mL 比色管中，加入 0.50 mL 铯内标溶液（12.12），以水稀释至刻度，混匀。

15.5 标准系列溶液的配制

准确移取 0 mL、0.20 mL、1.00 mL、5.00 mL、10.00 mL 混合稀土标准溶液（12.28）于 5 个 100 mL 容量瓶中，加入 5.0 mL 铯内标溶液（12.12），以水稀释至刻度，混匀，待测。此标准系列溶液 1 mL 含各单一稀土氧化物分别为 0 ng、2.0 ng、10.0 ng、50.0 ng、100 ng。

15.6 测定

15.6.1 测量元素同位素质量数见表 9。

表 9

元　素	测定同位素质量数	校正方程	元　素	测定同位素质量数
La	139		Dy*	162
Ce	140		Ho*	165
Pr	141		Er*	167
Nd	142		Tm*	169
Sm*	147		Yb	174
Eu	151，153	$I_{151Eu}=1.44\cdot I_{151测}-0.400\cdot I_{153测}$	Lu	175
Gd	157		Y	89
Tb	159		Cs	133
* 元素用于分离试液的测定。				

15.6.2 将空白试验（15.3）溶液、分析试液（15.4.2 和 15.4.3.3）与标准系列溶液（15.5）同时进行氩等离子体质谱测定。

16 分析结果的计算

将标准系列溶液（15.5）的质量浓度直接输入计算机，用内标法进行校正，由计算机计算并输出空白试验（15.3）溶液、分析试液（15.4.2 和 15.4.3.3）中待测元素的质量浓度。

按式（3）计算被测稀土元素的质量分数（%）：

$$w(X)=\frac{k\cdot(c-c_0)\cdot V_2\cdot V_0\times10^{-9}}{m\cdot V_1}\times100 \qquad (3)$$

式中：

k——各元素单质与其氧化物的换算系数，见表 4。计算氧化物含量时，$k=1$；

c——计算机输出的分析试液(15.4.2 和 15.4.3.3)中待测元素的质量浓度,单位为纳克每毫升(ng/mL);

c_0——计算机输出的空白试验(15.3)溶液中待测元素的质量浓度,单位为纳克每毫升(ng/mL);

V_2——分析试液(15.4.2,15.4.3.3)的体积,单位为毫升(mL);

V_0——试液总体积,单位为毫升(mL);

m——试料的质量,单位为克(g);

V_1——分取试液的体积,单位为毫升(mL)。

17 精密度

17.1 重复性

在重复性条件下获得的两次独立测试结果的测定值,在以下给出的平均值范围内,这两个测试结果的绝对差值不超过重复性限(r),超过重复性限(r)的情况不超过5%,重复性限(r)按表10数据采用线性内插法求得。

表 10

氧化物	质量分数/%	重复性限(r)/%	氧化物	质量分数/%	重复性限(r)/%
氧化镧	0.000 5	0.000 1	氧化镝	0.000 4	0.000 2
	0.001 9	0.000 3		0.001 7	0.000 3
	0.010	0.001		0.010	0.002
氧化铈	0.000 3	0.000 1	氧化钬	0.000 4	0.000 1
	0.001 7	0.000 3		0.001 7	0.000 3
	0.010	0.002		0.010	0.002
氧化镨	0.000 3	0.000 1	氧化铒	0.001 7	0.000 4
	0.004 7	0.000 5		0.002 6	0.000 5
	0.046	0.004		0.010	0.002
氧化钕	0.000 7	0.000 1	氧化铥	0.000 3	0.000 1
	0.004 6	0.000 5		0.002 0	0.000 4
	0.050	0.004		0.010	0.002
氧化铕	0.000 4	0.000 2	氧化镱	0.000 4	0.000 1
	0.005 0	0.001 0		0.001 9	0.000 4
	0.050	0.005		0.010	0.002
氧化钆	0.000 3	0.000 1	氧化镥	0.000 4	0.000 1
	0.004 9	0.000 5		0.001 8	0.000 4
	0.047	0.004		0.009 5	0.001 0
氧化铽	0.000 3	0.000 1	氧化钇	0.000 4	0.000 1
	0.001 7	0.000 3		0.004 6	0.000 5
	0.011	0.002		0.047	0.004
注:重复性限(r)为 $2.8\times Sr$,Sr 为重复性标准差。					

17.2 允许差

实验室之间分析结果的差值应不大于表11所列允许差。

表 11

氧化物	质量分数/%	允许差/%
氧化镧 氧化铈 氧化铽 氧化镝 氧化钬 氧化铒 氧化铥 氧化镱 氧化镥	0.000 1～0.000 3 >0.000 3～0.001 0 >0.001 0～0.002 5 >0.002 5～0.005 0 >0.005 0～0.010 0	0.000 1 0.000 2 0.000 5 0.001 0 0.002 0

氧化物	质量分数/%	允许差/%
氧化铕	0.000 3～0.001 0 >0.001 0～0.003 0 >0.003 0～0.008 0 >0.008 0～0.020 >0.020～0.050	0.000 3 0.000 6 0.001 2 0.002 0.005
氧化镨 氧化钕 氧化钆 氧化钇	0.000 1～0.000 3 >0.000 3～0.001 0 >0.001 0～0.003 0 >0.003 0～0.008 0 >0.008 0～0.020 >0.020～0.050	0.000 1 0.000 2 0.000 5 0.001 0 0.002 0.005

18 质量保证和控制

每周用自制的控制标样(如有国家级或行业级标样时,应首先使用)校核一次本标准分析方法的有效性。当过程失控时,应找出原因,纠正错误,重新进行校核。

ICS 77.120.99
H 14

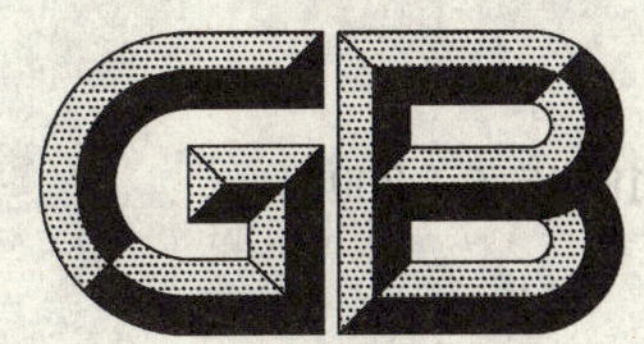

中华人民共和国国家标准

GB/T 18115.6—2006
代替 GB/T 8762.7—1988,GB/T 8762.8—2000

稀土金属及其氧化物中稀土杂质化学分析方法
铕中镧、铈、镨、钕、钐、钆、铽、镝、钬、铒、铥、镱、镥和钇量的测定

Chemical analysis methods of rare earth impurities in rare earth metals and their oxides—Europium—Determination of lanthanum, cerium, praseodymium, neodymium, samarium, gadolinium, terbium, dysprosium, holmium, erbium, thulium, ytterbium, lutetium and yttrium contents

2006-04-13 发布　　2006-10-01 实施

中华人民共和国国家质量监督检验检疫总局
中国国家标准化管理委员会　发布

前言

本部分代替 GB/T 8762.7—1988《荧光级氧化铕中氧化铈、氧化镨、氧化钐、氧化钆和氧化镝量的测定　化学光谱和直接光谱法》、GB/T 8762.8—2000《氧化铕化学分析方法　电感耦合等离子体原子发射光谱法测定氧化铕中氧化镧、氧化铈、氧化镨、氧化钕、氧化钐、氧化钆、氧化铽、氧化镝、氧化钬、氧化铒、氧化铥、氧化镱、氧化镥和氧化钇量》，本部分与前一版本相比主要变化如下：

——电感耦合等离子光谱法，增加了四条参考谱线，分别为：Ce414.660 nm、Dy340.780 nm、Ho339.898 nm、Y360.073 nm；

——电感耦合等离子光谱法，Tb 参考谱线由 367.635 nm 修改为 350.917 nm；

——增加了精密度(重复性)条款；

——废除了原化学光谱法和直接光谱法(摄谱法)；

——增加了电感耦合等离子质谱法。

两个方法的分析范围出现重叠时，以方法 2 作为仲裁方法。

本部分由国家发展和改革委员会稀土办公室提出。

本部分由全国稀土标准化技术委员会归口并负责解释。

本部分由北京有色金属研究总院、中国有色金属工业标准计量质量研究所负责起草。

本部分方法 1 由上海跃龙新材料股份有限公司起草。

本部分方法 1 由江阴加华新材料资源有限公司、江西赣州虔东实业(集团)有限公司参加起草。

本部分方法 1 主要起草人：谈世群、封望亭、吴克平。

本部分方法 1 主要验证人：李小军、王寿虹、姚南红、李建明。

本部分方法 2 由北京有色金属研究总院起草。

本部分方法 2 由甘肃稀土新材料股份有限公司、包头稀土研究院参加起草。

本部分方法 2 主要起草人：李继东、胡小蒙、伍星。

本部分方法 2 主要验证人：张文祥、张翼明、郝冬梅。

本部分所代替标准的历次版本发布情况为：

——GB/T 8762.7—1988，GB/T 8762.8—2000。

稀土金属及其氧化物中稀土杂质化学分析方法 铕中镧、铈、镨、钕、钐、钆、铽、镝、钬、铒、铥、镱、镥和钇量的测定

电感耦合等离子体光谱法(方法1)

1 范围

本方法规定了氧化铕中氧化镧、氧化铈、氧化镨、氧化钕、氧化钐、氧化钆、氧化铽、氧化镝、氧化钬、氧化铒、氧化铥、氧化镱、氧化镥和氧化钇含量的测定方法。

本方法适用于氧化铕中氧化镧、氧化铈、氧化镨、氧化钕、氧化钐、氧化钆、氧化铽、氧化镝、氧化钬、氧化铒、氧化铥、氧化镱、氧化镥和氧化钇含量的测定。测定范围见表1。

本标准也适用于金属铕中镧、铈、镨、钕、钐、钆、铽、镝、钬、铒、铥、镱、镥和钇含量的测定。

表 1

氧化物	质量分数/%	氧化物	质量分数/%
氧化镧	0.000 5～0.050	氧化镝	0.000 5～0.050
氧化铈	0.000 5～0.050	氧化钬	0.000 5～0.050
氧化镨	0.000 5～0.050	氧化铒	0.000 5～0.050
氧化钕	0.000 5～0.050	氧化铥	0.000 3～0.050
氧化钐	0.000 5～0.050	氧化镱	0.000 3～0.050
氧化钆	0.000 5～0.050	氧化镥	0.000 3～0.050
氧化铽	0.001 0～0.050	氧化钇	0.000 3～0.050

2 方法原理

试样以盐酸溶解，在稀盐酸介质中，直接以氩等离子体光源激发，进行光谱测定，以基体匹配法校正基体对测定的影响。

3 试剂与材料

3.1 过氧化氢(30%)。

3.2 盐酸(1+1)。

3.3 盐酸(1+19)。

3.4 硝酸(1+1)。

3.5 氩气(>99.99%)。

3.6 氧化铕基体溶液：称取25.000 0 g经900℃灼烧1 h的氧化铕(>99.999%)，置于250 mL烧杯中，加70 mL盐酸(3.2)，低温加热至溶解完全，冷却至室温，移入250 mL容量瓶中，用水稀释至刻度，混匀。此溶液1 mL含100 mg氧化铕。

3.7 氧化镧标准贮存溶液：称取0.100 0 g经900℃灼烧1 h的氧化镧(>99.99%)，置于100 mL烧杯

中，加10 mL盐酸(3.2)，低温加热至溶解完全，冷却至室温，移入100 mL容量瓶中，用水稀释至刻度，混匀。此溶液1 mL含 1 mg 氧化镧。再将此溶液用盐酸(3.3)稀释成1 mL含100 μg和1 mL含10 μg氧化镧的标准溶液。

3.8 氧化铈标准贮存溶液：称取0.100 0 g经 900℃灼烧 1 h 的氧化铈(>99.99%)，置于100 mL烧杯中，加10 mL硝酸(3.4)，低温加热，并滴加过氧化氢(3.1)至溶解完全，冷却至室温，移入100 mL容量瓶中，用水稀释至刻度，混匀。此溶液1 mL含 1 mg 氧化铈。再将此溶液用盐酸(3.3)稀释成1 mL含100 μg和1 mL含10 μg氧化铈的标准溶液。

3.9 氧化镨标准贮存溶液：称取0.100 0 g经 900℃灼烧 1 h 的氧化镨(>99.99%)，置于100 mL烧杯中，加10 mL盐酸(3.2)，低温加热至溶解完全，冷却至室温，移入100 mL容量瓶中，用水稀释至刻度，混匀。此溶液1 mL含 1 mg 氧化镨。再将此溶液用盐酸(3.3)稀释成1 mL含100 μg和1 mL含10 μg氧化镨的标准溶液。

3.10 氧化钕标准贮存溶液：称取0.100 0 g经 900℃灼烧 1 h 的氧化钕(>99.99%)，置于100 mL烧杯中，加10 mL盐酸(3.2)，低温加热至溶解完全，冷却至室温，移入100 mL容量瓶中，用水稀释至刻度，混匀。此溶液1 mL含 1 mg 氧化钕。再将此溶液用盐酸(3.3)稀释成1 mL含100 μg和1 mL含10 μg氧化钕的标准溶液。

3.11 氧化钐标准贮存溶液：称取0.100 0 g经 900℃灼烧 1 h 的氧化钐(>99.99%)，置于100 mL烧杯中，加10 mL盐酸(3.2)，低温加热至溶解完全，冷却至室温，移入100 mL容量瓶中，用水稀释至刻度，混匀。此溶液1 mL含 1 mg 氧化钐。再将此溶液用盐酸(3.3)稀释成1 mL含100 μg和1 mL含10 μg氧化钐的标准溶液。

3.12 氧化钆标准贮存溶液：称取0.100 0 g经 900℃灼烧 1 h 的氧化钆(>99.99%)，置于100 mL烧杯中，加10 mL盐酸(3.2)，低温加热至溶解完全，冷却至室温，移入100 mL容量瓶中，用水稀释至刻度，混匀。此溶液1 mL含 1 mg 氧化钆。再将此溶液用盐酸(3.3)稀释成1 mL含100 μg和1 mL含10 μg氧化钆的标准溶液。

3.13 氧化铽标准贮存溶液：称取0.100 0 g经 900℃灼烧 1 h 的氧化铽(>99.99%)，置于100 mL烧杯中，加10 mL硝酸(3.4)，低温加热至溶解完全，冷却至室温，移入100 mL容量瓶中，用水稀释至刻度，混匀。此溶液1 mL含 1 mg 氧化铽。再将此溶液用盐酸(3.3)稀释成1 mL含100 μg和1 mL含10 μg氧化铽的标准溶液。

3.14 氧化镝标准贮存溶液：称取0.100 0 g经 900℃灼烧 1 h 的氧化镝(>99.99%)，置于100 mL烧杯中，加10 mL盐酸(3.2)，低温加热至溶解完全，冷却至室温，移入100 mL容量瓶中，用水稀释至刻度，混匀。此溶液1 mL含 1 mg 氧化镝。再将此溶液用盐酸(3.3)稀释成1 mL含100 μg和1 mL含10 μg氧化镝的标准溶液。

3.15 氧化钬标准贮存溶液：称取0.100 0 g经 900℃灼烧 1 h 的氧化钬(>99.99%)，置于100 mL烧杯中，加10 mL盐酸(3.2)，低温加热至溶解完全，冷却至室温，移入100 mL容量瓶中，用水稀释至刻度，混匀。此溶液1 mL含 1 mg 氧化钬。再将此溶液用盐酸(3.3)稀释成1 mL含100 μg和1 mL含10 μg氧化钬的标准溶液。

3.16 氧化铒标准贮存溶液：称取0.100 0 g经 900℃灼烧 1 h 的氧化铒(>99.99%)，置于100 mL烧杯中，加10 mL盐酸(3.2)，低温加热至溶解完全，冷却至室温，移入100 mL容量瓶中，用水稀释至刻度，混匀。此溶液1 mL含 1 mg 氧化铒。再将此溶液用盐酸(3.3)稀释成1 mL含100 μg和1 mL含10 μg氧化铒的标准溶液。

3.17 氧化铥标准贮存溶液：称取0.100 0 g经 900℃灼烧 1 h 的氧化铥(>99.99%)，置于100 mL烧杯中，加10 mL盐酸(3.2)，低温加热至溶解完全，冷却至室温，移入100 mL容量瓶中，用水稀释至刻度，混匀。此溶液1 mL含 1 mg 氧化铥。再将此溶液用盐酸(3.3)稀释成1 mL含100 μg和1 mL含10 μg氧化铥的标准溶液。

3.18 氧化镱标准贮存溶液：称取0.100 0 g经 900℃灼烧 1 h 的氧化镱(>99.99%)，置于100 mL烧杯中,加10 mL盐酸(3.2),低温加热至溶解完全,冷却至室温,移入100 mL容量瓶中,用水稀释至刻度,混匀。此溶液1 mL含1 mg氧化镱。再将此溶液用盐酸(3.3)稀释成1 mL含100 μg和1 mL含10 μg氧化镱的标准溶液。

3.19 氧化镥标准贮存溶液:称取0.100 0 g经900℃灼烧1 h的氧化镥(>99.99%),置于100 mL烧杯中,加10 mL盐酸(3.2),低温加热至溶解完全,冷却至室温,移入100 mL容量瓶中,用水稀释至刻度,混匀。此溶液1 mL含1 mg氧化镥。再将此溶液用盐酸(3.3)稀释成1 mL含100 μg和1 mL含10 μg氧化镥的标准溶液。

3.20 氧化钇标准贮存溶液:称取0.100 0 g经900℃灼烧1 h的氧化钇(>99.99%),置于100 mL烧杯中,加10 mL盐酸(3.2),低温加热至溶解完全,冷却至室温,移入100 mL容量瓶中,用水稀释至刻度,混匀。此溶液1 mL含1 mg氧化钇。再将此溶液用盐酸(3.3)稀释成1 mL含100 μg和1 mL含10 μg氧化钇的标准溶液。

4 仪器与设备

4.1 电感耦合等离子体光谱仪,分辨率<0.006 nm(200 nm处)。

4.2 氩等离子体光源。

5 试样

5.1 氧化物试样于900℃灼烧1 h,置于干燥器中,冷却至室温,立即称量。

5.2 金属试样应去掉表面氧化层,取样后立即称量。

6 分析步骤

6.1 试料

6.1.1 氧化物试料

称取0.500 g试样(5.1),精确至0.000 1 g。

6.1.2 金属试料

称取0.432 g试样(5.2),精确至0.000 1 g。

6.2 测定次数

称取二份试料,进行平行测定,取其平均值。

6.3 分析试液的制备

将试料(6.1)置于100 mL烧杯中,加入10 mL水,加10 mL盐酸(3.2),低温加热至溶解完全,冷却至室温,溶液移入50 mL容量瓶中用水稀释至刻度,混匀。待用。

6.4 标准系列溶液的配制

将氧化铕基体溶液(3.6)和各稀土氧化物标准溶液(3.7~3.20)按表2分别移入5个100 mL容量瓶中,并加入10 mL盐酸(3.2),以水稀释至刻度,混匀,制得标准系列溶液,待用。

表 2

标液标号	各稀土(以氧化物计)质量浓度/(μg/mL)							
	氧化铕	氧化镧	氧化铈	氧化镨	氧化钕	氧化钐	氧化钆	氧化铽
1	10 000	0	0	0	0	0	0	0
2	10 000	1.00	1.00	1.00	1.00	1.00	1.00	1.00
3	10 000	2.00	2.00	2.00	2.00	2.00	2.00	2.00
4	10 000	5.00	5.00	5.00	5.00	5.00	5.00	5.00
5	10 000	10.00	10.00	10.00	10.00	10.00	10.00	10.00

表 2(续)

标液标号	各稀土(以氧化物计)质量浓度/(μg/mL)						
	氧化镝	氧化钬	氧化铒	氧化铥	氧化镱	氧化镥	氧化钇
1	0	0	0	0	0	0	0
2	1.00	1.00	1.00	1.00	1.00	1.00	1.00
3	2.00	2.00	2.00	2.00	2.00	2.00	2.00
4	5.00	5.00	5.00	5.00	5.00	5.00	5.00
5	10.00	10.00	10.00	10.00	10.00	10.00	10.00

6.5 测定

6.5.1 推荐分析线见表 3。

表 3

元　素	分析线/nm	元　素	分析线/nm
La	408.671	Dy	340.780,338.502
Ce	414.660,404.076	Ho	339.898,345.600
Pr	422.533	Er	337.276,349.910
Nd	401.225,406.109	Tm	313.126
Sm	359.262	Yb	328.937
Gd	310.650,376.839	Lu	261.542
Tb	350.917,356.852	Y	360.073,324.228

6.5.2 将分析试液(6.3)与标准系列溶液(6.4)同时进行氩等离子体光谱测定。

7 分析结果的表述

将标准系列溶液(6.4)的含量直接输入计算机,根据标准系列溶液(6.4)和分析试液(6.3)的强度值,由计算机计算、校正并输出分析试液(6.3)中待测稀土元素的质量浓度。

按公式(1)计算待测稀土元素的质量分数(%):

$$w(\mathrm{X})=\frac{k\cdot c\cdot V_0\times 10^{-6}}{m_0}\times 100 \quad \cdots\cdots\cdots\cdots(1)$$

式中:

k——各元素单质与其氧化物的换算系数,见表 4。计算氧化物含量时,$k=1$;

c——自工作曲线上查得被测稀土氧化物的质量浓度,单位为微克每毫升(μg/mL);

V_0——试液总体积,单位为毫升(mL);

m_0——试料的质量,单位为克(g)。

表 4

元　素	k	元　素	k
La	0.582 6	Dy	0.871 3
Ce	0.814 0	Ho	0.873 0
Pr	0.827 7	Er	0.874 5
Nd	0.857 3	Tm	0.875 6
Sm	0.862 4	Yb	0.878 2
Gd	0.867 6	Lu	0.789 4
Tb	0.850 2	Y	0.787 4

8 精密度

8.1 重复性

在重复性条件下获得的两次独立测试结果的测定值，在以下给出的平均值的范围内，这两个测试结果的绝对差值不超过重复性限(r)，超过重复性限(r)的情况不超过5%，重复性限(r)按表5数据采用线性内插法求得：

表 5

氧化物	质量分数/%	重复性限(r)	氧化物	质量分数/%	重复性限(r)
氧化镧	0.001 0	0.000 3	氧化镝	0.000 5	0.000 2
	0.005 0	0.000 5		0.005 0	0.001 0
	0.050	0.005		0.050 0	0.005
氧化铈	0.000 8	0.000 2	氧化钬	0.000 5	0.000 2
	0.005 0	0.000 5		0.005 0	0.001 0
	0.050	0.005		0.050	0.005
氧化镨	0.000 8	0.000 2	氧化铒	0.000 6	0.000 2
	0.005 0	0.001 0		0.005 0	0.001 0
	0.050	0.005		0.050	0.005
氧化钕	0.000 7	0.000 2	氧化铥	0.000 5	0.000 1
	0.005 0	0.001 0		0.005 0	0.001 0
	0.050	0.005		0.050	0.005
氧化钐	0.000 8	0.000 2	氧化镱	0.000 5	0.000 1
	0.005 0	0.001 0		0.005 0	0.000 5
	0.050	0.005		0.050	0.003
氧化钆	0.001 0	0.000 2	氧化镥	0.000 5	0.000 1
	0.005 0	0.001 0		0.005 0	0.000 5
	0.050	0.005		0.050	0.003
氧化铽	0.000 5	0.000 2	氧化钇	0.000 7	0.000 1
	0.005 0	0.001 0		0.005 0	0.000 5
	0.050	0.005		0.050	0.003

注：重复性限(r)为$2.8 \times Sr$，Sr为重复性标准差。

8.2 允许差

实验室之间分析结果的差值应不大于表6所列的允许差。

表 6

氧化物	质量分数/%	允许差/%	氧化物	质量分数/%	允许差/%
氧化铥 氧化镱 氧化镥 氧化钇	0.000 3～0.000 5	0.000 1	氧化镧 氧化铈 氧化镨 氧化钕 氧化钐 氧化钆 氧化镝 氧化钬 氧化铒	0.000 5～0.001 0	0.000 3
	>0.000 5～0.001 0	0.000 2		>0.001 0～0.003 0	0.000 5
	>0.001 0～0.005 0	0.000 4		>0.003 0～0.005 0	0.000 8
	>0.005 0～0.010 0	0.000 8		>0.005 0～0.010	0.001 0
	>0.010 0～0.030 0	0.001 5		>0.010～0.030	0.002
	>0.030～0.050	0.003		>0.030～0.050	0.004
氧化铽	>0.001 0～0.005 0	0.000 5			
	>0.005 0～0.010	0.002			
	>0.010～0.030	0.003			
	>0.030～0.050	0.005			

9 质量保证和控制

每周用自制的控制标样(如有国家级或行业级标样时,应首先使用)校核一次本标准分析方法的有效性。当过程失控时,应找出原因,纠正错误,重新进行校核。

电感耦合等离子体质谱法(方法 2)

10 范围

本方法规定了氧化铕中氧化镧、氧化铈、氧化镨、氧化钕、氧化钐、氧化钆、氧化铽、氧化镝、氧化钬、氧化铒、氧化铥、氧化镱、氧化镥和氧化钇含量的测定方法。

本方法适用于氧化铕中氧化镧、氧化铈、氧化镨、氧化钕、氧化钐、氧化钆、氧化铽、氧化镝、氧化钬、氧化铒、氧化铥、氧化镱、氧化镥和氧化钇含量的测定。测定范围见表 7。

本方法也适用于金属铕中镧、铈、镨、钕、钐、钆、铽、镝、钬、铒、铥、镱、镥和钇含量的测定。

表 7

氧化物	质量分数/%	氧化物	质量分数/%
氧化镧	0.000 05～0.050	氧化镝	0.000 05～0.005 0
氧化铈	0.000 05～0.050	氧化钬	0.000 05～0.005 0
氧化镨	0.000 05～0.050	氧化铒	0.000 05～0.005 0
氧化钕	0.000 05～0.050	氧化铥	0.000 05～0.005 0
氧化钐	0.000 05～0.050	氧化镱	0.000 05～0.005 0
氧化钆	0.000 05～0.050	氧化镥	0.000 05～0.005 0
氧化铽	0.000 05～0.050	氧化钇	0.000 05～0.050

11 方法原理

试样以硝酸或盐酸溶解,在稀酸介质中,以氩等离子体为离子化源,用质谱法直接测定除铥以外的稀土杂质元素;铥经 C272 微型柱分离铕基体后,进行质谱测定。测定时均以内标法进行校正。

12 试剂和材料

12.1 无水碳酸钠,基准物质。

12.2 氯化铯,优级纯。

12.3 过氧化氢(30%),优级纯。

12.4 盐酸(ρ1.19 g/mL),优级纯。

12.5 硝酸(ρ1.42 g/mL),优级纯。

12.6 硝酸(1+1)。

12.7 硝酸(1+19)。

12.8 盐酸标准溶液[c(HCl)≈2 mol/L]。

12.8.1 配制:移取350 mL盐酸(12.4)置于2 000 mL容量瓶中,用水稀释至刻度,混匀。

12.8.2 标定:称取3份2.300 0 g预先在300℃灼烧2 h并于干燥器中冷却至室温的无水碳酸钠(12.1),分别置于3个250 mL锥形瓶中,各加入50 mL~60 mL水、0.1 mL~0.2 mL甲基红-溴甲酚绿指示剂(12.9),用盐酸标准溶液(12.8)滴定至溶液由绿色变为酒红色,加热煮沸驱除二氧化碳,冷却,继续滴定至酒红色即为终点,取其平均值。平行标定所消耗盐酸标准溶液(12.8)体积的极差不应超过0.10 mL。

随同标定做空白试验。

按式(2)计算盐酸标准溶液(12.8)的浓度(mol/L):

$$c=\frac{m}{0.052\ 99\times(V-V_0)} \qquad \cdots\cdots(2)$$

式中:

m——碳酸钠的质量,单位为克(g);

0.052 99——与1.00 mmol盐酸相当的碳酸钠的质量,单位为克每毫摩尔(g/mmol);

V——滴定碳酸钠消耗盐酸标准溶液(12.8)的体积,单位为毫升(mL);

V_0——滴定空白溶液消耗盐酸标准溶液(12.8)的体积,单位为毫升(mL)。

12.9 甲基红-溴甲酚绿指示液:一份甲基红乙醇溶液(2 g/L)与三份溴甲酚绿乙醇溶液(1 g/L)混合。

12.10 盐酸淋洗液(0.060 mol/L),用盐酸标准溶液(12.8)稀释。

12.11 盐酸洗脱液(0.50 mol/L),用盐酸标准溶液(12.8)稀释。

12.12 铯内标溶液:称取0.127 0 g氯化铯(12.2),加10 mL水,溶解完全,加10 mL硝酸(12.6),移入100 mL容量瓶中,用水稀释至刻度,混匀。此溶液1 mL含1 mg铯。再将此溶液用硝酸(12.7)逐步稀释成1 mL含1 μg铯的内标溶液。

12.13 氧化镧标准贮存溶液:称取0.100 0 g经900℃灼烧1 h的氧化镧(>99.99%),置于100 mL烧杯中,加10 mL硝酸(12.6),低温加热至溶解完全,取下冷却,移入100 mL容量瓶中,用水稀释至刻度,混匀。此溶液1 mL含1 000 μg氧化镧。

12.14 氧化铈标准贮存溶液:称取0.100 0 g经900℃灼烧1 h的氧化铈(>99.99%),置于100 mL烧杯中,加10 mL硝酸(12.6)、2 mL过氧化氢(12.3),低温加热至溶解完全,取下冷却,移入100 mL容量瓶中,用水稀释至刻度,混匀。此溶液1 mL含1 000 μg氧化铈。

12.15 氧化镨标准贮存溶液:称取0.100 0 g经900℃灼烧1 h的氧化镨(>99.99%),置于100 mL烧杯中,加10 mL硝酸(12.6),低温加热至溶解完全,取下冷却,移入100 mL容量瓶中,用水稀释至刻度,混匀。此溶液1 mL含1 000 μg氧化镨。

12.16 氧化钕标准贮存溶液:称取0.100 0 g经900℃灼烧1 h的氧化钕(>99.99%),置于100 mL烧杯中,加10 mL硝酸(12.6),低温加热至溶解完全,取下冷却,移入100 mL容量瓶中,用水稀释至刻度,混匀。此溶液1 mL含1 000 μg氧化钕。

12.17 氧化钐标准贮存溶液:称取0.100 0 g经900℃灼烧1 h的氧化钐(>99.99%),置于100 mL烧杯中,加10 mL硝酸(12.6),低温加热至溶解完全,取下冷却,移入100 mL容量瓶中,用水稀释至刻度,混匀。此溶液1 mL含1 000 μg氧化钐。

12.18 氧化铕标准贮存溶液：称取0.100 0 g经900℃灼烧1 h的氧化铕(>99.99%)，置于100 mL烧杯中，加10 mL硝酸(12.6)，低温加热至溶解完全，取下冷却，移入100 mL容量瓶中，用水稀释至刻度，混匀。此溶液1 mL含1 000 μg氧化铕。

12.19 氧化钆标准贮存溶液：称取0.100 0 g经900℃灼烧1 h的氧化钆(>99.99%)，置于100 mL烧杯中，加10 mL硝酸(12.6)，低温加热至溶解完全，取下冷却，移入100 mL容量瓶中，用水稀释至刻度，混匀。此溶液1 mL含1 000 μg氧化钆。

12.20 氧化铽标准贮存溶液：称取0.100 0 g经900℃灼烧1 h的氧化铽(>99.99%)，置于100 mL烧杯中，加10 mL硝酸(12.6)，低温加热至溶解完全，取下冷却，移入100 mL容量瓶中，用水稀释至刻度，混匀。此溶液1 mL含1 000 μg氧化铽。

12.21 氧化镝标准贮存溶液：称取0.100 0 g经900℃灼烧1 h的氧化镝(>99.99%)，置于100 mL烧杯中，加10 mL硝酸(12.6)，低温加热至溶解完全，取下冷却，移入100 mL容量瓶中，用水稀释至刻度，混匀。此溶液1 mL含1 000 μg氧化镝。

12.22 氧化钬标准贮存溶液：称取0.100 0 g经900℃灼烧1 h的氧化钬(>99.99%)，置于100 mL烧杯中，加10 mL硝酸(12.6)，低温加热至溶解完全，取下冷却，移入100 mL容量瓶中，用水稀释至刻度，混匀。此溶液1 mL含1 000 μg氧化钬。

12.23 氧化铒标准贮存溶液：称取0.100 0 g经900℃灼烧1 h的氧化铒(>99.99%)，置于100 mL烧杯中，加10 mL硝酸(12.6)，低温加热至溶解完全，取下冷却，移入100 mL容量瓶中，用水稀释至刻度，混匀。此溶液1 mL含1 000 μg氧化铒。

12.24 氧化铥标准贮存溶液：称取0.100 0 g经900℃灼烧1 h的氧化铥(>99.99%)，置于100 mL烧杯中，加10 mL硝酸(12.6)，低温加热至溶解完全，取下冷却，移入100 mL容量瓶中，用水稀释至刻度，混匀。此溶液1 mL含1 000 μg氧化铥。

12.25 氧化镱标准贮存溶液：称取0.100 0 g经900℃灼烧1 h的氧化镱(>99.99%)，置于100 mL烧杯中，加10 mL硝酸(12.6)，低温加热至溶解完全，取下冷却，移入100 mL容量瓶中，用水稀释至刻度，混匀。此溶液1 mL含1 000 μg氧化镱。

12.26 氧化镥标准贮存溶液：称取0.100 0 g经900℃灼烧1 h的氧化镥(>99.99%)，置于100 mL烧杯中，加10 mL硝酸(12.6)，低温加热至溶解完全，取下冷却，移入100 mL容量瓶中，用水稀释至刻度，混匀。此溶液1 mL含1 000 μg氧化镥。

12.27 氧化钇标准贮存溶液：称取0.100 0 g经900℃灼烧1 h的氧化钇(>99.99%)，置于100 mL烧杯中，加10 mL硝酸(12.6)，低温加热至溶解完全，取下冷却，移入100 mL容量瓶中，用水稀释至刻度，混匀。此溶液1 mL含1 000 μg氧化钇。

12.28 混合稀土标准溶液：分别移取2.00 mL各稀土氧化物标准贮存溶液(12.13～12.27)置于100 mL容量瓶中，加7 mL硝酸(12.6)，用水稀释至刻度，混匀。此溶液1 mL含各单一稀土氧化物分别为20.0 μg。再将此溶液用硝酸(12.7)稀释成1 mL含各单一稀土氧化物分别为1.00 μg的标准溶液。

12.29 C272微型分离柱：柱床(23 mm×9 mm，ID)；填料为含20% Cyanex272的负载硅球(50μm～70μm)。

12.30 氩气(>99.99%)。

13 仪器

13.1 电感耦合等离子体质谱仪：质量分辨率优于(0.8±0.1)amu。

13.2 微柱分离装置：流路见图1。将C272微型分离柱(12.29)用内径0.8 mm聚四氟乙烯管连接在流路中，用3只旋转阀切换阀位，顺序完成平衡—进样—淋洗(分离基体)—洗脱——收集待测杂质元素—再生过程。

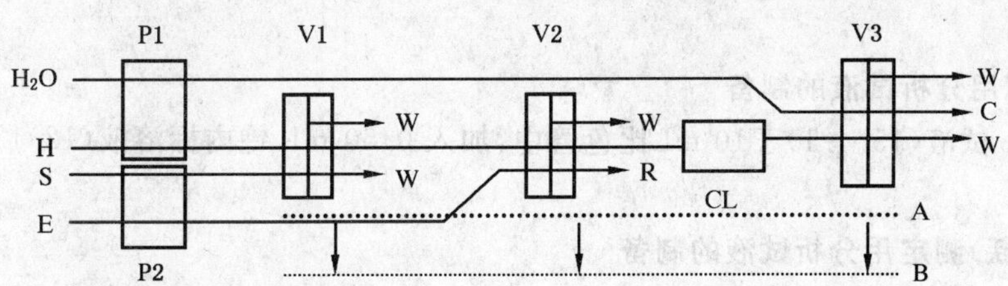

P1,P2——蠕动泵(两通道,可调速);

V1,V2,V3——旋转阀;

CL——C272 微型分离柱;

R——返回;

H——淋洗液管路;

S——取样管;

E——洗脱液管路;

C——收集液;

W——废液;

A,B——阀位;

平衡——V1A-V2A-V3A;

进样——V1B-V2A-V3A;

淋洗(分离基体)——V1A-V2A-V3A;

洗脱——V1A-V2B-V3A;

收集待测组分——V1A-V2B-V3B;

再生——V1A-V2B-V3A。

图 1 微型柱分离富集装置流路图

14 试样

14.1 氧化物试样于 900℃灼烧 1 h,置于干燥器中,冷却至室温,立即称量。

14.2 金属试样去掉表面氧化层,取样后,立即称量。

15 分析步骤

15.1 试料

按表 8 称取试样(14),精确至 0.000 1 g。

表 8

稀土杂质(质量分数)/%	试样量 / g
0.000 05～0.001 0	0.50
0.001 0～0.005 0	0.25
>0.005～0.050	0.10

15.2 测定次数

称取二份试料,进行平行测定,取其平均值。

15.3 空白试验

随同试料做空白试验。

15.4 分析试液的制备

15.4.1 试料溶液的制备

将试料(15.1)置于 50 mL 烧杯中,加 5 mL 水、5 mL 硝酸(12.6),低温加热至溶解完全,蒸干后.

立即取下，稍冷，用少量盐酸淋洗液(12.10)溶解盐类，移入 50 mL 容量瓶中，以盐酸淋洗液(12.10)稀释至刻度，混匀。

15.4.2 直接测定用分析试液的制备

分取 1.00 mL 试液(15.4.1)于10 mL比色管中，加入 0.50 mL 铯内标溶液(12.12)，用水稀释至刻度，混匀。

15.4.3 分离后(铥)测定用分析试液的制备

15.4.3.1 分离柱的准备：将微型分离柱(12.29)充水去气，预先以盐酸洗脱液(12.11)洗涤30 min，再以盐酸淋洗液(12.10)平衡后，备用。将微型分离柱用内径为 0.8 mm 的聚四氟乙烯管按图 1 连接在分离装置流路上，选择合适的泵管，调节试液管路流速为 1.00 mL/min，洗脱液管路流速及淋洗液管路流速均为(1.0±0.1) mL/min。

注：分离柱使用若干次后，柱内有明显的气泡，应去气后再使用。

15.4.3.2 基体的分离：将淋洗液管路和洗脱液管路分别插入淋洗液(12.10)和洗脱液(12.11)中，用淋洗液(12.10)平衡分离柱 6 min，将试液管路插入试液(15.4.1)中，待试液(15.4.1)充满管路后，切换旋转阀 1，准确采集 1.00 mL 试液(15.4.1)。将阀 1 切换至原位，用淋洗液(12.10)淋洗分离柱 10 min，将基体铕洗出，排至废液中。切换旋转阀 2，用洗脱液(12.11)洗脱 1 min 后，切换旋转阀 3，继续用洗脱液(12.11)洗脱 6 min，将富集在分离柱上的铥洗脱出来，分离液收集于10 mL比色管中，阀 3 切换至原位。3 min 后，将阀 2 切换至原位。

15.4.3.3 测定铥用试液的制备：于收集分离液的10 mL比色管中，加入 0.50 mL 铯内标溶液(12.12)，以水稀释至刻度，混匀。

15.5 标准系列溶液的配制

准确移取 0 mL、0.20 mL、1.00 mL、5.00 mL、10.00 mL 混合稀土标准溶液(12.28)于 5 个100 mL容量瓶中，加入 5.0 mL 铯内标溶液(12.12)，以水稀释至刻度，混匀，待测。此标准系列溶液1 mL含各单一稀土氧化物分别为 0 ng、2.0 ng、10.0 ng、50.0 ng、100 ng。

15.6 测定

15.6.1 测量元素同位素质量数见表 9。

表 9

元　素	测定同位素质量数	元　素	测定同位素质量数
La	139	Dy	163
Ce	140	Ho	165
Pr	141	Er	166
Nd	146	Tm*	169
Sm	147	Yb	174
Eu*	153	Lu	175
Gd	157	Y	89
Tb	159	Cs	133
* 元素用于分离试液的测定。			

15.6.2 将空白试验(15.3)溶液、分析试液(15.4.2 和 15.4.3.3)与标准系列溶液(15.5)同时进行氩等离子体质谱测定。

16 分析结果的计算

将标准系列溶液(15.5)的浓度直接输入计算机，用内标法进行校正，由计算机计算并输出空白试验

(15.3)溶液、分析试液(15.4.2 和 15.4.3.3)中待测元素的质量浓度。

按式(3)计算被测稀土元素的质量分数(%)：

$$w(\mathrm{X})=\frac{k\cdot(c-c_0)\cdot V_2\cdot V_0\times10^{-9}}{m\cdot V_1}\times100 \quad\cdots\cdots(3)$$

式中：

k——各元素单质与其氧化物的换算系数，见表 4。计算氧化物含量时，$k=1$；

c——计算机输出的分析试液(15.4.2 和 15.4.3.3)中待测元素的质量浓度，单位为纳克每毫升(ng/mL)；

c_0——计算机输出的空白试验(15.3)溶液中待测元素的质量浓度，单位为纳克每毫升(ng/mL)；

V_2——分析试液(15.4.2，15.4.3.3)的体积，单位为毫升(mL)；

V_0——试液总体积，单位为毫升(mL)；

m——试料的质量，单位为克(g)；

V_1——分取试液的体积，单位为毫升(mL)。

17 精密度

17.1 重复性

在重复性条件下获得的两次独立测试结果的测定值，在以下给出的平均值范围内，这两个测试结果的绝对差值不超过重复性限(r)，超过重复性限(r)的情况不超过 5%，重复性限(r)按表 10 数据采用线性内插法求得。

表 10

氧化物	质量分数/%	重复性限(r)	氧化物	质量分数/%	重复性限(r)
氧化镧	0.000 07	0.000 03	氧化镝	0.000 09	0.000 04
	0.001 0	0.000 2		0.000 6	0.000 1
	0.004 8	0.000 5		0.005 0	0.000 5
	0.043	0.004		—	—
氧化铈	0.000 06	0.000 03	氧化钬	0.000 05	0.000 03
	0.000 6	0.000 1		0.000 5	0.000 1
	0.004 7	0.000 5		0.005 0	0.000 5
	0.045	0.004		—	—
氧化镨	0.000 06	0.000 03	氧化铒	0.000 08	0.000 04
	0.000 6	0.000 1		0.000 6	0.000 1
	0.004 8	0.000 5		0.005 0	0.000 5
	0.046	0.005		—	—
氧化钕	0.000 08	0.000 03	氧化铥	0.000 05	0.000 03
	0.000 7	0.000 2		0.000 5	0.000 2
	0.004 9	0.000 5		0.004 8	0.000 8
	0.049	0.004		—	—
氧化钐	0.000 16	0.000 05	氧化镱	0.000 05	0.000 03
	0.000 9	0.000 2		0.000 5	0.000 1
	0.004 9	0.000 5		0.005 0	0.000 5
	0.046	0.004		—	—

表 10(续)

氧化物	质量分数/%	重复性限(r)	氧化物	质量分数/%	重复性限(r)
氧化钆	0.000 3	0.000 1	氧化镥	0.000 05	0.000 03
	0.000 9	0.000 2		0.000 5	0.000 1
	0.004 6	0.000 5		0.005 0	0.000 5
	0.047	0.004		—	—
氧化铽	0.000 07	0.000 03	氧化钇	0.000 1	0.000 05
	0.000 5	0.000 1		0.000 6	0.000 1
	0.005	0.000 5		0.004 4	0.000 5
	0.050	0.004		0.044	0.005

注：重复性限(r)为 $2.8\times Sr$，Sr 为重复性标准差。

17.2 允许差

实验室之间分析结果的差值应不大于表 11 所列允许差。

表 11

氧化物	质量分数/%	允许差/%	氧化物	质量分数/%	允许差/%
氧化镧 氧化铈 氧化镨 氧化钕 氧化钐 氧化钆 氧化铽 氧化钇	0.000 05 ～ 0.000 1 ＞0.000 1 ～ 0.000 3 ＞0.000 3 ～0.001 0 ＞0.001 0 ～ 0.003 0 ＞0.003 0 ～ 0.008 0 ＞0.008 0 ～0.020 ＞0.020～ 0.050	0.000 05 0.000 1 0.000 2 0.000 5 0.001 0 0.002 0.005	氧化镝 氧化钬 氧化铒 氧化铥 氧化镱 氧化镥	0.000 05 ～ 0.000 1 ＞0.000 1 ～ 0.000 3 ＞0.000 3 ～0.001 0 ＞0.001 0 ～ 0.003 0 ＞0.003 0 ～ 0.005 0	0.000 05 0.000 1 0.000 2 0.000 5 0.000 8

18 质量保证和控制

每周用自制的控制标样(如有国家级或行业级标样时，应首先使用)校核一次本标准分析方法的有效性。当过程失控时，应找出原因，纠正错误，重新进行校核。

ICS 77.120.99
H 14

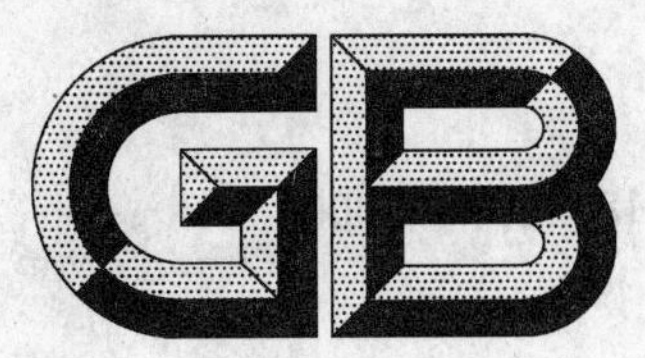

中华人民共和国国家标准

GB/T 18115.7—2006
代替 GB/T 18115.6—2000

稀土金属及其氧化物中稀土杂质化学分析方法 钆中镧、铈、镨、钕、钐、铕、铽、镝、钬、铒、铥、镱、镥和钇量的测定

Chemical analysis methods of rare earth impurities in rare earth metals and their oxides—Gadolinium—Determination of lanthanum, cerium, praseodymium, neodymium, samarium, europium, terbium, dysprosium, holmium, erbium, thulium, ytterbium, lutetium and yttrium contents

2006-04-13 发布　　　　2006-10-01 实施

中华人民共和国国家质量监督检验检疫总局
中国国家标准化管理委员会　发布

前　言

本部分代替 GB/T 18115.6—2000《稀土氧化物化学分析方法　电感耦合等离子体发射光谱法测定氧化钆中氧化镧、氧化铈、氧化镨、氧化钕、氧化钐、氧化铕、氧化铽、氧化镝、氧化钬、氧化铒、氧化铥、氧化镱、氧化镥和氧化钇量》，本部分与前一版本相比主要变化如下：

——电感耦合等离子体光谱法，增加了 4 条参考谱线，分别为：Pr 414.311 nm、Tb 367.635 nm、Dy 353.602 nm、Yb 289.138 nm；

——增加了精密度（重复性）条款；

——增加了电感耦合等离子体质谱法。

两个方法的分析范围有重叠部分时，以方法 2 作为仲裁方法。

本部分由国家发展和改革委员会稀土办公室提出。

本部分由全国稀土标准化技术委员会归口并负责解释。

本部分由北京有色金属研究总院、中国有色金属工业标准计量质量研究所负责起草。

本部分方法 1 由内蒙古包钢稀土高科技股份有限公司起草。

本部分方法 1 由中核集团公司二零二厂、江阴加华新材料资源有限公司参加起草。

本部分方法 1 主要起草人：苗洪英、张桂梅、于晶雪。

本部分方法 1 主要验证人：董世哲、宋君武、王寿虹、杨梅。

本部分方法 2 由内蒙古包钢稀土高科技股份有限公司起草。

本部分方法 2 由江阴加华新材料资源有限公司、包头稀土研究院参加起草。

本部分方法 2 主要起草人：张桂梅、于晶雪、陈立民。

本部分方法 2 主要验证人：张意、曹永钢、刘新燕、宋君武。

本部分所代替标准的历次版本发布情况为：

——GB/T 18115.6—2000。

稀土金属及其氧化物中稀土杂质化学分析方法 钆中镧、铈、镨、钕、钐、铕、铽、镝、钬、铒、铥、镱、镥和钇量的测定

电感耦合等离子体光谱法(方法 1)

1 范围

本方法规定了氧化钆中氧化镧、氧化铈、氧化镨、氧化钕、氧化钐、氧化铕、氧化铽、氧化镝、氧化钬、氧化铒、氧化铥、氧化镱、氧化镥和氧化钇含量的测定方法。

本方法适用于氧化钆中氧化镧、氧化铈、氧化镨、氧化钕、氧化钐、氧化铕、氧化铽、氧化镝、氧化钬、氧化铒、氧化铥、氧化镱、氧化镥和氧化钇含量的测定。测定范围见表 1。

本方法也适用于金属钆中镧、铈、镨、钕、钐、铕、铽、镝、钬、铒、铥、镱、镥和钇含量的测定。

表 1

氧化物	质量分数/%	氧化物	质量分数/%
氧化镧	0.001 0～0.050	氧化镝	0.002 0～0.050
氧化铈	0.002 0～0.050	氧化钬	0.003 0～0.050
氧化镨	0.001 0～0.050	氧化铒	0.001 0～0.050
氧化钕	0.003 0～0.050	氧化铥	0.001 0～0.050
氧化钐	0.002 0～0.050	氧化镱	0.001 0～0.050
氧化铕	0.001 0～0.050	氧化镥	0.001 0～0.050
氧化铽	0.003 0～0.050	氧化钇	0.001 0～0.050

2 方法原理

试样以盐酸溶解，在稀盐酸介质中，直接以氩等离子体光源激发，进行光谱测定，以基体匹配法校正基体对测定的影响。

3 试剂

3.1 过氧化氢(30%)。

3.2 盐酸(1+1)。

3.3 盐酸(1+19)

3.4 硝酸(1+1)。

3.5 氩气 (>99.99%)。

3.6 氧化钆基体溶液：称取 25.000 0 g 经 900℃灼烧 1 h 的氧化钆(>99.999%)，置于250 mL烧杯中，加 75 mL 盐酸(3.2)，低温加热至溶解完全，冷却至室温，移入 500 mL 容量瓶中，用水稀释至刻度，混匀。此溶液1 mL含 50 mg 氧化钆。

3.7 氧化镧标准贮存溶液：称取0.100 0 g经 900℃灼烧 1 h 的氧化镧(>99.99%)，置于100 mL烧杯

中,加10 mL盐酸(3.2),低温加热至溶解完全,冷却至室温,移入100 mL容量瓶中,用水稀释至刻度,混匀。此溶液1 mL含 1 mg 氧化镧。再将此溶液用盐酸(3.3)稀释成1 mL含100 μg和1 mL含10 μg氧化镧的标准溶液。

3.8 氧化铈标准贮存溶液:称取0.100 0 g经 900℃灼烧 1 h 的氧化铈(>99.99%),置于100 mL烧杯中,加10 mL硝酸(3.4),低温加热,并滴加过氧化氢(3.1)至溶解完全,冷却至室温,移入100 mL容量瓶中,用水稀释至刻度,混匀。此溶液1 mL含 1 mg 氧化铈。再将此溶液用盐酸(3.3)稀释成1 mL含100 μg和1 mL含10 μg氧化铈的标准溶液。

3.9 氧化镨标准贮存溶液:称取0.100 0 g经 900℃灼烧 1 h 的氧化镨(>99.99%),置于100 mL烧杯中,加10 mL盐酸(3.2),低温加热至溶解完全,冷却至室温,移入100 mL容量瓶中,用水稀释至刻度,混匀。此溶液1 mL含 1 mg 氧化镨。再将此溶液用盐酸(3.3)稀释成1 mL含100 μg和1 mL含10 μg氧化镨的标准溶液。

3.10 氧化钕标准贮存溶液:称取0.100 0 g经 900℃灼烧 1 h 的氧化钕(>99.99%),置于100 mL烧杯中,加10 mL盐酸(3.2),低温加热至溶解完全,冷却至室温,移入100 mL容量瓶中,用水稀释至刻度,混匀。此溶液1 mL含 1 mg 氧化钕。再将此溶液用盐酸(3.3)稀释成1 mL含100 μg和1 mL含10 μg氧化钕的标准溶液。

3.11 氧化钐标准贮存溶液:称取0.100 0 g经 900℃灼烧 1 h 的氧化钐(>99.99%),置于100 mL烧杯中,加10 mL盐酸(3.2),低温加热至溶解完全,冷却至室温,移入100 mL容量瓶中,用水稀释至刻度,混匀。此溶液1 mL含 1 mg 氧化钐。再将此溶液用盐酸(3.3)稀释成1 mL含100 μg和1 mL含10 μg氧化钐的标准溶液。

3.12 氧化铕标准贮存溶液:称取0.100 0 g经 900℃灼烧 1 h 的氧化铕(>99.99%),置于100 mL烧杯中,加10 mL盐酸(3.2),低温加热至溶解完全,冷却至室温,移入100 mL容量瓶中,用水稀释至刻度,混匀。此溶液1 mL含 1 mg 氧化铕。再将此溶液用盐酸(3.3)稀释成1 mL含100 μg和1 mL含10 μg氧化铕的标准溶液。

3.13 氧化铽标准贮存溶液:称取0.100 0 g经 900℃灼烧 1 h 的氧化铽(>99.99%),置于100 mL烧杯中,加10 mL硝酸(3.4),低温加热至溶解完全,冷却至室温,移入100 mL容量瓶中,用水稀释至刻度,混匀。此溶液1 mL含 1 mg 氧化铽。再将此溶液用盐酸(3.3)稀释成1 mL含100 μg和1 mL含10 μg氧化铽的标准溶液。

3.14 氧化镝标准贮存溶液:称取0.100 0 g经 900℃灼烧 1 h 的氧化镝(>99.99%),置于100 mL烧杯中,加10 mL盐酸(3.2),低温加热至溶解完全,冷却至室温,移入100 mL容量瓶中,用水稀释至刻度,混匀。此溶液1 mL含 1 mg 氧化镝。再将此溶液用盐酸(3.3)稀释成1 mL含100 μg和1 mL含10 μg氧化镝的标准溶液。

3.15 氧化钬标准贮存溶液:称取0.100 0 g经 900℃灼烧 1 h 的氧化钬(>99.99%),置于100 mL烧杯中,加10 mL盐酸(3.2),低温加热至溶解完全,冷却至室温,移入100 mL容量瓶中,用水稀释至刻度,混匀。此溶液1 mL含 1 mg 氧化钬。再将此溶液用盐酸(3.3)稀释成1 mL含100 μg和1 mL含10 μg氧化钬的标准溶液。

3.16 氧化铒标准贮存溶液:称取0.100 0 g经 900℃灼烧 1 h 的氧化铒(>99.99%),置于100 mL烧杯中,加10 mL盐酸(3.2),低温加热至溶解完全,冷却至室温,移入100 mL容量瓶中,用水稀释至刻度,混匀。此溶液1 mL含 1 mg 氧化铒。再将此溶液用盐酸(3.3)稀释成1 mL含100 μg和1 mL含10 μg氧化铒的标准溶液。

3.17 氧化铥标准贮存溶液:称取0.100 0 g经 900℃灼烧 1 h 的氧化铥(>99.99%),置于100 mL烧杯中,加10 mL盐酸(3.2),低温加热至溶解完全,冷却至室温,移入100 mL容量瓶中,用水稀释至刻度,混匀。此溶液1 mL含 1 mg 氧化铥。再将此溶液用盐酸(3.3)稀释成1 mL含100 μg和1 mL含10 μg氧化铥的标准溶液。

3.18 氧化镱标准贮存溶液：称取0.100 0 g经 900℃灼烧 1 h 的氧化镱（>99.99%），置于100 mL烧杯中，加10 mL盐酸（3.2），低温加热至溶解完全，冷却至室温，移入100 mL容量瓶中，用水稀释至刻度，混匀。此溶液1 mL含 1 mg 氧化镱。再将此溶液用盐酸（3.3）稀释成1 mL含100 μg和1 mL含10 μg氧化镱的标准溶液。

3.19 氧化镥标准贮存溶液：称取0.100 0 g经 900℃灼烧 1 h 的氧化镥（>99.99%），置于100 mL烧杯中，加10 mL盐酸（3.2），低温加热至溶解完全，冷却至室温，溶液移入100 mL容量瓶中，用水稀释至刻度，混匀。此溶液1 mL含 1 mg 氧化镥。再将此溶液用盐酸（3.3）稀释成1 mL含100 μg和1 mL含10 μg氧化镥的标准溶液。

3.20 氧化钇标准贮存溶液：称取0.100 0 g经 900℃灼烧 1 h 的氧化钇（>99.99%），置于100 mL烧杯中，加10 mL盐酸（3.2），低温加热至溶解完全，冷却至室温，溶液移入100 mL容量瓶中，用水稀释至刻度，混匀。此溶液1 mL含 1 mg 氧化钇。再将此溶液用盐酸（3.3）稀释成1 mL含100 μg和1 mL含10 μg氧化钇的标准溶液。

4 仪器

4.1 电感耦合等离子体光谱仪，分辨率<0.006 nm（200 nm 处）。

4.2 氩等离子体光源。

5 试样

5.1 氧化物试样于 900℃灼烧 1 h，置于干燥器中，冷却至室温，立即称量。

5.2 金属试样应去掉表面氧化层，取样后立即称量。

6 分析步骤

6.1 试料

6.1.1 氧化物试料

称取 0.500 g 试样（5.1），精确至 0.000 1 g。

6.1.2 金属试料

称取 0.434 g 试样（5.2），精确至 0.0001 g。

6.2 测定次数

称取二份试料，进行平行测定，取其平均值。

6.3 分析试液的制备

将试料（6.1）置于100 mL烧杯中，加入10 mL水，加10 mL盐酸（3.2），低温加热至溶解完全，冷却至室温，移入100 mL容量瓶中用水稀释至刻度，混匀。待用。

6.4 标准系列溶液的配制

将氧化钆基体溶液（3.6）和各稀土氧化物标准溶液（3.7～3.20）按表 2 分别移入 5 个100 mL容量瓶中，并加入 8 mL 盐酸（3.2），以水稀释至刻度，混匀，制得标准系列溶液，待用。

表 2

标液标号	各稀土（以氧化物计）质量浓度/（μg/mL）							
	氧化钆	氧化镧	氧化铈	氧化镨	氧化钕	氧化钐	氧化铕	氧化铽
1	10 000	0	0	0	0	0	0	0
2	10 000	0.02	0.02	0.02	0.02	0.02	0.02	0.02
3	10 000	0.10	0.10	0.10	0.10	0.10	0.10	0.10
4	10 000	0.50	0.50	0.50	0.50	0.50	0.50	0.50
5	10 000	1.50	1.50	1.50	1.50	1.50	1.50	1.50

表 2(续)

标液标号	各稀土(以氧化物计)质量浓度/(μg/mL)						
	氧化镝	氧化钬	氧化铒	氧化铥	氧化镱	氧化镥	氧化钇
1	0	0	0	0	0	0	0
2	0.02	0.02	0.02	0.02	0.02	0.02	0.02
3	0.10	0.10	0.10	0.10	0.10	0.10	0.10
4	0.50	0.50	0.50	0.50	0.50	0.50	0.50
5	1.50	1.50	1.50	1.50	1.50	1.50	1.50

6.5 测定

6.5.1 推荐分析线见表 3。

表 3

元　素	分析线/nm	元　素	分析线/nm
La	333.749	Dy	353.170,353.602
Ce	418.660	Ho	389.102,345.600
Pr	390.843,414.311	Er	337.371
Nd	430.358,401.225	Tm	313.126
Sm	442.434	Yb	328.937,289.138
Eu	381.967	Lu	261.542
Tb	384.873,367.635	Y	371.030

6.5.2 将分析试液(6.3)与标准系列溶液(6.4)同时进行氩等离子体光谱测定。

7 分析结果的表述

将标准系列溶液(6.4)的含量直接输入计算机,根据标准系列溶液(6.4)和分析试液(6.3)的强度值,由计算机计算、校正并输出分析试液(6.3)中被测稀土元素的质量浓度。

按式(1)计算待测稀土元素的质量分数(%):

$$w(\mathrm{X})=\frac{k\cdot c\cdot V_0\times 10^{-6}}{m_0}\times 100 \qquad \cdots\cdots(1)$$

式中:

k——各元素单质与其氧化物的换算系数,见表 4。计算氧化物含量时,$k=1$;

c——自工作曲线上查得被测稀土氧化物的质量浓度,单位为微克每毫升(μg/mL);

V_0——试液总体积,单位为毫升(mL);

m_0——试料的质量,单位为克(g)。

表 4

元　素	k	元　素	k
La	0.852 6	Dy	0.871 3
Ce	0.814 0	Ho	0.873 0
Pr	0.827 7	Er	0.874 5
Nd	0.857 3	Tm	0.875 6
Sm	0.862 3	Yb	0.878 2
Eu	0.863 6	Lu	0.879 4
Tb	0.850 2	Y	0.787 4

8 精密度

8.1 重复性

在重复性条件下获得的两次独立测试结果的测定值，在以下给出的平均值范围内，这两个测试结果的绝对差值不超过重复性限(r)，超过重复性限(r)的情况不超过5%。重复性限(r)按表5数据采用线性内插法求得：

表 5

氧化物	质量分数/%	重复性限(r)/%	氧化物	质量分数/%	重复性限(r)/%
氧化镧	0.001 1	0.000 4	氧化镝	0.001 4	0.000 8
	0.003 1	0.000 9		0.003 3	0.001 2
	0.010	0.002		0.010 0	0.001 5
氧化铈	0.000 9	0.000 5	氧化钬	0.001 0	0.000 9
	0.003 0	0.000 8		0.003 0	0.001 0
	0.010 0	0.001 5		0.010 0	0.001 4
氧化镨	0.001 2	0.000 7	氧化铒	0.001 1	0.000 5
	0.003 2	0.001 0		0.003 1	0.001 0
	0.010 0	0.001 5		0.009 9	0.001 5
氧化钕	0.001 3	0.000 9	氧化铥	0.001 1	0.000 5
	0.003 2	0.001 0		0.003 1	0.001 0
	0.010 0	0.001 5		0.009 9	0.001 5
氧化钐	0.001 2	0.000 5	氧化镱	0.001 0	0.000 5
	0.003 1	0.000 9		0.003 1	0.001 0
	0.010 0	0.001 4		0.010	0.001 6
氧化铕	0.001 0	0.000 4	氧化镥	0.001 0	0.000 5
	0.003 0	0.000 7		0.003 0	0.001 0
	0.010 0	0.001 4		0.010 0	0.001 6
氧化铽	0.001 3	0.000 3	氧化钇	0.001 0	0.000 5
	0.003 1	0.000 7		0.003 1	0.001 0
	0.010 0	0.001 4		0.010 0	0.001 5

注：重复性限(r)为2.8×Sr，Sr为重复性标准差。

8.2 允许差

实验室之间分析结果的差值应不大于表6所列允许差。

表 6

氧化物	质量分数/%	允许差/%
氧化镧、氧化铈、氧化镨、氧化钕、氧化钐、氧化铕、氧化铽、氧化镝、氧化钬、氧化铒、氧化铥、氧化镱、氧化镥、氧化钇	0.001 0～0.003 0	0.001 0
	>0.003 0～0.005 0	0.001 5
	>0.005 0～0.010	0.002 0
	>0.010～0.030	0.004
	>0.030～0.050	0.006

9 质量保证与控制

每周用自制的控制标样(如有国家级或行业级标样时,应首先使用)校核一次本标准分析方法的有效性。当过程失控时,应找出原因,纠正错误,重新进行校核。

电感耦合等离子体质谱法(方法 2)

10 范围

本方法规定了氧化钆中氧化镧、氧化铈、氧化镨、氧化钕、氧化钐、氧化铕、氧化铽、氧化镝、氧化钬、氧化铒、氧化铥、氧化镱、氧化镥和氧化钇含量的测定方法。

本方法适用于氧化钆中氧化镧、氧化铈、氧化镨、氧化钕、氧化钐、氧化铕、氧化铽、氧化镝、氧化钬、氧化铒、氧化铥、氧化镱、氧化镥和氧化钇含量的测定。测定范围见表 7。

本方法也适用于金属钆中镧、铈、镨、钕、钐、铕、铽、镝、钬、铒、铥、镱、镥和钇含量的测定。

表 7

氧化物	质量分数/%	氧化物	质量分数/%
氧化镧	0.000 1～0.010	氧化镝	0.000 1～0.010
氧化铈	0.000 1～0.010	氧化钬	0.000 1～0.010
氧化镨	0.000 1～0.010	氧化铒	0.000 1～0.010
氧化钕	0.000 1～0.010	氧化铥	0.000 1～0.010
氧化钐	0.000 1～0.010	氧化镱	0.000 1～0.010
氧化铕	0.000 1～0.010	氧化镥	0.000 1～0.010
氧化铽	0.000 1～0.010	氧化钇	0.000 1～0.010

11 方法原理

试样以硝酸或盐酸溶解,在稀酸介质中,以氩等离子体为离子化源,用质谱法直接测定除镱和镥以外的稀土杂质元素;镱和镥经 C272 微型柱分离钆基体后,进行质谱测定。测定时均以内标法进行校正。

12 试剂和材料

12.1 无水碳酸钠,基准物质。

12.2 氯化铯,优级纯。

12.3 过氧化氢 (30%),优级纯。

12.4 盐酸(ρ1.19 g/mL),优级纯。

12.5 硝酸(ρ1.42 g/mL),优级纯。

12.6 硝酸(1+1)。

12.7 硝酸(1+19)。

12.8 盐酸标准溶液[$c(HCl)\approx 2$ mol/L]。

12.8.1 配制:移取350 mL盐酸(12.4)置于2 000 mL容量瓶中,用水稀释至刻度,混匀。

12.8.2 标定:称取3份2.300 0 g预先在300℃灼烧2 h并于干燥器中冷却至室温的无水碳酸钠(12.1),分别置于3个250 mL锥形瓶中,各加入50 mL~60 mL水、0.1 mL~0.2 mL甲基红-溴甲酚绿指示剂(12.9),用盐酸标准溶液(12.8)滴定至溶液由绿色变为酒红色,加热煮沸驱除二氧化碳,冷却,继续滴定至酒红色即为终点,取其平均值。平行标定所消耗盐酸标准溶液(12.8)体积的极差不应超过0.10 mL。

随同标定做空白试验。

按式(2)计算盐酸标准溶液(12.8)的浓度(mol/L):

$$c=\frac{m}{0.052\,99\times(V-V_0)} \qquad \cdots\cdots(2)$$

式中:

m——碳酸钠的质量,单位为克(g);

0.052 99——与1.00 mmol盐酸相当的碳酸钠的质量,单位为克每毫摩尔(g/mmol);

V——滴定碳酸钠消耗盐酸标准溶液(12.8)的体积,单位为毫升(mL);

V_0——滴定空白溶液消耗盐酸标准溶液(12.8)的体积,单位为毫升(mL)。

12.9 甲基红-溴甲酚绿指示液:一份甲基红乙醇溶液(2 g/L)与三份溴甲酚绿乙醇溶液(1 g/L)混合。

12.10 盐酸淋洗液(0.070 mol/L):用盐酸标准溶液(12.8)稀释。

12.11 盐酸洗脱液(0.50 mol/L):用盐酸标准液(12.8)稀释。

12.12 铯内标溶液:称取0.127 0 g氯化铯(12.2),加10 mL水,溶解完全,加10 mL硝酸(12.6),移入100 mL容量瓶中,用水稀释至刻度,混匀。此溶液1 mL含1 mg铯。再将此溶液用硝酸(12.7)逐步稀释成1 mL含1μg铯的内标溶液。

12.13 氧化镧标准贮存溶液:称取0.100 0 g经900℃灼烧1 h的氧化镧(>99.99%),置于100 mL烧杯中,加10 mL硝酸(12.6),低温加热至溶解完全,取下冷却,移入100 mL容量瓶中,用水稀释至刻度,混匀。此溶液1 mL含1 000 μg氧化镧。

12.14 氧化铈标准贮存溶液:称取0.100 0 g经900℃灼烧1 h的氧化铈(>99.99%),置于100 mL烧杯中,加10 mL硝酸(12.6),2 mL过氧化氢(12.3),低温加热至溶解完全,取下冷却,移入100 mL容量瓶中,用水稀释至刻度,混匀。此溶液1 mL含1 000 μg氧化铈。

12.15 氧化镨标准贮存溶液:称取0.100 0 g经900℃灼烧1 h的氧化镨(>99.99%),置于100 mL烧杯中,加10 mL硝酸(12.6),低温加热至溶解完全,取下冷却,移入100 mL容量瓶中,用水稀释至刻度,混匀。此溶液1 mL含1 000 μg氧化镨。

12.16 氧化钕标准贮存溶液:称取0.100 0 g经900℃灼烧1 h的氧化钕(>99.99%),置于100 mL烧杯中,加10 mL硝酸(12.6),低温加热至溶解完全,取下冷却,移入100 mL容量瓶中,用水稀释至刻度,混匀。此溶液1 mL含1 000 μg氧化钕。

12.17 氧化钐标准贮存溶液:称取0.100 0 g经900℃灼烧1 h的氧化钐(>99.99%),置于100 mL烧杯中,加10 mL硝酸(12.6),低温加热至溶解完全,取下冷却,移入100 mL容量瓶中,用水稀至刻度,混匀。此溶液1 mL含1 000 μg氧化钐。

12.18 氧化铕标准贮存溶液:称取0.100 0 g经900℃灼烧1 h的氧化铕(>99.99%),置于100 mL烧杯中,加10 mL硝酸(12.6),低温加热至溶解完全,取下冷却,移入100 mL容量瓶中,用水稀释至刻度,混匀。此溶液1 mL含1 000 μg氧化铕。

12.19 氧化钆标准贮存溶液:称取0.100 0 g经 900℃灼烧 1 h 的氧化钆(>99.99%),置于100 mL烧杯中,加10 mL硝酸(12.6),低温加热至溶解完全,取下冷却,移入100 mL容量瓶中,用水稀释至刻度,混匀。此溶液1 mL含1 000 μg氧化钆。

12.20 氧化铽标准贮存溶液:称取0.100 0 g经 900℃灼烧 1 h 的氧化铽(>99.99%),置于100 mL烧杯中,加10 mL硝酸(12.6),低温加热至溶解完全,取下冷却,移入100 mL容量瓶中,用水稀释至刻度,混匀。此溶液1 mL含1 000 μg氧化铽。

12.21 氧化镝标准贮存溶液:称取0.100 0 g经 900℃灼烧 1 h 的氧化镝(>99.99%),置于100 mL烧杯中,加10 mL硝酸(12.6),低温加热至溶解完全,取下冷却,移入100 mL容量瓶中,用水稀释至刻度,混匀。此溶液1 mL含1 000 μg氧化镝。

12.22 氧化钬标准贮存溶液:称取0.100 0 g经 900℃灼烧 1 h 的氧化钬(>99.99%),置于100 mL烧杯中,加10 mL硝酸(12.6),低温加热至溶解完全,取下冷却,移入100 mL容量瓶中,用水稀释至刻度,混匀。此溶液1 mL含1 000 μg氧化钬。

12.23 氧化铒标准贮存溶液:称取0.100 0 g经 900℃灼烧 1 h 的氧化铒(>99.99%),置于100 mL烧杯中,加10 mL硝酸(12.6),低温加热至溶解完全,取下冷却,移入100 mL容量瓶中,用水稀释至刻度,混匀。此溶液1 mL含1 000 μg氧化铒。

12.24 氧化铥标准贮存溶液:称取0.100 0 g经 900℃灼烧 1 h 的氧化铥(>99.99%),置于100 mL烧杯中,加10 mL硝酸(12.6),低温加热至溶解完全,取下冷却,移入100 mL容量瓶中,用水稀释至刻度,混匀。此溶液1 mL含1 000 μg氧化铥。

12.25 氧化镱标准贮存溶液:称取0.100 0 g经 900℃灼烧 1 h 的氧化镱(>99.99%),置于100 mL烧杯中,加10 mL硝酸(12.6),低温加热至溶解完全,取下冷却,移入100 mL容量瓶中,用水稀释至刻度,混匀。此溶液1 mL含1 000 μg氧化镱。

12.26 氧化镥标准贮存溶液:称取0.100 0 g经 900℃灼烧 1 h 的氧化镥(>99.99%),置于100 mL烧杯中,加10 mL硝酸(12.6),低温加热至溶解完全,取下冷却,移入100 mL容量瓶中,用水稀释至刻度,混匀。此溶液1 mL含1 000 μg氧化镥。

12.27 氧化钇标准贮存溶液:称取0.100 0 g经 900℃灼烧 1 h 的氧化钇(>99.99%),置于100 mL烧杯中,加10 mL硝酸(12.6),低温加热至溶解完全,取下冷却,移入100 mL容量瓶中,用水稀释至刻度,混匀。此溶液1 mL含1 000 μg氧化钇。

12.28 混合稀土标准溶液:分别移取 2.00 mL 各稀土氧化物标准贮存溶液(12.13～12.27)置于100 mL容量瓶中,加10 mL硝酸(12.6),用水稀释至刻度,混匀。此溶液1 mL含各单一稀土氧化物分别为20.0 μg。再将此溶液用硝酸(12.7)稀释成1 mL含各单一稀土氧化物分别为 1.00 μg的标准溶液。

12.29 C272 微型分离柱:柱床(23 mm×9 mm,ID);填料为含 20% Cyanex272 的负载硅球(50 μm～70 μm)。

12.30 氩气(>99.99%)。

13 仪器

13.1 电感耦合等离子体质谱仪:质量分辨率优于(0.8±0.1)amu。

13.2 微柱分离装置:流路见图 1。将 C272 微型分离柱(12.29)用内径 0.8 mm 聚四氟乙烯管连接在流路中,用 3 只旋转阀切换阀位,顺序完成平衡——进样——淋洗(分离基体)——洗脱——收集待测杂质元素——再生过程。

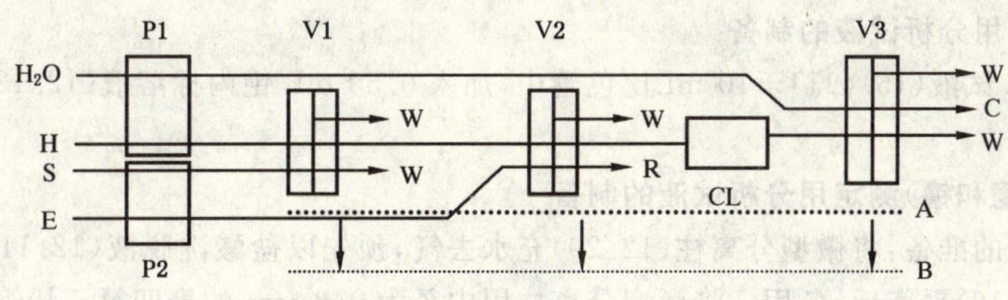

P1,P2——蠕动泵(两通道,可调速);

V1,V2,V3——旋转阀;

CL——C272 微型分离柱;

R——返回;

H——淋洗液管路;

S——取样管;

E——洗脱液管路;

C——收集液;

W——废液;

A,B——阀位;

平衡——V1A-V2A-V3A;

进样——V1B-V2A-V3A;

淋洗(分离基体)——V1A-V2A-V3A;

洗脱——V1A-V2B-V3A;

收集待测组分——V1A-V2B-V3B;

平衡(再生)——V1A-V2B-V3A。

图 1 微型柱分离富集装置流路图

14 试样

14.1 氧化物试样于 900℃灼烧 1 h,置于干燥器中,冷却至室温,立即称量。

14.2 金属试样去掉表面氧化层,取样后,立即称量。

15 分析步骤

15.1 试料

按表 8 称取试样(14),精确至 0.000 1 g。

表 8

稀土杂质(质量分数)/%	试样量 / g
0.000 1~0.005 0	0.25
>0.005 0~0.050	0.10

15.2 测定次数

称取二份试料,进行平行测定,取其平均值。

15.3 空白试验

随同试料做空白试验。

15.4 分析试液的制备

15.4.1 试料溶液的制备

将试料(15.1)置于 50 mL 烧杯中,加 5 mL 水、5 mL 硝酸(12.6),低温加热至溶解完全,蒸干后,立即取下,稍冷,用少量盐酸淋洗液(12.10)溶解盐类,移入 50 mL 容量瓶中,以盐酸淋洗液(12.10)稀释至刻度，混匀。

15.4.2 直接测定用分析试液的制备

分取1.00 mL试液(15.4.1)于10 mL比色管中，加入0.50 mL铯内标溶液(12.12)，用水稀释至刻度，混匀。

15.4.3 分离后(镱和镥)测定用分析试液的制备

15.4.3.1 分离柱的准备：将微型分离柱(12.29)充水去气，预先以盐酸洗脱液(12.11)洗涤30 min，再以盐酸淋洗液(12.10)平衡后，备用。将微型分离柱用内径为0.8 mm的聚四氟乙烯管按图1连接在分离装置流路上，选择合适的泵管，调节试液管路流速为1.00 mL/ min，洗脱液管路流速及淋洗液管路流速均为(1.0±0.1) mL/ min。

注：分离柱使用若干次后，柱内有明显的气泡，应去气后再使用。

15.4.3.2 基体的分离：将淋洗液管路和洗脱液管路分别插入淋洗液(12.10)和洗脱液(12.11)中，用淋洗液(12.10)平衡分离柱6 min，将试液管路插入试液(15.4.1)中，待试液(15.4.1)充满管路后，切换旋转阀1，准确采集1.00 mL试液(15.4.1)。将阀1切换至原位，用淋洗液(12.10)淋洗分离柱20 min，将基体钆洗出，排至废液中。切换旋转阀2，用洗脱液(12.11)洗脱1 min后，切换旋转阀3，继续用洗脱液(12.11)洗脱7 min，将富集在分离柱上的镱和镥洗脱出来，分离液收集于10 mL比色管中，阀3切换至原位。5 min后，将阀2切换至原位。

15.4.3.3 测定镱和镥用试液的制备：于收集分离液的10 mL比色管中，加入0.50 mL铯内标溶液(12.12)，以水稀释至刻度，混匀。

15.5 标准系列溶液的配制

准确移取0 mL、0.20 mL、1.00 mL、5.00 mL、10.00 mL混合稀土标准溶液(12.28)于5个100 mL容量瓶中，加入5.0 mL铯内标溶液(12.12)，以水稀释至刻度，混匀，待测。此标准系列溶液1 mL含各单一稀土氧化物分别为0 ng、2.0 ng、10.0 ng、50.0 ng、100 ng。

15.6 测定

15.6.1 测量元素同位素质量数见表9。

表9

元素	测定同位素质量数	校正方程	元素	测定同位素质量数
Gd*	160		La	139
Tb	159	$I_{159Tb}=I_{159测}-1.14\cdot I_{161测}+0.861\cdot I_{163测}$	Ce	140
Dy	161,163		Pr	141
Ho	165		Nd	146
Er	166		Sm	149
Tm	169	$I_{169Tm}=I_{169测}-0.0091\cdot I_{177测}+0.0062\cdot I_{178测}$	Eu	151
Yb*	172		Y	89
Lu*	175	$I_{175Lu}=I_{175测}-1.14\cdot I_{177测}+0.773\cdot I_{178测}$	Cs	133,177,178
* 元素用于分离试液的测定。				

15.6.2 将空白试验(15.3)溶液、分析试液(15.4.2和15.4.3.3)与标准系列溶液(15.5)同时进行氩等离子体质谱测定。

16 分析结果的计算

将标准系列溶液(15.5)的浓度直接输入计算机，用内标法进行校正，由计算机计算并输出空白试验(15.3)溶液、分析试液(15.4.2和15.4.3.3)中待测元素的质量浓度。

按式(3)计算被测稀土元素的质量分数(%)：

$$w(X)=\frac{k\cdot(c-c_0)\cdot V_2\cdot V_0\times10^{-9}}{m\cdot V_1}\times100 \qquad (3)$$

式中：

k——各元素单质与其氧化物的换算系数，见表4。计算氧化物含量时，$k=1$；

c——计算机输出的分析试液(15.4.2和15.4.3.3)中待测元素的质量浓度，单位为纳克每毫升(ng/mL)；

c_0——计算机输出的空白试验(15.3)溶液中待测元素的质量浓度，单位为纳克每毫升(ng/mL)；

V_2——分析试液(15.4.2，15.4.3.3)的体积，单位为毫升(mL)；

V_0——试液总体积，单位为毫升(mL)；

m——试料的质量，单位为克(g)；

V_1——分取试液的体积，单位为毫升(mL)。

17 精密度

17.1 重复性

在重复性条件下获得的两次独立测试结果的测定值，在以下给出的平均值范围内，这两个测试结果的绝对差值不超过重复性限(r)，超过重复性限(r)的情况不超过5%，重复性限(r)按表10数据采用线性内插法求得。

表 10

氧化物	质量分数/%	重复性限(r)/%	氧化物	质量分数/%	重复性限(r)/%
氧化镧	0.000 2	0.000 1	氧化镝	0.000 3	0.000 1
	0.002 1	0.000 2		0.002 3	0.000 2
	0.009 6	0.001 0		0.009 4	0.001 0
氧化铈	0.000 2	0.000 1	氧化钬	0.000 3	0.000 1
	0.001 9	0.000 2		0.002 2	0.000 2
	0.009 5	0.001 0		0.009 3	0.001 0
氧化镨	0.000 3	0.000 1	氧化铒	0.000 3	0.000 1
	0.002 1	0.000 2		0.002 5	0.000 2
	0.009 5	0.001 0		0.009 4	0.001 0
氧化钕	0.000 2	0.000 1	氧化铥	0.000 2	0.000 1
	0.002 1	0.000 2		0.002 2	0.000 2
	0.009 6	0.001 0		0.009 2	0.001 0
氧化钐	0.000 2	0.000 1	氧化镱	0.000 2	0.000 1
	0.002 1	0.000 2		0.002 2	0.000 5
	0.009 6	0.001 0		0.010 0	0.001 0
氧化铕	0.000 2	0.000 1	氧化镥	0.000 2	0.000 1
	0.002 1	0.000 2		0.002 0	0.000 5
	0.009 5	0.001 0		0.010 0	0.001 0
氧化铽	0.000 3	0.000 1	氧化钇	0.000 2	0.000 1
	0.002 1	0.000 2		0.002 1	0.000 2
	0.009 3	0.001 0		0.009 9	0.001 0

注：重复性限(r)为$2.8\times Sr$，Sr为重复性标准差。

17.2 允许差

实验室之间分析结果的差值应不大于表 11 所列允许差。

表 11

氧化物	质量分数/%	允许差/%	氧化物	质量分数/%	允许差/%
氧化镧 氧化铈 氧化镨 氧化钕 氧化钐 氧化铕 氧化钆 氧化镝 氧化钬 氧化铒 氧化铥 氧化钇	0.000 1~0.000 3	0.000 1	氧化镱 氧化镥	0.000 1~0.000 2	0.000 1
	>0.000 3~0.001 0	0.000 2		>0.000 2~0.000 5	0.000 2
	>0.001 0~0.003 0	0.000 5		>0.000 5~0.002 0	0.000 4
	>0.003 0~0.008 0	0.001 0		>0.002 0~0.005 0	0.001 0
	>0.008 0~0.010	0.002 0		>0.005 0~0.010	0.002 0

18 质量保证和控制

每周用自制的控制标样(如有国家级或行业级标样时,应首先使用)校核一次本标准分析方法的有效性。当过程失控时,应找出原因,纠正错误,重新进行校核。

ICS 77.120.99
H 14

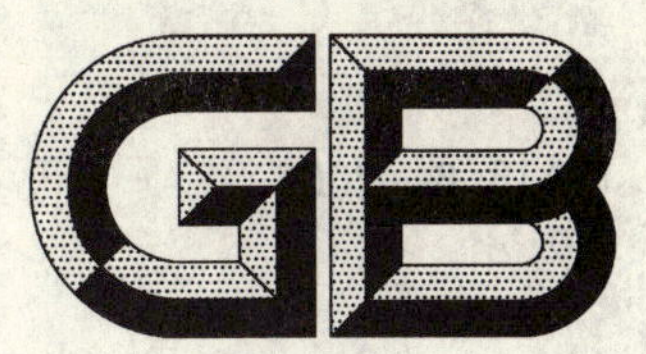

中华人民共和国国家标准

GB/T 18115.8—2006
代替 GB/T 18115.7—2000

稀土金属及其氧化物中稀土杂质化学分析方法 铽中镧、铈、镨、钕、钐、铕、钆、镝、钬、铒、铥、镱、镥和钇量的测定

Chemical analysis methods of rare earth impurities in rare earth metals and their oxides—Terbium—Determination of lanthanum, cerium, praseodymium, neodymium, samarium, europium, gadolinium, dysprosium, holmium, erbium, thulium, ytterbium, lutetium and yttrium contents

2006-04-13 发布　　　　2006-10-01 实施

中华人民共和国国家质量监督检验检疫总局
中国国家标准化管理委员会　发布

前言

本部分代替 GB/T 18115.7—2000《稀土氧化物化学分析方法　电感耦合等离子体发射光谱法测定氧化铽中氧化镧、氧化铈、氧化镨、氧化钕、氧化钐、氧化铕、氧化钆、氧化镝、氧化钬、氧化铒、氧化铥、氧化镱、氧化镥和氧化钇量》，本部分与前一版本相比主要变化如下：

——电感耦合等离子体光谱法，增加了两条参考谱线，分别为：Nd417.734 nm、Gd303.285 nm；

——增加了精密度(重复性)条款；

——增加了电感耦合等离子体质谱法。

两个方法的分析范围有重叠部分时，以方法 2 作为仲裁方法。

本部分由国家发展和改革委员会稀土办公室提出。

本部分由全国稀土标准化技术委员会归口并负责解释。

本部分由北京有色金属研究总院、中国有色金属工业标准计量质量研究所负责起草。

本部分方法 1 由北京有色金属研究总院起草。

本部分方法 1 由上海跃龙新材料股份有限公司、甘肃稀土新材料股份有限公司参加起草。

本部分方法 1 主要起草人：童坚、刘鹏宇、杨萍、江红。

本标准方法 1 主要验证人：谈世群、封望亭、吴克平、郭剑啸、高培聪。

本部分方法 2 由北京有色金属研究总院起草。

本部分方法 2 由江阴加华新材料资源有限公司、甘肃稀土新材料股份有限公司参加起草。

本部分方法 2 主要起草人：李继东、伍星、郑永章。

本部分方法 2 主要验证人：张悫、曹勇钢、张文祥。

本部分所代替标准的历次版本发布情况为：

——GB/T 18115.7—2000。

稀土金属及其氧化物中稀土杂质化学分析方法 铽中镧、铈、镨、钕、钐、铕、钆、镝、钬、铒、铥、镱、镥和钇量的测定

电感耦合等离子体光谱法(方法1)

1 范围

本方法规定了氧化铽中氧化镧、氧化铈、氧化镨、氧化钕、氧化钐、氧化铕、氧化钆、氧化镝、氧化钬、氧化铒、氧化铥、氧化镱、氧化镥和氧化钇含量的测定方法。

本方法适用于氧化铽中氧化镧、氧化铈、氧化镨、氧化钕、氧化钐、氧化铕、氧化钆、氧化镝、氧化钬、氧化铒、氧化铥、氧化镱、氧化镥和氧化钇含量的测定。测定范围见表1。

本方法也适用于金属铽中镧、铈、镨、钕、钐、铕、钆、镝、钬、铒、铥、镱、镥和钇含量的测定。

表 1

氧化物	质量分数/%	氧化物	质量分数/%
氧化镧	0.005 0～0.100	氧化镝	0.005 0～0.500
氧化铈	0.005 0～0.100	氧化钬	0.005 0～0.500
氧化镨	0.005 0～0.100	氧化铒	0.005 0～0.100
氧化钕	0.010～0.100	氧化铥	0.005 0～0.100
氧化钐	0.005 0～0.100	氧化镱	0.005 0～0.100
氧化铕	0.005 0～0.500	氧化镥	0.005 0～0.100
氧化钆	0.010～0.500	氧化钇	0.005 0～0.500

2 方法原理

试样以盐酸溶解，在稀盐酸介质中，直接以氩等离子体光源激发，进行光谱测定，以基体匹配法校正基体对测定的影响。

3 试剂

3.1 过氧化氢(30%)。

3.2 盐酸(1+1)。

3.3 盐酸(1+19)。

3.4 硝酸(1+1)。

3.5 氩气 (>99.99%)。

3.6 氧化铽基体溶液：称取25.000 0 g经 900℃灼烧 1 h 的氧化铽(>99.999%)，置于 250 mL 烧杯中，加 75 mL 硝酸 (3.4)，低温加热溶解至清亮，冷却至室温，移入 500 mL 容量瓶中，用水稀释至刻度，混匀。此溶液1 mL含 50 mg 氧化铽。

3.7 氧化镧标准贮存溶液：称取0.100 0 g经 900℃灼烧 1 h 的氧化镧(>99.99%)，置于100 mL烧杯中，加10 mL盐酸(3.2)，低温加热至溶解完全，冷却至室温，移入100 mL容量瓶中，用水稀释至刻度，混

匀。此溶液1 mL含1 mg氧化镧。再将此溶液用盐酸(3.3)稀释成1 mL含100 μg和1 mL含10 μg氧化镧的标准溶液。

3.8 氧化铈标准贮存溶液:称取0.100 0 g经900℃灼烧1 h的氧化铈(>99.99%),置于100 mL烧杯中,加10 mL硝酸(3.4),低温加热,并滴加过氧化氢(3.1)至溶解完全,冷却至室温,移入100 mL容量瓶中,用水稀释至刻度,混匀。此溶液1 mL含1 mg氧化铈。再将此溶液用盐酸(3.3)稀释成1 mL含100 μg和1 mL含10 μg氧化铈的标准溶液。

3.9 氧化镨标准贮存溶液:称取0.100 0 g经900℃灼烧1 h的氧化镨(>99.99%),置于100 mL烧杯中,加10 mL盐酸(3.2),低温加热至溶解完全,冷却至室温,移入100 mL容量瓶中,用水稀释至刻度,混匀。此溶液1 mL含1 mg氧化镨。再将此溶液用盐酸(3.3)稀释成1 mL含100 μg和1 mL含10 μg氧化镨的标准溶液。

3.10 氧化钕标准贮存溶液:称取0.100 0 g经900℃灼烧1 h的氧化钕(>99.99%),置于100 mL烧杯中,加10 mL盐酸(3.2),低温加热至溶解完全,冷却至室温,移入100 mL容量瓶中,用水稀释至刻度,混匀。此溶液1 mL含1 mg氧化钕。再将此溶液用盐酸(3.3)稀释成1 mL含100 μg和1 mL含10 μg氧化钕的标准溶液。

3.11 氧化钐标准贮存溶液:称取0.100 0 g经900℃灼烧1 h的氧化钐(>99.99%),置于100 mL烧杯中,加10 mL盐酸(3.2),低温加热至溶解完全,冷却至室温,移入100 mL容量瓶中,用水稀释至刻度,混匀。此溶液1 mL含1 mg氧化钐。再将此溶液用盐酸(3.3)稀释成1 mL含100 μg和1 mL含10 μg氧化钐的标准溶液。

3.12 氧化铕标准贮存溶液:称取0.100 0 g经900℃灼烧1 h的氧化铕(>99.99%),置于100 mL烧杯中,加10 mL盐酸(3.2),低温加热至溶解完全,冷却至室温,移入100 mL容量瓶中,用水稀释至刻度,混匀。此溶液1 mL含1 mg氧化铕。再将此溶液用盐酸(3.3)稀释成1 mL含100 μg和1 mL含10 μg氧化铕的标准溶液。

3.13 氧化钆标准贮存溶液:称取0.100 0 g经900℃灼烧1 h的氧化钆(>99.99%),置于100 mL烧杯中,加10 mL盐酸(3.2),低温加热至溶解完全,冷却至室温,移入100 mL容量瓶中,用水稀释至刻度,混匀。此溶液1 mL含1 mg氧化钆。再将此溶液用盐酸(3.3)稀释成1 mL含100 μg和1 mL含10 μg氧化钆的标准溶液。

3.14 氧化镝标准贮存溶液:称取0.100 0 g经900℃灼烧1 h的氧化镝(>99.99%),置于100 mL烧杯中,加10 mL盐酸(3.2),低温加热至溶解完全,冷却至室温,移入100 mL容量瓶中,用水稀释至刻度,混匀。此溶液1 mL含1 mg氧化镝。再将此溶液用盐酸(3.3)稀释成1 mL含100 μg和1 mL含10 μg氧化镝的标准溶液。

3.15 氧化钬标准贮存溶液:称取0.100 0 g经900℃灼烧1 h的氧化钬(>99.99%),置于100 mL烧杯中,加10 mL盐酸(3.2),低温加热至溶解完全,冷却至室温,移入100 mL容量瓶中,用水稀释至刻度,混匀。此溶液1 mL含1 mg氧化钬。再将此溶液用盐酸(3.3)稀释成1 mL含100 μg和1 mL含10 μg氧化钬的标准溶液。

3.16 氧化铒标准贮存溶液:称取0.100 0 g经900℃灼烧1 h的氧化铒(>99.99%),置于100 mL烧杯中,加10 mL盐酸(3.2),低温加热至溶解完全,冷却至室温,移入100 mL容量瓶中,用水稀释至刻度,混匀。此溶液1 mL含1 mg氧化铒。再将此溶液用盐酸(3.3)稀释成1 mL含100 μg和1 mL含10 μg氧化铒的标准溶液。

3.17 氧化铥标准贮存溶液:称取0.100 0 g经900℃灼烧1 h的氧化铥(>99.99%),置于100 mL烧杯中,加10 mL盐酸(3.2),低温加热至溶解完全,冷却至室温,移入100 mL容量瓶中,用水稀释至刻度,混匀。此溶液1 mL含1 mg氧化铥。再将此溶液用盐酸(3.3)稀释成1 mL含100 μg和1 mL含10 μg氧化铥的标准溶液。

3.18 氧化镱标准贮存溶液:称取0.100 0 g经900℃灼烧1 h的氧化镱(>99.99%),置于100 mL烧杯中，加10 mL盐酸(3.2)，低温加热至溶解完全，冷却至室温，移入100 mL容量瓶中，用水稀释至刻度，混匀。此溶液1 mL含1 mg氧化镱。再将此溶液用盐酸(3.3)稀释成1 mL含100 μg和1 mL含10 μg氧化镱的标准溶液。

3.19 氧化镥标准贮存溶液：称取0.100 0 g经900℃灼烧1 h的氧化镥(>99.99%)，置于100 mL烧杯中，加10 mL盐酸(3.2)，低温加热至溶解完全，冷却至室温，溶液移入100 mL容量瓶中，用水稀释至刻度，混匀。此溶液1 mL含1 mg氧化镥。再将此溶液用盐酸(3.3)稀释成1 mL含100 μg和1 mL含10 μg氧化镥的标准溶液。

3.20 氧化钇标准贮存溶液：称取0.100 0 g经900℃灼烧1 h的氧化钇(>99.99%)，置于100 mL烧杯中，加10 mL盐酸(3.2)，低温加热至溶解完全，冷却至室温，溶液移入100 mL容量瓶中，用水稀释至刻度，混匀。此溶液1 mL含1 mg氧化钇。再将此溶液用盐酸(3.3)稀释成1 mL含100 μg和1 mL含10 μg氧化钇的标准溶液。

4 仪器

4.1 电感耦合等离子体光谱仪，分辨率<0.006 nm(200 nm处)。

4.2 光源：氩等离子体光源。

5 试样

5.1 氧化物试样于900℃灼烧1 h，置于干燥器中，冷却至室温，立即称量。

5.2 金属试样应去掉表面氧化层，取样后立即称量。

6 分析步骤

6.1 试料

6.1.1 氧化物试料

称取0.500 g试样(5.1)，精确至0.000 1 g。

6.1.2 金属试料

称取0.425 g试样(5.2)，精确至0.000 1 g。

6.2 测定次数

称取二份试料，进行平行测定，取其平均值。

6.3 分析试液的制备

将试料(6.1)置于100 mL烧杯中，加入10 mL水，加10 mL硝酸(3.4)，低温加热至溶解完全，冷却至室温，移入100 mL容量瓶中用水稀释至刻度，混匀。待用。

6.4 标准系列溶液的配制

将氧化铽基体溶液(3.6)和各稀土氧化物标准溶液(3.7～3.20)按表2分别移入5个100 mL容量瓶中，加入8 mL盐酸(3.2)，以水稀释至刻度，混匀，制得标准系列溶液，待用。

表2

标液标号	各稀土(以氧化物计)质量浓度/(μg/mL)							
	氧化铽	氧化镧	氧化铈	氧化镨	氧化钕	氧化钐	氧化铕	氧化钆
1	5 000	0	0	0	0	0	0	0
2	5 000	0.50	0.50	0.50	0.50	0.50	0.50	—
3	5 000	1.00	1.00	1.00	1.00	1.00	1.00	1.00
4	5 000	10.00	10.00	10.00	10.00	10.00	10.00	10.00

表 2(续)

标液标号	各稀土(以氧化物计)质量浓度/(μg/mL)						
	氧化镝	氧化钬	氧化铒	氧化铥	氧化镱	氧化镥	氧化钇
1	0	0	0	0	0	0	0
2	0.50	0.50	0.50	0.50	0.50	0.50	0.50
3	1.00	1.00	1.00	1.00	1.00	1.00	1.00
4	10.00	10.00	10.00	10.00	10.00	10.00	10.00

6.5 测定

6.5.1 推荐分析线见表 3。

表 3

元　素	分析线/nm	元　素	分析线/nm
La	407.735	Dy	400.045
Ce	413.765	Ho	381.072
Pr	422.535	Er	349.910
Nd	430.358,417.734	Tm	384.802
Sm	359.260	Yb	328.937
Eu	412.970	Lu	261.542
Gd	310.050,303.285	Y	377.433

6.5.2 将分析试液(6.3)与标准系列溶液(6.4)同时进行氩等离子体光谱测定。

7 分析结果的表述

将标准系列溶液(6.4)的含量直接输入计算机,根据标准系列溶液(6.4)和分析试液(6.3)的强度值,由计算机计算、校正并输出分析试液(6.3)中待测稀土元素的质量浓度。

按式(1)计算待测稀土元素的质量分数(%):

$$w(\mathrm{X})=\frac{k\cdot c\cdot V_0\times 10^{-6}}{m_0}\times 100 \qquad \cdots\cdots(1)$$

式中:

k——各元素单质与其氧化物的换算系数,见表 4。计算氧化物含量时,$k=1$;

c——自工作曲线上查得被测稀土氧化物的质量浓度,单位为微克每毫升(μg/mL);

V_0——试液总体积,单位为毫升(mL);

m_0——试料的质量,单位为克(g)。

表 4

元　素	k	元　素	k
La	0.852 6	Dy	0.871 3
Ce	0.814 0	Ho	0.873 0
Pr	0.827 7	Er	0.874 5
Nd	0.857 3	Tm	0.875 6
Sm	0.862 4	Yb	0.878 2
Eu	0.863 6	Lu	0.879 4
Gd	0.867 6	Y	0.787 4

8 精密度

8.1 重复性

在重复性条件下获得的两次独立测试结果的测定值，在以下给出的平均值范围内，这两个测试结果的绝对差值不超过重复性限(r)，超过重复性限(r)的情况不超过5%。重复性限(r)按表5数据采用线性内插法求得：

表5

氧化物	质量分数/%	重复性限(r)	氧化物	质量分数/%	重复性限(r)
氧化镧	0.004 8	0.001 0	氧化镝	0.004 8	0.001 0
	0.042	0.003		0.009 6	0.002 0
	0.096	0.005		0.092	0.005
	—	—		0.46	0.03
氧化铈	0.004 4	0.001 4	氧化钬	0.004 6	0.001 0
	0.051	0.003		0.009 9	0.002 0
	0.090	0.010		0.093	0.005
	—	—		0.41	0.03
氧化镨	0.005 1	0.001 0	氧化铒	0.005 3	0.001 0
	0.048	0.003		0.045	0.003
	0.083	0.010		0.086	0.010
氧化钕	0.004 9	0.001 0	氧化铥	0.004 5	0.001 0
	0.049	0.003		0.049	0.003
	0.087	0.010		0.085	0.010
氧化钐	0.004 9	0.001 0	氧化镱	0.004 6	0.001 0
	0.049	0.003		0.049	0.003
	0.080	0.005		0.086	0.010
氧化铕	0.007 5	0.001 0	氧化镥	0.004 9	0.001 0
	0.095	0.005		0.048	0.003
	0.048	0.030		0.080	0.010
氧化钆	0.009 7	0.002 0	氧化钇	0.004 8	0.001 0
	0.095	0.005		0.009 4	0.002 0
	0.44	0.03		0.098	0.005
	—	—		0.47	0.03

注：重复性限(r)为$2.8\times Sr$，Sr为重复性标准差。

8.2 允许差

实验室之间分析结果的差值应不大于表6所列允许差。

表 6

氧化物	质量分数/%	允许差/%	氧化物	质量分数/%	允许差/%
氧化镧 氧化铈 氧化镨 氧化钐 氧化铒 氧化铥 氧化镱 氧化镥	0.005 0～0.010 >0.010～0.030 >0.030～0.050 >0.050～0.080 >0.080～0.100	0.002 0 0.003 0.005 0.008 0.015	氧化铕 氧化镝 氧化钬 氧化钇	0.005 0～0.010 >0.010～0.030 >0.030～0.050 >0.050～0.080 >0.080～0.100 >0.100～0.30 >0.30～0.50	0.002 0.003 0.005 0.010 0.015 0.020 0.04
氧化钕	0.010～0.030 >0.030～0.050 >0.050～0.080 >0.080～0.100	0.003 0.005 0.008 0.015	氧化钆	0.010～0.030 >0.030～0.050 >0.050～0.080 >0.080～0.100 >0.100～0.30 >0.30～0.50	0.003 0.005 0.008 0.015 0.020 0.04

9 质量保证与控制

每周用自制的控制标样(如有国家级或行业级标样时,应首先使用)校核一次本标准分析方法的有效性。当过程失控时,应找出原因,纠正错误,重新进行校核。

电感耦合等离子体质谱法(方法 2)

10 范围

本方法规定了氧化铽中氧化镧、氧化铈、氧化镨、氧化钕、氧化钐、氧化铕、氧化钆、氧化镝、氧化钬、氧化铒、氧化铥、氧化镱、氧化镥和氧化钇含量的测定方法。

本方法适用于氧化铽中氧化镧、氧化铈、氧化镨、氧化钕、氧化钐、氧化铕、氧化钆、氧化镝、氧化钬、氧化铒、氧化铥、氧化镱、氧化镥和氧化钇含量的测定。测定范围见表 7。

本方法也适用于金属铽中镧、铈、镨、钕、钐、铕、钆、镝、钬、铒、铥、镱、镥和钇含量的测定。

表 7

氧化物	质量分数/%	氧化物	质量分数/%
氧化镧	0.000 1～0.050	氧化镝	0.000 1～0.10
氧化铈	0.000 1～0.050	氧化钬	0.000 1～0.10
氧化镨	0.000 1～0.050	氧化铒	0.000 1～0.050
氧化钕	0.000 1～0.050	氧化铥	0.000 1～0.050
氧化钐	0.000 1～0.050	氧化镱	0.000 1～0.050
氧化铕	0.000 1～0.10	氧化镥	0.000 1～0.050
氧化钆	0.000 1～0.10	氧化钇	0.000 1～0.10

11 方法原理

试样以硝酸或盐酸溶解,在稀酸介质中,以氩等离子体为离子化源,用质谱法直接测定除镥以外的稀土杂质元素;镥经 C272 微型柱分离铽基体后,进行质谱测定。测定时均以内标法进行校正。

12 试剂和材料

12.1 无水碳酸钠,基准物质。

12.2 氯化铯,优级纯。

12.3 过氧化氢 (30%),优级纯。

12.4 盐酸(ρ1.19 g/mL),优级纯。

12.5 硝酸(ρ1.42 g/mL),优级纯。

12.6 硝酸(1+1)。

12.7 硝酸(1+19)。

12.8 盐酸标准溶液[c(HCl)≈2 mol/L]。

12.8.1 配制:移取 350 mL 盐酸(12.4)置于 2 000 mL 容量瓶中,用水稀释至刻度,混匀。

12.8.2 标定:称取 3 份 2.300 0 g 预先在 300℃灼烧 2 h 并于干燥器中冷却至室温的无水碳酸钠(12.1),分别置于 3 个 250 mL 锥形瓶中,各加入 50 mL~60 mL 水、0.1 mL~0.2 mL 甲基红-溴甲酚绿指示剂(12.9),用盐酸标准溶液(12.8)滴定至溶液由绿色变为酒红色,加热煮沸驱除二氧化碳,冷却,继续滴定至酒红色即为终点,取其平均值。平行标定所消耗盐酸标准溶液(12.8)体积的极差不应超过 0.10 mL。

随同标定做空白试验。

按式(2)计算盐酸标准溶液(12.8)的浓度(mol/L):

$$c=\frac{m}{0.052\,99\times(V-V_0)} \qquad \cdots\cdots(2)$$

式中:

m——碳酸钠的质量,单位为克(g);

0.052 99——与 1.00 mmol 盐酸相当的碳酸钠的质量,单位为克每毫摩尔(g/mmol);

V——滴定碳酸钠消耗盐酸标准溶液(12.8)的体积,单位为毫升(mL);

V_0——滴定空白溶液消耗盐酸标准溶液(12.8)的体积,单位为毫升(mL)。

12.9 甲基红-溴甲酚绿指示液:一份甲基红乙醇溶液(2 g/L)与三份溴甲酚绿乙醇溶液(1 g/L)混合。

12.10 盐酸淋洗液(0.080 mol/L):用盐酸标准溶液(12.8)稀释。

12.11 盐酸洗脱液(0.50 mol/L):用盐酸标准溶液(12.8)稀释。

12.12 铯内标溶液:称取 0.127 0 g 氯化铯(12.2),加10 mL水,溶解完全,加10 mL硝酸(12.6),移入100 mL容量瓶中,用水稀释至刻度,混匀。此溶液1 mL含 1 mg 铯。再将此溶液用硝酸(12.7)逐步稀释成1 mL含 1μg 铯的内标溶液。

12.13 氧化镧标准贮存溶液:称取0.100 0 g经 900℃灼烧 1 h 的氧化镧(>99.99%),置于100 mL烧杯中,加10 mL硝酸(12.6),低温加热至溶解完全,取下冷却,移入100 mL容量瓶中,用水稀释至刻度,混匀。此溶液1 mL含1 000 μg氧化镧。

12.14 氧化铈标准贮存溶液:称取0.100 0 g经 900℃灼烧 1 h 的氧化铈(>99.99%),置于100 mL烧杯中,加10 mL硝酸(12.6)、2 mL 过氧化氢(12.3),低温加热至溶解完全,取下冷却,移入100 mL容量瓶中,用水稀释至刻度,混匀。此溶液1 mL含1 000 μg氧化铈。

12.15 氧化镨标准贮存溶液:称取0.100 0 g经 900℃灼烧 1 h 的氧化镨(>99.99%),置于100 mL烧杯中,加10 mL硝酸(12.6),低温加热至溶解完全,取下冷却,移入100 mL容量瓶中,用水稀释至刻度,混匀。此溶液1 mL含1 000 μg氧化镨。

12.16 氧化钕标准贮存溶液:称取0.100 0 g经 900℃灼烧 1 h 的氧化钕(>99.99%),置于100 mL烧杯中,加10 mL硝酸(12.6),低温加热至溶解完全,取下冷却,移入100 mL容量瓶中,用水稀释至刻度,混匀。此溶液1 mL含1 000 μg氧化钕。

12.17 氧化钐标准贮存溶液：称取0.100 0 g经 900℃灼烧 1 h 的氧化钐(>99.99%)，置于100 mL烧杯中，加10 mL硝酸(12.6)，低温加热至溶解完全，取下冷却，移入100 mL容量瓶中，用水稀释至刻度，混匀。此溶液1 mL含1 000 μg氧化钐。

12.18 氧化铕标准贮存溶液：称取0.100 0 g经 900℃灼烧 1 h 的氧化铕(>99.99%)，置于100 mL烧杯中，加10 mL硝酸(12.6)，低温加热至溶解完全，取下冷却，移入100 mL容量瓶中，用水稀释至刻度，混匀。此溶液1 mL含1 000 μg氧化铕。

12.19 氧化钆标准贮存溶液：称取0.100 0 g经 900℃灼烧 1 h 的氧化钆(>99.99%)，置于100 mL烧杯中，加10 mL硝酸(12.6)，低温加热至溶解完全，取下冷却，移入100 mL容量瓶中，用水稀释至刻度，混匀。此溶液1 mL含1 000 μg氧化钆。

12.20 氧化铽标准贮存溶液：称取0.100 0 g经 900℃灼烧 1 h 的氧化铽(>99.99%)，置于100 mL烧杯中，加10 mL硝酸(12.6)，低温加热至溶解完全，取下冷却，移入100 mL容量瓶中，用水稀释至刻度，混匀。此溶液1 mL含1 000 μg氧化铽。

12.21 氧化镝标准贮存溶液：称取0.100 0 g经 900℃灼烧 1 h 的氧化镝(>99.99%)，置于100 mL烧杯中，加10 mL硝酸(12.6)，低温加热至溶解完全，取下冷却，移入100 mL容量瓶中，用水稀释至刻度，混匀。此溶液1 mL含1 000 μg氧化镝。

12.22 氧化钬标准贮存溶液：称取0.100 0 g经 900℃灼烧 1 h 的氧化钬(>99.99%)，置于100 mL烧杯中，加10 mL硝酸(12.6)，低温加热至溶解完全，取下冷却，移入100 mL容量瓶中，用水稀释至刻度，混匀。此溶液1 mL含1 000 μg氧化钬。

12.23 氧化铒标准贮存溶液：称取0.100 0 g经 900℃灼烧 1 h 的氧化铒(>99.99%)，置于100 mL烧杯中，加10 mL硝酸(12.6)，低温加热至溶解完全，取下冷却，移入100 mL容量瓶中，用水稀释至刻度，混匀。此溶液1 mL含1 000 μg氧化铒。

12.24 氧化铥标准贮存溶液：称取0.100 0 g经 900℃灼烧 1 h 的氧化铥(>99.99%)，置于100 mL烧杯中，加10 mL硝酸(12.6)，低温加热至溶解完全，取下冷却，移入100 mL容量瓶中，用水稀释至刻度，混匀。此溶液1 mL含1 000 μg氧化铥。

12.25 氧化镱标准贮存溶液：称取0.100 0 g经 900℃灼烧 1 h 的氧化镱(>99.99%)，置于100 mL烧杯中，加10 mL硝酸(12.6)，低温加热至溶解完全，取下冷却，移入100 mL容量瓶中，用水稀释至刻度，混匀。此溶液1 mL含1 000 μg氧化镱。

12.26 氧化镥标准贮存溶液：称取0.100 0 g经 900℃灼烧 1 h 的氧化镥(>99.99%)，置于100 mL烧杯中，加10 mL硝酸(12.6)，低温加热至溶解完全，取下冷却，移入100 mL容量瓶中，用水稀释至刻度，混匀。此溶液1 mL含1 000 μg氧化镥。

12.27 氧化钇标准贮存溶液：称取0.100 0 g经 900℃灼烧 1 h 的氧化钇(>99.99%)，置于100 mL烧杯中，加10 mL硝酸(12.6)，低温加热至溶解完全，取下冷却，移入100 mL容量瓶中，用水稀释至刻度，混匀。此溶液1 mL含1 000 μg氧化钇。

12.28 混合稀土标准溶液：分别移取 2.00 mL 各稀土氧化物标准贮存溶液(12.13～12.27)置于100 mL容量瓶中，加 7 mL 硝酸(12.6)，用水稀释至刻度，混匀。此溶液1 mL含各单一稀土氧化物分别为20.0 μg。再将此溶液用硝酸(12.7)稀释成1 mL含各单一稀土氧化物分别为1.00 μg的标准溶液。

12.29 C272 微型分离柱：柱床(23 mm×9 mm，ID)；填料为含 20% Cyanex272 的负载硅球(50μm ～70μm)。

12.30 氩气(>99.99%)。

13 仪器

13.1 电感耦合等离子体质谱仪：质量分辨率优于(0.8±0.1)amu。

13.2 微柱分离装置：流路见图 1。将 C272 微型分离柱(12.29)用内径 0.8 mm 聚四氟乙烯管连接在流路中，用3只旋转阀切换阀位，顺序完成平衡—进样—淋洗（分离基体）—洗脱—收集待测杂质元素—再生过程。

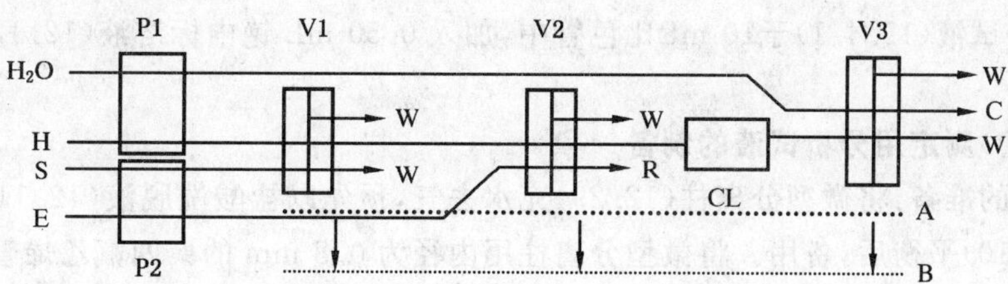

P1，P2——蠕动泵（两通道，可调速）；

V1，V2，V3——旋转阀；

CL——C272 微型分离柱；

R——返回；

H——淋洗液管路；

S——取样管；

E——洗脱液管路；

C——收集液；

W——废液；

A，B——阀位；

平衡——V1A-V2A-V3A；

进样——V1B-V2A-V3A；

淋洗（分离基体）——V1A-V2A-V3A；

洗脱——V1A-V2B-V3A；

收集待测组分——V1A-V2B-V3B；

再生——V1A-V2B-V3A。

图 1　微型柱分离富集装置流路图

14　试样

14.1　氧化物试样于900℃灼烧1 h，置于干燥器中，冷却至室温，立即称量。

14.2　金属试样去掉表面氧化层，取样后，立即称量。

15　分析步骤

15.1　试料

按表8称取试样（14），精确至0.000 1 g。

表 8

稀土杂质（质量分数）/ %	试样量 / g	溶液总体积 / mL
0.000 1～0.010	0.25	50
＞0.01～0.10	0.1	100

15.2　测定次数

称取二份试料，进行平行测定，取其平均值。

15.3　空白试验

随同试料做空白试验。

15.4　分析试液的制备

15.4.1　试料溶液的制备

将试料（15.1）置于50 mL烧杯中，加5 mL水、5 mL硝酸（12.6），低温加热至溶解完全，蒸干后，立即取下，稍冷，用少量盐酸淋洗液(12.10)溶解盐类，按表8移入相应的容量瓶中，以盐酸淋洗液(12.10)稀释至刻度，混匀。

15.4.2 直接测定用分析试液的制备

分取1.00 mL试液(15.4.1)于10 mL比色管中，加入0.50 mL铯内标溶液(12.12)，用水稀释至刻度，混匀。

15.4.3 分离后(镥)测定用分析试液的制备

15.4.3.1 分离柱的准备：将微型分离柱(12.29)充水去气，预先以盐酸洗脱液(12.11)洗涤30 min，再以盐酸淋洗液(12.10)平衡后，备用。将微型分离柱用内径为0.8 mm的聚四氟乙烯管按图1连接在分离装置流路上，选择合适的泵管，调节试液管路流速为1.00 mL/ min，洗脱液管路流速为(1.0±0.1) mL/ min，淋洗液管路流速为(1.5±0.1) mL/ min。

注：分离柱使用若干次后，柱内有明显的气泡，应去气后再使用。

15.4.3.2 基体的分离：将淋洗液管路和洗脱液管路分别插入淋洗液(12.10)和洗脱液(12.11)中，用淋洗液(12.10)平衡分离柱6 min，将试液管路插入试液(15.4.1)中，待试液(15.4.1)充满管路后，切换旋转阀1，准确采集1.00 mL试液(15.4.1)。将阀1切换至原位，用淋洗液(12.10)淋洗分离柱20 min，将基体铽洗出，排至废液中。切换旋转阀2，用洗脱液(12.11)洗脱1 min后，切换旋转阀3，继续用洗脱液(12.11)洗脱6 min，将富集在分离柱上的镥洗脱出来，分离液收集于10 mL比色管中，阀3切换至原位。3 min后，将阀2切换至原位。

15.4.3.3 测定镥用试液的制备：于收集分离液的10 mL比色管中，加入0.50 mL铯内标溶液(12.12)，以水稀释至刻度，混匀。

15.5 背景校正溶液的配制

将氧化铽标准贮存溶液(12.20)用硝酸(12.7)逐步稀释成1 mL含1μg氧化铽溶液。再移取2.0 mL此溶液于10 mL比色管中，加入0.50 mL铯内标溶液(12.12)，以水稀释至刻度，混匀。

15.6 标准系列溶液的配制

准确移取0 mL、0.20 mL、1.00 mL、5.00 mL、10.00 mL混合稀土标准溶液(12.28)于5个100 mL容量瓶中，加入5.0 mL铯内标溶液(12.12)，以水稀释至刻度，混匀，待测。此标准系列溶液1 mL含各单一稀土氧化物分别为0 ng、2.0 ng、10.0 ng、50.0 ng、100 ng。

15.7 测定

15.7.1 测量元素同位素质量数见表9。

表9

元素	测定同位素质量数	元素	测定同位素质量数
La	139	Dy	163
Ce	140	Ho	165
Pr	141	Er	166
Nd	146	Tm	169
Sm	147	Yb	174
Eu	153	Lu*	175
Gd	155	Y	89
Tb*	159	Cs	133
* 元素用于分离试液的测定。			

15.7.2 将空白试验(15.3)溶液、分析试液(15.4.2和15.4.3.3)、背景校正溶液(15.5)与标准系列溶液(15.6)同时进行氩等离子体质谱测定。

16 分析结果的计算

将标准系列溶液(15.6)的浓度直接输入计算机,用内标法进行校正,由计算机计算并输出空白试验(15.3)溶液、分析试液(15.4.2 和 15.4.3.3)与背景校正溶液(15.5)中待测元素的质量浓度。

按式(3)计算被测稀土元素的质量分数(%):

$$w(X)=\frac{k\cdot(c-c_0)\cdot V_2\cdot V_0\times10^{-9}}{m\cdot V_1}\times100 \quad\cdots\cdots(3)$$

式中:

k——各元素单质与其氧化物的换算系数,见表4。计算氧化物含量时,$k=1$;

c——计算机输出的分析试液(15.4.2 和 15.4.3.3)中待测元素的质量浓度,单位为纳克每毫升(ng/mL);

c_0——计算机输出的空白试验(15.3)溶液中待测元素的质量浓度,单位为纳克每毫升(ng/mL);计算镥的分析结果时,$c_0=k_{Lu}\cdot c_{Tb}$,其中 k_{Lu} 是背景校正溶液(15.5)中 175 与 159 位置处 Lu 的表观浓度与 Tb 的浓度的比值;c_{Tb} 为分析试液(15.4.3.3)中 Tb 的测定质量浓度;

V_2——分析试液(15.4.2,15.4.3.3)的体积,单位为毫升(mL);

V_0——试液总体积,单位为毫升(mL);

m——试料的质量,单位为克(g);

V_1——分取试液的体积,单位为毫升(mL)。

17 精密度

17.1 重复性

在重复性条件下获得的两次独立测试结果的测定值,在以下给出的平均值范围内,这两个测试结果的绝对差值不超过重复性限(r),超过重复性限(r)的情况不超过5%,重复性限(r)按表10数据采用线性内插法求得。

表 10

氧化物	质量分数/%	重复性限(r)/%	氧化物	质量分数/%	重复性限(r)/%
氧化镧	0.000 6	0.000 1	氧化镝	0.000 6	0.000 1
	0.004 8	0.000 5		0.009 5	0.000 8
	0.041	0.004		0.10	0.01
氧化铈	0.000 6	0.000 1	氧化钬	0.000 6	0.000 1
	0.004 8	0.000 5		0.009 9	0.000 8
	0.047	0.004		0.10	0.01
氧化镨	0.000 6	0.000 1	氧化铒	0.000 6	0.000 1
	0.004 9	0.000 5		0.004 8	0.000 5
	0.046	0.004		0.050	0.004
氧化钕	0.000 6	0.000 1	氧化铥	0.000 6	0.000 1
	0.004 8	0.000 5		0.004 9	0.000 5
	0.047	0.004		0.050	0.004
氧化钐	0.000 6	0.000 1	氧化镱	0.000 6	0.000 1
	0.004 8	0.000 5		0.004 9	0.000 5
	0.049	0.004		0.050	0.004

表 10(续)

氧化物	质量分数/%	重复性限(r)/%	氧化物	质量分数/%	重复性限(r)/%
氧化铕	0.001 0	0.000 2	氧化镥	0.000 6	0.000 1
	0.009 7	0.000 8		0.004 8	0.000 6
	0.10	0.01		0.050	0.005
氧化钆	0.001 4	0.000 2	氧化钇	0.000 5	0.000 1
	0.009 5	0.000 8		0.009 0	0.000 9
	0.092	0.008		0.090	0.009
注：重复性限(r)为 $2.8\times Sr$，Sr 为重复性标准差。					

17.2 允许差

实验室之间分析结果的差值应不大于表 11 所列允许差。

表 11

氧化物	质量分数/%	允许差/%	氧化物	质量分数/%	允许差/%
氧化镧 氧化铈 氧化镨 氧化钕 氧化钐 氧化铒 氧化铥 氧化镱 氧化镥	0.000 1 ～ 0.000 3	0.000 1	氧化铕 氧化钆 氧化镝 氧化钬 氧化钇	0.000 1 ～ 0.000 3	0.000 1
	＞0.000 3 ～0.001 0	0.000 2		＞0.000 3 ～0.001 0	0.000 2
	＞0.001 0 ～ 0.003 0	0.000 5		＞0.001 0 ～ 0.003 0	0.000 5
	＞0.003 0 ～ 0.008 0	0.001 0		＞0.003 0 ～ 0.008 0	0.001 0
	＞0.008 0 ～0.020	0.002 0		＞0.008 0 ～0.020	0.002 0
	＞0.020～ 0.050	0.005		＞0.020～ 0.050	0.005
				＞0.050 ～ 0.10	0.010

18 质量保证和控制

每周用自制的控制标样(如有国家级或行业级标样时，应首先使用)校核一次本标准分析方法的有效性。当过程失控时，应找出原因，纠正错误，重新进行校核。

ICS 77.120.99
H 14

中华人民共和国国家标准

GB/T 18115.9—2006
代替 GB/T 18115.8—2000

稀土金属及其氧化物中稀土杂质化学分析方法 镝中镧、铈、镨、钕、钐、铕、钆、铽、钬、铒、铥、镱、镥和钇量的测定

Chemical analysis methods of rare earth impurities in rare earth metals and their oxides—Dysprosium—Determination of lanthanum, cerium, praseodymium, neodymium, samarium, europium, gadolinium, terbium, holmium, erbium, thulium, ytterbium, lutetium and yttrium contents

2006-04-13 发布 2006-10-01 实施

中华人民共和国国家质量监督检验检疫总局
中国国家标准化管理委员会 发布

前言

本部分代替 GB/T 18115.8—2000《稀土氧化物化学分析方法　电感耦合等离子体发射光谱法测定氧化镝中氧化镧、氧化铈、氧化镨、氧化钕、氧化钐、氧化铕、氧化钆、氧化铽、氧化钬、氧化铒、氧化铥、氧化镱、氧化镥和氧化钇量》，本部分与前一版本相比主要变化如下：

——电感耦合等离子体光谱法，修改了 6 条参考谱线，分别为：镧由 379.478 nm 修改为 408.672 nm、钐由 428.079 nm 修改为 442.434 nm、铕由 393.048 nm 修改为 381.967 nm、铥由376.133 nm修改为 379.575 nm、镱由 289.136 nm 修改为 369.328 nm、钇由 377.433 nm 修改为508.029 nm；

——电感耦合等离子体光谱法，增加了 7 条参考谱线，分别为：铈 429.667 nm、镨 525.973 nm、钕 509.280 nm、钆 385.098、铽 332.440 nm、钬 404.544 nm 和铒 369.265 nm；

——增加了精密度(重复性)条款；

——增加了电感耦合等离子体质谱法。

两个方法的分析范围有重叠部分时，以方法 2 作为仲裁方法。

本标准由国家发展和改革委员会稀土办公室提出。

本标准由全国稀土标准化技术委员会归口并负责解释。

本标准由北京有色金属研究总院、中国有色金属工业标准计量质量研究所负责起草。

本标准方法 1 由包头稀土研究院起草。

本标准方法 1 由上海跃龙新材料股份有限公司、湖南升华稀土金属材料有限责任公司参加起草。

本标准方法 1 主要起草人：杜梅、崔爱端、许涛。

本标准方法 1 主要验证人：谈世群、封望亭、吴克平。

本标准方法 2 由包头稀土研究院起草。

本部分方法 2 由内蒙古包钢稀土高科、北京有色金属研究总院参加起草。

本部分方法 2 主要起草人：张翼明、郝冬梅、杨宁。

本部分方法 2 主要验证人：于晶雪、张桂梅、李继东、伍星。

本标准所代替标准的历次版本发布情况为：

——GB/T 18115.8—2000。

稀土金属及其氧化物中稀土杂质化学分析方法 镝中镧、铈、镨、钕、钐、铕、钆、铽、钬、铒、铥、镱、镥和钇量的测定

电感耦合等离子体光谱法(方法1)

1 范围

本方法规定了氧化镝中氧化镧、氧化铈、氧化镨、氧化钕、氧化钐、氧化铕、氧化钆、氧化铽、氧化钬、氧化铒、氧化铥、氧化镱、氧化镥和氧化钇含量的测定方法。

本方法适用于氧化镝中氧化镧、氧化铈、氧化镨、氧化钕、氧化钐、氧化铕、氧化钆、氧化铽、氧化钬、氧化铒、氧化铥、氧化镱、氧化镥和钇含量的测定。测定范围见表1。

本方法也适用于金属镝中镧、铈、镨、钕、钐、铕、钆、铽、钬、铒、铥、镱、镥和钇含量的测定。

表 1

氧化物	质量分数/%	氧化物	质量分数/%
氧化镧	0.001 0～0.100	氧化铽	0.005 0～0.100
氧化铈	0.005 0～0.100	氧化钬	0.001 0～0.100
氧化镨	0.005 0～0.100	氧化铒	0.001 0～0.100
氧化钕	0.001 0～0.100	氧化铥	0.001 0～0.100
氧化钐	0.001 0～0.100	氧化镱	0.001 0～0.100
氧化铕	0.001 0～0.100	氧化镥	0.001 0～0.100
氧化钆	0.002 0～0.100	氧化钇	0.001 0～0.100

2 方法原理

试样以盐酸溶解，在稀盐酸介质中，直接以氩等离子体光源激发，进行光谱测定，以基体匹配法校正基体对测定的影响。

3 试剂

3.1 过氧化氢(30%)。

3.2 盐酸(1+1)。

3.3 盐酸(1+19)。

3.4 硝酸(1+1)。

3.5 氩气（>99.99%)。

3.6 氧化镝基体溶液：称取25.000 0 g经900℃灼烧1 h的氧化镝(>99.999%)，置于250 mL烧杯中，加75 mL盐酸(3.2)，低温加热至溶解完全，冷却至室温，移入500 mL容量瓶中，用水稀释至刻度，混匀。此溶液1 mL含50 mg氧化镝。

3.7 氧化镧标准贮存溶液：称取0.100 0 g经900℃灼烧1 h的氧化镧(>99.99%)，置于100 mL烧杯中，加10 mL盐酸(3.2)，低温加热至溶解完全，冷却至室温，移入100 mL容量瓶中，用水稀释至刻度，混

匀。此溶液1 mL含 1 mg 氧化镧。再将此溶液用盐酸(3.3)稀释成1 mL含100 μg和1 mL含10 μg氧化镧的标准溶液。

3.8　氧化铈标准贮存溶液：称取0.100 0 g经 900℃灼烧 1 h 的氧化铈(>99.99%)，置于100 mL烧杯中，加10 mL硝酸(3.4)，低温加热，并滴加过氧化氢(3.1) 至溶解完全，冷却至室温，移入100 mL容量瓶中，用水稀释至刻度，混匀。此溶液1 mL含 1 mg 氧化铈。再将此溶液用盐酸(3.3)稀释成1 mL含100 μg和1 mL含10 μg氧化铈的标准溶液。

3.9　氧化镨标准贮存溶液：称取0.100 0 g经 900℃灼烧 1 h 的氧化镨(>99.99%)，置于100 mL烧杯中，加10 mL盐酸(3.2)，低温加热至溶解完全，冷却至室温，移入100 mL容量瓶中，用水稀释至刻度，混匀。此溶液1 mL含 1 mg 氧化镨。再将此溶液用盐酸(3.3)稀释成1 mL含100 μg和1 mL含10 μg氧化镨的标准溶液。

3.10　氧化钕标准贮存溶液：称取0.100 0 g经 900℃灼烧 1 h 的氧化钕(>99.99%)，置于100 mL烧杯中，加10 mL盐酸(3.2)，低温加热至溶解完全，冷却至室温，移入100 mL容量瓶中，用水稀释至刻度，混匀。此溶液1 mL含 1 mg 氧化钕。再将此溶液用盐酸(3.3)稀释成1 mL含100 μg和1 mL含10 μg氧化钕的标准溶液。

3.11　氧化钐标准贮存溶液：称取0.100 0 g经 900℃灼烧 1 h 的氧化钐(>99.99%)，置于100 mL烧杯中，加10 mL盐酸(3.2)，低温加热至溶解完全，冷却至室温，移入100 mL容量瓶中，用水稀释至刻度，混匀。此溶液1 mL含 1 mg 氧化钐。再将此溶液用盐酸(3.3)稀释成1 mL含100 μg和1 mL含10 μg氧化钐的标准溶液。

3.12　氧化铕标准贮存溶液：称取0.100 0 g经 900℃灼烧 1 h 的氧化铕(>99.99%)，置于100 mL烧杯中，加10 mL盐酸(3.2)，低温加热至溶解完全，冷却至室温，移入100 mL容量瓶中，用水稀释至刻度，混匀。此溶液1 mL含 1 mg 氧化铕。再将此溶液用盐酸(3.3)稀释成1 mL含100 μg和1 mL含10 μg氧化铕的标准溶液。

3.13　氧化钆标准贮存溶液：称取0.100 0 g经 900℃灼烧 1 h 的氧化钆(>99.99%)，置于100 mL烧杯中，加10 mL盐酸(3.2)，低温加热至溶解完全，冷却至室温，移入100 mL容量瓶中，用水稀释至刻度，混匀。此溶液1 mL含 1 mg 氧化钆。再将此溶液用盐酸(3.3)稀释成1 mL含100 μg和1 mL含10 μg氧化钆的标准溶液。

3.14　氧化铽标准贮存溶液：称取0.100 0 g经 900℃灼烧 1 h 的氧化铽(>99.99%)，置于100 mL烧杯中，加10 mL硝酸(3.4)，低温加热至溶解完全，冷却至室温，移入100 mL容量瓶中，用水稀释至刻度，混匀。此溶液1 mL含 1 mg 氧化铽。再将此溶液用盐酸(3.3)稀释成1 mL含100 μg和1 mL含10 μg氧化铽的标准溶液。

3.15　氧化钬标准贮存溶液：称取0.100 0 g经 900℃灼烧 1 h 的氧化钬(>99.99%)，置于100 mL烧杯中，加10 mL盐酸(3.2)，低温加热至溶解完全，冷却至室温，移入100 mL容量瓶中，用水稀释至刻度，混匀。此溶液1 mL含 1 mg 氧化钬。再将此溶液用盐酸(3.3)稀释成1 mL含100 μg和1 mL含10 μg氧化钬的标准溶液。

3.16　氧化铒标准贮存溶液：称取0.100 0 g经 900℃灼烧 1 h 的氧化铒(>99.99%)，置于100 mL烧杯中，加10 mL盐酸(3.2)，低温加热至溶解完全，冷却至室温，移入100 mL容量瓶中，用水稀释至刻度，混匀。此溶液1 mL含 1 mg 氧化铒。再将此溶液用盐酸(3.3)稀释成1 mL含100 μg和1 mL含10 μg氧化铒的标准溶液。

3.17　氧化铥标准贮存溶液：称取0.100 0 g经 900℃灼烧 1 h 的氧化铥(>99.99%)，置于100 mL烧杯中，加10 mL盐酸(3.2)，低温加热至溶解完全，冷却至室温，移入100 mL容量瓶中，用水稀释至刻度，混匀。此溶液1 mL含 1 mg 氧化铥。再将此溶液用盐酸(3.3)稀释成1 mL含100 μg和1 mL含10 μg氧化铥的标准溶液。

3.18　氧化镱标准贮存溶液：称取0.100 0 g经 900℃灼烧 1 h 的氧化镱(>99.99%)，置于100 mL烧杯中,加10 mL盐酸(3.2),低温加热至溶解完全,冷却至室温,移入100 mL容量瓶中,用水稀释至刻度,混匀。此溶液1 mL含 1 mg 氧化镱。再将此溶液用盐酸(3.3)稀释成1 mL含100 μg和1 mL含10 μg氧化镱的标准溶液。

3.19 氧化镥标准贮存溶液:称取0.100 0 g经 900℃灼烧 1 h 的氧化镥(>99.99%),置于100 mL烧杯中,加10 mL盐酸(3.2),低温加热至溶解完全,冷却至室温,溶液移入100 mL容量瓶中,用水稀释至刻度,混匀。此溶液1 mL含 1 mg 氧化镥。再将此溶液用盐酸(3.3)稀释成1 mL含100 μg和1 mL含10 μg氧化镥的标准溶液。

3.20 氧化钇标准贮存溶液:称取0.100 0 g经 900℃灼烧 1 h 的氧化钇(>99.99%),置于100 mL烧杯中,加10 mL盐酸(3.2),低温加热至溶解完全,冷却至室温,溶液移入100 mL容量瓶中,用水稀释至刻度,混匀。此溶液1 mL含 1 mg 氧化钇。再将此溶液用盐酸(3.3)稀释成1 mL含100 μg和1 mL含10 μg氧化钇的标准溶液。

4 仪器

4.1 电感耦合等离子体光谱仪,分辨率<0.006 nm(200 nm 处)。

4.2 氩等离子体光源。

5 试样

5.1 氧化物试样于 900℃灼烧 1 h,置于干燥器中,冷却至室温,立即称量。

5.2 金属试样应去掉表面层,取样后立即称量。

6 分析步骤

6.1 试料

6.1.1 氧化物试料

称取 0.200 g 试样(5.1),精确至0.000 1 g。

6.1.2 金属试料

称取 0.174 g 试样(5.2),精确至0.000 1 g。

6.2 测定次数

称取两份试料,进行平行测定,取其平均值。

6.3 分析试液的制备

将试料(6.1)置于100 mL烧杯中,加入10 mL水,加10 mL盐酸(3.2),低温加热至溶解完全,冷却至室温,移入100 mL容量瓶中用水稀释至刻度,混匀。待用。

6.4 标准系列溶液的配制

将氧化镝标准溶液(3.6)和各稀土氧化物标准溶液(3.7~3.20)按表 2 分别移入 3 个100 mL容量瓶中,加入8 mL盐酸(3.2),以水稀释至刻度,混匀,制得标准系列溶液,待用。

表 2

标液标号	各稀土(以氧化物计)质量浓度/(μg/mL)							
	氧化镝	氧化镧	氧化铈	氧化镨	氧化钕	氧化钐	氧化铕	氧化钆
1	2 000	0	0	0	0	0	0	0
2	2 000	0.04	0.20	0.20	0.20	0.20	0.04	0.20
3	2 000	2.00	2.00	2.00	2.00	2.00	2.00	2.00

表 2(续)

标液标号	各稀土(以氧化物计)质量浓度/(μg/mL)						
	氧化铽	氧化钬	氧化铒	氧化铥	氧化镱	氧化镥	氧化钇
1	0	0	0	0	0	0	0
2	0.20	0.20	0.20	0.20	0.04	0.04	0.04
3	2.00	2.00	2.00	2.00	2.00	2.00	2.00

6.5 测定

6.5.1 推荐分析线见表 3。

表 3

元　素	分析线/nm	元　素	分析线/nm
La	408.672	Tb	332.440,384.875
Ce	428.994,429.667	Ho	404.544,381.073
Pr	417.939,525.973	Er	369.265,390.631
Nd	509.280,417.732	Tm	379.575,313.126
Sm	442.434	Yb	369.469,328.937
Eu	381.967	Lu	261.542
Gd	335.047,385.098	Y	508.742,371.029

6.5.2 将分析试液(6.3)与标准系列溶液(6.4)同时进行氩等离子体光谱测定。

7 分析结果的表述

将标准系列溶液(6.4)的含量直接输入计算机，根据标准系列溶液(6.4)和分析试液(6.3)的强度值，由计算机计算、校正并输出分析试液(6.3)中待测稀土元素的质量浓度。

按式(1)计算待测稀土元素的质量分数(%)：

$$w(\mathrm{X}) = \frac{k \cdot c \cdot V_0 \times 10^{-6}}{m_0} \times 100 \quad \cdots\cdots (1)$$

式中：

k——各元素单质与其氧化物的换算系数，见表 4。计算氧化物含量时，$k=1$；

c——自工作曲线上查得被测稀土氧化物的质量浓度，单位为微克每毫升(μg/mL)；

V_0——试液总体积，单位为毫升(mL)；

m_0——试料的质量，单位为克(g)。

表 4

元　素	k	元　素	k
La	0.852 6	Tb	0.850 2
Ce	0.814 0	Ho	0.873 0
Pr	0.827 7	Er	0.874 5
Nd	0.857 3	Tm	0.875 6
Sm	0.861 4	Yb	0.878 2
Eu	0.863 6	Lu	0.879 4
Gd	0.867 6	Y	0.787 4

8 精密度

8.1 重复性

在重复性条件下获得的两次独立测试结果的测定值，在以下给出的平均值范围内，这两个测试结果的绝对差值不超过重复性限(*r*)，超过重复性限(*r*)的情况不超过5%。重复性限(*r*)按表5数据采用线性内插法求得：

表5

氧化物	质量分数/%	重复性限(*r*)	氧化物	质量分数/%	重复性限(*r*)
氧化镧	0.002 2	0.000 4	氧化铽	0.005 0	0.001
	0.011	0.001		0.012	0.003
	0.052	0.003		0.060	0.005
氧化铈	0.005 0	0.000 3	氧化钬	0.001 3	0.000 3
	0.009 5	0.001 5		0.010	0.002
	0.051	0.003		0.056	0.005
氧化镨	0.005 2	0.002	氧化铒	0.000 7	0.000 3
	0.012	0.004		0.009 3	0.001 0
	0.049	0.006		0.057	0.004
氧化钕	0.001 2	0.000 3	氧化铥	0.001 5	0.000 2
	0.012	0.005		0.009 9	0.001 1
	0.052	0.007		0.051	0.004
氧化钐	0.002 0	0.000 4	氧化镱	0.003 6	0.000 8
	0.009 6	0.003 6		0.012	0.002
	0.052	0.005		0.062	0.004
氧化铕	0.002 2	0.000 3	氧化镥	0.001 5	0.000 7
	0.009 8	0.000 7		0.011	0.002
	0.052	0.002		0.052	0.005
氧化钆	0.002 0	0.000 5	氧化钇	0.002 0	0.000 4
	0.011	0.004		0.011	0.002
	0.052	0.006		0.054	0.004

注：重复性限(*r*)为2.8×*Sr*，*Sr*为重复性标准差。

8.2 允许差

实验室之间分析结果的差值应不大于表6所列允许差。

表 6

氧化物	质量分数/%	允许差/%	氧化物	质量分数/%	允许差/%
氧化镧 氧化钕 氧化钐 氧化铕 氧化钆 氧化钬 氧化铒 氧化铥 氧化镱 氧化镥 氧化钇	0.001 0～0.002 0 >0.002 0～0.003 0 >0.003 0～0.005 0 >0.005 0～0.010 >0.010～0.030 >0.030～0.050 >0.050～0.080 >0.080～0.100	0.000 5 0.000 8 0.001 2 0.002 0 0.003 0.005 0.008 0.012	氧化铈 氧化镨 氧化铽	0.005 0～0.010 >0.010～0.030 >0.030～0.050 >0.050～0.080 >0.080～0.100	0.002 0 0.003 0.005 0.008 0.012

9 质量保证与控制

每周用自制的控制标样(如有国家级或行业级标样时,应首先使用)校核一次本标准分析方法的有效性。当过程失控时,应找出原因,纠正错误,重新进行校核。

电感耦合等离子体质谱法(方法 2)

10 范围

本方法规定了氧化镝中氧化镧、氧化铈、氧化镨、氧化钕、氧化钐、氧化铕、氧化钆、氧化铽、氧化钬、氧化铒、氧化铥、氧化镱、氧化镥和氧化钇含量的测定方法。

本方法适用于氧化镝中氧化镧、氧化铈、氧化镨、氧化钕、氧化钐、氧化铕、氧化钆、氧化铽、氧化钬、氧化铒、氧化铥、氧化镱、氧化镥和氧化钇含量的测定。测定范围见表 7。

本方法也适用于金属镝中镧、铈、镨、钕、钐、铕、钆、铽、钬、铒、铥、镱、镥和钇含量的测定。

表 7

氧化物	质量分数/%	氧化物	质量分数/%
氧化镧	0.000 1～0.050	氧化铽	0.000 1～0.050
氧化铈	0.000 1～0.050	氧化钬	0.000 1～0.050
氧化镨	0.000 1～0.050	氧化铒	0.000 1～0.050
氧化钕	0.000 1～0.050	氧化铥	0.000 1～0.050
氧化钐	0.000 1～0.050	氧化镱	0.000 1～0.050
氧化铕	0.000 1～0.050	氧化镥	0.000 1～0.050
氧化钆	0.000 1～0.050	氧化钇	0.000 1～0.050

11 方法原理

试样以硝酸溶解,在稀硝酸介质中,以氩等离子体为离子化源,直接进行质谱测定。测定时以内标法进行校正。

12 试剂和材料

12.1 氯化铯,优级纯。

12.2 过氧化氢(30%),优级纯。

12.3 硝酸(ρ1.42 g/mL),优级纯。

12.4 硝酸(1+3)。

12.5 硝酸(1+19)。

12.6 铯内标溶液:称取0.1270 g氯化铯(12.1),加10 mL水,溶解完全,加10 mL硝酸(12.4),移入100 mL容量瓶中,用水稀释至刻度,混匀。此溶液1 mL含1 mg铯。再将此溶液用硝酸(12.5)逐步稀释成1 mL含1μg铯的内标溶液。

12.7 氧化镧标准贮存溶液:称取0.100 0 g经900℃灼烧1 h的氧化镧(>99.99%),置于100 mL烧杯中,加10 mL硝酸(12.4),低温加热至溶解完全,取下冷却,移入100 mL容量瓶中,用水稀释至刻度,混匀。此溶液1 mL含1 000 μg氧化镧。

12.8 氧化铈标准贮存溶液:称取0.100 0 g经900℃灼烧1 h的氧化铈(>99.99%),置于100 mL烧杯中,加10 mL硝酸(12.4),2 mL过氧化氢(12.2),低温加热至溶解完全,取下冷却,移入100 mL容量瓶中,用水稀释至刻度,混匀。此溶液1 mL含1 000 μg氧化铈。

12.9 氧化镨标准贮存溶液:称取0.100 0 g经900℃灼烧1 h的氧化镨(>99.99%),置于100 mL烧杯中,加10 mL硝酸(12.4),低温加热至溶解完全,取下冷却,移入100 mL容量瓶中,用水稀释至刻度,混匀。此溶液1 mL含1 000 μg氧化镨。

12.10 氧化钕标准贮存溶液:称取0.100 0 g经900℃灼烧1 h的氧化钕(>99.99%),置于100 mL烧杯中,加10 mL硝酸(12.4),低温加热至溶解完全,取下冷却,移入100 mL容量瓶中,用水稀释至刻度,混匀。此溶液1 mL含1 000 μg氧化钕。

12.11 氧化钐标准贮存溶液:称取0.100 0 g经900℃灼烧1 h的氧化钐(>99.99%),置于100 mL烧杯中,加10 mL硝酸(12.4),低温加热至溶解完全,取下冷却,移入100 mL容量瓶中,用水稀释至刻度,混匀。此溶液1 mL含1 000 μg氧化钐。

12.12 氧化铕标准贮存溶液:称取0.100 0 g经900℃灼烧1 h的氧化铕(>99.99%),置于100 mL烧杯中,加10 mL硝酸(12.4),低温加热至溶解完全,取下冷却,移入100 mL容量瓶中,用水稀释至刻度,混匀。此溶液1 mL含1 000 μg氧化铕。

12.13 氧化钆标准贮存溶液:称取0.100 0 g经900℃灼烧1 h的氧化钆(>99.99%),置于100 mL烧杯中,加10 mL硝酸(12.4),低温加热至溶解完全,取下冷却,移入100 mL容量瓶中,用水稀释至刻度,混匀。此溶液1 mL含1 000 μg氧化钆。

12.14 氧化铽标准贮存溶液:称取0.100 0 g经900℃灼烧1 h的氧化铽(>99.99%),置于100 mL烧杯中,加10 mL硝酸(12.4,低温加热至溶解完全,取下冷却,移入100 mL容量瓶中,用水稀释至刻度,混匀。此溶液1 mL含1 000 μg氧化铽。

12.15 氧化钬标准贮存溶液:称取0.100 0 g经900℃灼烧1 h的氧化钬(>99.99%),置于100 mL烧杯中,加10 mL硝酸(12.4),低温加热至溶解完全,取下冷却,移入100 mL容量瓶中,用水稀释至刻度,混匀。此溶液1 mL含1 000 μg氧化钬。

12.16 氧化铒标准贮存溶液:称取0.100 0 g经900℃灼烧1 h的氧化铒(>99.99%),置于100 mL烧杯中,加10 mL硝酸(12.4),低温加热至溶解完全,取下冷却,移入100 mL容量瓶中,用水稀释至刻度,混匀。此溶液1 mL含1 000 μg氧化铒。

12.17 氧化铥标准贮存溶液:称取0.100 0 g经900℃灼烧1 h的氧化铥(>99.99%),置于100 mL烧杯中,加10 mL硝酸(12.4),低温加热至溶解完全,取下冷却,移入100 mL容量瓶中,用水稀释至刻度,混匀。此溶液1 mL含1 000 μg氧化铥。

12.18 氧化镱标准贮存溶液:称取0.100 0 g经 900℃灼烧 1 h 的氧化镱(>99.99%),置于100 mL烧杯中,加10 mL硝酸(12.4),低温加热至溶解完全,取下冷却,移入100 mL容量瓶中,用水稀释至刻度,混匀。此溶液1 mL含1 000 μg氧化镱。

12.19 氧化镥标准贮存溶液:称取0.100 0 g经 900℃灼烧 1 h 的氧化镥(>99.99%),置于100 mL烧杯中,加10 mL硝酸(12.4),低温加热至溶解完全,取下冷却,移入100 mL容量瓶中,用水稀释至刻度,混匀。此溶液1 mL含1 000 μg氧化镥。

12.20 氧化钇标准贮存溶液:称取0.100 0 g经 900℃灼烧 1 h 的氧化钇(>99.99%),置于100 mL烧杯中,加10 mL硝酸(12.4),低温加热至溶解完全,取下冷却,移入100 mL容量瓶中,用水稀释至刻度,混匀。此溶液1 mL含1 000 μg氧化钇。

12.21 混合稀土标准溶液:分别移取 2.00 mL 各稀土氧化物标准贮存溶液(12.7~12.20)置于100 mL容量瓶中,加10 mL硝酸(12.4),用水稀释至刻度,混匀。此溶液1 mL含各单一稀土氧化物分别为20.0 μg。再将此溶液用硝酸(12.5)稀释成1 mL含各单一稀土氧化物分别为 1.00 μg的标准溶液。

12.22 氩气(>99.99%)。

13 仪器

电感耦合等离子体质谱仪:质量分辨率优于(0.8±0.1)amu。

14 试样

14.1 氧化物试样于 900℃灼烧 1 h,置于干燥器中,冷却至室温,立即称量。

14.2 金属试样去掉表面氧化层,取样后,立即称量。

15 分析步骤

15.1 试料

按表 8 称取试样(14),精确至0.000 1 g。

表 8

稀土杂质(质量分数)/%	试样量/g
0.000 1~0.005 0	0.25
>0.005 0~0.050	0.1

15.2 测定次数

称取二份试料,进行平行测定,取其平均值。

15.3 空白试验

随同试料做空白试验。

15.4 分析试液的制备

将试料(15.1) 置于 50 mL 烧杯中,加 5 mL 水、5 mL 硝酸(12.4),低温加热至溶解完全,立即取下,冷却,移入 50 mL 容量瓶中,用水稀释至刻度,混匀,从中分取 1.00 mL 溶液于10 mL比色管中,加入 0.50 mL 铯内标溶液(12.6),用水稀释至刻度,混匀。

15.5 标准系列溶液的配制

准确移取 0 mL、0.20 mL、1.00 mL、5.00 mL、10.00 mL 混合稀土标准溶液(12.21)于 5 个100 mL容量瓶中,加入 2.0 mL 铯内标溶液(12.6),以水稀释至刻度,混匀,待测。此标准系列溶液1 mL含各单一稀土氧化物分别为 0 ng、2.0 ng、10.0 ng、50.0 ng、100 ng。

15.6 测定

15.6.1 测量元素同位素质量数见表9。

表9

元素	测定同位素质量数	元素	测定同位素质量数
La	139	Ho	165
Ce	140	Er	167,168
Pr	141	Tm	169
Nd	146	Yb	171
Sm	147	Lu	175
Eu	151,153	Y	89
Gd	155,157	Cs	133
Tb	159	—	—

15.6.2 将空白试验(15.3)溶液、分析试液(15.4)与标准系列溶液(15.5)同时进行氩等离子体质谱测定。

16 分析结果的计算

将标准系列溶液(15.5)的浓度直接输入计算机,用内标法进行校正,由计算机计算并输出空白试验(15.3)溶液、分析试液(15.4)中待测元素的质量浓度。

按式(2)计算被测稀土元素的质量分数(%):

$$w(X)=\frac{k\cdot(c-c_0)\cdot V_2\cdot V_0\times10^{-9}}{m\cdot V_1}\times100 \qquad (2)$$

式中:

k——各元素单质与其氧化物的换算系数,见表4。计算氧化物含量时,$k=1$;

c——计算机输出的分析试液(15.4)中待测元素的质量浓度,单位为纳克每毫升(ng/mL);

c_0——计算机输出的空白试验(15.3)溶液中待测元素的质量浓度,单位为纳克每毫升(ng/mL);

V_2——分析试液(15.4)的体积,单位为毫升(mL);

V_0——试液总体积,单位为毫升(mL);

m——试料的质量,单位为克(g);

V_1——分取试液的体积,单位为毫升(mL)。

17 精密度

17.1 重复性

在重复性条件下获得的两次独立测试结果的测定值,在以下给出的平均值范围内,这两个测试结果的绝对差值不超过重复性限(r),超过重复性限(r)的情况不超过5%,重复性限(r)按表10数据采用线性内插法求得。

表10

氧化物	质量分数/%	重复性限(r)	氧化物	质量分数/%	重复性限(r)
氧化镧	0.000 3	0.000 1	氧化钐	0.000 6	0.000 1
	0.005 0	0.000 4		0.005 2	0.000 5
	0.052	0.004		0.052	0.004

表 10(续)

氧化物	质量分数/%	重复性限(r)	氧化物	质量分数/%	重复性限(r)
氧化铈	0.000 4	0.000 1	氧化钬	0.000 5	0.000 1
	0.006 2	0.000 4		0.006 2	0.000 3
	0.054	0.003		0.060	0.004
氧化镨	0.000 5	0.000 1	氧化铒	0.000 3	0.000 1
	0.005 0	0.000 3		0.007 0	0.000 4
	0.053	0.004		0.060	0.005
氧化钕	0.000 6	0.000 1	氧化铥	0.000 3	0.000 1
	0.005 3	0.000 3		0.008 0	0.000 2
	0.052	0.004		0.053	0.003
氧化铕	0.000 3	0.000 1	氧化镱	0.000 3	0.000 1
	0.007 0	0.000 4		0.009 6	0.000 5
	0.051	0.006		0.061	0.004
氧化钆	0.000 4	0.000 1	氧化镥	0.000 3	0.000 1
	0.005 9	0.000 3		0.003 5	0.000 2
	0.054	0.003		0.054	0.002
氧化铽	0.000 5	0.000 1	氧化钇	0.000 3	0.000 1
	0.011	0.000 5		0.007 0	0.000 4
	0.064	0.004		0.059	0.003

注：重复性限(r)为 $2.8\times Sr$,Sr 为重复性标准差。

17.2 允许差

实验室之间分析结果的差值应不大于表 11 所列允许差。

表 11

氧化物	质量分数/%	允许差/%
氧化镧、氧化铈、氧化镨、氧化钕、氧化钐、氧化铕、氧化钆、氧化铽、氧化钬、氧化铒、氧化铥、氧化镱、氧化镥、氧化钇	0.000 1～0.000 3	0.000 1
	>0.000 3～0.000 8	0.000 2
	>0.000 8～0.002 0	0.000 3
	>0.002 0～0.005 0	0.000 5
	>0.005 0～0.010	0.001 5
	>0.010～0.030	0.003
	>0.030～0.050	0.005

18 质量保证和控制

每周用自制的控制标样(如有国家级或行业级标样时,应首先使用)校核一次本标准分析方法的有效性。当过程失控时,应找出原因,纠正错误,重新进行校核。

ICS 77.120.99
H 14

中华人民共和国国家标准

GB/T 18115.10—2006
代替 GB/T 18115.9—2000

稀土金属及其氧化物中稀土杂质化学分析方法 钬中镧、铈、镨、钕、钐、铕、钆、铽、镝、铒、铥、镱、镥和钇量的测定

Chemical analysis methods of rare earth impurities in rare earth metals and their oxides—Holmium—Determination of lanthanum, cerium, praseodymium, neodymium, samarium, europium, gadolinium, terbium, dysprosium, erbium, thulium, ytterbium, lutetium and yttrium contents

2006-04-13 发布 2006-10-01 实施

中华人民共和国国家质量监督检验检疫总局
中国国家标准化管理委员会 发布

前　言

本部分代替 GB/T 18115.9—2000《稀土氧化物化学分析方法　电感耦合等离子体发射光谱法测定氧化钬中氧化镧、氧化铈、氧化镨、氧化钕、氧化钐、氧化铕、氧化钆、氧化铽、氧化镝、氧化铒、氧化铥、氧化镱、氧化镥和氧化钇量》，本部分与前一版本相比主要变化如下：

——电感耦合等离子体光谱法，增加了 6 条参考谱线，分别为：Sm443.432 nm、Gd354.936 nm、Tb370.392 nm、Er369.265 nm、Tm313.126 nm、Yb369.419 nm；

——增加了精密度(重复性)条款；

——增加了电感耦合等离子体质谱法。

两个方法分析范围有重叠部分时，以方法 2 作为仲裁方法。

本部分由国家发展和改革委员会稀土办公室提出。

本部分由全国稀土标准化技术委员会归口并负责解释。

本部分由北京有色金属研究总院、中国有色金属工业标准计量质量研究所负责起草。

本部分方法 1 由北京有色金属研究总院起草。

本部分方法 1 由宜兴新威利成稀土有限公司、湖南升华稀土金属材料有限责任公司参加起草。

本部分方法 1 主要起草人：刘鹏宇、童坚、江红、杨萍。

本部分方法 1 主要验证人：吴敏、许彩云、郭海军、王玉英。

本部分方法 2 由北京有色金属研究总院起草。

本部分方法 2 由包头稀土研究院、内蒙古包钢稀土高科技股份有限公司参加起草。

本部分方法 2 主要起草人：胡小蒙、伍星。

本部分方法 2 主要验证人：郝冬梅、张翼明、杨宁、于晶雪。

本部分所代替标准的历次版本发布情况为：

——GB/T 18115.9—2000。

稀土金属及其氧化物中稀土杂质化学分析方法 钬中镧、铈、镨、钕、钐、铕、钆、铽、镝、铒、铥、镱、镥和钇量的测定

电感耦合等离子体光谱法(方法 1)

1 范围

本方法规定了氧化钬中氧化镧、氧化铈、氧化镨、氧化钕、氧化钐、氧化铕、氧化钆、氧化铽、氧化镝、氧化铒、氧化铥、氧化镱、氧化镥和氧化钇含量的测定方法。

本方法适用于氧化钬中氧化镧、氧化铈、氧化镨、氧化钕、氧化钐、氧化铕、氧化钆、氧化铽、氧化镝、氧化铒、氧化铥、氧化镱、氧化镥和氧化钇含量的测定。测定范围见表 1。

本方法也适用于金属钬中镧、铈、镨、钕、钐、铕、钆、铽、镝、铒、铥、镱、镥和钇含量的测定。

表 1

氧化物	质量分数/%	氧化物	质量分数/%
氧化镧	0.002 0～0.100	氧化铽	0.005 0～0.200
氧化铈	0.005 0～0.100	氧化镝	0.005 0～0.200
氧化镨	0.005 0～0.100	氧化铒	0.005 0～0.200
氧化钕	0.005 0～0.100	氧化铥	0.002 0～0.200
氧化钐	0.005 0～0.100	氧化镱	0.002 0～0.200
氧化铕	0.002 0～0.100	氧化镥	0.002 0～0.100
氧化钆	0.005 0～0.200	氧化钇	0.005 0～0.200

2 方法原理

试样以盐酸溶解，在稀盐酸介质中，直接以氩等离子体光源激发，进行光谱测定，以基体匹配法校正基体对测定的影响。

3 试剂

3.1 过氧化氢(30%)。

3.2 盐酸(1+1)。

3.3 盐酸(1+19)。

3.4 硝酸(1+1)。

3.5 氩气 (>99.99%)。

3.6 氧化钬基体溶液：称取 25.000 0 g 经 900℃灼烧 1 h 的氧化钬(>99.999%)，置于 250 mL 烧杯中，加 75 mL 盐酸(3.2)，低温加热至溶解完全，冷却至室温，移入 500 mL 容量瓶中，用水稀释至刻度，混匀。此溶液1 mL含 50 mg 氧化钬。

3.7 氧化镧标准贮存溶液：称取0.100 0 g经 900℃灼烧 1 h 的氧化镧(>99.99%)，置于100 mL烧杯

中,加10 mL盐酸(3.2),低温加热至溶解完全,冷却至室温,移入100 mL容量瓶中,用水稀释至刻度,混匀。此溶液1 mL含 1 mg 氧化镧。再将此溶液用盐酸(3.3)稀释成1 mL含100 μg和1 mL含10 μg氧化镧的标准溶液。

3.8 氧化铈标准贮存溶液:称取0.100 0 g经 900℃灼烧 1 h 的氧化铈(>99.99%),置于100 mL烧杯中,加10 mL硝酸(3.4),低温加热,并滴加过氧化氢(3.1)至溶解完全,冷却至室温,移入100 mL容量瓶中,用水稀释至刻度,混匀。此溶液1 mL含 1 mg 氧化铈。再将此溶液用盐酸(3.3)稀释成1 mL含100 μg和1 mL含10 μg氧化铈的标准溶液。

3.9 氧化镨标准贮存溶液:称取0.100 0 g经 900℃灼烧 1 h 的氧化镨(>99.99%),置于100 mL烧杯中,加10 mL盐酸(3.2),低温加热至溶解完全,冷却至室温,移入100 mL容量瓶中,用水稀释至刻度,混匀。此溶液1 mL含 1 mg 氧化镨。再将此溶液用盐酸(3.3)稀释成1 mL含100 μg和1 mL含10 μg氧化镨的标准溶液。

3.10 氧化钕标准贮存溶液:称取0.100 0 g经 900℃灼烧 1 h 的氧化钕(>99.99%),置于100 mL烧杯中,加10 mL盐酸(3.2),低温加热至溶解完全,冷却至室温,移入100 mL容量瓶中,用水稀释至刻度,混匀。此溶液1 mL含 1 mg 氧化钕。再将此溶液用盐酸(3.3)稀释成1 mL含100 μg和1 mL含10 μg氧化钕的标准溶液。

3.11 氧化钐标准贮存溶液:称取0.100 0 g经 900℃灼烧 1 h 的氧化钐(>99.99%),置于100 mL烧杯中,加10 mL盐酸(3.2),低温加热溶解至清亮,冷却至室温,溶液移入100 mL容量瓶中,用水稀释至刻度,混匀。此溶液1 mL含 1 mg 氧化钐。再将此溶液用盐酸(3.3)稀释成1 mL含 100ug 和1 mL含10 μg氧化钐的标准溶液。

3.12 氧化铕标准贮存溶液:称取0.100 0 g经 900℃灼烧 1 h 的氧化铕(>99.99%),置于100 mL烧杯中,加10 mL盐酸(3.2),低温加热至溶解完全,冷却至室温,移入100 mL容量瓶中,用水稀释至刻度,混匀。此溶液1 mL含 1 mg 氧化铕。再将此溶液用盐酸(3.3)稀释成1 mL含100 μg和1 mL含10 μg氧化铕的标准溶液。

3.13 氧化钆标准贮存溶液:称取0.100 0 g经 900℃灼烧 1 h 的氧化钆(>99.99%),置于100 mL烧杯中,加10 mL盐酸(3.2),低温加热至溶解完全,冷却至室温,移入100 mL容量瓶中,用水稀释至刻度,混匀。此溶液1 mL含 1 mg 氧化钆。再将此溶液用盐酸(3.3)稀释成1 mL含100 μg和1 mL含10 μg氧化钆的标准溶液。

3.14 氧化铽标准贮存溶液:称取0.100 0 g经 900℃灼烧 1 h 的氧化铽(>99.99%),置于100 mL烧杯中,加10 mL硝酸(3.4),低温加热至溶解完全,冷却至室温,移入100 mL容量瓶中,用水稀释至刻度,混匀。此溶液1 mL含 1 mg 氧化铽。再将此溶液用盐酸(3.3)稀释成1 mL含100 μg和1 mL含10 μg氧化铽的标准溶液。

3.15 氧化镝标准贮存溶液:称取0.100 0 g经 900℃灼烧 1 h 的氧化镝(>99.99%),置于100 mL烧杯中,加10 mL盐酸(3.2),低温加热至溶解完全,冷却至室温,移入100 mL容量瓶中,用水稀释至刻度,混匀。此溶液1 mL含 1 mg 氧化镝。再将此溶液用盐酸(3.3)稀释成1 mL含100 μg和1 mL含10 μg氧化镝的标准溶液。

3.16 氧化铒标准贮存溶液:称取0.100 0 g经 900℃灼烧 1 h 的氧化铒(>99.99%),置于100 mL烧杯中,加10 mL盐酸(3.2),低温加热至溶解完全,冷却至室温,移入100 mL容量瓶中,用水稀释至刻度,混匀。此溶液1 mL含 1 mg 氧化铒。再将此溶液用盐酸(3.3)稀释成1 mL含100 μg和1 mL含10 μg氧化铒的标准溶液。

3.17 氧化铥标准贮存溶液:称取0.100 0 g经 900℃灼烧 1 h 的氧化铥(>99.99%),置于100 mL烧杯中,加10 mL盐酸(3.2),低温加热至溶解完全,冷却至室温,移入100 mL容量瓶中,用水稀释至刻度,混匀。此溶液1 mL含 1 mg 氧化铥。再将此溶液用盐酸(3.3)稀释成1 mL含100 μg和1 mL含10 μg氧化铥的标准溶液。

3.18 氧化镱标准贮存溶液:称取0.100 0 g经 900℃灼烧 1 h 的氧化镱(>99.99%),置于100 mL烧杯中,加10 mL盐酸(3.2),低温加热至溶解完全,冷却至室温,移入100 mL容量瓶中,用水稀释至刻度,混匀。此溶液1 mL含 1 mg 氧化镱。再将此溶液用盐酸(3.3)稀释成1 mL含100 μg和1 mL含10 μg氧化镱的标准溶液。

3.19 氧化镥标准贮存溶液:称取0.100 0 g经 900℃灼烧 1 h 的氧化镥(>99.99%),置于100 mL烧杯中,加10 mL盐酸(3.2),低温加热至溶解完全,冷却至室温,溶液移入100 mL容量瓶中,用水稀释至刻度,混匀。此溶液1 mL含 1 mg 氧化镥。再将此溶液用盐酸(3.3)稀释成1 mL含100 μg和1 mL含10 μg氧化镥的标准溶液。

3.20 氧化钇标准贮存溶液:称取0.100 0 g经 900℃灼烧 1 h 的氧化钇(>99.99%),置于100 mL烧杯中,加10 mL盐酸(3.2),低温加热至溶解完全,冷却至室温,溶液移入100 mL容量瓶中,用水稀释至刻度,混匀。此溶液1 mL含 1 mg 氧化钇。再将此溶液用盐酸(3.3)稀释成1 mL含100 μg和1 mL含10 μg氧化钇的标准溶液。

4 仪器

4.1 电感耦合等离子体光谱仪,分辨率<0.006 nm(200 nm 处)。

4.2 光源:氩等离子体光源。

5 试样

5.1 氧化物试样于 900℃灼烧 1 h,置于干燥器中,冷却至室温,立即称量。

5.2 金属试样应去掉表面氧化层,取样后立即称量。

6 分析步骤

6.1 试料

6.1.1 氧化物试料

称取 0.500 g 试样(5.1),精确至0.000 1 g。

6.1.2 金属试料

称取 0.436 g 试样(5.2),精确至0.000 1 g。

6.2 测定次数

称取二份试料,进行平行测定,取其平均值。

6.3 分析试液的制备

将试料(6.1)置于100 mL烧杯中,加入10 mL水,加10 mL盐酸(3.2),低温加热至溶解完全,冷却至室温,移入100 mL容量瓶中用水稀释至刻度,混匀,待用。

6.4 标准系列溶液的配制

将氧化钬基体溶液(3.6)和各稀土氧化物标准溶液(3.7~3.20)按表 2 分别移入 5 个100 mL容量瓶中,加入 8 mL 盐酸(3.2),以水稀释至刻度,混匀,制得标准系列溶液,待用。

表 2

标液标号	各稀土(以氧化物计)质量浓度/(μg/mL)							
	氧化钬	氧化镧	氧化铈	氧化镨	氧化钕	氧化钐	氧化铕	氧化钆
1	5 000	0	0	0	0	0	0	0
2	5 000	0.20	—	—	—	—	0.20	—
3	5 000	0.50	0.50	0.50	0.50	0.50	0.50	0.50
4	5 000	1.00	1.00	1.00	1.00	1.00	1.00	2.00
5	5 000	10.00	10.00	10.00	10.00	10.00	10.00	10.00

表 2(续)

标液标号	各稀土(以氧化物计)质量浓度/(μg/mL)						
	氧化铽	氧化镝	氧化铒	氧化铥	氧化镱	氧化镥	氧化钇
1	0	0	0	0	0	0	0
2	—	—	—	0.20	0.20	0.20	—
3	0.50	0.50	0.50	0.50	0.50	0.50	0.50
4	1.00	1.00	1.00	1.00	1.00	1.00	1.00
5	10.00	10.00	10.00	10.00	10.00	10.00	10.00

6.5 测定

6.5.1 推荐分析线见表 3。

表 3

元　素	分析线/nm	元　素	分析线/nm
La	408.672	Tb	370.285,370.392
Ce	413.380	Dy	394.468
Pr	390.844	Er	337.271,369.265
Nd	430.358	Tm	376.133,313.126
Sm	360.949,443.432	Yb	328.937,369.419
Eu	381.967	Lu	261.542
Gd	336.224,354.936	Y	371.030

6.5.2 将分析试液(6.3)与标准系列溶液(6.4)同时进行氩等离子体光谱测定。

7 分析结果的表述

将标准系列溶液(6.4)的含量直接输入计算机,根据标准系列溶液(6.4)和分析试液(6.3)的强度值,由计算机计算、校正并输出分析试液(6.3)中待测稀土元素的质量浓度。

按式(1)计算待测稀土元素的质量分数(%):

$$\omega(X) = \frac{k \cdot c \cdot V_0 \times 10^{-6}}{m_0} \times 100 \quad \cdots\cdots(1)$$

式中:

k——各元素单质与其氧化物的换算系数,见表 4。计算氧化物含量时,$k=1$;

c——自工作曲线上查得被测稀土氧化物的质量浓度,单位为微克每毫升(μg/mL);

V_0——试液总体积,单位为毫升(mL);

m_0——试料的质量,单位为克(g)。

表 4

元　素	k	元　素	k
La	0.852 6	Tb	0.850 2
Ce	0.814 0	Dy	0.871 3
Pr	0.827 7	Er	0.874 5
Nd	0.857 3	Tm	0.875 6
Sm	0.862 4	Yb	0.878 2
Eu	0.863 6	Lu	0.879 4
Gd	0.867 6	Y	0.787 4

8 精密度

8.1 重复性

在重复性条件下获得的两次独立测试结果的测定值，在以下给出的平均值范围内，这两个测试结果的绝对差值不超过重复性限(r)，超过重复性限(r)的情况不超过5%。重复性限(r)按表5数据采用线性内插法求得：

表5

氧化物	质量分数/%	重复性限(r)	氧化物	质量分数/%	重复性限(r)
氧化镧	0.001 1	0.000 5	氧化铽	0.005 2	0.001 0
	0.005 1	0.001 3		0.010	0.002
	0.049	0.003		0.098	0.005
	0.097	0.008		0.20	0.02
氧化铈	0.005 2	0.001 0	氧化镝	0.005 9	0.001 0
	0.052	0.003		0.012	0.002
	0.10	0.01		0.11	0.01
	—	—		0.20	0.02
氧化镨	0.004 9	0.001 0	氧化铒	0.005 0	0.001 0
	0.048	0.004		0.010	0.002
	0.095	0.006		0.095	0.008
	—	—		0.16	0.02
氧化钕	0.005 3	0.001 0	氧化铥	0.004 9	0.001 0
	0.046	0.003		0.010	0.002
	0.092	0.005		0.10	0.01
	—	—		0.19	0.02
氧化钐	0.004 5	0.001 0	氧化镱	0.004 8	0.001 0
	0.046	0.002		0.010	0.002
	0.093	0.01		0.099	0.005
	—	—		0.21	0.02
氧化铕	0.001 1	0.000 5	氧化镥	0.001 2	0.000 5
	0.005 1	0.001 0		0.005 8	0.001 1
	0.050	0.003		0.052	0.004
	0.098	0.005		0.098	0.011
氧化钆	0.004 6	0.001 0	氧化钇	0.005 5	0.001 0
	0.009 9	0.001 5		0.009 8	0.001 5
	0.096	0.010		0.098	0.010
	0.19	0.02		0.18	0.02

注：重复性限(r)为2.8×Sr，Sr为重复性标准差。

8.2 允许差

实验室之间分析结果的差值应不大于表6所列允许差。

表 6

氧化物	质量分数/%	允许差/%	氧化物	质量分数/%	允许差/%
氧化镧 氧化铕 氧化镥	0.002 0～0.003 0	0.000 8	氧化铈 氧化镨 氧化钕 氧化钐	0.005 0～0.010	0.002 0
	>0.003 0～0.005 0	0.001 2		>0.010～0.030	0.003
	>0.005 0～0.010	0.002 0		>0.030～0.050	0.005
	>0.010～0.030	0.003		>0.050～0.080	0.008
	>0.030～0.050	0.005		>0.080～0.100	0.012
	>0.050～0.080	0.008			
	>0.080～0.100	0.012			
氧化钆 氧化铽 氧化镝 氧化铒 氧化钇	0.005 0～0.010	0.002 0	氧化铥 氧化镱	0.002 0～0.003 0	0.000 8
	>0.010～0.030	0.003		>0.003 0～0.005 0	0.001 2
	>0.030～0.050	0.005		>0.005 0～0.010	0.002 0
	>0.050～0.080	0.008		>0.010～0.030	0.003
	>0.080～0.100	0.012		>0.030～0.050	0.005
	>0.100～0.20	0.020		>0.050～0.080	0.008
				>0.080～0.100	0.012
				>0.100～0.20	0.020

9 质量保证与控制

每周用自制的控制标样(如有国家级或行业级标样时,应首先使用)校核一次本标准分析方法的有效性。当过程失控时,应找出原因,纠正错误,重新进行校核。

电感耦合等离子体质谱法(方法 2)

10 范围

本方法规定了氧化钬中氧化镧、氧化铈、氧化镨、氧化钕、氧化钐、氧化铕、氧化钆、氧化铽、氧化镝、氧化铒、氧化铥、氧化镱、氧化镥和氧化钇含量的测定方法。

本方法适用于氧化钬中氧化镧、氧化铈、氧化镨、氧化钕、氧化钐、氧化铕、氧化钆、氧化铽、氧化镝、氧化铒、氧化铥、氧化镱、氧化镥和氧化钇含量的测定。测定范围见表 7。

本方法也适用于金属钬中镧、铈、镨、钕、钐、铕、钆、铽、镝、铒、铥、镱、镥和钇含量的测定。

表 7

氧化物	质量分数/%	氧化物	质量分数/%
氧化镧	0.000 1～0.050	氧化铽	0.000 1～0.10
氧化铈	0.000 1～0.050	氧化镝	0.000 1～0.10
氧化镨	0.000 1～0.050	氧化铒	0.000 1～0.10
氧化钕	0.000 1～0.050	氧化铥	0.000 1～0.10
氧化钐	0.000 1～0.050	氧化镱	0.000 1～0.10
氧化铕	0.000 1～0.050	氧化镥	0.000 1～0.050
氧化钆	0.000 1～0.050	氧化钇	0.000 1～0.10

11 方法原理

试样以硝酸溶解,在稀硝酸介质中,以氩等离子体为离子化源,直接进行质谱测定。测定时以内标法进行校正。

12 试剂和材料

12.1 氯化铯,优级纯。

12.2 过氧化氢 (30%),优级纯。

12.3 硝酸(ρ1.42 g/mL),优级纯。

12.4 硝酸(1+1)。

12.5 硝酸(1+19)。

12.6 铯内标溶液:称取 0.127 0 g 氯化铯(12.1),加10 mL水,溶解完全,加10 mL硝酸(12.4),移入100 mL容量瓶中,用水稀释至刻度,混匀。此溶液1 mL含 1 mg 铯。再将此溶液用硝酸(12.5)逐步稀释成1 mL含 1μg 铯的内标溶液。

12.7 氧化镧标准贮存溶液:称取0.100 0 g经 900℃灼烧 1 h 的氧化镧(>99.99%),置于100 mL烧杯中,加10 mL硝酸(12.4),低温加热至溶解完全,取下冷却,移入100 mL容量瓶中,用水稀释至刻度,混匀。此溶液1 mL含1 000 μg氧化镧。

12.8 氧化铈标准贮存溶液:称取0.100 0 g经 900℃灼烧 1 h 的氧化铈(>99.99%),置于100 mL烧杯中,加10 mL硝酸(12.4)、2 mL 过氧化氢(12.2),低温加热至溶解完全,取下冷却,移入100 mL容量瓶中,用水稀释至刻度,混匀。此溶液1 mL含1 000 μg氧化铈。

12.9 氧化镨标准贮存溶液:称取0.100 0 g经 900℃灼烧 1 h 的氧化镨(>99.99%),置于100 mL烧杯中,加10 mL硝酸(12.4),低温加热至溶解完全,取下冷却,移入100 mL容量瓶中,用水稀释至刻度,混匀。此溶液1 mL含1 000 μg氧化镨。

12.10 氧化钕标准贮存溶液:称取0.100 0 g经 900℃灼烧 1 h 的氧化钕(>99.99%),置于100 mL烧杯中,加10 mL硝酸(12.4),低温加热至溶解完全,取下冷却,移入100 mL容量瓶中,用水稀释至刻度,混匀。此溶液1 mL含1 000 μg氧化钕。

12.11 氧化钐标准贮存溶液:称取0.100 0 g经 900℃灼烧 1 h 的氧化钐(>99.99%),置于100 mL烧杯中,加10 mL硝酸(12.4),低温加热至溶解完全,取下冷却,移入100 mL容量瓶中,用水稀释至刻度,混匀。此溶液1 mL含1 000 μg氧化钐。

12.12 氧化铕标准贮存溶液:称取0.100 0 g经 900℃灼烧 1 h 的氧化铕(>99.99%),置于100 mL烧杯中,加10 mL硝酸(12.4),低温加热至溶解完全,取下冷却,移入100 mL容量瓶中,用水稀释至刻度,混匀。此溶液1 mL含1 000 μg氧化铕。

12.13 氧化钆标准贮存溶液:称取0.100 0 g经 900℃灼烧 1 h 的氧化钆(>99.99%),置于100 mL烧杯中,加10 mL硝酸(12.4),低温加热至溶解完全,取下冷却,移入100 mL容量瓶中,用水稀释至刻度,混匀。此溶液1 mL含1 000 μg氧化钆。

12.14 氧化铽标准贮存溶液:称取0.100 0 g经 900℃灼烧 1 h 的氧化铽(>99.99%),置于100 mL烧杯中,加10 mL硝酸(12.4),低温加热至溶解完全,取下冷却,移入100 mL容量瓶中,用水稀释至刻度,混匀。此溶液1 mL含1 000 μg氧化铽。

12.15 氧化镝标准贮存溶液:称取0.100 0 g经 900℃灼烧 1 h 的氧化镝(>99.99%),置于100 mL烧杯中,加10 mL硝酸(12.4),低温加热至溶解完全,取下冷却,移入100 mL容量瓶中,用水稀释至刻度,混匀。此溶液1 mL含1 000 μg氧化镝。

12.16 氧化铒标准贮存溶液:称取0.100 0 g经 900℃灼烧 1 h 的氧化铒(>99.99%),置于100 mL烧杯中,加10 mL硝酸(12.4),低温加热至溶解完全,取下冷却,移入100 mL容量瓶中,用水稀释至刻度,混匀。此溶液1 mL含1 000 μg氧化铒。

12.17 氧化铥标准贮存溶液:称取0.100 0 g经 900℃灼烧 1 h 的氧化铥(>99.99%),置于100 mL烧杯中,加10 mL硝酸(12.4),低温加热至溶解完全,取下冷却,移入100 mL容量瓶中,用水稀释至刻度,混匀。此溶液1 mL含1 000 μg氧化铥。

12.18 氧化镱标准贮存溶液：称取0.100 0 g经 900℃灼烧 1 h 的氧化镱(＞99.99%)，置于100 mL烧杯中，加10 mL硝酸(12.4)，低温加热至溶解完全，取下冷却，移入100 mL容量瓶中，用水稀释至刻度，混匀。此溶液1 mL含1 000 μg氧化镱。

12.19 氧化镥标准贮存溶液：称取0.100 0 g经 900℃灼烧 1 h 的氧化镥(＞99.99%)，置于100 mL烧杯中，加10 mL硝酸(12.4)，低温加热至溶解完全，取下冷却，移入100 mL容量瓶中，用水稀释至刻度，混匀。此溶液1 mL含1 000 μg氧化镥。

12.20 氧化钇标准贮存溶液：称取0.100 0 g经 900℃灼烧 1 h 的氧化钇(＞99.99%)，置于100 mL烧杯中，加10 mL硝酸(12.4)，低温加热至溶解完全，取下冷却，移入100 mL容量瓶中，用水稀释至刻度，混匀。此溶液1 mL含1 000 μg氧化钇。

12.21 混合稀土标准溶液：分别移取 2.00 mL 各稀土氧化物标准贮存溶液(12.7～12.20)置于100 mL容量瓶中，加 7 mL 硝酸(12.4)，用水稀释至刻度，混匀。此溶液1 mL 含各单一稀土氧化物分别为20.0 μg。再将此溶液用硝酸(12.5)稀释成1 mL含各单一稀土氧化物分别为 1.00μg 的标准溶液。

12.22 氩气(＞99.99%)。

13 仪器

电感耦合等离子体质谱仪：质量分辨率优于(0.8±0.1)amu。

14 试样

14.1 氧化物试样于 900℃灼烧 1 h，置于干燥器中，冷却至室温，立即称量。

14.2 金属试样去掉表面氧化层，取样后，立即称量。

15 分析步骤

15.1 试料

按表 8 称取试样(14)，精确至0.000 1 g。

表 8

稀土杂质(质量分数)/%	试样量/g	溶液总体积/mL
0.000 1～0.010	0.25	50
＞0.010～0.10	0.1	100

15.2 测定次数

称取二份试料，进行平行测定，取其平均值。

15.3 空白试验

随同试料做空白试验。

15.4 分析试液的制备

将试料(15.1)置于 50 mL 烧杯中，加 5 mL 水、5 mL 硝酸(12.4)，低温加热至溶解完全，取下冷却，按表 8 移入相应的容量瓶中，用水稀释至刻度，混匀，从中分取 1.00 mL 溶液于10 mL比色管中，加入0.50 mL 铯内标溶液(12.6)，用水稀释至刻度，混匀。

15.5 标准系列溶液的配制

准确移取 0 mL、0.20 mL、1.00 mL、5.00 mL、10.00 mL 混合稀土标准溶液(12.21)于 5 个100 mL容量瓶中，加入 5.0 mL 铯内标溶液(12.6)，以水稀释至刻度，混匀，待测。此标准系列溶液1 mL含各单一稀土氧化物分别为 0 ng、2.0 ng、10.0 ng、50.0 ng、100 ng。

15.6 测定

15.6.1 测量元素同位素质量数见表 9。

表 9

元素	测定同位素质量数	元素	测定同位素质量数
La	139	Dy	161
Ce	140	Er	168
Pr	141	Tm	169
Nd	146	Yb	174
Sm	147	Lu	175
Eu	153	Y	89
Gd	157	Cs	133
Tb	159		

15.6.2 将空白试验(15.3)溶液、分析试液(15.4)与标准系列溶液(15.5)同时进行氩等离子体质谱测定。

16 分析结果的计算

将标准系列溶液(15.5)的浓度直接输入计算机,用内标法进行校正,由计算机计算并输出空白试验(15.3)溶液、分析试液(15.4)中待测元素的质量浓度。

按式(2)计算被测稀土元素的质量分数(%):

$$\omega(\mathrm{X})=\frac{k\cdot(c-c_0)\cdot V_2\cdot V_0\times10^{-9}}{m\cdot V_1}\times100 \qquad (2)$$

式中:

k——各元素单质与其氧化物的换算系数,见表 4。计算氧化物含量时,$k=1$;

c——计算机输出的分析试液(15.4)中待测元素的质量浓度,单位为纳克每毫升(ng/mL);

c_0——计算机输出的空白试验(15.3)溶液中待测元素的质量浓度,单位为纳克每毫升(ng/mL);

V_2——分析试液(15.4)的体积,单位为毫升(mL);

V_0——试液总体积,单位为毫升(mL);

m——试料的质量,单位为克(g);

V_1——分取试液的体积,单位为毫升(mL)。

17 精密度

17.1 重复性

在重复性条件下获得的两次独立测试结果的测定值,在以下给出的平均值范围内,这两个测试结果的绝对差值不超过重复性限(r),超过重复性限(r)的情况不超过 5%,重复性限(r)按表 10 数据采用线性内插法求得。

表 10

氧化物	质量分数/%	重复性限(r)/%	氧化物	质量分数/%	重复性限(r)/%
氧化镧	0.000 6	0.000 1	氧化镨	0.000 4	0.000 1
	0.005 0	0.000 5		0.004 9	0.000 5
	0.047	0.004		0.048	0.004
氧化铈	0.000 5	0.000 1	氧化钕	0.000 1	0.000 1
	0.005 0	0.000 5		0.005 1	0.000 5
	0.049	0.004		0.049	0.004

表 10(续)

氧化物	质量分数/%	重复性限(*r*)/%	氧化物	质量分数/%	重复性限(*r*)/%
氧化钐	0.000 4	0.000 1	氧化铒	0.000 5	0.000 1
	0.005 0	0.000 5		0.010	0.001
	0.049	0.004		0.095	0.008
氧化铕	0.000 7	0.000 1	氧化铥	0.000 5	0.000 1
	0.005 0	0.000 5		0.010	0.001
	0.049	0.005		0.097	0.008
氧化钆	0.000 4	0.000 1	氧化镱	0.000 9	0.000 2
	0.009 4	0.000 8		0.010	0.001
	0.088	0.007		0.10	0.008
氧化铽	0.000 6	0.000 1	氧化镥	0.000 4	0.000 1
	0.010	0.001		0.006 5	0.000 7
	0.095	0.008		0.050	0.005
氧化镝	0.000 8	0.000 2	氧化钇	0.001 6	0.000 3
	0.009 5	0.001 0		0.010	0.001
	0.096	0.008		0.095	0.008
注：重复性限(*r*)为 2.8×*Sr*,*Sr* 为重复性标准差。					

17.2 允许差

实验室之间分析结果的差值应不大于表 11 所列允许差。

表 11

氧化物	质量分数/%	允许差/%	氧化物	质量分数/%	允许差/%
氧化镧 氧化铈 氧化镨 氧化钕 氧化钐 氧化铕 氧化钆 氧化镥	0.000 1 ～ 0.000 3 ＞0.000 3 ～0.001 0 ＞0.001 0 ～ 0.003 0 ＞0.003 0 ～ 0.008 0 ＞0.008 0 ～0.020 ＞0.020 ～ 0.050	0.000 1 0.000 2 0.000 5 0.001 0 0.002 0.005	氧化铽 氧化镝 氧化铒 氧化铥 氧化镱 氧化钇	0.000 1 ～ 0.000 3 ＞0.000 3 ～ 0.001 0 ＞0.001 0 ～ 0.003 0 ＞0.003 0 ～ 0.008 0 ＞0.008 0 ～0.020 ＞0.020～ 0.050 ＞0.050 ～ 0.100	0.000 1 0.000 2 0.000 5 0.001 0 0.002 0.005 0.010

18 质量保证和控制

每周用自制的控制标样(如有国家级或行业级标样时,应首先使用)校核一次本标准分析方法的有效性。当过程失控时,应找出原因,纠正错误,重新进行校核。

ICS 77.120.99
H 14

中华人民共和国国家标准

GB/T 18115.11—2006
代替 GB/T 18115.10—2000

稀土金属及其氧化物中稀土杂质化学分析方法 铒中镧、铈、镨、钕、钐、铕、钆、铽、镝、钬、铥、镱、镥和钇量的测定

Chemical analysis methods of rare earth impurities in rare earth metals and their oxides—Erbium—Determination of lanthanum, cerium, praseodymium, neodymium, samarium, europium, gadolinium, terbium, dysprosium, holmium, thulium, ytterbium, lutetium and yttrium contents

2006-04-13 发布　　　　2006-10-01 实施

中华人民共和国国家质量监督检验检疫总局
中国国家标准化管理委员会　发布

前言

本部分代替 GB/T 18115.10—2000《稀土氧化物化学分析方法　电感耦合等离子体发射光谱法测定氧化铒中氧化镧、氧化铈、氧化镨、氧化钕、氧化钐、氧化铕、氧化钆、氧化铽、氧化镝、氧化钬、氧化铥、氧化镱、氧化镥和氧化钇量》，本部分与前一版本相比主要变化如下：

——电感耦合等离子体光谱法，增加了 4 条参考谱线，分别为：Pr422.535 nm、Gd342.247 nm、Tb384.873 nm、Tm336.261 nm；

——增加了精密度(重复性)条款；

——增加了电感耦合等离子体质谱法。

两个方法的分析范围有重叠部分时，以方法 2 作为仲裁方法。

本部分由国家发展和改革委员会稀土办公室提出。

本部分由全国稀土标准化技术委员会归口并负责解释。

本部分由北京有色金属研究总院、中国有色金属工业标准计量质量研究所负责起草。

本部分方法 1 由北京有色金属研究总院起草。

本部分方法 1 由宜兴市新威利成稀土有限公司、湖南升华稀土金属材料有限责任公司参加起草。

本部分方法 1 主要起草人：杨萍、江红、童坚、刘鹏宇。

本部分方法 1 主要验证人：吴敏、许彩云、郭海军、王玉英。

本部分方法 2 由西北有色地质研究院起草。

本部分方法 2 由北京有色金属研究总院、江阴加华新材料资源有限公司参加起草。

本标准方法 2 主要起草人：李中玺、冯玉怀、杨宏斌。

本标准方法 2 主要验证人：李继东、伍星、何风娟、张悫。

本部分所代替标准的历次版本发布情况为：

——GB/T 18115.10—2000。

稀土金属及其氧化物中稀土杂质化学分析方法 铒中镧、铈、镨、钕、钐、铕、钆、铽、镝、钬、铥、镱、镥和钇量的测定

电感耦合等离子体光谱法(方法 1)

1 范围

本方法规定了氧化铒中氧化镧、氧化铈、氧化镨、氧化钕、氧化钐、氧化铕、氧化钆、氧化铽、氧化镝、氧化钬、氧化铥、氧化镱、氧化镥和氧化钇含量的测定方法。

本方法适用于氧化铒中氧化镧、氧化铈、氧化镨、氧化钕、氧化钐、氧化铕、氧化钆、氧化铽、氧化镝、氧化钬、氧化铥、氧化镱、氧化镥和氧化钇含量的测定。测定范围见表 1。

本方法也适用于金属铒中镧、铈、镨、钕、钐、铕、钆、铽、镝、钬、铥、镱、镥和钇含量的测定。

表 1

氧化物	质量分数/%	氧化物	质量分数/%
氧化镧	0.002 0～0.100	氧化铽	0.005 0～0.200
氧化铈	0.005 0～0.100	氧化镝	0.005 0～0.200
氧化镨	0.005 0～0.100	氧化钬	0.005 0～0.200
氧化钕	0.005 0～0.100	氧化铥	0.002 0～0.200
氧化钐	0.005 0～0.100	氧化镱	0.002 0～0.200
氧化铕	0.002 0～0.100	氧化镥	0.002 0～0.100
氧化钆	0.005 0～0.200	氧化钇	0.002 0～0.200

2 方法原理

试样以盐酸溶解，在稀盐酸介质中，直接以氩等离子体光源激发，进行光谱测定，以基体匹配法校正基体对测定的影响。

3 试剂

3.1 过氧化氢(30%)。

3.2 盐酸(1+1)。

3.3 盐酸(1+19)。

3.4 硝酸(1+1)。

3.5 氩气 (>99.99%)。

3.6 氧化铒基体溶液：称取 25.000 0 g 经 900℃灼烧 1 h 的氧化铒(>99.999%)，于 250 mL 烧杯中，加 75 mL 盐酸(3.2)，低温加热溶解至清亮，冷却至室温，溶液移入 500 mL 容量瓶中，用水稀释至刻度，混匀。此溶液1 mL含 50 mg 氧化铒。

3.7 氧化镧标准贮存溶液：称取0.100 0 g经 900℃灼烧 1 h 的氧化镧(>99.99%)，置于100 mL烧杯中，加10 mL盐酸(3.2)，低温加热至溶解完全，冷却至室温，移入100 mL容量瓶中，用水稀释至刻度，混

匀。此溶液1 mL含 1 mg 氧化镧。再将此溶液用盐酸(3.3)稀释成1 mL含100 μg和1 mL含10 μg氧化镧的标准溶液。

3.8　氧化铈标准贮存溶液:称取0.100 0 g经 900℃灼烧 1 h 的氧化铈(>99.99%),置于100 mL烧杯中,加10 mL硝酸(3.4),低温加热,并滴加过氧化氢(3.1)至溶解完全,冷却至室温,移入100 mL容量瓶中,用水稀释至刻度,混匀。此溶液1 mL含 1 mg 氧化铈。再将此溶液用盐酸(3.3)稀释成1 mL含100 μg和1 mL含10 μg氧化铈的标准溶液。

3.9　氧化镨标准贮存溶液:称取0.100 0 g经 900℃灼烧 1 h 的氧化镨(>99.99%),置于100 mL烧杯中,加10 mL盐酸(3.2),低温加热至溶解完全,冷却至室温,移入100 mL容量瓶中,用水稀释至刻度,混匀。此溶液1 mL含 1 mg 氧化镨。再将此溶液用盐酸(3.3)稀释成1 mL含100 μg和1 mL含10 μg氧化镨的标准溶液。

3.10　氧化钕标准贮存溶液:称取0.100 0 g经 900℃灼烧 1 h 的氧化钕(>99.99%),置于100 mL烧杯中,加10 mL盐酸(3.2),低温加热至溶解完全,冷却至室温,移入100 mL容量瓶中,用水稀释至刻度,混匀。此溶液1 mL含 1 mg 氧化钕。再将此溶液用盐酸(3.3)稀释成1 mL含100 μg和1 mL含10 μg氧化钕的标准溶液。

3.11　氧化钐标准贮存溶液:称取0.100 0 g经 900℃灼烧 1 h 的氧化钐(>99.99%),置于100 mL烧杯中,加10 mL盐酸(3.2),低温加热至溶解完全,冷却至室温,移入100 mL容量瓶中,用水稀释至刻度,混匀。此溶液1 mL含 1 mg 氧化钐。再将此溶液用盐酸(3.3)稀释成1 mL含100 μg和1 mL含10 μg氧化钐的标准溶液。

3.12　氧化铕标准贮存溶液:称取0.100 0 g经 900℃灼烧 1 h 的氧化铕(>99.99%),置于100 mL烧杯中,加10 mL盐酸(3.2),低温加热至溶解完全,冷却至室温,移入100 mL容量瓶中,用水稀释至刻度,混匀。此溶液1 mL含 1 mg 氧化铕。再将此溶液用盐酸(3.3)稀释成1 mL含100 μg和1 mL含10 μg氧化铕的标准溶液。

3.13　氧化钆标准贮存溶液:称取0.100 0 g经 900℃灼烧 1 h 的氧化钆(>99.99%),置于100 mL烧杯中,加10 mL盐酸(3.2),低温加热至溶解完全,冷却至室温,移入100 mL容量瓶中,用水稀释至刻度,混匀。此溶液1 mL含 1 mg 氧化钆。再将此溶液用盐酸(3.3)稀释成1 mL含100 μg和1 mL含10 μg氧化钆的标准溶液。

3.14　氧化铽标准贮存溶液:称取0.100 0 g经 900℃灼烧 1 h 的氧化铽(>99.99%),置于100 mL烧杯中,加10 mL硝酸(3.4),低温加热至溶解完全,冷却至室温,移入100 mL容量瓶中,用水稀释至刻度,混匀。此溶液1 mL含 1 mg 氧化铽。再将此溶液用盐酸(3.3)稀释成1 mL含100 μg和1 mL含10 μg氧化铽的标准溶液。

3.15　氧化镝标准贮存溶液:称取0.100 0 g经 900℃灼烧 1 h 的氧化镝(>99.99%),置于100 mL烧杯中,加10 mL盐酸(3.2),低温加热至溶解完全,冷却至室温,移入100 mL容量瓶中,用水稀释至刻度,混匀。此溶液1 mL含 1 mg 氧化镝。再将此溶液用盐酸(3.3)稀释成1 mL含100 μg和1 mL含10 μg氧化镝的标准溶液。

3.16　氧化钬标准贮存溶液:称取0.100 0 g经 900℃灼烧 1 h 的氧化钬(>99.99%),置于100 mL烧杯中,加10 mL盐酸(3.2),低温加热至溶解完全,冷却至室温,移入100 mL容量瓶中,用水稀释至刻度,混匀。此溶液1 mL含 1 mg 氧化钬。再将此溶液用盐酸(3.3)稀释成1 mL含100 μg和1 mL含10 μg氧化钬的标准溶液。

3.17　氧化铥标准贮存溶液:称取0.100 0 g经 900℃灼烧 1 h 的氧化铥(>99.99%),置于100 mL烧杯中,加10 mL盐酸(3.2),低温加热至溶解完全,冷却至室温,移入100 mL容量瓶中,用水稀释至刻度,混匀。此溶液1 mL含 1 mg 氧化铥。再将此溶液用盐酸(3.3)稀释成1 mL含100 μg和1 mL含10 μg氧化铥的标准溶液。

3.18　氧化镱标准贮存溶液:称取0.100 0 g经 900℃灼烧 1 h 的氧化镱(>99.99%),置于100 mL烧杯中，加10 mL盐酸(3.2)，低温加热至溶解完全，冷却至室温，移入100 mL容量瓶中，用水稀释至刻度，混匀。此溶液1 mL含 1 mg 氧化镱。再将此溶液用盐酸(3.3)稀释成1 mL含100 μg和1 mL含10 μg氧化镱的标准溶液。

3.19 氧化镥标准贮存溶液：称取0.100 0 g经 900℃灼烧 1 h 的氧化镥(＞99.99%)，置于100 mL烧杯中，加10 mL盐酸(3.2)，低温加热至溶解完全，冷却至室温，溶液移入100 mL容量瓶中，用水稀释至刻度，混匀。此溶液1 mL含 1 mg 氧化镥。再将此溶液用盐酸(3.3)稀释成1 mL含100 μg和1 mL含10 μg氧化镥的标准溶液。

3.20 氧化钇标准贮存溶液：称取0.100 0 g经 900℃灼烧 1 h 的氧化钇(＞99.99%)，置于100 mL烧杯中，加10 mL盐酸(3.2)，低温加热至溶解完全，冷却至室温，溶液移入100 mL容量瓶中，用水稀释至刻度，混匀。此溶液1 mL含 1 mg 氧化钇。再将此溶液用盐酸(3.3)稀释成1 mL含100 μg和1 mL含10 μg氧化钇的标准溶液。

4 仪器

4.1 电感耦合等离子体光谱仪，分辨率＜0.006 nm(200 nm 处)。

4.2 光源：氩等离子体光源。

5 试样

5.1 氧化物试样于 900℃灼烧 1 h，置于干燥器中，冷却至室温，立即称量。

5.2 金属试样应去掉表面氧化层，取样后立即称量。

6 分析步骤

6.1 试料

6.1.1 氧化物试料

称取 0.500 g 试样(5.1)，精确至0.000 1 g。

6.1.2 金属试料

称取 0.437 g 试样(5.2)，精确至0.000 1 g。

6.2 测定次数

称取二份试料，进行平行测定，取其平均值。

6.3 分析试液的制备

将试料(6.1)置于100 mL烧杯中，加入10 mL水，加10 mL盐酸(3.2)，低温加热至溶解完全，冷却至室温，移入100 mL容量瓶中用水稀释至刻度，混匀，待用。

6.4 标准系列溶液的配制

将氧化铒基体溶液(3.6)和各稀土氧化物标准溶液(3.7～3.20)按表 2 分别移入 5 个100 mL容量瓶中，加入 8 mL 盐酸(3.2)，以水稀释至刻度，混匀，制得标准系列溶液，待用。

表 2

标液标号	各稀土(以氧化物计)质量浓度/(μg/mL)							
	氧化铒	氧化镧	氧化铈	氧化镨	氧化钕	氧化钐	氧化铕	氧化钆
1	5 000	0	0	0	0	0	0	0
2	5 000	0.20	—	—	—	—	0.20	—
3	5 000	0.50	0.50	0.50	0.50	0.50	0.50	0.50
4	5 000	1.00	1.00	1.00	1.00	1.00	1.00	1.00
5	5 000	10.00	10.00	10.00	10.00	10.00	10.00	10.00

表 2(续)

标液标号	各稀土(以氧化物计)质量浓度/(μg/mL)						
	氧化铽	氧化镝	氧化钬	氧化铥	氧化镱	氧化镥	氧化钇
1	0	0	0	0	0	0	0
2	—	—	—	0.20	0.20	0.20	0.20
3	0.50	0.50	0.50	0.50	0.50	0.50	0.50
4	1.00	1.00	1.00	1.00	1.00	1.00	1.00
5	10.00	10.00	10.00	10.00	10.00	10.00	10.00

6.5 测定

6.5.1 推荐分析线见表 3。

表 3

元　素	分析线/nm	元　素	分析线/nm
La	408.672	Tb	350.917,384.873
Ce	413.380	Dy	353.170
Pr	422.293,422.535	Ho	345.600
Nd	406.109	Tm	379.575,336.261
Sm	359.260	Yb	328.937
Eu	420.505	Lu	261.542
Gd	336.224,342.247	Y	371.030

6.5.2 将分析试液(6.3)与标准系列溶液(6.4)同时进行氩等离子体光谱测定。

7 分析结果的表述

将标准系列溶液(6.4)的含量直接输入计算机,根据标准系列溶液(6.4)和分析试液(6.3)的强度值,由计算机计算、校正并输出分析试液(6.3)中待测稀土元素的质量浓度。

按式(1)计算待测稀土元素的质量分数(%):

$$w(\mathrm{X})=\frac{k\cdot c\cdot V_0\times10^{-6}}{m_0}\times100 \qquad \cdots\cdots(1)$$

式中:

k——各元素单质与其氧化物的换算系数,见表 4。计算氧化物含量时,$k=1$;

c——自工作曲线上查得被测稀土氧化物的质量浓度,单位为微克每毫升(μg/mL);

V_0——试液总体积,单位为毫升(mL);

m_0——试料的质量,单位为克(g)。

表 4

元　素	k	元　素	k
La	0.852 6	Tb	0.850 2
Ce	0.814 0	Dy	0.871 3
Pr	0.827 7	Ho	0.873 0
Nd	0.857 3	Tm	0.875 6
Sm	0.862 4	Yb	0.878 2
Eu	0.863 6	Lu	0.879 4
Gd	0.867 6	Y	0.787 4

8 精密度

8.1 重复性

在重复性条件下获得的两次独立测试结果的测定值，在以下给出的平均值范围内，这两个测试结果的绝对差值不超过重复性限(r)，超过重复性限(r)的情况不超过5%。重复性限(r)按表5数据采用线性内插法求得：

表 5

氧化物	质量分数/%	重复性限(r)	氧化物	质量分数/%	重复性限(r)
氧化镧	0.005 2	0.001 0	氧化铽	0.009 5	0.001 5
	0.045	0.003		0.091	0.005
	0.091	0.005		0.18	0.02
氧化铈	0.004 4	0.001 0	氧化镝	0.010	0.002
	0.009 4	0.002 0		0.094	0.005
	0.088	0.005		0.18	0.02
氧化镨	0.007 9	0.001 2	氧化钬	0.009 9	0.001 5
	0.050	0.003		0.089	0.005
	0.089	0.005		0.18	0.02
氧化钕	0.004 8	0.001 0	氧化铥	0.009 6	0.001 5
	0.046	0.003		0.091	0.005
	0.090	0.006		0.18	0.02
氧化钐	0.005 0	0.001 0	氧化镱	0.008 9	0.001 5
	0.046	0.003		0.048	0.003
	0.091	0.005		0.18	0.02
氧化铕	0.004 9	0.001 0	氧化镥	0.004 7	0.001 0
	0.045	0.003		0.046	0.003
	0.098	0.005		0.092	0.005
氧化钆	0.009 4	0.001 5	氧化钇	0.014	0.002
	0.088	0.005		0.096	0.005
	0.18	0.02		0.19	0.02

注：重复性限(r)为2.8×Sr，Sr为重复性标准差。

8.2 允许差

实验室之间分析结果的差值应不大于表6所列允许差。

表 6

氧化物	质量分数/%	允许差/%	氧化物	质量分数/%	允许差/%
氧化镧 氧化铕 氧化镥	0.002 0～0.003 0	0.000 8	氧化铥 氧化镱 氧化钇	0.002 0～0.003 0	0.000 8
	＞0.003 0～0.005 0	0.001 2		＞0.003 0～0.005 0	0.001 2
	＞0.005 0～0.010	0.002 0		＞0.005 0～0.010	0.002 0
	＞0.010～0.030	0.003		＞0.010～0.030	0.003
	＞0.030～0.050	0.005		＞0.030～0.050	0.005
	＞0.050～0.080	0.008		＞0.050～0.080	0.008
	＞0.080～0.100	0.015		＞0.080～0.100	0.015
				＞0.100～0.20	0.020
氧化铈 氧化镨 氧化钕 氧化钐	0.005 0～0.010	0.002 0	氧化钆 氧化铽 氧化镝 氧化钬	0.005 0～0.010	0.002 0
	＞0.010～0.030	0.003		＞0.010～0.030	0.003
	＞0.030～0.050	0.005		＞0.030～0.050	0.005
	＞0.050～0.080	0.008		＞0.050～0.080	0.008
	＞0.080～0.100	0.015		＞0.080～0.100	0.015
				＞0.100～0.20	0.020

9 质量保证与控制

每周用自制的控制标样(如有国家级或行业级标样时,应首先使用)校核一次本标准分析方法的有效性。当过程失控时,应找出原因,纠正错误,重新进行校核。

电感耦合等离子体质谱法(方法 2)

10 范围

本方法规定了氧化铒中氧化镧、氧化铈、氧化镨、氧化钕、氧化钐、氧化铕、氧化钆、氧化铽、氧化镝、氧化钬、氧化铥、氧化镱、氧化镥和氧化钇含量的测定方法。

本方法适用于氧化铒中氧化镧、氧化铈、氧化镨、氧化钕、氧化钐、氧化铕、氧化钆、氧化铽、氧化镝、氧化钬、氧化铥、氧化镱、氧化镥和氧化钇含量的测定。测定范围见表 7。

本方法也适用于金属铒中镧、铈、镨、钕、钐、铕、钆、铽、镝、钬、铥、镱、镥和钇含量的测定。

表 7

氧化物	质量分数/%	氧化物	质量分数/%
氧化镧	0.000 1～0.005 0	氧化铽	0.000 1～0.010
氧化铈	0.000 1～0.005 0	氧化镝	0.000 1～0.010
氧化镨	0.000 1～0.010	氧化钬	0.000 1～0.010
氧化钕	0.000 1～0.005 0	氧化铥	0.000 1～0.010
氧化钐	0.000 1～0.005 0	氧化镱	0.000 1～0.010
氧化铕	0.000 1～0.005 0	氧化镥	0.000 1～0.005 0
氧化钆	0.000 1～0.010	氧化钇	0.000 1～0.010

11 方法原理

试样以硝酸溶解,在稀硝酸介质中,以氩等离子体为离子化源,直接进行质谱测定。测定时以内标法校正。

12 试剂和材料

12.1 氯化铯，优级纯。

12.2 过氧化氢(30%)，优级纯。

12.3 硝酸(ρ1.42 g/mL)，优级纯。

12.4 硝酸(1+3)。

12.5 硝酸(1+49)。

12.6 氩气(>99.99%)。

12.7 铯内标溶液：称取0.127 0 g氯化铯(12.1)，加10 mL水，溶解完全，加5 mL硝酸(12.4)，移入100 mL容量瓶中，用水稀释至刻度，混匀。此溶液1 mL含1 mg铯。再将此溶液用硝酸(12.5)逐步稀释成1 mL含1μg铯的内标溶液。

12.8 氧化镧标准贮存溶液：称取0.100 0 g经900℃灼烧1 h的氧化镧(>99.99%)，置于100 mL烧杯中，加10 mL硝酸(12.4)，低温加热至溶解完全，取下冷却，移入100 mL容量瓶中，用水稀释至刻度，混匀。此溶液1 mL含1 000 μg氧化镧。

12.9 氧化铈标准贮存溶液：称取0.100 0 g经900℃灼烧1 h的氧化铈(>99.99%)，置于100 mL烧杯中，加10 mL硝酸(12.4)，2 mL过氧化氢(12.2)，低温加热至溶解完全，取下冷却，移入100 mL容量瓶中，用水稀释至刻度，混匀。此溶液1 mL含1 000 μg氧化铈。

12.10 氧化镨标准贮存溶液：称取0.100 0 g经900℃灼烧1 h的氧化镨(>99.99%)，置于100 mL烧杯中，加10 mL硝酸(12.4)，低温加热至溶解完全，取下冷却，移入100 mL容量瓶中，用水稀释至刻度，混匀。此溶液1 mL含1 000 μg氧化镨。

12.11 氧化钕标准贮存溶液：称取0.100 0 g经900℃灼烧1 h的氧化钕(>99.99%)，置于100 mL烧杯中，加10 mL硝酸(12.4)，低温加热至溶解完全，取下冷却，移入100 mL容量瓶中，用水稀释至刻度，混匀。此溶液1 mL含1 000 μg氧化钕。

12.12 氧化钐标准贮备溶液：称取0.100 0 g经900℃灼烧1 h的氧化钐(>99.99%)，置于100 mL烧杯中，加入10 mL硝酸(12.4)，低温加热至溶解完全，取下冷却，移入100 mL容量瓶中，用水稀释至刻度，混匀。此溶液1 mL含1 000 μg氧化钐。

12.13 氧化铕标准贮存溶液：称取0.100 0 g经900℃灼烧1 h的氧化铕(>99.99%)，置于100 mL烧杯中，加10 mL硝酸(12.4)，低温加热至溶解完全，取下冷却，移入100 mL容量瓶中，用水稀释至刻度，混匀。此溶液1 mL含1 000 μg氧化铕。

12.14 氧化钆标准贮存溶液：称取0.100 0 g经900℃灼烧1 h的氧化钆(>99.99%)，置于100 mL烧杯中，加10 mL硝酸(12.4)，低温加热至溶解完全，取下冷却，移入100 mL容量瓶中，用水稀释至刻度，混匀。此溶液1 mL含1 000 μg氧化钆。

12.15 氧化铽标准贮存溶液：称取0.100 0 g经900℃灼烧1 h的氧化铽(>99.99%)，置于100 mL烧杯中，加10 mL硝酸(12.4)，低温加热至溶解完全，取下冷却，移入100 mL容量瓶中，用水稀释至刻度，混匀。此溶液1 mL含1 000 μg氧化铽。

12.16 氧化镝标准贮存溶液：称取0.100 0 g经900℃灼烧1 h的氧化镝(>99.99%)，置于100 mL烧杯中，加10 mL硝酸(12.4)，低温加热至溶解完全，取下冷却，移入100 mL容量瓶中，用水稀释至刻度，混匀。此溶液1 mL含1 000 μg氧化镝。

12.17 氧化钬标准贮存溶液：称取0.100 0 g经900℃灼烧1 h的氧化钬(>99.99%)，置于100 mL烧杯中，加10 mL硝酸(12.4)，低温加热至溶解完全，取下冷却，移入100 mL容量瓶中，用水稀释至刻度，混匀。此溶液1 mL含1 000 μg氧化钬。

12.18 氧化铥标准贮存溶液：称取0.100 0 g经900℃灼烧1 h的氧化铥(>99.99%)，置于100 mL烧杯中，加10 mL硝酸(12.4)，低温加热至溶解完全，取下冷却，移入100 mL容量瓶中，用水稀释至刻度，混匀。此溶液1 mL含1 000 μg氧化铥。

12.19 氧化镱标准贮存溶液:称取0.100 0 g经 900℃灼烧 1 h 的氧化镱(>99.99%),置于100 mL烧杯中,加10 mL硝酸(12.4),低温加热至溶解完全,取下冷却,移入100 mL容量瓶中,用水稀释至刻度,混匀。此溶液1 mL含1 000 μg氧化镱。

12.20 氧化镥标准贮存溶液:称取0.100 0 g经 900℃灼烧 1 h 的氧化镥(>99.99%),置于100 mL烧杯中,加10 mL硝酸(12.4),低温加热至溶解完全,取下冷却,移入100 mL容量瓶中,用水稀释至刻度,混匀。此溶液1 mL含1 000 μg氧化镥。

12.21 氧化钇标准贮存溶液:称取0.100 0 g经 900℃灼烧 1 h 的氧化钇(>99.99%),置于100 mL烧杯中,加10 mL硝酸(12.4),低温加热至溶解完全,取下冷却,移入100 mL容量瓶中,用水稀释至刻度,混匀。此溶液1 mL含1 000 μg氧化钇。

12.22 混合稀土标准溶液:分别移取 2.00 mL 各稀土氧化物标准贮存溶液(12.8～12.21)置于100 mL容量瓶中,加 5 mL 硝酸(12.4),用水稀释至刻度,混匀。此溶液1 mL含各单一稀土氧化物分别为20.0 μg。再将此溶液用硝酸(12.5)稀释成1 mL含各单一稀土氧化物分别为 1.00 μg的标准溶液。

13 仪器

电感耦合等离子质谱仪,质量分辨率优于(0.8±0.1)amu。

14 试样

14.1 氧化物试样于 900℃灼烧 1 h,置于干燥器中,冷却至室温,立即称量。

14.2 金属试样去掉表面氧化层,取样后,立即称量。

15 分析步骤

15.1 试料

按表 8 称取试样(14),精确至0.000 1 g。

表 8

稀土杂质(质量分数)/%	试样量 / g
0.000 05～0.002 0	0.5
>0.002～0.01	0.25

15.2 测定次数

称取二份试料,进行平行测定,取其平均值。

15.3 空白试验

随同试料做空白试验。

15.4 分析试液的制备

将试料(15.1) 置于 50 mL 烧杯中,加 5 mL 水、5 mL 硝酸(12.4)、1 mL过氧化氢(12.2),低温加热至溶解完全,蒸至近干,取下,冷却后,加10 mL硝酸(12.4),移入 50 mL 容量瓶中,用水稀释至刻度,混匀,从中分取 1.00 mL 溶液于10 mL比色管中,加入 0.50 mL 铯内标溶液(12.7),用硝酸(12.5)稀释至刻度,混匀。

15.5 标准系列溶液的配制

准确移取 0 mL、0.20 mL、1.00 mL、5.00 mL、10.00 mL 混合稀土标准溶液(12.22)于 5 个100 mL容量瓶中,加入 5.0 mL 铯内标溶液(12.7),用硝酸(12.5)稀释至刻度,混匀,待测。此标准系列溶液1 mL含各单一稀土氧化物分别为 0 ng、2.0 ng、10.0 ng、50.0 ng、100 ng。

15.6 测定

15.6.1 测量元素同位素质量数见表 9。

表 9

元素	测定同位素质量数	元素	测定同位素质量数	校正方程
La	139	Dy	161	
Ce	140	Ho	165	
Pr	141	Tm	169	
Nd	146	Yb	172,171*	$I_{165Ho}=I_{165}-0.105\cdot I_{171Yb}+0.0715\cdot I_{172Yb}$
Sm	147	Lu	175	$I_{169Tm}=I_{169}-1.82\cdot I_{171Yb}+1.24\cdot I_{172Yb}$
Eu	153	Y	89	
Gd	157	Cs	133	
Tb	159			

* 测定同位素质量数用于干扰校正。

15.6.2 将空白试验(15.3)溶液、分析试液(15.4)与标准系列溶液(15.5)同时进行氩等离子体质谱测定。

16 分析结果的计算

将标准系列溶液(15.5)的浓度直接输入计算机,用内标法校正,由计算机计算并输出空白试验(15.3)溶液、分析试液(15.4)中待测元素的质量浓度。

按式(2)计算被测稀土元素的质量分数(%):

$$w(\mathrm{X})=\frac{k\cdot(c-c_0)\cdot V_2\cdot V_0\times10^{-9}}{m\cdot V_1}\times100 \qquad (2)$$

式中:

k——各元素单质与其氧化物的换算系数,见表 4。计算氧化物含量时,$k=1$;

c——计算机输出的分析试液(15.4)中待测元素的浓度,单位为纳克每毫升(ng/mL);

c_0——计算机输出的空白试验(15.3)溶液中待测元素的质量浓度,单位为纳克每毫升(ng/mL);

V_2——分析试液(15.4)的体积,单位为毫升(mL);

V_0——试液总体积,单位为毫升(mL);

m——试料的质量,单位为克(g);

V_1——分取试液的体积,单位为毫升(mL)。

17 精密度

17.1 重复性

在重复性条件下获得的两次独立测试结果的测定值,在以下给出的平均值范围内,这两个测试结果的绝对差值不超过重复性限(r),超过重复性限(r)的情况不超过 5%,重复性限(r)按表 10 数据采用线性内插法求得。

表 10

氧化物	质量分数/%	重复性限(r)/%	氧化物	质量分数/%	重复性限(r)/%
氧化镧	0.000 1	0.000 03	氧化铽	0.000 1	0.000 03
	0.001 0	0.000 2		0.001 1	0.000 2
	0.005 0	0.000 6		0.010 0	0.001 0
氧化铈	0.000 1	0.000 03	氧化镝	0.000 1	0.000 03
	0.001 0	0.000 2		0.001 0	0.000 2
	0.004 9	0.000 6		0.010 6	0.001 1

表 10(续)

氧化物	质量分数/%	重复性限(r)/%	氧化物	质量分数/%	重复性限(r)/%
氧化镨	0.000 1	0.000 03	氧化钬	0.000 1	0.000 05
	0.001 0	0.000 2		0.001 0	0.000 3
	0.008 6	0.000 9		0.010 2	0.001 5
氧化钕	0.000 2	0.000 05	氧化铥	0.000 1	0.000 05
	0.001 0	0.000 2		0.001 0	0.000 3
	0.005 0	0.000 6		0.010 1	0.001 5
氧化钐	0.000 1	0.000 03	氧化镱	0.000 1	0.000 03
	0.001 0	0.000 2		0.001 0	0.000 2
	0.005 2	0.000 6		0.009 8	0.000 10
氧化铕	0.000 1	0.000 03	氧化镥	0.000 5	0.000 1
	0.001 0	0.000 2		0.001 0	0.000 2
	0.005 1	0.000 6		0.005 2	0.000 6
氧化钆	0.000 1	0.000 03	氧化钇	0.000 7	0.000 2
	0.000 9	0.000 2		0.001 0	0.000 2
	0.009 6	0.001 0		0.012 9	0.001 3
注:重复性限(r)为 2.8×Sr,Sr 为重复性标准差。					

17.2 允许差

实验室之间分析结果的差值应不大于表 11 所列允许差。

表 11

氧化物	质量分数/%	允许差/%	氧化物	质量分数/%	允许差/%
氧化镧	0.000 1~0.000 3	0.000 1	氧化镨	0.000 1~0.000 3	0.000 1
氧化铈	>0.000 3~0.000 6	0.000 2	氧化钆	>0.000 3~0.000 6	0.000 2
氧化钕	>0.000 6~0.001 0	0.000 3	氧化铽	>0.000 6~0.001 0	0.000 3
氧化钐	>0.001 0~0.002 0	0.000 5	氧化镝	>0.001 0~0.002 0	0.000 5
氧化铕	>0.002 0~0.003 5	0.000 7	氧化钬	>0.002 0~0.003 5	0.000 7
氧化镥	>0.003 5~0.005 0	0.000 9	氧化铥	>0.003 5~0.005 0	0.000 9
			氧化镱	>0.005 0~0.007 0	0.001 2
			氧化钇	>0.007 0~0.010 0	0.001 5

18 质量保证和控制

每周用自制的控制标样(如有国家级或行业级标样时,应首先使用)校核一次本标准分析方法的有效性。当过程失控时,应找出原因,纠正错误,重新进行校核。

ICS 77.120.99
H 14

中华人民共和国国家标准

GB/T 18115.12—2006
代替 GB/T 8762.5—1988、GB/T 16480.1—1996

稀土金属及其氧化物中稀土杂质化学分析方法 钇中镧、铈、镨、钕、钐、铕、钆、铽、镝、钬、铒、铥、镱和镥量的测定

Chemical analysis methods of rare earth impurities in rare earth metals and their oxides—Yttrium—Determination of lanthanum, cerium, praseodymium, neodymium, samarium, europium, gadolinium, terbium, dysprosium, holmium, erbium, thulium, ytterbium and lutetium contents

2006-04-13 发布　　2006-10-01 实施

中华人民共和国国家质量监督检验检疫总局
中国国家标准化管理委员会　发布

前　言

本部分代替 GB/T 8762.5—1988《荧光级氧化钇中微量稀土氧化物测定　化学光谱和直接光谱法》、GB/T 16480.1—1996《金属钇及氧化钇化学分析方法　氧化镧、氧化铈、氧化镨、氧化钕、氧化钐、氧化铕、氧化钆、氧化铽、氧化镝、氧化钬、氧化铒、氧化铥、氧化镱和氧化镥量的测定》，本部分与前一版本相比主要变化如下：

——电感耦合等离子光谱法，增加了 Ho345.600 nm 参考谱线；

——增加了精密度(重复性)条款；

——废除了原化学光谱和直接光谱法；

——增加了电感耦合等离子质谱法。

两个方法的分析范围出现重叠时，以方法 2 作为仲裁方法。

本部分由国家发展和改革委员会稀土办公室提出。

本部分由全国稀土标准化技术委员会归口并负责解释。

本部分由北京有色金属研究总院、中国有色金属工业标准计量质量研究所负责起草。

本部分方法 1 由上海跃龙新材料股份有限公司起草。

本部分方法 1 由江阴加华新材料资源有限公司、九江有色金属冶炼厂参加起草。

本部分方法 1 主要起草人：谈世群、封望亭、吴克平。

本部分方法 1 主要验证人：王寿虹、李小军、宋金华、王丽霞。

本部分方法 2 由江阴加华新材料资源有限公司起草。

本部分方法 2 由北京有色金属研究总院、西北有色地质研究院参加起草。

本部分方法 2 主要起草人：张悫、王寿虹。

本部分方法 2 主要验证人：胡小蒙、伍星、冯玉怀、杨宏斌、李中玺。

本部分所代替标准的历次版本发布情况为：

——GB/T 8762.5—1988；

——GB/T 16480.1—1996。

稀土金属及其氧化物中稀土杂质化学分析方法 钇中镧、铈、镨、钕、钐、铕、钆、铽、镝、钬、铒、铥、镱和镥量的测定

电感耦合等离子体光谱法(方法1)

1 范围

本方法规定了氧化钇中氧化镧、氧化铈、氧化镨、氧化钕、氧化钐、氧化铕、氧化钆、氧化铽、氧化镝、氧化钬、氧化铒、氧化铥、氧化镱和氧化镥含量的测定方法。

本方法适用于氧化钇中氧化镧、氧化铈、氧化镨、氧化钕、氧化钐、氧化铕、氧化钆、氧化铽、氧化镝、氧化钬、氧化铒、氧化铥、氧化镱和氧化镥含量的测定。测定范围见表1。

本方法也适用于金属钇中镧、铈、镨、钕、钐、铕、钆、铽、镝、钬、铒、铥、镱、镥含量的测定。

表 1

氧化物	质量分数/%	氧化物	质量分数/%
氧化镧	0.000 2～0.050	氧化铽	0.000 3～0.050
氧化铈	0.000 3～0.050	氧化镝	0.000 2～0.050
氧化镨	0.000 3～0.050	氧化钬	0.000 3～0.050
氧化钕	0.000 3～0.050	氧化铒	0.000 2～0.050
氧化钐	0.000 3～0.050	氧化铥	0.000 2～0.050
氧化铕	0.000 2～0.050	氧化镱	0.000 2～0.050
氧化钆	0.000 2～0.050	氧化镥	0.000 2～0.050

2 方法原理

试样以盐酸溶解,在稀盐酸介质中,直接以氩等离子体光源激发,进行光谱测定,以基体匹配法校正基体对测定的影响。

3 试剂与材料

3.1 过氧化氢(30%)。

3.2 盐酸(1+1)。

3.3 盐酸(1+19)。

3.4 硝酸(1+1)。

3.5 氩气(>99.99%)。

3.6 氧化钇基体溶液:称取25.000 0 g经900℃灼烧1 h的氧化钇(>99.999%),置于250 mL烧杯中,加70 mL盐酸(3.2),低温加热至溶解完全,冷却至室温,移入250 mL容量瓶中,用水稀释至刻度,混匀。此溶液1 mL含100 mg氧化钇。

3.7 氧化镧标准贮存溶液:称取0.100 0 g经900℃灼烧1 h的氧化镧(>99.99%),置于100 mL烧杯中,加10 mL盐酸(3.2),低温加热至溶解完全,冷却至室温,移入100 mL容量瓶中,用水稀释至刻度,混

匀。此溶液1 mL含1 mg氧化镧。再将此溶液用盐酸(3.3)稀释成1 mL含100 μg和1 mL含10 μg氧化镧的标准溶液。

3.8 氧化铈标准贮存溶液:称取0.100 0 g经900℃灼烧1 h的氧化铈(>99.99%),置于100 mL烧杯中,加10 mL硝酸(3.4),低温加热,并滴加过氧化氢(3.1)至溶解完全,冷却至室温,移入100 mL容量瓶中,用水稀释至刻度,混匀。此溶液1 mL含1 mg氧化铈。再将此溶液用盐酸(3.3)稀释成1 mL含100 μg和1 mL含10 μg氧化铈的标准溶液。

3.9 氧化镨标准贮存溶液:称取0.100 0 g经900℃灼烧1 h的氧化镨(>99.99%),置于100 mL烧杯中,加10 mL盐酸(3.2),低温加热至溶解完全,冷却至室温,移入100 mL容量瓶中,用水稀释至刻度,混匀。此溶液1 mL含1 mg氧化镨。再将此溶液用盐酸(3.3)稀释成1 mL含100 μg和1 mL含10 μg氧化镨的标准溶液。

3.10 氧化钕标准贮存溶液:称取0.100 0 g经900℃灼烧1 h的氧化钕(>99.99%),置于100 mL烧杯中,加10 mL盐酸(3.2),低温加热至溶解完全,冷却至室温,移入100 mL容量瓶中,用水稀释至刻度,混匀。此溶液1 mL含1 mg氧化钕。再将此溶液用盐酸(3.3)稀释成1 mL含100 μg和1 mL含10 μg氧化钕的标准溶液。

3.11 氧化钐标准贮存溶液:称取0.100 0 g经900℃灼烧1 h的氧化钐(>99.99%),置于100 mL烧杯中,加10 mL盐酸(3.2),低温加热至溶解完全,冷却至室温,移入100 mL容量瓶中,用水稀释至刻度,混匀。此溶液1 mL含1 mg氧化钐。再将此溶液用盐酸(3.3)稀释成1 mL含100 μg和1 mL含10 μg氧化钐的标准溶液。

3.12 氧化铕标准贮存溶液:称取0.100 0 g经900℃灼烧1 h的氧化铕(>99.99%),置于100 mL烧杯中,加10 mL盐酸(3.2),低温加热至溶解完全,冷却至室温,移入100 mL容量瓶中,用水稀释至刻度,混匀。此溶液1 mL含1 mg氧化铕。再将此溶液用盐酸(3.3)稀释成1 mL含100 μg和1 mL含10 μg氧化铕的标准溶液。

3.13 氧化钆标准贮存溶液:称取0.100 0 g经900℃灼烧1 h的氧化钆(>99.99%),置于100 mL烧杯中,加10 mL盐酸(3.2),低温加热至溶解完全,冷却至室温,移入100 mL容量瓶中,用水稀释至刻度,混匀。此溶液1 mL含1 mg氧化钆。再将此溶液用盐酸(3.3)稀释成1 mL含100 μg和1 mL含10 μg氧化钆的标准溶液。

3.14 氧化铽标准贮存溶液:称取0.100 0 g经900℃灼烧1 h的氧化铽(>99.99%),置于100 mL烧杯中,加10 mL硝酸(3.4),低温加热至溶解完全,冷却至室温,移入100 mL容量瓶中,用水稀释至刻度,混匀。此溶液1 mL含1 mg氧化铽。再将此溶液用盐酸(3.3)稀释成1 mL含100 μg和1 mL含10 μg氧化铽的标准溶液。

3.15 氧化镝标准贮存溶液:称取0.100 0 g经900℃灼烧1 h的氧化镝(>99.99%),置于100 mL烧杯中,加10 mL盐酸(3.2),低温加热至溶解完全,冷却至室温,移入100 mL容量瓶中,用水稀释至刻度,混匀。此溶液1 mL含1 mg氧化镝。再将此溶液用盐酸(3.3)稀释成1 mL含100 μg和1 mL含10 μg氧化镝的标准溶液。

3.16 氧化钬标准贮存溶液:称取0.100 0 g经900℃灼烧1 h的氧化钬(>99.99%),置于100 mL烧杯中,加10 mL盐酸(3.2),低温加热至溶解完全,冷却至室温,移入100 mL容量瓶中,用水稀释至刻度,混匀。此溶液1 mL含1 mg氧化钬。再将此溶液用盐酸(3.3)稀释成1 mL含100 μg和1 mL含10 μg氧化钬的标准溶液。

3.17 氧化铒标准贮存溶液:称取0.100 0 g经900℃灼烧1 h的氧化铒(>99.99%),置于100 mL烧杯中,加10 mL盐酸(3.2),低温加热至溶解完全,冷却至室温,移入100 mL容量瓶中,用水稀释至刻度,混匀。此溶液1 mL含1 mg氧化铒。再将此溶液用盐酸(3.3)稀释成1 mL含100 μg和1 mL含10 μg氧化铒的标准溶液。

3.18 氧化铥标准贮存溶液:称取0.100 0 g经900℃灼烧1 h的氧化铥(>99.99%),置于100 mL烧杯中,加10 mL盐酸(3.2),低温加热至溶解完全,冷却至室温,移入100 mL容量瓶中,用水稀释至刻度,混匀。此溶液1 mL含 1 mg 氧化铥。再将此溶液用盐酸(3.3)稀释成1 mL含100 μg和1 mL含10 μg氧化铥的标准溶液。

3.19　氧化镱标准贮存溶液:称取0.100 0 g经 900℃灼烧 1 h 的氧化镱(>99.99%),置于100 mL烧杯中,加10 mL盐酸(3.2),低温加热至溶解完全,冷却至室温,移入100 mL容量瓶中,用水稀释至刻度,混匀。此溶液1 mL含 1 mg 氧化镱。再将此溶液用盐酸(3.3)稀释成1 mL含100 μg和1 mL含10 μg氧化镱的标准溶液。

3.20　氧化镥标准贮存溶液:称取0.100 0 g经 900℃灼烧 1 h 的氧化镥(>99.99%),置于100 mL烧杯中,加10 mL盐酸(3.2),低温加热至溶解完全,冷却至室温,移入100 mL容量瓶中,用水稀释至刻度,混匀,此溶液1 mL含 1 mg 氧化镥。再将此溶液用盐酸(3.3)稀释成1 mL含100 μg和1 mL含10 μg氧化镥的标准溶液。

4　仪器与设备

4.1　电感耦合等离子体光谱仪,分辨率<0.006 nm(200 nm 处)。

4.2　氩等离子体光源。

5　试样

5.1　氧化物试样于 900℃灼烧 1 h,置于干燥器中,冷却至室温,立即称量。

5.2　金属试样应去掉表面氧化层,取样后立即称量。

6　分析步骤

6.1　试料

6.1.1　氧化物试料

称取 0.500 g 试样(5.1),精确至0.000 1 g。

6.1.2　金属试料

称取 0.394 g 试样(5.2),精确至0.000 1 g。

6.2　测定次数

称取二份试料,进行平行测定,取其平均值。

6.3　分析试液的配制

将试料(6.1)置于100 mL烧杯中,加入10 mL水,加10 mL盐酸(3.2),低温加热至溶解完全,冷却至室温,移入 50 mL 容量瓶中用水稀释至刻度,混匀,待用。

6.4　标准系列溶液的配制

将氧化钇基体溶液(3.6)和各稀土氧化物标准溶液(3.7～3.20)按表 2 分别移入 5 个100 mL容量瓶中,加入10 mL盐酸(3.2),以水稀释至刻度,混匀,制得标准系列溶液,待用。

表 2

标液标号	各稀土(以氧化物计)质量浓度/μg/mL							
	氧化钇	氧化镧	氧化铈	氧化镨	氧化钕	氧化钐	氧化铕	氧化钆
1	10 000	0	0	0	0	0	0	0
2	10 000	1.00	1.00	1.00	1.00	1.00	1.00	1.00
3	10 000	2.00	2.00	2.00	2.00	2.00	2.00	2.00
4	10 000	5.00	5.00	5.00	5.00	5.00	5.00	5.00
5	10 000	10.00	10.00	10.00	10.00	10.00	10.00	10.00

表 2(续)

标液标号	各稀土(以氧化物计)质量浓度/μg/mL						
	氧化铽	氧化镝	氧化钬	氧化铒	氧化铥	氧化镱	氧化镥
1	0	0	0	0	0	0	0
2	1.00	1.00	1.00	1.00	1.00	1.00	1.00
3	2.00	2.00	2.00	2.00	2.00	2.00	2.00
4	5.00	5.00	5.00	5.00	5.00	5.00	5.00
5	10.00	10.00	10.00	10.00	10.00	10.00	10.00

6.5 测定

6.5.1 推荐分析线见表 3。

表 3

元　素	分析线/nm	元　素	分析线/nm
La	408.671	Tb	350.917
Ce	418.660	Dy	353.170
Pr	422.533	Ho	345.600,339.898
Nd	401.225	Er	337.271
Sm	428.078	Tm	313.126
Eu	381.965	Yb	328.937
Gd	342.246	Lu	261.542

6.5.2 将分析试液(6.3)与标准系列溶液(6.4)同时进行氩等离子体光谱测定。

7 分析结果的表述

将标准系列溶液(6.4)的含量直接输入计算机,根据标准系列溶液(6.4)和分析试液(6.3)的强度值,由计算机计算、校正并输出分析试液(6.3)中待测稀土元素的质量浓度。

按式(1)计算待测稀土元素的质量分数(%):

$$w(X)=\frac{k\cdot c\cdot V_0\times 10^{-6}}{m_0}\times 100 \quad \cdots\cdots\cdots\cdots(1)$$

式中:

k——各元素单质与其氧化物的换算系数,见表 4。计算氧化物含量时,$k=1$;

c——自工作曲线上查得被测稀土氧化物的质量浓度,单位为微克每毫升(μg/mL);

V_0——试液总体积,单位为毫升(mL);

m_0——试料的质量,单位为克(g)。

表 4

元　素	k	元　素	k
La	0.582 6	Tb	0.850 2
Ce	0.814 0	Dy	0.871 3
Pr	0.827 7	Ho	0.873 0
Nd	0.857 3	Er	0.874 5
Sm	0.862 4	Tm	0.875 6
Eu	0.863 6	Yb	0.878 2
Gd	0.867 6	Lu	0.789 4

8 精密度

8.1 重复性

在重复性条件下获得的两次独立测试结果的测定值，在以下给出的平均值的范围内，这两个测试结果的绝对差值不超过重复性限(r)，超过重复性限(r)的情况不超过5%，重复性限(r)按表5数据采用线性内插法求得：

表 5

氧化物	质量分数/%	重复性限(r)/%	氧化物	质量分数/%	重复性限(r)/%
氧化镧	0.000 22	0.000 10	氧化铽	0.000 25	0.000 10
	0.005 1	0.000 8		0.0109	0.001 5
	0.041	0.002		0.096	0.006
氧化铈	0.000 19	0.000 10	氧化镝	0.000 20	0.000 10
	0.0106	0.001 5		0.0108	0.001 5
	0.097	0.005		0.097	0.005
氧化镨	0.000 25	0.000 10	氧化钬	0.000 24	0.000 10
	0.008 6	0.001 0		0.005 5	0.001 0
	0.076	0.004		0.049	0.003
氧化钕	0.000 27	0.000 10	氧化铒	0.000 24	0.000 10
	0.005 4	0.001 0		0.005 4	0.001 0
	0.052	0.004		0.048	0.003
氧化钐	0.000 25	0.000 10	氧化铥	0.000 21	0.000 10
	0.005 4	0.000 8		0.005 3	0.000 8
	0.048	0.004		0.049	0.003
氧化铕	0.000 26	0.000 10	氧化镱	0.000 21	0.000 10
	0.007 5	0.000 8		0.005 3	0.000 8
	0.050	0.003		0.047	0.003
氧化钆	0.000 26	0.000 10	氧化镥	0.000 20	0.000 10
	0.005 5	0.001 0		0.005 3	0.000 8
	0.048	0.004		0.047	0.003

注：重复性限(r)为2.8×Sr，Sr为重复性标准差。

8.2 允许差

实验室之间分析结果的差值应不大于表6所列的允许差。

表 6

氧化物	质量分数/%	允许差/%	氧化物	质量分数/%	允许差/%
氧化镧 氧化铕 氧化钆 氧化镝 氧化铒 氧化铥 氧化镱 氧化镥	0.000 2～0.000 5	0.000 1	氧化铈 氧化镨 氧化钕 氧化钐 氧化铽 氧化钬	0.000 3～0.000 5	0.000 1
	>0.000 5～0.001 0	0.000 2		>0.000 5～0.001 0	0.000 2
	>0.001 0～0.003 0	0.000 4		>0.001 0～0.003 0	0.000 5
	>0.003 0～0.005 0	0.001 0		>0.003 0～0.005 0	0.001 2
	>0.005 0～0.010 0	0.001 5		>0.005 0～0.010 0	0.002 0
	>0.010 0～0.030	0.002		>0.010 0～0.030	0.003
	>0.030～0.050	0.005		>0.030～0.050	0.006

9 质量保证和控制

每周用自制的控制标样(如有国家级或行业级标样时,应首先使用)校核一次本标准分析方法的有效性。当过程失控时,应找出原因,纠正错误,重新进行校核。

电感耦合等离子体质谱法(方法 2)

10 范围

本方法规定了氧化钇中氧化镧、氧化铈、氧化镨、氧化钕、氧化钐、氧化铕、氧化钆、氧化铽、氧化镝、氧化钬、氧化铒、氧化铥、氧化镱和氧化镥含量的测定方法。

本方法适用于氧化钇中氧化镧、氧化铈、氧化镨、氧化钕、氧化钐、氧化铕、氧化钆、氧化铽、氧化镝、氧化钬、氧化铒、氧化铥、氧化镱和氧化镥含量的测定。测定范围见表 7。

本方法也适用于金属钇中镧、铈、镨、钕、钐、铕、钆、铽、镝、钬、铒、铥、镱和镥含量的测定。

表 7

氧化物	质量分数/%	氧化物	质量分数/%
氧化镧	0.000 1～0.010	氧化铽	0.000 05～0.010
氧化铈	0.000 05～0.010	氧化镝	0.000 05～0.010
氧化镨	0.000 05～0.010	氧化钬	0.000 05～0.010
氧化钕	0.000 1～0.010	氧化铒	0.000 05～0.010
氧化钐	0.000 1～0.010	氧化铥	0.000 05～0.010
氧化铕	0.000 05～0.010	氧化镱	0.000 05～0.010
氧化钆	0.000 1～0.010	氧化镥	0.000 05～0.010

11 方法原理

试样以硝酸溶解,在稀硝酸介质中,以氩等离子体为离子化源,直接进行质谱测定。测定时以内标法进行校正。

12 试剂和材料

12.1 过氧化氢(30%)。

12.2 硝酸(ρ1.42 g/mL),优级纯。

12.3 硝酸(1+1)。

12.4 硝酸(1+19)。

12.5 铯内标溶液:称取 0.127 0 g 氯化铯(优级纯),加10 mL水,溶解完全,加10 mL硝酸(12.3),移入100 mL容量瓶中,用水稀释至刻度,混匀,此溶液1 mL含 1 mg 铯。再将此溶液用硝酸(12.4)逐步稀释成1 mL含 1μg 铯的内标溶液。

12.6 氧化镧标准贮存溶液:称取0.100 0 g经 900℃灼烧 1 h 的氧化镧 (>99.99%),置于100 mL烧杯中,加10 mL硝酸(12.3),低温加热至溶解完全,取下冷却,移入100 mL容量瓶中,用水稀释至刻度,混匀,此溶液1 mL含1 000 μg氧化镧。

12.7 氧化铈标准贮存溶液:称取0.100 0 g经 900℃灼烧 1 h 的氧化铈 (>99.99%),置于100 mL烧杯中,加10 mL硝酸(12.3),2 mL 过氧化氢(12.1),低温加热至溶解完全,取下冷却,移入100 mL容量瓶中,用水稀释至刻度,混匀。此溶液1 mL含1 000 μg氧化铈。

12.8 氧化镨标准贮存溶液:称取0.100 0 g经 900℃灼烧 1 h 的氧化镨 (>99.99%),置于100 mL烧杯中,加10 mL硝酸(12.3),低温加热至溶解完全,取下冷却,移入100 mL容量瓶中,用水稀释至刻度,混匀,此溶液1 mL含1 000 μg氧化镨。

12.9 氧化钕标准贮存溶液:称取0.100 0 g经 900℃灼烧 1 h 的氧化钕 (>99.99%),置于100 mL烧杯中,加10 mL硝酸(12.3),低温加热至溶解完全,取下冷却,移入100 mL容量瓶中,用水稀释至刻度,混匀,此溶液1 mL含1 000 μg氧化钕。

12.10 氧化钐标准贮存溶液:称取0.100 0 g经 900℃灼烧 1 h 的氧化钐 (>99.99%),置于100 mL烧杯中,加10 mL硝酸(12.3),低温加热至溶解完全,取下冷却,移入100 mL容量瓶中,用水稀释至刻度,混匀,此溶液1 mL含1 000 μg氧化钐。

12.11 氧化铕标准贮存溶液:称取0.100 0 g经 900℃灼烧 1 h 的氧化铕(>99.99%),置于100 mL烧杯中,加10 mL硝酸(12.3),低温加热至溶解完全,取下冷却,移入100 mL容量瓶中,用水稀释至刻度,混匀。此溶液1 mL含1 000 μg氧化铕。

12.12 氧化钆标准贮存溶液:称取0.100 0 g经 900℃灼烧 1 h 的氧化钆(>99.99%),置于100 mL烧杯中,加10 mL硝酸(12.3),低温加热至溶解完全,取下冷却,移入100 mL容量瓶中,用水稀释至刻度,混匀。此溶液1 mL含1 000 μg氧化钆。

12.13 氧化铽标准贮存溶液:称取0.100 0 g经 900℃灼烧 1 h 的氧化铽(>99.99%),置于100 mL烧杯中,加10 mL硝酸(12.3),低温加热至溶解完全,取下冷却,移入100 mL容量瓶中,用水稀释至刻度,混匀。此溶液1 mL含1 000 μg氧化铽。

12.14 氧化镝标准贮存溶液:称取0.100 0 g经 900℃灼烧 1 h 的氧化镝(>99.99%),置于100 mL烧杯中,加10 mL硝酸(12.3),低温加热至溶解完全,取下冷却,移入100 mL容量瓶中,用水稀释至刻度,混匀。此溶液1 mL含1 000 μg氧化镝。

12.15 氧化钬标准贮存溶液:称取0.100 0 g经 900℃灼烧 1 h 的氧化钬(>99.99%),置于100 mL烧杯中,加10 mL硝酸(12.3),低温加热至溶解完全,取下冷却,移入100 mL容量瓶中,用水稀释至刻度,混匀。此溶液1 mL含1 000 μg氧化钬。

12.16 氧化铒标准贮存溶液:称取0.100 0 g经 900℃灼烧 1 h 的氧化铒(>99.99%),置于100 mL烧杯中,加10 mL硝酸(12.3),低温加热至溶解完全,取下冷却,移入100 mL容量瓶中,用水稀释至刻度,混匀。此溶液1 mL含1 000 μg氧化铒。

12.17 氧化铥标准贮存溶液:称取0.100 0 g经 900℃灼烧 1 h 的氧化铥(>99.99%),置于100 mL烧杯中,加10 mL硝酸(12.3),低温加热至溶解完全,取下冷却,移入100 mL容量瓶中,用水稀释至刻度,混匀。此溶液1 mL含1 000 μg氧化铥。

12.18 氧化镱标准贮存溶液:称取0.100 0 g经 900℃灼烧 1 h 的氧化镱(>99.99%),置于100 mL烧杯中,加10 mL硝酸(12.3),低温加热至溶解完全,取下冷却,移入100 mL容量瓶中,用水稀释至刻度,混匀。此溶液1 mL含1 000 μg氧化镱。

12.19 氧化镥标准贮存溶液:称取0.100 0 g经 900℃灼烧 1 h 的氧化镥(>99.99%),置于100 mL烧杯中,加10 mL硝酸(12.3),低温加热至溶解完全,取下冷却,移入100 mL容量瓶中,用水稀释至刻度,混匀。此溶液1 mL含1 000 μg氧化镥。

12.20 混合稀土标准溶液:分别移取 2.00 mL 各稀土氧化物标准贮存溶液(12.6~12.19)置于100 mL容量瓶中,加10 mL硝酸(12.3),用水稀释至刻度,混匀。此溶液1 mL含各单一稀土氧化物分别为20.0 μg。再将此溶液用硝酸(12.4)稀释成1 mL含各单一稀土氧化物分别为 1.00 μg的标准溶液。

12.21 氩气(>99.99%)。

13 仪器

电感耦合等离子体质谱仪:质量分辨率优于(0.8±0.1)amu。

14 试样

14.1 氧化物试样于 900℃灼烧 1 h,置于干燥器中,冷却至室温,立即称量。

14.2 金属试样去掉表面氧化层,取样后,立即称量。

15 分析步骤

15.1 试料

按表 8 称取试样(14),精确至0.000 1 g。

表 8

稀土杂质(质量分数)/%	试样量/g
0.000 1~0.005 0	0.300
>0.005 0~0.010	0.200

15.2 测定次数

称取二份试料,进行平行测定,取其平均值。

15.3 空白试验

随同试料做空白试验。

15.4 分析试液的制备

将试料(15.1)置于 50 mL 烧杯中,加入 5 mL 水、5 mL 硝酸(12.3),低温加热至溶解完全,蒸至近干,取下,冷却后,用硝酸(12.4)将其移入100 mL容量瓶中并稀释至刻度,混匀。从中分取 5.00 mL 溶液于 50 mL 容量瓶中,加入 0.50 mL 铯内标溶液(12.5),用水稀释至刻度,混匀。

15.5 标准系列溶液的配制

准确移取 0 mL、0.20 mL、1.00 mL、3.00 mL 混合稀土标准溶液(12.20)于 4 个100 mL容量瓶中,加入 1.00 mL 铯内标溶液(12.5),加入 2 mL 硝酸(12.3),以水稀释至刻度,混匀,待测。此标准系列溶液1 mL含各单一稀土氧化物分别为 0 ng、2.0 ng、10.0 ng、30.0 ng。

15.6 测定

15.6.1 测量元素同位素质量数见表 9。

表 9

元素	测定同位素的质量数	元素	测定同位素的质量数
La	139	Dy	163,164
Ce	140,142	Ho	165
Pr	141	Er	166,167
Nd	146,142	Tm	169
Sm	147,152	Yb	172,174
Eu	151,153	Lu	175
Gd	157,158	Cs	133
Tb	159	—	—

15.6.2 将空白试验(15.3)溶液、分析试液(15.4)与标准系列溶液(15.5)同时进行氩等离子体质谱测定。

16 分析结果的计算

将标准系列溶液(15.5)的浓度直接输入计算机,用内标校正法校正,由计算机计算并输出空白试验(15.3)溶液、分析试液(15.4)中待测元素的质量浓度。

按式(2)计算待测稀土元素的质量分数(%):

$$w(X)=\frac{k\cdot(c-c_0)\cdot V_2\cdot V_0\times10^{-9}}{m\cdot V_1}\times100 \quad\cdots\cdots(2)$$

式中:

k——各元素单质与其氧化物的换算系数,见表 4。计算氧化物含量时,$k=1$;

c——计算机输出的分析试液(15.4)中待测元素的质量浓度,单位为纳克每毫升(ng/mL);

c_0——计算机输出的空白试验(15.3)溶液中待测元素的质量浓度,单位为纳克每毫升(ng/mL);

V_2——分析试液(15.4)的体积,单位为毫升(mL);

V_0——试液总体积,单位为毫升(mL);

m——试料的质量,单位为克(g);

V_1——分取试液的体积,单位为毫升(mL)。

17 精密度

17.1 重复性

在重复性条件下获得的两次独立测试结果的测定值,在以下给出的平均值范围内,这两个测试结果的绝对差值不超过重复性限(r),超过重复性限(r)的情况不超过 5%,重复性限(r)按表 10 数据采用线性内插法求得。

表 10

氧化物	质量分数/%	重复性限(r)/%	氧化物	质量分数/%	重复性限(r)/%
氧化镧	0.000 25	0.000 10	氧化铽	0.000 25	0.000 10
	0.000 6	0.000 2		0.000 55	0.000 2
	0.002 4	0.000 3		0.002 1	0.000 3
	0.009 5	0.001 3		0.009 4	0.001 2

表 10(续)

氧化物	质量分数/%	重复性限(r)/%	氧化物	质量分数/%	重复性限(r)/%
氧化铈	0.000 25	0.000 10	氧化镝	0.000 25	0.000 10
	0.000 55	0.000 2		0.000 6	0.000 2
	0.002 0	0.000 3		0.002 1	0.000 3
	0.009 2	0.001 2		0.009 5	0.001 2
氧化镨	0.000 2	0.000 1	氧化钬	0.000 25	0.000 10
	0.000 55	0.000 2		0.000 6	0.000 2
	0.002 0	0.000 3		0.002 2	0.000 3
	0.009 3	0.001 2		0.009 5	0.001 1
氧化钕	0.000 25	0.000 10	氧化铒	0.000 25	0.000 10
	0.000 55	0.000 2		0.000 6	0.000 2
	0.002 0	0.000 3		0.002 2	0.000 3
	0.009 3	0.001 2		0.009 5	0.001 1
氧化钐	0.000 25	0.000 10	氧化铥	0.000 2	0.000 1
	0.000 55	0.000 2		0.000 5	0.000 2
	0.002 0	0.000 3		0.002 1	0.000 3
	0.009 2	0.001 1		0.009 4	0.001 1
氧化铕	0.000 25	0.000 10	氧化镱	0.000 25	0.000 10
	0.000 6	0.000 2		0.000 6	0.000 2
	0.002 1	0.000 3		0.002 4	0.000 3
	0.009 5	0.001 1		0.009 5	0.001 1
氧化钆	0.000 25	0.000 10	氧化镥	0.000 25	0.000 10
	0.000 6	0.000 2		0.000 6	0.000 2
	0.002 1	0.000 3		0.002 2	0.000 3
	0.009 5	0.001 2		0.009 5	0.001 1
注：重复性限(r)为 2.8×Sr，Sr 为重复性标准差。					

17.2 允许差

实验室之间分析结果的差值应不大于表 11 所列允许差。

表 11

氧化物	质量分数/%	允许差/%	氧化物	质量分数/%	允许差/%
氧化镧 氧化钕 氧化钐 氧化钆	0.000 1～0.000 3 >0.000 3～0.001 0 >0.001 0～0.003 0 >0.003 0～0.008 0 >0.008 0～0.010	0.000 1 0.000 2 0.000 4 0.001 0 0.002	氧化铈 氧化镨 氧化铕 氧化铽 氧化镝 氧化钬 氧化铒 氧化铥 氧化镱 氧化镥	0.000 05～0.000 1 >0.000 1～0.000 3 >0.000 3～0.001 0 >0.001 0～0.003 0 >0.003 0～0.008 0 >0.008 0～0.010	0.000 05 0.000 1 0.000 2 0.000 4 0.001 0 0.002

18 质量保证和控制

每周用自制的控制标样(如有国家级或行业级标样时,应首先使用)校核一次本标准分析方法的有效性。当过程失控时,应找出原因,纠正错误,重新进行校核。

ICS 21.220.30
J 18

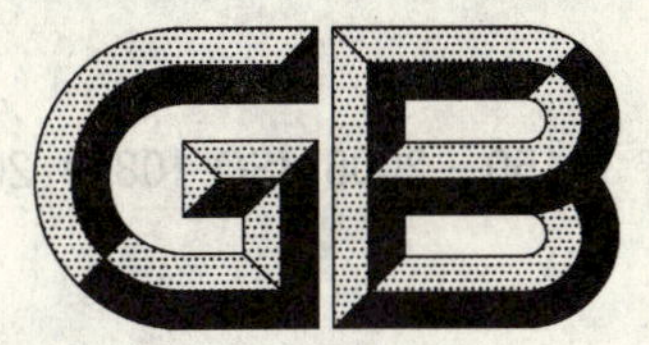

中华人民共和国国家标准

GB/T 18150—2006/ISO 10823:2004
代替 GB/T 18150—2000

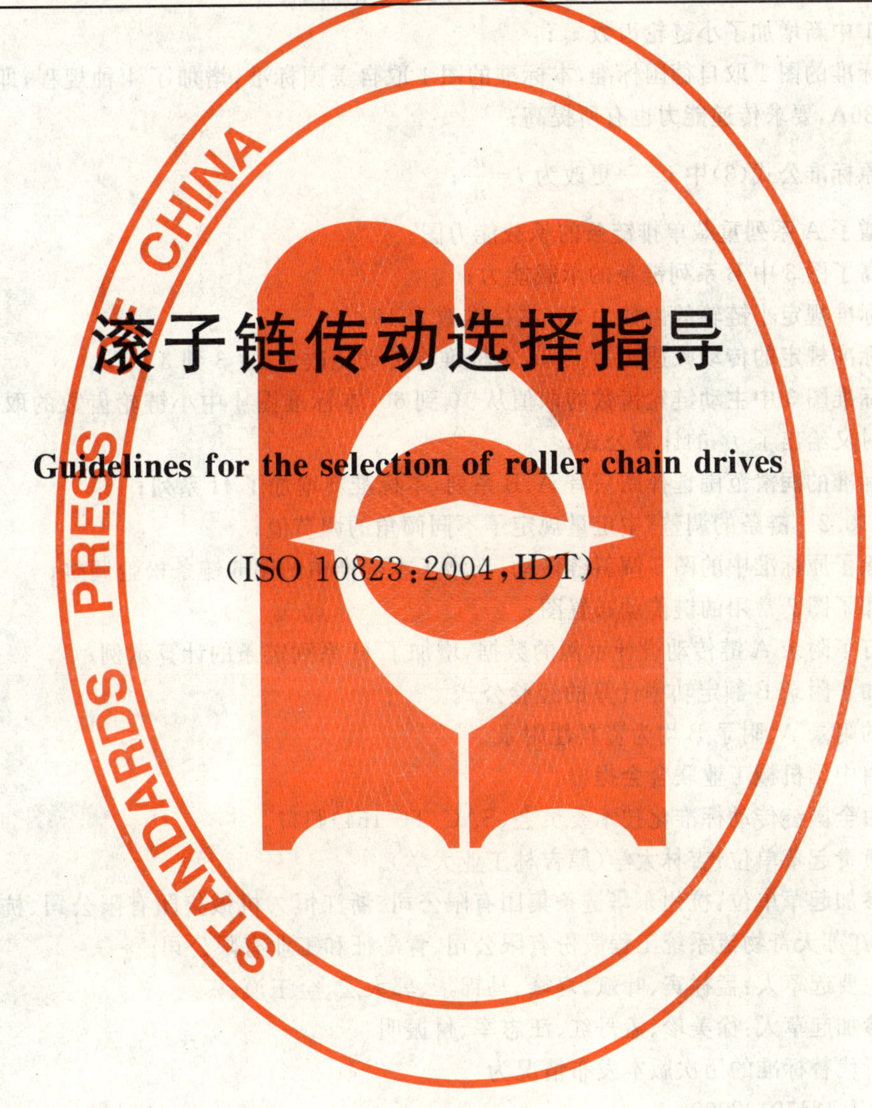

滚子链传动选择指导

Guidelines for the selection of roller chain drives

(ISO 10823:2004,IDT)

2006-12-25 发布　　　　2007-05-01 实施

中华人民共和国国家质量监督检验检疫总局
中国国家标准化管理委员会　发布

前　言

本标准等同采用国际标准 ISO 10823:2004《滚子链传动选择指导》(英文版)。

本标准是对 GB/T 18150—2000《滚子链传动选择指导》的修订。

本标准与 GB/T 18150—2000 相比主要技术内容变化如下:

——表 1 中新增加了小链轮齿数 z_S;

——原标准的图 1 取自德国标准,本标准的图 1 取自美国标准,增加了 4 种规程,即 04C、085、06C 和 36A,要求传递能力也有所提高;

——将原标准公式(3)中 $i=\frac{z_2}{z_1}$ 更改为 $i=\frac{n_1}{n_2}$;

——新增了 A 系列重载单排链条的承载能力图;

——提高了图 3 中 B 系列链条的承载能力;

——原标准规定小链轮的齿数为 25,本标准改为 19;

——原标准规定的传动减速比为 $i=3$,本标准将传动比改为 1∶3 到 3∶1;

——原标准图 3 中主动链轮齿数的取值从 10 到 60,本标准图 4 中小链轮齿数的取值从 11 到 45,同时又给出了 f_2 的计算公式;

——原标准的润滑范围选择图只有 A、B 系列,本标准新增加了 H 系列;

——在"10.2　链条的调整"中定量规定了不同倾角的调节值;

——删除了原标准中的图 5 倾斜链传动,新增了本标准中的图 6 链条松弛调整;

——增加了图 7 常用的链传动布置图;

——修订了附录 A 链传动设计示例的数据,增加了 H 系列链条的计算示例;

——增加了附录 B 额定功率计算的经验公式。

本标准的附录 A、附录 B 均为资料性附录。

本标准由中国机械工业联合会提出。

本标准由全国链传动标准化技术委员会(SAC/TC 164)归口。

本标准负责起草单位:吉林大学(原吉林工业大学)。

本标准参加起草单位:杭州东华链条集团有限公司、浙江恒久机械集团有限公司、杭州西林链条制造有限公司、江苏天奇物流系统工程股份有限公司、青岛征和工业有限公司。

本标准主要起草人:孟祥宾、叶斌、寿峰、马锦华、郭大宏、金玉谟。

本标准参加起草人:徐美珍、孟丹红、汪志军、付振明。

本标准所代替标准的历次版本发布情况为:

——GB/T 18150—2000。

滚子链传动选择指导

1 范围

本标准提供的链传动选择指导方法适用于由符合 GB/T 1243 的链条和链轮组成的用于工业用途的链传动。

在本标准中规定的链传动的选择程序和滚子链的额定功率适用于在 9.1、9.2 和第 10 章中规定的滚子链传动,链传动的预期使用寿命为 15 000 h。

由于链传动的载荷特征、环境条件以及维修保养的不同变化,本标准的使用者应向链条和链轮的供应商咨询,以保证产品的性能能够满足用户以及本标准的要求。

2 规范性引用文件

下列文件中的条款通过本标准的引用而成为本标准的条款。凡是注日期的引用文件,其随后所有的修改单(不包括勘误的内容)或修订版均不适用于本标准,然而,鼓励根据本标准达成协议的各方研究是否可使用这些文件的最新版本。凡是不注日期的引用文件,其最新版本适用于本标准。

GB/T 1243—2006　传动用短节距精密滚子链、套筒链、附件和链轮(ISO 606:2004,IDT)

3 符号

在本标准中使用的符号和单位见表 1。

表 1　符号、定义及单位

符　号	定　义	单　位
a	最大中心距	mm
a_0	近似中心距	mm
f_1	操作条件应用系数,见表 2	—
f_2	小链轮齿数系数,见图 4 和公式(5)	—
f_3	由链轮齿数差决定的链节数计算系数(见表 5)	—
f_4	由链轮齿数差决定的中心距计算系数(见表 6)	—
i	传动比,见公式(3)	—
M	输入扭矩	N・m
n_1	输入轴转速	r/min
n_2	输出轴转速	r/min
n_S	小链轮转速	r/min
p	链条节距	mm
P	输入功率	kW
P_C	修正功率	kW
v	链条速度	m/s
X	链长节数	—

表 1(续)

符　号	定　义	单　位
X_0	计算链长节数	—
z_1	主动链轮齿数	—
z_2	从动链轮齿数	—
z_S	小链轮齿数	—

4 基本公式

4.1 输入功率

主动链轮所传递的功率是输入功率 P，用 kW 表示。假如已知输入扭矩，则 P 可由公式(1)计算：

$$P=\frac{M n_1}{9\ 550} \qquad \cdots\cdots(1)$$

4.2 修正功率

鉴于传动系统的不同特性以及所传递载荷的不同类型，将输入功率 P 乘以系数后得到修正功率 P_C[见公式(2)]：

$$P_C=P\ f_1\ f_2 \qquad \cdots\cdots(2)$$

5 确定链传动设计参数

在选择链条链轮之前，应确定下列参数：

a) 所要传递的功率；

b) 主从动机械的类型；

c) 主从动轴转速和直径；

d) 链轮中心距和轴系的布置；

e) 环境条件。

注：轴的尺寸、中心距的长短或复杂的轴系布置通常会影响链传动选择。

6 选择链轮

按下述程序确定链轮的齿数：

a) 选择主动链轮的适当齿数；

b) 使用公式(3)确定传动比：

$$i=\frac{n_1}{n_2} \qquad \cdots\cdots(3)$$

c) 使用公式(4)确定从动链轮的齿数：

$$z_2=i\ z_1 \qquad \cdots\cdots(4)$$

推荐齿数范围为：17～114。

对于高速或承受冲击载荷的链传动，则小链轮至少应选择 25 个齿，并且齿面应淬硬。

7 计算选择链条

7.1 链条标准的操作条件和传动能力

本标准提供的是典型的链传动额定功率曲线图(见图 1～图 3)，它们适用于下列操作条件：

a) 安装在水平平行轴上的两链轮链传动；

b) 小链轮齿数为 19；

c) 没有过渡链节的单排链条；

d) 链条长度为 120 个节距(不同的链条长度将影响链条的使用寿命)；

e) 传动比从 1∶3 到 3∶1；

f) 预期使用寿命为 15 000 h；

g) 工作温度在－5℃～＋70℃之间；

h) 链轮正确对中，链条保持正确调整(见第 10 章)；

i) 运转平稳，绝无过载、振动或频繁起动现象；

j) 在链传动的有效寿命期间保持清洁和适当的润滑(见第 9 章)。

使用图 1～图 3 来选择适用的链条规格，他们是修正功率 P_C 和小链轮转速 n_S 的函数。

图 1～图 3 中给出的额定功率曲线代表了链条制造商们发布的数据。个别链条制造商的数据可能不同于本标准，建议在使用他们的链条时应向他们咨询。

n_S——小链轮转速；

P_C——修正功率。

注 1：双排链的额定功率可由单排链的 P_C 值乘以 1.7 得到。

注 2：三排链的额定功率可由单排链的 P_C 值乘以 2.5 得到。

图 1 符合 GB/T 1243 A 系列单排链条的典型承载能力图

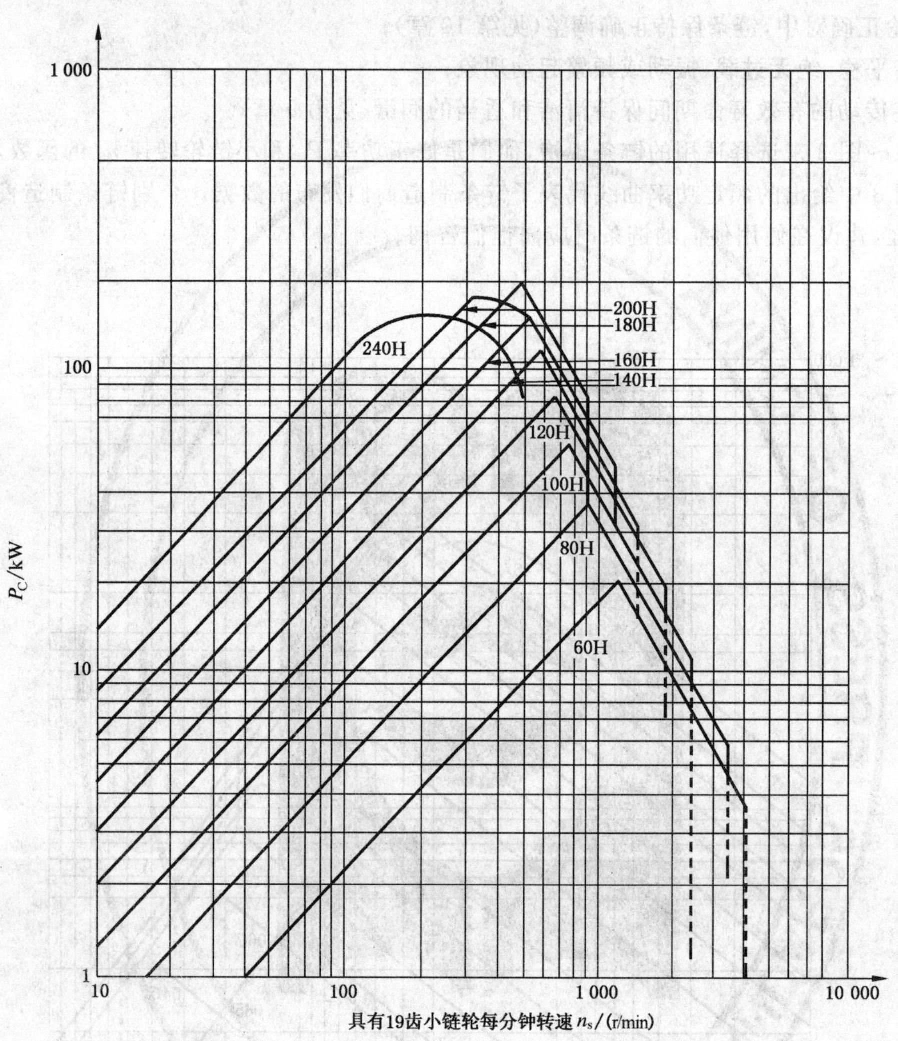

n_S——小链轮转速；

P_C——修正功率。

注 1：双排链的额定功率可由单排链的 P_C 值乘以 1.7 得到。

注 2：三排链的额定功率可由单排链的 P_C 值乘以 2.5 得到。

图 2 符合 GB/T 1243 A 系列重载单排链条的典型承载能力图

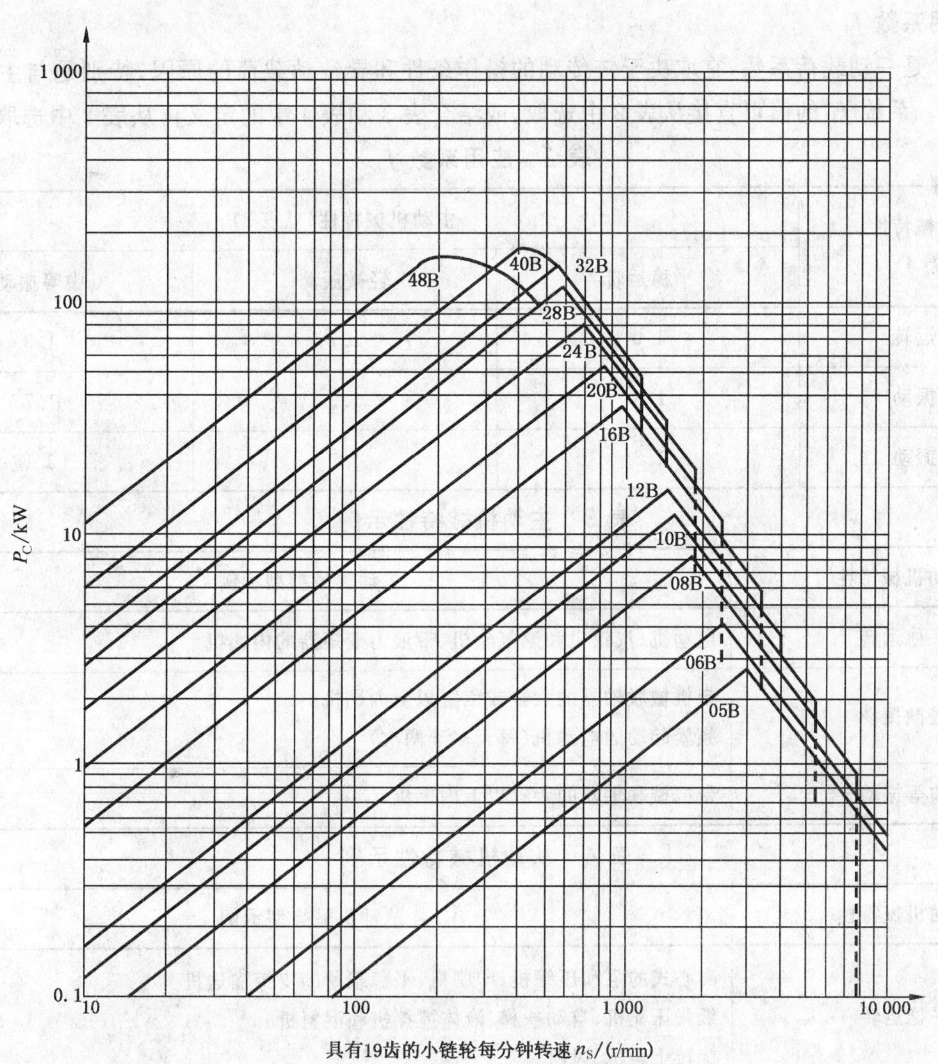

n_S——小链轮转速；

P_C——修正功率。

注 1：双排链的额定功率可由单排链的 P_C 值乘以 1.7 得到。

注 2：三排链的额定功率可由单排链的 P_C 值乘以 2.5 得到。

图 3　符合 GB/T 1243 B 系列链条的典型承载能力图

7.2 对链条不同操作条件的修正

7.2.1 功率修正

假如链传动的特性和它的操作条件不同于在7.1中的描述,则所传递的功率要用公式(2)进行修正。

系数 f_1 和 f_2 的由来见7.2.2和7.2.3。

7.2.2 应用系数 f_1

系数 f_1 是一动载荷系数,它取决于链传动的操作条件和导致动载荷的原因,特别是与主从动机械的特性有关。系数 f_1 的值可直接从表2中选取,或结合表3和表4中的定义再从表2中选取。

表2 应用系数 f_1

从动机械特性(见表4)	主动机械特性(见表3)		
	平稳运转	轻微振动	中等振动
平稳运转	1.0	1.1	1.3
中等振动	1.4	1.5	1.7
严重振动	1.8	1.9	2.1

表3 主动机械特性示例

主动机械特性	主动机械类型示例
平稳运转	电动机、汽轮机和燃气轮机、带液力变矩器的内燃机
轻微振动	带机械联轴器的六缸或六缸以上内燃机 频繁起动的电动机(每天多于两次)
中等振动	带机械联轴器的六缸以下内燃机

表4 从动机械特性示例

从动机械特性	从动机械类型示例
平稳运转	离心式的泵和压缩机、印刷机、平稳载荷的皮带输送机 纸张压光机、自动扶梯、液体搅拌机和混料机 旋转干燥机、风机
中等振动	三缸或三缸以上往复式泵和压缩机、混凝土搅拌机 载荷不均匀的输送机、固体搅拌机和混合机
严重振动	电铲、轧机和球磨机、橡胶加工机械、刨床、压床和剪床 单缸或双缸泵和压缩机、石油钻采设备

7.2.3 齿数系数 f_2

系数 f_2 是关于小链轮的齿数系数,相对于额定功率曲线上由链板疲劳限制的部分。其数值由公式(5)确定。从11齿到45齿的 f_2 值可由图4查得。

$$f_2=\left(\frac{19}{z_S}\right)^{1.08} \quad \cdots\cdots(5)$$

对应于由滚子和套筒冲击疲劳及由销轴和套筒胶合限制的额定功率曲线部分,使用附录B中B.3和B.4中的公式来计算小链轮的齿数。

7.3 选择链条

从链条承载能力图(见图1～图3)来选择能满足小链轮的转速和所要传递的功率的具有最小节距的单排链。

但速度超过了最小节距单排链的限制时,或要求较紧凑的传动布置的场合,应考虑选用较小节距的多排链,根据链条承载能力图(见图1～图3)下面的注1和注2提供的排数系数来选择。

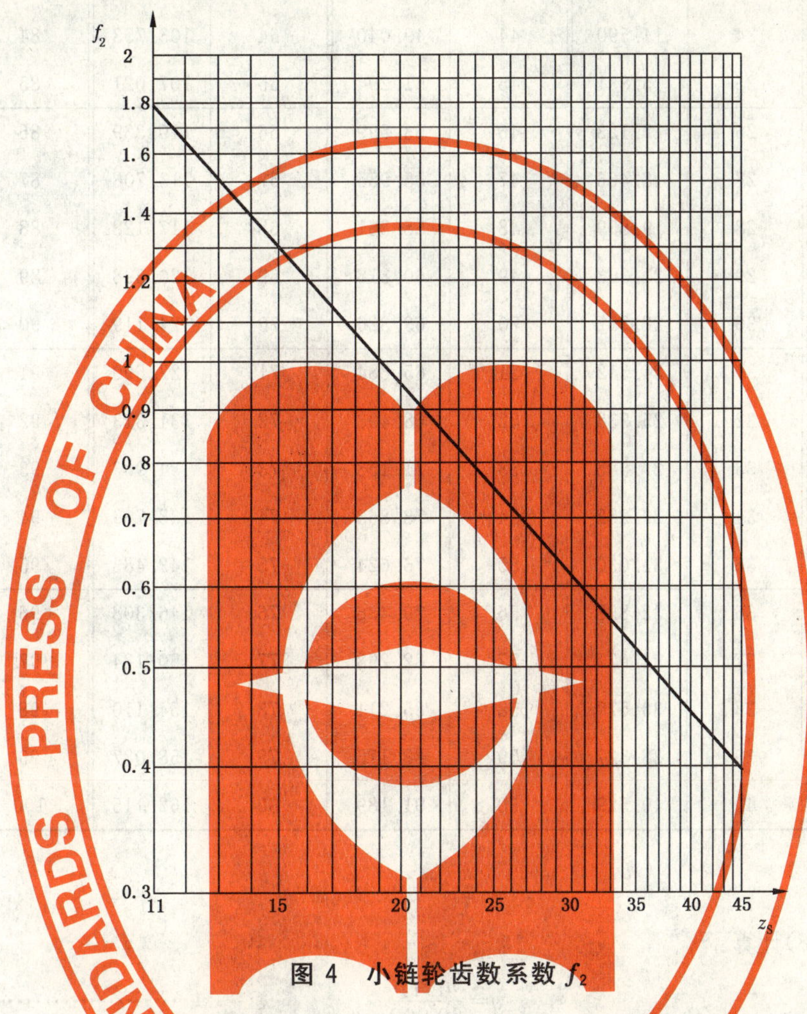

图4 小链轮齿数系数 f_2

7.4 链长

对于具有两个链轮的链传动,已知链条的节距 p 和初选中心距 a_0,使用公式(6)和公式(7)计算链长节数 X_0。

将计算出的链长节数 X_0 圆整成整数 X,最好是偶数以避免使用过渡链节。

当两链轮齿数相等时($z=z_1=z_2$):

$$X_0=2\frac{a_0}{p}+z \qquad (6)$$

当两链轮齿数不相等时:

$$X_0=2\frac{a_0}{p}+\frac{z_1+z_2}{2}+\frac{f_3 p}{a_0} \qquad (7)$$

式中:

$$f_3=\left(\frac{|z_2-z_1|}{2\pi}\right)^2$$

f_3 的计算值可由表5直接查得。

表 5　系数 f_3 的计算值

$\|z_2-z_1\|$	f_3	$\|z_2-z_1\|$	f_3	$\|z_2-z_1\|$	f_3	$\|z_2-z_1\|$	f_3	$\|z_2-z_1\|$	f_3
1	0.025 3	21	11.171	41	42.580	61	94.254	81	166.191
2	0.101 3	22	12.260	42	44.683	62	97.370	82	170.320
3	0.228 0	23	13.400	43	46.836	63	100.536	83	174.500
4	0.405 3	24	14.590	44	49.040	64	103.753	84	178.730
5	0.633 3	25	15.831	45	51.294	65	107.021	85	183.011
6	0.912	26	17.123	46	53.599	66	110.339	86	187.342
7	1.241	27	18.466	47	55.955	67	113.708	87	191.724
8	1.621	28	19.859	48	58.361	68	117.128	88	196.157
9	2.052	29	21.303	49	60.818	69	120.598	89	200.640
10	2.533	30	22.797	50	63.326	70	124.119	90	205.174
11	3.065	31	24.342	51	65.884	71	127.690	91	209.759
12	3.648	32	25.938	52	68.493	72	131.313	92	214.395
13	4.281	33	27.585	53	71.153	73	134.986	93	219.081
14	4.965	34	29.282	54	73.863	74	138.709	94	223.187
15	5.699	35	31.030	55	76.624	75	142.483	95	228.605
16	6.485	36	32.828	56	79.436	76	146.308	96	233.443
17	7.320	37	34.677	57	82.298	77	150.184	97	238.333
18	8.207	38	36.577	58	85.211	78	154.110	98	243.271
19	9.144	39	38.527	59	88.175	79	158.087	99	248.261
20	10.132	40	40.529	60	91.189	80	162.115	100	253.302

7.5　链速

链速使用公式(8)计算：

$$v=\frac{n_1 z_1 p}{60\,000} \qquad (8)$$

8　链轮最大中心距

将按 7.4 计算出的链条节距数 X 代入公式(9)或公式(10)即可确定两链轮的最大中心距 a。

当两链轮齿数相等时($z=z_1=z_2$)：

$$a=p\frac{X-z}{2} \qquad (9)$$

当两链轮齿数不相等时：

$$a=f_4 p[2X-(z_1+z_2)] \qquad (10)$$

系数 f_4 的值见表 6。

表 6 系数 f_4 的计算值

$\left\|\frac{X-z_S}{z_2-z_1}\right\|$	f_4	$\left\|\frac{X-z_S}{z_2-z_1}\right\|$	f_4	$\left\|\frac{X-z_S}{z_2-z_1}\right\|$	f_4	$\left\|\frac{X-z_S}{z_2-z_1}\right\|$	f_4
13	0.249 91	2.7	0.247 35	1.54	0.237 58	1.26	0.225 20
12	0.249 90	2.6	0.247 08	1.52	0.237 05	1.25	0.224 43
11	0.249 88	2.5	0.246 78	1.50	0.236 48	1.24	0.223 61
10	0.249 86	2.4	0.246 43	1.48	0.235 88	1.23	0.222 75
9	0.249 83	2.3	0.246 02	1.46	0.235 24	1.22	0.221 85
8	0.249 78	2.2	0.245 52	1.44	0.234 55	1.21	0.220 90
7	0.249 70	2.1	0.244 93	1.42	0.233 81	1.20	0.219 90
6	0.249 58	2.0	0.244 21	1.40	0.233 01	1.19	0.218 84
5	0.249 37	1.95	0.243 80	1.39	0.232 59	1.18	0.217 71
4.8	0.249 31	1.90	0.243 33	1.38	0.232 15	1.17	0.216 52
4.6	0.249 25	1.85	0.242 81	1.37	0.231 70	1.16	0.215 26
4.4	0.249 17	1.80	0.242 22	1.36	0.231 23	1.15	0.213 90
4.2	0.249 07	1.75	0.241 56	1.35	0.230 73	1.14	0.212 45
4.0	0.248 96	1.70	0.240 81	1.34	0.230 22	1.13	0.210 90
3.8	0.248 83	1.68	0.240 48	1.33	0.229 68	1.12	0.209 23
3.6	0.248 68	1.66	0.240 13	1.32	0.229 12	1.11	0.207 44
3.4	0.248 49	1.64	0.239 77	1.31	0.228 54	1.10	0.205 49
3.2	0.248 25	1.62	0.239 38	1.30	0.227 93	1.09	0.203 36
3.0	0.247 95	1.60	0.238 97	1.29	0.227 29	1.08	0.201 04
2.9	0.247 78	1.58	0.238 54	1.28	0.226 62	1.07	0.198 48
2.8	0.247 58	1.56	0.238 07	1.27	0.225 93	1.06	0.195 64

9 润滑

9.1 润滑方式的选择

正确的润滑方式可以保证有效地控制链传动的磨损，而润滑方式的选择取决于链条的速度和承载能力。

图 5 提供了各种润滑方式的范围，它是对采用润滑方式的最低要求。润滑方式的范围定义如下：

范围 1：用油壶或油刷由人工定期润滑；

范围 2：滴油润滑；

范围 3：油池润滑或油盘飞溅润滑；

范围 4：强制润滑，带过滤器，假如必要可带油冷却器。

注：假如链传动是在高速和大功率下的密闭传动，则必须采用油冷却器。

9.2 润滑油黏度

在不同的操作环境温度下的链传动应采用润滑油的黏度等级列于表 7。

应保证润滑油中不含污物，特别是微粒磨料。

表 7 链传动应采用润滑油的黏度等级

环境温度 t/℃	$-5 \leqslant t \leqslant +5$	$+5 < t \leqslant +25$	$+25 < t \leqslant +45$	$+45 < t \leqslant +70$
润滑油黏度等级	VG 68 (SAE 20)	VG 100 (SAE 30)	VG 150 (SAE 40)	VG 220 (SAE 50)

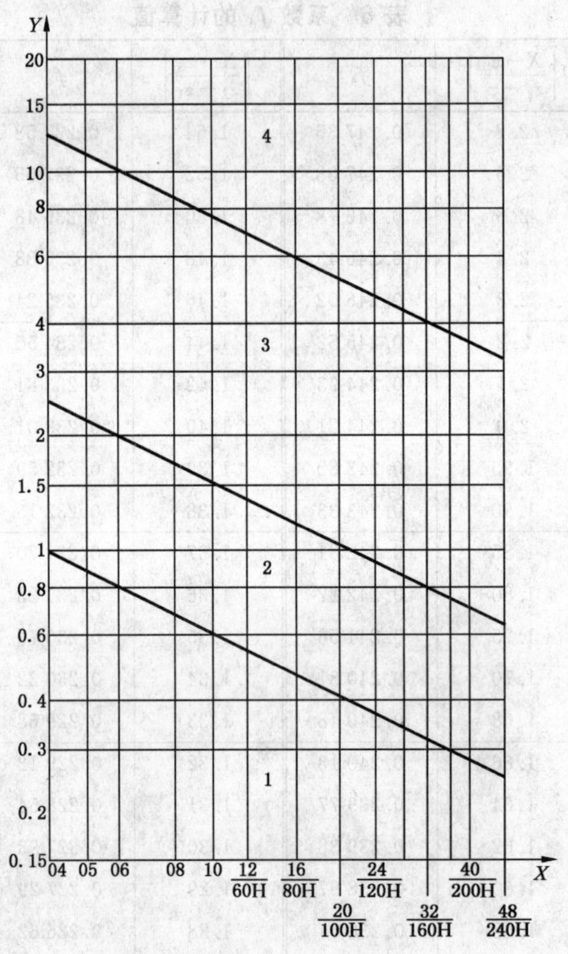

X——A 系列/A 加重系列或 B 系列链号；

Y——链条速度 v/(m/s)。

关于 1、2、3 和 4 区域润滑方式的选择见 9.1。

图 5 润滑范围选择图

10 链传动设计

10.1 链轮中心距

最佳中心距应是链条节距的 30 倍～50 倍，链条在小链轮上的最小包角为 120°。

10.2 链条的调整

推荐对链条的调整方法是修正链传动的中心距。

旋转链轮将链条的一边张紧，然后测量链条松边中点的总移动量 A～C，见图 6。

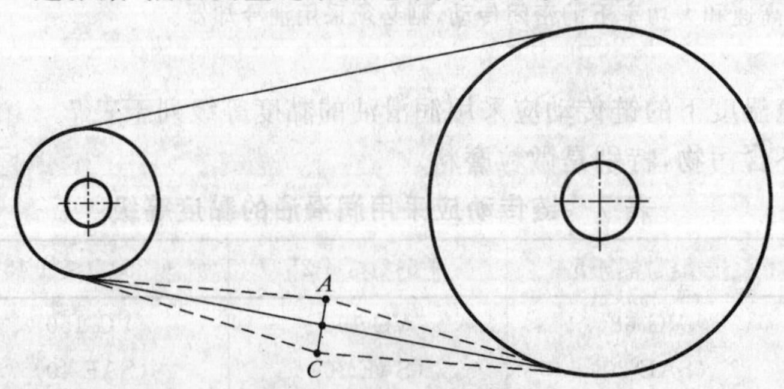

图 6 链条松弛调整

当两链轮的中心连线与水平面的夹角小于45°时，位置 $A\sim C$ 的移动量应是中心距的2%（±1%）～6%（±3%）。

当两链轮的中心连线与水平面的夹角大于45°时，位置 $A\sim C$ 的移动量应是中心距的1%（±0.5%）～3%（±1.5%）。

10.3　选择张紧轮

链条的松紧调整也可采用张紧轮或惰轮的方法来实现，特别是对于当两链轮的中心线与水平线的夹角大于60°时的倾斜链传动。

对链条的调整应保证不会对链条产生附加载荷。

10.4　传动布置

得当的链传动布置通常可更好地发挥链传动的功能并延长其使用寿命，见图7。

注：图中没有示出的链传动布置，请向链条制造商咨询。

图7　常用的链传动布置

附　录　A
（资料性附录）
链传动设计示例

A.1　已知参数

本例链传动的布置见图 A.1，已知传动参数如下：

传递功率　　$P=1.40\ \text{kW}$

输入轴转速　　$n_1=100\ \text{r/min}$

输出轴转速　　$n_2=34\ \text{r/min}$

传动比　　$i=n_1/n_2=2.94$

主动机械　　齿轮电动机

从动机械　　载荷不稳定的输送机

近似中心距　　$a_0=850\ \text{mm}$

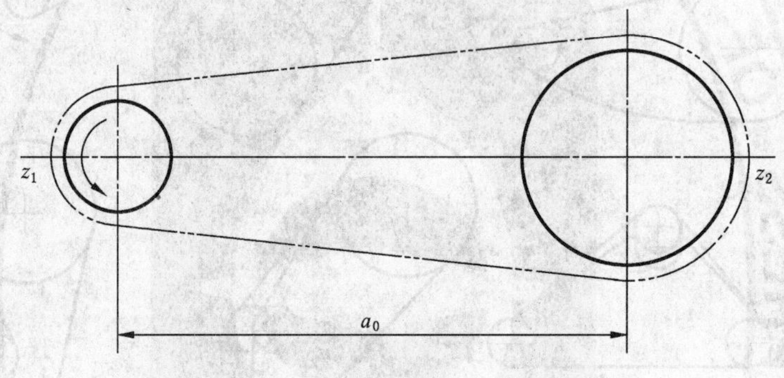

图 A.1　链传动布置示意图

A.2　选择链轮

选择主动链轮齿数

$$z_1=17$$

计算从动链轮齿数[按公式(4)]

$$z_2=iz_1=2.94\times 17=50$$

A.3　计算和选择链条

A.3.1　修正功率

应用系数　$f_1=1.4$(由表 2 查得)

齿数系数　$f_2=1.13$[由公式(5)或图 4 得到]

修正功率　$P_C=P\ f_1\ f_2$[见公式(2)]$=1.40\times 1.4\times 1.13=2.21\ \text{kW}$

A.3.2　选择链条

应用 $P_C=2.21\ \text{kW}$ 和 $n_1=100\ \text{r/min}$，从图 1～图 3 中选得滚子链 16A-1、60H-1 或者16B -1。

16A 和 16B 的链条节距是 25.4 mm，60H 的链条节距是 19.05 mm(根据 GB/T 1243)。

A.3.3　计算链长

计算链长节数

根据公式(7)：

$$X_0=2\frac{a_0}{p}+\frac{z_1+z_2}{2}+\frac{f_3 p}{a_0}$$

式中：

$f_3=27.585$

当 $|z_2-z_1|=|50-17|=33$(根据表 5)时，16A 和 16B 链条的计算链长节数为：

$$X_0=\frac{2\times850}{25.4}+\frac{17+50}{2}+\frac{27.585\times25.4}{850}=101.25\text{ 节距}$$

选取链节数 $X=102$ 节距(即选取比 X_0 大的最接近的整数且偶数)。

对于 60H 链条，计算链长节数为：

$$X_0=\frac{2\times850}{19.05}+\frac{17+50}{2}+\frac{27.585\times19.05}{850}=123.36\text{ 节距}$$

选取链节数 $X=124$ 节距(即选取比 X_0 大的最接近的整数且偶数)。

A.3.4 计算链速

根据公式(8)： $v=\frac{n_1z_1p}{60\,000}$

对 16A 和 16B 链条：

$$v=\frac{100\times17\times25.4}{60\,000}=0.72\text{ m/s}$$

对 60H 链条：

$$v=\frac{100\times17\times19.05}{60\,000}=0.54\text{ m/s}$$

A.4 最大链轮中心距

根据公式(10)，最大链轮中心距 $a=f_4p[2X-(z_1+z_2)]$

对 16A 和 16B 链条：

当 $\frac{X-z_S}{|z_2-z_1|}=\frac{102-17}{|50-17|}=2.576$ 时，从表 6 利用插值法求得 $f_4=0.247\,00$

对 60H 链条：

当 $\frac{X-z_S}{|z_2-z_1|}=\frac{124-17}{|50-17|}=3.242$ 时，从表 6 利用插值法求得 $f_4=0.248\,30$

最后得：

对 16A 和 16B 链条：

$$a=(0.247\times25.4)\times[(2\times102)-(17+50)]=859.5\text{ mm}$$

对 60H 链条：

$$a=(0.248\,30\times19.05)\times[(2\times124)-(17+50)]=856.15\text{ mm}$$

A.5 润滑

对 16A-1 和 16B-1 链条，用 $v=0.72$ m/s，在图 5 上查得为第二润滑范围。润滑方式的最低要求为滴油润滑(见 9.1)。

对 60H-1 链条，用 $v=0.54$ m/s，在图 5 上查得为第二润滑范围。润滑方式的最低要求为滴油润滑(见 9.1)。

附 录 B
（资料性附录）
额定功率计算公式

B.1 额定功率图

图 B.1 所示为 16A 和 16B 链条的额定功率曲线图。由链板疲劳限定的额定功率在图中用实线表示，实线的起点从 0.6 kW(10 r/min)开始到 100 kW(3 000 r/min)结束；由滚子套筒冲击疲劳限定的额定功率在图中用双点划线表示，双点划线的起点从 160 kW(350 r/min)开始到 6.5 kW(3 000 r/min)结束；由销轴和套筒胶合限定的额定功率在图中用单点划线表示，单点划线的起点从大约 150 kW (350 r/min)开始，经由略高于 200 kW(1 500 r/min)到终点 0.1 kW(3 300 r/min)结束。在规定速度下链条的额定功率应是这 3 种条件下最低的。

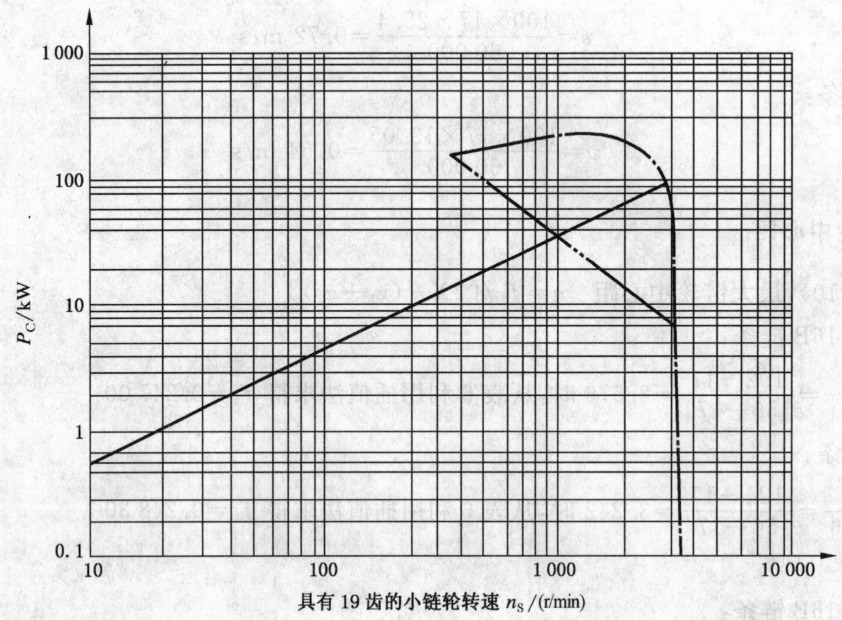

n_S——小链轮转速；
P_C——修正功率。

图 B.1 滚子链功率曲线的构成

B.2 由链板疲劳限定的额定功率公式

对 A 系列链条：

$$P_C=\frac{z_S^{1.08}\times n_S^{0.9}\times 99A_i p^{(1.0-0.0008p)}}{6\times 10^7}\quad \text{kW}$$

式中：

A_i——两片内链板的截面积，单位为平方毫米(mm^2)；

$A_i=0.118\ p^2$。

对 085 链条：

$$P_C=\frac{z_S^{1.08}\times n_S^{0.9}\times 86.2A_i p^{(1.0-0.0008p)}}{6\times 10^7}\quad \text{kW}$$

式中：

A_i——两片内链板的截面积，单位为平方毫米（mm^2）；

$A_i=0.0745p^2$。

对 A 系列重载链条：

$$P_C=\frac{z_S^{1.08}\times n_S^{0.9}\times(t_H/t_S)^{0.5}\times 99A_i p^{(1.0-0.0008p)}}{6\times10^7}\quad kW$$

式中：

A_i——两片标准内链板的截面积，单位为平方毫米（mm^2）；

$A_i=0.118p^2$；

t_H——重载系列链条内链板的厚度，单位为毫米（mm）；

t_S——标准系列链条内链板的厚度，单位为毫米（mm）。

对 B 系列链条：

$$P_C=\frac{z_S^{1.08}\times n_S^{0.9}\times 99A_i p^{(1.0-0.0009p)}}{6\times10^7}\quad kW$$

式中：

A_i——两片标准内链板的截面积，单位为平方毫米（mm^2）；

$A_i=2t_i(0.99h_2-d_b)$；

d_b——估算套筒直径，单位为毫米（mm）；

$d_b=d_2\left(\frac{d_1}{d_2}\right)^{0.475}$；

t_i——估算内链板厚度，单位为毫米（mm）；

$t_i=\frac{b_2-b_1}{2.11}$；

以及 b_1——最小内链节内宽，单位为毫米（mm）；

b_2——最大内链节外宽，单位为毫米（mm）；

d_1——最大滚子直径，单位为毫米（mm）；

d_2——最大销轴直径，单位为毫米（mm）；

h_2——最大内链板高度，单位为毫米（mm）；

p——链条节距，单位为毫米（mm）。

B.3 由滚子和套筒冲击疲劳限定的额定功率公式

对 A 系列、A 重载系列和 B 系列链条（不含 04C，06C 和 085 链条）：

$$P_C=\frac{953.5z_S^{1.5}p^{0.8}}{n_S^{1.5}}\quad kW$$

对 04C 和 06C 链条：

$$P_C=\frac{1626.6z_S^{1.5}p^{0.8}}{n_S^{1.5}}\quad kW$$

对 085 链条：

$$P_C=\frac{190.7z_S^{1.5}p^{0.8}}{n_S^{1.5}}\quad kW$$

B.4 由销轴和套筒胶合限定的额定功率公式

对 A 系列、A 重载系列和 B 系列链条：

$$P_C=\frac{z_S n_S p}{3780K_{PS}}\left\{4.413-2.073\left(\frac{p}{25.4}\right)-0.0274z_S-\ln\left(\frac{n_S}{1000K_{PS}}\right)\left[1.59\lg\left(\frac{p}{25.4}\right)+1.873\right]\right\}kW$$

式中：

K_{PS}——速度修正系数，见表 B.1。

表 B.1 速度修正系数

链条节距/mm	K_{PS}
≤19.05	1.0
25.40～31.75	1.25
38.10	1.30
44.45	1.35
50.80～57.15	1.40
63.50	1.45
76.20	1.50

B.5 润滑速度限制公式

第一种润滑方式的最大速度： $v=2.8p^{-0.56}$ m/s

第二种润滑方式的最大速度： $v=7.0p^{-0.56}$ m/s

第三种润滑方式的最大速度： $v=35p^{-0.56}$ m/s

ICS 83.140.99
G 47

中华人民共和国国家标准

GB 18173.1—2006
代替 GB 18173.1—2000

高分子防水材料
第1部分:片材

Polymer water-proof materials—
Part 1: Water-proof sheet

2006-08-24 发布　　2007-05-01 实施

中华人民共和国国家质量监督检验检疫总局
中国国家标准化管理委员会　发布

前　言

本部分的第5章(不包括人工气候老化和粘合性能)和第8章为强制性的,其余为推荐性的。

GB 18173《高分子防水材料》分为三个部分:

——第1部分:片材;

——第2部分:止水带;

——第3部分:遇水膨胀橡胶。

本部分为GB 18173的第1部分。

本部分代替GB 18173.1—2000《高分子防水材料　第1部分　片材》。

本部分修改采用JIS A 6008—2002《合成高分子系列屋面防水片材》,同时结合国内片材生产的发展及使用需要对原标准进行修订。

本部分与GB 18173.1—2000的主要差异如下:

——增加了术语和定义(本版的3);

——增加了点粘合结构防水片材种类及技术指标(2000年版的3.1和4.3.1;本版的4.1、5.3.1);

——增加了FS2型复合片材表层与芯层复合强度指标(2000年版的4.3.1;本版的5.3.1);

——调整了均质片物理性能指标(2000年版的4.3.1;本版的5.3.1);

——取消了对部分复合片材不测量延伸率的规定(2000年版的4.3.3;本版的5.3.2、5.3.3);

——调整了片材拉伸试样数量及FS2型片材拉伸试样的形状(2000年版的5.3.1;本版的6.3.1);

——增加了复合片芯层厚度测量方法(本版的附录A);

——调整了粘合性能试验方法及指标(2000年版的5.3.12和4.3.1;本版的6.3.1、5.3.1)。

本部分的附录A、附录B、附录C、附录D为规范性附录。

本部分由中国石油和化学工业协会提出。

本部分由全国橡胶与橡胶制品标准化技术委员会橡胶杂品分技术委员会(SAC/TC 35/SC 7)归口。

本部分起草单位:北京市化工产品质量监督检验站、胜利油田大明新型建筑防水材料有限责任公司、哈高科绥棱二塑有限公司、沈阳星辰化工有限公司、常熟市三恒建材有限责任公司、新余市凯光橡胶有限公司、上海台安工程实业有限公司。

本部分主要起草人:宋宝清、杜奎义、何少岚、于明瑞、徐国忠、付小军、程先政。

本部分所代替标准的历次版本发布情况为:

——GB 18173.1—2000。

高分子防水材料
第1部分:片材

1 范围

GB 18173 的本部分规定了高分子防水材料片材的术语和定义、分类与标记、要求、试验方法、检验规则以及标志、包装、运输与贮存。

本部分适用于以高分子材料为主材料,以挤出法或压延法生产的均质片材(以下简称均质片)及以高分子材料复合(包括带织物加强层)的复合片材(以下简称复合片)和均质片材点粘合织物等材料的点粘(合)片材(以下简称点粘片)。主要用于建筑物屋面防水及地下工程的防水。

2 规范性引用文件

下列文件中的条款通过 GB 18173 的本部分的引用而成为本部分的条款。凡是注日期的引用文件,其随后所有的修改单(不包括勘误的内容)或修订版均不适用于本部分,然而,鼓励根据本部分达成协议的各方研究是否可使用这些文件的最新版本。凡是不注日期的引用文件,其最新版本适用于本部分。

GB/T 528—1998 硫化橡胶或热塑性橡胶 拉伸应力应变性能的测定(eqv ISO 37:1994)

GB/T 529—1999 硫化橡胶或热塑性橡胶撕裂强度的测定(裤形、直角形和新月形试样)(eqv ISO 34-1:1994)

GB/T 532—1997 硫化橡胶或热塑性橡胶与织物粘合强度的测定(idt ISO 36:1993)

GB/T 1690—2006 硫化橡胶或热塑性橡胶耐液体试验方法(ISO 1817:2005,MOD)

GB/T 3512—2001 硫化橡胶或热塑性橡胶 热空气加速老化和耐热试验(eqv ISO 188:1998)

GB/T 7762—2003 硫化橡胶或热塑性橡胶 耐臭氧龟裂 静态拉伸试验(ISO 1431-1:1989,MOD)

GB/T 12831—1991 硫化橡胶人工气候(氙灯)老化试验方法(neq ISO 4665-3:1987)

3 术语和定义

下列术语和定义适用于本部分。

3.1

均质片 homogeneous sheet

以同一种或一组高分子材料为主要材料,各部位截面材质均匀一致的防水片材。

3.2

复合片 composite sheet

以高分子合成材料为主要材料,复合织物等为保护或增强层,以改变其尺寸稳定性和力学特性,各部位截面结构一致的防水片材。

3.3

点粘片 material with pointing adhesion sheet

均质片材与织物等保护层多点粘接在一起,粘接点在规定区域内均匀分布,利用粘接点的间距,使其具有切向排水功能的防水片材。

3.4

复合强度 composite strength

复合片材表面保护或增强层与芯层的复合力度,用 N/mm 表示。

4 分类与标记

4.1 片材的分类如表1所示。

表1 片材的分类

<table>
<tr><th colspan="2">分类</th><th>代号</th><th>主要原材料</th></tr>
<tr><td rowspan="10">均质片</td><td rowspan="4">硫化橡胶类</td><td>JL1</td><td>三元乙丙橡胶</td></tr>
<tr><td>JL2</td><td>橡胶(橡塑)共混</td></tr>
<tr><td>JL3</td><td>氯丁橡胶、氯磺化聚乙烯、氯化聚乙烯等</td></tr>
<tr><td>JL4</td><td>再生胶</td></tr>
<tr><td rowspan="3">非硫化橡胶类</td><td>JF1</td><td>三元乙丙橡胶</td></tr>
<tr><td>JF2</td><td>橡胶(橡塑)共混</td></tr>
<tr><td>JF3</td><td>氯化聚乙烯</td></tr>
<tr><td rowspan="3">树脂类</td><td>JS1</td><td>聚氯乙烯等</td></tr>
<tr><td>JS2</td><td>乙烯乙酸乙烯、聚乙烯等</td></tr>
<tr><td>JS3</td><td>乙烯乙酸乙烯改性沥青共混等</td></tr>
<tr><td rowspan="4">复合片</td><td>硫化橡胶类</td><td>FL</td><td>三元乙丙、丁基、氯丁橡胶、氯磺化聚乙烯等</td></tr>
<tr><td>非硫化橡胶类</td><td>FF</td><td>氯化聚乙烯、三元乙丙、丁基、氯丁橡胶、氯磺化聚乙烯等</td></tr>
<tr><td rowspan="2">树脂类</td><td>FS1</td><td>聚氯乙烯等</td></tr>
<tr><td>FS2</td><td>聚乙烯、乙烯乙酸乙烯等</td></tr>
<tr><td rowspan="3">点粘片</td><td rowspan="3">树脂类</td><td>DS1</td><td>聚氯乙烯等</td></tr>
<tr><td>DS2</td><td>乙烯乙酸乙烯、聚乙烯等</td></tr>
<tr><td>DS3</td><td>乙烯乙酸乙烯改性沥青共混物等</td></tr>
</table>

4.2 产品标记

4.2.1 产品应按下列顺序标记,并可根据需要增加标记内容:

类型代号、材质(简称或代号)、规格(长度×宽度×厚度)。

4.2.2 标记示例

长度为20 000 mm,宽度为1 000 mm,厚度为1.2 mm的均质硫化型三元乙丙橡胶(EPDM)片材标记为:

JL1-EPDM-20 000 mm×1 000 mm×1.2 mm

5 要求

5.1 规格尺寸

片材的规格尺寸及允许偏差如表2、表3所示,特殊规格由供需双方商定。

表2 片材的规格尺寸

<table>
<tr><th>项目</th><th>厚度/mm</th><th>宽度/m</th><th>长度/m</th></tr>
<tr><td>橡胶类</td><td>1.0,1.2,1.5,1.8,2.0</td><td>1.0,1.1,1.2</td><td rowspan="2">20以上</td></tr>
<tr><td>树脂类</td><td>0.5以上</td><td>1.0,1.2,1.5,2.0</td></tr>
<tr><td colspan="4">注:橡胶类片材在每卷20 m长度中允许有一处接头,且最小块长度应不小于3 m,并应加长15 cm备作搭接;树脂类片材在每卷至少20 m长度内不允许有接头。</td></tr>
</table>

表 3 允许偏差

项 目	厚 度	宽 度	长 度
允许偏差	±10%	±1%	不允许出现负值

5.2 外观质量

5.2.1 片材表面应平整，不能有影响使用性能的杂质、机械损伤、折痕及异常粘着等缺陷。

5.2.2 在不影响使用的条件下，片材表面缺陷应符合下列规定。

a) 凹痕，深度不得超过片材厚度的 30%；树脂类片材不得超过 5%；

b) 气泡，深度不得超过片材厚度的 30%，每 1 m² 内不得超过 7 mm²，树脂类片材不允许有。

5.3 片材的物理性能

5.3.1 均质片的性能应符合表 4 的规定；复合片的性能应符合表 5 的规定；点粘片的性能应符合表 6 的规定。

5.3.2 对于整体厚度小于 1.0 mm 的树脂类复合片材，扯断伸长率不得小于 50%，其他性能达到规定值的 80%以上。

5.3.3 对于聚酯胎上涂覆三元乙丙橡胶的 FF 类片材，扯断伸长率不得小于 100%，其他性能应符合表 5的规定。

表 4 均质片的物理性能

项 目			指标										适用试验条目
			硫化橡胶类				非硫化橡胶类			树脂类			
			JL1	JL2	JL3	JL4	JF1	JF2	JF3	JS1	JS2	JS3	
断裂拉伸强度/MPa	常温	≥	7.5	6.0	6.0	2.2	4.0	3.0	5.0	10	16	14	6.3.2
	60℃	≥	2.3	2.1	1.8	0.7	0.8	0.4	1.0	4	6	5	
扯断伸长率/%	常温	≥	450	400	300	200	400	200	200	200	550	500	
	−20℃	≥	200	200	170	100	200	100	100	15	350	300	
撕裂强度/(kN/m)		≥	25	24	23	15	18	10	10	40	60	60	6.3.3
不透水性(30 min)			0.3 MPa 无渗漏		0.2 MPa 无渗漏		0.3MPa 无渗漏	0.2 MPa 无渗漏		0.3 MPa 无渗漏			6.3.4
低温弯折温度/℃		≤	−40	−30	−30	−20	−30	−20	−20	−20	−35	−35	6.3.5
加热伸缩量/mm	延伸	≤	2	2	2	2	2	4	4	2	2	2	6.3.6
	收缩	≤	4	4	4	4	4	6	10	6	6	6	
热空气老化(80℃×168 h)	断裂拉伸强度保持率/%	≥	80	80	80	80	90	60	80	80	80	80	6.3.7
	扯断伸长率保持率/%	≥	70	70	70	70	70	70	70	70	70	70	
耐碱性(饱和 $Ca(OH)_2$ 溶液常温×168 h)	断裂拉伸强度保持率/%	≥	80	80	80	80	80	70	70	80	80	80	6.3.8
	扯断伸长率保持率/%	≥	80	80	80	80	90	80	70	80	90	90	
臭氧老化(40℃×168 h)	伸长率 40%，500×10^{-8}		无裂纹	—	—	—	无裂纹	—	—	—	—	—	6.3.9
	伸长率 20% 500×10^{-8}		—	无裂纹	—	—	—	—	—	—	—	—	
	伸长率 20%，100×10^{-8}		—	—	无裂纹	无裂纹	—	无裂纹	无裂纹	—	—	—	

表 4（续）

项目		硫化橡胶类 JL1	JL2	JL3	JL4	非硫化橡胶类 JF1	JF2	JF3	树脂类 JS1	JS2	JS3	适用试验条目
人工气候老化	断裂拉伸强度保持率/% ≥	80	80	80	80	80	70	80	80	80	80	6.3.10
	扯断伸长率保持率/% ≥	70	70	70	70	70	70	70	70	70	70	
粘接剥离强度（片材与片材）	N/mm（标准试验条件） ≥	1.5										6.3.11
	浸水保持率（常温×168 h）/% ≥	70										

注 1：人工气候老化和粘合性能项目为推荐项目；

注 2：非外露使用可以不考核臭氧老化、人工气候老化、加热伸缩量、60℃断裂拉伸强度性能。

表 5 复合片的物理性能

项目			硫化橡胶类 FL	非硫化橡胶类 FF	树脂类 FS1	FS2	适用试验条目
断裂拉伸强度/(N/cm)	常温	≥	80	60	100	60	6.3.2
	60℃	≥	30	20	40	30	
扯断伸长率/%	常温	≥	300	250	150	400	
	−20℃	≥	150	50	10	10	
撕裂强度/N		≥	40	20	20	20	6.3.3
不透水性（0.3 MPa，30 min）			无渗漏	无渗漏	无渗漏	无渗漏	6.3.4
低温弯折温度/℃		≤	−35	−20	−30	−20	6.3.5
加热伸缩量/mm	延伸	≤	2	2	2	2	6.3.6
	收缩	≤	4	4	2	4	
热空气老化（80℃×168 h）	断裂拉伸强度保持率/%	≥	80	80	80	80	6.3.7
	扯断伸长率保持率/%	≥	70	70	70	70	
耐碱性（质量分数为 10%的 $Ca(OH)_2$ 溶液，常温×168 h）	断裂拉伸强度保持率/%	≥	80	60	80	80	6.3.8
	扯断伸长率保持率/%	≥	80	60	80	80	
臭氧老化（40℃×168 h），200×10^{-8}			无裂纹	无裂纹	—	—	6.3.9
人工气候老化	断裂拉伸强度保持率/%	≥	80	70	80	80	6.3.10
	扯断伸长率保持率/%	≥	70	70	70	70	
粘结剥离强度（片材与片材）	N/mm（标准试验条件）	≥	1.5	1.5	1.5	1.5	6.3.11
	浸水保持率（常温×168 h）/%	≥	70	70	70	70	
复合强度（FS2 型表层与芯层）/(N/mm)		≥	—	—	—	1.2	6.3.12

注 1：人工气候老化和粘合性能项目为推荐项目；

注 2：非外露使用可以不考核臭氧老化、人工气候老化、加热伸缩量、60℃断裂拉伸强度性能。

表 6　点粘片的物理性能

项目		指标 DS1	DS2	DS3	适用试验条目
断裂拉伸强度/MPa	常温　≥	10	16	14	6.3.2
	60℃　≥	4	6	5	
扯断伸长率/%	常温　≥	200	550	500	
	−20℃　≥	15	350	300	
撕裂强度/(kN/m)	≥	40	60	60	6.3.3
不透水性(30 min)		0.3 MPa 无渗漏			6.3.4
低温弯折温度/℃	≤	−20	−35	−35	6.3.5
加热伸缩量/mm	延伸　≤	2	2	2	6.3.6
	收缩　≤	6	6	6	
热空气老化(80℃×168 h)	断裂拉伸强度保持率/%　≥	80	80	80	6.3.7
	扯断伸长率保持率/%　≥	70	70	70	
耐碱性(质量分数为10%的 $Ca(OH)_2$ 溶液,常温×168 h)	断裂拉伸强度保持率/%　≥	80	80	80	6.3.8
	扯断伸长率保持率/%　≥	80	90	90	
人工气候老化	断裂拉伸强度保持率/%　≥	80	80	80	6.3.10
	扯断伸长率保持率/%　≥	70	70	70	
粘接点	剥离强度/(kN/m)　≥	1			6.3.11
	常温下断裂拉伸强度/(N/cm)　≥	100	60		
	常温下扯断伸长率/%　≥	150	400		
粘接剥离强度(片材与片材)	N/mm(标准试验条件)　≥	1.5			6.3.11
	浸水保持率(常温×168 h)/%　≥	70			

注 1：人工气候老化和粘合性能项目为推荐项目；

注 2：非外露使用可以不考核人工气候老化、加热伸缩量、60℃断裂拉伸强度性能。

6　试验方法

6.1　片材尺寸的测定

6.1.1　长度、宽度用钢卷尺测量，精确到 1 mm。宽度在纵向两端及中央附近测定三点，取平均值；长度的测定取每卷展平后的全长的最短部位。

6.1.2　厚度用分度为 1/100 mm、压力为(22±5) kPa、测足直径为 6 mm 的厚度计测量，其测量点如图 1 所示，自端部起裁去 300 mm，再从其裁断处的 20 mm 内侧，且自宽度方向距两边各 10% 宽度范围内取两个点(*a*、*b*)，再将 *a*、*b* 间四等分，取其等分点(*c*、*d*、*e*)共五个点进行厚度测量，测量结果用五个点的平均值表示；宽度不满 500 mm 的，可以省略 *c*、*d* 两点的测定。点粘片测量防水层厚度，复合片测量片材整体厚度，当需测定复合片的芯层厚度时，按附录 A 规定的方法进行。

单位为毫米

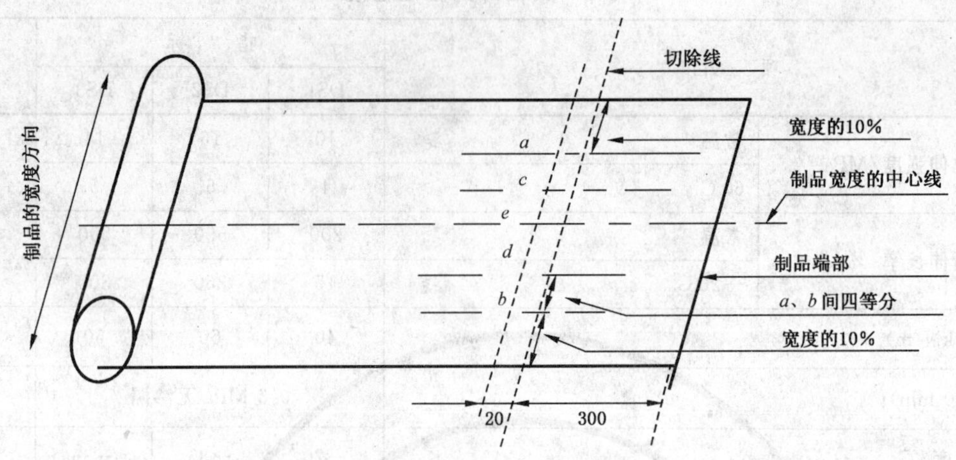

图 1　厚度测量点示意图

6.2　片材的外观质量用目测方法及量具检查。

6.3　片材物理性能的测定

6.3.1　试样制备

将规格尺寸检测合格的卷材展平后在标准状态下静置 24 h，裁取试验所需的足够长度试样，按图 2 及表 7 裁取所需试片，试片距卷材边缘不得小于 100 mm。裁切复合片时应顺着织物的纹路，尽量不破坏纤维并使工作部分保证最多的纤维根数。

表 7　试样的形状与数量

<table>
<tr><th colspan="2" rowspan="2">项　目</th><th rowspan="2">试样代号</th><th colspan="3" rowspan="2">试　样　形　状</th><th colspan="2">试样数量</th></tr>
<tr><th>纵向</th><th>横向</th></tr>
<tr><td colspan="2">不透水性</td><td>A</td><td colspan="3">140 mm×140 mm</td><td colspan="2">3</td></tr>
<tr><td rowspan="3">拉伸性能</td><td>常温</td><td>B,B′</td><td rowspan="3">GB/T 528—1998 中 1 型哑铃片</td><td rowspan="3">FS2 类片材</td><td>200 mm×25 mm</td><td>5</td><td>5</td></tr>
<tr><td>高温</td><td>D,D′</td><td rowspan="2">100 mm×25 mm</td><td>5</td><td>5</td></tr>
<tr><td>低温</td><td>E,E′</td><td>5</td><td>5</td></tr>
<tr><td colspan="2">撕裂强度</td><td>C,C′</td><td colspan="3">GB/T 529 中直角形试片</td><td>5</td><td>5</td></tr>
<tr><td colspan="2">低温弯折</td><td>S,S′</td><td colspan="3">120 mm×50 mm</td><td>2</td><td>2</td></tr>
<tr><td colspan="2">加热伸缩量</td><td>F,F′</td><td colspan="3">300 mm×30 mm</td><td>3</td><td>3</td></tr>
<tr><td rowspan="2">热空气老化</td><td>拉伸性能</td><td>G,G′</td><td rowspan="3">GB/T 528—1998 中 1 型哑铃片</td><td colspan="2" rowspan="3">FS2 类片材，200 mm×25 mm</td><td>3</td><td>3</td></tr>
<tr><td>伸长外观</td><td>J,J′</td><td>3</td><td>3</td></tr>
<tr><td colspan="2">耐碱性</td><td>I,I′</td><td>3</td><td>3</td></tr>
<tr><td colspan="2">臭氧老化</td><td>L,L′</td><td rowspan="3">GB/T 528—1998 中 1 型哑铃片</td><td colspan="2" rowspan="3">FS2 类片材，200 mm×25 mm</td><td>3</td><td>3</td></tr>
<tr><td rowspan="2">人工气候老化</td><td>拉伸性能</td><td>H,H′</td><td>3</td><td>3</td></tr>
<tr><td>伸长外观</td><td>K,K′</td><td>3</td><td>3</td></tr>
<tr><td rowspan="2">粘接剥离强度</td><td>标准试验条件</td><td>M</td><td colspan="3" rowspan="3">200 mm×25 mm</td><td>5</td><td>—</td></tr>
<tr><td>浸水 168 h</td><td>N</td><td>5</td><td>—</td></tr>
<tr><td colspan="2">复合强度</td><td>O</td><td>5</td><td>—</td></tr>
<tr><td colspan="8">注：试样代号中，字母上方有“′”者应横向取样。</td></tr>
</table>

单位为毫米

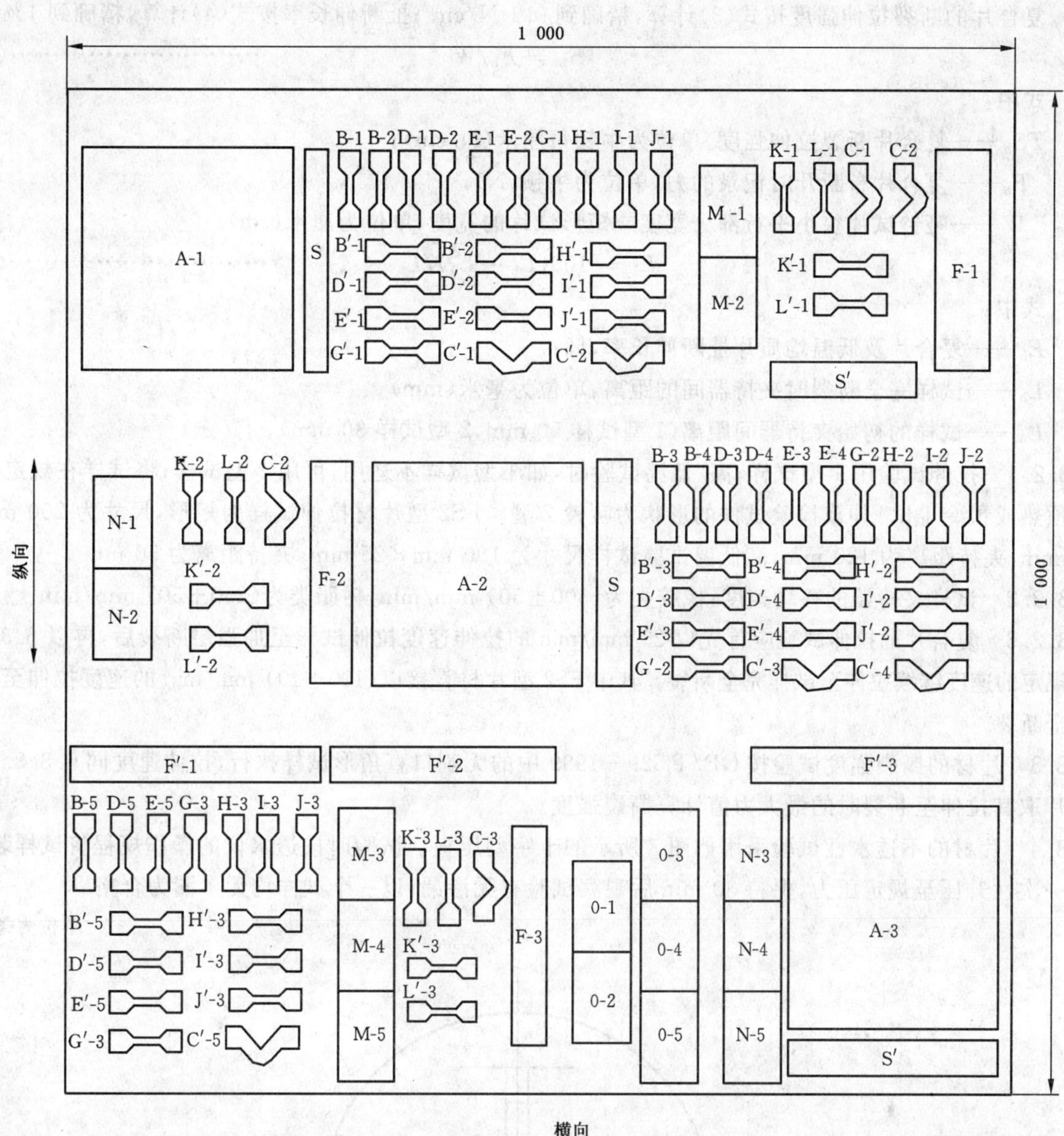

图 2 裁样示意图

6.3.2 片材的断裂拉伸强度、扯断伸长率试验按 GB/T 528—1998 的规定进行，测试五个试样，取中值。其中，均质片断裂拉伸强度按式(1)计算，精确到 0.1 MPa，扯断伸长率按式(2)计算，精确到 1%。

$$TS_b = F_b/Wt \qquad \cdots\cdots(1)$$

式中：

TS_b——均质片断裂拉伸强度，单位为兆帕(MPa)；

F_b——试样断裂时记录的力，单位为牛顿(N)；

W——哑铃试片狭小平行部分宽度，单位为毫米(mm)；

t——试验长度部分的厚度，单位为毫米(mm)。

$$E_b = 100(L_b - L_0)/L_0 \qquad \cdots\cdots(2)$$

式中：

E_b——常温均质片扯断伸长率，%；

L_b——试样断裂时的标距，单位为毫米(mm)；

L_0——试样的初始标距，单位为毫米(mm)。

复合片的断裂拉伸强度按式(3)计算，精确到 0.1 N/cm；扯断伸长率按式(4)计算，精确到 1%。

$$TS_b = F_b/W \quad \cdots\cdots(3)$$

式中：

TS_b——复合片断裂拉伸强度，单位为牛顿每厘米(N/cm)；

F_b——复合片布断开时记录的力，单位为牛顿(N)；

W——哑铃试片狭小平行部分宽度或矩形试片的宽度，单位为厘米(cm)。

$$E_b = 100(L_b - L_0)/L_0 \quad \cdots\cdots(4)$$

式中：

E_b——复合片及低温均质片扯断伸长率，%；

L_b——试样完全断裂时夹持器间的距离，单位为毫米(mm)；

L_0——试样的初始夹持器间距离(1 型试样 50 mm，2 型试样 30 mm)。

6.3.2.1 拉伸试验用 1 型试样；高、低温试验时，如 1 型试样不适用，可用 2 型试样；将试样在规定温度下预热或预冷 1 h。仲裁检验试件的形状为哑铃 2 型。FS2 型片材拉伸试样为矩形，尺寸为 200 mm×25 mm，夹持距离为 120 mm，高低温试验试样尺寸为 100 mm×25 mm，夹持距离为 50 mm 。

6.3.2.2 试样夹持器的移动速度：橡胶类为(500±50) mm/min，树脂类为(250±50) mm/min。

6.3.2.3 复合片的拉伸试验应首先以 25 mm/min 的拉伸速度拉伸试样至加强层断裂后，再以 6.3.2.2 条规定的速度继续拉伸至试样完全断裂。其中 FS2 型片材直接以(100±10) mm/min 的速度拉伸至试样完全断裂。

6.3.3 片材的撕裂强度试验按 GB/T 529—1999 中的无割口直角形试样执行，拉伸速度同 6.3.2.2；复合片取其拉伸至断裂时的最大力值计算撕裂强度。

6.3.4 片材的不透水性试验采用如图 3 所示的十字型压板。试验时按透水仪的操作规程将试样装好，并一次性升压至规定压力，保持 30 min 后观察试验有无渗漏；以三个试样均无渗漏为合格。

单位为毫米

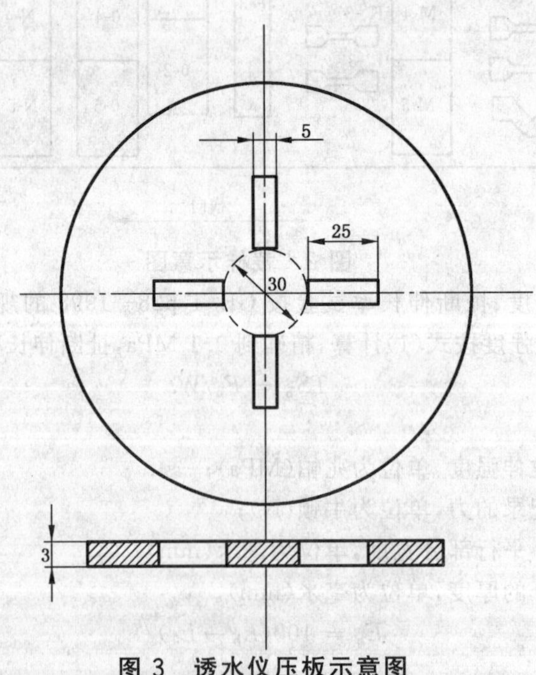

图 3 透水仪压板示意图

6.3.5 片材的低温弯折试验按附录 B 执行。

6.3.6 片材的加热伸缩量试验按附录 C 执行。

6.3.7 片材的热空气老化试验按 GB/T 3512—2001 的规定执行。

6.3.8 片材的耐碱性试验按 GB/T 1690—2006 的规定执行，试验前应用适宜的方法将复合片做封边处理。

6.3.9 片材的臭氧老化试验按 GB/T 7762—2003 的规定执行，以用 8 倍放大镜检验无龟裂为合格。

6.3.10 片材的人工气候老化性能按 GB/T 12831—1991 的规定执行；黑板温度为(63±3)℃，相对湿度为(50±5)%，降雨周期为 120 min，其中，降雨 18 min，间隔干燥 102 min，总辐照量为 495 MJ/m^2(或辐照强度为 550 W/m^2，试验时间为 250 h)。试样经暴露处理后在标准状态下停放 4 h，进行性能测定，外观检查以用 8 倍放大镜检验无裂纹为合格。

6.3.11 片材粘接剥离强度的测定按附录 D 的规定执行，点粘片粘接点的剥离强度的测定按 GB/T 532—1997的规定执行，从成品中取样。

6.3.12 复合强度的测定按片材粘接剥离强度方法(附录 D)执行，具有两个表面保护或增强层的复合片材，两表面的复合强度均应测定，其结果按下式计算：

复合强度(N/mm)＝剥离力(N)/试样宽度(25 mm)

以每个试样在拉伸过程中，材料表面保护或增强层未有破坏、与芯材未有剥离脱开现象、所有试样复合强度的平均值符合标准规定为合格。

7 检验规则

7.1 检验分类

7.1.1 出厂检验

7.1.1.1 组批与抽样

以同品种、同规格的 5 000 m^2 片材(如日产量超过 8 000 m^2 则以 8 000 m^2)为一批，随机抽取三卷进行规格尺寸和外观质量检验，在上述检验合格的样品中再随机抽取足够的试样进行物理性能检验。

7.1.1.2 检验项目

规格尺寸、外观质量、常温拉伸强度、常温扯断伸长率、撕裂强度、低温弯折、不透水性能、复合强度(FS2)按批进行出厂检验。

7.1.2 型式检验

本部分所列全部技术要求为型式检验项目，通常在下列情况之一时应进行型式检验。

a) 新产品的试制定型鉴定；

b) 产品的结构、设计、工艺、材料、生产设备、管理等方面有重大改变；

c) 转产、转厂、长期停产(超过 6 个月)后复产；

d) 合同规定；

e) 出厂检验结果与上次型式检验有较大差异；

f) 仲裁检验或国家质量监督检验机构提出进行该项试验的要求。

7.1.3 在正常情况下，臭氧老化应为每年至少进行一次检验，其余各项为每半年进行一次检验；人工气候老化根据用户要求进行型式试验。

7.2 判定规则

规格尺寸、外观质量及物理性能各项指标全部符合技术要求，则为合格品。若物理性能有一项指标不符合技术要求，应另取双倍试样进行该项复试，复试结果若仍不合格，则该批产品为不合格品。

8 标志、包装、运输、贮存

8.1 每一独立包装应有合格证，并注明产品名称、产品标记、商标、生产许可证编号、制造厂名厂址、生产日期、产品标准编号。

8.2 片材卷曲为圆柱形，外用适宜材料包装。

8.3 片材在运输与贮存时，应注意勿使包装损坏，放置于通风、干燥处，贮存垛高不应超过平放五个片材卷高度。堆放时，应放置于干燥的水平地面上，避免阳光直射，禁止与酸、碱、油类及有机溶剂等接触，且隔离热源。

8.4 在遵守8.3规定的条件下，自生产日期起在不超过一年的保存期内产品性能应符合本部分的规定。

附 录 A
（规范性附录）
复合片芯层厚度测量

A.1 试验仪器

读数显微镜：最小分度值 0.01 mm，放大倍数最小 20 倍。

A.2 测量方法

在距片材长度方向边缘（100±15）mm 向内各取一点，在这两点中均分取三点，以这五点为中心裁取五块 50 mm×50 mm 试样，在每块试样上沿宽度方向用薄的锋利刀片，垂直于试样表面切取一条约 50 mm×2 mm 的试条，注意不使试条的切面变形（厚度方向的断面）。将试条的切面向上，置于读数显微镜的试样台上，读取片材芯层厚度（不包括纤维层），以芯层最外端切线位置计算厚度。每个试条取四个均分点测量，厚度以五个试条共 20 处数值的算术平均值表示，并报告 20 处中的最小单值。

附 录 B
（规范性附录）
低温弯折试验

B.1 试验仪器

低温弯折仪应由低温箱和弯折板两部分组成。低温箱应能在0℃～－40℃之间自动调节，误差为±2℃，且能使试样在被操作过程中保持恒定温度；弯折板由金属平板、转轴和调距螺丝组成，平板间距可任意调节，示意图如图B.1。

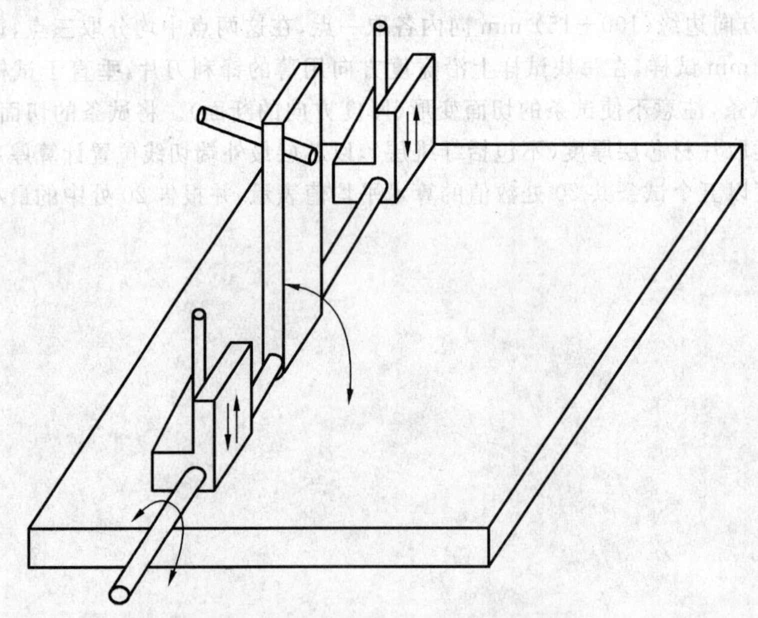

图 B.1 弯折板示意图

B.2 试验条件

B.2.1 实验室温度：(23±2)℃。

B.2.2 试样在实验室温度下停放时间不少于24 h。

B.3 试验程序

B.3.1 将按6.3.1条制备的试样弯曲180°，使50 mm宽的试样边缘重合、齐平，并用定位夹或10 mm宽的胶布将边缘固定，以保证其在试验中不发生错位；并将低温弯折仪的两平板间距调到片材厚度的三倍。

B.3.2 将低温弯折仪上平板打开，将厚度相同的两块试样平放在底板上，重合的一边朝向转轴，且距转轴20 mm；在规定温度下保持1 h之后迅速压下上平板，达到所调间距位置，保持1 s后将试样取出，观察试样弯折处是否断裂，并用放大镜观察试样弯折处受拉面有无裂纹。

B.4 判定

用8倍放大镜观察试样表面，以两个试样均无裂纹为合格。

附　录　C
（规范性附录）
加热伸缩量试验

C.1　试验仪器

C.1.1　测伸缩量的标尺精度不低于 0.5 mm。

C.1.2　老化试验箱。

C.2　试验条件

C.2.1　实验室温度：(23±2)℃。

C.2.2　试样在实验室温度下停放时间不少于 24 h。

C.3　试验程序

将按图 C.1 规格尺寸制好的试样放入(80±2)℃的老化箱中，时间为 168 h；取出试样后停放 1 h，用量具测量试样的长度，根据初始长度计算伸缩量。取纵横两个方向的算术平均值。用三个试样的平均值表示其伸缩量。

注：如试片弯曲，需施以适当的重物将其压平测量。

单位为毫米

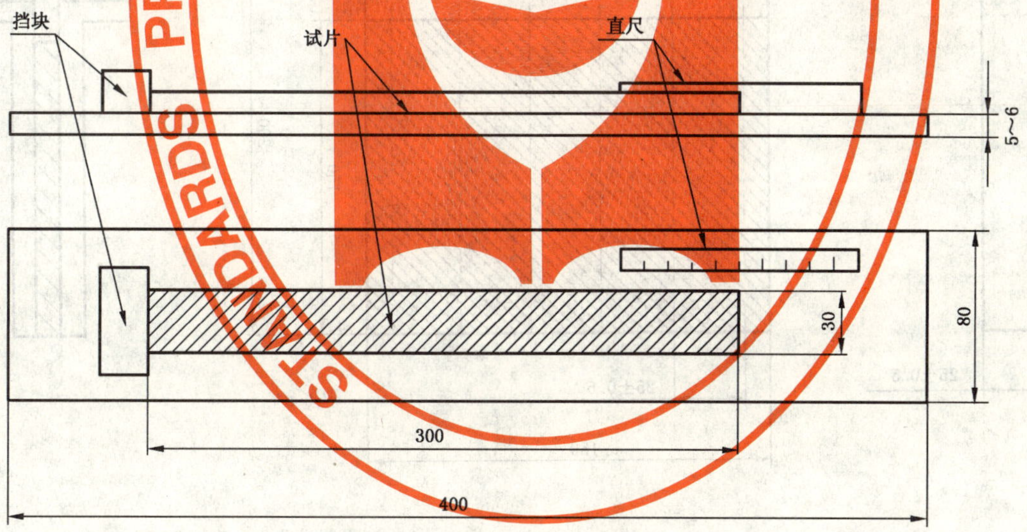

挡块　试片　直尺　5～6　30　80　300　400

图 C.1　测量方法示意图

附 录 D
（规范性附录）
片材粘接剥离强度试验

D.1 试验设备

拉力试验机，量程 ≥500 N。

D.2 试验条件

实验室温度为(23±2)℃，相对湿度 45%～65%。

D.3 试样制备

按 6.3.1 条图 2 所示沿片材纵向裁取 200 mm×150 mm 试片四块，在标准试验条件下，将与片材配套的胶黏剂涂在试片上，涂胶面积为 150 mm×150 mm，然后将每两片片材按图 D.1 所示对正粘贴，对粘时间按生产厂商规定进行。将试片在标准试验条件下停放 168 h 后裁取 10 个 200 mm×25 mm 的试样；取出五个试样在(23±2)℃的水中放置 168 h，取出后在标准试验条件下停放 4 h 备用。

单位为毫米

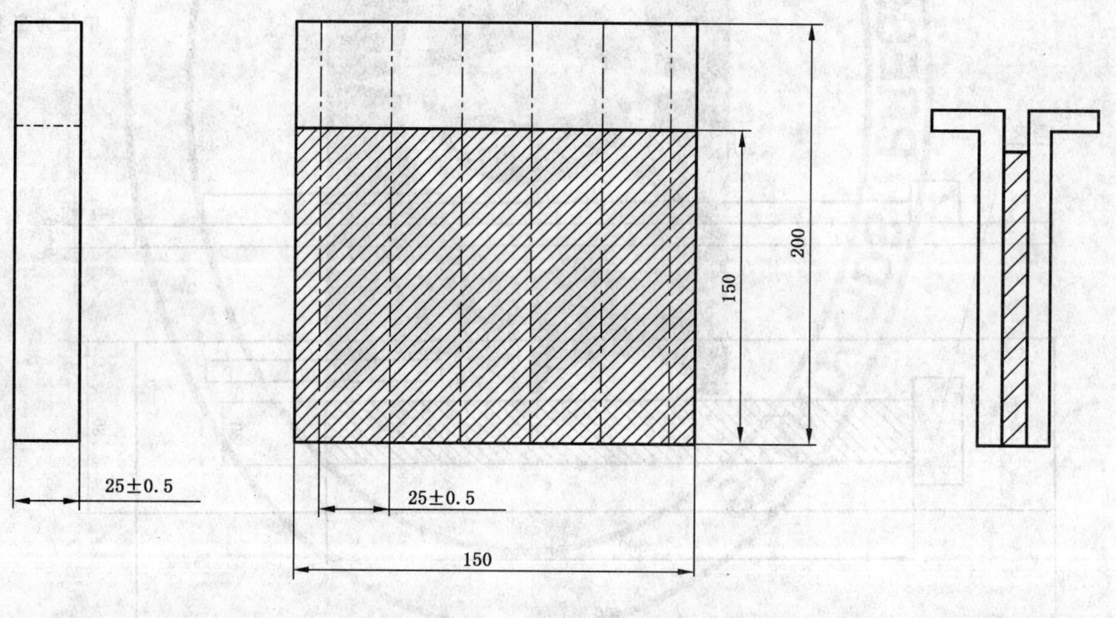

图 D.1 剥离强度试样

D.4 试验程序

将试样分别夹在拉力试验机上，夹持部位不能滑移，开动试验机，以(100±10) mm/min 的速度进行剥离试验，试样剥离长度至少要有 125 mm，剥离力以拉伸过程中(不包括最初的 25 mm)的平均力值表示。

D.5 结果表示

剥离强度按下式计算：

$$\sigma_T = F/B$$

式中：

σ_T——剥离强度，单位为牛顿每毫米（N/mm）；

F——剥离力，单位为牛顿（N）；

B——试样宽度，单位为毫米（mm）。

取五个试样的剥离强度算术平均值为测定结果。

ICS 91.120.25
P 15

中华人民共和国国家标准

GB/T 18208.1—2006

地震现场工作　第1部分:基本规定

Post-earthquake field works—Part 1:Basic regulations

2006-06-02 发布　　2006-10-01 实施

中华人民共和国国家质量监督检验检疫总局
中国国家标准化管理委员会　发布

前　言

《地震现场工作》包括四个部分：

——第1部分：基本规定(GB/T 18208.1—2006)；

——第2部分：建筑物安全鉴定(GB 18208.2—2001)；

——第3部分：调查规范(GB/T 18208.3—2000)；

——第4部分：灾害直接损失评估(GB/T 18208.4—2005)。

本部分为《地震现场工作》的第1部分。

本部分的附录A、附录B、附录C和附录D为规范性附录。

本部分由中国地震局提出。

本部分由全国地震标准化技术委员会(SAC/TC 225)归口。

本部分起草单位：新疆维吾尔自治区地震局、中国地震局工程力学研究所、中国地震局地质研究所、云南省地震局、四川省地震局、辽宁省地震局。

本部分主要起草人：张勇、袁一凡、宋立军、苗崇刚、徐锡伟、安晓文、何玉林、吴凤泰。

本部分为首次发布。

引　　言

《中华人民共和国防震减灾法》和《破坏性地震应急条例》要求做好震后应急救援工作。本部分的制定是以中国地震局现行的《地震现场工作规定(试行)》(2000)为基础，吸收了该规定实施以来所积累的经验，并参考了《地震现场工作大纲和技术指南》(1998)。

本部分的制定和实施将对规范地震现场工作、促进应急救援体系的建设和加强地震现场工作的管理起到积极重要作用。

地震现场工作
第1部分:基本规定

1 范围

本部分规定了地震现场工作的内容、地震现场工作分级和基本要求。

本部分适用于地震现场的地震观测、震情分析、现场调查、灾害损失评估、灾情上报及建筑物安全鉴定等工作。

2 规范性引用文件

下列文件中的条款通过本部分的引用而成为本部分的条款。凡是注日期的引用文件,其随后所有的修改单(不包括勘误的内容)或修订版均不适用于本部分,然而,鼓励根据本部分达成协议的各方研究是否可使用这些文件的最新版本。凡是不注日期的引用文件,其最新版本适用于本部分。

GB/T 17742 中国地震烈度表

GB 18208.2—2001 地震现场工作 第2部分:建筑物安全鉴定

GB/T 18208.3—2000 地震现场工作 第3部分:调查规范

GB/T 18208.4—2005 地震现场工作 第4部分:灾害直接损失评估

3 术语和定义

下列术语和定义适用于本部分。

3.1

地震现场 earthquake occurrence site

需要实施地震应急、救援并开展相关工作的地区。

[GB/T 18207.2—2005,定义7.1.6]

4 总则

4.1 地震现场工作级别划分

4.1.1 Ⅰ级地震现场工作

发生$M\geqslant 7.0$地震,或造成300人以上死亡的地震现场工作。

4.1.2 Ⅱ级地震现场工作

发生$6.5\leqslant M<7.0$地震,或造成50人以上、299人以下死亡的地震现场工作。

4.1.3 Ⅲ级地震现场工作

发生$6.0\leqslant M<6.5$地震,或造成20人以上、50人以下死亡的地震现场工作。

4.1.4 Ⅳ级地震现场工作

发生$5.0\leqslant M<6.0$地震,或造成20人以下死亡的地震现场工作。

4.1.5 Ⅴ级地震现场工作

发生$4.0\leqslant M<5.0$地震的现场工作。

4.2 地震现场工作内容

4.2.1 Ⅰ级～Ⅳ级地震现场工作内容

Ⅰ级～Ⅳ级地震现场应开展地震现场观测、地震现场震情分析、地震现场灾情收集上报、地震灾害损失评估、地震现场调查、地震现场建筑物安全鉴定和地震现场工作总结。

4.2.2 Ⅴ级地震现场工作内容

应开展现场震情分析、地震现场调查、地震灾害损失评估、地震现场工作总结。Ⅴ级地震现场工作是否应开展现场观测，可依据震情趋势判断意见确定。

4.3 地震现场工作时限

地震现场工作时限要求如下：

——Ⅰ级地震现场工作，宜在 30 d～40 d 内完成；

——Ⅱ级地震现场工作，宜在 14 d～25 d 内完成；

——Ⅲ级地震现场工作，宜在 10 d～16 d 内完成；

——Ⅳ级地震现场工作，宜在 5 d～10 d 内完成；

——Ⅴ级地震现场工作，宜在 3 d～7 d 内完成。

地震现场观测的时限可依据震情发展确定。

5 地震现场观测

5.1 地震现场观测工作，宜包括下列内容：

——布设或恢复地震现场测震、电磁观测、地壳形变观测、地下流体观测台网（站、点）、强震动观测台（阵）；

——原有的流动观测网的复测；

——GPS、航空测量等专项观测；

——观测数据处理与分析；

——观测资料和分析结果的上报。

5.2 地震现场观测应符合下列基本要求规定：

——应及时处理、分析地震观测资料并按要求上报；

——地震观测资料有异常时，应随时核实上报。

5.3 地震现场观测应符合下列技术要求规定：

——观测仪器应性能稳定、可靠，符合进网技术要求。

——测震台网的台站数和台站间距，宜符合地震序列分析要求。Ⅳ级～Ⅴ级地震现场观测，台站数宜不少于 5 个；Ⅱ级～Ⅲ级地震现场观测，台站数宜不少于 10 个；Ⅰ级地震现场观测，台站数宜不少于 20 个；台站间距应小于 10 km。

——地震现场电磁观测、地壳形变观测、地下流体观测台网要在原有台网的基础上，依据当地的实际观测条件，选择具有资料可比性和较好反映地震信息的观测手段，进行合理布设。

——Ⅳ级～Ⅴ级地震现场观测，数字强震动加速度仪宜不少于 5 个；Ⅱ级～Ⅲ级地震现场观测，数字强震动加速度仪宜不少于 10 个；Ⅰ级地震现场观测，数字强震动加速度仪宜不少于 20 个。可选择在典型建（构）筑物上布设数字强震动加速度仪。

——地震现场观测应配置实时记录与数据处理系统。

5.4 地震现场观测工作，应按附录 A 的规定编写报告。

6 地震现场震情分析

6.1 地震现场震情分析工作内容

地震现场震情分析，宜包括下列工作内容：

——地震序列分析与震后趋势判断；

——地震类型判定；

——地震宏观异常的收集与核实。

6.2 地震现场震情分析会商

在现场工作时限内，地震现场震情分析会商应每天至少一次。

6.3 地震现场震情分析与震后趋势判定工作报告

按附录B编写地震现场震情分析与震后趋势判定工作报告。

7 地震现场灾情收集

7.1 地震现场灾情收集工作内容

地震现场灾情收集工作，宜包括以下内容：

——地震造成破坏的范围、有感范围；

——地震造成的人员伤亡情况；

——地震造成的建(构)筑物损坏、破坏及室内外财产损失情况；

——地震造成的生命线工程、重大工程、重要设施破坏情况及其对社会生产及经济活动影响程度；

——地震造成的水灾、火灾、爆炸、疫病、有毒物质泄漏、放射性物质污染等次生灾害情况；

——地震造成的社会生活秩序、工作秩序、生产秩序受破坏及影响情况；

——地震形成的滑坡、地裂缝、塌陷、喷砂冒水等地震地质灾害及其对自然和生态环境造成的破坏和影响；

——其他相关情况。

7.2 地震现场灾情收集基本原则

7.2.1 灾情收集采用普查与抽样核实相结合的方法。

7.2.2 震后初期灾情收集以人员伤亡及生命线工程、生产与储存有毒、有害等物质建(构)筑物等的破坏情况为主。

7.2.3 震后应依据地震作用、震区地质与地理环境、社会经济要素等迅速进行地震灾害损失快速评估。

7.3 地震灾情速报

7.3.1 震后1 h内应迅速收集、整理、汇总地震影响和破坏情况的初步调查结果，并上报。

7.3.2 Ⅰ级地震现场震后48 h内，Ⅱ级～Ⅴ级地震现场震后36 h内，按1 h、2 h、6 h、6 h、6 h…时间间隔速报地震灾情或根据实际情况及时上报。

7.3.3 若有重大或突发性震情或事件应及时上报。

7.3.4 按附录C填写地震灾情上报表，并及时上报。

8 地震灾害损失评估

8.1 地震灾害直接损失评估内容

地震灾害直接损失评估，应遵循GB/T 18208.4—2005的规定，主要内容包括地震灾害造成的人员伤亡、地震造成物质破坏的经济损失以及救灾投入费用。

8.2 地震灾害直接损失评估时限

8.2.1 Ⅰ级地震现场工作，应在10 d内完成地震灾害直接损失初步评估，30 d内完成地震灾害直接损失评估。

8.2.2 Ⅱ级地震现场工作，应在5 d内完成地震灾害直接损失初步评估，20 d内完成地震灾害直接损失评估。

8.2.3 Ⅲ级～Ⅳ级地震现场工作，应在3 d内完成地震灾害直接损失初步评估，10 d内完成地震灾害直接损失评估。

8.2.4 Ⅴ级地震现场工作，应在7 d内完成地震灾害直接损失评估。

8.3 地震灾害直接损失评估的原则

8.3.1 地震灾害损失调查应采用一般建(构)筑物抽样调查、生命线工程和特殊建(构)筑物逐个调查相结合的方法，并应符合 GB/T 18028.3—2000 的规定。

8.3.2 应核实评估区灾前自然地理、社会、经济状况等基本资料。

8.3.3 应统一房屋类型划分和破坏等级判定依据。

8.4 地震灾害直接损失评估方法

地震灾害直接损失评估方法及要求按 GB/T 18208.4—2005 的规定执行。

8.5 地震间接经济损失评估

可对地震间接经济损失进行评估。地震间接经济损失按一次灾害计算损失，不考虑连锁灾害损失。

9 地震现场调查

9.1 地震现场调查工作内容

9.1.1 Ⅰ级～Ⅳ级地震现场调查工作内容

Ⅰ级～Ⅳ级地震现场调查工作包括下列内容：

——地震烈度调查；

——地震宏观异常现象调查；

——建(构)筑物震害调查；

——生命线工程震害调查；

——发震构造调查；

——地震地质灾害调查；

——地震社会影响调查等。

9.1.2 Ⅴ级地震现场调查工作内容

Ⅴ级地震现场调查工作包括下列内容：

——地震烈度调查；

——地震宏观异常现象调查；

——建(构)筑物震害调查；

——生命线工程震害调查；

——地震社会影响调查等。

9.2 地震现场调查的基本原则

9.2.1 地震现场调查，应根据地震灾害损失评估抽样点的分布情况、各抽样点的工作详细程度合理布设调查路线和调查点。

9.2.2 在同一调查点，宜同时完成对所有内容的调查。

9.2.3 地震烈度应根据房屋破坏情况，参考震害指数计算结果、强震动加速度记录、建筑物安全鉴定结果，依据 GB/T 17742 确定。

9.3 地震现场调查方法

地震现场调查方法及要求，应按 GB/T 18208.3—2000 的规定执行。

10 地震现场建筑物安全鉴定

10.1 地震现场建筑物安全鉴定内容

10.1.1 应对地震现场建筑物在震后地震应急期间、预期地震作用下的安全性进行鉴定或评定。并应填写鉴定意见表。

10.1.2 对用于救灾避震的建筑物，应首先进行安全鉴定。

10.1.3 对可能发生严重次生灾害的建(构)筑物，应在安全鉴定的基础上提出预防措施建议。

10.2 地震现场建筑物安全鉴定原则

10.2.1 地震现场建筑物安全鉴定应根据建筑物的用途有区别地进行，并着重对以下建筑物进行安全鉴定：

——对抗震救灾有重要意义的建筑物；

——人员密集的公共建筑物；

——对居民生活、恢复正常社会秩序有影响的建筑物；

——生产与储藏有毒、有害等危险物品的建筑物。

10.2.2 在进行地震现场调查时，应同时对关系到抗震救灾、可能发生严重次生灾害的建筑物进行安全鉴定。

10.2.3 地震现场建筑物安全鉴定的结果宜作为震害调查、地震灾害损失评估的统计样本和地震烈度评定的参考依据之一。

10.3 地震现场建筑物安全鉴定方法

地震现场建筑物安全鉴定方法，应依据 GB/T 18208.2—2001 的规定。

11 地震现场工作总结

11.1 地震现场工作的整理与核实

在结束地震现场工作前，应根据有关技术规范的要求，对编制各业务专项报告所需的科学资料和结果进行核实和初步分析，并对所缺资料进行及时收集、补充。

11.2 地震现场工作报告编制

地震现场工作报告按附录 D 的规定编写。

11.3 地震现场工作资料归档

11.3.1 地震现场工作资料归档应符合科技档案管理的规定。

11.3.2 归档资料应按地震现场工作概况、地震现场灾情收集上报、地震现场观测、地震现场震情分析、地震灾害损失评估、地震现场调查、地震现场建筑物安全鉴定等分类整理。

11.3.3 归档资料应包括以下内容：

——地震现场仪器观测的原始数据；

——地震现场工作报告、观测报告、损失评估报告、科考报告、建筑物安全鉴定报告；

——地震现场收、发的各种文件、材料；

——地震现场电话(电台)记录、领导及上级指示；

——地震现场各种会议记录；

——地震现场工作各种原始记录手簿、图件、观测记录；

——地震现场影像资料。

11.3.4 地震现场工作资料整理归档的时限，应符合下列规定：

——Ⅰ级～Ⅱ级地震现场工作，应在地震现场工作结束后 3 个月内完成归档；

——Ⅲ级～Ⅳ级地震现场工作，应在地震现场工作结束后 2 个月内完成归档；

——Ⅴ级地震现场工作，应在地震现场工作结束后 1 个月内完成归档。

附 录 A
（规范性附录）
地震现场观测工作报告内容

A.1 地震现场观测概况

地震现场观测概况包括：

——原有测震及电磁观测、地壳形变观测、地下流体观测项目概况；

——震后原有测震及电磁观测、地壳形变观测、地下流体观测项目运转情况。

A.2 地震现场观测情况

地震现场观测情况包括：

——原有观测项目恢复情况；

——新增设临时观测项目情况；

——台网布设；

——新增设临时观测项目台址基本情况；

——仪器性能及主要参数；

——观测内容和技术要求；

——观测原始数据入库情况；

——数据处理方法；

——资料报送及使用情况；

——地震现场观测总结。

附 录 B
（规范性附录）
地震现场震情分析与震后地震趋势判定工作报告内容

B.1 震情分析

地震现场震情分析内容包括：

——地震事件的性质分析；

——地震活动背景分析；

——震后区域性地震趋势分析。

B.2 震后地震趋势判定

地震现场震后地震趋势判定内容包括：

——资料使用及处理；

——异常的核实、分析与判断；

——地震序列及震型判定；

——后续地震的预测和地震趋势判定。

附 录 C
（规范性附录）
地震灾情上报表格式

地震灾情上报表
第__期

<table>
<tr><td>上报单位</td><td colspan="2"></td><td>批准人</td><td></td><td>填表人</td><td></td></tr>
<tr><td>灾情截止时间</td><td colspan="4">年　月　日　时</td><td>上报时间</td><td>年　月　日　时</td></tr>
<tr><td>灾区范围</td><td>经度</td><td></td><td>纬度</td><td></td><td>地名(县级)</td><td></td></tr>
<tr><td rowspan="3">人员伤亡情况</td><td>死亡</td><td>人</td><td>重伤</td><td>人</td><td>轻伤</td><td>人</td></tr>
<tr><td>主要地点</td><td colspan="5"></td></tr>
<tr><td>主要原因</td><td colspan="5"></td></tr>
<tr><td rowspan="2">牲畜死亡情况</td><td>大牲畜</td><td></td><td>小牲畜</td><td></td><td>地点(乡村级)</td><td></td></tr>
<tr><td>主要原因</td><td colspan="5"></td></tr>
<tr><td>建(构)筑物破坏概况</td><td colspan="6"></td></tr>
<tr><td>生命线等工程破坏概况</td><td colspan="6"></td></tr>
<tr><td>次生灾害情况</td><td colspan="6"></td></tr>
<tr><td>室内财产损失情况</td><td colspan="6"></td></tr>
<tr><td>震区人员生活状况</td><td colspan="6"></td></tr>
<tr><td>社会秩序影响情况</td><td colspan="6"></td></tr>
<tr><td>地震灾区救灾情况</td><td colspan="6"></td></tr>
<tr><td>地震地质灾害情况</td><td colspan="6"></td></tr>
<tr><td>各类异常现象</td><td colspan="6"></td></tr>
<tr><td>其他需说明的情况</td><td colspan="6"></td></tr>
</table>

附 录 D
（规范性附录）
地震现场工作报告内容

D.1 地震基本情况概述

——地震发生的时间、地点、震级；
——地震造成的损失情况；
——建(构)筑物破坏特点；
——地震动参数(烈度或加速度)和分布情况；
——发震构造。

D.2 地震灾区概况

——地震灾区自然地理概况；
——地震灾区社会经济概况；
——地震灾区地震地质概况。

D.3 现场工作组织

——组织机构；
——现场工作人员及分工。

D.4 现场工作概况

——现场工作部署；
——现场工作进展概况；
——各种事件对策及效果。

D.5 抗震救灾概况

——各级政府抢险救灾机构的运作；
——抢险救灾队伍规模及效果；
——各类援助情况；
——灾民安置情况；
——疫病防治情况等。

D.6 分析总结

——地震社会影响分析；
——经验教训。

ICS 83.140.99
G 47

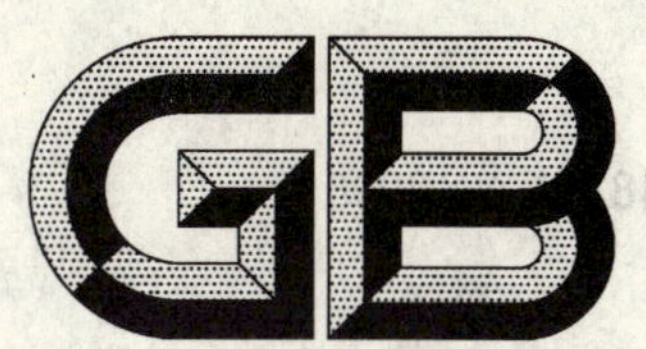

中华人民共和国国家标准

GB 18241.4—2006

橡胶衬里 第4部分:烟气脱硫衬里

Rubber lining—Part 4:Anticorrosion lining for flue gas desulfurization

2006-03-14 发布　　2006-12-01 实施

中华人民共和国国家质量监督检验检疫总局
中国国家标准化管理委员会　发布

前言

本部分第 4 章第 4.2 条中粘合强度一项、第 4.3 条、第 4.4 条、第 4.5 条和第 4.6 条为强制性的，其余为推荐性的。

GB 18241《橡胶衬里》分为四个部分：

——第 1 部分：设备防腐衬里；

——第 2 部分：磨机衬里；

——第 3 部分：浮选机衬里；

——第 4 部分：烟气脱硫衬里。

本部分为 GB 18241 的第 4 部分。

本部分参考德国动力技术协会标准《烟道气脱硫工厂用软橡胶衬里检测规范》，结合烟气脱硫装置对防腐材料的要求及国内衬里的实际生产水平而制定。

本部分的附录 A、附录 B、附录 C 为规范性附录。

本部分由中国石油和化学工业协会提出。

本部分由全国橡胶与橡胶制品标准化技术委员会橡胶杂品分技术委员会（SAC/TC 35/SC 7）归口。

本部分负责起草单位：西格里防腐技术（武汉）有限公司。

本部分参加起草单位：杭州顺豪橡胶工程有限公司、湖北华宁防腐技术有限公司等。

本部分主要起草人：郭洁、彭高桥、宋宝清、张庆虎、胡大红。

本部分为首次发布。

橡胶衬里
第4部分:烟气脱硫衬里

1 范围

GB 18241 的本部分规定了烟气脱硫衬里(以下简称衬里)的分类和标记、要求、试验方法、检验规则及标志、包装、运输与贮存。

本部分主要适用于贴合在湿法工艺烟气脱硫装置上,防止装置受到湿热的二氧化硫烟气、冷凝硫酸、石灰水悬浮液、氯化钙溶液等介质的腐蚀的衬里。

本部分也适用于其他类似湿法脱硫工况条件的烟气脱硫装置。

2 规范性引用文件

下列文件中的条款通过 GB 18241 的本部分的引用而成为本部分的条款。凡是注日期的引用文件,其随后所有的修改单(不包括勘误的内容)或修订版均不适用于本部分,然而,鼓励根据本部分达成协议的各方研究是否可使用这些文件的最新版本。凡是不注日期的引用文件,其最新版本适用于本部分。

GB/T 528 硫化橡胶或热塑性橡胶拉伸应力应变性能的测定(GB/T 528—1998,eqv ISO 37:1994)

GB/T 531 橡胶袖珍硬度计压入硬度试验方法(GB/T 531—1999,idt ISO 7619:1986)

GB/T 1690 硫化橡胶耐液体试验方法(GB/T 1690—1992,neq ISO 1817:1985)

GB/T 7760 硫化橡胶或热塑性橡胶与硬质板材粘合强度的测定 90°剥离法(GB/T 7760—2003,ISO 813:1997,MOD)

GB/T 8923—1988 涂装前钢材表面锈蚀等级和除锈等级(eqv ISO 8501-1:1988)

3 产品分类和标记

3.1 衬里按橡胶的种类分类见表1。

表1

胶种名称	氯化丁基橡胶	溴化丁基橡胶	丁基橡胶
缩写	CIIR	BIIR	IIR

注:复合衬里的分类根据防腐层(面层)橡胶的种类而定。

3.2 衬里按硫化方式分类见表2。

表2

分类	预硫化衬里	自硫化衬里	加热硫化衬里(软胶)
代号	P	S	HR

3.3 衬里的标记

制造者应以适当的方式在产品标识上标注烟气脱硫用途或在产品说明书、技术文件上详细说明衬里的用途。

4 要求

4.1 规格尺寸见表3。

表 3

厚　度		宽度偏差/mm
公称尺寸/mm	偏差	
2,3,4,5,6	+15% −10%	+15 −10

注：其他规格尺寸由供需双方协商。

4.2 硫化衬里的物理机械性能应符合表 4 的规定。

表 4

项目	HR	P			S			适用试验条目
		CIIR	BIIR	IIR	CIIR	BIIR	IIR	
拉伸强度/MPa ≥	5	3	4	5	3	4	5	5.4
扯断伸长率/% ≥	300	300			300			5.4
硬度（邵尔 A）/ 度	45～80	48～70			48～70			5.3
粘合强度/(kN/m) ≥	6	4			4			5.5

注：按附录 A 测试时，粘合强度试样的制作按供货方有效的施工规范或技术指导书制作，以保证有足够的长度和宽度被测量为原则。

4.3 硫化衬里的耐化学性能，应按产品使用场所的温度范围，选择在 60℃或 80℃进行耐介质试验，试验时间 28 d，其质量变化率应符合表 5 的规定。

表 5

介　质	质量变化率/%	
	60℃，浸泡 28 d	80℃，浸泡 28 d
H_2SO_4（质量分数为 60%）	−2～5	−2～8
$CaCl_2$溶液（浓度为 150 g/L，用 HCl 调节 pH 值到 4）	−2～8	−2～10
去离子水（用 HCl 调节 pH 值到 2）	−2～15	0～20

4.4 衬里完好性：各类衬里应能耐受电火花针孔检验，并符合附录 B 中 B.4 结果评定的要求。

4.5 硫化衬里应致密、均匀、表面清洁、边缘整齐。衬里的缺陷允许范围如表 6 所示。

表 6

缺 陷 名 称	表 面 质 量
气　泡	每平方米内，深度不超过衬里厚度的允许偏差、长端直径小于 3 mm 的气泡不应超过 5 处。
表面杂质	每平方米内允许有深度和长度不超过衬里厚度允许偏差的杂质不超过 5 处。
水　纹	允许有不超过衬里厚度偏差的轻微痕迹，弯曲 90°检查应无裂纹。
斑痕和凹凸不平	深度和高度不超过衬里厚度的允许偏差。

4.6 衬里系统适用性：新开发衬里应进行系统适用性测试。

5 试验方法

5.1 厚度用厚度计在距衬里边缘 50 mm 以内测量（读数精确至 0.1 mm）；宽度用钢卷尺测量（读数精确至 1 mm），由端部起取 3 处，各处间距离不小于 1 m，测量结果取算术平均值。

5.2 按 6.1 的要求在成品中取样，对成品进行物理机械性能和耐介质性能检测。

5.3 硬度测量按 GB/T 531 的规定执行。

5.4 拉伸强度、扯断伸长率的测定按 GB/T 528 的规定执行。

5.5 粘合强度的测定按 GB/T 7760 或附录 A 的规定进行，第三方抽样或仲裁时按 GB/T 7760 的规定进行。

5.6 耐化学性能的测定按 GB/T 1690 的规定执行。复合型胶板可去掉粘合层，对防腐层按 GB/T 1690的规定进行测试。

5.7 完好性的测定按附录 B 规定的方法进行。

5.8 衬里的适用性测定按附录 C 规定的方法进行。

5.9 表面质量用目测和量具进行检测。

6 检验规则

6.1 组批与取样

衬里以连续生产的、小于 5 000 m^2（约 30 t）的同类衬里为一批，在规格尺寸、表面质量检验合格的产品中随机抽取一卷，从端部 30 cm 起向里取足够的试样进行性能测试。如第三方抽样检测，生产方的硫化制样应在第三方抽检人员监督下进行，然后由第三方带回检测。

6.2 检验分类

6.2.1 出厂检验

出厂前应对规格尺寸、表面质量进行百分之百检验；物理性能按批进行检验，每批抽取一卷进行衬里完好性检验。

6.2.2 型式检验

本部分所列全部技术要求为型式检验项目，通常在下列情况之一时应进行型式检验：

a) 新产品的试制定型鉴定；

b) 产品的结构、设计、工艺、材料、生产装置、管理等方面有重大改变，可能影响产品性能时；

c) 转产、转厂、停产后复产；

d) 合同规定；

e) 出厂检验结果与上次型式检验有较大差异时；

f) 国家质量监督机构提出进行该项试验的要求。

在正常情况下，全部项目每半年进行一次检验。

6.3 判定规则

规格尺寸或表面质量如有一项不符合要求，则该卷衬里为不合格品。

物理机械性能、耐化学性能如有一项不符合要求，则应在同批衬里内另外取双倍试样进行该项复试，复试结果如仍不合格，则该批产品为不合格品。

衬里的完好性检测，如有一处不合格，则该卷为不合格品。并在同批衬里内另外取双倍试样进行复试，如测试结果仍不合格，则对每卷进行测试，并根据测试结果判定每卷是否合格。

7 标志、包装、运输与贮存

7.1 加热硫化衬里、自然硫化衬里用塑料薄膜作隔离层卷于芯轴上，悬置于包装箱中。预硫化衬里按生产厂家要求执行或由供需双方协商解决。

7.2 每批产品附有产品合格证，每卷衬里有产品标签，并注有产品标记、数量、商标、制造厂名、厂址、生产日期、执行标准号。每个包装箱应标有“不许倒放”标志。

7.3 衬里在运输与贮存时，应保持清洁，避免阳光直射，远离火源，并应禁止与汽油、煤油等有机溶剂及酸、碱等有害物质接触。

7.4 衬里的运输与贮存温度及贮存时间应符合制造厂产品标识或产品技术文件规定的要求。

7.5 在遵守本部分 7.3、7.4 条规定的条件下，自生产日期起一年内，预硫化衬里性能应符合本部分的规定。其他衬里在供销合同规定的保质期内性能也应符合本部分的规定。

附 录 A
（规范性附录）
衬里粘合强度(90°剥离法)的测定

A.1 仪器

范围为 0～200 N 或 0～300 N 的弹簧秤及试样夹紧装置。

A.2 试样

按有效的施工规范制作试样,推荐的试样宽度为:

加热硫化衬里:20 mm;自硫化衬里:20 mm;预硫化衬里:30 mm。

A.3 测试前的处置

加热硫化衬里和自硫化衬里试样在硫化结束后,在室温下至少放置 16 h 后进行测试。

预硫化衬里在衬胶完成后,在室温下至少放置 48 h 后进行测试。

A.4 检测

将试样夹在一个钳台上,把试样自由端夹在夹紧装置上,将弹簧秤钩在夹具上,以 90°的角度,按 3 mm/s左右的速度匀速拉伸,拉到 100 mm,记下匀速拉伸时的拉力,代表同一性能的试样数不少于 5 个,平均拉力除以试样宽度为粘合强度。初始拉伸和最后拉伸的 20 mm 内的拉力可以忽略。

附 录 B
（规范性附录）
衬里的完好性试验

B.1 原理

利用高频电压击穿针孔或裂缝间空气产生电火花的原理，检测橡胶衬里的完好性。

B.2 仪器

B.2.1 电火花检测仪最大输出电压至少应达到 20 kV，电压应稳定在其±10%以内，最好使用带有缺陷报警功能的电火花检测仪，以提高效率，减少漏检。

B.2.2 电火花检测仪的安全性，应保证当人体接触探头部分时不致造成危险。

B.3 步骤

B.3.1 检测电压

以能发现针孔或裂缝等缺陷而又不损坏衬里为原则。正常情况下，每毫米厚胶板的检测电压为 3 kV，特殊情况由供需双方协商选定。

B.3.2 检测

B.3.2.1 检测前应保持衬里表面清洁、干燥。按仪器说明书和 B.3.1 的要求装好检测探头，调节好检测电压，检测探头以不大于 100 mm/s 的速度在衬里表面和接缝处扫描检测。检测时探头在任一位置的停留时间不宜过长。

B.3.2.2 在进行进一步的检测时（即进行第二次、第三次检测时）可适当调低检测电压，每毫米厚胶板的检测电压一般不高于 3 kV。

B.4 结果评定

B.4.1 有报警功能的检测仪器

检测时，探头与衬里间无火花出现且无报警，则认为衬里完好；如某处产生火花且报警，则认为该处有针孔缺陷。

B.4.2 无报警功能的检测仪器

检测时，探头与衬里间无火花，则认为衬里完好；如某处产生火花，则认为该处有针孔缺陷。

附 录 C
（规范性附录）
衬里的适用性试验

C.1 试样制备

C.1.1 至少取 3 块 300 mm×200 mm 钢板，对钢板进行表面喷砂，达到 GB/T 8923—1988 规定的 Sa2 $\frac{1}{2}$级。

C.1.2 按产品的施工规范或技术要求，在钢板上贴上衬里并硫化（预硫化衬里可不再进行硫化）。

C.2 试验步骤

C.2.1 应用试验：将试样浸泡在洗涤塔顶部、喷淋区、洗涤池的液体中，至少 28 d。

C.2.2 模拟试验：将衬好胶的试样悬于试验介质液面上方和液面中，至少进行 28 d 的测试。

C.3 结果表示

C.3.1 外观变化：观察试样表面有无裂纹、气泡、是否发黏。

C.3.2 物理性能变化：按附录 A 的方法在室温条件下测试粘合强度。

C.4 适用性评定

试样表面无裂纹、气泡、不发黏且粘合强度变化率≤40%，则为适用。若有一项不符合则为不适用。

ICS 25.040
N 10

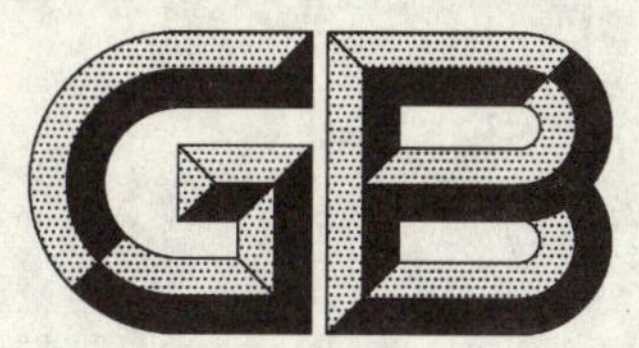

中华人民共和国国家标准

GB/T 18272.4—2006/IEC 61069-4:1997

工业过程测量和控制　系统评估中系统特性的评定　第4部分:系统性能评估

Industrial-process measurement and control—Evaluation of system properties for the purpose of system assessment—Part 4: Assessment of system performance

(IEC 61069-4:1997,IDT)

2006-05-08 发布　　2006-11-01 实施

中华人民共和国国家质量监督检验检疫总局
中国国家标准化管理委员会　发布

前　言

GB/T 18272《工业过程测量和控制　系统评估中系统特性的评定》由以下部分组成：

——第1部分：总则和方法学；

——第2部分：评估方法学；

——第3部分：系统功能性评估；

——第4部分：系统性能评估；

——第5部分：系统可信性评估；

——第6部分：系统可操作性评估；

——第7部分：系统安全性评估；

——第8部分：与任务无关的系统特性评估。

本部分是其中的第4部分。

本部分与GB/T 18272其余各部分的关系以及本部分在各部分中的相对位置见图1。

本部分等同采用IEC 61069-4:1997《工业过程测量和控制　系统评估中系统特性的评定　第4部分：系统性能评估》(英文版)。

本部分等同翻译IEC 61069-4:1997。

本部分在制定时按GB/T 1.1—2000《标准化工作导则　第1部分：标准的结构和编写规则》和GB/T 20000.2—2001《标准化工作指南　第2部分：采用国际标准的规则》的有关规定做了如下编辑性修改：

——删除IEC国际标准前言；

——“本标准”一词改为“GB/T 18272的本部分”；

——原引用标准的引导语按GB/T 1.1—2000的规定改成规范性引用文件的引导语；

——用小数点“.”代替作为小数点的逗号“,”。

本部分的附录A、附录B、附录C均为资料性附录。

本部分由中国机械工业联合会提出。

本部分由全国工业过程测量和控制标准化技术委员会第一分技术委员会归口。

本部分由上海工业自动化仪表研究所、浙江中控技术股份有限公司负责起草。

本部分参加起草单位：上海自动化仪表股份有限公司、清华大学自动化系、兵器工业系统总体部。

本部分主要起草人：徐晓燕、李明华。

本部分参加起草人：徐义亨、刘铁椎、杨佃福、李光沐、张庆军、刘华美。

引　言

GB/T 18272 的本部分论述了在评估工业过程测量和控制系统的性能时所采用的方法。

所谓系统评估，就是根据各种迹象判断该系统是否适用于某一特定使命或者某一类使命。

要想获取所有迹象，就需要全面地（即在各种影响条件下）评定与系统的特定使命或一类使命相关的所有各种系统特性。

但是这种做法不切实际，因此系统评估所依据的基本原理是：

——确定每一种相关系统特性的临界状态；

——通过对评定各种特性的成本效益的研究，制订出评定系统相关特性的计划。

在实施系统评估时，关键是要考虑必需以有限的经费和时间最大限度地提高系统适用性的置信度。

只有在明确（或规定）了系统的使命或者能够假设系统使命的情况下，评估才能得以进行。没有使命就无法进行评估。但仍可以为其他部门开展的评估工作确定并实施各种评定（例如 GB/T 18272.1 所规定的评估活动）。

在这种情况下，由于评定是评估的组成部分，因此可以把 GB/T 18272 的本部分作为制定评定计划的指南，提供评定的实施程序。

GB/T 18272 的基本框架如图 1 所示。

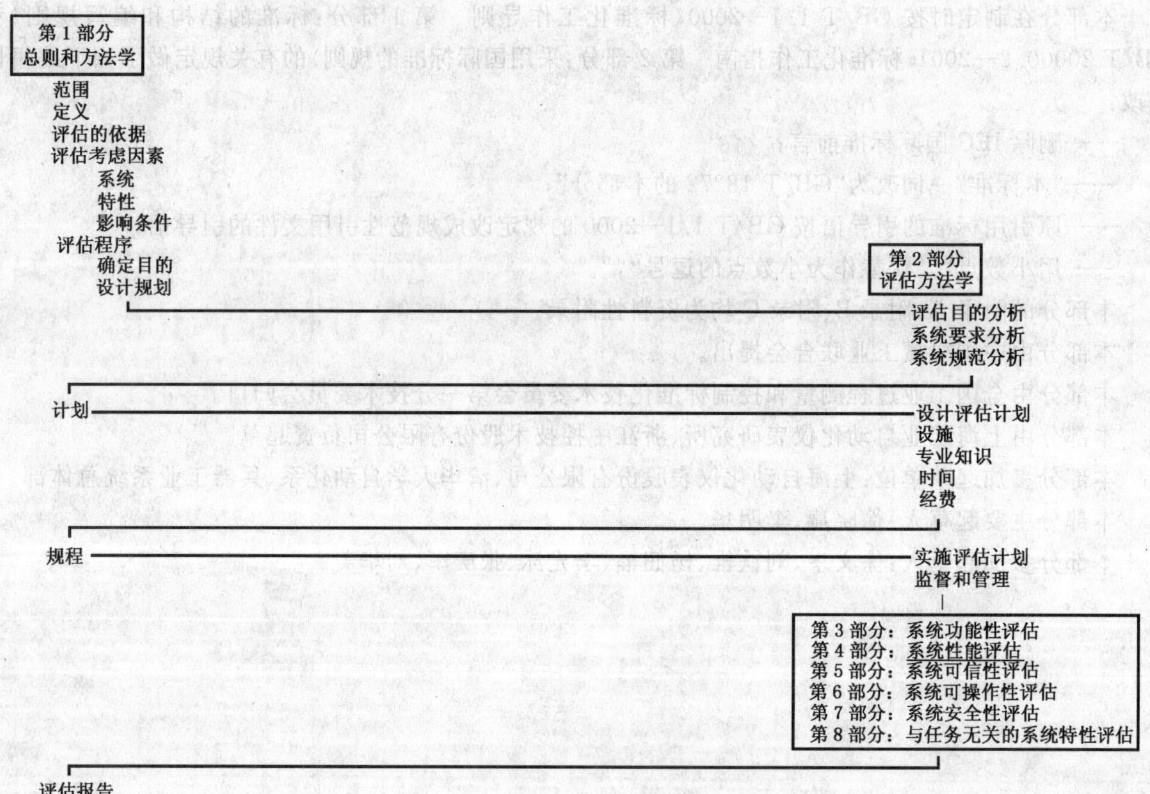

图 1　GB/T 18272 的基本框架

工业过程测量和控制　系统评估中系统特性的评定　第4部分:系统性能评估

1　范围

GB/T 18272的本部分阐述了系统地评估工业过程测量和控制系统的性能所采用的方法。

GB/T 18272.2所述的评估方法学适用于制定性能评估计划。

GB/T 18272的本部分分析了系统性能的子特性,同时对评估性能时所要考虑的评判依据做了说明。

GB/T 18272的本部分提出了各种不同的辅助性能评定技术供参考。

2　规范性引用文件

下列文件中的条款通过GB/T 18272的本部分的引用而成为本部分的条款。凡是注日期的引用文件,其随后所有的修改单(不包括勘误的内容)或修订版均不适用于本部分,然而,鼓励根据本部分达成协议的各方研究是否可使用这些文件的最新版本。凡是不注日期的引用文件,其最新版本适用于本部分。

GB/T 2423(所有部分)　电工电子产品环境试验(idt或eqv IEC 60068)

GB/T 4796—2001　电工电子产品环境参数分类及其严酷程度分级(idt IEC 60721:1990)

GB/T 17212—1998　工业过程测量和控制　术语和定义(idt IEC 60902:1987)

GB/T 17626(所有部分)　电磁兼容　试验和测量技术(idt IEC 61000)

GB/T 18268—2000　测量、控制和实验室用的电设备　电磁兼容性要求(idt IEC 61326-1:1997及Amd.1:1998)

GB/T 18271.2—2000　工业过程测量和控制装置　通用性能评定方法和程序　第2部分:参比条件下的试验(idt IEC 61298-2:1995)

GB/T 18271.3—2000　工业过程测量和控制装置　通用性能评定方法和程序　第3部分:影响量影响的试验(idt IEC 61298-3:1998)

GB/T 18271.4—2000　工业过程测量和控制装置　通用性能评定方法和程序　第4部分:评定报告的内容(idt IEC 61298-4:1995)

GB/T 18272.1—2000　工业过程测量和控制　系统评估中系统特性的评定　第1部分:总则和方法学(idt IEC 61069-1:1991)

GB/T 18272.2—2000　工业过程测量和控制　系统评估中系统特性的评定　第2部分:评估方法学(idt IEC 61069-2:1993)

3　术语和定义

下列术语和定义适用于GB/T 18272的本部分。

3.1

性能　performance

系统在规定条件下执行任务的准确性和速度。

3.2

精确度　accuracy

系统在规定条件下执行并实现的信息转换与规定的信息转换之间的一致程度。

3.3

响应时间 response time

在规定条件下,从信息转换开始至发生相关响应那一瞬间的时间间隔。

3.4

处理能力 capacity

在不至于影响系统特性的状态下,系统能够在规定的时间内执行指定信息转换的最大数量。

3.5

信息转换 information translation

将进入系统界面的信息转换或传递为输出系统界面的导出信息。

4 性能特性

4.1 总则

系统宜能在规定的时间(响应时间)内以一定的精确度执行工业过程测量和控制任务。若有多项任务需要执行,则系统在处理这些任务时应不妨碍其他任务的执行。因此,在一个时间帧内所能处理的任务量(吞吐量)是一个重要指标,它取决于系统的处理能力。

因此,要评估一个系统的性能,就必须确认和评估决定系统性能的子特性。

系统性能的层次如图 2 所示。

性能

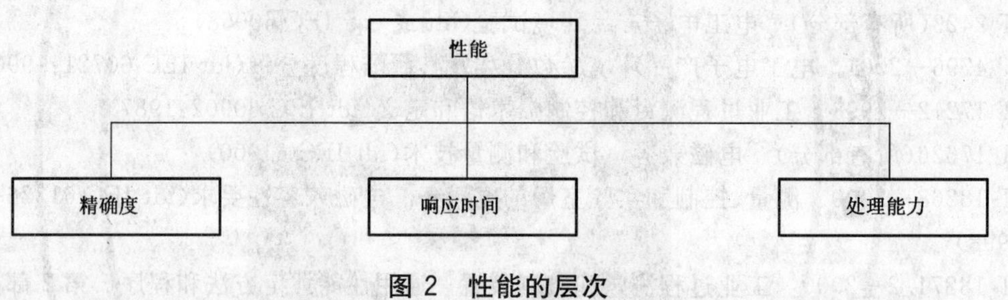

图 2 性能的层次

4.2 性能

性能不能直接评估,只能通过分析和测试其子特性加以确定。

为了能确定各种子特性,必需利用信息转换对系统进行分析。

必须针对系统的每一条信息流检查子特性。

系统的性能主要取决于系统的设计,其次取决于可能在系统的制造和集成阶段(通过硬件和软件)引入的因素。

应该指出的是,性能的各种子特性之间存在相互依存关系。

系统的性能可能没有统一的衡量尺度,因为不同的任务可以有不同数量的信息转换。而且当这些信息转换合用公共设施时,它们之间存在相互依存关系。

当一个系统要完成几项任务时,其性能会发生变化,这就需要分别对每一项任务进行分析。

只要不存在一种合适的综合模型,就不可能用一个数字来描述性能。子特性可以量化;由于相依性等原因,子特性可以根据概率因素加以确定。

4.3 精确度

信息转换的精确度由下列要素组成:

——一致性[1];

1) GB/T 18272 的本部分使用的"一致性"并不仅限于静态条件,且宜包括动态方面的考虑,这些方面会受到系统设计中可能包含的各种因素的影响。

——回差；

——死区；

——重复性误差；

——再现性误差；

——分辨力。

有关这些要素的术语和定义见 GB/T 17212。

精确度以绝对值或相对值量化表示。

4.4 响应时间

信息转换的响应时间包含下列要素：

——信息收集，取决于输入滤波器(硬件和/或软件)的时间常数和输入周期数；

——信息处理，取决于处理周期时间；

——输出动作，取决于输出滤波器(硬件和/或软件)的时间常数和输出周期数。

上述每一项信息转换要素在执行时可以同步也可以不同步。

应注意到，由于相依性的缘故，信息转换的总响应时间并非是各种构成要素的简单总和。例如，新的信息在时间上可以与正在运行的信息转换重叠，导致响应时间增加。

信息转换的响应时间各不相同，取决于多个并行任务的优先权设定、周期时间设定和激活的可信度机理等。

每一项任务的响应时间都可以量化，其数值可包含概率因素。概率因素取决于评定条件和(或)试验条件的控制精确度以及所采用的共享资源等条件。

4.5 处理能力

系统的处理能力取决于系统元件的数量、信息转换中这些系统元件的功能共享方式以及元件的周期时间。

一个特定系统的处理能力是固定的，只有通过改进系统才能改变其处理能力。

系统的处理能力无法直接测量，但可通过测量每一种信息转换时系统所具有的剩余处理能力来评价。

每一次特定信息转换时系统的剩余处理能力是该次信息转换的最大数量(100%负载)与参比数量(基本负载)之差。参比数量由系统要求文件(SRD)确定，是系统在规定参比条件下和规定时间内能够执行的数量。在测量特定信息转换的剩余处理能力时，系统的任何特性值都不应下降。

对于能够进行几种不同信息转换的系统，剩余处理能力不能用一个数值表示。

在这种情况下，可以计算系统在规定时间内所能执行的每一种信息转换的最大信息转换数，用计算出的一组数值来表示剩余处理能力。在计算一种信息转换的最大信息转换数时，其他信息转换按系统要求文件的要求保持恒定值，且系统的任何特性值都不下降。

系统每一种信息转换的剩余处理能力可以用负载因数来表示：

$$\text{负载因数} = \frac{\text{系统要求文件规定的信息转换数} / \text{单位时间}}{\text{测得的最大信息转换数} / \text{单位时间}}$$

应给出测量每一个数值时的准确、详细的条件信息。

上述模型可以在计算机上运行以仿真系统性能并可用于复杂系统。

对于能够执行不同信息转换的系统，在评定系统处理能力之前首先应确定每一种信息转换的参比条件，以转换数/单位时间表示。

5 复查系统要求文件(SRD)

复查系统要求文件，核对文件是否按 GB/T 18272.2—2000 所述的方式阐述并列出性能要求。

性能评估是否有效，很大程度上取决于对有关要求的说明是否全面详尽。

特别要注意核对是否为每一项系统任务规定了一定的工作条件，例如稳态、输入信息突增等条件下的精确度、响应时间和处理能力的性能要求。

这些要求应依据单个任务以及总的使命加以规定。

附录A列出了系统要求文件应提供的评估性能特性所需的各类信息。

6 分析系统规范文件(SSD)

复查系统规范文件，检查文件是否按GB/T 18272.2—2000第6章所述方法列出所有性能数据。

应特别注意检查文件是否提供下列各项内容：

——支持要求执行的任务的信息转换；

——支持信息转换的系统功能、模块和元件(包括软件和硬件)；

——每一种信息转换的终点位置；

——由系统提供的每一种信息转换的定量性能数据；

——组装好的运行系统中，由系统提供的支持性能特性分析(例如计算存储器备用容量、统计分析系统资源利用率等)的工具；

——规范中对改变其他任何一种系统特性会产生的副作用的注解。

7 评估程序

7.1 总则

应按GB/T 18272.2—2000第7章规定的程序进行评估。

应明确规定评估的目的，GB/T 18272.1—2000的4.1对此有详细说明。

系统要求文件(SRD)和系统规范文件(SSD)提供的信息必须完整、准确，以保证性能评估能够正常进行。

若在评估的某一阶段信息丢失或信息不完整，应就此问题与系统要求文件和系统规范文件的编制者取得联系，以获取所需的补充信息。

7.2 分析系统要求文件和系统规范文件

7.2.1 核对文件资料

开展性能评估应按GB/T 18272.2—2000中7.2的规定从系统要求文件和系统规范文件中摘录与性能有关的信息。

将系统要求文件提出的要求与系统规范文件给出的性能数据合在一起相互对照，以定量方式准确、简洁地说明下列内容及其数值范围：

——系统要求文件中规定的任务以及系统提供的支持这些任务的信息转换；

——每一项任务所要求的性能特性和系统提供的每一种信息转换的性能数据；

——每一种信息转换的终点位置；

——系统不符合要求的项目；

——规定要事先掌握的情况以及评估精确度、响应时间和处理能力特性所要达到的程度。

7.2.2 性能的影响条件

系统的性能会受GB/T 18272.1—2000中4.4列出的影响条件的影响。

对于性能的每一种子特性，主要影响条件如下：

a) 精确度受下列因素产生的影响条件的影响：

——环境：尽管环境温度的影响部分可预测，但至少宜在系统工作的整个温度范围内进行试验。系统暴露于温度、热辐射、湿度和振动环境下的时间对系统的影响相当大。

——供源：例如主电源可能产生的电压变化和浪涌。

——过程：现场装置的引入、引出线路由于接地问题而引起的电噪声，以及传导和/或辐射电磁干扰。

b) 响应时间主要受任务产生的条件的影响,例如:

——活动增加(例如报警爆发);

——外部因素(例如主电源和/或电噪声)引起的中断,导致需要对误差进行修正。

c) 增强系统才可能影响处理能力,但系统中可供使用的有效剩余处理能力受下列因素的影响:

——活动增加(例如报警爆发);

——外部因素(例如主电源,和/或电噪声)引起的中断,导致需要对误差进行修正。

一般而言,偏离参比条件都可能影响系统正常工作。

在规定试验项目、评定影响条件的影响时应参考下列标准:

——GB/T 18268—2000;

——GB/T 2423;

——GB/T 4796—2001;

——GB/T 17626。

7.2.3 汇总核对后的信息

可将按上述要求核对后的信息汇总成册,汇总的形式要便于设计评估计划时使用。

汇总信息的方法见附录 B 所示的实例。

7.3 设计评估计划

7.3.1 比较系统要求文件和系统规范文件

设计评估计划的第一步工作是分析按 7.2 的规定从系统要求文件和系统规范文件中收集来的信息。

按照 7.2 所述的方法将系统要求文件与系统规范文件进行比较后,编制一份按任务排列的清单,列出支持每项任务的所有信息转换,其功能、模块、元件以及为支持信息流达到性能要求而提供的其他手段。

这个清单中的每一项都是可能的评估项目。

必需核查每一个潜在的评估项目,确定对此项目的评定应该进行到什么程度才能达到提高置信度水平的要求。

7.3.2 评估项目

按下列原则对清单上的全部评估项目进行筛选:

——任务对于使命的重要性。

——原有知识基础上的现有置信度水平,这可以是基于以往系统成功执行类似或相同使命、对制造商的了解程度以及用户对同一类型或类似系统的了解程度等基础上的置信度水平。

——不同功能间的相互依赖程度,接口的数量,同一功能重复用于不同任务。

——系统的成熟程度,系统的新颖程度,投入使用的对照系统的数量,装置、接口、操作系统和编程语言的标准化程度;有关标准可以是国际标准、国家标准也可以是专有标准。

——技术评估的制约因素,诸如体积、质量、供源条件、试验环境的控制。

7.3.3 评估工作

按 7.3.2 筛选后在清单的每一个项目上添加下列内容,就成为一份评估工作清单:

——需要进行的分析和试验的类型;

——进行每一项分析和(或)试验所需的知识和技能;

——性能试验和其他特性试验可能产生的永久影响对评估计划的制约;

——可供选用的试验人员;

——分析和试验所需的工具和设施;

——预计每项分析和试验的成本和时间;

——各个评估项目的优先次序。

根据 7.3.1 和 7.3.2 确定的原则，可能需要考虑几种可以互补的评定技术。

利用这个评估工作清单，结合评估其他特性的类似清单，就可以形成一个最终的系统评估计划。

7.4 评估计划

最终确定的评估计划至少应规定和(或)列出下列要点：

——7.1 所述的评估目的；

——7.3.2 所述需要考虑的原则；

——7.3.3 形成的评估工作；

——要求达到的置信度水平；

——评估计划，要考虑到试验可能产生的永久性影响。

8 评定技术

8.1 总则

宜选用可以将评定结果与系统要求文件规定的要求作定性和(或)定量比较的评定技术。

可以选择只需根据系统文件进行分析的评定技术，也可选择需要接触实际系统以实验为依据的评定技术。

实际上，选用的评定技术将会是利用系统文件和系统模块的有限组合，分析与实际试验相结合的技术。在这种情况下，要评定系统的性能就必需确定限制系统性能的系统元件。

为此，就需要有一个模型来表示用系统元件执行要求的信息转换的方式。

利用这个模型还可以通过评定单个系统元件的性能来推断系统的性能。

附录 C 为这种模型的实例。

GB/T 18272 的本部分推荐了几种评定技术。

也可以采用其他技术，但不管采用何种技术，评估报告都应提供论述所采用技术的参考文件。

评估结果应按第 9 章的规定写成报告，并应辅以图、表和矩阵图，存在不足之处时应作明确的陈述。

GB/T 18272 的本部分建议采用 8.2、8.3 和 8.4 提供的技术来评定性能。

8.2 分析法评定技术

分析法评定是对系统的结构进行定性分析，以系统元件基本性能特性的定量分析作为补充。

表示性能各方面状况的模型应显示出信息转换、所用的元件及其相互间的连接。

将量化的基本性能参数加在模型所示的每一个元件上。此量化数据可以从基本数据、系统文件、元件评定中获取的数据和(或)对元件结构的详细分析中取得。所采用的数据应适用于需要进行评定的各种影响条件。

然后依据每一个模块和元件各自的数据及其支持信息转换的链接情况推导出精确度、响应时间和处理能力的数值。

为上述分析模型建立一个仿真模型，仿真输入通道的随机激励并记录输出、总线上的通信量等，可以更为精确地进行性能特性分析。

8.3 试验法评定技术

8.3.1 简介

尽管通常可以对一种信息转换中的每一个模块和元件单独进行试验，但这些试验往往不能提供有关任务执行情况的足够数据。此类试验只能在每一种信息转换的界面上进行。

设计此类试验应以系统的定性分析为指导，以一项或一组典型任务为依据。试验应包含下列信息转换分类，每一类至少一项：

a) 过程测量指示：

——模拟，

——数字；

b) 过程控制动作；

c) 键盘操作过程动作；

d) 键盘操作显示呼叫；

e) 显示数据更新；

f) 报警监控；

g) 时间记录；

h) 通信链路；

i) 操作值反馈：

——指示，

——校正装置。

通常，在进行某一特定信息转换的每一项性能试验时，其他信息转换应维持系统要求文件规定的状态。

8.3.2 精确度评定试验

为了评定(测量)信息转换的精确度，可将信息转换分成与时间有关的信息转换和与时间无关的信息转换。

与时间无关的信息转换：

与时间无关的信息转换的精确度的测量方法见 GB/T 18271.2—2000。

可部分视作与时间无关的信息转换有：

a) 过程测量指示：

——模拟，

——数字；

b) 键盘操作过程动作；

c) 操作值反馈：

——指示，

——校正装置；

d) 通信链路指令。

与时间有关的信息转换：

与时间有关的信息转换大多要涉及与时间无关的元件。因此最好在评定信息转换的总的精确度之前先分别评定或测量这些元件的精确度。

应采用过程仿真的方法评定系统中的过程控制动作。

评定总的精确度的目的主要是检查：

——所有过程状态和数值的系统内部镜像是否随时反映过程当前的实时状况，是否完整和稳定。

测试的方法是逐一模拟每一个输入，检查过程镜像的内容是否包含正确的数值和(或)状态。

——每一个系统元件的系统内部时间是否相同，分辨率是否相同，是否等于当地时间。

测试的方法是提取并在所有相关的模块和元件上显示当前的日期和时间，相互比较并同当地时间相比较。

——是否能确定系统内部时间的分辨率，记录和正确地以时间标记相同或不同事件的数值和状态快速变化的顺序。

评定的方法是以每秒规定事件数按年月日顺序激发一组输入，记录过程镜像中的时间标记、状态和数值变化。

应在系统的界面上从信息源到信息目的站测试每个信息转换的精确度。

每一类信息转换的试验结果宜以一系列试验结果的平均值表示，并说明区间限值。

8.3.3 响应时间评定试验

试验应测量信息转换从信息源到信息目的站的响应时间。

每一类信息转换的试验结果应以一系列试验周期的平均值表示,并说明区间限值。

应单独说明由于特殊情况,如切换至备用控制器而产生的对试验结果的影响。

8.3.4 处理能力评定试验

在实际评定系统的处理能力时,必需设定一个基本负载作为参比条件,例如系统要求文件规定的要求。

然后可以从负载系数的评定中推导出系统用于某一特定信息转换的剩余处理能力(见4.5)。

每一类信息转换都应进行这项试验。

试验期间,其他信息转换应保持系统要求文件规定的数值不变。

应提供准确、详细的信息,说明取得每一个数值的条件,例如:

——每一种信息转换的性质和数量,是周期更新或是突发,对缓冲区的影响等;

——出现随机系统任务对试验结果的影响,例如切换至备用控制器,请求报告,报警爆发等。

每一类信息转换的试验结果应以一系列试验结果的平均值表示,并说明区间限值。

8.4 影响条件下的试验

系统的性能受7.2.2所述影响条件的影响。

影响条件下的性能评定方法见GB/T 18271.3—2000。

9 评估的实施与评估报告的编写方法

评估的实施与评估报告的编写方法应符合GB/T 18272.1—2000中5.5和5.6的规定。

虽然GB/T 18271.4—2000中有关试验结果表示方法的陈述并不针对系统评定,但仍具有指导价值。

附　录　A
（资料性附录）
系统要求文件提供资料清单

下列矩阵表列出了系统要求文件为性能评估提供的信息类型（按任务和/或信息转换排列）。

表 A.1

<table>
<tr><th>性能特性</th><th colspan="5">系统要求文件性能规范</th></tr>
<tr><td>总则</td><td colspan="5">对任务的描述应包含以下内容：
——过程控制和测量示意图
——说明支持每一项任务的控制和测量要求
——每项任务的操作和监督要求
——任务对于使命的重要性
——标明测量和控制点、操作人员控制台/盘等推荐位置的平面图等</td></tr>
<tr><td>参数量</td><td colspan="3">操作控制台数量：
——2 个三显示器控制台，1 个双显示器控制台，5 个单显示器控制台
过程控制和测量要求的范围：
——被测值（直接连接）
——被测值（远程发送）
——累积值（远程发送）
——状态（直接连接）
——状态（远程发送）
——数值计算
——报警点（来自计算）
——报警点（来自状态）
——计算
——控制算法
——输出模拟量（直接连接）
——输出模拟量（遥测）
——CRT 图像显示
——CRT 报告
……</td><td colspan="2">

900
150
50
250
100
20
75
125
35
50
35
10
125
75</td></tr>
<tr><td rowspan="3">精确度</td><td>测量</td><td>精确度/%</td><td>分辨率</td><td>更新频率</td><td>注释</td></tr>
<tr><td>温度
压力
物位
流量
——瞬间
——累积
状态
报警
……</td><td>0.5
0.5
1

0.5
0.5

</td><td>1℃
1 bar
1%

1 kg/h
1 t
0.01s*
0.01s*
</td><td>0.2/s
5/s
0.1/s

1/s
0.01/s
100/s
1/s
</td><td>

或 t/h

</td></tr>
<tr><td colspan="5">* 时标的分辨率。</td></tr>
</table>

表 A.1(续)

性能特性	系统要求文件性能规范			
	请求、显示、功能等的类型	动作状态		
		正常工作	高	紧急
响应	总则:			
	——请求新显示	1s＜..＜3s	1s＜..＜3s	1s＜..＜3s
	——更新显示:			
	50%的点	＜10s	＜15s	＜25s
	68%的点	＜15s	＜25s	＜50s
	99%的点	＜25s	＜50s	＜100s
	——控制站显示包括数据和更新	1s＜..＜3s	1s＜..＜3s	1s＜..＜3s
	——报警列表	1s＜..＜3s	1s＜..＜3s	1s＜..＜3s
	——点请求完成时间(取决于优先权设定)	＜2s	＜2.5s	＜5s
	——报告显示			
	确认	1s＜..＜3s	1s＜..＜3s	1s＜..＜3s
	开始	＜10s	＜30s	＜60s
	完成	＜60s	＜120s	＜300s
	——趋势值显示			
	确认	1s＜..＜3s	1s＜..＜3s	1s＜..＜3s
	最新值	1s＜..＜3s	＜5s	＜10s
	完成(99%)	＜10s	＜60s	＜300s
	更新频率	＜10s	＜10s	＜10s
评定情况	整个系统处于运行状态			
	——1#三显示器控制台	控制	控制	控制
		趋势	趋势	控制
		报警	报警	报警
	——2#三显示器控制台	控制	控制	控制
		趋势	趋势	控制
		报告	报警	报警
	——双显示器控制台	存档	存档	趋势
	——单显示器控制台	控制	报警	控制/报警
	活动等级,变化:			
	——模拟值	5/min	25/min	100/min
	——计算	2/min	10/min	40/min
	——状态	1/min	20/min	200/min
	——报警起动	1/min	5/min	150/min
	……			
	——操作员请求			
	点	2/min	20/min	50/min
	控制	30/h	2/min	5/min
	趋势	5/h	10/h	1/min
	报警	1/h	3/h	1/min

附 录 B
（资料性附录）
系统要求文件和系统规范文件对照资料汇总方法实例

本实例是一个简单的控制回路任务。

B.1 任务示意图

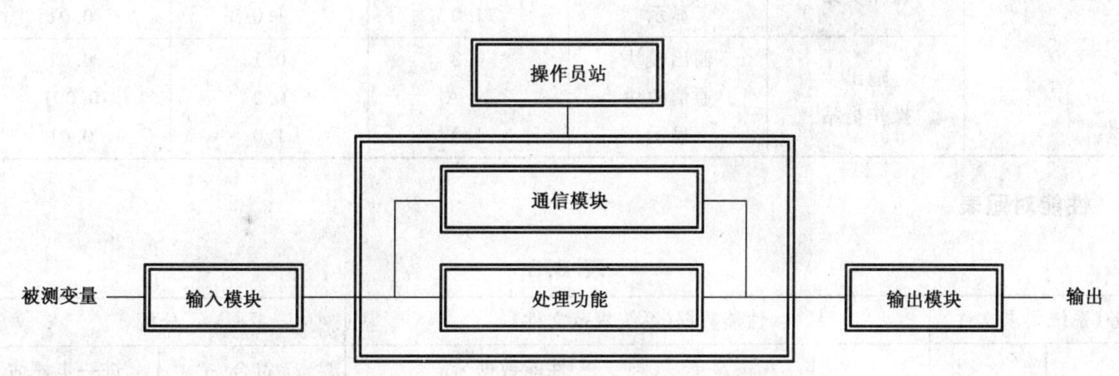

B.2 信息流

——过程控制动作： 被测值 →输出

——键盘操作过程动作： 操作员站→输出

——过程测量指示： 被测值 →操作员站

——操作值反馈： 输出 →操作员站

B.3 性能列表

表 B.1

信息流	精确度/%	响应时间/s	采样周期/s
被测值－输出	±0.5	0.25	0.05
操作员站－输出	±0.5	0.50	0.20
被测值－操作员站	±2.0	1.00	0.01
输出－操作员站	±2.0	1.00	0.01

表 B.2

任务	信息转换	元件	精确度	响应时间	采样周期
PID 控制	被测值 输出	输入模块 PID 模块 输出模块	0.2 0.1 0.2	0.1 N/A 0.1	0.01 0.01 0.01
	操作员站 输出	键盘 通信模块 PID 模块 输出模块	N/A N/A 0.1 0.2	1.0 0.2 N/A 0.1	N/A 0.001 0.01 0.01
	被测值 操作员站	输入模块 通信模块 显示	0.2 N/A 1.0	0.1 0.2 1.0	0.01 0.001 0.01
	输出 操作员站	输出模块 通信模块 显示	0.2 N/A 1.0	0.1 0.2 1.0	0.01 0.001 0.01

B.4 性能对照表

表 B.3

<table>
<tr><td colspan="2">任务(系统要求文件)</td><td colspan="5">性能数据(系统规范文件)</td><td colspan="4">分析</td></tr>
<tr><td rowspan="3">类型</td><td rowspan="3">重要性</td><td rowspan="3">信息转换</td><td rowspan="3">支持模块和/或元件</td><td colspan="3">性能数据</td><td colspan="2">符合</td><td colspan="2">进一步评估</td></tr>
<tr><td rowspan="2">精确度</td><td rowspan="2">响应时间</td><td rowspan="2">处理能力</td><td rowspan="2">是</td><td>否</td><td rowspan="2">是</td><td rowspan="2">否</td></tr>
<tr><td>可接受?</td></tr>
<tr><td></td><td></td><td></td><td></td><td></td><td></td><td></td><td></td><td></td><td></td><td></td></tr>
</table>

附 录 C
（资料性附录）
评 定 模 型

C.1 总则

精确度、响应时间和处理能力这三种性能特性与进入系统的数据有关。该数据从一个外部域进入系统，经一次或多次信息转换后在同一个或另一个域离开系统。如图C.1所示，数据可以沿不同的相关路径通过系统。

每一次信息转换中可以存在不同的周期时间，这些周期时间可以通过设计确定，也可以由用户配置确定。

无论是分析法评估技术还是试验法评估技术，重要的是首先要确定执行系统要求文件规定使命的相关路径。

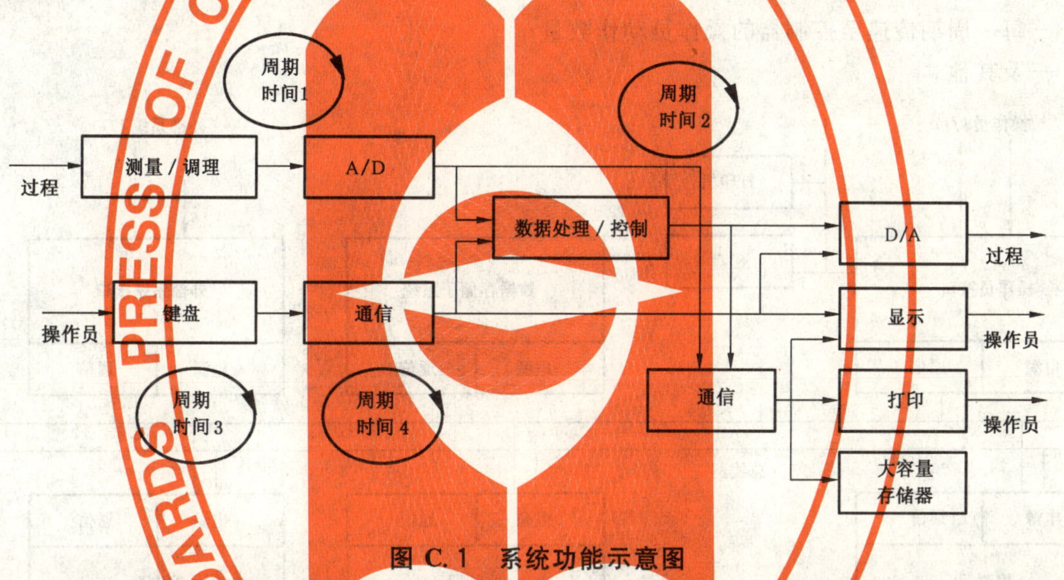

图C.1 系统功能示意图

记住GB/T 18272.1—2000的图3并将系统作为一个未知框，我们就能识别下列相关外部信息流，执行过程控制：

——进出过程域的信息流；

——进出操作员域的信息流；

——进出外部系统域的信息流。

这些信息流是控制和保障过程的能源流、原料流和产品质量等所必不可少的。

如图C.2所示，在一个系统物理模型的界面内我们可以在操作层上区分下列信息转换。这些信息转换与上述外部信息流相互连接：

——过程到过程，经由一个控制器内的局部控制回路；

——过程到过程，经由位于二个控制器内的通信和控制回路（回路到回路）；

——过程到控制，经由控制器、通信和工作站（数据显示）；

——过程到大容量存储装置或打印机，经由控制器和通信；

——操作员到过程，经由工作站、通信和控制器；

——操作员到大容量存储器再返回工作站（显示历史数据）；

——过程或操作员到外部系统，经由通信；

——外部系统到过程或操作员，经由通信。

在各种信息转换中采用了下列一组或多组主要系统功能：

——过程接口功能；

——数据处理(和控制)功能；

——通信功能；

——操作员界面功能；

——外部系统接口功能。

依据规定的信息转换，可以用下列一项或多项结合来表示处理能力：

——每一周期内完成的控制回路数，如果同一个应用程序中使用了不同的周期时间时，则为每个单位时间内完成的控制回路数；

——每一周期处理算法的数量；

——每一通信周期对等传递的数据(测量值)数量；

——每一通信周期传递至操作员界面的数据数量；

——每一周期传递的报警信息数量；

——每一周期传递至控制器的操作员动作数量；

——及其他。

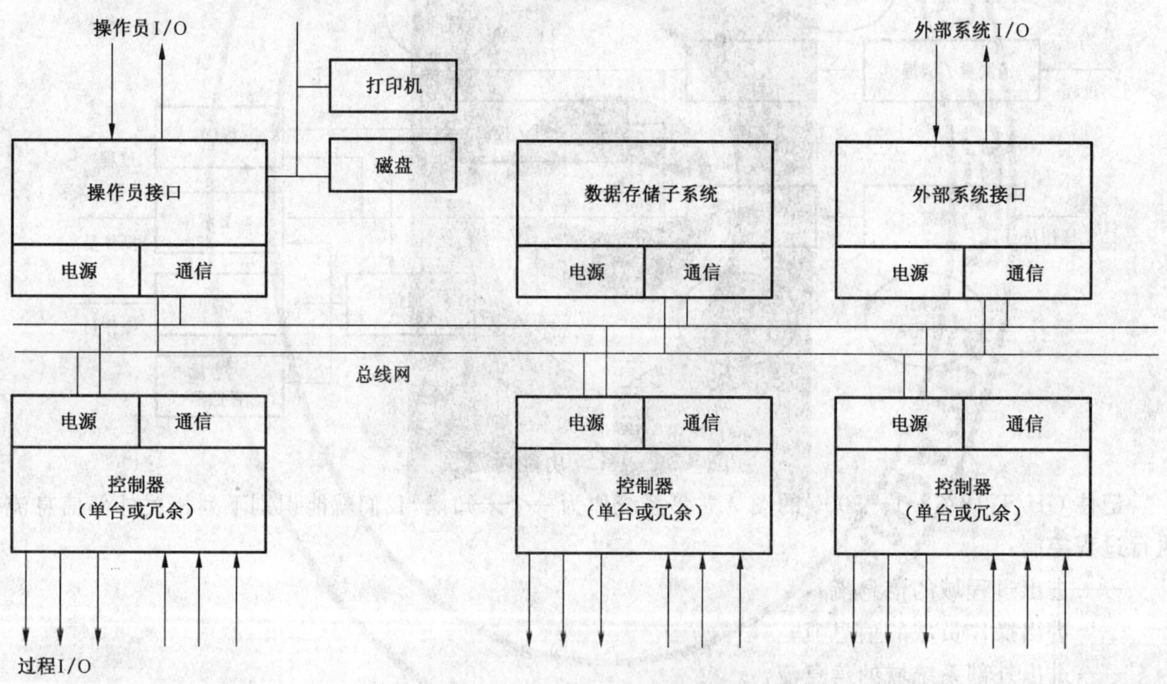

图 C.2　一般的物理系统模型

C.2　分析法评定技术

C.2.1　引言

分析法评定的基础是分别对系统的每一个功能、模块和元件的性能特性及其对系统总的性能所起的作用进行定性和定量分析。

分析法评定必须考虑并根据系统的物理和功能结构确定一个模型。该模型应描述用于各种信息转换和系统物理实体的共享资源和每一个元件(I/O 装置，A/D 和 D/A 转换器等)和功能(多任务处理软件，周期时间，算法等)。

相关数据可来源于系统制造商提供的技术规范或实测数据。

C.2.2 精确度

精确度值在很大程度上取决于信息转换中提供模—数、数—模转换的电路的精确度。信息转换所涉及的其他电路对精确度的影响一般在于事先确定的分辨率。执行信息转换的算法其一致性只有一部分能进行分析评定。

因此重点应放在试验法评定上。

C.2.3 响应时间

就整个系统而言,响应时间不能只用一个数字表示。在确定(调整)各种元件和/或信息转换(算法、控制回路等)的优先等级和周期时间方面,响应时间与物理系统的大小和结构以及系统软件的大小和功能结构有直接关系。在许多系统中,可以根据算法、回路或各个信息转换自由调整或设定响应时间。

要求较低时,可以将某个数据流路线所涉及的各个元件的周期时间相加后得出响应时间。但这些参数容易发生变化,使得分析法实施起来十分困难和费时。尤其当系统被要求同时执行不同的任务,负荷达到极限时,不同任务的综合影响难以通过分析法加以确定。

响应时间与处理能力直接相关。负荷因数过高可能会妨碍设定的周期时间。

C.2.4 处理能力

就整个系统而言,处理能力不能只用一个数字表示。

处理能力取决于物理系统的大小和结构、系统软件的大小和功能结构以及选择的周期时间。

在参比条件下,通过测量在单位时间内所能达到的最大信息转换数量,就能测出每一次信息转换的处理能力。

至少需为能够确定的每一种主要信息转换测定处理能力。

处理能力最终可以由(局部)自动控制、对等通信、报警处理、操作员干预、归档等的信息转换(数据传送)组合而成。

C.3 试验法评定技术

C.3.1 引言

试验法评定的基础是对系统每一种功能、模块和元件的性能特性及其对系统总性能所起的作用分别进行定性和定量分析。

试验法评定必须确定一个真实系统,这个系统含有某一使命所要求的全部属性,系统的物理和功能结构如上文所述。应说明用于各种数据信息转换以及系统物理实体的共享资源和每一个元件(I/O装置、A/D和D/A转换器等)及功能(多任务处理软件、周期时间、算法等)。

对于试验法评定,重要的是要确定相关的参比条件,尤其是响应时间和处理能力试验的参比条件。

C.3.2 精确度

精确度值在很大程度上取决于信息转换中提供模—数转换和数—模转换的电路的精确度。

其他提供信息转换的电路对精确度的影响主要在于事先确定的分辨率。

此外,信息转换的分辨率可能会由于负载要求高而发生动态变化,从而显示出一定程度的下降。

以试验法评定静态精确度可遵循GB/T 18271规定的系统元件的评定方法和说明。

精确度评定的影响条件,如7.2.2和GB/T 18272.1所述,是由过程、供源和环境产生的。在进行C.3.3所述的处理能力试验时可以观察到影响条件对精确度的动态影响。

C.3.2.1 功能块(算法)试验

a) 总则

过程控制系统一般都具备标准化的算法库,通常称之为功能块。这些功能块可以按一定的顺序串起来连接至输入/输出物理电路,用于实现一系列的控制功能,为外部提供服务。功能块的种类极其繁多。每一个系统都有自己的一组功能块,尽管名称往往相同,但各种算法能显现出明显的差异。本条款给出了设计试验法试验程序的一些基本规则。

功能块可以分成两大类：

——时间相关功能(累加器、控制器、计时器、超前/滞后)；

——与时间无关功能，这一类功能大体还能分成：

· 计算块，

· 逻辑块(与、或等)。

这两种功能块都可以进行下列定性检验：

——手动—自动的无扰动切换和设定点跟踪能力；

——电源短时中断恢复正常运行时输出和各种控制模式的再启动条件；

——引入负参数的影响。

b) 时间相关功能块

对于具有积分作用的时间相关功能块，要求进行延长时间的测量，以揭示实际时间特性。

每一种功能块都可以要求有一种特定的试验。

——线性算法可以用频率响应试验、阶跃试验、斜坡试验或脉冲试验进行测试。时间相关功能块的各种实测响应要与根据规定的微分方程式计算出的预计响应相比较。必需考虑输入电路中可能存在的硬件滤波器的微分方程式。

——非线性控制算法可以用显示其处理能力的标准检查程序进行测试。

可能需要确定在软件过载状态下(连续)运行的影响。依据软件的结构，过载状态可能会导致诸如输出不规则更新或连续跳过优先等级较低的回路。

对于具有积分作用的控制算法(PID)，可以进行下列附加试验：

——抗再调饱和(防止饱和效应)通常是一种软件防护措施，通过设定功能块输出限值就可实现。但应检查软件抗再调饱和是否能自动适应硬件输出电路的物理限制。如果不能，则实际抗再调饱和可能不完全或无效。

——应检查计算积分作用的分辨力。在分辨力过低的情况下，尽管设定点与被测值之间可能依然存在偏差，但积分作用将不起作用。

c) 与时间无关功能块

对于计算功能块和其他与时间无关的功能块，还应进行下列检查：

——工程量运算范围与输入/输出电路连接的换算方法。

——能否防止除以零，如何实现。

——能否防止参数设定值不切实际(例如下限超出上限)。

——超出计算能力分辨力(单倍精度或双倍精度)的影响。计算方法效率低下可能会引起相当大的误差。

——应以极限输入值和参数设定值进行一些实际计算并与理论公式相比较。

C.3.3 响应时间/处理能力

由于本主题的复杂性，在进行本部分评定时，制造单位最好亲临试验现场提供支持并对意外情况做出解答。

a) 基本原理

带微处理器的过程控制系统是循环运行的，因而自动地对于控制要求有时间限制。

当前的系统一般都有良好的适应性，基本上可以对软件、硬件以及控制任务在各个系统模块中的分配进行自由配置。

这些系统与响应时间和负载系数有关的状态是随机的。

控制器中处理数据的周期时间可以设定为基本周期时间的倍数。

在多数情况下，系统模块之间的通信周期时间也是可以设定。

过程控制系统相当复杂，这就要求用户对组态和数据的文件编制作出一系列规定，以避免处理和通信的周期时间违反系统模块组态（软件）负载规则，并对过程变量报警设定值的确定作出规定。

在某些情况下，违反负载规则会引起计时问题，从而导致连续或暂时过载。

此外，各种任务和模块内部通信数据传送的优先权等级设置不当会进一步放大过载的影响。

要意识到，制造厂往往并不十分清楚系统的负载和达到过载状态可能出现的影响。这是因为多任务处理机制结合其在物理系统模块中的分布极其复杂，使得在例如要求同时执行若干个不同的任务时预测系统的运行状态十分困难。

在评定系统的处理能力时，辨明以下两点尤为重要：

——系统中的控制器是一个独立的单元，它可以过载而不会影响其他模块；

——通信接口和操作员接口是系统的部件，在这些接口上数据必须以高传输速率通过“瓶颈”，从而造成“拥塞”。

以下是这两种情况的评定情况。

在参比（基本负载）条件下，当从较低负载开始增加负载时，响应时间会恒定在某一水平保持不变。

达到过载状态时会出现下列现象：

——系统或某个模块停止运行；

——系统或某个模块运行的性能降低（例如双周期），但数据未丢失；

——系统或某个模块运行的性能降低，数据丢失。

在这些情况下，可以区分出两种类型的过载状态：

——由于在指定周期内分配的控制任务（组态）过多或者由于高速率连续报警造成的连续过载；

——由于报警爆发，或者在要求提供定时报告时出现报警爆发，或者以不同时间周期运行的控制任务的调度有误导致高需求造成的临时性或间隙性过载。

b) 测量响应时间和吞吐量的参比条件

这些参比条件与响应时间和处理能力有关。

除了限定硬件配置和系统嵌入软件包的数量外，应确定一个基本负载，这个基本负载由一个最小规模应用程序组成，用于执行 C.1 所述外部信息流要求的信息转换。

在评定系统的响应时间和负载时，必需在实际负载逐渐增大时，在每一相关信息转换中测量以下三项内容，以便取得基本数据作为比较的基准：

——控制器、通信和操作员接口的周期时间；

——在每一种不同的信息转换中，输出的更新速率；

——各种类型显示（过程—操作员）按规定顺序的呼叫时间和访问时间（操作员—过程）。

此外，制造厂还应提供：

——根据数据处理和通信的基本周期时间以及各种功能块（算法）的执行时间，计算和/或预测负载系数的程序和方法；

——周期时间的相关限值和达到这些限值的预期影响，系统中为防止超出这些限值而采取的措施的目录；

——关于每一个参比显示（回路、组、组＋历史趋势、实时趋势、总貌）的（软件）大小的静态数据和动态数据信息；

——关于通信缓冲存储器的大小和在整个系统中传递数据和报文的机制的信息；

——关于多任务软件结构的信息，包括各种系统任务的优先权的分配以及通过串行通信链路传递数据的方法。

在设计试验程序时必需考虑这些数据。

c) 增加系统负载时要考虑的参数

控制器加载

按预定的步骤从基本负载开始在一个控制器上增加功能块,直至达到规定的最大负载。当在相关组合中考虑下列参数时,在每一种负载状态下进行上文所述的测量和下文所述在待确定现象下的测量:

——控制任务:

- 除参比回路外输入稳定,
- 增加的功能块的所有输入均以稳定的速率变化,
- 改变参比回路的优先权,
- 改变回路间的通信优先权;

——通信任务:

- 不同显示器来自所述控制器的动态信息量各不相同;

——报警/事件处理任务:

- 报警爆发,
- 连续稳定报警率(1,2,5/周);

——中断处理任务(如果是用户可配置的):

- 连续稳定中断率;

——报告请求;

——在线组态:

- 在一个控制器内改变组态,
- 从一个控制器上传或下载组态或数据;

——通信接口和操作员接口加载;

——对两个或多个控制器同时加载至例如在先前的试验中确定的极限吞吐量的90%。

控制器会同时受到以下压力:

——预定的报警爆发;

——连续稳定报警率;

——连续报警速率和报告请求的组合。

如有需要,可通过增加更多的控制器和操作员站以及把信息发送到不同的操作员站的方法进一步扩大试验范围。通过扩大系统试验可以找出推断更大规模同类系统的线索。对于具有下列特点的系统来说,系统的结构可能是此处要考虑的另一重要参数:

——控制站的大小和处理能力各不相同;

——多级总线拓扑结构。

d) 初始条件

在按参比条件下所述的方法实施任何负载试验之前,被试系统和上文列出的必需的应用软件组态应工作。

e) 待确定现象

在上述每一项试验期间要进行下列观察和测量:

——输出的更新速率可能降低和(或)暂时或连续停止;

——操作员输入/输出装置的运行,呼叫或访问可能迟缓;

——呼叫显示器等的顺序会影响呼叫时间;

——控制回路的访问时间;

——系统报警消息指示过载；

——信息丢失。

报警压力试验(导入报警爆发或连续报警率)期间，可增加下列观察内容：

——确定消息溢出点和丢失点(消息的数量和(或)达到溢出的时间)；

——打印机和大容量存贮器上的正确时间标记(事件的顺序)。

所有观察和测量结果应与参比条件所述基本负载下的测量结果相比较并建立联系。

观察和测量结果还可以与制造厂商提供的规定负载计算和预测程序相比较。

注：不监控增加的功能块的运行。

C.4 注意事项

在为一个特定系统设计试验程序时，重要的是应考虑到模块和任务(嵌入多任务处理软件结构)固有的相互作用或由用户使其相互作用的方式。优先等级设置错误或者假设了一种系统中并不使用的数据传递方法可能会导致采用错误的试验方法，从而得出错误的结论。

参 考 文 献

[1] GB/T 2900.56—2002 电工术语 自动控制(IEC 60050-351:1998,IDT)

[2] GB/T 3386—1988 工业过程控制系统用电动气动模拟记录仪和指示仪性能评定方法(neq IEC 60873:1986)

[3] GB/T 6592—1996 电工和电子测量设备性能表示(idt IEC 60359:1987)

[4] GB/T 17614.1—1998 工业过程控制系统用变送器 第1部分:性能评定方法(idt IEC 60770:1984)

[5] GB/T 18271.1—2000 过程测量和控制装置 性能评定的基本方法和程序 第1部分:总则(idt IEC 61298-1:1995)

[6] GB/T 18272.3—2000,工业过程测量和控制 系统评估中系统特性的评定 第3部分:系统功能性评估(idt IEC 61069-3:1996)

[7] GB/T 18272.5—2000,工业过程测量和控制 系统评估中系统特性的评定 第5部分:系统可信性评估(idt IEC 1069-5:1994)

[8] IEC 60050(371):1984 国际电工词汇(IEV) 371章:遥控

[9] IEC 60546-1:1987 工业过程控制系统用模拟信号控制器 第1部分:性能评定方法

ICS 25.040
N 10

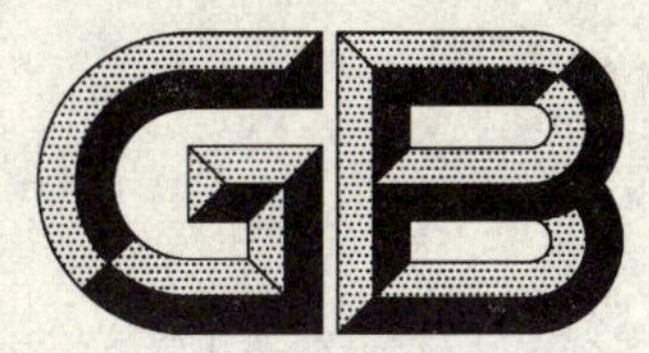

中华人民共和国国家标准

GB/T 18272.6—2006/IEC 61069-6:1998

工业过程测量和控制 系统评估中系统特性的评定 第6部分:系统可操作性评估

Industrial-process measurement and control—Evaluation of system properties for the purpose of system assessment—Part 6:Assessment of system operability

(IEC 61069-6:1998,IDT)

2006-05-08 发布

2006-11-01 实施

中华人民共和国国家质量监督检验检疫总局
中国国家标准化管理委员会 发布

前　言

GB/T 18272《工业过程测量和控制　系统评估中系统特性的评定》由以下部分组成:

——第1部分:总则和方法学;

——第2部分:评估方法学;

——第3部分:系统功能性评估;

——第4部分:系统性能评估;

——第5部分:系统可信性评估;

——第6部分:系统可操作性评估;

——第7部分:系统安全性评估;

——第8部分:与任务无关的系统特性评估。

本部分是其中的第6部分。

GB/T 18272的本部分与GB/T 18272其余各部分的关系以及本部分在各部分中的相对位置见图1。

本部分等同采用IEC 61069-6:1998《工业过程测量和控制　系统评估中系统特性的评定　第6部分:系统可操作性评估》(英文版)。

本部分等同翻译IEC 61069-6:1998。

本部分在制定时按GB/T 1.1—2000《标准化工作导则　第1部分:标准的结构和编写规则》和GB/T 20000.2—2001《标准化工作指南　第2部分:采用国际标准的规则》的有关规定做了如下编辑性修改:

——删除IEC国际标准前言;

——原引用标准的引导语按GB/T 1.1—2000的规定改成规范性引用文件的引导语;

——"本标准"一词改为"GB/T 18272的本部分"。

本部分的附录A、附录B为资料性附录。

本部分由中国机械工业联合会提出。

本部分由全国工业过程测量和控制标准化技术委员会第一分技术委员会归口。

本部分由上海工业自动化仪表研究所、浙江中控技术股份有限公司负责起草。

本部分参加起草单位:上海自动化仪表股份有限公司、清华大学自动化系、兵器工业系统总体部。

本部分主要起草人:徐晓燕、李明华。

本部分参加起草人:徐义亨、刘铁椎、杨佃福、李光沐、张庆军、刘华美。

引　言

GB/T 18272 的本部分论述了在评估工业过程测量和控制系统的可操作性时所采用的方法。

所谓系统评估，就是根据各种迹象判断该系统是否适用于某一特定使命或者某一类使命。

要想获取所有迹象，就需要全面地(即在各种影响条件下)评定与系统的特定使命或一类使命相关的所有各种系统特性。

但是这种做法不切实际，因此系统评估所依据的基本原理是：

——确定每一种相关系统特性的临界状态；

——通过对评定各种特性的成本效益的研究，制定出评定系统相关特性的计划。

在实施系统评估时，关键是要考虑必需以有限的经费和时间最大限度地提高系统适用性的置信度。

只有在明确(或规定)了系统的使命或者能够假设系统使命的情况下，评估才能得以进行。没有使命就无法进行评估。但仍可以为其他部门开展的评估工作确定并实施各种评定(如 GB/T 18272.1 所规定的评估活动)。

在这种情况下，由于评定是评估的组成部分，因此可以把本部分作为制定评定计划的指南，提供评定的实施程序。

GB/T 18272 的基本框架如图 1 所示。

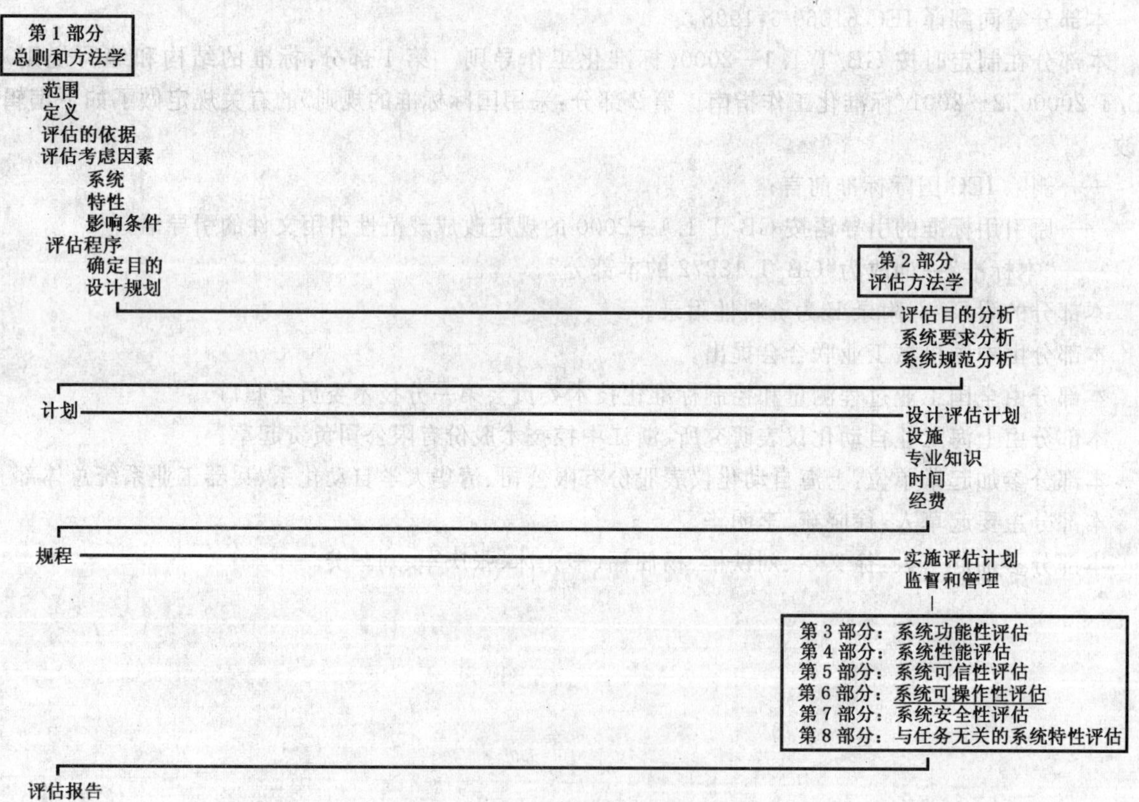

图 1　GB/T 18272 的基本框架

工业过程测量和控制
系统评估中系统特性的评定
第6部分:系统可操作性评估

1 范围

GB/T 18272的本部分涵盖了工业过程测量和控制系统的可操作性的评估方法。

GB/T 18272.2所述的评估方法学适用于制定可操作性评估计划。

GB/T 18272的本部分分析了系统可操作性的子特性,同时对评估可操作性时需要考虑的评判依据做了说明。

GB/T 18272的本部分提出了各种不同的可操作性辅助评定技术供参考。

2 规范性引用文件

下列文件中的条款通过GB/T 18272的本部分的引用而成为本部分的条款。凡是注日期的引用文件,其随后所有的修改单(不包括勘误的内容)或修订版均不适用于本部分,然而,鼓励根据本部分达成协议的各方研究是否可使用这些文件的最新版本。凡是不注日期的引用文件,其最新版本适用于本部分。

GB/T 18272.1—2000 工业过程测量和控制 系统评估中系统特性的评定 第1部分:总则和方法学(idt IEC 61069-1:1991)

GB/T 18272.2—2000 工业过程测量和控制 系统评估中系统特性的评定 第2部分:评估方法学(idt IEC 61069-2:1993)

GB/T 18272.3—2000 工业过程测量和控制 系统评估中系统特性的评定 第3部分:系统功能性评估(idt IEC 61069-3:1996)

GB/T 18272.4—2006 工业过程测量和控制 系统评估中系统特性的评定 第4部分:系统性能评估(IEC 61069-4:1997,IDT)

GB/T 18272.8—2006 工业过程测量和控制 系统评估中系统特性的评定 第8部分:与任务无关的系统特性评估(IEC 61069-8:1999,IDT)

ISO 9241-10:1996 视频显示终端(VDTs)办公室工作的人体工程学要求 第10部分:对话原理

3 术语和定义

下列术语和定义适用于GB/T 18272的本部分。

3.1

可操作性 operability

系统提供的操作工具能高效、直观、透明、稳健地完成操作人员任务的程度。

3.2

操作人员 operator

利用系统履行使命的人员。

注:在GB/T 18272的本部分中操作人员是一个通称,包括所有为完成使命而执行任何任务的人员。

3.3

效率 efficiency

系统提供的操作工具可使操作人员在规定条件下利用系统完成任务所需的时间和精力减至最少的

程度。

3.4

直观性 intuitiveness

系统提供的操作工具可直接被操作人员理解的程度。

3.5

透明度 transparency

系统提供的操作工具显而易见地使操作人员与其任务建立直接联系的程度。

3.6

稳健性 robustness

系统采用明确的方法和程序正确理解操作人员执行的动作并做出响应,并通过提供适当的反馈消除歧义的程度。

4 可操作性特性

4.1 总则

对于一个可操作的系统,它必需通过人机接口向操作人员提供一个透明的、连贯的窗口来观察将要执行的任务。系统应具备能高效、直观、透明、稳健地与这些任务相互作用的手段。所达到的程度可以用可操作性特性来表示。

人机接口功能是系统的组成部分,使操作人员能监控和操纵系统本身、外部系统和整个过程。

可操作性要求受到系统操作人员的技术、技能和人员组成的很大影响。

在系统的生命周期内,要求系统根据 GB/T 18272.2—2000 中 5.2 所述系统使命的各个不同阶段提供不同程度的可操作性。

系统生命周期各个阶段对可操作性的要求各不相同。这取决于某一阶段所要执行的任务及该阶段的持续时间。

当某一阶段的持续时间较短且与系统使命的相关性较高时,可操作性要求就高。当某一阶段的持续时间较长,以致操作人员可通过长期使用系统学会某些操作所要求的动作的顺序时,要求就可低些。

因此,应在系统要求文件中指明每一项任务对于使命的相对重要性以及执行这些任务的那些阶段的持续时间。

在评估可操作性时,要关注系统处理操作人员提供给系统的信息(如指令和请求)的方式,以及系统提供给操作人员的信息的透明度,例如过程/系统的状态和数值、趋势、报告等。

在系统的设计和(或)维护阶段有时需要采取特殊的可操作性措施,这时的可操作性要求通常被认为是工业过程装置运行阶段所必需的要求。

然而各阶段都有其重要性。在每一阶段都会由一组不同的操作人员操作系统,有不同的可操作性要求。

此外,有计划的、无计划的、或受干扰的装置运行会对运行计划有不同的要求,因而可操作性要求也不相同。

附录 A 列出了各个阶段、各个阶段使用系统的操作人员、他们的典型任务以及所用接口的类型。

系统可操作性特性的性能(尤其是响应速度)会显著影响操作人员对系统可操作性特性的感觉,有关情况见 GB/T 18272.4—2006,系统的功能性特性见 GB/T 18272.3—2000。另见 7.2.2。

可操作性有四种子特性,其相互关系见图 2。

可操作性无法用一个简单的数字表示。

通过分析子特性的人体工程学,测量完成指定任务所需动作的数量和所需时间(人机接口的效率),可以量化可操作性的某些方面,其他方面可以做定性描述。

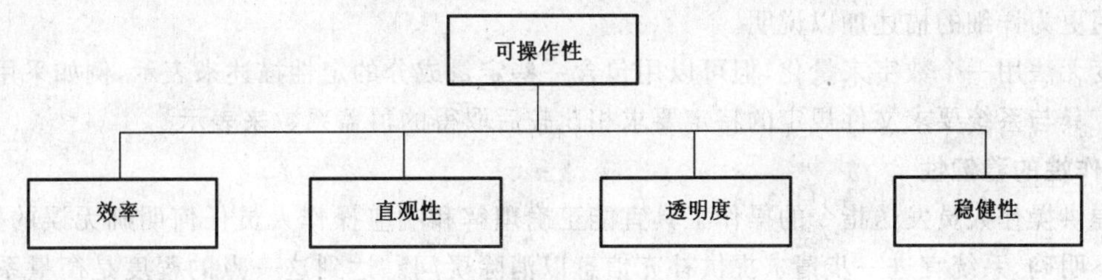

图2 可操作性的子特性

4.2 可操作性效率

如果一个系统能使操作人员在可接受的时限内以最低的出错风险用最少的脑力和体力完成他的任务，这个系统就具有可操作性效率。

衡量系统可操作性效率的标准是它所能达到的程度。

在众多的因素中，可操作性效率取决于以下因素：

——作为操作工具支持人机接口的各种装置（键盘、鼠标、语音输入、专用按钮、屏幕、指示器等）的人体工程学设计；

——地理布局，这些装置的数量及其在操作人员工作场所的相对位置；

——操作人员工作场所的形状；

——检索信息、发布指令等的方式和程序。

效率无法用一个单纯的数字来量化，但可以用包含一些定量成分的定性描述来表示，例如：

——覆盖系数：将系统提供的操作工具与系统要求文件和适用的人体工程学标准中规定的特定要求相比较后取得；以及

——发出指令和请求信息所需的时间。

4.3 可操作性的直观性

系统提供的操作工具能使操作人员发送指令并向操作人员显示信息，这些操作工具不宜与利用系统提供的功能执行任务的操作人员的技能、受教育程度和一般文化相冲突。

系统可操作性的直观性的衡量标准是操作工具符合一般工作实践需要的程度。

直观性取决于下列因素：

——“动作”元件的操作遵循标准通用程序、规则和方法的程度；

——向操作人员显示信息所遵循的惯例，例如用红色表示紧急状态等；

——发指令所遵循的惯例，例如顺时针转动旋钮为增大数值等。

与其他特性不同，直观性并非是系统的固有特性。它只能依据特定的用户领域来表示。

此领域可以依据文化、国际标准和（或）专业标准等加以确定。

直观性无法用一个单纯的数字来量化，但可以用包含一些定量成分的定性描述来表示，例如采用将系统提供的操作工具与系统要求文件规定的特定要求相比较后取得的覆盖系数来表示。

4.4 可操作性的透明度

系统提供的操作工具使操作人员能发送指令同时可向操作人员显示信息，这些操作工具宜将完成所执行任务需要采取的动作（及这动作的顺序）的仿真图像提供给操作人员。

衡量系统可操作性的透明度的标准是系统提供的工具的范围。

透明度取决于下列因素：

——表现过程的功能结构和地理结构所遵循的逻辑原理以及操作人员所要执行的任务；

——利用标签和名称识别操作工具的方式，以及使用标签和名称的一致程度；

——所有的任务和各级信息自始至终使用的色彩、名称、音响信号等的一致程度；

——实际仿真任务的动态特性，使操作人员能“真实地”感知所要执行任务的方式等。

系统显示的信息应清楚、简洁、明确、不矛盾。如果信息本身缺乏描述，应在便于访问的文件中或帮助功能中用更为详细的描述加以说明。

透明度无法用一个数字来量化，但可以用包含一些定量成分的定性描述来表示，例如采用将系统提供的操作工具与系统要求文件规定的特定要求相比较后取得的覆盖系数来表示。

4.5 可操作性的稳健性

系统提供操作人员发送指令的操作工具宜能正确理解和响应操作人员任何明确无误的操作，如果这些操作不明确，系统宜进一步请求提供补充信息以消除疑问。达到这一点的程度是衡量系统稳健性的标准。

稳健性取决于下列因素：

——允许偏离标准一般规定的程度并对此做出解释；

——系统能够检测和通报偏离的程度，并要求为这些偏离提供进一步的信息等。

稳健性无法用一个数字来量化，但可以用包含一些定量成分的定性描述来表示，例如采用将系统提供的操作工具与系统要求文件规定的检索数据和发送指令等特定要求相比较后取得的覆盖系数来表示。

5 复查系统要求文件(SRD)

复查系统要求文件，核对文件是否提出并按 GB/T 18272.2—2000(尤其是其中第5章)所述的方式列出将由操作人员用系统执行的所有任务和这些任务的可操作性要求。

可操作性评估是否有效，完全取决于对有关要求的说明是否全面详尽。

特别要注意核对是否为每一项系统任务规定了可操作性要求：

——系统执行任务的生命周期阶段；

——每个阶段和任务的持续时间；

——同时使用人机接口执行任务的操作人员的最多和最少人数；

——相关操作人员的简介信息，例如操作人员的受教育情况、职责、作用、技能和知识等；

——采用的协议和方法，尤其是要求多位操作人员同时使用系统时所采用的协议和方法。

附录B列出了系统要求文件应该提出的可能影响可操作性要求的各种因素。

提出的可操作性要求要兼顾每一项单独的任务以及总的使命。

6 复查系统规范文件(SSD)

复查系统规范文件，检查文件是否按 GB/T 18272.2—2000(尤其是其中第6章)所述的方法列出每一项任务的可操作性要求。

应特别注意检查文件是否逐项任务提供有关下列各项内容的信息：

——推荐的支持每一项任务的可操作性的功能；

——支持每一项功能的模块和元件(包括软件和硬件)；

注：说明每一项任务执行过程的详细程度和细分到模块和元件的范围只要能证明要求得到满足即可。

——推荐的系统以装置、方法和程序向操作人员提供交互作用的方式；

注：任务可能会得到两组可任意选择的功能的支持，可以要求任意选择人机接口上的操作顺序，这取决于系统的结构。

——操作人员正确操作系统所需的技能和经验等，和提供的支持通过人机接口进行操作的工具；

——基本原理，推荐的系统是否符合要求，所推荐的替代案是否得到诸如标准、现场经验、试验报告、计算结果等数据的支持。

复查尤其要检查是否提供了每一个操作阶段的一组指定的操作人员如何执行规定任务的必要信息。

7 评估程序

7.1 总则

评估应按GB/T 18272.2—2000中第7章规定的程序进行。

应明确规定评估的目的,GB/T 18272.1—2000的4.1对此有详细说明。

为保证可操作性评估的正常进行,系统要求文件和系统规范文件提供的信息必须完整和准确。

若在评估的某一阶段有信息丢失或信息不完整的情况发生,应就有关问题与系统要求文件和系统规范文件的编制者取得联系,以获取所需要的补充信息。

7.2 分析系统要求文件和系统规范文件

7.2.1 核对文件资料

开展可操作性评估应按GB/T 18272.2—2000中7.2的规定从系统要求文件和系统规范文件中摘录与可操作性有关的信息。

将系统要求文件提出的要求与系统规范文件给出的系统可操作性数据合在一起相互对照,汇编成准确、简洁的说明,以定量和定性的方式并在可能的情况下以数值范围说明下列内容:

——系统和每一项任务所要求的可操作性特性,按系统生命周期相关阶段的顺序排列;

——利用接口执行系统要求文件规定的每一项任务的操作人员的知识水平、经验和技能;

——对于需要多位操作人员同时使用人机接口的任务,操作人员的人数和分组情况。

可操作性评估只能在现有系统或运行中的类似系统上进行,这取决于系统生命周期的阶段。这些评估应包括对系统设计者、工厂轮班管理人员和系统维护人员等所具备的知识、技能和经验的评估。

7.2.2 可操作性的影响条件

GB/T 18272.1—2000的4.4和GB/T 18272.2—2000的5.5讨论了能影响系统特性正常发挥作用的内部和外部条件。

可操作性特性对下列外部因素特别敏感:

——任务:调试期间和紧急情况下等出现异常或偶发运行情况会影响子特性的效率和直观性。

——人员:系统的可操作性本身不会受系统操作人员个人能力的影响。但是,对可操作性的要求则必需以一个资格(例如技能、知识和素质)达到规定的系统操作人员的平均水平为依据。偏离这些平均水平会影响子特性的效率、直观性和透明度。

——过程:过程线路引入的噪声会影响子特性的效率、透明度和稳健性。

——供源:源于各种供源的失真和扰动会影响子特性的效率、透明度和稳健性。

——环境:温度、电磁兼容、老化、安装、腐蚀性物质和灰尘会影响子特性的效率、透明度和稳健性。

可操作性特性对涉及功能性和性能特性,尤其是时间响应和更新频率的系统内部因素也很敏感。

因此,在评估和(或)评定可操作性特性之前总是要首先评估或者评定功能性和性能特性,除非已有先前的评估或评定结果。

7.2.3 汇总经过核对的信息

按上述要求核对后的信息应以一定的形式汇编成册,供设计评估程序时使用。

7.3 设计评估计划

7.3.1 比较系统要求文件和系统规范文件

设计评估计划的第一步是分析按照7.2的规定从系统要求文件和系统规范文件中收集来的信息。

按照7.2.1所述的方法将系统要求文件与系统规范文件进行比较后,编制一份按任务排列的清单,列出为达到可操作性要求而建议提供的所有功能和手段。

这个清单中的每一项都是可能的评估项目。

应核查每个可能的评估项目,确定此项目应评定到何种程度才能达到必要的置信度水平。

7.3.2 评估项目

按下列原则对清单上的评估项目进行筛选:

——任务对于使命的重要性。

注:在考虑任务的指定相对重要性的加权时必需注意到,在系统生命周期中的几个特定阶段,可操作性要求对于某些任务来说会比较高,阶段的持续时间较短并且任务与系统使命的相关性较高(见4.1)。

——原有知识基础上的现有置信度水平。它可以建立在以往系统成功执行类似或相同使命、对制造商的了解程度以及用户对同一类型或类似系统的了解程度等基础上。

注:由于系统的支持程度较高,原先对系统运行的了解程度较低可通过短期学习加以弥补。

——总体布局,不同的任务使用不同的接口和(或)使用相同的接口的标准化程度。

——技术评估的制约因素,诸如体积、质量、供源条件、试验环境的控制。

7.3.3 评估工作

清单经7.3.2筛选后在每一个项目上添加下列内容,就成为一份评估工作清单:

——所需分析和试验的类型;

——每一项分析和(或)试验所需的知识和技能;

——可操作性的其他特性试验可能对评估进度表的制约;

——挑选出的可用试验人员;

——挑选出来执行不同任务以观察可操作性的一组可用操作人员;

——分析、试验和观察所需的工具和设施;

——预计每项分析、试验和观察所需的成本和时间;

——各项评估工作的优先等级。

按照7.3.1和7.3.2确定的原则,可能需要考虑几种可以互补的评定技术。

可操作性特性的评定有时可作为其他系统特性评定,例如系统功能性评定的一部分。

利用此评估工作清单,结合为评估其他特性确定的类似清单,就可形成一个最终的系统评估计划。

7.4 评估计划

最终的评估计划至少应规定和(或)列出下列要点:

——7.1所述的评估目的;

——7.3.2所述需要考虑的原则;

——7.3.3形成的评估工作;

——要求达到的置信度水平;

——评估进度表,要考虑到试验可能产生的永久性影响。

8 评定技术

8.1 总则

8.1.1 引言

宜选用可以将评定结果与系统要求文件规定的要求作定性和(或)定量比较的评定技术。

所选用的技术可以是只需根据系统文件进行分析,也可以是需接触实际系统以实验为依据的技术。

表1为各种评定方法的概述。

表 1 评定方法概述

定量法	定性法
客观观察 ——建议的覆盖系数： • 对照系统要求文件 • 对照人体工程学标准 ——特殊操作活动： • 分级级数 • 完成一项任务和(或)一个动作所需的步骤数和时间 • 熟悉接口所需的学习时间	主观观察 ——与人体工程学相关的因素，例如： • 操作工具的可及性 • 可观察性 • 可读性 • 一个动作的正常反馈 • 必需的体力/智力技能 • 显示器与控制器之间的兼容性 ——心理方面： • 操作人员的满意度 • 操作人员的态度

实际上，选用的评定技术必须是利用系统文件和系统模块的(有限)组合，分析与实际试验相结合的技术。这是因为心理因素只能在被评估系统的物理模型上进行测量和观察。

为此，就需要挑选系统功能组成一个系统模型，足够逼真地模拟需要执行的任务，详细说明人机接口上提供的双向通信手段。GB/T 18272.4—2006 附录 C 中 C.1 描述了这种模型的一个实例。

GB/T 18272 的本部分推荐了几种评定技术。

也可以采用其他方法，但不管采用何种技术，评估报告都应该提供论述所采用技术的参考文件。

评估结果应按第 9 章的规定写成报告，并应辅以图、表和(或)矩阵图，存在不足之处时应作明确的陈述。

GB/T 18272 的本部分建议采用 8.2 和 8.3 的技术评估可操作性。

8.1.2 用满意度衡量可操作性

可操作性可以用满意度来衡量。满意度是操作人员对系统可操作性的主观印象，换言之，它是操作人员对人机接口可接受性的衡量标准。但应该指出，以满意度作为衡量标准所描述的是整个系统对于操作人员的舒适性和可接受性，并非只局限于可操作性特性。满意度只能通过询问有代表性的操作人员以定性的方式确定，有时可采用态度等级量表和在系统的工作寿命期间通过计算使用期间收集到的肯定意见和否定意见的数量以统计法进行量化。

操作人员对系统可操作性的可接受程度取决于以下几点：

——向系统提出的请求和操作应该是可执行的；

——系统响应请求和操作所提供的信息应该正确并可被操作人员所接受；

——信息、请求和操作的一致性应合理，系统对其的处理应合乎逻辑并符合操作人员的期望；

——系统对操作人员的要求宜限制在与操作人员的智能和体能相适应的可接受的范围内。

为了取得满意度衡量标准，需要挑选出一组操作人员进行评定，针对这些操作人员提出的问题应该措辞严谨，并且只能涉及系统的可操作性问题。

用满意度进行衡量可以显示出操作人员对可操作性的感觉，即使它不可能衡量出有效性或者效率。

8.1.3 设计评估时考虑的操作人员条件

其目的是评估可操作性这一系统特性而并非是执行任务的操作人员的条件，但在设计评估时应考虑操作人员的条件。

下列能力和状况构成并影响操作人员的条件：

——身体能力，如眼的灵敏度(光信号，色盲，字符和符号的高度等)、耳的灵敏度(声信号，可听范围)、手脚的大小、身高(机械作用，按钮的大小等)等；

——智力能力，如才能、教育程度、经验等；

——心理方面，如气质、性格、文化和种族背景、传统等，还包括期望值等。

操作工业过程测量和控制系统需要有独特的条件。对于被评估的系统，这些条件在有关所执行任务的系统要求文件和有关系统本身运行的系统规范文件中规定。

当知识、经验和技能可以适应系统时，心理和生理因素便成为主要的依据，系统要求文件和系统规范文件应提出明确的要求。

然后应根据实施人机接口评估时所处的工作阶段，对入选满意度评估的那组操作人员进行认真的挑选。

应向这组操作人员提供系统供应商推荐的系统支持。

系统支持见 GB/T 18272.8。

8.2 分析法评定技术

8.2.1 总则

分析法评定是一种定性分析，如有可能，以定量说明作为补充。

采用分析法评估系统的可操作性必需确定一个有代表性的被评估系统模型。这个模型至少应含有操作人员在系统生命周期各阶段可能遇见的每一种典型的任务。

所有任务宜单独和一起进行检查，检查人机接口是否按照现行标准和要求的规定使用衡量标准和程序。

8.2.2 效率

采用分析法评定可操作性的效率必需将每一项任务或每一类任务分解成各种动作和(或)步骤。

只要每一步骤所需的时间大致相同，通过计算完成每一项任务要经历的步骤数，就能估计出时间。

通过将布局、外形尺寸等与人类工程学标准 ISO 9241-10 和 ISO 11064-7[8] 相对照，就能估计出效率并确定一个覆盖系数。

应该指出，这种方法有其局限性，因为它能产生一系列动作，这些动作可能是非直观的，操作人员难以理解。

8.2.3 直观性

采用分析法评定直观性时，应将系统接口解决方案与系统要求文件作仔细比较，量化其一致程度。如果分析后不接着进行试验法评定，则取得的数据是主观数据。

8.2.4 透明度

检查操作人员的动作以及相应的系统反应和显示与任务之间的关系是以人的直觉为依据的。这表明操作人员对于任务的认识转换成系统显示不需要通过书面工作或广泛的心理过程。

8.2.5 稳健性

分析系统中为确保稳健性而提供的文件规定功能(硬件和(或)软件)，检查这些功能是否包含：

——模块之间传递数据时确认收到信息的方法；

——检测由外部噪声和(或)虚假信息或者未经认可的信息引起的错误的能力；

——冗余的应用，例如重发、循环冗余检验；

——包含合理性检验等。

8.3 试验法评定技术

8.3.1 总则

试验法评定宜放在分析法评定之后进行。

进行试验法评定需要组成一个系统模型。该模型由能够切实代表所执行任务的精选系统功能和人机接口的双向通信工具组成。

8.3.2 效率

由一组有代表性的操作人员监控经过选择的每一项(或每一类)操作人员任务的执行。

应记录每一位操作人员实际工作步骤的顺序，同时记录操作人员的总时间(但不包括系统功能的执行时间)和出错数。

每一项(或每一类)任务所需的操作人员工作步骤数应与对任务进行分析分解和理论分解所确定的步骤数相比较。

尽管以这种方式取得的数字不能作为实际效率数,但当评估的目的是比较各系统的可操作性时,可以用来为系统划分等级。

8.3.3 **直观性**

直观性的试验法评定要采用分析法评定的观察结果,实际上宜与8.3.2所述的效率评定同时进行。

应记录操作人员操作步骤的顺序,暂停、重复和出错的次数以及出现在哪个步骤。记录的数量及其重要性与直观性成反比。

8.3.4 **透明度**

将8.2.4执行的分析和8.3.3获取的数据一同进行仔细分析,因为部分重复和出错的记录可能是由于缺少透明度引起的。

8.3.5 **稳健性**

操作稳健性可以根据正确输入出现偏差的可接受程度和系统对多键输入或错误输入(键入错误)的反应进行评定。系统能提供容错和自动修正功能。

可以使用评定效率的方法,如有可能可以同时进行,但应包括下列内容:

——文件规定方法和程序的变更;

——当所用方法/程序不明确时,缺乏/出现系统警告和建议;

——操作人员是否设法恢复要求的操作。

8.4 **影响条件**

系统的可操作性会受到7.2.2所述影响条件的影响。

应该考虑到,在系统生命周期的某些阶段,要求系统在完全不同于控制室的条件下具有可操作性。在这些阶段,例如在调试和维护阶段,系统可能会处于过程区域的实际环境条件下。

9 评估的实施与评估报告的编写方法

评估的实施与评估报告的编写方法应符合GB/T 18272.1—2000中5.5和5.6的规定。

附 录 A
（资料性附录）
系统生命周期的阶段

表 A.1 系统生命周期的阶段

系统生命周期的阶段	操作人员	任务	接口类型实例
设计	工程师 设计人员	设计程序	计算机辅助工程(CAE)工作站
工程实施	工程师	选择配置	个人计算机
安装和调试	安装工 技师 工程师	安装 集成、测试和检验	控制台和便携式编程装置
生产	操作人员	工厂和设备运行	控制台、显示屏和设定装置
维护	技师	测试、替换和检验	万用表、总线系统分析仪
处置	安装工	分解	

附 录 B
（资料性附录）
复查系统要求文件规定的可操作性要求时寻找各种因素的方法

B.1 总则

人机接口不仅使操作人员能观察到系统本身，还使他们能利用这个接口控制、监视和调整通过输入/输出装置与系统连接的工业过程。

对系统可操作性的要求不仅源于系统生命周期的设计、实施、调试、运行和维护阶段会遇到的各个方面的问题，而且还受到系统使用者以及系统所处的环境的极大影响。

B.2 工业过程本身产生的因素

- 过程的结构对信息层次结构的表示有影响，例如子过程的数量，单独或综合运行；装置的实际位置和地理位置；批量运行或连续运行等。
- 过程的运行模式（包括启动和停车），发生的频率和持续时间；以固定的标准设定值连续运行，或要求频繁地从一种运行模式变换到设定值不同的另一种模式的批量运行等。
- 过程变量的数量和特性，例如：要求的精确度，变量是否可测，过程状态的确定，过程变量间的相互作用等。
- 过程本身的特性，尤其是动态特性，例如（子）过程的时间常数，批量的持续时间，负载特性（线性/非线性）的变化，过程稳定性和可预测性等。
- 过程的潜在危险条件（爆炸危险、毒性等）。

注：这些因素每一种都可能需要在人机接口上进行改变并且可能需要在有计划、无计划或在出现扰动的情况下执行。

B.3 与操作人员的任务有关的因素，及其发生的次数、花费时间的百分比、所需动作的数量等

——过程控制任务：
- 控制模式（开/关，稳定，优化）；
- 控制回路调整；
- 过程监控；
- 过程运行（批量等）的调度和计划；
- 故障处理；
- 管理；
- 报告；
- 维护诊断（预防性质的，修理性质的）；
- 通信等。

——执行任务的判据：
- 执行任务的规定精确度；
- 执行任务的规定速度；
- 人机接口的规定响应时间；
- 允许的操作人员差错（数量和性质）；
- 任务的优先权等。

——操作人员特征：

- 操作人员的人数(现场,控制室)；
- 操作人员/管理人员/其他人员之间的通信要求；
- 背景(年龄,教育程度,经验,培训)等。

——组织方面：

- 现场人员和控制室人员之间的任务分配；
- 使用人机接口的权级；
- 指令和程序；
- 组织结构等。

B.4 规定控制策略造成的因素

——自动化程度：

- 控制回路的数量(模拟/离散,PID/多变量,执行器)；
- 工厂生产回路的数量；
- 系统执行的切换动作的数量等。

——控制策略：

- 单回路控制,串级控制,比率控制,自适应控制,多变量控制,开放可编程控制等,以及每一种形式的数量。

——由系统执行的控制功能：

- 开/关、稳定、优化、极限和安全控制,报警和报警信号分析,监控,报告等。

——运行方面：

- 控制回路之间的相互作用；
- 回路的误动作(软件和硬件)；
- 对允许/不允许手动调节的限制等。

B.5 与人机接口设计有关的因素

——操作人员需要的特定信息以及其他与下列内容有关的基本信息,例如数量、复杂性、更新频率、顺序、串行/并行显示、冗余显示等：

- 过程状态、操作值等的总体信息；
- 规定的运行发生偏差及其位置的信息；
- 过程基本变量的群集信息；
- 过程运行状态的历史信息和预测的未来过程运行状态的信息等。

——允许的干预：

- 切换过程固定设备；
- 改变设定点,调整参数,获取信息；
- 激活和(或)停用控制系统软件和硬件等。

——操纵工具：

- 信息方面(格式、执行指令所需的操作次数、编码、输入动作的顺序、复杂性、不同编码的数量等)；
- 编码设计中的灵活性；
- 使用操纵杆、跟踪球、光笔、触摸屏、键盘、鼠标、图形输入板、语音输入等。

——提供信息的工具：

- 视频显示器:分辨率、刷新速率、闪烁、符号与背景之间的对比度、色彩、尺寸、图像清晰度和稳定性、屏幕外形、屏幕定向；

- 打印机；
- 音响设备；
- 记录器、指示器、指示灯等。

B.6 工作场所对可操作性要求的影响

——工作场所的布局：

- 工作姿势(站姿或坐姿，头部位置和移动，体位负荷)；
- 搁脚板、手臂支架；
- 工作站的尺寸(工作空间，工作台高度，形状，输出装置的位置)等；
- 操作人员与操纵工具和信息源的间距；
- 照明、噪声、气候、振动、灰尘、舒适等；
- 控制室设计：墙面、地面、工作台、天花板等的材料和颜色。

B.7 人的基本因素

——身体负担：工作姿势，需要执行的移动，需要施加的力量，动作的数量和频率等；

——心理负担：

- 短期和长期记忆负担；
- 必需的信息处理(数量和速度)等。

参 考 文 献

［1］ GB 2893 安全色(neq ISO 3864:1984)

［2］ GB/T 16251—1996 工作系统设计的人类工效学原则(eqv ISO 6385:1981)

［3］ ISO 9355-1 显示器和控制执行机构设计的人类工程学要求 第1部分:人与显示器和控制执行机械的相互作用

［4］ ISO 9355-2 显示器和控制执行机构设计的人类工程学要求 第2部分:显示器

［5］ GB/T 15241—1994 人类工效学 与心理负荷相关的术语(eqv ISO 10075:1991)

［6］ GB/T 15241.2—1999 与心理负荷相关的人类工效学原则 第2部分:设计原则(idt ISO 10075-2:1996)

［7］ ISO 11064-1 控制中心的人类工程学设计 第1部分:控制中心设计原理

［8］ ISO 11064-7 控制中心的人类工程学设计 第7部分:控制中心评价原理

［9］ ISO 11428:1996 人类工效学 视觉信号 一般要求 设计和试验

［10］ ISO 11429:1996 人类工效学 险情及信息听觉和视觉信号体系

［11］ MIL 标准 1472 人类工效学,设计数据

［12］ Kantowitz, B. H. Sorkin, R. D. 1983. 人为因素:理解人与系统的关系. Chichester: John Wiley.

［13］ Irwan, B; Ainsworth, L. K.. 1992. 任务分析指南. London: Taylor & Francis.

［14］ Wilson, J. R. and Corlett, E. N. (eds). 1995. 人类工作评价:人类工效学实用方法学. 2版. London: Taylor & Francis.

ICS 25.040
N 10

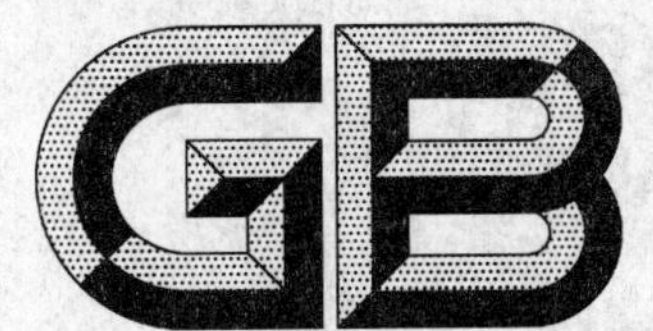

中华人民共和国国家标准

GB/T 18272.7—2006/IEC 61069-7:1999

工业过程测量和控制 系统评估中系统特性的评定 第7部分：系统安全性评估

Industrial-process measurement and control—Evaluation of system properties for the purpose of system assessment—Part 7: Assessment of system safety

(IEC 61069-7:1999,IDT)

2006-05-08 发布　　2006-11-01 实施

中华人民共和国国家质量监督检验检疫总局
中国国家标准化管理委员会　发布

前　言

GB/T 18272《工业过程测量和控制　系统评估中系统特性的评定》由以下部分组成：

——第1部分：总则和方法学；

——第2部分：评估方法学；

——第3部分：系统功能性评估；

——第4部分：系统性能评估；

——第5部分：系统可信性评估；

——第6部分：系统可操作性评估；

——第7部分：系统安全性评估；

——第8部分：与任务无关的系统特性评估。

本部分是其中的第7部分。

本部分与GB/T 18272其余各部分的关系以及本部分在各部分中的相对位置见图1。

本部分等同采用IEC 61069-7:1999《工业过程测量和控制　系统评估中系统特性的评定　第7部分：系统安全性评估》(英文版)。

本部分等同翻译IEC 61069-7:1999。

本部分在制定时按GB/T 1.1—2000《标准化工作导则　第1部分：标准的结构和编写规则》和GB/T 20000.2—2001《标准化工作指南　第2部分：采用国际标准的规则》的有关规定做了如下编辑性修改：

——删除IEC国际标准前言；

——原引用标准的引导语按GB/T 1.1—2000的规定改成规范性引用文件的引导语；

——“本标准”一词改为“GB/T 18272的本部分”。

本部分由中国机械工业联合会提出。

本部分由全国工业过程测量和控制标准化技术委员会第一分技术委员会归口。

本部分由上海工业自动化仪表研究所、浙江中控技术股份有限公司负责起草。

本部分参加起草单位：上海自动化仪表股份有限公司、清华大学自动化系、兵器工业系统总体部。

本部分主要起草人：徐晓燕、李明华。

本部分参加起草人：徐文亨、刘铁椎、杨佃福、李光沐、张庆军、刘华美。

引　言

GB/T 18272 的本部分论述了评估工业过程测量和控制系统的安全性特性所采用的方法。本部分所涉及的安全仅限于工业过程测量和控制系统本身出现的危险源。如果系统的使命包含有可能影响被控过程或装置安全性的活动，则有关这些活动的要求应符合 IEC 61508 的规定。

所谓系统评估，就是根据各种迹象判断该系统是否适用于某一特定使命或者某一类使命。

要想获取所有迹象，就需要全面地(即在各种影响条件下)评定与系统的特定使命或一类使命相关的所有各种系统特性。

但是这种做法不切实际，因此系统评估所依据的基本原理是：

——确定每一种相关系统特性的临界状态；

——通过对评定各种特性的成本效益的研究，制定出评定系统相关特性的计划。

在实施系统评估时，关键是要考虑必需以有限的经费和时间最大限度地提高系统适用性的置信度。

只有在明确(或规定)了系统的使命或者能够假设系统使命的情况下，评估才能得以进行。没有使命就无法进行评估。但仍可以为其他部门开展的评估工作确定并实施各种评定(如 GB/T 18272.1 所规定的评估活动)。

在这种情况下，由于评定是评估的组成部分，因此可以把本部分作为制定评定计划的指南，提供评定的实施程序。

GB/T 18272 的基本框架如图 1 所示。

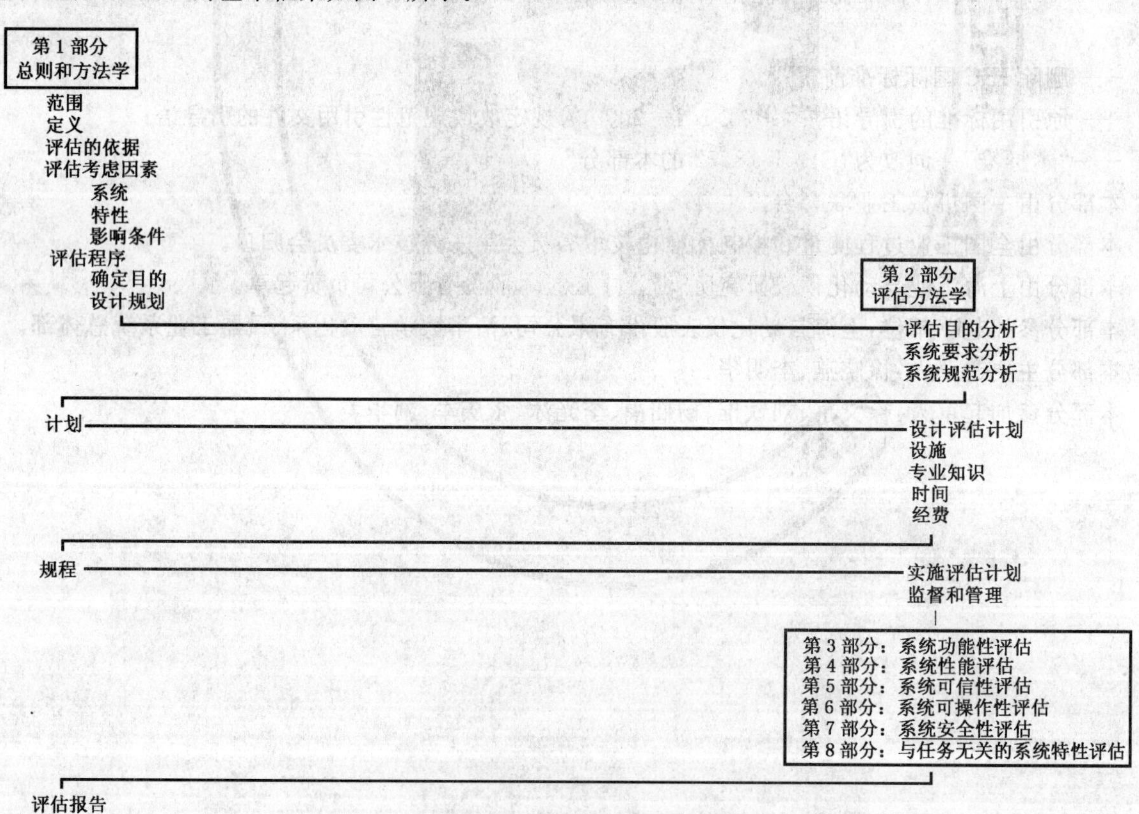

图 1　GB/T 18272 的基本框架

工业过程测量和控制
系统评估中系统特性的评定
第7部分:系统安全性评估

1 范围

GB/T 18272 的本部分详细阐述了系统地评估工业过程测量和控制系统的安全性特性的方法。

本部分所涉及的安全仅限于工业过程测量和控制系统本身出现的危险源。本部分不考虑由被评估的工业过程测量和控制系统所控制的过程或装置可能引入的危险源。如果系统的使命包含有可能影响被控过程或装置安全性的活动,则有关这些活动的要求应符合 IEC 61508 的规定。

2 规范性引用文件

下列文件中的条款通过 GB/T 18272 的本部分的引用而成为本部分的条款。凡是注日期的引用文件,其随后所有的修改单(不包括勘误的内容)或修订版均不适用于本部分,然而,鼓励根据本部分达成协议的各方研究是否可使用这些文件的最新版本。凡是不注日期的引用文件,其最新版本适用于本部分。

GB 4793.1—1995 测量、控制和试验室用电气设备的安全要求 第1部分:通用要求(idt IEC 61010-1:1990)

GB/T 16935.1—1997 低压系统内设备的绝缘配合 第一部分:原理、要求和试验(idt IEC 60664-1:1992)

GB/T 18272.1—2000 工业过程测量和控制 系统评估中系统特性的评定 第1部分:总则和方法学(idt IEC 61069-1:1991)

GB/T 18272.2—2000 工业过程测量和控制 系统评估中系统特性的评定 第2部分:评估方法学(idt IEC 61069-2:1993)

GB/T 18272.5—2000 工业过程测量和控制 系统评估中系统特性的评定 第5部分:系统可信性评估(idt IEC 61069-5:1994)

GB/T 20000.4—2003 标准化工作指南 第4部分:标准中涉及安全的内容(ISO/IEC 51:1999,MOD)

IEC 61508-1:1998 电气/电子可编程序电子安全相关系统的功能安全 第1部分:一般要求

3 术语和定义

下列术语和定义适用于 GB/T 18272 的本部分。

3.1

系统安全性 system safety

系统作为一个物理实体,其本身不会造成危险源的程度。

注:系统的安全性不包括被控过程或装置的安全性。如果系统用于执行安全功能(见 IEC 61508-1:1998),则被控过程或装置的安全性依赖于系统的可信性。

3.2

危险源 hazard

潜在的伤害源。

[GB/T 20000.4—2003,3.3]

3.3

伤害 harm

身体损害和(或)对健康或财产的破坏。

4 安全性特性

4.1 总则

系统与其环境的相互作用可以有多种形式,有些可能成为危险条件。

本部分专注于可以造成危险源的系统条件。必须认识到这些条件在系统的整个生命周期内会发生变化。

系统没有危险的程度可以用系统安全性特性来表示。即使组成系统的每一个元件本身没有危险,系统也可能存在危险。例如,每一个独立的元件可能是稳定的,然而这些元件装配形成一个系统时就可能是不稳定的因而是危险的。

工业过程测量和控制系统的安全性特性在(机械、电等)各方面都取决于其设计及其可信性(见GB/T 18272.5—2000)的固有安全性等各种因素。系统安全性的评估应包括在系统生命周期内的安装、运行、退出使用和处置各阶段与系统相关的所有活动。它还应包括环境方面的所有情况。在每一个阶段,至少要考虑以下措施和活动:

——工作、维护和退出使用的程序;

——给予的符号和文本警告;

——包装材料的处理,装置产生的废弃物,更换的零件和清洁材料。

评估系统安全性时,应考虑以下各方面:

——危险源的种类;

——危险源后果的承受者;

——传播途径;

——降低风险的措施。

注:在系统生命周期的不同阶段,由于某些危险条件的出现,系统的安全等级会发生变化,例如:

——液压蓄能器中压力被止回阀锁定;

——充了电的器件(例如电容器);

——储存核废料和化学物质的容器暴露在腐蚀环境中。

4.2 危险源的种类

4.2.1 总则

一个单一的伤害源本身可能是有危险的。然而,伤害源往往会导致二次影响,例如高温、高压等,这才是真正的危险。

至少应考虑下列各种类型的危险源。

4.2.2 机械危险源

重力可能成为伤害源,例如在提升或者下落时。

压力可能成为伤害源,例如由于管道或者容器破损。

弹力可能成为伤害源,例如由于弹簧或机械结构破损。

振动可能成为伤害源,例如由于材料疲劳或发出过大声音。

温度可能成为伤害源,例如由于热的物体。

磨损可能成为伤害源,例如由于释放有毒粒子或者使部件变弱。

机械结构可能成为伤害源,例如由于锐利边缘或粗糙表面。

4.2.3 电气危险源

电压或电流可能成为伤害源,例如由于发生短路(热)或绝缘击穿(电击)。

注：成为危险源的电能可能源自系统内部和(或)为系统供电的电源。

4.2.4 电磁场

系统能发出不同强度和频率的电磁场，这些电磁场可能成为伤害源。装置的发射极限由相关产品、产品系列和通用电磁兼容性标准规定，例如 CISPR 22。有关对人造成伤害的限值可参见 ENV 50166-1 和 ENV 50166-2。

4.2.5 光

系统能发出不同强度和频率的光，这些光可能成为伤害源。例如，短路或光学发射器(诸如激光源)工作会产生和传播强度可达到危害程度的光。关于激光源可参见 IEC 60825-1。

4.2.6 放射性危险源

含有放射性元件(例如传感器)的系统可能成为伤害源。

4.2.7 生物危险源

含有生物元件(例如传感器)的系统可能成为伤害源。

4.2.8 化学危险源

含有化学物质的系统可能成为伤害源(例如毒性或腐蚀)。

4.3 危险源后果的受体

4.3.1 总则

受体所能接受的伤害程度取决于：

——受体的类型特性；

——受体所处的区域。

工业过程测量和控制系统所处的环境可区分成不同的区域，如控制室、工厂或城市。这些区域的分类通常在国际标准、国家标准或者专业标准中都有规定。在每一类区域内，每一种类型的受体都有其各自可接受的伤害和暴露于伤害的程度。

受体的不同类型如下所列。

4.3.2 人类

工业过程测量和控制系统中存在 4.2 所述的各类危险源，这些危险源可能以不同的方式伤害人类的身体。举例如下：

——机械危险源：

- 重力能造成骨折，
- 过度的压力能导致全身受伤、骨折、眼和(或)耳损伤或肺萎陷，
- 弹力能导致全身受伤或骨折，
- 振动能导致耳损伤，
- 温度能导致灼伤；

——电路短路或电击能引起燃烧、心室纤维颤动或眼损伤；

——电磁场能导致新陈代谢变化、眼损伤或器官受损；

——光能导致眼损伤或灼伤；

——放射性能导致新陈代谢变化、眼损伤或器官受损；

——生物物质能渗透并导致新陈代谢变化或消化道变异；

——化学物质能渗透并导致新陈代谢变化、眼损伤、器官受损、皮肤刺激或神经损害。

4.3.3 生物

工业过程测量和控制系统中存在 4.2 所述的各类危险源，这些危险源能以类似于 4.3.2 所述的方式伤害植物、动物等各种生物系统和生态系统。它对生物系统的伤害强度不同于对人类的伤害强度。

4.3.4 设备

工业过程测量和控制系统中存在 4.2 所述的各类危险源，这些危险源能以不同的方式伤害周围的

设备。举例如下：

——机械：

- 重力、压力和弹力(视其强度)会导致不重合、弯曲或部件破裂等；
- 振动(视其强度)会导致不重合、金属疲劳、部件松脱等；
- 温度(视其等级)会导致不重合、寿命缩短、机械强度降低、脱气、燃烧等；

——电源(视其强度)会因过载、电流浪涌、飞弧、燃烧等而导致供电波形畸变、崩溃；

——电磁场(视其强度)会导致电磁干扰、数据改变等；

——光或辐射能(视其等级)会因紫外线或激光而导致材料特性改变；

——生物：其影响无法预见；

——化学物质(视其强度)会导致物质发生化学变化等。

4.4 传播途径

4.4.1 总则

对于有伤害性的危险源，伤害源与受体之间必然存在一种传播途径。

虽然单一的传播途径能被识别，但在多数情况下，一个完整的传播途径是由若干单一类型的传播途径组合而成的。

以下是几种单一的传播途径。

4.4.2 直接传播途径

“直接”传播途径表示受体直接接触伤害源(例如手指接触高压导线)。

4.4.3 间接传播途径

“间接”传播途径表示受体通过任何可移动物体(例如工具或梯子)或固定的结构件(例如支架或导轨)接触伤害源。

4.4.4 动态传播途径

“动态”传播途径表示受体通过任何动态媒介(例如流动液体或气体)接触伤害源，它是随时间变化的。

4.4.5 非接触传播途径

“非接触”传播途径表示受体通过例如辐射、光或电磁场暴露于伤害源下。

4.5 降低风险的措施

避免伤害风险的最好方法应该是通过对装置进行设计使危险源不能达到可能造成伤害的值，例如设计本质安全装置。

然而，这并不总能做到，因此可通过下列办法降低伤害风险：

——减少伤害源；

——阻断传播途径；

——限制受体处于危害区域的可能性。

采取下列方法可能达到减少伤害源的目的：

——应用本质安全元件，例如在电输入上应用本质安全元件；

——应用特殊的配置，例如“3 选 2”配置；

——应用限制元件，例如抑制电容器、保护二极管、安全阀；

——增大伤害源与受体之间的距离。

采取下列措施可以达到阻断传播途径的目的：

——隔离屏、防护屏；

——箱盖、外壳；

——保护器件，例如二极管；

——距离，例如爬电距离；

——电源插座,安全插座;

——隔离变压器,安全变压器;

——防护服。

采取下列措施可以达到限制受体处于危险区域的可能性:

——访问控制的限制条件,例如手续,使用钥匙;

——使用警告标志、闪光灯、喇叭;

——保持安全距离,例如使用门、可见障碍物。

5 复查系统要求文件(SRD)

复查系统要求文件,检查文件是否提出并按 GB/T 18272.2—2000 所述的方式列出系统所需的降低风险的措施。

安全评估是否有效,完全取决于对有关要求的陈述是否全面详尽。

尤其要注意检查是否提供了有关下列内容的足够信息:

——适用的国际、国家或企业安全标准或安全条例,尤其是 GB/T 16935.1—1997 和 GB 4793.1—1995;

——4.2 中列出的各种危险源的容许能级;

——工业过程测量和控制系统及其模块和元件所处的区域,例如指明区域分类标准;

——为了能接近工业过程测量和控制系统,这些区域内必需满足的工作条件以及获取工作许可的手续;

——允许违反的工作条件,发生的频率和随后采取的紧急措施;

——在工业过程测量和控制系统的毗邻区域内,4.2 列出的各种危险源的允许发射能级。

6 复查系统规范文件(SSD)

复查系统规范文件,检查文件是否按 GB/T 18272.2—2000 所述的方式列出工业过程测量和控制系统降低风险的措施。

尤其要注意检查是否提供了有关下列内容的足够信息:

——工业过程测量和控制系统中危险源的种类,为限制可能造成的后果而采取的降低风险的措施;

——发射能级,即使低于安全和/或允许极限;

——相应的安全证书,签发机构以及与国家规程的符合度;

——要求进行的可能会破坏系统安全的任何维护活动,以及在这种情况下为避免任何危险状况而要采取的措施;

——保证系统安全的特殊安装要求。

7 评估程序

7.1 总则

评估应按 GB/T 18272.2—2000 第 7 章规定的程序进行。

应明确规定评估的目的,GB/T 18272.1—2000 的 4.1 对此有详细说明。

目的中必须包括在工业过程测量和控制系统的预定使用现场检查系统是否符合现行国家规程的要求。

为使系统安全性评估能正常进行,系统要求文件和系统规范文件提供的信息必须完整和准确。

若在评估的某一阶段有信息丢失或信息不完整的情况发生,应就有关问题与系统要求文件和系统规范文件的编制者取得联系,以获取所需要的补充信息。这些补充信息应正确记录在相关文件中。

7.2 分析系统要求文件和系统规范文件

7.2.1 整理信息

评估系统安全性需要按 GB/T 18272.2—2000 中 7.2 的规定从系统要求文件和系统规范文件中摘录必要信息。

将系统要求文件规定的要求与系统规范文件给出的系统提供的安全性等级合在一起相互对照，以定量和定性的方式并在可能的情况下以数值范围准确、简洁地说明下列内容：

——工业过程测量和控制系统的物理边界；

——危险源的种类以及从系统向周围环境传播的途径；

——可能在系统内形成危险状态的影响条件；

——尽可能减小危险状态后果的降低风险措施；

——将能够形成危险状态的各种现象同时出现的概率减到最低的降低风险措施；

——系统模块和元件安全性的分配；

——不同的系统模块和元件相互作用的方式以及这些相互作用导致系统层面出现缺乏安全性的可能性；

——系统不符合要求的项目；

——事先了解的全部情况以及安全性特性的评估范围。

7.2.2 安全性的影响条件

在 GB/T 18272.1—2000 的 4.4 所述的外部范畴中，影响条件可以产生于下列范畴：

——服务，例如维护、文件的提供和工具的使用；

——人，例如培训、技能、态度或误用；

——环境，例如机械冲击、振动、热、火、水分、湿度、液体、粉尘、腐蚀性气体或液体、电磁干扰、电路变化(电流回路断开)或安装在限制进入区域。

应评估系统生命周期内安装、运行、退出运行和处置各阶段的系统安全性以及各种允许运行模式下各相关阶段的系统安全性。

7.2.3 汇总经过整理的信息

按上述要求整理后的信息应以一定的形式汇编成册，供设计评估计划时使用。

7.3 设计评估计划

7.3.1 比较系统要求文件和系统规范文件

设计评估计划的第一步是分析按 7.2 的规定从系统要求文件和系统规范文件中收集的信息。

按照 7.2.1 所述的方法将系统要求文件与系统规范文件进行比较后，编制一份按“危险源”项目排列的清单，对照安全性要求列出为达到安全性提供的措施。

这个清单中的每一项都是潜在的评估项目。

必需核查每一个潜在的评估项目，确定对此项目的评定应该进行到什么程度才能达到提高置信度水平的要求。

7.3.2 评估项目

按下列原则对清单上的全部潜在评估项目进行筛选，产生一份待评估项目清单：

——基于例如系统已取得证书和原有知识基础上的现有置信度水平；

——基于例如系统中所用模块、元件和接口的标准化程度基础上的系统的成熟度；

——要求的置信度水平，如可能定量表示。

重要注：国际和(或)国家规章制定机构要求进行的评估项目必须按这些规章规定的规则进行评估和评定。

7.3.3 评估工作

清单经 7.3.2 筛选后，给每一个项目添加下列内容，就可得到一份评估工作清单：

——为支持评估而要求进行的分析和/或评定的类型；

——各项评估工作的优先等级；

——执行要求的分析和/或评定所需的知识和技能；

——评定其他特性产生的永久影响对评估进度表的制约；

——挑选的人员的可用性；

——执行必要的分析和/或评定所需的工具和设施；

——预计每项必要的分析和/或评定所需的成本和时间。

按照7.3.1和7.3.2确定的原则，可能需要考虑几种可以相互补充的评定技术。

利用这个评估工作清单，连同为评估其他特性而确定的类似清单一起，就可以形成一个最终的系统评估计划。

注：应对系统进行评估，以确定系统本身对其周围环境造成危害的程度。

7.4 评估计划

最终的评估计划至少应规定和(或)列出下列要点：

——7.1所述的评估目的；

——7.3.2所考虑的原则；

——7.3.3所述的待评估项目；

——要求达到的置信度水平；

——评估进度表，要考虑到试验可能产生的永久性影响。

8 评定技术

8.1 总则

应该选用可以将评定结果与系统要求文件规定的要求作定性和(或)定量比较的评定技术。

所选择的评定技术可能只需利用系统文件进行分析，也可能需要接触实际系统以实验为依据。

这两种评定技术所产生的结果可以是定量的或者是定性的，也可以是定性定量结合的。

本部分推荐了几种评定技术。也可以采用其他方法，但在任何情况下评估报告都应提供描述所用技术的文件的出处。

应考虑7.2.2所述的影响系统安全性的条件。

推荐采用8.2和8.3的技术评估安全性。

8.2 分析法评定技术

测量和控制系统的安全性评定技术主要是分析法评定技术。

对每一种危险源应采取下列步骤：

——在系统要求文件所述或强制性规章规定的工作条件下检查是否存在危险源，对于存在的每一种危险源，检查是否有证书，证书是否仍然有效；

——如果没有符合要求的证书，就应进行相应的风险分析，例如IEC 60300-3-9所述的分析。为支持此种分析，可采用8.3的评定技术。

8.3 试验法评定技术

试验法评定技术是分析法评定技术的补充。

每当分析法技术不能保证系统的安全性等级时就应进行试验法评定，以便对缺乏数据的那些方面进行评估。

制定规章的机构有要求时必须始终进行试验法评定(见7.3.2)。

为此，有多种技术可供使用，下面列出其中的几种作为指南。

——机械：　例如GB 4208所述的外壳试验方法；

——电气：　例如GB/T 1408系列和GB/T 16935.1所述的绝缘配合和抗电强度试验；

——电磁场：例如GB 9254所述的测量技术；

——热量：　　例如 GB/T 5169 系列和 GB/T 11020 所述的着火危险试验。

9　评估的实施与评估报告的编写方法

评估的实施与评估报告的编写方法应符合 GB/T 18272.1—2000 中 5.5 和 5.6 的规定。

此外，评估报告还应陈述以下要点：

——整理从系统要求文件和系统规范文件中摘录的数据，例如安全性要求、环境条件、工作条件和维护条件等；

——系统分析，系统的物理结构和功能结构，施加在系统模块、元件和组件上的应力，其相互关系等；

——建议作进一步分析和/或评定的评估工作清单。

参 考 文 献

[1] GB/T 1408.1—1999 固体绝缘材料电气强度试验方法 工频下的试验(eqv IEC 60243-1:1988)

[2] IEC 60300-3-9:1995 可信性管理 第3部分:应用指南 第9节:技术系统的风险分析

[3] GB 4208—1993 外壳防护等级(IP代码)(eqv IEC 60529:1989)

[4] GB/T 5169 (所有章节和图表)电工电子产品着火危险试验 第2部分:试验方法(IEC 60695-2)

[5] GB/T 11020—1989 测定固体电气绝缘材料暴露在引燃源后燃烧性能的试验方法(eqv IEC 60707:1981)

[6] IEC 60825-1:1993 激光产品的安全 第1部分:设备分类、要求和用户指南

[7] GB 9254—1998 信息技术设备的无线电骚扰限值和测量方法(idt CISPR 22:1997)

[8] ENV 50166-1:1995 人体电磁场照射 低频(0 Hz～10 kHz)

[9] ENV 50166-2:1995 人体电磁场照射 高频(10 kHz～300 GHz)

ICS 25.040
N 10

中华人民共和国国家标准

GB/T 18272.8—2006/IEC 61069-8:1999

工业过程测量和控制 系统评估中系统特性的评定 第8部分:与任务无关的系统特性评估

**Industrial-process measurement and control—
Evaluation of system properties for the purpose of system assessment—
Part 8:Assessment of non-task-related system properties**

(IEC 61069-8:1999,IDT)

2006-05-08 发布 2006-11-01 实施

中华人民共和国国家质量监督检验检疫总局
中国国家标准化管理委员会 发布

前　言

GB/T 18272《工业过程测量和控制　系统评估中系统特性的评定》由以下部分组成：

——第1部分：总则和方法学；

——第2部分：评估方法学；

——第3部分：系统功能性评估；

——第4部分：系统性能评估；

——第5部分：系统可信性评估；

——第6部分：系统可操作性评估；

——第7部分：系统安全性评估；

——第8部分：与任务无关的系统特性评估。

本部分是其中的第8部分。

本部分与GB/T 18272其余各部分的关系以及本部分在各部分中的相对位置见图1。

本部分等同采用IEC 61069-8:1999《工业过程测量和控制　系统评估中系统特性的评定　第8部分：与任务无关的系统特性评估》(英文版)。

本部分等同翻译IEC 61069-8:1999。

本部分在制定时按GB/T 1.1—2000《标准化工作导则　第1部分：标准的结构和编写规则》和GB/T 20000.2—2001《标准化工作指南　第2部分：采用国际标准的规则》的有关规定做了如下编辑性修改：

——删除IEC国际标准前言；

——原引用标准的引导语按GB/T 1.1—2000的规定改成规范性引用文件的引导语；

——“本标准”一词改为“GB/T 18272的本部分”。

本部分的附录A、附录B、附录C均为资料性附录。

本部分由中国机械工业联合会提出。

本部分由全国工业过程测量和控制标准化技术委员会第一分技术委员会归口。

本部分由上海工业自动化仪表研究所、浙江中控技术股份有限公司负责起草。

本部分参加起草单位：上海自动化仪表股份有限公司、清华大学自动化系、兵器工业系统总体部。

本部分主要起草人：徐晓燕、李明华。

本部分参加起草人：徐义亨、刘铁椎、杨佃福、李光沐、张庆军、刘华美。

引 言

GB/T 18272 的本部分讲述了评估工业过程测量和控制系统与任务无关的特性所采用的方法。

所谓系统评估,就是根据各种证据判断该系统是否适用于某一特定使命或者某一类使命。

要想获取所有迹象,就需要全面地(即在各种影响条件下)评定与系统的特定使命或一类使命相关的所有各种系统特性。但是这种做法不切实际,因此系统评估所依据的基本原理是:

——确定每一种相关系统特性的临界状态;

——制定相关系统特性的评定计划,研究评定各种特性的成本效益。

在实施系统评估时,关键是要考虑必需以有限的经费和时间最大限度地提高系统适用性的置信度。

只有在明确(或规定)了系统的使命或者能够假设系统使命的情况下,评估才能得以进行。没有使命就无法进行评估。但仍可以为其他部门开展的评估工作确定并实施各种评定(如 GB/T 18272.1 所规定的评估活动)。

在这种情况下,由于评定是评估的组成部分,因此可以把本部分作为制定评定计划的指南,提供评定的实施程序。

GB/T 18272 的基本框架如图 1 所示。

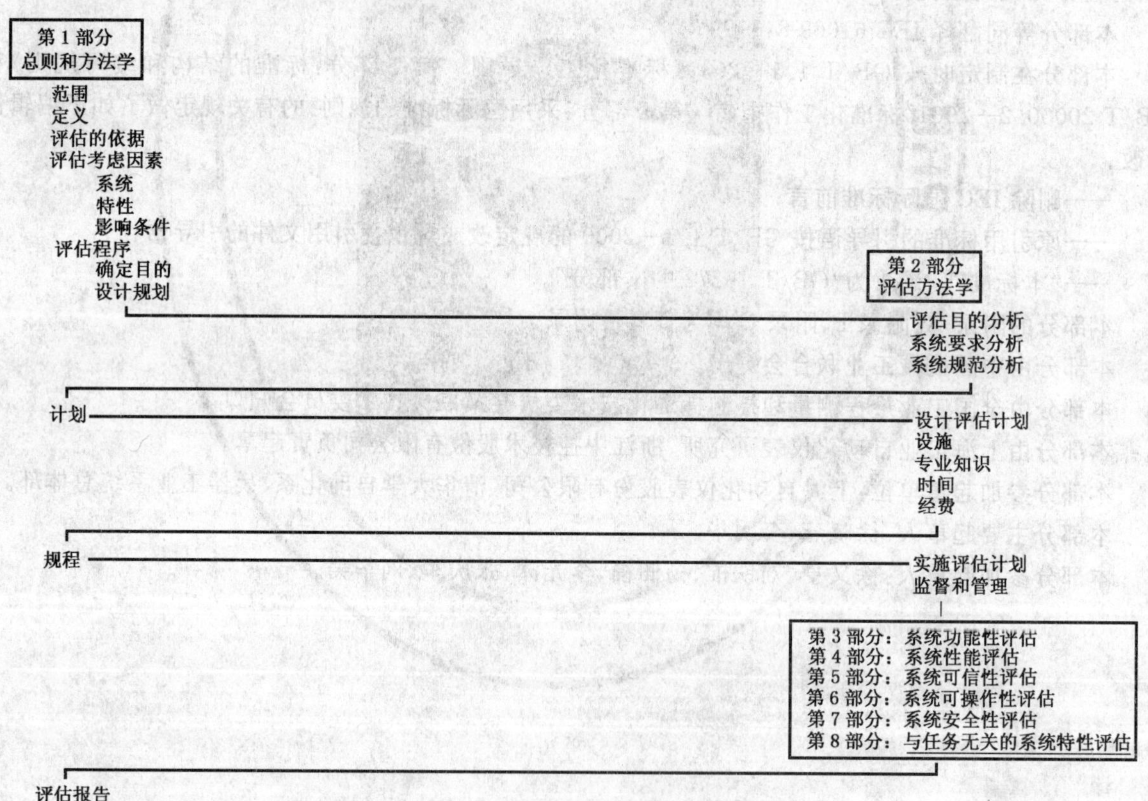

图 1 GB/T 18272 的基本框架

工业过程测量和控制 系统评估中系统特性的评定 第8部分:与任务无关的系统特性评估

1 范围

GB/T 18272 的本部分阐述了工业过程测量和控制系统与任务无关的特性的评估方法。

GB/T 18272.2 所述的评估方法学适用于制定与任务无关的特性的评估计划。

本部分分析了每一种特性,同时对评估与任务无关的特性时需要考虑的评判依据做了说明。

本部分参考了各种辅助性能评定技术。

2 规范性引用文件

下列文件中的条款通过 GB/T 18272 的本部分的引用而成为本部分的条款。凡是注日期的引用文件,其随后所有的修改单(不包括勘误的内容)或修订版均不适用于本部分,然而,鼓励根据本部分达成协议的各方研究是否可使用这些文件的最新版本。凡是不注日期的引用文件,其最新版本适用于本部分。

GB/T 8566—2001 信息技术 软件生存周期过程(idt ISO/IEC 12207:1995)

GB/T 16260—1996 信息技术 软件产品评价 质量特性及其使用指南(idt ISO/IEC 9126:1991)

GB/T 18272.1—2000 工业过程测量和控制 系统评估中系统特性的评定 第1部分:总则和方法学(idt IEC 61069-1:1991)

GB/T 18272.2—2000 工业过程测量和控制 系统评估中系统特性的评定 第2部分:评估方法学(idt IEC 61069-2:1993)

GB/T 18272.6—2006 工业过程测量和控制 系统评估中系统特性的评定 第6部分:系统可操作性评估(IEC 61069-6:1998,IDT)

GB/T 18272.7—2006 工业过程测量和控制 系统评估中系统特性的评定 第7部分:系统安全性评估(IEC 61069-7:1999,IDT)

GB/T 19000 质量管理体系 基础和术语(GB/T 19000—2000,idt ISO 9000:2000)

GB/T 19000.2～19000.4 质量管理和质量保证标准(idt ISO 9000)

GB/T 19001 质量管理体系 要求(GB/T 19001—2000,idt ISO 9001:2000)

IEC 61506:1997 工业过程测量和控制 应用软件文件集

3 术语和定义

下列术语和定义适用于 GB/T 18272 的本部分。

3.1

(系统)评估 assessment (of a system)

根据各种证据,判断系统是否适用于某一种或者某一类特定使命。

3.2

(系统特性)评定 evaluation (of a system property)

赋予系统特性定性说明和(或)定量值。

3.3

(系统)使命 mission (of a system)

指定系统在规定的条件和时间内实现规定目标的活动总合。

4 与任务无关的特性

4.1 总则

与任务或功能无直接关系，且 GB/T 18272.3 至 GB/T 18272.7 中未提及的那些特性均归入“与任务无关的特性”这一类。

在系统生命周期的安装、运行、停运和处置各阶段，这一类特性对于有效利用系统完成其使命有重要意义。有关项目管理的指南参见 ISO 10303-208。

因此系统要求文件宜仔细规定与任务无关的特性的要求，例如系统使命各阶段所要遵循的方针、要求系统运行的基本背景、操作人员基本情况，即技能和知识、各阶段的环境要求等。

系统规范文件要详细说明与任务无关的系统各方面情况，例如为保证系统质量所要遵循的方针，系统支持，与其他系统的兼容程度等，还要说明系统的基本特性，例如系统的物理特性。

4.2 质量保证

工业过程测量和控制系统实际上是采用系统模块和元件进行开发、设计、制造和配置的，这些系统模块和元件可以是由一个制造商提供的，也可能部分由其他制造商提供。

为使装配成的系统在整个生命周期内能够完成规定的任务，GB/T 18272 所述的特性达到适宜的水平，应按照规定程序完成开发、制造、集成、支持和维护等必要工作，各制造商的质量保证手册应对这些程序加以说明。

对于质量保证手册需要陈述的要点，GB/T 19000、GB/T 19000.2～19000.4 和 GB/T 19001 以及附录 B 有相关指南。有关产品可靠性的指南可参见 GB/T 6992.2。

软件可以是工业过程测量和控制系统的组成部分，有关软件的指南可参见 GB/T 8566 和 GB/T 16260。

要特别注意变更控制体系的运行，以便保证各种版本的软件、硬件和支持文件集的一致性。

至关重要的是总的质量保证体系应包含特别措施，在整个生命周期内对负责系统正确工作的不同制造商的变更控制体系加以集成。

4.3 系统支持

4.3.1 总则

工业过程测量和控制系统生命周期的各个阶段都需要系统支持。

系统支持的目的是提高使用者对系统的信心，确保系统得到维护，确保系统能够达到规定的工作质量。

下列系统支持对于系统生命周期的每一个阶段都有重要意义：

——技术服务；

——维护；

——提供文件；

——培训。

系统要求文件应对以下几个方面做出规定：

——需要怎样的系统支持；

——什么时候需要(例如在哪个阶段)；

——什么地方需要(例如在制造商和(或)用户处)；

——反馈报告的详细程度和频度。

如何和由谁提供系统支持视具体情况而定。

4.3.2 技术服务

技术服务包括：

——信息服务，例如规范，更新，新产品或新概念，应用指南；

——设计和工程服务；

——试运行服务，例如安装、检验、启动等。

在系统生命周期的各个阶段，这些技术服务的重要性会有所不同。

4.3.3 维护服务

维护服务可包括：

——现场维护；

——远程维护，例如诊断、软件修复；

——备件等。

在系统生命周期的各个阶段，这些维护服务的重要性会有所不同。

4.3.4 文件集

文件集可包括：

——规范，例如功能规范、接口规范、性能规范；

——可靠性规范；

——说明，例如安装说明、使用说明、维护说明；

——指南，例如应用指南；

——描述，例如详细解释整个系统是如何执行任务的等。

可以通过不同的媒介提供文件集，例如纸张、磁盘、网络。所需的详细程度和给出数据的方法取决于系统生命周期各个阶段使用系统的不同读者群的需要。

维护支持指南参见 IEC 60300-3-10。

电工技术用文件的一般信息参见 GB/T 6988。

系统对象检索代号的规则和指南参见 IEC 61346，检索代号可以使不同文件中有关一个对象的信息与实现该系统的产品建立联系。

有关应用软件文件集的信息见 IEC 61506。

4.3.5 培训

正如 GB/T 18272.6—2006 中 4.1 所述，对于所有被要求执行任务完成使命的人员来说，特殊培训很重要，通过培训能使他们有效地使用系统。

培训的目的是确保操作人员具备必要的知识和技能来完成作为整个系统使命组成部分的各项任务。为保证效率，培训应满足组织和个人两方面的需要。

培训计划应涉及完成生命周期每一阶段的任务所需的所有技能和知识。

有关培训的指南参见附录 A。

知识和技能要求至少包括：

——安装；

——配置；

——正确性验证；

——操作；

——系统的维护。

培训的方式举例有：

——个别指导：由教员进行；

——自我培训：由受训者自己进行；

——在岗培训：按任务而定。

这些培训方法可以与例如训练模拟器或自动教学软件相结合。

4.4 兼容性

兼容性是一种系统特性，支持系统内部的相互作用（内部兼容性）和系统与外部系统的相互作用（外部兼容性）。

兼容性是通过采用严格按照规程和协议设计的规定接口取得的。这些规程和协议由例如下列标准规定：

——国际标准和国家标准；

——事实标准，例如 TCP/IP，或其他广泛采用的工业标准；

——专有标准（这些标准可能出版也可能未出版）等。

兼容性提供：

——不同厂商的元件和模块的互换；

——不同系统之间的互操作性；

——随着技术进步支持迁移路径。

注：尽管具备兼容性，但仍可以要求采取额外的措施以提供所需的支持，例如适应新的操作系统。

在系统层次或区域的不同层面上都可能存在兼容性，例如：

——通信链路；

——软件模块之间；

——硬件组件之间；

——人机接口处。

这能涵盖从简单的硬件插件到全部系统的兼容性。

4.5 物理特性

系统的物理特性宜结合应用环境造成的制约条件一同考虑。所要考虑的物理特性包括：

——质量；

——体积（和维护所需的空间）；

——振动；

——动力消耗（例如气源、液力和（或）电力供应）；

——散热；

——发射（例如光、噪声、紫外线、红外线或其他任何电磁辐射）。

其中某些特性还涉及系统安全，由 GB/T 18272.7 处理。

5 复查系统要求文件（SRD）

复查系统要求文件，检查 GB/T 18272.3 至 GB/T 18272.7 未涉及的其余所有要求，这些要求本质上与操作无关。

与任务无关的特性的评估是否有效，完全取决于对这些特性的要求的陈述是否全面详尽。

尤其要注意总体上与使命相关的要求。

6 复查系统规范文件（SSD）

复查系统规范文件，检查文件是否提到系统要求文件提供的与任务无关特性的信息。

7 评估程序

7.1 总则

评估应按 GB/T 18272.2—2000 第 7 章规定的程序进行。

应明确规定评估的目的，GB/T 18272.1—2000 的 4.1 对此有详细说明。

为了能评估与任务无关的特性，系统要求文件和系统规范文件提供的信息必须完整和准确。

若在评估的某一阶段有信息丢失或信息不完整的情况发生，应就有关问题与系统要求文件和系统规范文件的编制者取得联系，以获取所需要的补充信息。

这些补充信息应正确记录在相关文件中。

7.2 分析系统要求文件和系统规范文件

7.2.1 整理信息

评估与任务无关的特性应按 GB/T 18272.2—2000 中 7.2 的规定从系统要求文件和系统规范文件中摘录必要信息。

将系统要求文件规定的要求与系统规范文件给出的与任务无关的系统特性合在一起相互对照，以定量和(或)定性的方式准确、简洁地说明下列内容：

——系统不符合要求的项目；

——在适当的情况下指定每一个元件和模块的与任务无关的特性。

7.2.2 与任务无关的特性的影响条件

虽然 GB/T 18272.1—2000 的 4.4 所述的影响条件并不直接影响系统的与任务无关的特性，但有些影响条件对这些特性有间接影响，例如：

——操作人员支持与任务无关的特性所需的知识和技能(质量保证、培训、维护等)；

——环境(物理特性)。

GB/T 18272.1—2000 的 4.4 所述的任何影响条件都不影响兼容性。

7.2.3 汇总经过整理的信息

按上述要求整理后的信息应以一定的形式汇编成册，经处理后供设计评估计划时使用。

7.3 设计评估计划

7.3.1 比较系统要求文件和系统规范文件

设计评估计划的第一步是分析按 7.2.3 的规定从系统要求文件和系统规范文件中收集的信息。

按照 7.2 所述的方法将系统要求文件与系统规范文件进行比较后，列出所有与任务无关的特性，并说明在哪些方面以及在多大程度上要求得到满足。这个清单上的每一项都是潜在的评估项目。

7.3.2 评估项目

按下列判据对清单上所有评估项目进行筛选：

——在原有知识基础上的现有置信度水平，这可能是以先前系统在类似或相同使命中的成功、对制造商的了解程度以及用户对同类或类似系统的经验为基础的。

——基于系统新颖度的系统成熟度，正在运行的参考系统的数量，装置、接口操作系统和编程语言的标准化程度。此类标准可以是国际标准、国家标准或专有标准。

——要求的置信度水平。

7.3.3 评估工作

清单经 7.3.2 筛选后，在每个项目上添加下列内容，就成为评估工作清单：

——特定的与任务无关的特性对于整个使命的重要性；

——所要进行的分析和试验的类型；

——执行要求的分析和(或)试验所需的知识和技能；

——评定其他特性产生的永久影响对评估进度表的制约；

——选中的试验人员的可利用率；

——选中执行不同任务以供观察的一组操作人员的可利用率；

——执行分析、试验和观察所需的工具和设施；

——预计每项分析、试验和观察所需的成本和时间；

——每一项评估工作的优先等级。

按照7.3.2确定的原则，可能需要考虑几种可以相互补充的评定技术。

利用这个评估工作清单，连同为评估其他特性而确定的类似清单一起，就可以形成一个最终的系统评估计划。

7.4 评估计划

最终的评估计划至少应规定和(或)列出下列要点：

——7.1所述的评估目的；

——7.3.2考虑的原则；

——7.3.3确定的评估工作；

——要求达到的置信度水平；

——评估进度表，应考虑到试验可能产生的永久性影响。

8 评定技术

8.1 总则

与任务无关的特性不可能作为一个整体进行评定，因此宜分别处理每一个特性。下文中按第4章的顺序考虑这些特性。所选择的评定技术可以是只需利用系统文件集和先前的经验或数据进行分析的技术，或者在某些情况下，可以选择分析与实验技术相结合，需要接触实际系统的技术。

评定结果应按第9章的要求写成报告，并辅以列表和矩阵图，有不足之处应明确说明。

8.2 质量保证的评定

实施质量审核可以实现以分析的方法评定质量保证。

质量审核主要检查：

——质量保证手册的完整性；

——保证质量的措施；

——系统生命周期内记录的采取这些措施的结果。

注：为保证质量审核的有效性，被评定的质量保证体系宜征得系统供应商和用户的同意。

实施审核的指南、质量审核的判据、审核管理的指南参见GB/T 19011。重要标志有：

——供货商具备经过认证的质量保证体系；

——为经过评定的体系指定质量管理员等。

附录B给出了在评估测量和控制系统的质量保证时需要考虑的标志的一个例子。

在对每一个标志进行审核之前，应商定一个加权因子。这样偏离要求的加权数就可用于量化。

8.3 系统支持的评定

按第7章的要求直接比较系统要求文件和系统规范文件就能实现以分析法评定系统支持。

尤其是对于系统支持，在以前的类似活动中同供货商的经历能提高置信度。

对于系统支持项目文件集和培训，此分析可得到实际试验和一些典型样品的支持。

在评估每一个标志之前，应商定一个加权因子。

这样偏离要求的加权数就可用于量化。

8.4 兼容性的评定

按4.4的规定考虑内部接口和外部接口就能实现以分析法评定兼容性。

建议确认所有的内部接口和外部接口并分配到元件、模块、装置和系统层次，列出使用的所有标准。

所采用的标准，作为兼容性等级的标志，通常可以按下列顺序从高到低排列：

——国际标准和国家标准；

——事实标准；

——专有标准等。

然而，某些特殊因素可能会改变此顺序。在某些情况下会优先采用低等级的标准。例如，当要求系统与一个现有系统连接时，专有标准会排在国际标准之前。而且，不同的接口对于使命或未来系统环境的重要性也各不相同。

可以编制一张如附录C所示的矩阵表来评估兼容性。

矩阵表的每一个单元显示一个接口等级与所用标准的组合。此分析可得到实际试验的支持，从简单的插入检查到全面的软、硬件组合试验。

8.5 物理特性的评定

按第7章的要求直接比较系统要求文件和系统规范文件就能实现以分析法评定物理特性。

大多数物理特性都不具有显著的重要性，除非超出了用户环境设定的限值或者国际标准或国家标准规定的限值。

有些物理特性可能要求按基本规则排序，例如“越低越好”。

分析的方法是列出系统要求文件中的物理特性的数值，加上排序，形成一个评估标志一览表。

9 评估的实施与评估报告的编写方法

评估的实施与评估报告的编写方法应符合GB/T 18272.2—2000中5.5和5.6的规定。

此外，评估报告还要陈述以下要点：

——评估计划，以及必要的更改；

——核对从系统要求文件和系统规范文件取得的与任务无关的特性的相关数据，包括因这两个文件改动而以后需要做的相应调整；

——系统和环境范围的分析；

——进行的试验：

- 试验描述和选择该项试验的原因；
- 试验条件的性质和等级。

建议作进一步评估和(或)试验的工作清单。

附 录 A
（资料性附录）
关于使命必需培训类型的考虑事项

A.1 总则

如 GB/T 18272.1 所述，对预期的使命进行分析时，为完成此使命会产生若干需要执行的任务。

其中某些任务可以由合适的工业测量和控制系统自动完成。

这样的系统能减轻人的任务。但是监视和操纵该系统控制下的装置的方法会发生变化，此外将会有观察此系统正确工作的任务。

由某个操作人员或某一级操作人员执行的一组新的任务会因此而转移，并将需要获得必要的知识和实际技能以及正确的态度。

某些因素会影响操作人员正确执行任务的能力，这些因素可分成：

a） 使能因素，例如

——知识；

——态度。

b） 技能，例如

——专门技能；

——决策；

——沟通。

这些因素取决于将要执行的这组任务以及执行这些任务时的生命周期阶段，尽管它们的程度和重要性可能有所不同，但总是存在的。每一个培训方案都应涉及这些因素。

A.2 使能因素

A.2.1 总则

使能因素为执行要求的任务提供必要的背景资料。使操作人员能够考虑完成任务的最佳途径。

A.2.2 知识

“知识”是通过各种信息、学习和经验获取的所有事实和关系的总和。

知识的范围包括语言（口语和书面语）、数学、相关技术、测量和控制技术、经济学、管理程序等。

在参加培训课程之前每一个人都应尽可能多地了解他的工作以便能学习与其工作相关的知识。

相关知识或核心知识确定了每一个被指定承担特定任务的人完成任务所需熟悉的知识。

各种相关知识的重要性并不相等，但可划分成以下二类：

——必须了解的；

——了解后有帮助的。

尽管了解得尽可能多通常是件好事，但最好在学习者主动希望了解更多的情况下增加“必须了解”程度范围之外的事实。另一方面，核心知识不宜仅仅局限于最低限度，而要达到使雇员对掌握任务有安全感和轻松感的程度。

A.2.3 态度

“态度”是决定操作人员行为举止的内部力量。这种力量很难定义，同样也很难明确地确定一个人的态度。但态度确实很重要。

态度是在童年时期形成的。

态度是能改变的，但这是一个非常缓慢的过程，主要受经历的影响。

如果某些态度是完成任务所必须的，则宜将工作环境设计成能主动激发和促进这种态度的形成。

A.3 技能

A.3.1 总则

“技能”是将知识应用于实践的能力。

技能可以分成以下三类：

——技术技能；

——决策技能；

——沟通技能。

A.3.2 技术技能

需要学会的技术技能包括：

——利用最低物理层的驱动装置和连接装置，包括利用手工工具、键盘、屏幕等；

——规则规定的技能，使操作人员能够按程序的指导识别系统提供的信息并将此信息与要求的动作相联系。

培训可包括处理安全动作，自动到手动切换等。

培训计划宜包括一些非常简单的技能，例如使用纸和笔的基本技能。这是因为在实际生产过程中可能会雇用不一定掌握这些技能但拥有有价值实际经验的人员，这些经验从任务的其他方面来说是不可或缺的。

A.3.3 决策技能

为了能在某些情况下做出有效决定，能够掌握或找出与问题有关的事实，并把这些事实运用到实际情况中，做出结论并采取相应的行动是十分重要的。

这就要求操作人员运用对过程的基本了解，鉴别从系统获取的信息，利用已知的规则想出克服问题的策略。为了作出可以被接受的解释，往往需要对事实进行查验。

如有可能，培训计划中宜采用模拟器。

A.3.4 有效沟通的技能

沟通技能（口头和书面沟通）是告知、说服、解释或者当某人在解释、倾听、澄清、示范、提问、征求意见、回复等时所必需的技能。

A.4 培训项目综述

表1以矩阵表的形式列出了培训大纲所要包含的各种要素。

对于每一个要素，须列出特定任务所需的知识和技能的等级。

矩阵表并不详尽，须要补充正在设计的培训大纲的使命和任务的特定需要。

矩阵表中的每一个单元都需作进一步扩充，列出特定学习要素的培训课程或培训内容的具体细节。

表 A.1 培训项目

要素	知识深度		技能深度	
	必须了解	了解了有帮助	必须了解	了解了有帮助
基本项目				
——语言：				
• 母语				
• 英语				
• 软件语言				
——数学：				

表 A.1(续)

要　素	知识深度		技能深度	
	必须了解	了解了有帮助	必须了解	了解了有帮助
• 计算				
• 基本函数				
• 布尔代数				
• 矩阵代数				
• 统计				
• 建模				
——技术:				
• 物理				
• 化学				
• 电子				
• 机械				
• 材料				
——管理:				
• 使用表格				
• 撰写报告				
• 解释数据				
• 编制资金平衡表				
——社交:				
• 沟通				
• 团队精神				
• 有效倾听				
• 口头报告				
• 陈述				
特定项目				
——装置:				
• 取决于应用				
• 阀门				
• 电动机				
• 泵				
• 输送机				
• 热交换器				
• 加热炉				
• 测量仪表				
• 控制模块				

表 A.1（续）

要　素	知识深度		技能深度	
	必须了解	了解了有帮助	必须了解	了解了有帮助
• 控制系统				
• 诊断工具				
——工程：				
• 测量技术				
• 控制技术				
• 软件工程				
• 应用工程				
• 电气工程				
• 机械工程				
• 项目处理				
• 维护管理				
• 动力工程				
——单元操作：				
• 燃烧				
• 发电				
• 水处理				
• 蒸馏				
• 催化处理				
• 干燥				
• 过滤				
• 冷却/冷冻				
• 调度				
• 分配				
• 节能				
• 环境保护				

附 录 B
（资料性附录）
评估质量保证的评定标志

B.1 公司（见表 B.1～表 B.4）

表 B.1 公司简介

评定要素	100%符合的目标要求
经济方面	公司经济状况良好
产品范围/过程范围	产品和过程的范围尽可能覆盖绝大部分用户要求（如系统要求所述），这样就能在少数供应商处获得尽可能多的产品
所在地	供应商的所在地位置提供最适宜的运输物流、通信和安全
市场地位	供应商被市场认可（占一定市场份额）并具有良好的声誉
创新比例/创新潜力	供应商具有满足创新要求的必要潜力（资源）

表 B.2 管理

评定要素	100%符合的目标要求
稳定性	管理人员保持稳定或在变更过程中保持必要的连续性，使用户可以依靠供应商的长期可预测性
能力	通过实施管理表明它有能力满足用户的要求
面向用户	通过不断与客户保持联系，展示以顾客为中心的思想；迅速有效地贯彻访问客户和与客户会谈时商定的措施

表 B.3 质量管理体系（QM）

评定要素	100%符合的目标要求
认证	供应商的质量管理体系按 ISO 9000 或相似标准进行认证
审核结果	内部质量审核结果和其他用户审核结果表明没有严重的差异

表 B.4 合作与服务（全面评估）

评定要素	100%符合的目标要求
合作关系	供应商有针对与客户的合作关系的质量方针；在客户与供应商接触的各个方面都存在合作关系
灵活性	调整供应商的组织机构以适应与客户的合作，以便以适当的方式对客户的愿望做出反应，进行研究从而加以落实；这同样表现在与客户的日常合作中
可靠性	供应商用行动表明他是可靠的合作伙伴
质量保证协议	供应商原则上准备与客户签订质量保证协议
可接近性	供应商在各个界面提供必要的技术、组织和人力资源以保证最佳的沟通

B.2 技术(见表B.5～表B.8)

表B.5 产品策略

评定要素	100%符合的目标要求
对标准的了解	在可能及必要的情况下,供应商熟悉现有标准
对客户需求的了解	调整产品策略以适应客户的需求,并具备快速应对不断变化的需求的条件
系统/模块	供应商准备好并有能力提供除自己生产的产品以外的模块/系统

表B.6 生　　产

评定要素	100%符合的目标要求
技术开发	采用的技术符合技术发展水平
技术能力	供应商完全有能力应用所采用的技术

表B.7 开　　发

评定要素	100%符合的目标要求
开发时间	与供应商的竞争对手相比,开发时间(至投放市场的时间)最短
样品/样机	样品/样机一直按预定日期交付;第一批样品/样机符合规定的要求
资质证明(程序)	供应商能够开展各种必要的试验,因此无须在客户处进行全套质量测试
市场成熟度	第一批样品/样机(加工能力等)的主要特性已经表明连续生产的产品将完全符合客户的要求

表B.8 合　　作

评定要素	100%符合的目标要求
技术支持	供应商能为客户的开发人员提供开发的全方位支持,因而作为客户有价值的合作伙伴并发挥关键作用
信息方针	供应商提供全面的信息,使客户的开发人员能从供应商的视点考虑新产品的各个方面
	供应商与客户直接联系,保证信息不会因不必要的转述而误传或阻断
文件	样品/样机的文件全面,无须今后为此质询

B.3 过程(见表B.9～表B.12)

表B.9 过程文件

评定要素	100%符合的目标要求
程序	所有的关键过程(操作和生产过程)应以适当的形式编制成文件
试验点	所有的过程要指明合适的试验点,以便能对供应商是否完全控制这些过程进行验证

表B.10 过程控制

评定要素	100%符合的目标要求
过程一致性	证实关键过程的过程一致性并满足要求
过程变化(频度)	过程变化的频度符合提高质量、降低成本和保证向客户交货的需要

表 B.11 环境亲和性

评定要素	100%符合的目标要求
(单位成品)资源消耗	供应商监控、记录和提供资源消耗的信息;经与竞争对手相比较来优化资源消耗
使用有害物质	在生产过程中使用有害物质的情况应记入文件,并应尽力使有害物质的使用减至最少
环境污染	产品的生产、应用和废物处置所造成的环境污染要记入文件,并要不断减少
潜在风险	产品造成的潜在风险在开发阶段已加以考虑并已降至最低;如有必要,可以加贴合适的标签以引起客户对残余风险的注意

表 B.12 合　　作

评定要素	100%符合的目标要求
变更告知	产品和过程的重要变更只有在事先与客户商议后才能实施,并要在计划推广之前的适当时机告知客户,让客户调查对其当前生产的影响,必要时取得客户必要的认可
过程一致性报告	供应商按协议定期报告关键产品和过程参数的过程一致性

B.4 产品(见表 B.13～表 B.16)

表 B.13 交货质量

评定要素	100%符合的目标要求
故障率	所供产品的故障率($\times10^{-6}$)低于商定的质量目标
废品率(技术原因)	交货废品率的百分比低于商定的目标值
生产故障率(客户)	生产故障($\times10^{-6}$)(后序加工阶段发生的故障)的数量低于商定的目标值
包装,标签	根据加工步骤,有关包装和标签缺陷($\times10^{-6}$)的投诉低于商定的目标值;包装为产品提供适当的保护,只限于必需的程度;标签载有所有必要的信息,要清晰容易辨认并配有条形码

表 B.14 可 靠 性

评定要素	100%符合的目标要求
现场故障率	现场的故障率(最终用户操作过程中的故障)低于商定的目标值($\times10^{-6}$)
可靠性试验结果	供应商和客户进行的可靠性试验中的故障数低于商定的值

表 B.15 投诉处理

评定要素	100%符合的目标要求
故障分析报告	报告的形式和内容都符合要求;报告详细列出防止故障再次发生的纠正措施
处理时间	故障分析报告的处理时间包括: ——最初确认; ——结束评估; ——提出纠正措施; 满足要求
纠正措施的效果	故障分析报告提出的纠正措施取得成功;当前不再出现故障

表 B.16 合 作

评定要素	100%符合的目标要求
界面	明确规定交换产品信息的界面和程序
信息	提供的产品信息满足需要
预警系统(技术)	供应商运行一个预警系统,供应商的生产发生问题时可及早通知客户
互相改进计划	供应商自动采取措施改进产品
变更告知	迅速详细地告知变更,无须询问

B.5 交货(见表 B.17～表 B.20)

表 B.17 交货物流

评定要素	100%符合的目标要求
交货能力	即使在要求被改变,供应商的交货能力也能得到保证;为此,供应商与客户之间定期讨论预计的数量要求;供应商自动寻求对话
交货的可靠性	交货的可靠性用符合预定交货日期的交货次数的百分比表示,高于目标值
拒绝率(物流)	由于物流错误(交货不正确、交货日期不对等)造成的交货拒绝率百分比低于目标值
应急库存	供应商保留应急库存以保证短期停产情况下的交货
JIT/STS 概念	供应商积极提供准时制生产/直接免检入库合同
预警系统(物流)	供应商的物流引入预警系统,以便于迅速通知客户交货日期

表 B.18 运输系统

评定要素	100%符合的目标要求
运输、包装	选择的运输方法和包装形式能可靠地防止运输途中损坏产品
标签	标签符合客户的要求;考虑特殊的标签要求
再利用/废物处置	包装形式(材料、结构等)允许再利用,或者通过利用能够分离的合适材料,加上适当的标志,便于正确处置废物
货品所附文件	指明货品所附文件,内含全部必要的信息

表 B.19 成本管理

评定要素	100%符合的目标要求
销售条件/付款期限	供应商接受客户的购买条件和付款期限,或遵循正常的市场惯例
定价惯例、规定	供应商提供可靠的长期参考价格,准备按固定价格签订长期供货协议
成本透明度	产品的成本明确分解,双方都可以识别主要成本要素(材料、生产成本、包装成本等),确认降低成本的潜力

表 B.20 合 作

评定要素	100%符合的目标要求
交换数据	供应商有所需的技术设备,以便能通过电子数据交换形式低成本地处理数据(定单、投诉、数据表等)的交换
询价和定单的处理	定单和询价的处理时间符合商定的时间范围
响应时间/灵活性	响应时间和灵活性符合商定的要求
联合降低成本计划	供应商和客户定期共同分析成本,确认降低成本的可能性,采取相应的措施
产品停产	在适当的时间范围内停止产品的生产,让客户在不降低交货能力的情况下开发替代产品

注:经出版方许可,附录 B 摘录自出版物 ZVEI FV 23:供货商评价体系。

附 录 C
（资料性附录）
评估兼容性用评定矩阵表

表 C.1

<table>
<tr><th rowspan="2">界面类型</th><th rowspan="2">使用标准</th><th rowspan="2">等级</th><th rowspan="2">同系统要求文件的一致性</th><th>合格</th></tr>
<tr><th>是/否</th></tr>
<tr><td>要素：
——输入卡件
——输出卡件
……
——连接电缆</td><td>
专有
专有
……
欧洲电工技术标准化委员会</td><td></td><td></td><td></td></tr>
<tr><td>模块：</td><td></td><td></td><td></td><td></td></tr>
<tr><td>子系统：</td><td></td><td></td><td></td><td></td></tr>
<tr><td>沟通：</td><td>IEC</td><td></td><td></td><td></td></tr>
<tr><td>任务：
——控制
——记录</td><td>IEC</td><td></td><td></td><td></td></tr>
<tr><td>应用：
——软件</td><td>ISO</td><td></td><td></td><td></td></tr>
</table>

参 考 文 献

[1] GB/T 6992.2—1997 可信性管理 第2部分:可信性大纲要素和工作项目(idt IEC 60300-2:1995)

[2] IEC 60300-3-10 可信性管理 第3部分:应用指南 第10节:可维护性和维护支持

[3] IEC 61346-1:1996 工业系统、设施、设备和工业产品 结构原则和检索代号 第1部分:基本规则

[4] IEC 61346-2:2000 工业系统、设施、设备和工业产品 结构原则和检索代号 第2部分:物体分类和分类代号

[5] IEC 61346-4:1998 工业系统、设施、设备和工业产品 结构原则和检索代号 第4部分:概念的讨论

[6] GB/T 18272.3—2000 工业过程测量和控制 系统评估中系统特性的评定 第3部分:系统功能性评估(idt IEC 61069-3:1996)

[7] GB/T 18272.4—2006 工业过程测量和控制 系统评估中系统特性的评定 第4部分:系统性能评估(IEC 61069-4:1997,IDT)

[8] GB/T 6988.1—1997 电气技术用文件的编制 第1部分:一般要求(idt IEC 61082-1:1991)

[9] GB/T 6988.2—1997 电气技术用文件的编制 第2部分:功能性简图(idt IEC 61082-2:1993)

[10] GB/T 6988.3—1997 电气技术用文件的编制 第3部分:接线图和接线表(idt IEC 61082-3:1993)

[11] GB/T 6988.4—2002 电气技术用文件的编制 第4部分:位置文件与安装文件(idt IEC 61082-4:1996)

[12] GB/T 16511—1996 电气和电子测量设备随机文件(idt IEC 61187:1993)

[13] IEC 61355:1997 工厂、系统和设备用文件的分类和代号

[14] GB/T 19011—2003 质量和(或)环境管理体系审核指南(ISO 19011:2002,IDT)

[15] ISO 10303-208 工业自动化系统和集成 产品数据表示和交换 第208部分:应用协议:生命周期管理 改变过程

[16] FV 23.1995.供货商评价体系. Nürnberg:ZVEI.

[17] Saaty,Thomas. 1980.解析分层过程.纽约:McGraw-Hill.

[18] Kepner,C & Tregoe,B. 1965.理性的管理者.纽约:McGraw-Hill.

[19] Smith,M,Dennis. 1992.关于“总体系统”的二种观点. ISA paper.

ICS 13.220.01
C 82

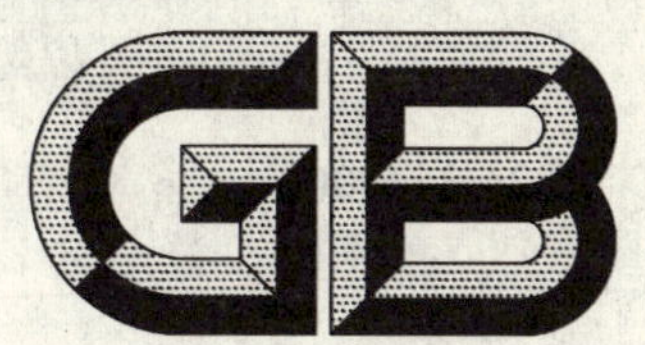

中华人民共和国国家标准

GB/T 18294.3—2006

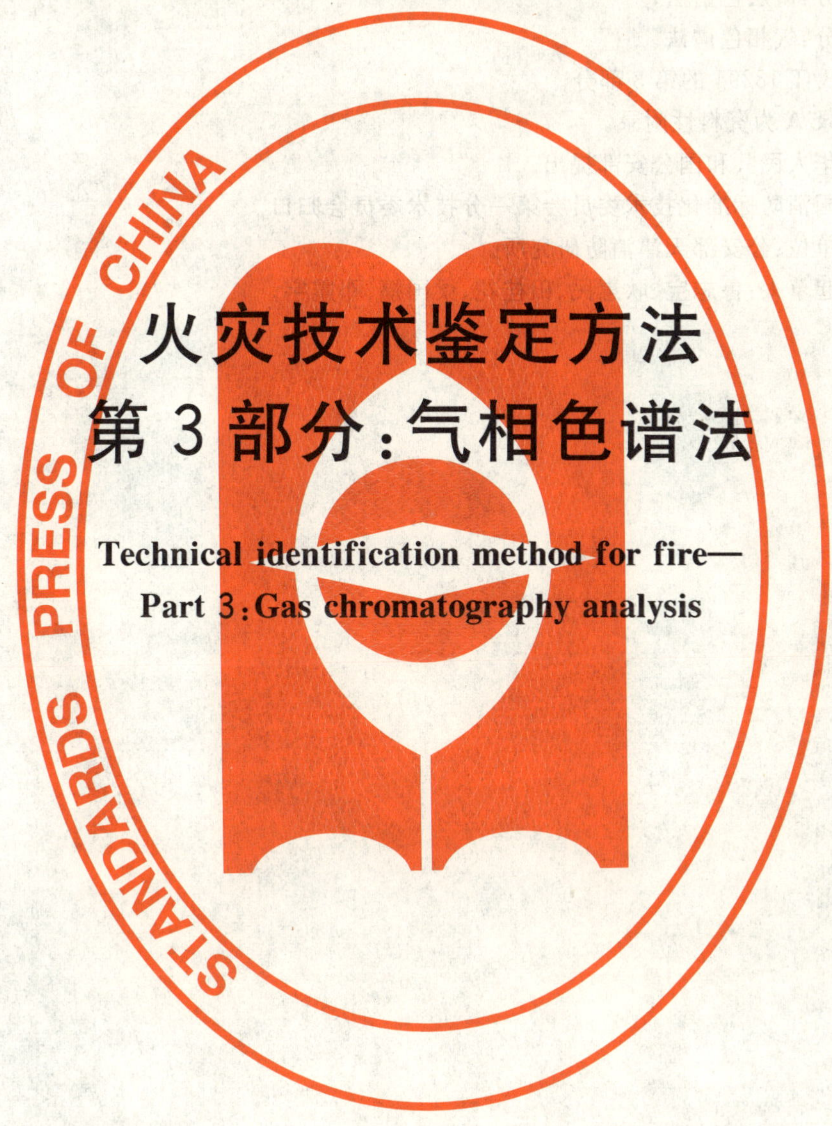

火灾技术鉴定方法 第3部分:气相色谱法

Technical identification method for fire—
Part 3:Gas chromatography analysis

2006-12-26 发布　　2007-05-01 实施

中华人民共和国国家质量监督检验检疫总局
中国国家标准化管理委员会　发布

前言

GB/T 18294《火灾技术鉴定方法》分为三个部分：

——第1部分：紫外光谱法；

——第2部分：薄层色谱法；

——第3部分：气相色谱法。

本部分为GB/T 18294的第3部分。

本部分的附录A为资料性附录。

本部分由中华人民共和国公安部提出。

本部分由全国消防标准化技术委员会第一分技术委员会归口。

本部分起草单位：公安部天津消防研究所。

本部分主要起草人：鲁志宝、耿惠民、田桂花、梁国福、邓震宇。

火灾技术鉴定方法
第3部分:气相色谱法

1 范围

GB/T 18294 的本部分规定了气相色谱法的术语和定义、原理、试验条件、试验方法和谱图识别方法。

本部分适用于火灾现场常见易燃液体及其燃烧残留物的鉴定。

2 规范性引用文件

下列文件中的条款通过 GB/T 18294 的本部分的引用而成为本部分的条款。凡是注日期的引用文件,其随后所有的修改单(不包括勘误的内容)或修订版均不适用于本部分,然而,鼓励根据本部分达成协议的各方研究是否可使用这些文件的最新版本。凡是不注日期的引用文件,其最新版本适用于本部分。

GB/T 18294.1 火灾技术鉴定方法 第1部分:紫外光谱法

3 术语和定义

GB/T 18294.1 确立的及下列术语和定义适用于本部分。

3.1

燃烧残留物 residual substance after fire

火场中可燃物燃烧后残留的物品和燃烧后生成的烟尘。

3.2

保留时间 retention time

在设定的色谱分析条件下,易燃液体各特征组分从进样到出现峰最大值所需的时间。

4 原理

经实验室前期处理后得到的分析样品,注射到毛细管气相色谱中,在特定的实验条件下,样品经过一根对分析样品具有良好分离效果的毛细管色谱柱后获得色谱图,与标准色谱图比较,通过辨别特征谱峰来定性地判定是否有易燃液体或其燃烧残留物存在。

5 试验条件

5.1 气相色谱

5.1.1 气相色谱的检测器建议使用氢火焰离子检测器,其他的检测器如果与氢火焰离子检测器的灵敏度与选择性一致,也可以使用。

5.1.2 气相色谱的色谱柱建议使用非极性的高温毛细管柱,并且对烷烃、芳香烃和稠环芳烃有很好的分离效果。进样口温度、检测器温度、柱箱升温程序等条件也要能够将以上物质完全分离。柱温的升温范围在50℃~340℃。

5.1.3 如果被测的样品在某个单一的色谱柱或某个升温程序下不能完全分离,宜使用其他色谱柱或者改变升温程序达到良好的分离效果。

5.2 附件

5.2.1 数据记录

使用能够满足数据采集和处理软件要求的计算机和打印机。

5.2.2 注射器

5.2.2.1 液体注射器：体积范围为 0.1 μL～10.0 μL 的微量注射器。

5.2.2.2 气体注射器：体积范围为 0.5 mL～5.0 mL 的气密性注射器。

5.3 溶剂和材料

5.3.1 本部分推荐使用的溶剂为 30℃～60℃分析纯的石油醚，使用时需经脱芳烃、烯烃处理，也可使用其他合适的溶剂。所选用的溶剂在使用前先在仪器上做溶剂空白实验，以确定溶剂本身是否对被测样品有干扰。

5.3.2 载气为氮气，也可以使用氢气和氦气。

5.3.3 氢火焰离子检测器燃烧气体为氢气和空气。

5.4 样品预处理

5.4.1 对墙壁、玻璃等固体表面附着的烟尘，建议用浸有溶剂的脱脂棉反复擦拭，也可以将试样砸成小块后用溶剂浸泡提取、过滤除去杂质，然后在空气中自然挥发浓缩或缓慢加热浓缩至 1 mL 左右。

5.4.2 对于地面、碳灰或其他实物试样，除可以用 5.4.1 方法提取外，还可用捕集、顶空、固相微萃取、活性炭吸附等方法提取。

6 标准样品谱图的制备方法

6.1 用标准辛烷值的汽油、标准凝点的柴油及稀释不同油漆的稀释剂作为标准样品，分别获得各自谱图。

6.2 用 6.1 中的各标准样品分别燃烧，取其燃烧残留物也作为标准样品，分别制备各自谱图。

6.3 6.1 和 6.2 中制备的谱图保存在 5.2.1 中的数据记录设备中，形成标准谱图库。

7 谱图识别方法

7.1 制备火场样品的谱图。

7.2 用标准样品的谱图进行比对。

7.2.1 可以同时用多张标准样品的谱图进行比对。

7.2.2 标准样品的谱图应和火场样品的分析条件和仪器设定灵敏度一致。

8 鉴定报告

鉴定报告应包括下列信息：

——火灾现场名称；
——送检人姓名、单位、地址和电话；
——送检样品名称、送检时间；
——鉴定仪器的名称；
——鉴定人姓名；
——审查人姓名；
——鉴定结论。

附 录 A
（资料性附录）
各类易燃液体及其燃烧残留物的谱图特征及确认标准

A.1 汽油中主要包括 C_4～C_{12} 的烷烃、烯烃、芳香烃和稠环芳烃等物质。当汽油经挥发和过火后，其中烷烃和烯烃成分发生了较大的变化，而芳香烃（苯、甲苯、二甲苯、乙苯、C_3 苯和 C_4 苯）和稠环芳烃（萘、甲基萘和二甲基萘）等成分保留的比较好，特别是 C_3 苯比苯、甲苯、二甲苯、乙苯减少相对较少，而萘、甲基萘和二甲基萘等稠环芳烃稳定不变。

A.2 汽油燃烧时发生了多种化学反应，生成了一些新的物质，其中大部分是多环芳烃物质，主要为芴、蒽、菲、荧蒽、芘、苯并蒽、苯并荧蒽、苯并芘、二苯并蒽、二苯并芘等。其中荧蒽、芘、苯并蒽、苯并荧蒽、苯并芘的成分所占的比例大。

A.3 柴油中主要包括 C_9～C_{23} 的正构烷烃、烯烃、芳香烃和稠环芳烃等，其中苯、甲苯、二甲苯、C_3 苯等单核的芳香烃含量同烷烃相比相对较少，萘、甲基萘、二甲基萘含量比汽油中的含量要相对增多，柴油中还包含一些含有多核芳烃如蒽、芴等。当柴油经挥发和过火后，除保留一些原有的烷烃外，还生成了一些更高碳数的长链烷烃，其他成分的变化和汽油过火后的变化类似。

A.4 柴油由于沸点较高，燃烧不完全，谱图中还包含一些未燃烧柴油的特征。同时，柴油中的大量烷烃在燃烧后又生成了一些更高碳数的烷烃。和汽油相比，其烷烃成分要相对多一些。另外其新生成的多环芳烃成分和汽油燃烧生成的多环芳烃相类似。

A.5 油漆稀释剂种类很多，根据其型号的不同，其中主要包含苯、甲苯、二甲苯、三甲苯等芳香烃成分及醛类、酮类、酯类等。油漆稀释剂中的烷烃成分很少，所以和汽油、柴油燃烧的色谱峰相比，燃烧后生成的多环芳烃成分更多，并且这些多环芳烃成分中苯并芘的比例和汽油、柴油燃烧后的比例明显不同，其他的芳烃成分和汽油、柴油燃烧后的成分相类似。

ICS 01.040.55
A 80

中华人民共和国国家标准

GB/T 18354—2006
代替 GB/T 18354—2001

物流术语

Logistics terms

2006-12-04 发布 2007-05-01 实施

中华人民共和国国家质量监督检验检疫总局
中国国家标准化管理委员会 发布

前　言

本标准是由全国物流标准化技术委员会和全国物流信息管理标准化技术委员会提出并归口。

本标准负责起草单位：中国物流与采购联合会、中国物流技术协会、全国物流标准化技术委员会秘书处、全国物流信息管理标准化技术委员会秘书处、中国物品编码中心、华中科技大学管理学院、北京物资学院研究生部、西安交通大学管理学院、北京交通大学经管学院、北京科技大学物流研究所、湖北省物资流通技术研究所、北京工商大学商学院、上海海事大学、中国计算机用户协会秘书处。

本标准参加起草单位：湖南省京阳物流有限公司、宝供物流企业集团、北京起重运输机械研究所、昆明船舶设备集团有限公司、中国物资储运总公司、中国远洋物流有限公司、中铁现代物流科技股份有限公司、中铁快运有限公司、中邮物流有限责任公司、中国物流公司、中海集团物流有限公司。

本标准主要起草人：丁俊发、牟惟仲、张成海、孟国强、刘志学、翁心刚、何明珂、冯耕中、王宗喜、王耀球、黄有方、王转、于永顺、石守发、李素彩、黄久久、姜超峰、汤京阳、吴明、姜志强、熊才启、付晓瑢、牟屹东、梁伟华、樊成山、林忠、李倩。

本标准所代替标准的历次版本发布情况为：

——GB/T 18354—2001。

引　言

物流是个高速发展的行业。随着经济的迅速发展，高新技术的不断涌现，物流界对物流活动的认识随之不断提高，对物流术语的定义、范围有了新的要求，继而赋予它更新、更深的内涵和全新的概念。物流业由此进入了一个标准化、规范化的发展阶段。

本标准是在GB/T 18354—2001《物流术语》的基础上，结合近年物流领域的实践成果，经广泛调查研究和征求意见，同时吸收并借鉴国内外有关资料，收入并确定了物流领域当前已基本成熟的术语及其定义，旨在规范我国当前物流业发展中的基本概念，以适应物流业规范化发展和与国际接轨的需要。

物 流 术 语

1 范围

本标准确定了物流活动中的物流基础术语、物流作业服务术语、物流技术与设施设备术语、物流信息术语、物流管理术语、国际物流术语及其定义。

本标准适用于物流及相关领域的信息处理和信息交换。

2 物流基础术语

2.1

物品 goods

货物

经济与社会活动中实体流动的物质资料。

2.2

物流 logistics

物品从供应地向接收地的实体流动过程。根据实际需要，将运输、储存、装卸、搬运、包装、流通加工、配送、信息处理等基本功能实施有机结合。

2.3

物流活动 logistics activity

物流过程中的运输、储存、装卸、搬运、包装、流通加工、配送等功能的具体运作。

2.4

物流管理 logistics management

为达到既定的目标，对物流的全过程进行计划、组织、协调与控制。

2.5

供应链 supply chain

生产及流通过程中，涉及将产品或服务提供给最终用户所形成的网链结构。

2.6

供应链管理 supply chain management

对供应链涉及的全部活动进行计划、组织、协调与控制。

2.7

物流服务 logistics service

为满足客户需求所实施的一系列物流活动过程及其产生的结果。

2.8

一体化物流服务 integrated logistics service

根据客户需求所提供的多功能、全过程的物流服务。

2.9

第三方物流 third party logistics（TPL，3PL）

独立于供需双方，为客户提供专项或全面的物流系统设计或系统运营的物流服务模式。

2.10

物流设施 logistics facilities

具备物流相关功能和提供物流服务的场所。

2.11

物流中心 logistics center

从事物流活动且具有完善信息网络的场所或组织。应基本符合下列要求：

a) 主要面向社会提供公共物流服务；

b) 物流功能健全；

c) 集聚辐射范围大；

d) 存储、吞吐能力强；

e) 对下游配送中心客户提供物流服务。

2.12

区域物流中心 regional logistics center

全国物流网络上的节点。以大中型城市为依托，服务于区域经济发展需要，将区域内外的物品从供应地向接收地进行物流活动且具有完善信息网络的场所或组织。

2.13

配送 distribution

在经济合理区域范围内，根据客户要求，对物品进行拣选、加工、包装、分割、组配等作业，并按时送达指定地点的物流活动。

2.14

配送中心 distribution center

从事配送业务且具有完善信息网络的场所或组织。应基本符合下列要求：

a) 主要为特定客户或末端客户提供服务；

b) 配送功能健全；

c) 辐射范围小；

d) 提供高频率、小批量、多批次配送服务。

2.15

物流园区 logistics park

为了实现物流设施集约化和物流运作共同化，或者出于城市物流设施空间布局合理化的目的而在城市周边等各区域，集中建设的物流设施群与众多物流业者在地域上的物理集结地。

2.16

物流企业 logistics enterprise

从事物流基本功能范围内的物流业务设计及系统运作，具有与自身业务相适应的信息管理系统，实行独立核算、独立承担民事责任的经济组织。

注：改写 GB/T 19680—2005，定义 3.1。

2.17

物流企业责任保险 logistics enterprise's liability insurance

在物流业务中，物流企业为弥补开展物流业务带来的风险而投保的责任险。

2.18

物流合同 logistics contract

物流企业与客户之间达成的物流服务协议。

2.19

物流模数 logistics modulus

物流设施与设备的尺寸基准。

2.20

物流技术 logistics technology

物流活动中所采用的自然科学与社会科学方面的理论、方法,以及设施、设备、装置与工艺的总称。

2.21

物流成本 logistics cost

物流活动中所消耗的物化劳动和活劳动的货币表现。

2.22

物流网络 logistics network

物流过程中相互联系的组织、设施与信息的集合。

2.23

物流信息 logistics information

反映物流各种活动内容的知识、资料、图像、数据、文件的总称。

2.24

物流联盟 logistics alliance

两个或两个以上的经济组织为实现特定的物流目标而采取的长期联合与合作。

2.25

企业物流 enterprise logistics

生产和流通企业围绕其经营活动所发生的物流活动。

2.26

供应物流 supply logistics

提供原材料、零部件或其他物料时所发生的物流活动。

2.27

生产物流 production logistics

企业生产过程中发生的涉及原材料、在制品、半成品、产成品等所进行的物流活动。

2.28

销售物流 distribution logistics

企业在出售商品过程中所发生的物流活动。

2.29

军事物流 military logistics

用于满足平时、战时军事行动物资需求的物流活动。

2.30

国际物流 international logistics

跨越不同国家(地区)之间的物流活动。

2.31

精益物流 lean logistics

消除物流过程中的无效和不增值作业,用尽量少的投入满足客户需求,实现客户的最大价值,并获得高效率、高效益的物流。

2.32

逆向物流 reverse logistics

反向物流

物品从供应链下游向上游的运动所引发的物流活动。

2.33

废弃物物流 waste material logistics

将经济活动或人民生活中失去原有使用价值的物品,根据实际需要进行收集、分类、加工、包装、搬运、储存等,并分送到专门处理场所的物流活动。

2.34

军地物流一体化　integration of military logistics and civil logistics

对军队物流与地方物流进行有效的动员和整合,实现军地物流的高度统一、相互融合和协调发展。

2.35

全资产可见性　total asset visibility

实时掌控供应链上人员、物资、装备的位置、数量和状况等信息的能力。

2.36

配送式保障　distribution-mode support

在军事物资全资产可见性的基础上,根据精确预测的部队用户需求,采取从军事物资供应起点直达部队用户的供应方法,通过灵活调配物流资源,在需要的时间和地点将军事物资主动配送给作战部队。

2.37

应急物流　emergency logistics

针对可能出现的突发事件已做好预案,并在事件发生时能够迅速付诸实施的物流活动。

3　物流作业服务术语

3.1

托运人　consigner

货物托付承运人按照合同约定的时间运送到指定地点,向承运人支付相应报酬的一方当事人。

3.2

承运人　carrier

本人或者委托他人以本人名义与托运人订立货物运输合同的当事人。

3.3

运输　transportation

用专用运输设备将物品从一个地点向另一地点运送。其中包括集货、分配、搬运、中转、装入、卸下、分散等一系列操作。

[GB/T 4122.1—1996,定义 4.4]

3.4

门到门运输服务　door to door service

运输经营人由发货人的工厂或仓库接受货物,负责将货物运到收货人的工厂或仓库交付的一种运输服务方式,在这种交付方式下,货物的交接形态都是整体交接。

3.5

直达运输　through transportation

物品由发运地到接收地,中途不需要中转的运输。

3.6

中转运输　transfer transportation

物品由发运地到接收地,中途经过至少一次落地并换装的运输。

3.7

甩挂运输　drop and pull transport

用牵引车拖带挂车至目的地,将挂车甩下后,牵引另一挂车继续作业的运输。

3.8

整车运输　truck-load transportation

按整车办理承托手续、组织运送和计费的货物运输。

3.9

零担运输 less-than-truck-load transportation

按零散货物办理承托手续、组织运送和计费的货物运输。

3.10

联合运输 joint transport

一次委托，由两个或两个以上运输企业协同将一批货物运送到目的地的活动。

3.11

多式联运 multimodal transport

联运经营者受托运人、收货人或旅客的委托，为委托人实现两种或两种以上运输方式的全程运输，以及提供相关运输物流辅助服务的活动。

3.12

仓储 warehousing

利用仓库及相关设施设备进行物品的入库、存贮、出库的活动。

3.13

储存 storing

保护、管理、贮藏物品。

[GB/T 4122.1—1996，定义 4.2]

3.14

仓库空间利用率 warehouse space utilization rate

一定时点上，存货占用的空间与可利用的存货空间的比率。

3.15

仓库面积利用率 warehouse ground area utilization rate

一定时点上，存货占用的场地面积与仓库可利用面积的比率。

3.16

仓库地面载荷利用率 warehouse ground load utilization rate

一定时点上，存货的平均堆载量与仓库地面建筑设计承载量的比率。

3.17

仓库货物周转率 warehouse goods turnover rate

衡量货物周转速度的指标。一般用一定时期内出库量与平均库存量的比率来表示。

3.18

车辆空驶率 empty-loaded rate

货运车辆在返程时处于空载状态的辆次占总货运车辆辆次的比率。

3.19

库存 stock

储存作为今后按预定的目的使用而处于闲置或非生产状态的物品。广义的库存还包括处于制造加工状态和运输状态的物品。

3.20

存货成本 inventory cost

因存货而发生的各种费用的总和，由物品购入成本、订货成本、库存持有成本等构成。

3.21

保管 storage

对物品进行储存，并对其进行物理性管理的活动。

3.22

仓单　warehouse receipt

仓储保管人在与存货人签订仓储保管合同的基础上，按照行业惯例，以表面审查、外观查验为一般原则，对存货人所交付的仓储物品进行验收之后出具的权利凭证。

3.23

仓单质押融资　warehouse receipt financing

出质人以仓储保管人出具给存货人的仓单为质物，向质权人申请贷款的业务，保管人对仓单的真实性和惟一性负责，是物流企业参与下的权利质押业务。

3.24

存货质押融资　inventory financing

需要融资的企业(即借方)，将其拥有的存货作为质物，向资金提供企业(即贷方)出质，同时将质物转交给具有合法保管存货资格的物流企业(中介方)进行保管，以获得贷方贷款的业务活动，是物流企业参与下的动产质押业务。

3.25

仓储费用　warehousing fee

存货人委托保管人保管货物时，保管人收取存货人的服务费用，包括保管和装卸等各项费用；或企业内部仓储活动所发生的保管费、装卸费以及管理费等各项费用。

3.26

货垛　goods stack

按一定要求被分类堆放在一起的一堆物品。

3.27

堆码　stacking

将物品整齐、规则地摆放成货垛的作业。

3.28

拣选　order picking

按订单或出库单的要求，从储存场所拣出物品的作业。

3.29

物品分类　sorting

按照物品的种类、流向、客户类别等对物品进行分组，并集中码放到指定场所或容器内的作业。

3.30

集货　goods consolidation

将分散的或小批量的物品集中起来，以便进行运输、配送的作业。

3.31

共同配送　joint distribution

由多个企业联合组织实施的配送活动。

3.32

装卸　loading and unloading

物品在指定地点以人力或机械载入或卸出运输工具的作业过程。

3.33

搬运　handling

在同一场所内，对物品进行空间移动的作业过程。

3.34

包装　packaging；package

为在流通过程中保护产品、方便储运、促进销售，按一定技术方法而采用的容器、材料及辅助物等的总体名称。也指为了达到上述目的而采用容器、材料和辅助物的过程中施加一定技术方法等的操作活动。

[GB/T 4122.1—1996,定义 2.1]

3.35

销售包装　sales package

直接接触商品并随商品进入零售店和消费者直接见面的包装。

3.36

运输包装　transport package

以满足运输、仓储要求为主要目的的包装。

3.37

流通加工　distribution processing

根据顾客的需要,在流通过程中对产品实施的简单加工作业活动(如包装、分割、计量、分拣、刷标志、拴标签、组装等)的总称。

3.38

增值物流服务　value-added logistics service

在完成物流基本功能的基础上,根据客户需求提供的各种延伸业务活动。

3.39

定制物流　customized logistics

根据用户的特定要求而为其专门设计的物流服务模式。

3.40

物流客户服务　logistics customer service

工商企业为支持其核心产品销售而向客户提供的物流服务。

3.41

物流服务质量　logistics service quality

用精度、时间、费用、顾客满意度等来表示的物流服务的品质。

3.42

物品储备　goods reserves

为应对突发公共事件和国家宏观调控的需要,对物品进行的储存。可分为当年储备、长期储备、战略储备。

3.43

订单满足率　fulfillment rate

衡量订货实现程度及其影响的指标。用实际交货数量与订单需求数量的比率表示。

3.44

缺货率　stock-out rate

衡量缺货程度及其影响的指标。用缺货次数与客户订货次数的比率表示。

3.45

货损率　cargo damages rate

交货时损失的物品量与应交付的物品总量的比率。

3.46

商品完好率　rate of the goods in good condition

交货时完好的物品量与应交付物品总量的比率。

3.47

基本运价　freight unit price

按照规定的车辆、道路、营运方式、货物、箱型等运输条件，所确定的货物和集装箱运输的计价基准，是运价的计价尺度。

3.48

理货　tally

在货物储存、装卸过程中，对货物的分票、计数、清理残损、签证和交接的作业。

3.49

组配货　assembly

根据货物去向科学合理地进行货物装载。

3.50

订货周期　order cycle time

从客户发出订单到客户收到货物的时间。

3.51

库存周期　inventory cycle time

库存物品从入库到出库的平均时间。

3.52

贸易项目　trade item

从原材料直至最终用户可具有预先定义特征的任意一项产品或服务，对于这些产品和服务，在供应链过程中有获取预先定义信息的需求，并且可以在任意一点进行定价、订购或开具发票。

[GB/T 19251—2003，定义 3.1]

4　物流技术与设施设备术语

4.1

集装单元　palletized unit

用专门器具盛放或捆扎处理的，便于装卸、搬运、储存、运输的标准规格的单元货件物品。

4.2

集装单元器具　palletized unit implements

承载物品的一种载体，可把各种物品组成一个便于储运的基础单元。

4.3

集装化　containerization

用集装单元器具或采用捆扎方法，把物品组成集装单元的物流作业方式。

4.4

散装化　in bulk

用专门机械、器具、设备对未包装的散状物品进行装卸、搬运、储存、运输的物流作业方式。

4.5

集装箱　container

具有足够的强度，可长期反复使用的适于多种运输工具而且容积在 1 m^3 以上（含 1 m^3）的集装单元器具。

4.6

标准箱　twenty-feet equivalent unit(TEU)

以 6.096 m(20 英尺)集装箱作为换算单位的一种集装箱计量单位。

4.7

集装袋　flexible freight bags

柔性集装箱

以柔性材料制成可折叠的袋式集装单元器具。

注：适用于装运大宗散状粉粒物料。

4.8

周转箱　carton

用于存放物品，可重复、循环使用的小型集装器具。

4.9

自备箱　shipper's own container

托运人购置、制造或租用的符合标准的集装箱，印有托运人的标记，由托运人负责管理、维修。

4.10

托盘　pallet

在运输、搬运和存储过程中，将物品规整为货物单元时，作为承载面并包括承载面上辅助结构件的装置。

4.11

集装运输　containerized transport

使用集装单元器具或利用捆扎方法，把裸状物品、散状物品、体积较小的成件物品，组合成为一定规格的单元进行运输的运输方式。

4.12

托盘作业一贯化　consistency of the pallet transit

以托盘货物为单位组织物流活动，从发货地到收货地中途不更换托盘，始终保持托盘货物单元状态的物流作业形式。

4.13

单元装卸　unit loading and unloading

用托盘、容器或包装物将小件或散状物品集成一定质量或体积的组合件，以便利用机械进行作业的装卸方式。

4.14

码盘作业　palletizing

以托盘为承载物，将物品向托盘上积放的作业。

4.15

托盘共用系统　pallet pool system

使用符合统一规定的具有互换性的托盘，为众多用户共同服务的组织系统。

4.16

零库存技术　zero-inventory technology

在生产与流通领域按照准时制组织物品供应，使整个过程库存最小化的技术总称。

4.17

分拣输送系统　sorting and picking system

采用机械设备与自动控制技术实现物品分类、输送和存取的系统。

4.18

自动补货　automatic replenishment

基于计算机信息技术，快捷、准确地获取客户的需求信息，预测未来商品需求，并据此持续补充库存的一种技术。

4.19

直接换装　cross docking

越库配送

物品在物流环节中，不经过中间仓库或站点存储，直接从一个运输工具换载到另一个运输工具的物流衔接方式。

4.20

冷链　cold chain

根据物品特性，为保持其品质而采用的从生产到消费的过程中始终处于低温状态的物流网络。

4.21

交通枢纽　traffic hub

在一种或多种运输方式的干线交叉与衔接处，共同为办理旅客与物品中转、发送、到达所建设的多种运输设施的综合体。

4.22

集装箱货运站　container freight station(CFS)

拼箱货物拆箱、装箱、办理交接转运的场所。

4.23

集装箱码头　container terminal

专供停靠集装箱船、装卸集装箱用的码头。

[GB/T 17271—1998，定义 3.1.2.2]

4.24

基本港口　base port

班轮运价表上规定的班轮定期或经常挂靠的一些主要港口。

注：基本港口一般货载多而稳定，如货物的目的港为其基本港，在计算运费时，只按基本费率和有关的附加费计收，不论是否转船都不收转船附加费或直航附加费。

4.25

全集装箱船　full container ship

舱内设有固定式或活动式的格栅结构，舱盖上和甲板上设置固定集装箱的系紧装置，便于集装箱作业及定位的船舶。

[GB/T 17271—1998，定义 3.1.1.1]

4.26

铁路专用线　special railway line

与铁路运营网相衔接的为特定企业或仓库服务的铁路线。

4.27

自营仓库　private warehouse

由企业或各类组织自营自管，为自身提供储存服务的仓库。

4.28

公共仓库　public warehouse

面向社会提供物品储存服务，并收取费用的仓库。

4.29

自动化立体仓库　automatic storage and retrieval system(AS/RS)

立体仓库

自动存储取货系统

由高层货架、巷道堆垛起重机(有轨堆垛机)、入出库输送机系统、自动化控制系统、计算机仓库管理系统及其周边设备组成,可对集装单元物品实现机械化自动存取和控制作业的仓库。

4.30

交割仓库 transaction warehouse

经专业交易机构核准、委托,为交易双方提供物品储存和交付服务的仓库。

4.31

控湿储存区 humidity controlled space

仓库内配有湿度调制设备,使内部湿度可调的库房区域。

4.32

冷藏区 chill space

仓库内温度保持在0℃～10℃范围的区域。

4.33

冷冻区 freeze space

仓库内温度保持在0℃以下(不含0℃)的区域。

4.34

收货区 receiving space

对仓储物品入库前进行核查、检验等作业的区域。

4.35

理货区 tallying space

在物品储存、装卸过程中,对其进行分类、整理、捆扎、集装、计数和清理残损等作业的区域。

4.36

叉车 fork lift truck

具有各种叉具,能够对物品进行升降和移动以及装卸作业的搬运车辆。

4.37

叉车属具 attachments of fork lift trucks

为扩大叉车对特定物品的作业能力而附加或替代原有货叉的装置。

4.38

称量装置 load weighing devices

针对起重、运输、装卸、包装、配送以及生产过程中的物品实施重量检测的设备。

4.39

货架 rack

用立柱、隔板或横梁等组成的立体储存物品的设施。

4.40

重力式货架 live pallet rack

一种密集存储单元物品的货架系统。在货架每层的通道上,都安装有一定坡度的、带有轨道的导轨,入库的单元物品在重力的作用下,由入库端流向出库端。

4.41

移动式货架 mobile rack

可在轨道上移动的货架。

4.42

驶入式货架 drive-in rack

可供叉车(或带货叉的无人搬运车)驶入并存取单元托盘物品的货架。

4.43

码垛机器人　robot palletizer

能自动识别物品,将其整齐地、自动地码(或拆)在托盘上的机电一体化装置。

4.44

起重机械　hoisting machinery

一种以间歇作业方式对物品进行起升、下降和水平移动的搬运机械。

4.45

牵引车　tow tractor

用以牵引一组无动力台车的搬运车辆。

4.46

升降台　lift table(LT)

能垂直升降和水平移动物品或集装单元器具的专用设备。

4.47

手动液压升降平台车　scissor lift table

采用手压或脚踏为动力,通过液压驱动使载重平台作升降运动的手推平台车。

4.48

输送机　conveyors

按照规定路线连续地或间歇地运送散状物品或成件物品的搬运机械。

4.49

箱式车　box car

具有全封闭的箱式车身的货运车辆。

4.50

自动导引车　automatic guided vehicle(AGV)

具有自动导引装置,能够沿设定的路径行驶,在车体上具有编程和停车选择装置、安全保护装置以及各种物品移载功能的搬运车辆。

4.51

站台登车桥　dock levelers

当货车底板平面与货场站台平面有高度差时,可使手推车辆、叉车无障碍地进入车厢内的装置。

5　物流信息术语

5.1

物流信息编码　logistics information coding

将物流信息用易于被计算机或人识别的符号体系予以表示。

5.2

货物编码　goods coding

以有规则的字符串表示物品的名称、类别及其他属性并进行有序排列的标识代码。

5.3

条码　bar code

由一组规则排列的条、空及其对应字符组成的,用以表示一定信息的标识。

5.4

二维码　two-dimensional bar code

在二维方向上都表示信息的条码。

5.5

物流单元　logistics unit

供应链管理中运输或仓储的一个包装单元。

[GB/T 18127—2000,定义 3.1]

5.6

物流标签　logistics label

记录物流单元相关信息的载体。

5.7

商品标识代码　identification code for commodity

由国际物品编码协会(EAN)和统一代码委员会(UCC)规定的、用于标识商品的一组数字,包括EAN/UCC-13、EAN/UCC-8 和 UCC-12 代码。

5.8

全国产品与服务统一代码　national product code(NPC)

产品和服务在其生命周期内拥有的一个惟一不变的标识代码。

5.9

产品电子代码　electronic product code(EPC)

开放的、全球性的编码标准体系,由标头、管理者代码、对象分类和序列号组成,是每个产品的惟一性代码。

注:标头标识 EPC 的长度、结构和版本,管理者代码标识某个公司实体,对象分类码标识某种产品类别,序列号标识某个具体产品。

5.10

产品电子代码系统　EPC system

在计算机互联网和无线通信等技术基础上,利用 EPC 标签、射频识读器、中间件、对象名解析、信息服务和应用系统等技术构造的一个实物信息互联系统。

注:EPC 标签为含有电子产品代码(EPC)的电子装置;中间件为管理 EPC 识读过程并与相关应用或服务交换识读结果等信息的程序;对象名解析为解析给定的 EPC 并获得指向含有对应产品信息数据库位置的程序;信息服务为按照不同的应用服务要求,查询(或写入)产品信息,并把查询结果按要求组织后送回应用服务的程序。

5.11

全球位置码　global location number(GLN)

运用 EAN・UCC 系统,对法律实体、功能实体和物理实体进行位置准确、惟一的标识代码。

5.12

全球贸易项目标识代码　global trade item number(GTIN)

在世界范围内贸易项目的惟一标识代码,其结构为 14 位数字。

5.13

应用标识符　application identifier (AI)

标识数据含义与格式的字符。

[GB/T 16986—2003,定义 3.1]

5.14

系列货运包装箱代码　serial shipping container code(SSCC)

EAN・UCC 系统中,对物流单元进行标识的惟一代码。

5.15

单个资产标识代码　global individual asset identifier(GIAI)

EAN・UCC 系统中,用于标识一个特定厂商的财产部分的单个实体的惟一的代码。

5.16

可回收资产标识代码　global returnable asset identifier(GRAI)

EAN・UCC 系统中,用于标识通常用于运输或储存货物并能重复使用的实体的代码。

5.17

自动识别与数据采集 automatic identification and data capture(AIDC)

对字符、影像、条码、声音等记录数据的载体进行机器识别，自动获取被识别物品的相关信息，并提供给后台的计算机处理系统来完成相关后续处理的一种技术。

5.18

条码自动识别技术 bar code automatic identification technology

运用条码进行自动数据采集的技术。主要包括编码技术、符号表示技术、识读技术、生成与印制技术和应用系统设计等。

5.19

条码系统 bar code system

由条码符号设计、制作及扫描识读组成的系统。

5.20

射频识别 radio frequency identification(RFID)

通过射频信号识别目标对象并获取相关数据信息的一种非接触式的自动识别技术。

5.21

射频识别系统 radio frequency identification system

由射频标签、识读器、计算机网络和应用程序及数据库组成的自动识别和数据采集系统。

5.22

电子数据交换 electronic data interchange(EDI)

采用标准化的格式，利用计算机网络进行业务数据的传输和处理。

5.23

电子通关 electronic clearance

对符合特定条件的报关单证，海关采用处理电子单证数据的方法，利用计算机完成单证审核、征收税费、放行等海关作业的通关方式。

5.24

电子认证 electronic authentication

采用电子技术检验用户合法性的操作。其主要内容有以下三个方面：

a) 保证自报姓名的个人和法人的合法性的本人确认；

b) 保证个人或企业间收发信息在通信的途中和到达后不被改变的信息认证；

c) 数字签名。

5.25

电子报表 e-report

用网络进行提交、传送、存储和管理的数字化报表。

5.26

电子采购 e-procurement

利用计算机网络和通信技术与供应商建立联系，并完成获得某种特定产品或服务的商务活动。

5.27

电子商务 e-commerce(EC)

以互联网为载体所进行的各种商务活动的总称。

5.28

地理信息系统 geographical information system(GIS)

由计算机软硬件环境、地理空间数据、系统维护和使用人员四部分组成的空间信息系统，可对整个或部分地球表层(包括大气层)空间中有关地理分布数据进行采集、储存、管理、运算、分析显示和描述。

5.29

全球定位系统　global positioning system（GPS）

由美国建设和控制的一组卫星所组成的、24 h 提供高精度的全球范围的定位和导航信息的系统。

5.30

智能交通系统　intelligent transportation system（ITS）

综合利用信息技术、数据通讯传输技术、电子控制技术以及计算机处理技术对传统的运输系统进行改造而形成的新型系统。

5.31

货物跟踪系统　goods-tracked system

利用自动识别、全球定位系统、地理信息系统、通信等技术，获取货物动态信息的应用系统。

5.32

仓库管理系统　warehouse management system（WMS）

对仓库实施全面管理的计算机信息系统。

5.33

销售时点系统　point of sale（POS）

利用光学式自动读取设备，按照商品的最小类别读取实时销售信息以及采购、配送等阶段发生的各种信息，并通过通讯网络将其传送给计算机系统进行加工、处理和传送的系统。

5.34

电子订货系统　electronic order system（EOS）

不同组织间利用通信网络和终端设备进行订货作业与订货信息交换的系统。

5.35

物流信息技术　logistics information technology

物流各环节中应用的信息技术，包括计算机、网络、信息分类编码、自动识别、电子数据交换、全球定位系统、地理信息系统等技术。

5.36

物流管理信息系统　logistics management information system

由计算机软硬件、网络通信设备及其他办公设备组成的，服务于物流作业、管理、决策等方面的应用系统。

5.37

物流公共信息平台　logistics information platforms

基于计算机通信网络技术，提供物流信息、技术、设备等资源共享服务的信息平台。

5.38

物流系统仿真　logistics system simulation

借助计算机仿真技术，对物流系统建模并进行实验，得到各种动态活动及其过程的瞬间仿效记录，进而研究物流系统性能的方法。

6　物流管理术语

6.1

仓库布局　warehouse layout

在一定区域或库区内，对仓库的数量、规模、地理位置和仓库设施、道路等各要素进行科学规划和总体设计。

6.2

ABC 分类法 ABC classification

将库存物品按照设定的分类标准和要求分为特别重要的库存(A 类)、一般重要的库存(B 类)和不重要的库存(C 类)三个等级,然后针对不同等级分别进行控制的管理方法。

6.3

安全库存 safety stock

保险库存

用于应对不确定性因素(如大量突发性订货、交货期突然延期等)而准备的缓冲库存。

6.4

仓储管理 warehousing management

对仓储设施布局和设计以及仓储作业所进行的计划、组织、协调与控制。

6.5

存货控制 inventory control

在保障供应的前提下,使库存物品的数量合理所进行的有效管理的技术经济措施。

6.6

供应商管理库存 vendor managed inventory(VMI)

按照双方达成的协议,由供应链的上游企业根据下游企业的物料需求计划、销售信息和库存量,主动对下游企业的库存进行管理和控制的库存管理方式。

6.7

联合库存管理 joint managed inventory(JMI)

供应链成员企业共同制定库存计划,并实施库存控制的供应链库存管理方式。

6.8

定量订货制 fixed-quantity system(FQS)

当库存量下降到预定的库存数量(订货点)时,立即按经济订货批量进行订货的一种库存管理方式。

6.9

定期订货制 fixed-interval system(FIS)

按预先确定的订货间隔期进行订货的一种库存管理方式。

6.10

经济订货批量 economic order quantity(EOQ)

通过平衡采购进货成本和保管仓储成本核算,以实现总库存成本最低的最佳订货量。

6.11

连续补货计划 continuous replenishment program(CRP)

利用及时准确的销售时点信息确定已销售的商品数量,根据零售商或批发商的库存信息和预先规定的库存补充程序确定发货补充数量和配送时间的计划方法。

6.12

物流成本管理 logistics cost control

对物流活动发生的相关费用进行的计划、协调与控制。

6.13

物流战略管理 logistics strategy management

通过物流战略设计、战略实施、战略评价与控制等环节,调节物流资源、组织结构等最终实现物流系统宗旨和战略目标的一系列动态过程的总和。

6.14

供应商关系管理 supplier relationships management(SRM)

一种致力于实现与供应商建立和维持长久、紧密合作伙伴关系,旨在改善企业与供应商之间关系的管理模式。

6.15

客户关系管理　customer relationships management(CRM)

一种致力于实现与客户建立和维持长久、紧密合作伙伴关系，旨在改善企业与客户之间关系的管理模式。

6.16

准时制物流　just-in-time logistics

与准时制管理模式相适应的物流管理方式。

6.17

有效客户反应　efficient customer response(ECR)

以满足顾客要求和最大限度降低物流过程费用为原则，能及时做出准确反应，使提供的物品供应或服务流程最佳化的一种供应链管理策略。

6.18

快速反应　quick response(QR)

供应链成员企业之间建立战略合作伙伴关系，利用电子数据交换(EDI)等信息技术进行信息交换与信息共享，用高频率小批量配送方式补货，以实现缩短交货周期，减少库存，提高顾客服务水平和企业竞争力为目的的一种供应链管理策略。

6.19

物料需求计划　material requirements planning(MRP)

制造企业内的物料计划管理模式。根据产品结构各层次物品的从属和数量关系，以每个物品为计划对象，以完工日期为时间基准倒排计划，按提前期长短区别各个物品下达计划时间先后顺序的管理方法。

6.20

制造资源计划　manufacturing resource planning(MRP Ⅱ)

在物料需求计划(MRP)的基础上，增加营销、财务和采购功能，对企业制造资源和生产经营各环节实行合理有效的计划、组织、协调与控制，达到既能连续均衡生产，又能最大限度地降低各种物品的库存量，进而提高企业经济效益的管理方法。

6.21

配送需求计划　distribution requirements planning(DRP)

一种既保证有效地满足市场需求，又使得物流资源配置费用最省的计划方法，是物料需求计划(MRP)原理与方法在物品配送中的运用。

6.22

配送资源计划　distribution resource planning(DRP Ⅱ)

在配送需求计划(DRP)的基础上提高配送各环节的物流能力，达到系统优化运行目的的企业内物品配送计划管理方法。

6.23

企业资源计划　enterprise resource planning(ERP)

在制造资源计划(MRPⅡ)的基础上，通过前馈的物流和反馈的信息流、资金流，把客户需求和企业内部的生产经营活动以及供应商的资源整合在一起，体现完全按用户需求进行经营管理的一种全新的管理方法。

6.24

物流资源计划　logistics resource planning(LRP)

以物流为手段，打破生产与流通界限，集成制造资源计划、能力资源计划、配送资源计划以及功能计划而形成的资源优化配置方法。

6.25

协同计划、预测与补货　collaborative planning;forecasting and replenishment(CPFR)

应用一系列的信息处理技术和模型技术,提供覆盖整个供应链的合作过程,通过共同管理业务过程和共享信息来改善零售商和供应商之间的计划协调性,提高预测精度,最终达到提高供应链效率、减少库存和提高客户满意程度为目的的供应链库存管理策略。

6.26

物流外包　logistics outsourcing

企业将其部分或全部物流的业务合同交由合作企业完成的物流运作模式。

6.27

延迟策略　postponement strategy

为了降低供应链的整体风险,有效地满足客户个性化的需求,将最后的生产环节或物流环节推迟到客户提供订单以后进行的一种经营策略。

6.28

物流流程重组　logistics process reengineering

从顾客需求出发,通过物流活动各要素的有机组合,对物流管理和作业流程进行优化设计。

6.29

物流总成本分析　total cost analysis

判别物流各环节中系统变量之间的关系,在特定的客户服务水平下使物流总成本最小化的物流管理方法。

6.30

物流作业成本法　logistics activity-based costing

以特定物流活动成本为核算对象,通过成本动因来确认和计算作业量,进而以作业量为基础分配间接费用的物流成本管理方法。

6.31

效益背反　trade off

一种物流活动的高成本,会因另一种物流活动成本的降低或效益的提高而抵消的相互作用关系。

6.32

社会物流总额　total value of social logistics goods

一定时期内,社会物流的物品的价值总额。即进入社会物流领域的农产品、工业品、再生资源品、进口物品、单位(组织)与居民物品价值额的总和。

6.33

社会物流总费用　total social logistics costs

一定时期内,国民经济各方面用于社会物流活动的各项费用支出。包括支付给社会物流活动各环节的费用、应承担的物品在社会物流期间发生的损耗、社会物流活动中因资金占用而应承担的利息支出和发生的管理费用等。

7　国际物流术语

7.1

国际多式联运　international multimodal transport

按照多式联运合同,以至少两种不同的运输方式,由多式联运经营人将货物从一国境内的接管地点运至另一国境内指定交付地点的货物运输方式。

7.2

国际航空货物运输　international airline transport

货物的出发地、约定的经停地和目的地之一不在同一国境内的航空运输。

7.3

国际铁路联运　international through railway transport

使用一份统一的国际铁路联运票据，由跨国铁路承运人办理两国或两国以上铁路的全程运输，并承担运输责任的一种连贯运输方式。

7.4

班轮运输　liner transport

在固定的航线上，以既定的港口顺序，按照事先公布的船期表航行的水上运输经营方式。

7.5

租船运输　carriage of goods under charter

船舶出租人把船舶租给承租人，根据租船合同的规定或承租人的安排来运输货物的运输方式。

7.6

大陆桥运输　land bridge transport

用横贯大陆的铁路或公路作为中间桥梁，将大陆两端的海洋运输连接起来的连贯运输方式。

7.7

转关运输　trans-customs transportation

进出口货物在海关监管下，从一个海关运至另一个海关办理海关手续的行为。

7.8

报关　customs declaration

进出境运输工具的负责人、进出境货物的所有人、进出口货物的收发货人或其代理人向海关办理运输工具、货物、物品进出境手续的全过程。

7.9

保税货物　bonded goods

经海关批准未办理纳税手续进境，在境内储存、加工、装配后复运出境的货物。

7.10

海关监管货物　cargo under custom's supervision

进口货物自进境起到办结海关手续止，出口货物自向海关申报起到出境止，过境、转运和通运货物自进境起到出境止，应当接受海关监管。

注：引自《中华人民共和国海关法》第二十三条。

7.11

通运货物　through goods

由境外启运，经船舶或航空器载运入境后，仍由原载运工具继续运往境外的货物。

7.12

转运货物　transit cargo

由境外启运，到我国境内设关地点换装运输工具后，不通过我国境内陆路运输，再继续运往境外的货物。

7.13

过境货物　transit goods

由境外启运、通过境内的陆路运输继续运往境外的货物。

7.14

到货价格　delivered price

货物交付时点的现行市价。其中含包装费、保险费、运送费等。

7.15

出口退税　drawback

国家实行的由国内税务机关退还出口商品国内税的措施。

7.16

海关估价　customs ratable price

一国海关为征收关税，根据统一的价格准则，确定某一进口(出口)货物价格的过程。

7.17

等级标签　grade labeling

在产品的包装上用以说明产品品质级别的标志。

7.18

等级费率　class rate

将全部货物划分为若干个等级，按照不同的航线分别为每一个等级制定一个基本运价的费率。归属于同一等级的货物，均按该等级费率计收运费。

7.19

船务代理　shipping agency

接受船舶所有人(船公司)、船舶经营人、承租人的委托，在授权范围内代表委托人办理与在港船舶有关的业务、提供有关的服务或进行与在港船舶有关的其他法律行为的经济组织。

7.20

国际货运代理　international forwarder

接受进出口货物收货人、发货人的委托，以委托人或自己的名义，为委托人办理国际货物运输及相关业务，并收取劳务报酬的经济组织。

7.21

航空货运代理　airfreight forwarding agent

以货主的委托代理人身份办理有关货物的航空运输手续的服务方式。

7.22

无船承运人　non-vessel operating common carrier(NVOCC)

不拥有运输工具，但以承运人身份发布运价，接受托运人的委托，签发自己的提单或其他运输单证，收取运费，并通过与有船承运人签订运输合同，承担承运人责任，完成国际海上货物运输的经营者。

7.23

索赔　claim for damages

受经济损失方向责任方提出赔偿经济损失的要求。

7.24

理赔　settlement of claim

一方接受另一方的索赔申请并予以处理的行为。

7.25

原产地证明　certificate of origin

出口国(地区)根据原产地规则和有关要求签发的，明确指出该证中所列货物原产于某一特定国家(地区)的书面文件。

7.26

进出口商品检验　import and export commodity inspection

对进出口商品的种类、品质、数量、重量、包装、标志、装运条件、产地、残损及是否符合安全、卫生要求等进行法定检验、公证鉴定和监督管理。

7.27

清关　clearance

结关

报关单位已经在海关办理完毕进出口货物通关所必须的所有手续，完全履行了法律规定的与进出口有关的义务，包括纳税、提交许可证件及其他单证等，进口货物可以进入国内市场自由流通，出口货物可以运出境外。

7.28

滞报金　fee for delayed declaration

进口货物的收货人或其他代理人超过海关规定的申报期限，未向海关申报，由海关依法征收的一定数额的款项。

7.29

装运港船上交货　free on board(FOB)

卖方在合同规定的装运期内，在指定装运港将货物交至买方指定的船上，并负担货物在指定装运港越过船舷为止的一切费用和风险。

7.30

成本加运费　cost and freight(CFR)

卖方负责租船订舱，在合同规定的装运期内将货物交至运往指定目的港的船上，并负担货物在装运港越过船舷为止的一切费用和风险。

7.31

成本加保险费加运费　cost，insurance and freight(CIF)

卖方负责租船订舱，办理货运保险，在合同规定的装运期内在装运港将货物交至运往指定目的港的船上，并负担货物在装运港越过船舷为止的一切费用和风险。

7.32

进料加工　processing with imported materials

有关经营单位或企业用外汇进口部分原材料、零部件、元器件、包装物料、辅助材料(简称料件)，加工成成品或半成品后销往国外的一种贸易方式。

7.33

来料加工　processing with supplied materials

由外商免费提供全部或部分原料、辅料、零配件、元器件、配套件和包装物料，委托我方加工单位按外商的要求进行加工装配，成品交外商销售，我方按合同规定收取工缴费的一种贸易方式。

7.34

保税仓库　boned warehouse

经海关批准设立的专门存放保税货物及其他未办结海关手续货物的仓库。

7.35

保税工厂　bonded factory

经海关批准专门生产出口产品的保税加工装配企业。

7.36

保税区　bonded area

在境内的港口或邻近港口、国际机场等地区建立的在区内进行加工、贸易、仓储和展览由海关监管的特殊区域。

7.37

出口监管仓库　export supervised warehouse

经海关批准设立，对已办结海关出口手续的货物进行存储、保税物流配送、提供流通性增值服务的海关专用监管仓库。

7.38

出口加工区　export processing zone

经国务院批准设立从事产品外销加工贸易并由海关封闭式监管的特殊区域。

参考文献

[1] GB/T 4122.1—1996 包装术语 基础
[2] GB/T 15624.1—2003 服务标准化工作指南 第1部分:总则
[3] GB/T 16986—2003 EAN·UCC系统应用标识符
[4] GB/T 17271—1998 集装箱运输术语
[5] GB/T 18127—2000 物流单元的编制与符号标记
[6] GB/T 19251—2003 贸易项目的编码与符号表示导则
[7] GB/T 19680—2005 物流企业分类与评估指标
[8] BESON,F.JAMES. The Logistics Handbook. New york:Free Press,1994.
[9] 齐藤实.物流用语词典.日本实业出版社,2000.
[10] 解放军总后勤部司令部.物资储运与搬运.北京:金盾出版社,1983.
[11] 日通综合研究所.物流知识.2版.东洋经济新报社,1985.
[12] 王嘉霖,张蕾丽.物流系统工程.北京:中国物资出版社,1987.
[13] 李京文,等.物流学及其应用.北京:经济科学出版社,1987.
[14] 余啸谷.中国物资管理辞典.北京:中国财政经济出版社,1988.
[15] 秦明森,王方智.实用物流技术.北京:中国物资出版社,1991.
[16] 于永成,顾炎秋.物流技术用语.北京:人民交通出版社,1993.
[17] 王宗喜.军事物流概论.北京:海潮出版社,1993.
[18] 王之泰.现代物流学.北京:中国物资出版社,1995.
[19] 吴清一.物流学.北京:中国建材工业出版社,1996.
[20] 何明珂,等.现代物流与配送中心.北京:中国商业出版社,1997.
[21] 王槐林,凌大荣,刘志学.物资资源配置技术.北京:中国物资出版社,1998.
[22] 宋华,胡左浩.现代物流与供应链管理.北京:经济管理出版社,2000.
[23] 刘志学.现代物流手册.北京:中国物资出版社,2001.
[24] 徐道文.海关货运监管.北京:中国海关出版社,2002.
[25] 李鹏南,刘石桥.海关税收管理.北京:中国海关出版社,2002.
[26] 李鹏南,等.海关保税监管.北京:中国海关出版社,2002.
[27] 何明珂.物流系统论.北京:高等教育出版社,2004.

中文索引

英 文 索 引

A

B

C

J

L

U

V

W

Z